Alexander von Weiss
Manfred Krause

Allgemeine Elektrotechnik

Literatur für das Grundstudium

Mathematik für Ingenieure, Band 1 und 2
von L. Papula

Übungsbuch zur Mathematik für Ingenieure
von L. Papula

Mathematische Formelsammlung
von L. Papula

Technische Mechanik für Ingenieure
Band 1: Statik
von J. Berger

Lehr- und Übungsbuch der Technischen Mechanik
Band 1: Statik
Band 2: Festigkeitslehre
von H. H. Gloistehn

Elektrotechnik für Ingenieure
Band 1: Gleichstromtechnik und Elektromagnetisches Feld
Band 2: Wechselstromtechnik, Ortskurven, Transformator, Mehrphasensysteme
Band 3: Ausgleichsvorgänge, Fourieranalyse, Vierpoltheorie
von W. Weißgerber

Regelungstechnik
Band 1: Klassische Verfahren zur Analyse und Synthese linearer kontinuierlicher Regelsysteme
Band 2: Zustandsregelung, digitale und nichtlineare Regelsysteme
Band 3: Identifikation, Adaption, Optimierung
von H. Unbehauen

Elemente der angewandten Elektronik
von E. Böhmer

Elektronik
Band 1: Bauelemente
Band 2: Schaltungen
Band 3: Digitale Schaltungen und Systeme
von B. Morgenstern

Elektrische Meßtechnik
von K. Bergmann

Werkstoffkunde für die Elektrotechnik
von P. Guillery, R. Hezel und B. Reppich

Alexander von Weiss · Manfred Krause

Allgemeine Elektrotechnik

Grundlagen der Gleich- und Wechselstromlehre

10., neubearbeitete und ergänzte Auflage

Mit 132 durchgerechneten Beispielen und 310 Abbildungen

Friedr. Vieweg & Sohn Braunschweig/Wiesbaden

Die Deutsche Bibliothek – CIP-Einheitsaufnahme

Weiss, Alexander von:
Allgemeine Elektrotechnik: Grundlagen d. Gleich- u. Wechselstromlehre / Alexander von Weiss; Manfred Krause. – 10., neubearb. u. erg. Aufl. – Braunschweig; Wiesbaden: Vieweg, 1987.
ISBN 3-528-34185-8

7., völlig neubearbeitete Auflage 1981
8., durchgesehene Auflage 1983
9., überarbeitete und erweiterte Auflage 1984
10., neubearbeitete und ergänzte Auflage 1987

Der Verlag Vieweg ist ein Unternehmen der Verlagsgruppe Bertelsmann International.

Satz: Vieweg, Braunschweig

Gedruckt auf säurefreiem Papier

ISBN 978-3-528-34185-5 ISBN 978-3-322-89572-1 (eBook)
DOI 10.1007/978-3-322-89572-1

Aus dem Vorwort der 7. Auflage

Als Lehr- und Arbeitsbuch wendet sich die Allgemeine Elektrotechnik an Studenten der Elektrotechnik aller Studiengänge im Grundstudium an Fachhochschulen und Universitäten sowie an Ingenieure im Berufsleben, die ihr Grundlagenwissen auffrischen wollen. Behandelt werden die allgemeinen Grundlagen der Gleich- und Wechselstromlehre, soweit sie allen Zweigen der Elektrotechnik angehören und die Voraussetzung für den Einstieg in das Fachstudium bilden sowie das Verständnis für die Welt der theoretischen Elektrotechnik vorbereiten. Als Begleiter zur Vorlesung will das Buch das notwendige Rüstzeug zum Verstehen des physikalischen Geschehens und seiner technischen Anwendungen vermitteln und zum ingenieurmäßigen Denken führen.

Die Fülle des Stoffes verlangte eine straffe Darstellung unter Verzicht auf vermeidbaren Text und Beschränkung auf das Wesentliche, ohne daß die Verständlichkeit und das notwendige Maß an Strenge leiden durften. Eigenes Nachdenken und intensive Mitarbeit werden daher dem Benutzer des Buches nicht erspart bleiben, wenn er zum Erkennen und Verstehen der physikalischen Zusammenhänge gelangen will. Im Text eingefügte Ergänzungen und Hinweise in Kleindruck sowie die durchgerechneten Beispiele sollen als Hilfe, Anleitung und Anregung zum Nachdenken dienen.

Vorwort zur 10. Auflage

Wenn für ein Lehrbuch eine 10. Auflage erforderlich wird, so bietet das nicht nur eine Gelegenheit für gewisse Verbesserungen in der Darstellung, sondern es bedeutet auch eine Verpflichtung für die Verfasser gegenüber den Wünschen und Erwartungen aus dem Leserkreis. Einige Abschnitte wurden daher durch Änderungen in den Benennungen und Formulierungen sowie durch Ergänzungen aktualisiert und den neuesten Normen angepaßt. Unverändert geblieben sind Zweck und Aufgabe dieses Buches, wie sie im Vorwort zur 7. Auflage (1981) zusammenfassend angegeben sind. Beibehalten wurde auch die sich nun über drei Jahrzehnte bewährte Art der Darstellung.

Überarbeitet und ergänzt wurde vor allem die Behandlung der Methoden zur Bildung von Ersatzzweipolen und zur Umwandlung realer Strom- und Spannungsquellen; neu aufgenommen wurden gesteuerte Quellen. Eingehende Aufmerksamkeit fanden stromquellengespeiste Netzwerke und deren Umwandlung sowie das besonders wichtige Knotenpunktsverfahren. Um das Verständnis für den Feldbegriff und die Eigenschaften der Felder zu erleichtern, wird das elektrische Feld wieder vor dem magnetischen Feld behandelt, aus didaktischen Gründen jedoch weiterhin nach den Gleichstromnetzwerken. Dem Benutzer bleibt es überlassen, auch eine andere Reihenfolge vorzusehen.

Die Benennungen, Formelzeichen und Zuordnungen entsprechen den Empfehlungen des AEF (Ausschuß Einheiten und Formelgrößen) im DIN, wie sie in den DIN-Taschenbüchern 22 und 202 (AEF-Taschenbücher 1 und 2), Ausgabe 1984, enthalten sind. Besonders berücksichtigt wurden DIN 5489, DIN 40 110 und DIN 1344; Ströme und Spannungen in Drehstromnetzen werden nach DIN 40 108 benannt. Im Vorgriff auf die erweiterte Neufassung von DIN 1324 wird jedoch für die elektrische Leitfähigkeit (Konduktivität) weiterhin das Ausweichzeichen κ verwendet. Nur so konnte eine Überschneidung mit dem Formelzeichen σ für die Flächenladungsdichte in Kap. 3.2.2 sowie später in der HF-Technik mit dem Formelzeichen γ für den Ausbreitungskoeffizienten (vgl. Beispiel 10.2, Seite 209) vermieden werden. Bei unterschiedlichen Formelzeichen nach DIN und IEC wurde der internationalen Bezeichnung der Vorrang gegeben. So wird der Augenblickswert der Leistung nicht nach DIN 40 110 mit P_t sondern nach DIN IEC 50 T 131-03-15 mit p bezeichnet.

Aus Leserkreisen erhielten wir zahlreiche nützliche Hinweise und Vorschläge zur Verbesserung der Darstellung, für die wir an dieser Stelle sehr herzlich danken; wir haben versucht, sie weitgehend zu berücksichtigen. Für weitere Verbesserungsvorschläge und kritische Hinweise sind wir stets sehr dankbar, insbesondere wenn sie von studentischen Benutzern des Buches kommen, die als Lernende am besten pädagogische Lücken in der Darstellung spüren. Unser Dank gilt ferner dem Verlag, der unseren Wünschen wieder in großzügiger Weise entgegenkam.

Nürnberg, Sommer 1986

A. von Weiss
M. Krause

Nach dem Erscheinen der 10. Auflage ist Prof. Dr. techn. Alexander von Weiss im November 1986 verstorben. Mit der „Allgemeinen Elektrotechnik“ hat er ein Lehrbuch für das Grundlagenstudium geschaffen, das auch heute noch, nach fast 40 Jahren, zum festen Bestand der Studienliteratur gehört. Kurze und prägnante Formulierungen sowie wissenschaftliche Strenge waren ihm besonders wichtig. Er legte großen Wert auf die intensive Mitarbeit des Lesers bei der Erarbeitung des Stoffes.

Nürnberg, im März 1990

M. Krause

Inhaltsverzeichnis

1 Einführung

1.1 Physikalische Größen

1.1.1 Zahlenwert und Einheit. Eine physikalische Größe ist ein Einzelmerkmal des Naturgeschehens. Eine solche Größe hat stets einen Zahlenwert (Maßzahl) und eine Einheit, die erst eine physikalische Größe als solche auch quantitativ kennzeichnet. So kann etwa eine Strecke l in den Einheiten Meter (m), Kilometer (km) oder gar Zoll angegeben werden, z. B. l = 1 m = 0,001 km = 39,4 Zoll. Zahlenwert und Einheit sind somit stets miteinander verknüpft sowie voneinander abhängig. Jedes Formelzeichen (Symbol) für eine physikalische Größe, z. B. l für Länge, stellt ein Produkt aus Zahlenwert und Einheit dar. Im folgenden werden physikalische Größen durch Schrägbuchstaben (Kursiv-Buchstaben) und Einheiten durch steile Buchstaben gekennzeichnet.

Erweist sich eine Einheit als unpraktisch, weil sie einen sehr großen oder sehr kleinen Zahlenwert erfordert, so kann man dekadische Teile oder Vielfache der Einheit verwenden. Das Einheitensymbol wird dann mit einem Vorsatzzeichen versehen. Nach DIN 1301 werden als Vorsatzzeichen verwendet

T	= Tera	$= 10^{12}$	h	= Hekto	$= 10^{2}$	m	= Milli	$= 10^{-3}$
G	= Giga	$= 10^{9}$	da	= Deka	$= 10$	μ	= Mikro	$= 10^{-6}$
M	= Mega	$= 10^{6}$	d	= Dezi	$= 10^{-1}$	n	= Nano	$= 10^{-9}$
k	= Kilo	$= 10^{3}$	c	= Zenti	$= 10^{-2}$	p	= Piko	$= 10^{-12}$

Es sind dann mit der Längeneinheit Meter (m)

$$10\,000 \text{ cm} = 100 \text{ m} = 0{,}1 \text{ km}$$

und mit der Spannungseinheit Volt (V)

$$0{,}001 \text{ V} = 1 \text{ mV} = 1\,000\,\mu\text{V}.$$

Von der Einheit einer physikalischen Größe ist ihre *Dimension* zu unterscheiden. Während die Einheit einer Größe zu ihrer quantitativen Charakterisierung dient, gibt ihre Dimension ihre qualitative Charakterisierung an und kennzeichnet die Art der Größe. So haben Weg, Höhe, Breite und Strecke die gleiche Dimension $[l]$ einer Länge.

Nach internationaler Vereinbarung werden seit dem 1.1.1948 alle Größen der Elektrotechnik auf vier Grunddimensionen (Grund- oder Basisgrößen) zurückgeführt. Diese sind

Länge $[l]$, Masse $[m]$, Zeit $[t]$, elektrische Stromstärke $[I]$.

Es haben dann z.B. die Geschwindigkeit v und die Kraft F wegen

$$\text{Geschwindigkeit} = \frac{\text{Strecke}}{\text{Zeit}}, \quad \text{Kraft} = \text{Masse} \cdot \text{Beschleunigung} = \text{Masse} \cdot \frac{\text{Geschwindigkeit}}{\text{Zeit}},$$

die Dimension

$$[v] = [l]\,[t]^{-1}, \quad [F] = [m]\,[l]\,[t]^{-2}.$$

Die vier Basisgrößen bilden zusammen ein Dimensionssystem; es ist ein Vierersystem, zu dem noch ein System von Grundeinheiten (Kap. 1.1.2) als Einheitensystem gehört. Dieses Vierersystem mit den Einheiten Meter, Kilogramm, Sekunde, Ampere wird auch MKSA-System oder Giorgi-System genannt. Dimensionssystem und Einheitensystem bilden zusammen ein Maßsystem.

1.1.2 Grundeinheiten. Grund- oder Basiseinheiten können nicht aus anderen Einheiten abgeleitet werden, sie dienen vielmehr selbst zur Ableitung weiterer Einheiten. Das 1960 international angenommene Einheitensystem (Système International d'Unités, Abk. SI) besteht aus den sechs Grundeinheiten[1])

Meter	m	für Länge,	Ampere	A	für elektrische Stromstärke,
Kilogramm	kg	für Masse,	Kelvin	K	für Temperatur,
Sekunde	s	für Zeit,	Candela	cd	für Lichtstärke.

Alle elektrischen und magnetischen Einheiten werden aus den mechanischen Grundeinheiten für Länge, Masse und Zeit und nur einer elektrischen Grundeinheit für die Stromstärke abgeleitet.

Die Grundeinheit für die Länge, 1 Meter (m), ist seit 1983 international festgelegt als diejenige Strecke, die das Licht im materiefreien Raum in der Zeit $t = 1/299\,792\,458$ s zurücklegt, wobei die Grundeinheit der Zeit, 1 Sekunde (s), aus der Periodendauer einer Atomschwingung des Cäsiums (Nuklid ^{133}Cs) abgeleitet wird und

$$c = 2{,}997\,924\,58 \cdot 10^8 \text{ m/s} \approx 2{,}998 \cdot 10^5 \text{ km/s}$$

die Vakuumlichtgeschwindigkeit ist. Die Grundeinheit für die Masse, 1 Kilogramm (kg), ist gleich der Masse des Internationalen Kilogrammprototyps in Sèvres bei Paris. Früher wurde das Meter durch das Urmeter in Sèvres und seit 1960 aus der Orangelinie des Kryptons (Nuklid ^{86}Kr) bestimmt, während die Sekunde als 1/86 400 des mittleren Sonnentags festgelegt war.

Aus den mechanischen Grundeinheiten werden die Krafteinheit Newton (N)

$$1\,\text{N} = 1\,\frac{\text{m} \cdot \text{kg}}{\text{s}^2} \quad \text{und die Leistungseinheit Watt (W)} \quad 1\,\text{W} = 1\,\frac{\text{N} \cdot \text{m}}{\text{s}}$$

abgeleitet. Das Watt ist demnach nicht mehr aus elektrischen, sondern aus mechanischen Grundeinheiten definiert.

Die einzige elektrische Grundeinheit Ampere (A) wird als SI-Einheit seit 1946 aus der Kraftwirkung, die stromdurchflossene Leiter aufeinander ausüben, also magnetisch definiert:

> 1 Ampere ist die Stromstärke eines unveränderlichen Stromes, der in zwei parallelen, unendlich langen, in einem Meter Abstand im Vakuum befindlichen Leitern von vernachlässigbarem Querschnitt fließt, wenn zwischen ihnen eine Kraft von $2 \cdot 10^{-7}$ Newton pro Meter Länge ausgeübt wird.

---

1) Im Jahre 1971 wurde als siebente Basiseinheit die Mengeneinheit Mol (mol) eingeführt. Siehe Kapitel 6.1.2.

Das ist das „internationale absolute" Ampere. Bis 1946 galt das 1908 festgelegte „internationale" Ampere („Silberampere") nach Beispiel 6.1

1 int. Ampere = 0,99985 int. abs. Ampere.

Damit erhält man als Einheit für die Spannung:

> 1 Volt ist die Spannung an einem elektrischen Leiter, der von einem konstanten Strom von 1 Ampere durchflossen wird, wenn die im Leiter in Wärme umgesetzte Leistung genau 1 Watt beträgt.

Die Einheit des elektrischen Widerstandes 1 Ohm (Ω) ergibt sich aus dem Ohmschen Gesetz. Gl. (2.1.5), während das 1908 festgelegte „internationale" Ohm („Quecksilber-Ohm") definiert war als Widerstand einer Quecksilbersäule mit durchweg gleichem Querschnitt von 1,063 m Länge und der Masse 14,4521 g bei der Temperatur des schmelzenden Eises.

1 int. Ohm = 1,00049 int. abs. Ohm,
1 int. Volt = 1,00034 int. abs. Volt.

Der Zusammenhang zwischen den elektrischen und mechanischen Einheiten, aus dem alle weiteren Beziehungen ermittelt werden können, lautet somit

$$\boxed{1\,\frac{\mathrm{Ws}}{\mathrm{m}} = 1\,\mathrm{N} = 1\,\frac{\mathrm{m}\cdot\mathrm{kg}}{\mathrm{s}^2}}\,. \tag{1.1.1}$$

So erhält man daraus für die Masse-Einheit

$$1\,\mathrm{kg} = 1\,\frac{\mathrm{N\,s}^2}{\mathrm{m}} = 1\,\frac{\mathrm{W\,s}^3}{\mathrm{m}^2}\,. \tag{1.1.2}$$

Die Einheit für Arbeit und Energie ist schließlich das Joule (J),

$$1\,\mathrm{J} = 1\,\mathrm{Ws}\,. \tag{1.1.3}$$

Seit 1.1.1978 ist die Verwendung der Krafteinheit Pond (p) und der Energieeinheit Kalorie (cal) gesetzlich untersagt.

1.1.3 Größengleichung und Zahlenwertgleichung. Mit den Formelzeichen für physikalische Größen kann man nach den Regeln der Algebra ähnlich wie mit gewöhnlichen Zahlen operieren. Da aber jedes Formelzeichen das Produkt aus Zahlenwert und Einheit bedeutet, müssen die aus den Formelzeichen gebildeten Ausdrücke in den Gleichungen rechts und links des Gleichheitszeichens stets gleiche Dimension haben, was als überschlägige Kontrolle für die Richtigkeit einer Berechnung dienen kann.

Alle gegebenen Größen können zunächst grundsätzlich in beliebigen Einheiten eingesetzt werden. Die Einheit der gesuchten Größe ist dann zwangsläufig durch diese eingesetzten Einheiten gegeben. Beziehungen solcher Art heißen *Größengleichungen.* Man kann aber eine physikalische Beziehung auch in Form einer *Zahlenwertgleichung* angeben. Die Größengleichung besitzt allgemeine Gültigkeit unabhängig von den gewählten Einheiten der einzelnen Größen. Die Zahlenwertgleichung dagegen ist nur richtig, wenn die einzelnen Größen als Zahlenwerte in vorgeschriebenen Einheiten eingesetzt werden. Das Ergebnis ist eine Zahl bei vorgeschriebener Einheit, z.B.:

Erforderliche Energie W, wenn eine gleichbleibende Leistung P während der Zeit t verlangt wird,

geschrieben als Größengleichung: $W = Pt$
oder als Zahlenwertgleichung: $W = 3{,}6 \cdot 10^3 Pt$ in kJ,

wobei im zweiten Fall P in kW und t in Stunden (h) einzusetzen sind; man erhält dann das Ergebnis in kJ. Bei $P = 100$ W und $t = 1$ Tag (d) ergibt das aus der Größengleichung mit Gl. (1.1.3)

$$W = Pt = 100\,\mathrm{W} \cdot 1\,\mathrm{d} = 100\,\mathrm{Wd} = 0{,}1\,\mathrm{kWd} \cdot 24\,\frac{\mathrm{h}}{\mathrm{d}} = 2{,}4\,\mathrm{kWh}$$
$$= 2{,}4\,\mathrm{kWh} \cdot 3600\,\frac{\mathrm{s}}{\mathrm{h}} = 8{,}64\,\mathrm{kJ},$$

was auch wieder in eine beliebige andere Einheit umgerechnet werden kann, da bei der Größengleichung mit Zahlenwerten *und* Einheiten gerechnet wird. Die Größengleichung läßt physikalische Zusammenhänge klar erkennen, Einheiten werden nicht vorgeschrieben. Die Zahlenwertgleichung rechnet nur mit Zahlen, das ergibt

$$W = 3{,}6 \cdot 10^3 Pt = 3{,}6 \cdot 10^3\ 0{,}1 \cdot 24 = 8{,}64 \text{ in kJ}.$$

Die „zugeschnittene" Größengleichung ist ebenso wie die Zahlenwertgleichung auf eine gewünschte Einheit im Ergebnis zugeschnitten. Sie ist immer dann von Vorteil, wenn in einer Größengleichung beispielsweise nur eine veränderliche Größe vorzugsweise mehrmals in vorgegebener Einheit eingesetzt werden soll, etwa zum Aufstellen einer Tabelle, z.B.:

Ermittlung der Geschwindigkeit $v = f(U)$ eines Elementarteilchens (Elektrons) in km/s bei bekannter spezifischer Ladung e/m für vorgegebene Spannungswerte U in V,

$$v = \sqrt{\frac{2e}{m}U} = 593\sqrt{\frac{U}{\mathrm{V}}}\ \mathrm{km/s}.$$

Die rechte Seite ist eine „zugeschnittene" Größengleichung. Wird die Spannung U in kV eingesetzt, so ist das Ergebnis mit $\sqrt{1000}$ zu multiplizieren.

1.1.4 Skalare und vektorielle Größen. Größen, die durch die Angabe eines Zahlenwertes und der Einheit eindeutig bestimmt sind, bezeichnet man als skalare Größen oder *Skalare*. Solche Größen sind z.B. die Masse m, Leistung P, Zeit t usw. Größen, die in einer bestimmten Richtung des Raumes wirken und denen daher zusätzlich zu Zahlenwert und Einheit eine bestimmte Richtung im Raum zugeordnet werden kann, um eindeutig bestimmt zu sein, bezeichnet man als vektorielle Größen oder *Vektoren*. Sie werden im folgenden durch halbfette Formelzeichen gekennzeichnet und können als gerichtete Strecken (Pfeile) im Raum dargestellt werden. Ihr Betrag ist gleich der Länge des Vektors (Pfeile) im Einheitenmaßstab. Vektorielle Größen sind z.B. die Kraft $\boldsymbol{F}$, Geschwindigkeit $\boldsymbol{v}$ und Beschleunigung $\boldsymbol{a}$. Ihre Größe oder Betrag ist

$$|\boldsymbol{F}| = F, \quad |\boldsymbol{v}| = v, \quad |\boldsymbol{a}| = a.$$

1.2 Die Elektrizität und ihre Wirkungen

1.2.1 Elektrische Ladung, elektrischer Strom. Die Elektrizitätsmenge oder *elektrische Ladung Q* ist eine physikalische Größe, die ein Einzelmerkmal der Natur darstellt und mechanisch nicht erklärt werden kann. Elektrizität ist ein Baustoff der Materie; man kann immer nur ihre Wirkungen erkennen und daran ihre Existenz nachweisen.

Jede elektrische Ladung benötigt einen Träger. Reibt man z.B. einen Hartgummi- oder Glasstab, so entstehen auf deren Oberfläche elektrische Ladungen. Das Vorhandensein dieser Ladungen ist daran zu erkennen, daß sich der Raum in ihrer Umgebung in einem Zwangszustand befindet, den man als „elektrisches Feld" bezeichnet und bei dem vorher nicht vorhandene Kräfte auf in den Raum gebrachte ebenfalls „elektrisierte" Körper ausgeübt werden. Körper, die eine elektrische Ladung tragen, üben also eine Kraftwirkung aufeinander aus, die im ungeladenen Zustand der Körper nicht zu beobachten ist. Elektrische Ladungen können sich dabei anziehen oder abstoßen. Man unterscheidet daher zwischen *positiver* und *negativer* Ladung. Gleichnamige Ladungen stoßen sich gegenseitig ab, während sich ungleichnamige Ladungen, also positive und negative, gegenseitig anziehen. Werden gleich große Ladungen $+Q$ und $-Q$ zusammengebracht, so kompensieren sie sich, d.h. der geladene Zustand ihres Trägers verschwindet. Daraus folgt:

> „Elektrizitätserzeugung" bedeutet Trennen von Ladungen verschiedenen Vorzeichens.

Im elektrisch neutralen Zustand heben sich die Wirkungen positiver und negativer Ladungen gegenseitig auf.

Experimentell läßt sich zeigen, daß sich elektrische Ladung durch Berühren ladungstragender Körper mit ungeladenen Körpern übertragen läßt. Man kann sich daher die Elektrizität aus kleinsten Elektrizitätsträgern bestehend vorstellen, beispielsweise aus Elektronen.

Die Elektrizitätsträger können sich in einigen Stoffen leicht bewegen, solche Stoffe sind elektrische Leiter. Stoffe, in denen sich Elektrizitätsträger nur wenig oder praktisch gar nicht bewegen können, sind elektrische Nichtleiter oder Isolatoren (Dielektrika).

Bewegte Ladungen bedeuten einen elektrischen Strom (Konvektionsstrom). Bewegen sich dabei die Ladungen in einem Leiter (Metall), so spricht man vom *Leitungsstrom* oder allgemein vom elektrischen Strom. Die Ladung Q pro Zeit t durch den Querschnitt eines Leiters ist die Stromstärke I dieses Stromes, so daß

$$Q = It, \tag{1.2.1}$$

wobei vorausgesetzt ist, daß I über eine längere Zeitdauer t konstant ist. Demnach erhält man mit der Stromstärkeeinheit Ampere (A) und der Zeiteinheit Sekunde (s) als Ladungseinheit

1 Coulomb (C) = 1 Ampere-Sekunde (As).

Neben den Kraftwirkungen ruhend erscheinender und zeitlich unveränderlicher Ladungen, welche von der *Elektrostatik* beschrieben werden, haben bewegte Ladungen (elektrische Ströme) im wesentlichen folgende zusätzliche Wirkungen:

1. Thermische Wirkungen. Ein von einem elektrischen Strom durchflossener Leiter erwärmt sich und kann bis zur Schmelz- oder Glühtemperatur erhitzt werden (Leuchterscheinungen).
2. Magnetische Wirkungen. In der Umgebung eines stromdurchflossenen Leiters oder sonstiger bewegter Ladungen werden auf Magnete Kräfte ausgeübt. Ein stromdurchflossener Leiter wirkt selbst wie ein Magnet.
3. Chemische Wirkungen. Flüssige Stoffe (sog. Elektrolyte) aber auch einige feste Stoffe (Kristalle) werden beim Stromdurchgang chemisch verändert.

Im menschlichen und tierischen Körper treten ferner bei Stromdurchgang physiologische Wirkungen auf, durch deren Muskel- und Nervenreaktionen organische Störungen oder sogar der Tod eintreten können. Schließlich erfordert jede Aufrechterhaltung eines elektrischen Stromes stets eine Energiezufuhr, sofern man von der Supraleitfähigkeit (Kap. 7.2.3) absieht.

1.2.2 Aufbau der Materie, Ladungsträger. Der kleinste Teil eines Stoffes, der sich physikalisch und chemisch noch wie der makroskopische Stoff verhält, abgesehen von den Kollektiveigenschaften vieler Teilchen, ist ein *Molekül.* Moleküle können noch weiterhin in *Atome* aufgeteilt werden, das sind kleinste Teilchen eines chemischen Grundstoffes oder chemischen Elementes. Der Atomaufbau ist äußerst kompliziert.

Zusammengefaßt erhält man als grobe Modellvorstellung (Bohrsches Atommodell) folgendes Bild: Um den positiven Atomkern bewegen sich negative Elektronen, die die Elektronenhülle bilden. Innerhalb der Hülle, deren Aufbau bestimmten Gesetzen folgt, lassen sich die Elektronen zu Gruppen („Elektronenschalen“) zusammenfassen. Ein Elektron kann sich dabei immer nur auf ganz bestimmten stationären Bahnen (Quantenbahnen) aufhalten. Beim Verweilen auf einer solchen Bahn erfolgt keine Energieabgabe. Jeder Elektronenbahn entspricht ein bestimmter Zustand (Quantenzustand), der durch seine Energie gekennzeichnet wird. In der untersten (innersten) Bahn ist die Elektronenenergie am geringsten. Eine Energieabgabe (Abstrahlung) erfolgt beim Übergang eines Elektrons von einer Energiestufe (Bahn) zu einer anderen Energiestufe kleinerer Energie. Dieser Übergang erfolgt sprunghaft als sog. Quantensprung. Die Energieabgabe ist dann gleich der Energiedifferenz ΔW zwischen beiden Energiestufen und erfolgt in Form einer elektromagnetischen Strahlung. Die Anzahl der negativen Elektronen ist so groß, daß die positive Kernladung gerade kompensiert wird. Ein Atom erscheint daher in größerer Entfernung elektrisch neutral.

Man beachte aber:

> Das Bohrsche Atommodell, insbesondere die Vorstellung von Kreisbahnen oder elliptischen Bahnen der Elektronen, stellt kein wahres Abbild der Wirklichkeit dar, sondern darf nur als grobes „mechanisches Modell“, also als gedankliches Hilfsmittel angesehen werden.

Das *Elektron* ist Träger negativer Ladung, der Elementarladung

$$\boxed{e = 1{,}60 \cdot 10^{-19}\ \mathrm{C}} \qquad (1.2.2)$$

Jede elektrische Ladung kann immer nur ein ganzes Vielfaches der Elektronenladung sein. Dem Elektron kann ferner eine Masse m_0 (Ruhemasse)

$$m_0 = 9{,}11 \cdot 10^{-28}\ \text{g} = 9{,}11 \cdot 10^{-31}\ \text{Ws}^3/\text{m}^2 \tag{1.2.3}$$

zugeordnet werden.

Die Elektronenmasse ist wie jede Masse geschwindigkeitsabhängig, was sich aber erst bei Geschwindigkeiten auswirkt, die gegenüber der Vakuumlichtgeschwindigkeit c nicht mehr vernachlässigbar sind. Die spezifische Ladung des Elektrons beträgt $e/m_0 = 1{,}76 \cdot 10^{11}\ \text{m}^2/\text{Vs}^2$. Wesentlich für Elektronen ist ferner, daß sie nicht nur im Atomverband, sondern auch als „freie" Elektronen auftreten können.

Die wesentlichen Bestandteile des Atomkerns sind das Proton und das Neutron, die man mit dem Sammelnamen Nukleonen bezeichnet. Das Proton ist der Kern des Wasserstoffatoms. Seine Ladung beträgt $+e$. Seine Ruhemasse ist

$$m_p = 1{,}67 \cdot 10^{-24}\ \text{g}.$$

Ein Neutron ist ein Teilchen etwa wie ein Proton, aber elektrisch neutral. Neutronen sind für die Kernspaltung (Atomtechnik) von größter Bedeutung, da sie als ladungsfreie Korpuskel von der Elektronenhülle der Atome nicht gebremst werden, so daß ein Zusammenstoß mit einem Kern gleichsam wie der Stoß elastischer Kugeln verläuft.

Die Beeinflussung der Elektronenhülle ist leicht möglich und erfordert im allgemeinen keine große Energie. Wird die Energiezufuhr bis zum Ablösen eines Elektrons aus dem Atomverband gesteigert, so spricht man von einer Ionisierung, das bedeutet die Bildung von Ionen. Hierbei ist ein Ion ein kleines Masseteilchen (Atom oder Molekül), das dadurch elektrisch geladen erscheint, daß ihm entweder Elektronen entzogen wurden (Vorgang der Ionisation) oder daß es zusätzliche Elektronen aufgenommen hat (Vorgang der Anlagerung). Im ersten Fall erhält man ein positives und im zweiten Fall ein negatives Ion. Ionen sind demnach positive oder negative *materielle* Ladungsträger.

Für die in diesem Buch zu behandelnden Vorgänge und technischen Anwendungen haben vor allem Elektronen als negative Ladungsträger Bedeutung. Überschuß von Elektronen bedeutet dann negative Ladung, Mangel an Elektronen bedeutet dagegen Überwiegen der positiven nicht kompensierten Kernladungen, ist also gleichbedeutend mit positiver Ladung.

Beispiel 1.1. Innerhalb der Zeit $t = 1$ s werden bei einem Strom $I = 1$ A nach Gl. (1.2.1) mit $Q = n\,e$

$$n = \frac{I\,t}{e} = \frac{1\ \text{A} \cdot 1\ \text{s}}{1{,}6 \cdot 10^{-19}\ \text{As}} = 0{,}625 \cdot 10^{19}$$

Elektronen durch den Leiterquerschnitt transportiert.

Beispiel 1.2. In einer Vakuumkammer der Länge l bewegt sich ein Elektronenstrahl mit konstanter Geschwindigkeit $v = 10^6$ m/s. Die Anzahl der Elektronen beträgt $n/l = 10^{10}$ pro Zentimeter Weglänge. Wie groß ist der Strom I_e?

Lösung: Der Strom wird mit $t = l/v$

$$I_e = \frac{n\,e\,v}{l} = 10^{10}/\text{cm} \cdot 1{,}6 \cdot 10^{-19}\ \text{As} \cdot 10^6\ \text{m/s} = 0{,}160\ \text{A}.$$

Beispiel 1.3. Im Elektronenstrahl des vorigen Beispiels befindet sich zusätzlich die gleiche Anzahl positiver Ionen je cm Weglänge (Ladung + e), die sich mit konstanter Geschwindigkeit $v = 10^4$ m/s in entgegengesetzter Richtung bewegen. Wie groß ist jetzt der gesamte Strom?

Lösung: Der durch die positiven Ionen verursachte zusätzliche Strom wird

$$I_i = \frac{n e v}{l} = 10^{10}/\text{cm} \cdot 1{,}6 \cdot 10^{-19}\,\text{A s} \cdot 10^4\ \text{m/s} = 1{,}6 \cdot 10^{-3}\ \text{A} = 1{,}6\ \text{mA}.$$

Berücksichtigt man Ladungsvorzeichen und Geschwindigkeitsrichtung von Elektronen und Ionen, so wird der gesamte Strom

$$I = I_e + I_i = 160\ \text{mA} + 1{,}6\ \text{mA} = 161{,}6\ \text{mA}.$$

Der durch die positiven Ionen verursachte zusätzliche Strom ist demnach sehr klein, da ihre Geschwindigkeit infolge der wesentlich größeren Masse geringer ist als die der Elektronen

1.2.3 Leiter und Nichtleiter. Nach ihrem Leitvermögen für elektrischen Strom ist es üblich, Stoffe in Leiter und Nichtleiter zu unterteilen. Zu den *guten* Leitern zählen die Metalle. Bei Stromdurchgang erfahren sie bei Normaltemperaturen keine chemischen Veränderungen; die Elektrizitätsleitung in Metallen ist daher eine Elektronenleitung, da kein Materietransport stattfindet. Auch Flüssigkeiten wie Säuren, Basen und Salzlösungen sind elektrische Leiter, werden aber bei Stromdurchgang chemisch verändert (sog. Elektrolyte, Kap. 6.1). Am Elektrizitätstransport in Elektrolyten müssen daher auch Ionen als materielle Ladungsträger beteiligt sein.

Gute Nichtleiter (Isolatoren) sind u. a. Gummi, Seide, zahlreiche Kunststoffe, Porzellan, Glas, Glimmer usw. In diesen Stoffen stehen nahezu keine Elektronen zur Elektrizitätsleitung zur Verfügung, sie haben ein praktisch vernachlässigbares Leitvermögen für elektrischen Strom.

Idealer Nichtleiter ist allein das Vakuum. Jeder materielle Stoff hat bereits auf Grund seines Atomaufbaus immer eine gewisse „elektrische Leitfähigkeit", die im allgemeinen von der Temperatur oder allgemein von einer Energiezuführung abhängt. So wird z. B. Glas, bei Zimmertemperaturen ein guter Nichtleiter, bei Temperaturen oberhalb etwa 300 °C bereits zum Leiter. Eine sinnvolle Trennung in Leiter und Nichtleiter kann daher nicht ohne weiteres vorgenommen werden und soll erst in Kap. 7.2.4 erfolgen. Auch eine Unterteilung der Leiter in Leiter erster und zweiter Art muß als überholt angesehen werden. Schließlich versteht man heute unter Halbleiter im allgemeinen keinen „schlechten" Leiter, sondern Stoffe mit ganz speziellen Eigenschaften des Leitvermögens (Kap. 7.2.5).

2 Grundbegriffe und Grundgesetze des Gleichstroms

2.1 Stromstärke, Spannung, Widerstand

2.1.1 Elektrische Stromstärke. In einem Leiter, durch dessen Querschnitt die Ladung $Q = ne$ in der Zeit t hindurchtritt, ist die Stromstärke I nach Gl. (1.2.1)

$$I = \frac{Q}{t}. \tag{2.1.1}$$

Einen solchen zeitlich konstanten Strom nennt man *Gleichstrom*. Einheit der elektrischen Stromstärke ist das Ampere (A), eine Grundeinheit nach Kap. 1.1.2. Bezogen auf eine Fläche A, durch die ein Strom senkrecht hindurchtritt, ist ferner die Stromdichte

$$J = \frac{I}{A}. \tag{2.1.2}$$

Im allgemeinen Fall ist ein Strom nicht zeitlich konstant, sondern hat in jedem Zeitpunkt einen anderen Augenblickswert i. Allgemein ist daher die elektrische Stromstärke definiert als

$$\boxed{i = \frac{\mathrm{d}Q}{\mathrm{d}t}} \tag{2.1.1a}$$

Den allgemeinen zeitlichen Verlauf eines Stromes hat ein sogenannter *Mischstrom*, der sich als Überlagerung eines Gleichstromanteils i_0 und eines Wechselstromanteils i_w z.B. nach Bild 2.1.1 darstellen läßt. Für einen Wechselstrom ist die positive und die negative Strom-Zeit-Fläche über einen längeren Zeitraum gleich; der Gleichstromanteil i_0 ist somit der arithmetische Mittelwert des Mischstromes über eine längere Zeit t genommen (Kap. 9.1.1).

Das Vorzeichen der Stromstärke wird durch das Vorzeichen der Ladung Q und den Durchlaufsinn ihres Trägers bestimmt.

In der Wirkung nach außen ist es dabei gleichgültig, ob sich im Leiter positive Ladungen mit der Geschwindigkeit v oder negative Ladungen in entgegengesetzter Richtung, also

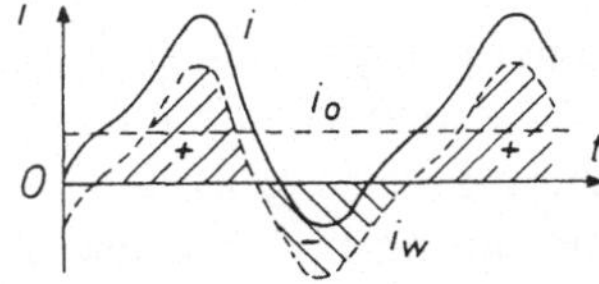

Bild 2.1.1
Zeitlicher Verlauf eines Mischstromes i mit Gleichstromanteil i_0 und Wechselstromanteil i_w

mit der Geschwindigkeit $-v$ bewegen. Man ordnet daher dem elektrischen Strom einen positiven Richtungssinn zu, welcher der Bewegungsrichtung positiver Ladungsträger im Leiter entsprechen würde, also vom Pluspol zum Minuspol zeigt, und kennzeichnet diese positive Richtung als Bezugssinn durch einen Bezugspfeil.

Der positive Richtungssinn der Stromstärke zeigt außerhalb einer Energiequelle vom Pluspol zum Minuspol; er entspricht der Bewegungsrichtung positiver Ladungsträger.

In Bild 2.1.2 wird ein Strom nur fließen können, wenn der Schalter S geschlossen ist; der Strom benötigt einen „geschlossenen" Stromkreis, um sich innerhalb der Energiequelle (Generator, Batterie) wieder zu schließen. Innerhalb der Energiequelle fließt demnach der Strom vom Minuspol zum Pluspol. Bei offenem Schalter S ist kein Strom vorhanden. Zum Anschluß eines Verbrauchers an die Energiequelle ist ferner stets eine Doppelleitung als Hin- und Rückleitung notwendig.

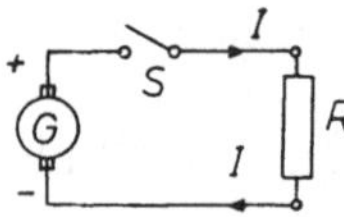

Bild 2.1.2
Stromkreis mit Bezugspfeilen, Energiequelle (Generator) G, Schalter S, Verbraucher R

Beispiel 2.1. Eine Batterie lieferte 3 Tage einen konstanten Strom von $I = 1$ A. Wie groß ist die von der Batterie abgegebene Ladung (Elektrizitätsmenge)?

Lösung: 3 Tage ergeben $t = 3 \cdot 24 \cdot 60 \cdot 60$ s = 259 200 s. Damit wird die Ladung nach Gl. (2.1.1)

$$Q = I\,t = 259{,}2 \cdot 10^3 \text{ As} \quad \text{oder} \quad \frac{259{,}2 \cdot 10^3}{60 \cdot 60} \text{ Ah} = 72 \text{ Ah}.$$

Beispiel 2.2. Eine Ladung $Q = 10^{-6}$ C wird auf einer Kreisbahn mit $n = 15\,000 \text{ min}^{-1}$ gleichmäßig bewegt. Bringt man eine hochempfindliche Kompaßnadel mit Fadenaufhängung in die Nähe, so wird diese abgelenkt (magnetische Wirkung einer Stromschleife). Nun wird die Kreisbahn durch einen stromdurchflossenen Kupferdraht ersetzt (kreisförmige Stromschleife). Gesucht ist die Stromstärke I in der Schleife, die die gleiche magnetische Wirkung verursacht wie die bewegte Ladung.

Lösung: Die Stromstärke ist so groß zu wählen, daß sie dem „Strom der bewegten Ladung" entspricht. Dieser wird nach Gl. (2.1.1)

$$I = \frac{Q}{t} = Q\,\frac{v}{l} = Q\,n,$$

da die Geschwindigkeit $v = 2\pi r n$ und die Weglänge (Umfang) $l = 2\pi r$. Die Zahlenwerte eingesetzt, ergibt

$$I = 10^{-6}\,\frac{15\,000}{60}\,\frac{\text{As}}{\text{s}} = 0{,}25 \text{ mA}.$$

2.1.2 Elektrische Spannung, elektrisches Potential. Innerhalb einer Energiequelle, infolge ihrer zwei Anschlußklemmen (positive und negative Klemme) als *Zweipolquelle* oder kurz als *Quelle* bezeichnet, sind ladungstrennende Kräfte wirksam; das sind elektrische Feldkräfte. An der positiven Klemme herrscht daher ein Elektronenmangel (Überschuß an positiver Ladung) und an der negativen Klemme ein Elektronenüberschuß. Wird nun ein Verbraucher an eine Zweipolquelle angeschlossen, so kann über Zuleitung und Verbraucher ein Strom fließen, der sich über die Zweipolquelle (Generator in Bild 2.1.2) schließt. Das Fließen des Stromes erfordert aber unter normalen Verhältnissen einen Energieaufwand, ähnlich wie die Bewegung einer Masse im Schwerefeld der Erde. Zur Berücksichtigung dieses Energieaufwandes kann eine physikalische Größe, die elektrische *Spannung* U eingeführt werden.

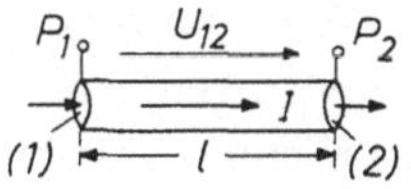

Bild 2.1.3
Zur Ableitung des Begriffs der elektrischen Spannung

Zu einer allgemeinen Definition der elektrischen Spannung kommt man, wenn man z.B. innerhalb eines Leiters der Länge l nach Bild 2.1.3 eine positive, punktförmige Ladung Q betrachtet, die im Richtungssinn des Stromes vom Querschnitt (1) zum Querschnitt (2) wandert. Ist die dafür aufzuwendende Energie W_{12}, so ist die elektrische Spannung U_{12} zwischen den Querschnitten (1) und (2)

$$\boxed{U_{12} = \frac{W_{12}}{Q}\,.} \tag{2.1.3}$$

Diese Spannung kann, wie noch gezeigt werden wird, zwischen den beiden Punkten P_1 und P_2 auf der Leiteroberfläche gemessen werden. Die Spannung U_{12} wirkt längs des Weges l und ist gleichsam die „Ursache" des Stromes durch das Leiterstück der Länge l. Gemessen wird die elektrische Spannung in der Einheit Volt (V) nach Kap. 1.1.2.

Grundsätzlich kann eine Spannung ebenso wie ein Strom zeitlich konstant oder zeitlich veränderlich sein, je nachdem sie einen Gleichstrom oder einen zeitlich veränderlichen Strom in einm festgelegten positiven oder negativen Richtungssinn hervorruft. Man ordnet daher einer Spannung U ebenfalls einen Richtungssinn zu, der außerhalb der Zweipolquelle mit dem Richtungssinn des von ihr hervorgerufenen Stromes übereinstimmt. Auch innerhalb einer Zweipolquelle wirkt eine Spannung, die man zwischen ihren Klemmen messen kann. Diese innerhalb einer Zweipolquelle wirkende Spannung wird *Quellenspannung* U_q genannt und auch als „Urspannung" bezeichnet.

> Die Quellenspannung ist ein Maß für die Wirksamkeit einer Zweipolquelle (Energiequelle). Sie entsteht zwischen den Klemmen (Elektroden) innerhalb der Zweipolquelle als Folge der ladungstrennenden Feldkräfte.

Die Quellenspannung einer Zweipolquelle muß den gesamten Spannungsbedarf bei Anschluß von Verbrauchern an die Zweipolquelle decken.

Gelegentlich wird statt Quellenspannung der Ausdruck „elektromotorische Kraft" abgekürzt EMK E verwendet und $U_q = -E$ gesetzt. Die Bezeichnung EMK ist aber zu vermeiden, da in einer Zweipolquelle keine „elektromotorischen" Kräfte, sondern elektrische Feldkräfte als ladungstrennende Ursache wirken. Das Symbol E kann auch leicht mit dem Betrag der elektrischen Feldstärke (Kap. 3.1) verwechselt werden.

Die Bezeichnung *Klemmenspannung* wird nur zur Kennzeichnung für den Ort verwendet, an dem eine Spannung abgenommen oder angelegt wird (Abnahmeklemmen einer Zweipolquelle oder Anschlußklemmen eines Verbrauchers). Die längs eines Teilstücks etwa einer Leitung anfallende Teilspannung, z. B. U_{12} in Bild 2.1.3 bezeichnet man auch als *Spannungsabfall* oder Spannungsfall längs der Strecke 1–2.

Von der Spannung U, die stets zwischen *zwei* Punkten oder leitenden Klemmen angegeben oder gemessen werden kann, ist der Begriff des *Potentials* φ zu unterscheiden. Betrachtet man etwa die zwei Klemmen (1) und (2) einer beliebigen Anordnung, etwa die Anschlußklemmen eines Verbrauchers, und erfordert der Transport einer positiven, punktförmigen Ladung Q von einem beliebigen Raumpunkt P des Raumes zur Klemme (1) den Energiebetrag W_1 sowie der Transport der gleichen Ladung Q von P zur Klemme (2) den Energiebetrag W_2, dann ist das Potential φ_1 der Klemme (1) und das Potential φ_2 der Klemme (2), beide bezogen auf den Raumpunkt P,

$$\varphi_1 = \frac{W_1}{Q}, \quad \varphi_2 = \frac{W_2}{Q}.$$

Nach Gl. (2.1.3) ist das aber die Spannung zwischen der Klemme (1) bzw. der Klemme (2) und dem Raumpunkt P als Bezugspunkt.

Das Potential eines Punktes ist gleich der Spannung zwischen diesem Punkt (leitende Klemme) und dem Bezugspunkt, wenn dessen Potential $\varphi_0 = 0$ gesetzt wird.

Je nach Wahl des Bezugspunktes, dessen Potential grundsätzlich beliebig angenommen werden kann, wird auch das Potential eines Punktes verschieden sein. Im allgemeinen bezieht man das Potential entweder auf einen unendlich weit entfernten Punkt mit $\varphi_0 = 0$ oder man betrachtet die Erdoberfläche als Ebene mit überall gleichem Potential (Äquipotentialfläche), das man $\varphi_0 = 0$ setzt. Das Potential φ eines Punktes bezüglich der Erde ist dann gleich der Spannung zwischen diesem Punkt und der Erdoberfläche.

Mißt man zwischen einem Punkt 1 und Erde die Spannung $U_{10} = 5$ V und zwischen einem anderen Punkt 2 und Erde die Spannung $U_{20} = 3$ V, wobei in beiden Fällen die Erde den negativen Pol bildet, so ist das Potential dieser beiden Punkte $\varphi_1 = 5$ V und $\varphi_2 = 3$ V, wenn man das Erdpotential als Bezugspotential $\varphi_0 = 0$ setzt. Ordnet man dagegen der Erdoberfläche willkürlich das Bezugspotential $\varphi_0 = 10$ V zu, so werden φ_1 und φ_2 ebenfalls um je 10 V höher, also $\varphi_1 = 15$ V, $\varphi_2 = 13$ V. Sofern also nicht bereits stillschweigend vereinbart, erfordert demnach die Angabe des Potentials eines Punktes die gleichzeitige Angabe von Ort und Wert des Bezugspotentials. Stets bleiben aber die Potentialdifferenzen, also im vorliegenden Beispiel,

$$\varphi_1 - \varphi_0 = 5 \text{ V}, \quad \varphi_2 - \varphi_0 = 3 \text{ V}, \quad \varphi_1 - \varphi_2 = 2 \text{ V}$$

unverändert und gleich der Spannung zwischen den betrachteten Punkten und dem als Bezugspunkt gewählten Punkt. Eine Gleichspannung U_{12} zwischen zwei Punkten 1 und 2 ist daher gleich der *Potentialdifferenz* zwischen diesen beiden Punkten

$$U_{12} = \varphi_1 - \varphi_2 \tag{2.1.4}$$

unabhängig vom Bezugspunkt und dessen Bezugspotential.

2.1.3 Elektrischer Widerstand und Leitwert. Die Notwendigkeit eines Energiebetrages, um durch einen Leiter einen Strom fließen zu lassen, erklärt physikalisch das Vorhandensein eines „elektrischen Widerstandes", den jeder Leiter bei Normalverhältnissen dem Fließen eines Stromes entgegensetzt. Hat dabei eine beliebige Leiteranordnung, z. B. ein Verbraucher, zwei Anschlußklemmen, so bildet er einen *Zweipol* nach Bild 2.1.4. Beim Anschließen einer Spannung U an die Zweipolklemmen wird ein Strom I durch den Zweipol fließen und im allgemeinen um so größer sein, je größer die angelegte Spannung U. Enthält der Zweipol keine elektrische Energiequelle (passiver Zweipol) und setzt man

$$R = \frac{U}{I} = \frac{1}{G}, \qquad (2.1.5)$$

so ist R der elektrische *Widerstand* und sein Kehrwert $G = 1/R$ der elektrische *Leitwert* des Zweipols, wobei auch im folgenden R und damit auch G als konstant, d. h. unabhängig von der angelegten Spannung U oder vom Strom I angenommen werden soll. Eine n-fache Spannung ergibt dann auch einen n-fachen Strom. Den Widerstand eines solchen Zweipols bezeichnet man ebenso wie den Zweipol als *linear*. Gl. (2.1.5) heißt Ohmsches Gesetz (Kap. 2.1.5).

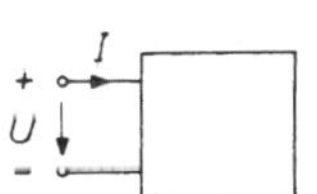

Bild 2.1.4
Zweipol als Verbraucher

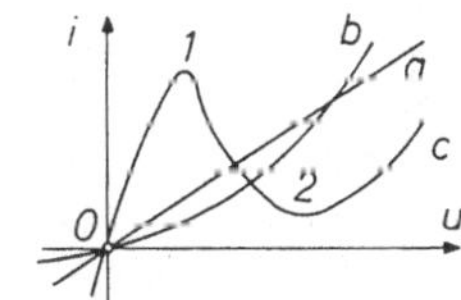

Bild 2.1.5
Strom-Spannungskennlinie verschiedener Widerstände. a linearer Widerstand, b, c nichtlineare Widerstände mit 1–2 Gebiet fallender Kennlinie

Ist der elektrische Widerstand eines Zweipols konstant, so ist die Strom-Spannungs-Kennlinie nach Bild 2.1.5 *a* eine Gerade (linearer Widerstand). Man kann daher einen beliebig zusammengesetzten linearen Zweipol, z. B. einen Gleichstromverbraucher vom Widerstand R als Ersatzschaltbild durch einen konstanten elektrischen Widerstand R bzw. einen elektrischen Leitwert G ersetzen und spricht allgemein vom Anlegen einer Spannung an einen Widerstand R, wobei damit die Gesamtanordnung vom Widerstand R gemeint ist. Die Einheit des elektrischen Widerstandes ist das Ohm (Ω) nach Kap. 1.1.2.

1 Ohm (Ω) = 1 Volt (V)/1 Ampere (A).

Die Einheit des elektrischen Leitwerts ist der Kehrwert des Ohm, das Siemens (S).

1 Siemens (S) = 1 Ampere (A)/1 Volt (V).

R bzw. G können auch nicht konstant, d. h. strom- oder spannungsabhängig sein. Die Strom-Spannungs-Kennlinie verläuft dann nicht linear wie z. B. die Kurven *b* und *c* in Bild 2.1.5. Der Quotient $u/i = f(i)$ ergibt einen *nichtlinearen* Widerstand. Insbesondere erhält man innerhalb eines Gebietes fallender Kennlinie, z. B. 1–2 der Kurve *c*, einen sogenannten negativ-differentiellen Widerstand

$$r = \frac{\Delta u}{\Delta i} \rightarrow \frac{\mathrm{d}u}{\mathrm{d}i},$$

abgekürzt auch als negativer Widerstand bezeichnet. Halbleiter-Bauelemente haben im allgemeinen einen nichtlinearen Widerstand.

Der elektrische Widerstand ist eine Materialgröße (Kap. 7.2.1). Für einen Draht aus homogenem Leitermaterial, z.B. Kupfer oder Aluminium der Länge l mit dem überall gleichen Querschnitt A wird der Widerstand offenbar um so größer sein, je länger der Draht und je kleiner der Querschnitt, d.h. $R \sim l/A$. Allgemein setzt man daher für einen linearen Leiter der Länge l mit dem überall gleichen Querschnitt A

$$R = \rho \frac{l}{A} = \frac{l}{\kappa A} \tag{2.1.6}$$

Darin sind ρ der spezifische Widerstand und $\kappa = 1/\rho$ der spezifische Leitwert oder die *Leitfähigkeit* des Leitermaterials. Ihr Zahlenwert ist gleich dem Widerstandswert bzw. dem Wert des Leitwertes bei $l = 1$ m und $A = 1$ mm². Es werden daher angegeben:

Spez. Widerstand ρ in $\Omega \cdot \text{mm}^2/\text{m}$ oder in $\Omega \cdot \text{m}$.
Spez. Leitwert κ in $\text{S} \cdot \text{m}/\text{mm}^2$ oder in S/m

Mittlere Werte für κ für die wichtigsten Leiter siehe Tabelle 2.1

Beispiel 2.3. Ein Kupferblock von $m = 25$ kg, Dichte $\rho_m = 8{,}9 \cdot 10^3$ kg/m³, wird zu einem Draht von $d = 2$ mm Durchmesser ausgewalzt. Gesucht ist der Querschnitt A, seine Länge l und sein Widerstand R bei $\kappa = 56 \cdot 10^6$ S/m.

Lösung: Der Querschnitt wird $A = \pi d^2/4 = 3{,}14$ mm² oder $3{,}14 \cdot 10^{-6}$ m². Somit die Drahtlänge

$$l = \frac{m}{\rho_m A} = \frac{25\ \text{kg}}{8{,}9 \cdot 10^3\ \text{kg/m}^3 \cdot 3{,}14\ \text{mm}^2} = 895\ \text{m}$$

und der Widerstand nach Gl. (2.1.6)

$$R = \frac{l}{\kappa A} = \frac{895\ \text{m}}{56 \cdot 10^6\ \text{S/m} \cdot 3{,}14\ \text{mm}^2} = 5{,}09\ \Omega$$

Tabelle 2.1. Elektrische Leitfähigkeit κ und Temperaturkoeffizient α bei 20 °C

Stoff	κ S/m	$10^3 \cdot \alpha$ 1/K	Stoff	κ S/m	$10^3 \cdot \alpha$ 1/K
Aluminium	$34{,}3 \cdot 10^6$	+ 3,6	Nickel	$11{,}0 \cdot 10^6$	+ 4,4
Blei	$4{,}8 \cdot 10^6$	+ 4,1	Nickelin	$2{,}4 \cdot 10^6$	+ 0,2
Eisenblech	$7{,}7 \cdot 10^6$	+ 4,5	Platin	$9{,}6 \cdot 10^6$	+ 3,9
Konstantan	$2{,}0 \cdot 10^6$	- 0,05	Silber	$61{,}5 \cdot 10^6$	+ 3,6
Leitungskupfer	$56{,}0 \cdot 10^6$	+ 4,0	Stahldraht	$5{,}9 \cdot 10^6$	+ 4,5
Manganin	$2{,}4 \cdot 10^6$	± 0,01	Wismut	$0{,}8 \cdot 10^6$	+ 3,9
Messing	$13{,}3 \cdot 10^6$	+ 1,6	Wolfram	$18{,}2 \cdot 10^6$	+ 5,1
Neusilber	$2{,}6 \cdot 10^6$	+ 0,07	Zink	$16{,}6 \cdot 10^6$	+ 3,7
	κ S/m			κ S/m	
Bogenlampenkohle	$(1{,}7 \ldots 2{,}0) \cdot 10^4$		Luft, Normalverh.	10^{-10}	
Graphitbürsten	$(2{,}5 \ldots 8{,}3) \cdot 10^4$		Transformatorenöl	$10^{-11} \ldots 10^{-12}$	
Silit	ca. 10^2		Wasser, destilliert	10^{-4}	
Erde	$10^{-2} \ldots 10^{-1}$		Flußwasser	$10^{-1} \ldots 10^{-2}$	

Beispiel 2.4. Die mehrlagige Wicklung einer Zylinderspule hat einen inneren Durchmesser $d_i = 50$ mm und einen äußeren Durchmesser $d_a = 184$ mm. Die Windungszahl beträgt $N = 2160$ Wdg. Drahtdurchmesser $d = 2{,}0$ mm, Leitfähigkeit des Drahtes (Kupfer) $\kappa = 56 \cdot 10^6$ S/m. Gesucht ist die aufgewickelte Drahtlänge und der Widerstand der Wicklung.

Lösung: Der mittlere Durchmesser der Wicklung wird $d_m = (d_a + d_i)/2 = 117$ mm. Die Länge einer mittleren Windung beträgt demnach $l_m = \pi\, d_m = 0{,}368$ m. Somit ist die aufgewickelte Drahtlänge $l = N\, l_m = 2160 \cdot 0{,}368 \text{ m} = 795$ m und der Widerstand der gesamten Wicklung nach Gl. (2.1.6)

$$R = \frac{4\,l}{\kappa\,\pi\,d^2} = \frac{4 \cdot 795 \text{ m}}{56 \cdot 10^6 \text{ S/m} \cdot \pi \cdot 4 \cdot 10^{-6} \text{ m}^2} = 4{,}51\ \Omega.$$

Beispiel 2.5. Für die Zuleitung zu einem Verbraucher wurde der erforderliche Leiterquerschnitt bei Verwendung von Kupfer mit $\kappa = 56 \cdot 10^6$ S/m mit $A_{cu} = 123 \text{ mm}^2$ berechnet. Welcher Leiterquerschnitt ist bei Verwendung von Aluminium als Leitermaterial mit $\kappa = 33 \cdot 10^6$ S/m bei unverändertem Leiterwiderstand erforderlich?

Lösung: Da der Leiterwiderstand bei Kupfer und Aluminium gleich groß sein muß, gilt nach Gl. (2.1.6)

$$A_{\text{Cu}}\,\kappa_{\text{Cu}} = A_{\text{Al}}\,\kappa_{\text{Al}}$$

oder

$$A_{\text{Al}} = \frac{A_{\text{Cu}}\,\kappa_{\text{Cu}}}{\kappa_{\text{Al}}} = \frac{123 \cdot 56}{33} \text{ mm}^2 \approx 209 \text{ mm}^2.$$

Der erforderliche Aluminiumquerschnitt wird demnach etwa 1,7 mal größer als der Kupferquerschnitt.

Soweit sich nicht genormte Leiterquerschnitte ergeben, sind die nächstgrößeren genormten Nennwerte zu wählen. Das wäre im vorliegenden Fall

$$A_{\text{Cu}} = 150 \text{ mm}^2,\ A_{\text{Al}} = 240 \text{ mm}^2.$$

Der elektrische Widerstand eines Leiters ist temperaturabhängig. Bei den meisten Metallen nimmt der Widerstand mit der Temperatur zu. Solche Leiter haben einen *positiven* Temperaturkoeffizienten α (siehe Tabelle 2.1). Er gibt die relative Widerstandsänderung je K Temperaturänderung an und ist in der Regel selbst temperaturabhängig. Für eine nicht zu große Temperaturänderung $\Delta\vartheta$ kann der Temperaturkoeffizient

$$\alpha = \frac{\Delta R}{R}\,\frac{1}{\Delta\vartheta} \tag{2.1.7}$$

als konstant angenommen werden. Der Widerstand R_2 bei der neuen Temperatur ϑ_2 ist dann

$$R_2 = R_1 + \Delta R = R_1\,(1 + \alpha\,\Delta\,\vartheta), \tag{2.1.8}$$

wobei R_1 der Widerstand bei der Ausgangstemperatur ϑ_1 und $\Delta\vartheta = \vartheta_2 - \vartheta_1$ die Übertemperatur $\vartheta_{\text{ü}}$.

Der Temperaturkoeffizient α hat bei reinen üblichen Leitermetallen außer Fe, Ni und Co angenähert einen Wert von etwa $+4 \cdot 10^{-3}$ je K. Einen sehr kleinen und meist vernachlässigbaren Temperaturkoeffizienten haben z. B. die Legierungen *Konstantan* (54 % Cu, 45 % Ni, 1 % Mn) und *Manganin*

(12 % Mn, 4 % Ni, 84 % Cu). Da beide zudem eine Leitfähigkeit $\kappa \approx 2 \cdot 10^6$ S/m haben, werden sie für Präzisionswiderstände (Meßzwecke) verwendet. Negativen Temperaturkoeffizienten haben z. B. Kohle, Halbleiter und wäßrige Lösungen. Einige Metalloxide (Halbleiter) mit stark negativem Temperaturkoeffizienten haben bei Zimmertemperaturen einen sehr hohen Widerstand. Ihr Widerstand nimmt aber bei hohen Temperaturen schnell ab (Heißleiter oder Thermistoren).

Für genaue Berechnungen und bei höheren Temperaturen muß die im allgemeinen nicht lineare Temperaturabhängigkeit des elektrischen Widerstandes berücksichtigt werden, indem man die Widerstandsänderung durch eine Potenzreihe darstellt. Auch der Temperaturkoeffizient α ist dann keine Konstante mehr. Für technische Zwecke genügt es meist, mit einer angenähert linearen Temperaturabhängigkeit des Widerstandes nach Bild 2.1.6 zu rechnen. Durch Anwenden des Strahlensatzes entnimmt man dem Bild

$$\boxed{R_2 = R_1 \frac{\tau + \vartheta_2}{\tau + \vartheta_1}} \qquad (2.1.9)$$

wobei τ nach Bild 2.1.6 eine spezielle Materialkonstante (kritische Temperatur) ist, die als Temperaturdifferenz in K oder °C angegeben werden kann. Nach VDE 0530 § 34 ist für

Kupfer: τ = 235 °C, Aluminium: τ = 245 °C.

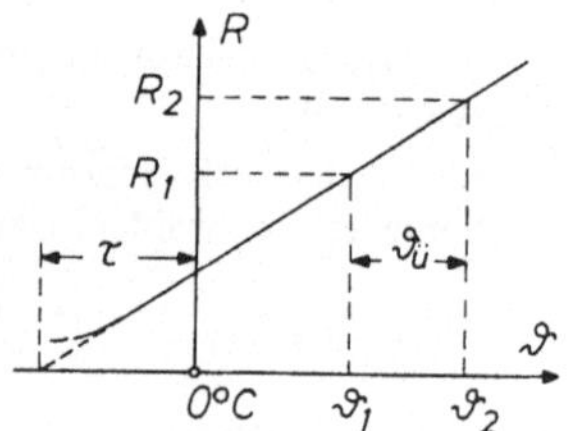

Bild 2.1.6
Idealisierte Widerstands-Temperatur-Kennlinie bei positivem Temperaturkoeffizienten

Gl. (2.1.9) ermöglicht auch eine elektrische Temperaturmessung durch Widerstandsbestimmung.

Beispiel 2.6. Die Erregerwicklung (Kupfer) einer Maschine hat bei ϑ_1 = 7 °C einen Widerstand von R_7 = 143 Ω. Nach Dauerbetrieb wird ein Widerstand von R_w = 172 Ω gemessen. Gesucht ist die Temperatur und die Erwärmung der Wicklung.

Lösung: Aus Gl. (2.1.9) findet man

$$\vartheta = \frac{R_w}{R_7}(\tau + \vartheta_1) - \tau = \frac{172}{143}(235 + 7)\ ^\circ\mathrm{C} - 235\ ^\circ\mathrm{C} = 56\ ^\circ\mathrm{C}.$$

Die Wicklung hat sich demnach um $\vartheta_2 - \vartheta_1$ = 49 °C erwärmt.

Bei einigen Elementen und Verbindungen wird der Widerstand bei sehr niedrigen Temperaturen unterhalb 20 K = – 253 °C sprunghaft unmeßbar klein. Diese Erscheinung bezeichnet man als *Supraleitung* (Kap. 7.2.3).

Schließlich kann der elektrische Widerstand auch durch auffallendes Licht z. B. bei Selen und einigen Sulfiden verändert werden (Photowiderstände) oder sich unter dem Einfluß magnetischer Felder ändern, wie z. B. bei Wismuth. Der Widerstand von Metallen ist ferner von mechanischen Druck- und Zugbeanspruchungen abhängig, was zur elektrischen Messung mechanischer Beanspruchungen von Bauteilen mit sogenannten *Dehnungsmeßstreifen* eine vielseitige Anwendung findet.

2.1.4 Bezugspfeile und Bezugssinn. Bezugspfeile geben an, mit welchem Vorzeichen die einzelnen Strom- und Spannungsgrößen in die zu lösenden Gleichungen eingehen. Dabei beachte man:

> Bezugspfeile bedeuten eine vereinbarte Rechenvorschrift. Sie sagen nichts darüber aus, ob die Größen, denen sie zugeordnet werden, diese Richtung oder überhaupt eine Richtung haben. Bezugspfeile können daher auch skalaren Größen zugeordnet werden.

Je nach Zuordnung der Bezugspfeile für Strom und Spannung kann man zwischen einem Verbraucher-Pfeilsystem und einem Erzeuger-Pfeilsystem unterscheiden (DIN 5489). In diesem Buch erfolgt die Zuordnung der Bezugspfeile so, daß die vom Erzeuger (Quelle, Sender) *abgegebene* sowie die vom Verbraucher (Empfänger) *aufgenommene* Leistung, wenn nicht anders vermerkt, positiv gerechnet wird.

Die Bezugspfeile für den Strom werden in Übereinstimmung mit der Bewegungsrichtung positiver Ladungsträger (konventioneller Stromrichtungssinn) festgelegt:

> Der positive Bezugssinn für die Stromstärke (Kap. 2.1.1) zeigt im äußeren Stromkreis vom höheren zum niederen Potential, d.h. vom Pluspol zum Minuspol; er entspricht der Bewegungsrichtung *positiver* Ladungsträger im elektrischen Feld.

Innerhalb einer Zweipolquelle fließt der Strom vom Minuspol zum Pluspol. Fur die Spannung gilt:

> Der positive Bezugssinn für eine Spannung (Potentialdifferenz, Quellenspannung, Klemmenspannung) zeigt *stets* vom höheren zum niederen Potential, d.h. vom Pluspol zum Minuspol.

Diese Zuordnung ist aus Bild 2.1.7 zu erkennen. Eine Spannung U_{ab} wird in Richtung abnehmenden Potentials von a nach b positiv gezählt, so daß allgemein $U_{ab} = -U_{ba}$.

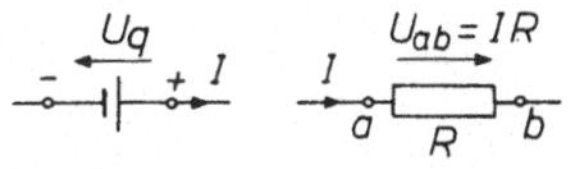

Bild 2.1.7
Energiequelle und Widerstand mit Strom- und Spannungsbezugspfeilen

Außerhalb einer Zweipolquelle haben Spannung und zugehöriger Strom gleiche Bezugspfeilrichtung.

Für Berechnungen merke man: Man gehe stets von der „treibenden Spannung" aus, das ist z.B. die Quellenspannung einer Zweipolquelle oder die angelegte Klemmenspannung. In nicht eindeutigen Fällen (vermaschtes Netzwerk) kann die Bepfeilung beliebig angenommen werden. Die konventionelle Bezugspfeilrichtung ergibt sich aus dem Vorzeichen des Ergebnisses.

Ein Beispiel für die Einzeichnung von Bezugspfeilen zeigt Bild 2.1.8. Man entnimmt dem Bild für einen Umlauf längs des Stromweges entgegen dem Uhrzeiger unter Beachtung von Gl. (2.1.5)

$$U_q - U - U_i = U_q - IR - IR_i.$$

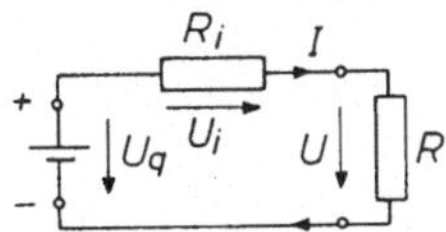

Bild 2.1.8
Bezugspfeile für Strom und Spannung

2.1.5 Das Ohmsche Gesetz. In einem linearen Leiter sind Strom und Spannung einander proportional. Für Gleichstrom gilt das *Ohmsche Gesetz* in der Form

$$I = \frac{U}{R} = UG \tag{2.1.10}$$

Bei einem linearen Leiter ist der ihn durchfließende Strom der angelegten Spannung proportional und dem Leiterwiderstand umgekehrt proportional.

Das Ohmsche Gesetz ist ein Grundgesetz des elektrischen Stromes in Leitern und gilt nicht nur für eine Anordnung vom Gesamtwiderstand R sondern auch für jeden Teilwiderstand R_x, der vom Strom I_x durchflossen wird, wenn an ihm die Teilspannung U_x liegt. Auf Grund des Ohmschen Gesetzes kann auch eine Spannungsmessung auf eine Strommessung zurückgeführt werden (Kap. 2.3.1).

Beispiel 2.7. Ein Verbraucher nimmt einen Strom von $I = 100$ A auf. Wie groß darf der Widerstand R der Zuleitung maximal sein, wenn der Spannungsverlust auf der Zuleitung $\Delta U = 30$ V nicht überschreiten darf?

Lösung:

$$R = \frac{\Delta U}{I} = \frac{30}{100}\,\frac{\text{V}}{\text{A}} = 0{,}3\ \Omega.$$

Bem.: Bei der Berechnung des Leiterquerschnittes ist als Leitungslänge die doppelte Entfernung (Hin- und Rückleitung) einzusetzen!

Beispiel 2.8. Ein Meßgerät hat einen Widerstand $R = 3\ \Omega$ und ergibt bei 20 mA Vollausschlag des Zeigers. Welche Spannung liegt bei Vollausschlag am Instrument und wie groß muß der Widerstand des Instrumentes gemacht werden, um damit noch eine Spannung von 120 V zu messen?

Lösung: Bei Vollausschlag ist

$$U = IR = 20\ \text{mA} \cdot 3\ \Omega = 60\ \text{mV}.$$

Um noch eine Spannung von 120 V zu messen, muß der Widerstand

$$R = U/I = 120\ \text{V}/20\ \text{mA} = 6000\ \Omega$$

betragen.

2.1.6 Die Kirchhoffschen Sätze. Von Knotenpunkten (Stromverzweigungspunkten) kann nicht mehr Strom abfließen als zufließt. In Bild 2.1.9 ist daher

$$I = I_1 + I_2 \quad \text{oder} \quad I - I_1 - I_2 = 0.$$

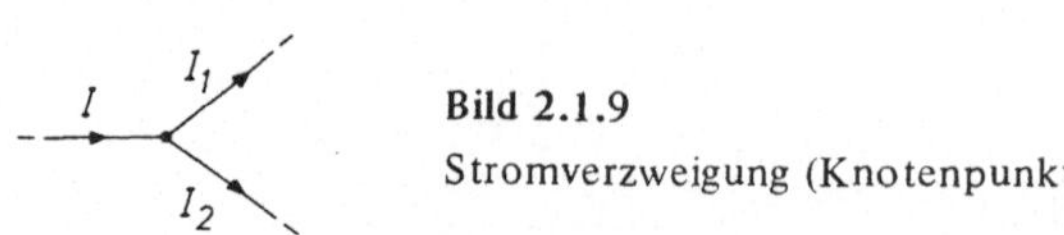

Bild 2.1.9
Stromverzweigung (Knotenpunkt)

Das ist die Aussage des *ersten Kirchhoffschen Satzes* (Knotenpunktsregel).

| In Knotenpunkten ist die Summe der abfließenden Ströme gleich der Summe der zufließenden Ströme

oder

$$\Sigma I_{\text{abfl}} = \Sigma I_{\text{zufl}}.$$

Kennzeichnet man bei einem Knotenpunkt die zufließenden und abfließenden Ströme durch verschiedenes Vorzeichen, so lautet der erste Kirchhoffsche Satz (Knotenregel):

|| In Knotenpunkten verschwindet die Summe der zu- und abfließenden Ströme.

Für einen Knotenpunkt mit n Abzweigen gilt somit

$$\boxed{\sum_{\nu=1}^{n} I_\nu = 0} \tag{2.1.11}$$

Die rein geometrische Struktur einer beliebigen Widerstandsanordnung, also eines Netzwerks, bezeichnet man als ihren *Streckenkomplex* oder Graph. Einen solchen Streckenkomplex mit $p = 4$ Knotenpunkten und eingezeichneten Zweigströmen mit willkürlich gewählter Bepfeilung zeigt Bild 2.1.10. Gibt man den zufließenden Strömen ein positives Vorzeichen und den abfließenden Strömen ein negatives Vorzeichen, so erhält man durch Anwenden des ersten Kirchhoffschen Satzes auf alle Knotenpunkte folgende vier Gleichungen, die man *Knotenpunktsgleichungen* oder Knotengleichungen nennt:

$$\begin{array}{lrrrrrrl}
\text{Knotenpunkt } p_1: & & +I_2 & -I_3 & -I_4 & & & =0 \\
\text{Knotenpunkt } p_2: & -I_1 & & +I_3 & & +I_5 & & =0 \\
\text{Knotenpunkt } p_3: & +I_1 & -I_2 & & & & +I_6 & =0 \\
\text{Knotenpunkt } p_4: & & & & +I_4 & -I_5 & -I_6 & =0.
\end{array}$$

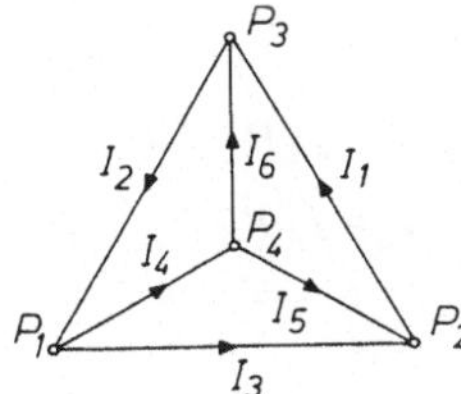

Bild 2.1.10
Streckenkomplex eines Netzwerks mit Knotenpunkten p_1 bis p_4 und eingezeichneten Zweigströmen

Da jeder Zweig zwei Knotenpunkte verbindet, muß jeder Strom im Gleichungssystem jeweils zweimal vorkommen und zwar einmal als zufließender und einmal als abfließender Strom. In der Summe aller Knotengleichungen heben sich somit die Ströme auf ($\Sigma I = 0$). Die Summe der $p - 1$ Knotengleichungen ergibt dagegen stets die p-te, im vorliegenden Fall also die vierte Gleichung. Eine Knotengleichung ist somit in den restlichen $p - 1$ Gleichungen enthalten und kann daher auch keine neue Aussage machen; sie ist von den anderen Gleichungen „linear abhängig".

Es gilt daher allgemein:

> Bei einem Netzwerk mit p Knotenpunkten ergibt der erste Kirchhoffsche Satz nur $p-1$ unabhängige Gleichungen.

Die p-te Gleichung ist von den übrigen Gleichungen „linear abhängig", enthält also keine neue Aussage, was bei der Berechnung der Stromverteilung in Netzwerken zu beachten ist (Kap. 2.4).

Jeder aus einzelnen Netzzweigen zusammengesetzte und einfach geschlossene Polygonzug bildet eine *Masche*, die wie in Bild 2.1.11 auch Zweipolquellen enthalten kann. Ordnet man den vier Knotenpunkten der Widerstandsmasche in Bild 2.1.11 die Potentiale φ_a bis φ_d zu, so erhält man für die Zweigspannungen nach Gl. (2.1.4) beim Umlaufen der Masche in eingezeichneter Richtung:

$$U_{ab} = \varphi_a - \varphi_b, \qquad U_{cd} = \varphi_c - \varphi_d,$$
$$U_{bc} = \varphi_b - \varphi_c, \qquad U_{da} = \varphi_d - \varphi_a.$$

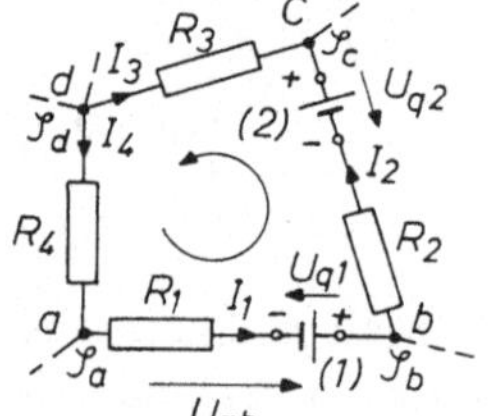

Bild 2.1.11
Widerstandsmasche mit zwei speisenden Zweipolquellen (1) und (2)

Wegen der rechten Seiten wird die Summe dieser Spannungen, die Umlaufspannung U_0,

$$U_0 = U_{ab} + U_{bc} + U_{cd} + U_{da} = 0.$$

Bei einem vollständigen Umlauf innerhalb einer Masche oder innerhalb eines auch von verschiedenen Strömen gebildeten *geschlossenen* Linienzuges verschwindet demnach die Summe der einzelnen Zweigspannungen, unabhängig vom Umlaufsinn. Das ist die Aussage des *zweiten Kirchhoffschen Satzes* (Maschenregel).

Anwenden des Ohmschen Gesetzes Gl. (2.1.10) auf die Zweige der Masche in Bild 2.1.11, ergibt mit U_{q1} und U_{q2} als Quellenspannungen der beiden Zweipolquellen (1) und (2) unter Beachtung der Vorzeichen

$$U_{ab} = I_1 R_1 - U_{q1}, \quad U_{bc} = I_2 R_2 - U_{q2},$$
$$U_{cd} = -I_3 R_3, \qquad U_{da} = I_4 R_4$$

und durch Addition

$$U_{q1} + U_{q2} - I_1 R_1 - I_2 R_2 + I_3 R_3 - I_4 R_4 = 0$$

oder unter Beachtung der Vorzeichen der in einem Umlauf wirkenden Quellenspannungen und Zweigströme

$$\sum_{\nu=1}^{m} U_{q\nu} + \sum_{\nu=1}^{n} I_\nu R_\nu = 0. \qquad (2.1.12)$$

In dieser Form gilt der zweite Kirchhoffsche Satz für jede Widerstandsmasche oder jeden geschlossenen Umlauf bei *Gleichstrom.* An die Stelle der Quellenspannungen können auch angelegte Klemmenspannungen als eingeprägte oder „treibende Spannungen" treten.

> Unter Beachtung der Vorzeichen ist in jedem geschlossenen Linienzug (Umlauf, Masche) die Summe der darin wirkenden Quellenspannungen („treibenden Spannungen") gleich der Summe der an den Zweigwiderständen des Umlaufs abfallenden Teil-Spannungen (Spannungsabfälle).

Werden die Teilspannungen $I_\nu R_\nu$ in Gl. (2.1.12) unter Betrachtung ihres Vorzeichens mit den Quellenspannungen zusammengefaßt, so kann man dem zweiten Kirchhoffschen Satz (Maschenregel) die auch für Wechselstrom gültige Form geben

$$\boxed{\sum_{\nu=1}^{n} U_\nu = 0} \qquad (2.1.13)$$

in Analogie zum ersten Kirchhoffschen Satz Gl. (2.1.11). Die Anwendung der Kirchhoffschen Sätze zeigt das nächste Beispiel 2.9.

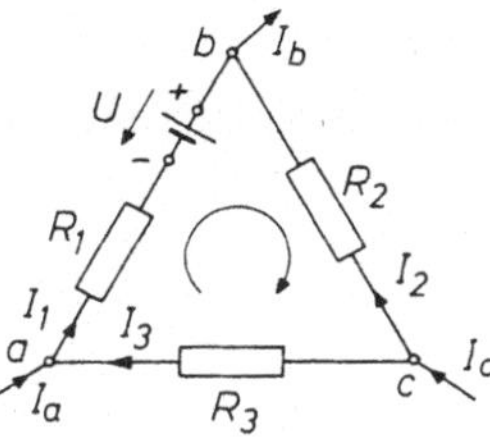

Bild 2.1.12
Ringnetz, Masche zu Beispiel 2,9

Beispiel 2.9. Im knotenpunktsbelasteten Ringnetz Bild 2.1.12 betragen die zufließenden Ströme $I_a = 3$ A, $I_c = 2$ A und die Quellenspannung $U = 3$ V. $R_1 = 2\,\Omega$, $R_2 = 3\,\Omega$, $R_3 = 1\,\Omega$. Es sind der abfließende Laststrom I_b und die Zweigströme I_1, I_2, I_3 zu berechnen.

Lösung: Der erste Kirchhoffsche Satz Gl. (2.1.11) ergibt zunächst als Summe der zufließenden Ströme $I_b = I_a + I_c = 5$ A.

Das Netzwerk hat $p = 3$ Knotenpunkte. Man erhält daher $p - 1 = 2$ Knotengleichungen

1. Knotenpunkt *a:* $I_a = I_1 - I_3$
2. Knotenpunkt *c:* $I_c = I_2 + I_3$

und nach der Maschenregel in der eingezeichneten Umlaufrichtung als Maschengleichung

3. $U_{ab} + U_{bc} + U_{ca} = 0 = I_1 R_1 - U - I_2 R_2 + I_3 R_3.$

Aus 1. und 2. erhält man

$$I_3 = I_1 - I_a, \quad I_2 = I_c - I_3 = I_a + I_c - I_1.$$

Dieses in 3. eingesetzt, ergibt

$$I_1 (R_1 + R_2 + R_3) = U + (I_a + I_c) R_2 + I_a R_3$$

oder

$$I_1 = \frac{U + (I_a + I_c) R_2 + I_a R_3}{R_1 + R_2 + R_3} = \frac{3\text{V} + 15\text{ V} + 3\text{ V}}{6\,\Omega} = 3{,}5\text{ A}$$

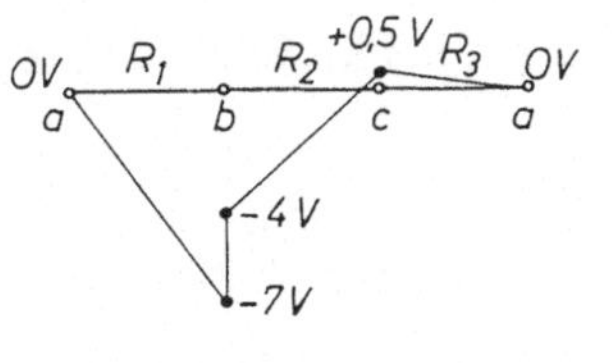

Bild 2.1.13
Spannungsverlauf in der Masche, Beispiel 2.9

und

$$I_2 = I_a + I_c - I_1 = 5{,}0\text{ A} - 3{,}5\text{ A} = 1{,}5\text{ A},$$
$$I_3 = I_1 - I_a = 3{,}5\text{ A} - 3{,}0\text{ A} = 0{,}5\text{ A}.$$

Kontrolle: $I_b = I_1 + I_2 = 5{,}0$ A. Den Spannungsverlauf zeigt Bild 2.1.13.

Beispiel 2.9 läßt folgende Regeln zur Anwendung des zweiten Kirchhoffschen Satzes erkennen:

1. Kennzeichnung aller Zweige einer Masche durch Strom- und Spannungsbezugspfeile nach Kap. 2.1.4.
2. Ausgehend von einem Knotenpunkt als Ausgangsknoten wird die ganze Masche in einem angenommenen Umlaufsinn bis zum Wiedererreichen des Ausgangsknotens durchlaufen.
3. *Positives* Vorzeichen erhalten alle Spannungsgrößen, deren Bezugspfeilrichtung mit der Umlaufrichtung übereinstimmt.
4. Summierung der so gewonnenen Produkte $I_\nu R_\nu$ und $U_{q\nu}$ unter Beachtung ihrer Vorzeichen, ergibt Null.

Das Ohmsche Gesetz und die beiden Kirchhoffschen Sätze sind die wichtigsten Grundgesetze der elektrischen Strömung.

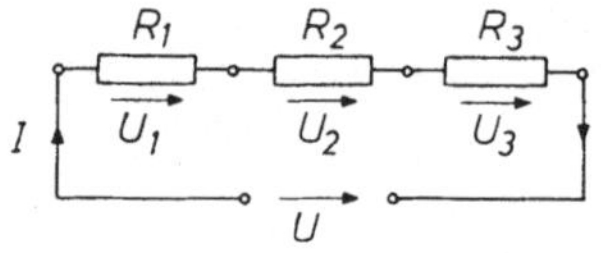

Bild 2.1.14
Reihenschaltung von Widerständen

2.1.7 Schaltung von Widerständen. Widerstände (Zweipole) können grundsätzlich so geschaltet werden, daß sie alle entweder vom gleichen Strom durchflossen werden (Reihen-, Serien- oder Hintereinander-Schaltung) oder an der gleichen Spannung liegen (Parallelschaltung). Bei der Reihenschaltung nach Bild 2.1.14 ergibt Anwenden des zweiten Kirchhoffschen Satzes und des Ohmschen Gesetzes

$$U = U_1 + U_2 + U_3 = I(R_1 + R_2 + R_3) = IR.$$

Eine Reihenschaltung von n Widerständen R_1 bis R_n kann demnach ersetzt werden durch den resultierenden Widerstand R als *Ersatzwiderstand*

$$R = R_1 + R_2 + R_3 + \ldots + R_n.$$

Somit bei *Reihenschaltung:*

$$\boxed{R = \sum_{\nu=1}^{n} R_\nu} \qquad (2.1.14)$$

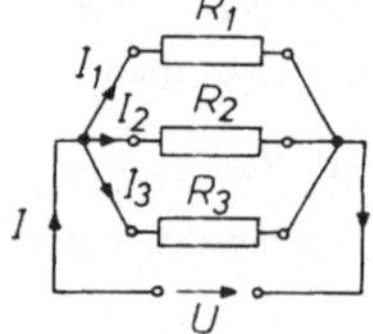

Bild 2.1.15
Parallelschaltung von Widerständen

Bei der Parallelschaltung nach Bild 2.1.15 ergibt Anwenden des ersten Kirchhoffschen Satzes und des Ohmschen Gesetzes, wenn man die Widerstände durch ihre Leitwerte ersetzt,

$$I = I_1 + I_2 + I_3 = U(G_1 + G_2 + G_3) = UG.$$

Eine Parallelschaltung von n Widerständen mit den Leitwerten G_1 bis G_n kann demnach ersetzt werden durch den resultierenden Leitwert $G = 1/R$ als *Ersatzleitwert*

$$G = G_1 + G_2 + G_3 + \ldots + G_n = \frac{1}{R_1} + \frac{1}{R_2} + \frac{1}{R_3} + \ldots + \frac{1}{R_n} = \frac{1}{R}.$$

Somit bei *Parallelschaltung:*

$$\boxed{G = \sum_{\nu=1}^{n} G_\nu} \quad \text{oder} \quad \boxed{\frac{1}{R} = \sum_{\nu=1}^{n} \frac{1}{R_\nu}} \qquad (2.1.15)$$

Aus zwei parallelen Widerständen R_1 und R_2 erhält man daraus als resultierenden Widerstand R

$$R = \frac{R_1 R_2}{R_1 + R_2}. \qquad (2.1.16)$$

Bei der Reihenschaltung von Widerständen addieren sich ihre Einzelwiderstände. Bei der Parallelschaltung von Widerständen addieren sich ihre Leitwerte, also ihre Widerstandskehrwerte.

Bei der Reihenschaltung ist der Gesamtwiderstand (Ersatzwiderstand) stets größer als jeder einzelne Teilwiderstand. Bei der Parallelschaltung ist dagegen der Gesamtleitwert (Ersatzleitwert) stets größer als jeder einzelne Teilleitwert, also der Gesamtwiderstand stets *kleiner* als jeder parallele Einzelwiderstand. So ergibt z. B. die Parallelschaltung von vier Widerständen R_1 bis R_4 mit

$$R_{12} = \frac{R_1 R_2}{R_1 + R_2}, \quad R_{34} = \frac{R_3 R_4}{R_3 + R_4}$$

als Gesamtwiderstand

$$R = \frac{R_{12} R_{34}}{R_{12} + R_{34}},$$

wobei wegen

$$\frac{R_1}{R_1 + R_2} < 1 \quad \text{und} \quad \frac{R_2}{R_1 + R_2} < 1$$

auch $R_{12} < R_1$ und $R_{12} < R_2$. Ebenso ist auch $R_{34} < R_3$ und $R_{34} < R_4$ und daher auch $R < R_{12}$ und $R < R_{34}$.

Eine Reihenschaltung verhält sich bezüglich der Teilspannungen ebenso wie eine Parallelschaltung bezüglich der Teilströme.

Bei Reihenschaltung sind die Spannungen den Widerständen proportional. Bei Parallelschaltung sind die Ströme den Leitwerten proportional.

Bei Reihenschaltung: $U \sim R$. Bei Parallelschaltung: $I \sim G$.

Bei einer Reihenschaltung wird man zweckmäßig mit Teilwiderständen und Teilspannungen, dagegen bei Parallelschaltung zweckmäßig mit Teilleitwerten und Teilströmen rechnen.

Die Parallelschaltung hat gegenüber der Reihenschaltung den Vorteil, daß alle parallelen Widerstände an der gleichen Spannung liegen und ihre Ströme voneinander unabhängig sind. Bei starrer Spannung können einzelne Widerstände ab- und zugeschaltet werden, ohne daß sich Strom und Spannung bei den anderen Widerständen ändern. Abschalten eines Widerstandes in einer Reihenschaltung erfordert dagegen seine Überbrückung (Kurzschließen), wodurch sich aber Strom und Spannung der anderen Reihenwiderstände ändern. Verbraucher werden daher für eine feste Spannung dimensioniert und stets parallel geschaltet.

Beispiel 2.10. Ein wie großer Widerstand R_x muß zu einem Widerstand $R_1 = 500\ \Omega$ parallelgeschaltet werden, um einen Gesamtwiderstand $R = 400\ \Omega$ zu erhalten?

Lösung: Aus Gl. (2.1.16) erhält man

$$R_x = \frac{R R_1}{R_1 - R} = \frac{2 \cdot 10^5}{10^2} \frac{\Omega^2}{\Omega} = 2000\ \Omega.$$

Beispiel 2.11. Vier parallelgeschaltete Widerstände: $R_1 = 100\ \Omega$, $R_2 = 250\ \Omega$, $R_3 = 125\ \Omega$ und $R_4 = 80\ \Omega$ werden an eine Spannung von $U = 50$ V angeschlossen. Gesucht sind der Gesamtwiderstand R (Ersatzwiderstand der Parallelschaltung), die von der Stromquelle abgegebene Stromstärke I und die Teilströme der einzelnen Widerstände.

Lösung: Nach Gl. (2.1.15) wird

$$G = \frac{1}{R} = \frac{1}{R_1} + \frac{1}{R_2} + \frac{1}{R_3} + \frac{1}{R_4} = 34{,}5 \cdot 10^{-3}\ \text{S} = 34{,}5\ \text{mS}$$

oder $R = 1/G = 29{,}0\ \Omega$ und $I = UG = 50\ \text{V} \cdot 34{,}5 \cdot 10^{-3}\ \text{S} = 1{,}725$ A.

Die Ströme in den einzelnen Widerständen betragen

$$I_1 = \frac{U}{R_1} = 0{,}5\ \text{A}, \quad I_2 = \frac{U}{R_2} = 0{,}2\ \text{A}, \quad I_3 = \frac{U}{R_3} = 0{,}4\ \text{A}, \quad I_4 = \frac{U}{R_4} = 0{,}625\ \text{A}.$$

Kontrolle: Die Summe der Teilströme ergibt $I = 1{,}725$ A.

Beispiel 2.12. Vier Widerstände, $R_1 = 70\ \Omega$, $R_2 = 13\ \Omega$, $R_3 = 40\ \Omega$, $R_4 = 25\ \Omega$ sind in Reihe geschaltet und an eine Spannung $U = 220$ V angeschlossen. Gesucht sind der Strom I und die Teilspannungen U_1 bis U_4 an den einzelnen Widerständen.

Lösung: Der Gesamtwiderstand der Reihenschaltung wird

$$R = \Sigma R_n = R_1 + R_2 + R_3 + R_4 = 148\ \Omega.$$

Damit wird der Strom I

$$I = \frac{U}{R} = \frac{220}{148} \frac{\text{V}}{\Omega} = 1{,}49\ \text{A}.$$

Die Teilspannungen betragen

$$\begin{aligned}
U_1 &= R_1 U/R = R_1 I = 70\ \Omega \cdot 1{,}49\ \text{A} \approx 104\ \text{V},\\
U_2 &= R_2 U/R = R_2 I = 13\ \Omega \cdot 1{,}49\ \text{A} \approx 19\ \text{V},\\
U_3 &= R_3 U/R = R_3 I = 40\ \Omega \cdot 1{,}49\ \text{A} \approx 60\ \text{V},\\
U_4 &= R_4 U/R = R_4 I = 25\ \Omega \cdot 1{,}49\ \text{A} \approx 37\ \text{V}.
\end{aligned}$$

Kontrolle: Summe: $U = 220$ V

Beispiel 2.13. In Bild 2.1.16 sind 1–2 die Eingangsklemmen und 3–4 die Ausgangsklemmen einer mit dem Widerstand R belasteten Widerstandsanordnung (Vierpol). $R_1 = 5\ \Omega$, $R = 10\ \Omega$. Es ist R_x so zu bestimmen, daß der Eingangswiderstand R_{12} an den Klemmen 1–2 des mit R belasteten Vierpols gleich dem Abschlußwiderstand R ist. Wie groß ist dann die Ausgangsspannung U_2 an den mit R belasteten Ausgangsklemmen 3–4 des Vierpols bei $U_1 = 9$ V?

Lösung: Zunächst ist nach Gl. (2.1.16)

$$R_{12} = \frac{R R_x}{R + R_x} + \frac{R R_1}{R + R_1} = R.$$

Daraus

$$R_x (R + R_1) + R_1 (R + R_x) = (R + R_x)(R + R_1)$$

oder

$$R_x = \frac{R^2}{R_1} = 20\ \Omega.$$

Da U_1 an $R_{12} = R$ und U_2 an der Parallelschaltung von R und R_1 liegt, gilt

$$\frac{U_1}{R} = U_2 \frac{R + R_1}{R R_1}, \quad U_2 = U_1 \frac{R_1}{R + R_1} = 3\ \text{V}.$$

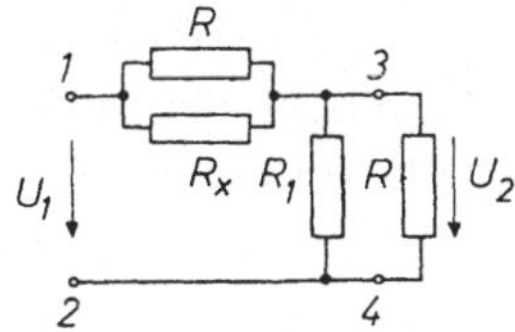

Bild 2.1.16
Mit Widerstand R belasteter Vierpol zu Beispiel 2,13

2.1.8 Der innere Widerstand von Zweipolquellen. Jede Zweipolquelle hat innerhalb ihrer Anschlußklemmen einen elektrischen Widerstand, da sie im Innern elektrisch leitende Materie enthält. Dieser Widerstand heißt *innerer Widerstand* oder *Innenwiderstand* der Zweipolquelle. An ihm tritt bei Stromdurchgang, also bei belasteter Zweipolquelle, ein innerer Spannungsverlust (Spannungsabfall) auf.

Sind bei einer Zweipolquelle U_q und R_i konstant und stromunabhängig, so heißt sie linear; wird sie mit einem Verbraucher vom Widerstand R belastet, so erhält man als Ersatzschaltung Bild 2.1.17. Der innere Widerstand R_i liegt in Reihe mit R, an R liegt die Klemmenspannung U. Es ist dann

bei Leerlauf: $(R \to \infty)$: $I = 0, \quad U = U_0 = U_q$

bei Belastung mit R: $U = U_q - IR_i = IR,$
$I = U_q/(R_i + R)$

bei Kurzschluß: $(R = 0)$: $U = 0, \quad I = I_k = U_q/R_i$.

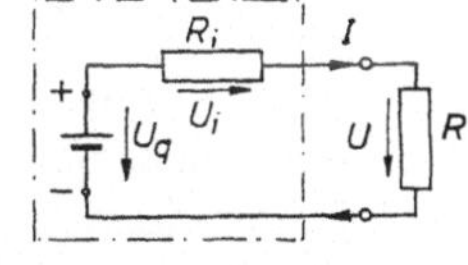

Bild 2.1.17
Belastete Zweipolquelle

Der innere Widerstand einer Zweipolquelle bestimmt somit das Absinken der Klemmenspannung mit wachsender Belastung (Stromabgabe) infolge des inneren Spannungsverlustes. Der innere Widerstand bestimmt aber auch die Größe des einer Zweipolquelle entnehmbaren Stromes insbesondere die Größe des Kurzschlußstromes I_k.

Einem niederohmigen Verbraucher $R = 0{,}5\ \Omega$ liefert eine Quelle mit $U_q = 6$ V, $R_i = 5\ \Omega$ einen Strom von $I_1 = 1{,}09$ A. Eine Quelle mit $U_q = 1$ V aber mit einem Innenwiderstand $R_i = 0{,}01\ \Omega$ liefert dagegen dem gleichen Verbraucher einen Strom von $I_2 = 1{,}96$ A. Trotz sechsfacher Spannung U_q ist I_1 nur 56 % von I_2.

Im Kurzschluß ($R = 0$) wird die Quellenspannung vollständig als innerer Spannungsabfall am inneren Widerstand verbraucht. Im Leerlauf ($I = 0$) ist bei einer linearen Zweipolquelle die Klemmenspannung als Leerlaufspannung U_0 gleich der Quellenspannung U_q. Die Abnahme der Klemmenspannung mit zunehmender Belastung zeigt Bild 2.1.18.

In einem gemeinsamen Diagramm $I = f(U)$ von Zweipolquelle und Verbraucher ergibt der Schnittpunkt beider Kennlinien den Arbeitspunkt A beim Zusammenschalten von Quelle und Verbraucher; dort ist für beide $I = I_a$ und die Klemmenspannung $U = U_a$, wie Bild 2.1.19 für lineare Verhältnisse zeigt. Je kleiner der Verbraucherwiderstand R wird, um so steiler verläuft die Lastkennlinie $I = U/R$. Im Kurzschluß ($R = 0$) geht sie in die Ordinate über und im Leerlauf ($R \to \infty$) in die Abszisse. Bei nichtlinearem Verbraucher verläuft die Lastkennlinie wie z.B. in Bild 2.1.19 gestrichelt eingezeichnet.

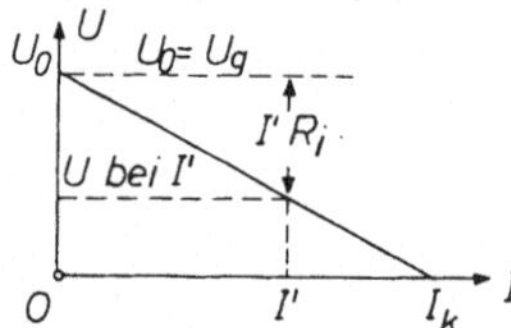

Bild 2.1.18
Klemmenspannung U einer linearen Zweipolquelle in Abhängigkeit vom Belastungsstrom I

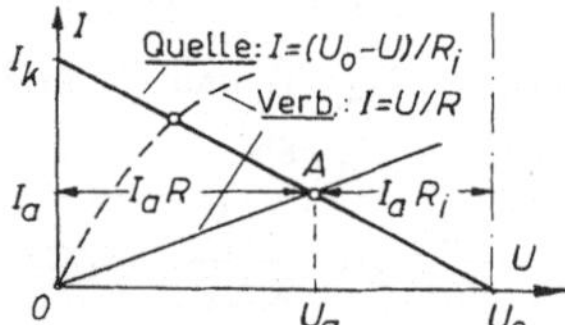

Bild 2.1.19
Kennlinien $I = f(U)$ von linearer Zweipolquelle und Verbraucher

Bei Gleichstrom können grundsätzlich beliebige Zweipolquellen (Batterien, Generatoren) in Reihe geschaltet werden; daß dabei aber auch der innere Widerstand von wesentlicher Bedeutung sein kann, zeigt das nächste Beispiel.

Beispiel 2.14. Drei lineare Zweipolquellen (Batterien) A, B, C mit den Quellenspannungen $U_a = 2{,}02$ V, $U_b = 2{,}2$ V, $U_c = 1{,}06$ V und den inneren Widerständen $R_a = 0{,}6\ \Omega$, $R_b = 0{,}01\ \Omega$, $R_c = 4{,}0\ \Omega$ sind hintereinander geschaltet und speisen einen Verbraucher vom Widerstand $R = 6{,}95\ \Omega$. Wie groß ist der vom Verbraucher aufgenommene Strom und wie ändert sich dieser, wenn Batterie C herausgenommen wird?

Lösung: Der Strom wird im ersten Fall

$$I = \frac{U_a + U_b + U_c}{R_a + R_b + R_c + R} = \frac{5{,}28\ \mathrm{A}}{11{,}56\ \Omega} = 0{,}46\ \mathrm{A}.$$

Wird Batterie C herausgenommen, so wird

$$I' = \frac{U_a + U_b}{R_a + R_b + R} = \frac{4{,}22\ \mathrm{V}}{7{,}56\ \Omega} = 0{,}56\ \mathrm{A}.$$

Dieses Ergebnis ist bemerkenswert. Trotz Verringerung der wirksamen Gesamtspannung ist die Stromaufnahme des Verbrauchers und damit seine Spannung größer geworden. Dieses liegt an dem relativ großen inneren Widerstand der Batterie C um den der Widerstand des gesamten Stromkreises ebenfalls verringert wurde.

2.2 Leistung und Arbeit bei Gleichstrom

2.2.1 Elektrische Leistung, Joulesches Gesetz. Wird ein Leiter an eine Gleichspannung U angeschlossen, so fließt durch ihn ein Strom I. Ist Q dabei die durch den Leiterquerschnitt hindurchtretende Ladung (Elektrizitätsmenge), so ist zum Überwinden des Leiterwiderstandes R nach Gl. (2.1.3) die Energie $W = QU$ erforderlich; es muß also die Arbeit W geleistet werden, um den Strom I durch den Leiter aufrechtzuerhalten. Die Energie W muß von der speisenden Zweipolquelle als Energiequelle aufgebracht werden. Praktisch interessiert weniger die zu leistende Arbeit, sondern die Arbeit während der Zeit t, also wie schnell diese Arbeit geleistet werden muß; das ist die Leistungsaufnahme P des betrachteten Leiters vom Widerstand R.

Bei Gleichstrom ist $P = W/t$. Die von einem Zweipol vom Widerstand R aufgenommene *Leistung* ist somit bei *Gleichstrom* wegen Gl. (2.1.1)

$$\boxed{P = UI = I^2 R = \frac{U^2}{R}} \tag{2.2.1}$$

Dabei ist I der R durchfließende Strom und U die zugehörige an R liegende Spannung. Die Einheit der elektrischen Leistung P ist das Watt (W) nach Kap. 1.1.2

1 Watt = 1 Volt · 1 Ampere.

Beispiel 2.15. Die Belastbarkeit eines Widerstandes von $R = 100\ \Omega$ beträgt nach Angabe $P = 2$ W. Mit welcher Stromstärke darf der Widerstand maximal belastet werden?

Lösung: Nach Gl. (2.2.1) wird

$$I = \sqrt{P/R} = \sqrt{0{,}02}\ \text{A} = 0{,}141\ \text{A}.$$

Beispiel 2.16. Eine elektrische Kochplatte für $U = 220$ V hat zwei Heizwicklungen $R_1 = 80\ \Omega$ und $R_2 = 40\ \Omega$, die wahlweise parallel oder in Reihe geschaltet werden können. Welche Leistungen können damit erzielt werden?

Lösung:

1. R_1 und R_2 in Reihenschaltung:

$$P_1 = \frac{U^2}{R_1 + R_2} = \frac{48\,400}{120}\ \text{V}^2/\Omega = 403\ \text{W}.$$

2. R_1 und R_2 in Parallelschaltung:

$$P_2 = \frac{U^2}{R_1} + \frac{U^2}{R_2} = 48\,400\left(\frac{1}{80} + \frac{1}{40}\right)\text{V}^2/\Omega = 1815\ \text{W}.$$

Beispiel 2.17. Zwei Glühlampen (1) und (2) für eine Nennspannung von je $U_n = 110$ V bei einer Leistungsaufnahme von $P_{n1} = 25$ W und $P_{n2} = 100$ W werden in Reihenschaltung an ein Netz mit $U = 220$ V angeschlossen. Wie groß sind Strom- und Leistungsaufnahme beider Lampen sowie die Teilspannungen an beiden Lampen? Ist es zulässig, beide Lampen in dieser Weise anzuschließen?

Lösung: Die Stromaufnahme beider Lampen beträgt bei Reihenschaltung wegen Gl. (2.2.1), da $P_{n2} = 4\,P_{n1}$ und $U = 2\,U_n$

$$I = \frac{U}{R_1 + R_2} = \frac{U}{U_n^2\,(1/P_{n1} + 1/P_{n2})} = \frac{8\,P_{n1}}{5\,U_n} = \frac{200\ \text{W}}{550\ \text{V}} = 0{,}364\ \text{A}.$$

Damit wird die gesamte Leistungsaufnahme bei $U = 220$ V

$$P = P_1 + P_2 = I\,U = 0{,}364\ \text{A} \cdot 220\ \text{V} = 80\ \text{W}.$$

Da Lampe (2) bei *gleicher* Spannung wie Lampe (1) die vierfache Leistung aufnimmt, ist $R_1 = 4\,R_2$. Somit betragen die Teilspannungen an den Lampen

$$U_1 = 4\,U_2. \qquad U = U_1 + U_2,$$

also

$$U_1 = \frac{4}{5}\,U = 176\ \text{V}. \qquad P_1 = \frac{4}{5}\,P = 64\ \text{W}$$

und

$$U_2 = \frac{U}{5} = 44\ \text{V}, \qquad P_2 = \frac{P}{5} = 16\ \text{W}.$$

Bei Reihenschaltungen sind die Teilspannungen und die Leistungsaufnahme den Einzelwiderständen proportional. An Lampe (1) liegt daher die vierfache Spannung der Lampe (2). Lampe (1) ist überlastet und würde durchbrennen. Reihenschaltung beider Lampen bei doppelter Nennspannung ist daher nur möglich, wenn $R_1 = R_2$, also $P_1 = P_2$.

Die von einem stromdurchflossenen Leiter aufgenommene Leistung I^2R dient zur Erwärmung des Leiters; er kann dabei bis zur Glühtemperatur erhitzt werden (Glühlampen, Lichterzeugung) oder sogar schmelzen. Bei Gleichstrom nimmt der Leiter während der Zeit t die Energie Pt auf, die von der Energiequelle (Zweipolquelle) geliefert werden muß. Die in der Zeit t im Widerstand R entstehende Wärme (Wärmeenergie) beträgt somit

$$\boxed{W = I^2 R t = U I t} \qquad (2.2.2)$$

Einheit der elektrischen Energie ist das Joule (J).

1 Joule (J) = 1 Watt-Sekunde (Ws).

Sind Strom und Spannung nicht zeitlich konstant, sondern eine beliebige Zeitfunktion, so wird mit den Augenblickswerten u und i

$$W = \int_0^t u\,i\,\mathrm{d}t. \qquad (2.2.2a)$$

Nach dem Energiesatz muß die aufgenommene Energie stets gleich der abgegebenen Energie sein. Gl. (2.2.2) ist somit die Aussage des *Jouleschen Gesetzes:*

Die in einem Widerstand verbrauchte Energie wird restlos in Wärme umgewandelt.

Ein elektrischer Widerstand ist demnach ein *Energiewandler.* Die aufgenommene elektrische Energie wird in Wärme umgewandelt und nach außen abgegeben; diese Energieumwandlung ist nicht reversibel, sie kann erwünscht oder auch unerwünscht sein. Erwünscht ist sie z. B. bei der elektrischen Heizung, Kochplatten usw. (Nutzwärme). In der Zuleitung eines Gerätes oder einer Maschine aber auch in diesen selbst ist eine Erwärmung unerwünscht. Die zur Erwärmung aufgebrachte Leistung I^2R ist dann eine Verlustleistung, bedingt durch Erwärmung (Stromwärme, Joulesche Wärme), die man *Kupferverluste,* Joulesche Verluste oder *Stromwärmeverluste* nennt. Die Verlustwärme muß durch geeignete Konstruktion abgeleitet werden, damit die Geräte und Maschinen nicht unzulässig warm werden.

Überhaupt ist jeder Verbraucher elektrischer Energie stets ein Energiewandler, der elektrische Energie z. B. in Wärme oder mechanische Energie umwandelt. Diese Energie bezahlt der Energiebezieher dem Elektrizitätswerk als dem Energielieferanten, d. h. dem Elektrizitätswerk wird die vom elektrischen Strom geleistete Arbeit bezahlt. Die Energieübertragung erfolgt aber niemals verlustlos, denn von der zum Verbraucher übertragenen Energie wird z. B. in der Zuleitung vom Widerstand R ständig ein Teil, nämlich I^2Rt in Wärme umgewandelt und nach außen unwiederbringlich abgeführt.

Beispiel 2.18. Eine nicht festgeschraubte Sicherung hat einen Übergangswiderstand $R = 1\ \Omega$. Welche Wärmemenge entsteht stündlich durch diesen Übergangswiderstand bei $I = 20$ A?

Lösung: Nach Gl. (2.2.2) ist

$$W = I^2Rt = 400\ \text{A}^2 \cdot 1\ \Omega \cdot 1\ \text{h} = 400\ \text{Wh}$$

oder die umgesetzte Leistung $P = 400$ W.

2.2.2 Wärmeerzeugung. Die in einem Widerstand R entstehende Wärme wird zunächst teilweise im Leiter gespeichert, wodurch sich der Leiter erwärmt, und teilweise durch Wärmeleitung, Konvektion und Strahlung abgeführt. Der Leiter hat seine Endtemperatur ϑ erreicht, wenn zwischen erzeugter und abgeführter Wärme Gleichgewicht besteht. Um die Temperatur ϑ_a einer Masse m um $\Delta\vartheta$ zu erhöhen, muß die Energie

$$\Delta W = c\, m\, \Delta\vartheta$$

zugeführt werden. Der Proportionalitätsfaktor c ist die spezifische Wärme der zu erwärmenden Masse.

Soll etwa Wasser durch einen Heizkörper, z. B. Tauchsieder erwärmt werden, so geht ein Teil der zugeführten Wärme dadurch verloren, daß auch das Gefäß wie überhaupt alle aus dem Wasser herausragenden Teile miterwärmt werden. Außerdem geht Wärme durch Konvektion an die umgebende Luft sowie durch Strahlung verloren. Die wirklich erforderliche Wärmemenge ist daher größer, als bei alleiniger Berücksichtigung der Masse m des zu erwärmenden Wassers. Dieses berücksichtigt der thermische Wirkungsgrad (Umwandlungs-Wirkungsgrad) η_{th}

$$\eta_{th} = \frac{\text{Nutzleistung}}{\text{Gesamtleistung}} = \frac{\text{ausgenutzte Wärmemenge}}{\text{gesamte Wärmemenge}}.$$

Es ist daher mit $\Delta\vartheta = \vartheta - \vartheta_a$

$$\boxed{UIt = mc\,\frac{\vartheta - \vartheta_a}{\eta_{th}}} \tag{2.2.3}$$

Darin bedeuten:

UIt	erforderliche elektrische Energie
m	Masse des Erwärmungsgutes
c	spezifische Wärme des Erwärmungsgutes
ϑ_a	Ausgangstemperatur
ϑ	Endtemperatur
η_{th}	thermischer Wirkungsgrad.

η_{th} liegt bei Kochplatten zwischen 65 bis 75 % und bei einem Tauchsieder um 90 %.

Beispiel 2.19. Ein Heißwasserspeicher mit 70 *l* Inhalt und einem Anschlußwert (Leistungsaufnahme) von 1500 W soll mit Nachtstrom (0,06 DM/kWh) von 15 °C auf 90 °C Wassertemperatur aufgeheizt werden. Der Wirkungsgrad η_{th} kann mit 87 % angenommen werden. Gesucht sind die Stromkosten für die hierfür erforderliche elektrische Arbeit und die Anheizdauer.

Lösung: Nach Gl. (2.2.3) wird mit $c = 1{,}163$ Wh/kg · K

$$W = mc\,\frac{\vartheta - \vartheta_a}{\eta_{th}} = 70\ \text{kg} \cdot 1{,}163\,\frac{\text{Wh}}{\text{kg} \cdot \text{K}} \cdot \frac{75\ \text{K}}{0{,}87} \approx 7\ \text{kWh}.$$

Damit wird der Strompreis $p = 7$ kWh · 0,06 DM/kWh = 0,42 DM und die Anheizdauer

$$t = \frac{W}{P} = \frac{7{,}0}{1{,}5}\,\frac{\text{kW} \cdot \text{h}}{\text{kW}} = 4{,}66\ \text{Std} = 4\ \text{h}\ 40'.$$

2.2.3 Leistungsanpassung. In der Nachrichtentechnik treten im allgemeinen kleine Leistungen auf. Dabei ist es von Bedeutung, einen Verbraucher so an eine Energiequelle anzupassen, daß er die größtmögliche Leistung aufnimmt. Ist R der Verbraucherwiderstand und R_i der innere Widerstand der speisenden Energiequelle (Zweipolquelle), so ist die Leistung $P = 0$, wenn $R = 0$ (Kurzschluß) und $R \to \infty$ (Leerlauf). Dazwischen muß ein Verhältnis R/R_i liegen, bei dem vom Widerstand R die größtmögliche Leistung aufgenommen wird. Ein Verbraucher vom Widerstand R ist dann an eine Energiequelle leistungsmäßig angepaßt, wenn das gesuchte Verhältnis R/R_i vorliegt.

Nach Kap. 2.1.8 ist der von einer Zweipolquelle abgegebene Strom I bei Belastung mit R und die Spannung U am Verbraucher mit $U_q = U_0$

$$I = \frac{U_0}{R + R_i}, \quad U = IR = U_0\,\frac{R}{R + R_i}.$$

Somit beträgt die Leistungsaufnahme des Verbrauchers vom Widerstand R

$$P = UI = U_0^2\,\frac{R}{(R + R_i)^2}. \tag{2.2.4}$$

Diese Leistung hat einen Höchstwert für $R = R_i$. Ist diese Bedingung erfüllt, so spricht man von einer *Leistungsanpassung* des Verbrauchers an eine Energiequelle.

Leistungsanpassung: $\boxed{R = R_i}$ (2.2.5)

Gl. (2.2.5) erhält man durch Differenzieren von Gl. (2.2.4) nach R mit Maximumbetrachtung

$$\frac{\mathrm{d}P}{\mathrm{d}R} = U_0^2 \left\{ \frac{1}{(R+R_i)^2} \frac{\mathrm{d}R}{\mathrm{d}R} + R \frac{\mathrm{d}(R+R_i)^{-2}}{\mathrm{d}R} \right\} = U_0^2 \frac{(R+R_i) - 2R}{(R+R_i)^3} = 0.$$

Daraus: $R = R_i$.

Die von der Energiequelle abgegebene Leistung ist

$$P_0 = U_0 I = \frac{U_0^2}{R + R_i}$$

und somit der Wirkungsgrad

$$\eta = \frac{P}{P_0} = \frac{R}{R + R_i} \qquad \text{oder} \qquad \eta = \frac{U}{U_0} \cdot 100\,\%.$$

Bei Leistungsanpassung ($R = R_i$) ist

$$P_0 = \frac{U_0^2}{2R}; \quad P = P_{\max} = \frac{U_0^2}{4R} = \frac{P_0}{2}$$

und damit $\eta = 50\,\%$, $U = U_0/2$. Mit dem Kurzschlußstrom $I_k = U_0/R_i$ erhält man schließlich als bezogene Größen

$$\frac{I}{I_k} = \frac{R_i}{R + R_i} = \frac{1}{1 + R/R_i}, \quad \frac{P}{P_{\max}} = \frac{4R_i^2}{(R+R_i)^2} = \frac{4R/R_i}{(1 + R/R_i)^2}.$$

Diese Größen sowie den Wirkungsgrad η, abhängig vom Widerstandsverhältnis R/R_i, zeigt Bild 2.2.1.

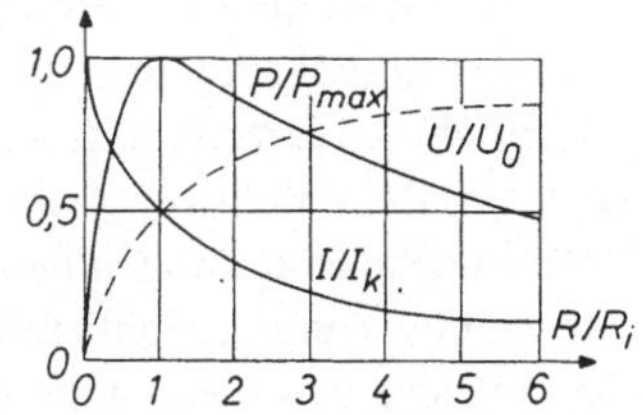

Bild 2.2.1
Spannung, Strom- und Leistungsaufnahme eines linearen Verbrauchers abhängig vom Widerstandsverhältnis R/R_i

Im Gegensatz zur Nachrichtentechnik kommt es bei der Energieübertragung darauf an, die Verlustleistung möglichst klein zu halten, also einen hohen Übertragungswirkungsgrad zu erzielen. Auch handelt es sich in der Energietechnik nicht darum, einem Verbraucher eine größtmögliche Leistung zu liefern. Vielmehr soll dem Verbraucher eine ***bestimmte*** und von ihm verlangte Leistung bei vorgegebener und konstanter Spannung geliefert werden. In der Energietechnik ist daher stets $R \gg R_i$ bei Wirkungsgraden von mehr als 95 %.

2.2.4 Übertragungsspannung und Leiterquerschnitt. Die Wahl der Übertragungsspannung ist von der zu übertragenden Leistung und der Ausdehnung des Leitungsnetzes abhängig. Je größer die Übertragungsspannung U, um so kleiner kann bei gegebener Leistung P der Leiterquerschnitt gemacht werden. Geringer Leiterquerschnitt bedeutet ferner geringes Leitergewicht, setzt aber eine geringe Stromstärke voraus, damit der Leistungsverlust $\Delta P = I^2 R$ nicht unzulässig groß wird.

Ist ΔU der Spannungsverlust auf der Leitung, so ist $\Delta P = \Delta U I$ und der *prozentuale* Leistungsverlust p wegen

$$p = \frac{\Delta P}{P} \cdot 100\,\% = \frac{\Delta U}{U} \cdot 100\,\%$$

gleich dem *prozentualen* Spannungsverlust auf der Leitung. Der Leiterwiderstand für *eine* Leitung (Hin- oder Rückleitung) beträgt dabei

$$R_1 = \frac{\Delta U}{2I} = \frac{p\,U}{200 I} = \rho \frac{l}{A}.$$

Daraus der Leiterquerschnitt A mit $I = P/U$ für eine *Doppelleitung* der Länge l

$$A = 2\rho l \frac{100}{p} \frac{P}{U^2} = \frac{200\, l P}{\kappa p U^2}. \qquad (2.2.6)$$

Bei gegebenem prozentualen Leistungsverlust ist demnach der Leiterquerschnitt umgekehrt proportional dem Quadrat der Übertragungsspannung U.

Soll eine bestimmte Leistung P bei vorgegebenem prozentualem Leistungsverlust von p % über eine *Doppel*leitung der Länge l mit dem Leiterquerschnitt A übertragen werden, so ergibt Gl. (2.2.6) als benötigte Übertragungsspannung

$$U = \sqrt{\frac{200\, P l}{\kappa p A}}. \qquad (2.2.6a)$$

Die Übertragung großer Leistungen auf größere Entfernungen verlangt demnach entsprechend hohe Übertragungsspannungen, da Leiterquerschnitte nicht beliebig erhöht werden können. So werden Leiterquerschnitte z.B. über 150 mm² Cu in der Regel nur in Kabeln realisiert. Kabel sind aber für größere Entfernungen sehr kostenspielig und daher unwirtschaftlich. Andererseits ist auch ein zu hoher Leistungsverlust bei größeren Leistungen unwirtschaftlich. Belastungsschwankungen führen dann zu unangenehmen und unzulässigen Spannungsschwankungen beim Verbraucher, wodurch sogar angeschlossene Geräte gefährdet werden können. Schließlich wird der maximal zulässige Leistungsverlust auch durch die zulässige Erwärmung der belasteten Leitung begrenzt.

2.3 Der einfache und verzweigte Gleichstromkreis

2.3.1 Strom- und Spannungsmessung. Zur Messung des Stromes kann grundsätzlich jede Anordnung dienen, auf die bei Stromdurchgang eine Kraft ausgeübt wird, welche beispielsweise durch einen Zeigerausschlag sichtbar gemacht werden kann. Hierfür kann vor allem die Kraftwirkung auf stromdurchflossene Leiter im Magnetfeld angewendet werden (Kap. 5.1.3). Der Zeigerausschlag eines solchen Strommessers muß innerhalb des Meßbereichs eine eindeutige Funktion des ihn durchfließenden Stromes sein. Auf der Skala des Gerätes werden dann die den einzelnen Zeigerausschlägen entsprechenden Stromstärken, z.B. in Ampere oder Milliampere, angegeben (Amperemeter, Milliamperemeter). Ein solcher Strommesser hat zwischen seinen Anschlußklemmen einen bestimmten „inneren Widerstand", den Instrumentenwiderstand R_A, der von dem zu messenden Strom I durchflossen wird. An den Instrumentenklemmen liegt dabei die Spannung IR_A. Eine Spannungsmessung wird daher im allgemeinen auf eine Strommessung zurückgeführt (Beispiel 2.8, S. 18), d.h. man eicht das Instrument nicht in Stromeinheiten, sondern gleich in den entsprechenden Spannungseinheiten.

Die beiden Möglichkeiten einer gleichzeitigen Messung von Strom und Spannung zeigt Bild 2.3.1. In der linken Schaltung ist der gemessene Strom I größer als der Strom I_R durch den Verbraucherwiderstand, in der rechten Schaltung ist dagegen die gemessene Spannung U größer als die Spannung IR am Verbraucherwiderstand R. Man wird daher die linke Schaltung für ***kleine*** Widerstände R, die rechte Schaltung dagegen für ***große*** Widerstände R verwenden.

In Bild 2.3.1a wird die Spannung am Widerstand R richtig gemessen, der Strommesser mißt dagegen den Strom $I = I_R + I_v$. Aus den Meßwerten U und I erhält man daher, wenn R_v der innere Widerstand des Spannungsmessers ist,

$$\frac{I}{U} = \frac{I_R}{U} + \frac{I_v}{U} = \frac{1}{R} + \frac{1}{R_v} = \frac{1}{R'}$$

oder als resultierenden Widerstand R'

$$R' = R\,\frac{R_v}{R + R_v} = R\left(1 - \frac{R}{R + R_v}\right) < R.$$

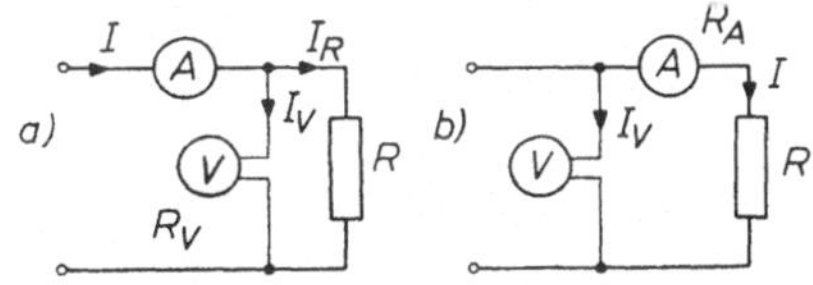

Bild 2.3.1. Strom- und Spannungsmessung

In Bild 2.3.1b wird der Strom durch R richtig gemessen, der Spannungsmesser mißt dagegen die Spannung $U = I\,(R + R_A)$, wobei R_A der innere Widerstand des Strommessers ist. Aus den Meßwerten U und I erhält man daher als resultierenden Widerstand R'

$$R' = \frac{U}{I} = R + R_A = R\,(1 + R_A/R) > R.$$

Strommesser macht man möglichst niederohmig, damit der durch sie verursachte Spannungsabfall die Verbraucherspannung nicht unzulässig beeinflußt. Spannungsmesser macht man dagegen möglichst hochohmig, da sie an der vollen Spannung liegen und der Instrumentenstrom I_v sowie ihr Leistungsbedarf (Eigenverbrauch) UI_v möglichst klein sein soll. Meßbereichserweiterung bei Gleichstrom erfolgt beim Strommesser (Amperemeter) durch einen Nebenwiderstand R_p, auch Shunt genannt, nach Bild 2.3.2 und beim Spannungsmesser (Voltmeter) durch einen Vorwiderstand R_s nach Bild 2.3.3.

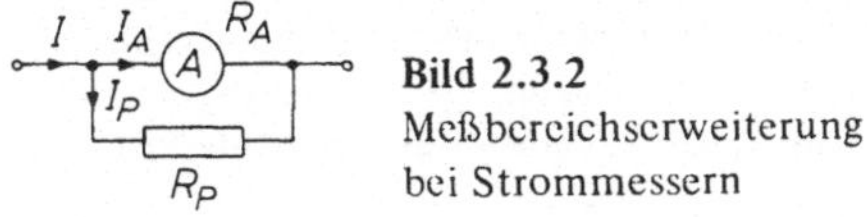

Bild 2.3.2
Meßbereichserweiterung bei Strommessern

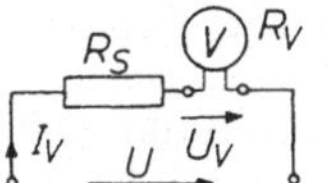

Bild 2.3.3
Meßbereichserweiterung bei Spannungsmessern

Soll der Meßbereich eines Strommessers mit I_A Vollausschlag auf $I = n I_A$ erweitert werden, so wird nach Bild 2.3.2 wegen $I_p = I - I_A$

$$(I - I_A) R_P = I_A R_A = I_A (n-1) R_P$$

oder der erforderliche Nebenwiderstand R_p

$$R_p = R_A / (n-1). \tag{2.3.1}$$

Der gesamte innere Widerstand des Instrumentes ist dann

$$R_i = \frac{R_A R_p}{R_A + R_p} = \frac{R_A}{n}.$$

Er ist stets kleiner als beim Strommesser ohne Meßbereichserweiterung. Dagegen bleibt der Spannungsabfall $I R_i$ am Strommesser unverändert, während der Eigenverbrauch

$$P = I^2 R_i = n I_A^2 R_A$$

n-mal größer geworden ist.

Soll der Meßbereich eines Spannungsmessers mit U_v Vollausschlag auf $U = n U_v$ erweitert werden, so wird nach Bild 2.3.3 wegen

$$U/U_v = (R_s + R_v) / R_v = n$$

der erforderliche Vorwiderstand R_s

$$R_s = (n-1) R_v \tag{2.3.2}$$

und damit der gesamte innere Widerstand R_i des Spannungsmessers

$$R_i = R_s + R_v = n R_v.$$

Wegen der Reihenschaltung von R_v und R_s ist der Strom I_v unverändert geblieben, während der Eigenverbrauch des Spannungsmessers

$$P = U^2 / R_i = n U_v^2 / R_v$$

n-mal größer geworden ist.

Ein Spannungsmesser mit dem inneren Widerstand R_v kann auch zur direkten Messung von Widerständen dienen. Werden Instrument und unbekannter Widerstand R_x in Reihenschaltung an eine konstante Spannung U_0 angeschlossen, so ist bei überbrücktem Widerstand R_x die Instrumentenanzeige $U = U_0$ und bei nicht überbrücktem Widerstand $U < U_0$. Dabei ist

$$U/U_0 = R_v / (R_v + R_x), \quad R_x = R_v (U_0 / U - 1).$$

Die Skala des Instrumentes kann direkt in Ohm geeicht werden (Ohmmeter).

Einen praktisch unendlich hohen inneren Gleichstromwiderstand haben elektrostatische Spannungsmesser. Bei diesen wird die Spannungsmessung nicht auf eine Strommessung zurückgeführt. Vielmehr werden zwei geeignet angeordnete Elektroden an die zu messende Spannung angeschlossen, wodurch sich elektrische Ladungen auf ihrer Oberfläche ansammeln, die der angelegten Spannung proportional sind. Die Kraftwirkung, die diese Ladungen aufeinander ausüben, ist ein Maß für die angelegte Spannung und verursacht einen Zeigerausschlag (Kap. 5.2.3).

2.3.2 Spannungsteilung und Kompensation. Soll von einer Spannung U nur ein Teil $U_1 < U$ abgegriffen werden, so kann man eine Spannungsteilung mit Hilfe von Widerständen vornehmen. Eine solche Spannungsteilerschaltung zeigt Bild 2.3.4. Bei *Leerlauf* ($R_v \to \infty$) ist die abgegriffene Spannung U_1

$$U_1 = UR_1/(R_1+R_2) = UR_1/R. \qquad (2.3.3)$$

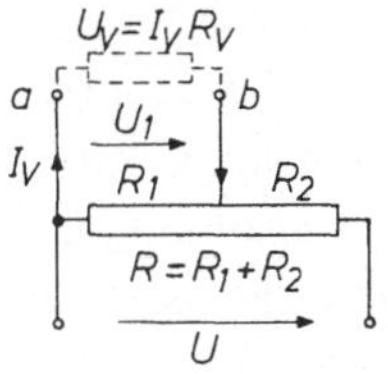

Bild 2.3.4
Spannungsteilerschaltung

Es lautet somit die *Regel der Spannungsteilung:*

> Die Spannungen an Widerständen, die vom gemeinsamen Strom durchflossen werden, verhalten sich wie die zugehörigen Widerstandswerte.

Bei Belastung des Spannungsteilers mit R_v bildet er eine Parallelschaltung der Widerstände R_v und R_1 in Reihenschaltung mit R_2. Es wird also

$$U_v = U \frac{\dfrac{R_1 R_v}{R_1+R_v}}{\dfrac{R_1 R_v}{R_1+R_v} + R_2} = U \frac{R_1 R_v}{R_v(R_1+R_2)+R_1 R_2}$$

oder

$$U_v = U \frac{R_1}{R_1+R_2+R_1R_2/R_v} = U \frac{R_v}{R_v+R_2+R_vR_2/R_1} \qquad (2.3.4)$$

Ein Spannungsteiler gestattet es, eine Spannung in weiten Grenzen zu ändern; seine Verwendung ist aber nur bei kleinen Strömen wirtschaftlich.

> Die an einem Spannungsteiler abgegriffene Spannung ist belastungsabhängig.

Diese Belastungsabhängigkeit ist aus Bild 2.3.5 zu erkennen. Dabei wurde mit $R = R_1 + R_2$ gesetzt:

Teilerverhältnis $\tau = R_1/R$, Belastungsverhältnis $r = R_v/R$.

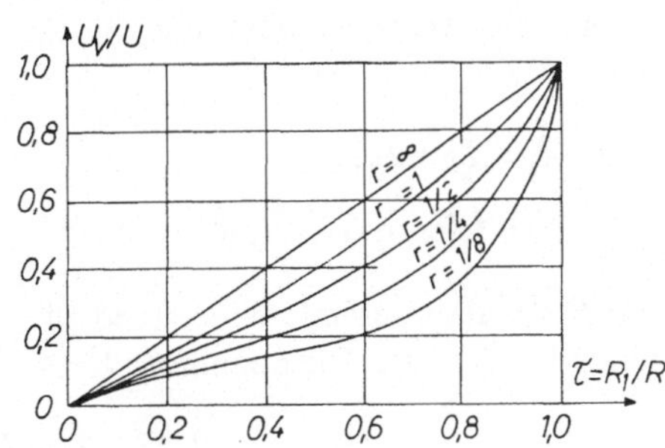

Bild 2.3.5
Belastungsabhängigkeit der Spannungsteilung. Parameter $r = R_v/R$

Es wird dann wegen $R_2/R_v = (R - R_1)/R_v = (1 - \tau)/r$ aus Gl. (2.3.4)

$$\frac{U_v}{U} = \frac{1}{R/R_1 + R_2/R_v} = \frac{\tau}{1 + \tau\,(1 - \tau)/r}.$$

Für $\tau = 0{,}5$ wird somit bei $r = 0{,}1$ die abgegriffene Spannung nicht wie im Leerlauf $U_1 = 0{,}5\ U$, sondern nur $U_v = 0{,}143\ U = 0{,}286\ U_1$.

Wird an die Klemmen a–b der Spannungsteilerschaltung Bild 2.3.4 eine Spannungsquelle der Spannung U_x in Reihe mit einem geeigneten Galvanometer angeschlossen, so erhält man eine Kompensationsschaltung. Das Galvanometer ist stromlos, wenn $U_x = U_1$. Es ist dann

$$U_x = U\,\frac{R_1}{R}. \tag{2.3.5}$$

Anwendung findet die Kompensationsschaltung für genaue Strom-, Spannungs- und Widerstandsmessungen sowie bei Fernmessungen. Ihr entscheidender Vorteil liegt in der *stromlosen* Messung durch Vergleich zweier Spannungen.

Beispiel 2.20. Im Bild 2.3.6 ist $R_1 = R_2 = R = 40$ kΩ und $U = 400$ V eine konstante Spannung. Es soll die Spannung an R_2 gemessen werden. Hierfür ist ein Instrument mit $R_i \to \infty$ und ein weiteres Instrument mit $R_i = 10$ kΩ vorhanden. Wie groß ist die Anzeige beider Instrumente?

Lösung: Die Anordnung ist eine Spannungsteilerschaltung, belastet mit dem Widerstand R_i des Spannungsmessers. Die Spannungsanzeige wird daher wegen $R_1 = R_2 = R$ nach Gl. (2.3.4)

$$U_2 = U\,\frac{1}{2 + R/R_i}.$$

Somit erhält man für das Instrument mit $R_i \to \infty$

$$U_2 = U/2 = 200\ \text{V}, \qquad \text{Fehler } \delta_1 = 0\ \%$$

und für den Spannungsmesser mit $R_i = 10$ kΩ

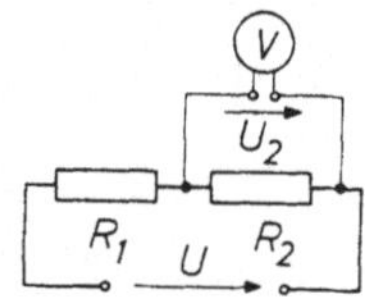

Bild 2.3.6 Zu Beispiel 2.20

$$U_2 = \frac{U}{2+4} = 66{,}7\ \text{V}, \qquad \text{Fehler } \delta_2 = \frac{66{,}7 - 200}{200}\cdot 100\ \% = -\,66{,}7\ \%.$$

Die Beachtung des inneren Widerstandes von Spannungsmessern ist vor allem bei der Spannungsmessung in hochohmigen Stromkreisen wichtig.

2.3.3 Stromteilung. Soll die Aufteilung eines Stromes I in Teilströme vorgenommen werden, so kann man hierfür eine Parallelschaltung verwenden. Ersetzt man die Widerstände durch ihre Leitwerte, so erhält man die zur Spannungsteilung analogen Beziehungen. So ist in Bild 2.3.7

$$I = I_1 + I_2 + I_3,$$

$$G = G_1 + G_2 + G_3 = 1/R,$$

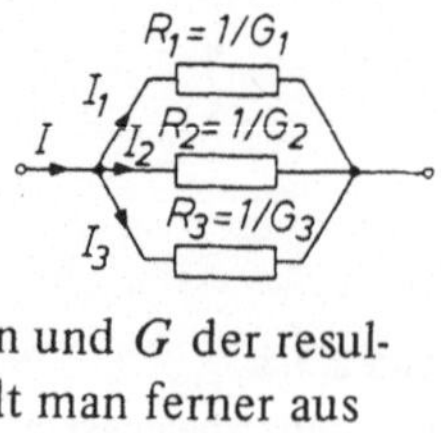

Bild 2.3.7 Stromteilerschaltung

wobei R der resultierende Widerstand zwischen den Anschlußklemmen und G der resultierende Leitwert ist. Die Spannung U an den Anschlußklemmen erhält man ferner aus

$$I = UG,\quad I_1 = UG_1,\quad I_2 = UG_2,\quad I_3 = UG_3.$$

Somit

$$\frac{I_1}{I} = \frac{G_1}{G_1 + G_2 + G_3} \tag{2.3.6}$$

Der Teilstrom durch einen Zweigwiderstand einer an gemeinsamer Spannung liegenden Parallelschaltung aus n Widerständen verhält sich zum Gesamtstrom durch die Parallelschaltung wie der vom Teilstrom durchflossene Zweigleitwert zur Summe der n Zweigleitwerte.

Führt man in Gl. (2.3.6) die Zweigwiderstände ein, so erhält man

$$\frac{I_1}{I} = \frac{R_2 R_3/(R_2 + R_3)}{R_1 + R_2 R_3/(R_2 + R_3)} = \frac{R_2 R_3}{R_1 R_2 + R_1 R_3 + R_2 R_3} = \frac{R}{R_1}. \tag{2.3.6a}$$

Berücksichtigt man dabei, daß in Bild 2.3.7 der Teilwiderstand R_1 mit dem resultierenden Widerstand aus den beiden anderen parallelen Zweigwiderständen

$$R_{23} = \frac{R_2 R_3}{R_2 + R_3}$$

eine Masche bildet, so entnimmt man aus Gl. (2.3.6a) folgende *Regel der Stromteilung:*

Der Teilstrom I_ν durch einen Widerstand R_ν einer an gemeinsamer Spannung liegenden Parallelschaltung aus n Widerständen verhält sich zum Gesamtstrom I wie der resultierende Widerstand aus den n-1 *nicht* vom Teilstrom I_ν durchflossenen Widerständen zur Summe aus diesem und R_ν (Ringwiderstand der Masche).

Insbesondere erhält man für die Parallelschaltung *zweier* Widerstände R_1 und R_2

$$\frac{I_1}{I} = \frac{G_1}{G_1 + G_2} = \frac{R_2}{R_1 + R_2} \tag{2.3.7}$$

Die Anwendung dieser Regel der Stromteilung kann bei der Berechnung der Stromverteilung in linearen Schaltungen oft gute Dienste leisten.

Beispiel 2.21. In der Anordnung Bild 2.3.8 ist der Strom I_1 durch den Widerstand R_1 mit der Regel der Stromteilung zu berechnen.

Lösung: Mit

$$R_{23} = \frac{R_2 R_3}{R_2 + R_3}, \qquad R_{ges} = R + \frac{R_1 R_2 R_3}{R_1 R_2 + R_1 R_3 + R_2 R_3}$$

wird nach der Regel der Stromteilung

$$I_1 = I \frac{R_{23}}{R_1 + R_{23}} = \frac{U}{R_{ges}} \frac{R_{23}}{R_1 + R_{23}}$$

oder

$$I_1 = U \frac{R_2 R_3}{R(R_1 R_2 + R_1 R_3 + R_2 R_3) + R_1 R_2 R_3}.$$

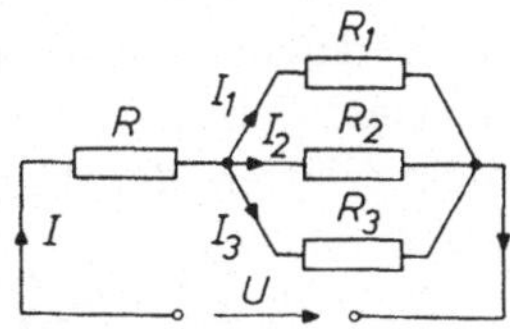

Bild 2.3.8
Netzwerk zu Beispiel 2.21

Beispiel 2.22. Ein an eine Zweipolquelle konstanter Spannung U angeschlossener Widerstand R wird vom Strom I durchflossen. Der Strom soll um $\Delta I/I = 5\,\%$ verringert werden, ohne daß sich der Gesamtstrom ändert. Gesucht ist die hierfür erforderliche Schaltung.

Lösung: Parallel zu R ist ein Widerstand R_p vorzusehen, wodurch aber der Gesamtwiderstand verkleinert wird. In Reihe mit dieser Parallelschaltung ist daher noch ein Widerstand R_s zu legen. Mit $\Delta I/I = p$ ist dann nach Gl. (2.3.7)

$$\frac{I-\Delta I}{I} = \frac{R_p}{R+R_p} = 1-p, \quad R_p = \frac{1-p}{p} R = 19\,R.$$

Damit wird der resultierende Widerstand der Parallelschaltung aus R und R_p

$$\frac{R R_p}{R+R_p} = \frac{R^2(1-p)}{pR+(1-p)R} = (1-p)\,R = 0{,}95\,R.$$

Es muß daher

$$R_s + (1-p)\,R = R \quad \text{oder} \quad R_s = p\,R = 0{,}05\,R$$

sein.

2.3.4 Brückenschaltungen. Brückenschaltungen kommen in verschiedenen Anordnungen in allen Gebieten der Elektrotechnik vor. Die einfachste Brückenanordnung ist die *Wheatstonesche Brücke* nach Bild 2.3.9. Bei Stromlosigkeit des Nullzweiges CD haben die Punkte C und D gleiches Potential. Es ist dann $I_1 = I_3$ und $I_2 = I_4$ oder

$$I_1 R_1 = I_2 R_2 \quad \text{und} \quad I_1 R_3 = I_2 R_4.$$

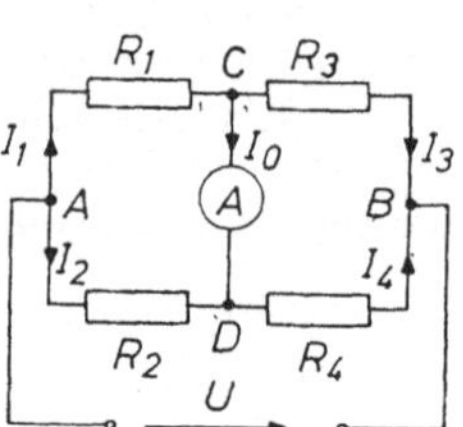

Bild 2.3.9
Wheatstonesche Brücke

Somit lautet die Abgleichbedingung für die Brücke

$$\boxed{\frac{R_1}{R_3} = \frac{R_2}{R_4}} \quad \text{oder} \quad \boxed{\frac{R_1}{R_2} = \frac{R_3}{R_4}} \tag{2.3.8}$$

Ist $R_1 = R_x$ ein unbekannter Widerstand und z. B. $R_3 = R_n$ ein bekannter Normalwiderstand, so kann die Wheatstonesche Brücke zur Messung des unbekannten Widerstandes R_x durch Vergleich mit R_n dienen. Macht man dabei R_2 veränderlich, so kann die Brücke durch Verändern von R_2 abgeglichen werden ($I_0 = 0$). Man kann auch den Zweig A-D-B durch einen Schleifdraht und den Endpunkt D des Nullzweiges C-D durch einen Schleifkontakt ersetzen. Bei abgeglichener Brücke ist dann

$$R_x = R_n \frac{R_2}{R_4} = R_n \frac{l_1}{l_2},$$

wobei l_1 und l_2 die auf dem Schleifdraht abgegriffenen und den Widerständen R_2 und R_4 entsprechenden Längen bei abgeglichener Brücke sind.

Zur Messung sehr kleiner Widerstände, die bereits in der Größenordnung der Zuleitung liegen, ist die Wheatstonesche Brückenschaltung nicht mehr geeignet, da mit ihr die Widerstände der unvermeidlichen Zuleitungen mitgemessen werden. Man verwendet in solchen Fällen eine Brückenschaltung nach Bild 2.3.10 (Doppelbrücke nach Thomson). R_x ist der zu messende Widerstand unbekannter Größe und R_n ein bekannter Vergleichswiderstand (Normalwiderstand).

Bei stromlosem Nullzweig EF ist dann

$$I_a = I'_a, \; I_b = I'_b, \; I = I'$$

und damit

$$I R_x = I_a R_1 - I_b R_2 = R_1 \, (I_a - I_b \, R_2/R_1)$$

$$I R_n = I_a R_3 - I_b R_4 = R_3 \, (I_a - I_b \, R_4/R_3).$$

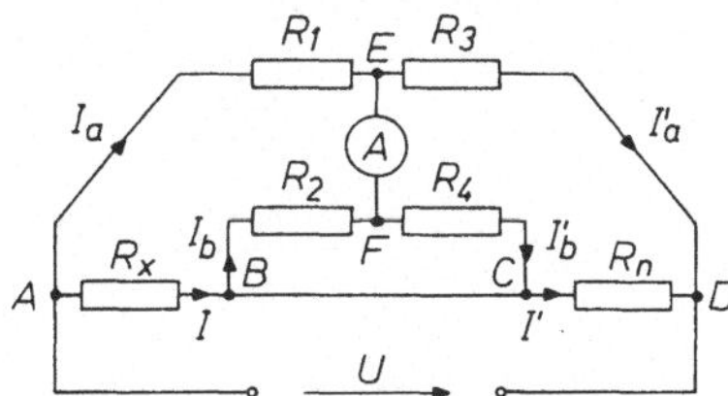

Bild 2.3.10. Thomson-Brücke

Macht man $R_2/R_1 = R_4/R_3$, so lautet die Bedingung für die Stromlosigkeit des Nullzweiges EF

$$R_x/R_n = R_1/R_3 = R_2/R_4,$$

wobei man zweckmäßig auch noch $R_1 = R_2$ und $R_3 = R_4$ macht. Es ist somit

$$R_x = R_n R_1/R_3 = R_n R_2/R_4 \tag{2.3.8a}$$

R_x und R_n werden zwischen den Verzweigungspunkten A-B bzw. C-D gemessen, die an die Widerstandsklemmen gelegt werden können, die Zuleitungswiderstände addieren sich somit lediglich zu den Widerständen der Zweige AED und BFC, wo sie vernachlässigt werden können, sofern man diese Brückenwiderstände hinreichend groß wählt ($> 1 \, \Omega$). Mit der Thomson-Brücke können Widerstände bis herab zu einigen $\mu\Omega$ gemessen werden.

2.3.5 Netzumwandlung. Die Berechnung zusammengesetzter Stromkreise kann oft erheblich vereinfacht werden, wenn man eine ein Widerstandsdreieck bildende Masche in einen elektrisch gleichwertigen dreistrahligen Widerstandsstern umwandelt oder umgekehrt. Es müssen dann mit den Bezeichnungen des Bildes 2.3.11 gelten

$$R_{10} + R_{20} = \frac{R_3 \, (R_1 + R_2)}{R_1 + R_2 + R_3} \qquad \text{(Punkte 1–2)},$$

$$R_{20} + R_{30} = \frac{R_1 \, (R_2 + R_3)}{R_1 + R_2 + R_3} \qquad \text{(Punkte 2–3)},$$

$$R_{30} + R_{10} = \frac{R_2 \, (R_1 + R_3)}{R_1 + R_2 + R_3} \qquad \text{(Punkte 3–1)}.$$

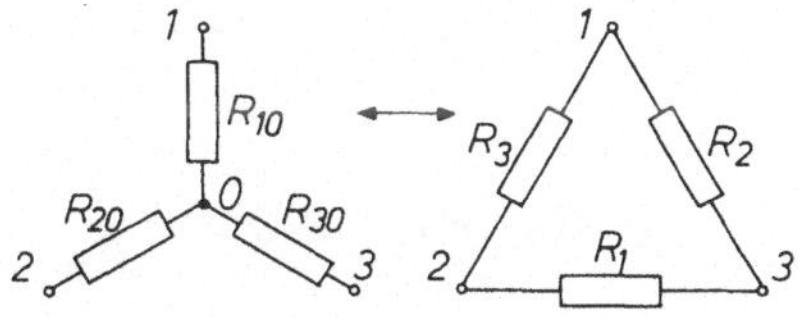

Bild 2.3.11
Zur Stern-Dreieck-Umwandlung

Durch Subtraktion zweier Gleichungen und Addition der dritten Gleichung erhält man daraus zur Umwandlung eines Widerstandsdreiecks in einen gleichwertigen Widerstandsstern für die *Sternwiderstände*

$$R_{10} = \frac{R_2 R_3}{R_1 + R_2 + R_3}, \quad R_{20} = \frac{R_1 R_3}{R_1 + R_2 + R_3}, \quad R_{30} = \frac{R_1 R_2}{R_1 + R_2 + R_3} \tag{2.3.9}$$

oder, wenn man die Widerstände durch ihre Leitwerte ersetzt

$$G_{10} = \frac{G_1 G_2 + G_2 G_3 + G_3 G_1}{G_1},$$

$$G_{20} = \frac{G_1 G_2 + G_2 G_3 + G_3 G_1}{G_2}, \qquad (2.3.10)$$

$$G_{30} = \frac{G_1 G_2 + G_2 G_3 + G_3 G_1}{G_3}.$$

Bei der Dreieck-Stern-Umwandlung erhält man die *Sternwiderstände* als Produkt aus den beiden vom Sternendpunkt ausgehenden Dreieckwiderständen, dividiert durch die Summe der Dreieckwiderstände.

Zur Umwandlung eines Widerstandssterns in ein gleichwertiges Widerstandsdreieck entnimmt man zunächst Gl. (2.3.9)

$$R_1 = \left(1 + \frac{R_1}{R_3} + \frac{R_2}{R_3}\right) R_{20}, \qquad \frac{R_2}{R_3} = \frac{R_{30}}{R_{20}},$$

$$R_2 = \left(1 + \frac{R_2}{R_1} + \frac{R_3}{R_1}\right) R_{30}, \qquad \frac{R_3}{R_1} = \frac{R_{10}}{R_{30}},$$

$$R_3 = \left(1 + \frac{R_1}{R_2} + \frac{R_3}{R_2}\right) R_{10}, \qquad \frac{R_1}{R_2} = \frac{R_{20}}{R_{10}}.$$

Daraus findet man zur Umwandlung eines Widerstandssterns in ein gleichwertiges Widerstandsdreieck für die *Dreieckwiderstände*

$$R_1 = R_{20} + R_{30} + \frac{R_{20} R_{30}}{R_{10}} = \frac{R_{10} R_{20} + R_{20} R_{30} + R_{30} R_{10}}{R_{10}}$$

$$R_2 = R_{30} + R_{10} + \frac{R_{30} R_{10}}{R_{20}} = \frac{R_{10} R_{20} + R_{20} R_{30} + R_{30} R_{10}}{R_{20}} \qquad (2.3.11)$$

$$R_3 = R_{10} + R_{20} + \frac{R_{10} R_{20}}{R_{30}} = \frac{R_{10} R_{20} + R_{20} R_{30} + R_{30} R_{10}}{R_{30}}$$

oder wenn man die Widerstände durch ihre Leitwerte ersetzt

$$G_1 = \frac{G_{20} G_{30}}{G_{10} + G_{20} + G_{30}}, \quad G_2 = \frac{G_{30} G_{10}}{G_{10} + G_{20} + G_{30}}, \quad G_3 = \frac{G_{10} G_{20}}{G_{10} + G_{20} + G_{30}}. \qquad (2.3.12)$$

Bei der Stern-Dreieck-Umwandlung erhält man die *Dreieckwiderstände* als Summe der beiden Sternwiderstände über der Dreieckseite, vermehrt um deren durch den dritten Sternwiderstand dividiertes Produkt.

Die Zweigwiderstände der Sternschaltung verhalten sich dabei genau so, wie die Zweigleitwerte der Dreieckschaltung.

Grundsätzlich kann jeder n-strahlige Stern in ein gleichwertiges n-Eck umgewandelt werden, da die n Endpunkte des Sternes die n Eckpunkte des n-Ecks eindeutig festlegen. Die n Eckpunkte eines n-Ecks können dagegen die n Endpunkte beliebig vieler n-strahliger Sterne sein. Die Umwandlung eines n-Ecks in einen gleichwertigen n-strahligen Stern ist daher nur für $n = 3$ möglich. Ein n-Eck ergibt nämlich für die n unbekannten Sternwiderstände insgesamt $n(n-1)/2$ Bestimmungsgleichungen. Die n unbekannten Sternwiderstände sind daher überbestimmt. Die Gleichung

$$n(n-1)/2 = n$$

ist dagegen außer für $n = 0$ nur für $n = 3$ erfüllt.

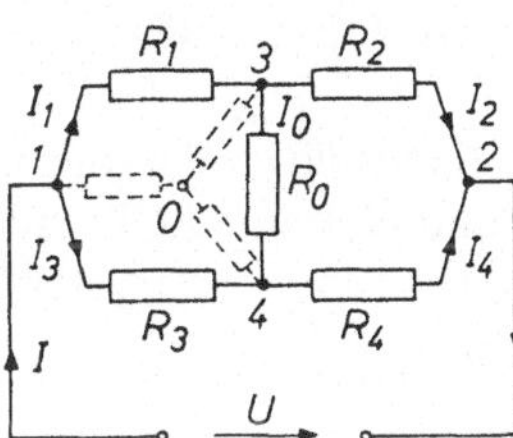

Bild 2.3.12
Wheatstonesche Brücke zu Beispiel 2.23

Beispiel 2.23. Im Bild 2.3.12 (Wheatstonesche Brücke) sind gegeben:

$R_1 = 200\ \Omega,\quad R_2 = 150\ \Omega,\quad R_3 = 400\ \Omega,$

$R_4 = 500\ \Omega,\quad R_0 = 200\ \Omega,\quad U = 4{,}0\ \text{V}.$

Der Gesamtwiderstand R, die Stromaufnahme I und die Spannungen an den einzelnen Widerständen sowie die einzelnen Teilströme sind zu berechnen.

Lösung: Verwandelt man zuerst das Widerstandsdreieck 1-3-4 in einen gleichwertigen Widerstandsstern, so werden die Sternwiderstände der Zweige 1-0, 3-0 und 4-0 nach Gl. (2.3.9)

$$R_{10} = R_{40} = 100\ \Omega, \quad R_{30} = 50\ \Omega.$$

Somit wird

$$R = R_{10} + \frac{(R_{30}+R_2)\,(R_{40}+R_4)}{R_{30}+R_{40}+R_2+R_4} = 100\ \Omega + 150\ \Omega = 250\ \Omega$$

und

$$I = U/R = 4{,}0\ \text{V}/250\ \Omega = 16\ \text{mA}.$$

Da die Ströme im Zweig 0-3 und 3-2 einerseits, im Zweig 0-4 und 4-2 andererseits gleich sind, ergibt Masche 0-3-2-4-0 und der Knotenpunkt 0

$$I_2\,(R_{30}+R_2) = I_4\,(R_{40}+R_4) \quad \text{oder} \quad I_2 = 3\,I_4.$$

Ferner ist $I = I_2 + I_4$. Damit wird

$$I_2 = 12\ \text{mA}, \quad U_2 = 1{,}8\ \text{V}, \quad I_4 = 4\ \text{mA}, \quad U_4 = 2{,}0\ \text{V}$$

und es wird bei einem willkürlich gewählten Strombezugssinn im Nullzweig von 4 nach 3

$$U_0 = I_0 R_0 = U_2 - U_4 \quad \text{oder} \quad U_0 = -\,0{,}2\ \text{V}, \; I_0 = -\,1\ \text{mA}.$$

Bei umgekehrt angenommenem Bezugssinn im Nullzweig würden U_0 und I_0 ein positives Vorzeichen im Ergebnis haben.
Schließlich wird noch

$$U_1 = U - U_2 = 2{,}2\ \text{V} \quad \text{und} \quad U_3 = U - U_4 = 2{,}0\ \text{V}$$

sowie damit

$$I_1 = U_1/R_1 = 11\ \text{mA}, \quad I_3 = U_3/R_3 = 5\ \text{mA}.$$

2.3.6 Passive und aktive Zweipole (Eintore). Ein Zweipol oder *Eintor* heißt *passiv*, wenn er keine Energiequellen enthält, er ist ein quellenloser Zweipol. Grundsätzlich kann sich ein solcher passiver Zweipol als *linearer* Zweipol aus einer beliebigen Kombination linearer Widerstände zusammensetzen, die nur an zwei Punkten, den Klemmen oder Polen, zugänglich ist. Wird ein solcher Zweipol an eine Spannung U angeschlossen und nimmt er dabei den Strom I auf, so ist sein resultierender Widerstand R (Ersatzwiderstand) oder sein resultierender Leitwert (Ersatzleitwert) G

$$R = \frac{U}{I}, \qquad G = \frac{I}{U} = \frac{1}{R}.$$

Für eine Reihenschaltung und Parallelschaltung zweier Widerstände R_1 und R_2 (Leitwerte G_1 und G_2) enthält Tabelle 2.2 einige Beziehungen.

Tabelle 2.2. Reihen- und Parallelschaltung von Widerständen

Reihenschaltung 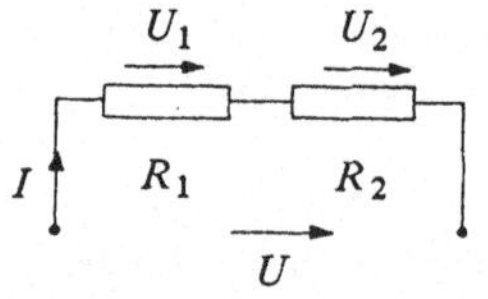	Parallelschaltung 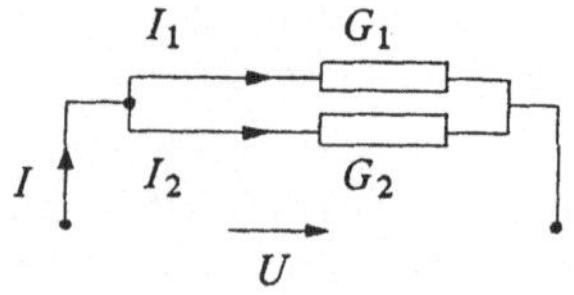
U_1, U_2, R_1, R_2, I, U	I_1, G_1, I_2, G_2, I, U
Maschenregel	Knotenpunktsregel
$U = U_1 + U_2$	$I = I_1 + I_2$
$U = I(R_1 + R_2)$	$I = U(G_1 + G_2)$
$U_1 = IR_1,\ U_2 = IR_2$	$I_1 = UG_1,\ I_2 = UG_2$
$R = R_1 + R_2$	$G = G_1 + G_2$
$G = \dfrac{G_1 G_2}{G_1 + G_2}$	$R = \dfrac{R_1 R_2}{R_1 + R_2}$
Spannungsteilung	Stromteilung
$\dfrac{U_1}{U_2} = \dfrac{R_1}{R_2}$	$\dfrac{I_1}{I_2} = \dfrac{G_1}{G_2}$
$\dfrac{U_1}{U} = \dfrac{R_1}{R_1 + R_2},\ \dfrac{U_2}{U} = \dfrac{R_2}{R_1 + R_2}$	$\dfrac{I_1}{I} = \dfrac{G_1}{G_1 + G_2},\ \dfrac{I_2}{I} = \dfrac{G_2}{G_1 + G_2}$

Man erkennt aus dieser Zusammenstellung, daß man analoge Beziehungen erhält, wenn man ersetzt:

Reihenschaltung ↔ Parallelschaltung
Spannung ↔ Strom
Widerstand ↔ Leitwert

Auf die gleiche Weise entsprechen einander z. B. Spannungsquelle und Stromquelle, Leerlauf und Kurzschluß sowie Sternschaltung und Dreieckschaltung.

Zwei Netzwerke (Zweipole) heißen dual, wenn sich die Ströme im einen Netzwerk genau so verhalten wie die Spannungen im anderen Netzwerk. Zwischen den Zweigwiderständen des einen Netzwerks bestehen dann gleiche Beziehungen, wie zwischen den Leitwerten des anderen Netzwerks (Kap. 13.1.3).

Dieser Dualismus kann zur Beurteilung des Verhaltens von Zweipolschaltungen sehr nützlich sein. Er gestattet es, einen linearen Zweipol entweder durch eine Reihenschaltung oder durch eine Parallelschaltung als Ersatzschaltbild darzustellen (Kap. 13.1.1) und gilt auch für eine lineare Zweipolquelle.

Beispiel 2.24. Ein linearer passiver Zweipol hat zwischen seinen Klemmen einen Widerstand $R = 60\ \Omega$; er soll durch zwei Einzelwiderstände R_1 und R_2 im Verhältnis 1 : 3

a) in Reihenschaltung, b) in Parallelschaltung

ersetzt werden. R_1 und R_2 sind für beide Schaltungen zu berechnen.

Lösung: Bei der Reihenschaltung addieren sich die Widerstände R_1 und R_2, bei der Parallelschaltung addieren sich ihre Leitwerte G_1 und G_2.

a) *Reihenschaltung:* $R_1 + R_2 = 4\,R_1 = R$,
$R_1 = R/4 = 15\ \Omega$, $R_2 = 3\,R/4 = 45\ \Omega$.

b) *Parallelschaltung:* $G_1 + G_2 = 4\,G_1 = G$,
$G_1 = G/4 = 4{,}2$ mS, $R_1 = 4\,R = 240\ \Omega$,
$G_2 = 3\,G/4 = 12{,}5$ mS, $R_2 = 4\,R/3 = 80\ \Omega$.

Ein *aktiver* Zweipol enthält Energiequellen als Spannungs- oder Stromquellen. Das allgemeine Schaltzeichen für unabhängige ideale Quellen zeigt Bild 2.3.13*). Die ideale Spannungsquelle hat die starre Quellenspannung U_q und zwischen ihren Klemmen den Widerstand $R_q = 0$. Die ideale Stromquelle hat die starre Quellenstromstärke I_q, den Quellenstrom, und zwischen ihren Klemmen den Leitwert $G_q = 0$. Ideale Spannungsquellen bilden bei $U_q = 0$ einen Kurzschluß, ideale Stromquellen bei $I_q = 0$ einen unterbrochenen Netzzweig. Für ideale Gleichspannungsquellen wird auch das Schaltzeichen in Bild 2.1.7 verwendet. Da die Ergiebigkeit idealer Quellen unendlich groß ist, kann man ideale Spannungsquellen nicht im Kurzschluß und ideale Stromquellen nicht im Leerlauf betreiben. Beide Quellen können auch nicht ineinander umgewandelt werden. Innerhalb begrenzter Bereiche können ideale Quellen angenähert durch Halbleiterschaltungen als Konstantspannungsquellen oder als Konstantstromquellen realisiert werden (vgl. Beispiel 8.2).

Die Ersatzschaltungen unabhängiger realer Quellen als aktive Zweipole zeigt Bild 2.3.14. Die reale Spannungsquelle bildet eine Reihenschaltung aus einer idealen Spannungsquelle

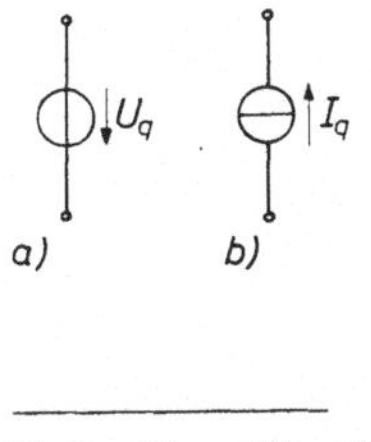

Bild 2.3.13
Schaltzeichen für ideale Quellen
a) Spannungsquelle
b) Stromquelle

*) Im Vorgriff auf die erweiterte Neufassung DIN 5489.

und dem Innenwiderstand R_i; die reale Stromquelle bildet eine Parallelschaltung aus einer idealen Stromquelle und dem Innenleitwert $G_i = 1/R_i$.

> Eine Zweipolquelle ist linear, wenn die Quellenspannung U_q bzw. die Quellenstromstärke I_q und der Innenwiderstand R_i belastungsunabhängig sind.

Für reale Quellen als Spannungsquelle a) und als Stromquelle b) ist in Bild 2.3.14

$$\text{a) } U_q = IR_i + U, \qquad \text{b) } I_q = UG_i + I.$$

Beide Ersatzschaltungen realer Quellen sind hinsichtlich ihres Strom-Spannungs-Verhaltens an den Klemmen gleichwertig und ineinander überführbar. Mit U als Klemmenspannung und I als Stromstärke erhält man dabei für beide lineare Quellen:

Im *Leerlauf:* $R \to \infty, \quad I = 0, \quad U = U_0$.

$$\text{a) } U_0 = U_q, \qquad \text{b) } U_0 = I_q/G_i = I_q R_i.$$

Im *Kurzschluß:* $R = 0, \quad I = I_k, \quad U = 0$.

$$\left.\begin{array}{l}\text{a) } I_k = U_q/R_i \\ \text{b) } I_k = I_q = U_0 G_i\end{array}\right\} R_i = 1/G_i = U_0/I_k.$$

Bei *Belastung* mit $R = 1/G$:

$$\left.\begin{array}{l}\text{a) } U = U_q - IR_i, \quad I = U/R \\ \text{b) } I = I_q - UG_i, \quad U = I/G\end{array}\right\} \begin{array}{l} U = IR = U_0 - IR_i \\ I = U_0/(R + R_i).\end{array}$$

Innerhalb der Quellen gilt jedoch für den Strom I durch R_i bzw. I_g durch G_i

$$I = I_q - I_g. \qquad (2.3.13)$$

> Eine lineare Zweipolquelle kann in einer Ersatzschaltung dargestellt werden als ideale Spannungsquelle mit der Quellenspannung U_q in Reihe mit dem Innenwiderstand R_i oder als ideale Stromquelle mit der Quellenstromstärke I_q parallel zum Innenleitwert $G_i = 1/R_i$.

Den allgemeinsten Fall eines Zweipols (Eintors) beschreibt Bild 2.3.15. Mit $I_q = 0$ ist es die Ersatzschaltung einer realen Spannungsquelle, mit $U_q = 0$ die Ersatzschaltung einer realen Stromquelle. Sind $I_q = 0$ und $U_q = 0$, so verbleibt ein passiver Zweipol vom Widerstand R.

Beispiel 2.25. Der lineare aktive Zweipol Bild 2.3.16a ist durch eine Ersatzspannungsquelle sowie durch eine Ersatzstromquelle zu ersetzen. Gesucht sind die Kenngrößen beider Ersatzquellen.

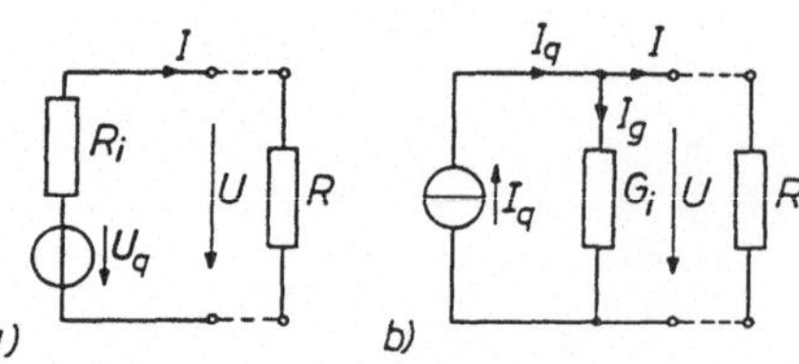

Bild 2.3.14
Ersatzschaltungen realer Zweipolquellen
a) Spannungsquelle
b) Stromquelle

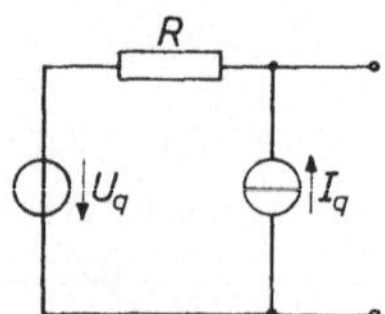

Bild 2.3.15
Ersatzschaltung für einen allgemeinen Zweipol

Lösung: Wird die Stromquelle in eine Spannungsquelle mit $U_{q1} = I_{q1} R_1$ umgewandelt, so erhält man eine Reihenschaltung aus zwei Spannungsquellen. Mithin beträgt die Leerlaufspannung

$$U_0 = U_{q1} + U_{q2} = I_{q1} R_1 + U_{q2} = U_q.$$

Wird die ideale Stromquelle als aufgetrennter Zweig und die ideale Spannungsquelle als Kurzschluß betrachtet, so beträgt der Innenwiderstand als Eingangswiderstand

$$R_i = R_1 + R_2 = 1/G_i$$

und die Kurzschlußstromstärke I_k wird bei kurzgeschlossenen Klemmen $a-b$

$$I_k = \frac{U_0}{R_i} = \frac{U_{q1} + U_{q2}}{R_1 + R_2} = \frac{I_{q1} R_1 + U_{q2}}{R_1 + R_2} = I_q.$$

Die beiden Ersatzquellen zeigt Bild 2.3.16b und c.

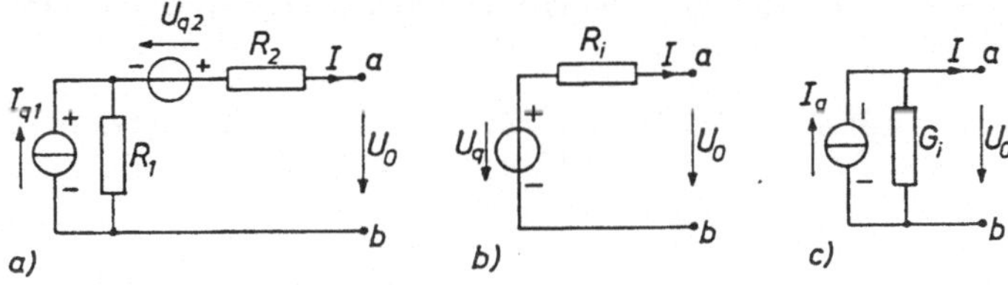

Bild 2.3.16 Aktiver Zweipol zu Beispiel 2.25
a) mit Strom- und Spannungsquelle
b) als Ersatzspannungsquelle
c) als Ersatzstromquelle

Beispiel 2.26. Die beiden parallelen linearen Spannungsquellen in Bild 2.3.17 sind in äquivalente Stromquellen umzuwandeln und die gesamte Anordnung durch eine Ersatzspannungsquelle sowie durch eine Ersatzstromquelle mit ihren Kenngrößen zu ersetzen.

Lösung: Bild 2.3.18a zeigt die durch Stromquellen ersetzte Schaltung. Dabei ist

$$I_{q1} = U_1/R_1 = U_1 G_1,$$
$$I_{q2} = U_2/R_2 = U_2 G_2.$$

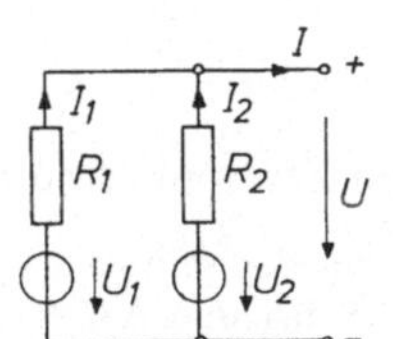

Bild 2.3.17
Parallelgeschaltete lineare Spannungsquellen

Beide Stromquellen können auch durch Stromeinspeisungen (Speiseströme) und gleich große Stromabgänge (Lastströme) nach Bild 2.3.18b ersetzt werden. Der resultierende Innenwiderstand wird dabei

$$R_i = \frac{R_1 R_2}{R_1 + R_2} = 1/G_i.$$

Die Leerlaufspannung erhält man aus

$$U_0 = U_1 - I_1 R_1 \quad \text{und} \quad U_0 = U_2 + I_1 R_2$$

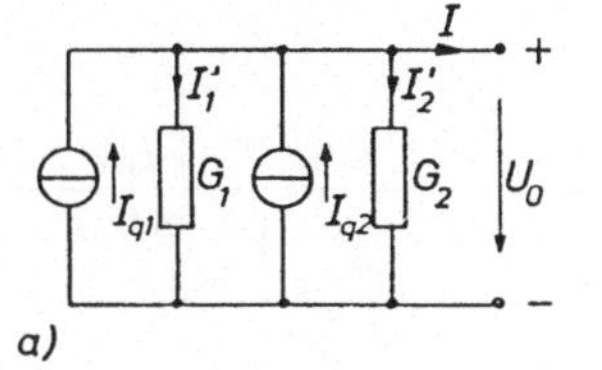

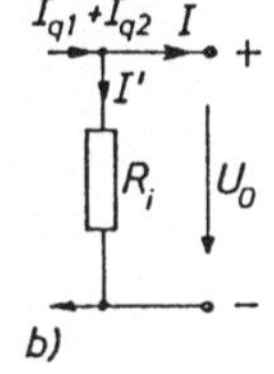

Bild 2.3.18
Äquivalente Zweipole zu Bild 2.3.17
a) mit zwei Stromquellen
b) als stromgespeister Ersatzwiderstand

oder aus

$$U_0 = \frac{I_{q1} + I_{q2}}{G_1 + G_2} = \left(\frac{U_1}{R_1} + \frac{U_2}{R_2}\right) R_i$$

Somit

$$U_0 = \frac{U_1 R_2 + U_2 R_1}{R_1 + R_2}.$$

Die Kurzschlußstromstärke bei kurzgeschlossenen Eingangsklemmen beträgt

$$I_k = \frac{U_0}{R_i} = \frac{U_1 R_2 + U_2 R_1}{R_1 R_2} = I_q$$

Der aktive Zweipol in Bild 2.3.17 ergibt demnach als Ersatzschaltungen Bild 2.3.16b und c mit der Quellenspannung $U_q = U_0$ und dem Innenwiderstand R_i sowie mit der Quellenstromstärke $I_q = I_k$ und dem Innenleitwert $G_i = 1/R_i$.

Bem.: Ist $U_1 \neq U_2$, so fließt innerhalb der parallelgeschalteten Spannungsquellen ein belastungsunabhängiger Ausgleichsstrom, für den man Bild 2.3.17 unmittelbar entnimmt

$$I_0 = \frac{U_1 - U_2}{R_1 + R_2}.$$

Parallelschalten von Spannungsquellen setzt gleiche Quellenspannungen voraus.

Bei nichtlinearen Zweipolen (Eintoren) verläuft die Strom-Spannungs-Kennlinie nichtlinear wie z.B. in Bild 2.1.5 auf Seite 13. Einen solchen Kennlinienverlauf zeigt auch Bild 2.3.19. Bei Anschluß des Zweipols an eine lineare Quelle ergibt der Schnittpunkt beider Kennlinien den Arbeitspunkt A. Werden der Kennlinie im Arbeitspunkt hinreichend kleine Spannungs- und Stromänderungen ΔU, ΔI überlagert, so spricht man auch von einer Kleinsignalaussteuerung, die oft angenähert wie im linearen Bereich behandelt werden kann. Man definiert dann als *differentiellen* Widerstand

$$r = \mathrm{d}U/\mathrm{d}I \approx \Delta U/\Delta I.$$

Wichtigste Vertreter nichtlinearer Zweipole sind Halbleiterbauelemente (Kap. 8.1).

Längs der Kennlinie kann r sehr verschieden sein vom Widerstand $R = U/I$. So ist in Bild 2.3.19 im Arbeitspunkt A mit $U_a = 3$ V, $I_a = 25$ mA und $\Delta U = 1$ V, $\Delta I = 20$ mA

$$R = U_a/I_a = 120\ \Omega, \qquad r \approx \Delta U/\Delta I = 50\ \Omega.$$

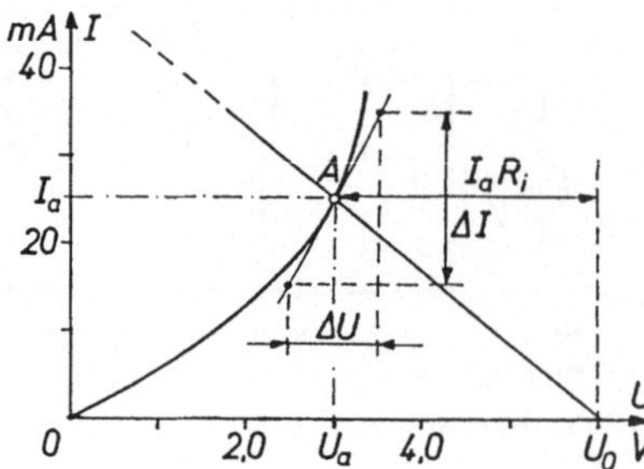

Bild 2.3.19
Kennlinie eines nichtlinearen Zweipols

Im Bereich fallender Kennlinie wird der differentielle Widerstand negativ und als *negativer* Widerstand bezeichnet. In solchen Bereichen ist ein passiver Zweipol aktiv wirkend, er gibt Energie ab, die er der speisenden Quelle entnimmt. Diese Energieabgabe bleibt jedoch durch die speisende Quelle begrenzt.

Bei nichtlinearen Quellen können alle Kenngrößen oder auch nur eine von ihnen belastungsabhängig sein. Für die Beschreibung solcher Quellen sind daher zusätzliche Annahmen notwendig. Oft kann man weiterhin starre Werte U_q und I_q annehmen und lediglich einen spannungsabhängigen Innenwiderstand R_i oder einen stromabhängigen Innenleitwert G_i einführen.

2.3.7 Überlagerungssatz und Satz von der Zweipolquelle. Enthält ein lineares Netzwerk mehrere Strom- oder Spannungsquellen, so folgt aus den Kirchhoffschen Sätzen, daß man der Reihe nach jeweils nur mit einer Zweipolquelle rechnen kann. Eine Überlagerung der einzelnen so erhaltenen Stromverteilungen ergibt dann die gesuchte Stromverteilung innerhalb des Netzes. Dieses ist die Aussage des *Überlagerungssatzes:*

> Wirken in einem linearen Netzwerk n Zweipolquellen, so erhält man die gesamte Stromverteilung durch Überlagerung der n Stromverteilungen, die sich ergeben, wenn der Reihe nach nur je eine der n Quellen *allein* wirksam ist.

Man rechnet zuerst mit nur einer Zweipolquelle und ersetzt alle übrigen Quellen durch ihren inneren Widerstand R_i unter Beachtung der Ersatzschaltbilder in Bild 2.3.14. Gleichzeitig werden die Quellenspannungen und Quellenströme aller übrigen Zweipolquellen Null gesetzt. Anschließend wird die gleiche Rechnung mit jeweils einer anderen Zweipolquelle wiederholt usw. Durch Überlagerung der einzelnen so erhaltenen Stromverteilungen erhält man dann die tatsächliche Stromverteilung im Netzwerk. Auf die gleiche Weise lassen sich auch zu Verbrauchern abgehende Lastströme überlagern.

> Werden von einem linearen Netz mehrere voneinander unabhängige Verbraucher gespeist, so ergibt sich die resultierende Stromverteilung durch Überlagerung der verschiedenen Teilströme, die man erhält, wenn jeweils nur ein Verbraucher angeschlossen ist. Die Überlagerung hat unter Beachtung der einzelnen Bezugsrichtungen der Ströme zu erfolgen.

Der Überlagerungssatz ermöglicht eine Berechnung der Stromverteilung vor allem in Ringnetzen mit Knotenpunktsbelastung.

Beispiel 2.27. Der Kurzschlußstrom $I = I_k$ in Bild 2.3.16a bei kurzgeschlossenen Klemmen $a-b$ ist mit Hilfe des Überlagerungssatzes zu berechnen.

Lösung: Die ideale Stromquelle mit $I_{q1} = 0$ bedeutet einen aufgetrennten Parallelzweig zu R_1 und die ideale Spannungsquelle mit $U_{q2} = 0$ einen Kurzschluß. Demnach wird beim Anwenden der Stromteilerregel

$$I_{k1} = I_{q1} \frac{R_1}{R_1 + R_2}; \qquad I_{k2} = \frac{U_{q2}}{R_1 + R_2}.$$

Somit erhält man durch Überlagerung beider Ströme in Übereinstimmung mit Beispiel 2.25

$$I_k = I_{k1} + I_{k2} = \frac{I_{q1} R_1 + U_{q2}}{R_1 + R_2}.$$

Beispiel 2.28. Die drei Ströme I_1, I_2, I_3 im aktiven Netzwerk Bild 2.3.20 sind nach dem Überlagerungsverfahren zu berechnen.

Lösung: Das Netzwerk enthält zwei Quellenspannungen U_1 und U_2.

1. Nullsetzen von U_2:

Der Strom durch R_1, allein hervorgerufen durch U_1, ist dann

$$i_{11} = \frac{U_1}{R_1 + R_2R_3/(R_2 + R_3)} = \frac{U_1(R_2 + R_3)}{R_1R_2 + R_2R_3 + R_3R_1}.$$

Dieser Strom teilt sich in i_{12} durch R_2 und in i_{13} durch R_3. Nach der Regel der Stromteilung Gl. (2.3.7) werden dabei

$$i_{12} = i_{11}\frac{R_3}{R_2 + R_3} = \frac{U_1R_3}{R_1R_2 + R_2R_3 + R_3R_1}$$

und

$$i_{13} = i_{11}\frac{R_2}{R_2 + R_3} = \frac{U_1R_2}{R_1R_2 + R_2R_3 + R_3R_1}.$$

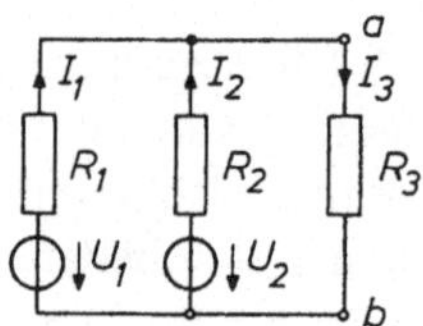

Bild 2.3.20
Netzwerk, Beispiel 2.28

2. Nullsetzen von U_1:

Der Strom durch R_2, allein hervorgerufen durch U_2, wird dann

$$i_{22} = \frac{U_2}{R_2 + R_1R_3/(R_1 + R_3)} = \frac{U_2(R_1 + R_3)}{R_1R_2 + R_2R_3 + R_3R_1}.$$

Dieser Strom teilt sich in i_{21} durch R_1 und i_{23} durch R_3, wobei nun nach Gl. (2.3.7)

$$i_{21} = i_{22}\frac{R_3}{R_1 + R_3} = \frac{U_2R_3}{R_1R_2 + R_2R_3 + R_3R_1}$$

und

$$i_{23} = i_{22}\frac{R_1}{R_1 + R_3} = \frac{U_2R_1}{R_1R_2 + R_2R_3 + R_3R_1}.$$

Aus dem mit diesen Werten erhatlenen Stromflußplan Bild 2.3.21 entnimmt man unter Beachtung der Strombezugsrichtungen

$$I_1 = i_{11} - i_{21} = \frac{U_1(R_2 + R_3) - U_2R_3}{R_1R_2 + R_2R_3 + R_3R_1},$$

$$I_2 = i_{22} - i_{12} = \frac{U_2(R_1 + R_3) - U_1R_3}{R_1R_2 + R_2R_3 + R_3R_1},$$

$$I_3 = i_{13} + i_{23} = \frac{U_1R_2 + U_2R_1}{R_1R_2 + R_2R_3 + R_3R_1}.$$

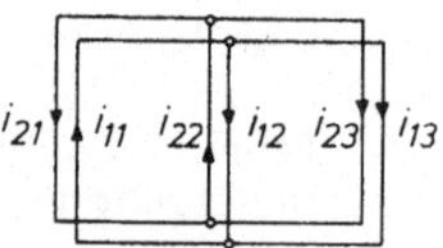

Bild 2.3.21
Stromflußplan zum Netzwerk Bild 2.3.20

Ein anderes Verfahren bedient sich der Aussage des Satzes von der Zweipolquelle, der ebenfalls für lineare Netzwerke Gültigkeit hat. Dieser *Satz von der Zweipolquelle* sagt aus:

Der Strom I_n in einem Widerstandszweig a–b vom Widerstand R_n eines linearen Netzwerks, das auch eine beliebige Anzahl linearer Zweipolquellen enthalten darf, kann so berechnet werden, daß man R_n aus dem Netzwerk herauslöst und das verbleibende Netzwerk als Ersatzquelle betrachtet.

Die Quellenspannung U_q dieser Ersatzquelle als Spannungsquelle ist die Spannung U_{ab} zwischen den offenen Klemmen a–b des Restnetzwerks, den Innenwiderstand R_i der Ersatzquelle findet man als Eingangswiderstand R_{ab} an diesen offenen Klemmen, wenn man im Restnetzwerk alle Spannungen und Ströme Null setzt und gleichzeitig jede ideale Spannungsquelle als Kurzschluß und jede ideale Stromquelle als unterbrochenen Netzzweig betrachtet. Mit dem Restnetzwerk als Ersatzspannungsquelle wird dann der gesuchte Zweigstrom I_n (*Thévenin-Theorem*)

$$I_n = U_q/(R_i + R_n). \tag{2.3.14}$$

Ist I_k der Strom im kurzgeschlossenen Netzzweig a–b, so findet man R_i auch aus

$$R_i = U_q/I_k. \tag{2.3.15}$$

Der Kurzschlußstrom I_k als Quellenstrom I_q einer Ersatzstromquelle betrachtet, ergibt für den gesuchten Zweigstrom I_n mit dem Restnetzwerk als Stromquelle (*Norton-Theorem*)

$$I_n = I_q R_i/(R_i + R_n). \tag{2.3.15a}$$

Beispiel 2.29. Im Netzwerk Bild 2.3.20 ist der Strom I_3 mit Hilfe des Satzes von der Zweipolquelle zu berechnen.

Lösung: Das Netzwerk kann nach Bild 2.3.22 aufgefaßt werden als Zweipolquelle (aktiver Zweipol), belastet mit dem Widerstand R_3. Die Spannung U_0 an den Klemmen a b des *leerlaufenden* Zweipols ist dann wegen $I_2 = -I_1$

$$U_0 = U_1 - I_1 R_1 \quad \text{und} \quad U_0 = U_2 - I_2 R_2 = U_2 + I_1 R_2.$$

I_1 aus der zweiten Gleichung eliminiert und in die erste Gleichung eingesetzt, ergibt

$$U_0 = \frac{U_1 R_2 + U_2 R_1}{R_1 + R_2}.$$

Ferner wird $R_i = R_{ab} = R_1 R_2/(R_1 + R_2)$.
Somit nach Gl. (2.3.14)

$$I_3 = \frac{U_0}{R_i + R_3} = \frac{U_1 R_2 + U_2 R_1}{R_1 R_2 + R_2 R_3 + R_3 R_1}.$$

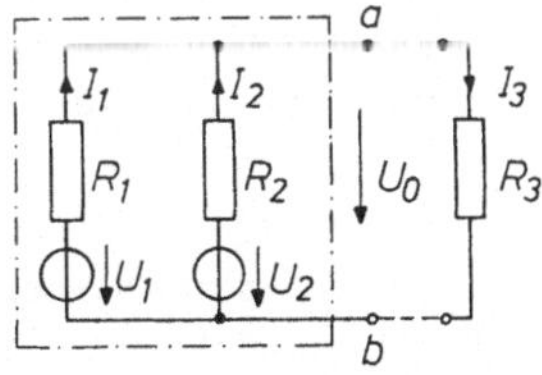

Bild 2.3.22
Netzwerk Bild 2.3.20, aufgeteilt in einen aktiven und passiven Zweipol zur Berechnung von I_3

U_0 kann man auch aus dem Kurzschlußstrom I_k zwischen den kurzgeschlossenen Klemmen a–b ermitteln. Nach dem Überlagerungssatz setzt sich der Kurzschlußstrom aus der Summe der Kurzschlußströme beider Zweipolquellen zusammen, so daß

$$I_k = I_{k1} + I_{k2} = U_1/R_1 + U_2/R_2 = (U_1 R_2 + U_2 R_1)/R_1 R_2.$$

Daraus $U_0 = I_k R_i$.

Beispiel 2.30. Für den aktiven Zweipol Bild 2.3.23a sind die Kenngrößen einer Ersatzspannungsquelle und einer Ersatzstromquelle zu berechnen. Es betragen $I_{q1} = 9$ A, $U_{q2} = 50$ V.

Lösung: Wegen der offenen Klemmen $a_1 - a_2$ ist $I_3 = I_{q1} = 9$ A und nach der Stromteilerregel

$$I_4 = I_5 = I_{q1} \frac{R_2}{R_2 + R_3 + R_5} = 2 \text{ A}.$$

Für die Leerlaufspannung entnimmt man Bild 2.3.23a

$$U_0 = U_{q2} + I_{q1} R_3 + I_5 R_5 = 85 \text{ V}.$$

Zur Berechnung des Innenwiderstandes werden die idealen Quellen mit $I_{q1} = 0$ als aufgetrennter Netzzweig sowie mit $U_{q2} = 0$ als Kurzschluß betrachtet. Dann bildet R_1 einen Endzweig und R_6 ist kurzgeschlossen. Man erhält für Innenwiderstand und Kurzschlußstrom

$$R_i = R_3 + \frac{R_5 (R_2 + R_4)}{R_2 + R_4 + R_5} = 5{,}22\ \Omega.$$

Die Kenngrößen der Ersatzquellen, wie sie Bild 2.3.16b und c zeigt, betragen somit

$$U_q = U_0 = 85 \text{ V}, \quad R_i = 5{,}22\ \Omega; \quad I_q = I_k = 16{,}28 \text{ A}, \quad G_i = 1/R_i = 192 \text{ mS}.$$

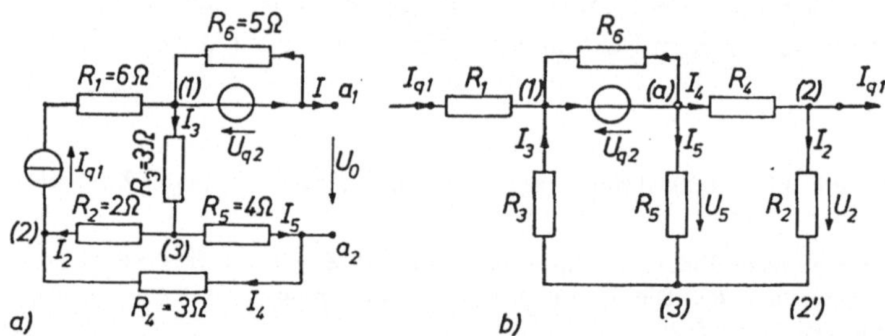

Bild 2.3.23 Zweipol mit Quellen und eingezeichneten Bezugspfeilen
a) Klemmen $a_1 - a_2$ offen
b) Klemmen $a_1 - a_2$ in (a) kurzgeschlossen

Der kurzgeschlossene Zweipol ergibt als Ersatzschaltung Bild 2.3.23b, wenn man die ideale Stromquelle durch eine Einspeisung über R_1 und einen gleich großen Laststrom im Knoten (2) ersetzt sowie die Klemmen $a_1 - a_2$ im Knotenpunkt (a) zusammenfaßt. Dabei müssen I_2, I_3 und I_5 ihren Richtungssinn gegenüber Leerlauf ändern, wie man der Ersatzschaltung unmittelbar entnehmen kann.

Beispiel 2.31. Die Zweigströme I_2 und I_5 in Bild 2.3.23b sind mit Hilfe des Satzes von der Zweipolquelle mit den Zahlenwerten aus dem vorigen Beispiel 2.30 zu berechnen.

Lösung: Bei offenen Klemmen (2)–(2′) beträgt der Eingangswiderstand

$$R_{i2} = R_4 + R_3 R_5/(R_3 + R_5) = 4{,}71\ \Omega$$

und wegen $I_3 = I_5$, wobei R_4 nun einen Endzweig bildet, die Leerlaufspannung

$$U_{02} = I_5 R_5 - I_{q1} R_4 = U_{q2} R_5/(R_3 + R_5) - I_{q1} R_4 = 1{,}56 \text{ V}.$$

Damit wird der gesuchte Zweigstrom I_2 nach Gl. (2.3.14)

$$I_2 = U_{02}/(R_{i2} + R_2) = 0{,}24 \text{ A}.$$

Bei offenen Klemmen (a)–(3) wird der Innenwiderstand als Eingangswiderstand

$$R_{i5} = \frac{R_3 (R_2 + R_4)}{R_2 + R_3 + R_4} = 1{,}88\ \Omega.$$

Ferner wird mit $I_2 = I_3$ bei Anwenden des Überlagerungssatzes und der Stromteilerregel

$$I_3 = \frac{U_{q2} - I_{q1} R_4}{R_2 + R_3 + R_4}, \quad U_{05} = U_{q2} - I_3 R_3,$$

so daß man als Leerlaufspannung an den offenen Klemmen (a)–(3) erhält

$$U_{05} = \frac{U_{q2}(R_2 + R_4) + I_{q1} R_3 R_4}{R_2 + R_3 + R_4} = 41{,}38 \text{ V}.$$

Damit wird der gesuchte Zweigstrom I_5

$$I_5 = U_{05}/(R_{i5} + R_5) = 7{,}04 \text{ A}.$$

Kontrolle: In Übereinstimmung mit Beispiel 2.30 ist $I_4 + I_5 = 16{,}28$ A der Kurzschlußstrom I_k zwischen den kurzgeschlossenen Klemmen $a_1 - a_2$ in Bild 2.3.23a.

2.3.8 Lineare Vierpole (Zweitore). Unter einem linearen passiven Vierpol oder *Zweitor* versteht man in der Netzwerktheorie ein Netzwerk aus beliebigen linearen Bauelementen ohne Energiequellen mit zwei Eingangsklemmen als Eingangstor und zwei Ausgangsklemmen als Ausgangstor nach Bild 2.3.24. Als Vierpol darstellbare Gebilde können z.B. zur Energieübertragung dienen oder insbesondere zur Signalübertragung wie etwa eine Übertragungsleitung. Wesentlich ist dabei:

> Die Vierpoltheorie ergibt allgemein gültige Beziehungen, die es ermöglichen, als Vierpol (Zweitor) darstellbare Gebilde zu vergleichen und ihre Eigenschaften zu überblicken, *ohne* Kenntnis der Zusammensetzung im einzelnen.

Ein Vierpol kann daher ohne Kenntnis seiner inneren Zusammensetzung durch Ersatzschaltungen dargestellt werden. Die beiden wichtigsten Ersatzschaltungen für einen passiven Vierpol sind in Bild 2.3.25 angegeben, nämlich das T-Glied (Sternglied) und das π-Glied (Dreieckglied). Beide Schaltungen können durch eine Stern-Dreick-Umwandlung nach Kap. 2.3.5 ineinander überführt werden.

Je nachdem wie man die Eingangs- und Ausgangsgrößen U_1, I_1 und U_2, I_2 miteinander verbindet, erhält man verschiedene Formen der Vierpolgleichungen. Offenbar kann man diese Vierpolgleichungen beispielsweise mit den Widerstands- oder Z-Parametern in der *Widerstandsform* sowie mit den Leitwert- oder Y-Parametern in der *Leitwertform* folgendermaßen zusammenfassen:

$$\left.\begin{aligned} U_1 &= Z_{11} I_1 + Z_{12} I_2, \quad & I_1 &= Y_{11} U_1 + Y_{12} U_2, \\ U_2 &= Z_{21} I_1 + Z_{22} I_2, \quad & I_2 &= Y_{21} U_1 + Y_{22} U_2. \end{aligned}\right\} \quad (2.3.16)$$

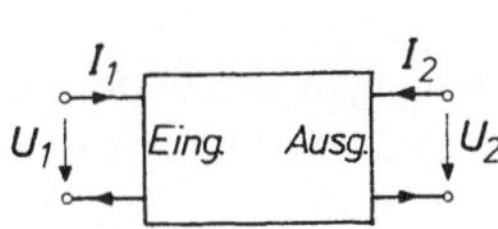

Bild 2.3.24 Vierpol (Zweitor)

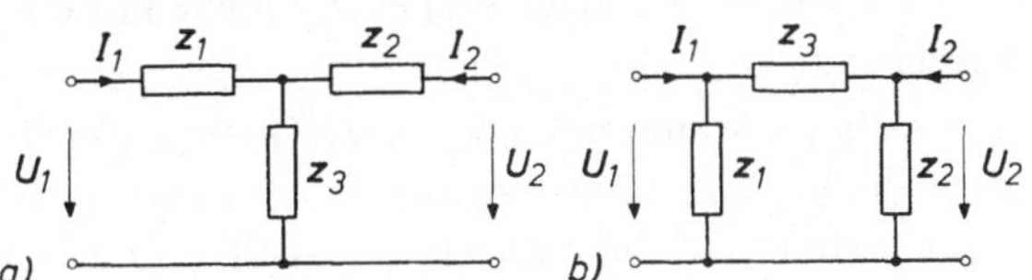

Bild 2.3.25 Vierpolschaltungen a) T-Glied, b) π-Glied

In der *Kettenform* lauten die Vierpolgleichungen mit den Kettenparametern A_{mn}

$$\left.\begin{aligned} U_1 &= A_{11} U_2 + A_{12}(-I_2), \\ I_1 &= A_{21} U_2 + A_{22}(-I_2), \end{aligned}\right\} \quad (2.3.17)$$

wobei $-I_2$ durch $+I_2$ zu ersetzen ist, wenn man die Bezugspfeilrichtung von I_2 in den Bildern 2.3.24 und 2.3.25 wie bei der Kettenform oft üblich umkehrt. Jedes Gleichungspaar beschreibt mit seinen vier Parametern den Vierpol vollständig.

Für eine vorgegebene Ersatzschaltung lassen sich die Vierpolparameter leicht aus Leerlauf- und Kurzschlußmessungen ermitteln; sie können auch einschlägigen Tabellen entnommen werden. Der T-Schaltung in Bild 2.3.25 entnimmt man z.B. bei ausgangsseitigem Leerlauf ($I_2 = 0$) oder Kurzschluß ($U_2 = 0$)

$$U_{10} = I_{10}(z_1 + z_3), \qquad U_{20} = I_{10} z_3,$$

$$U_{1k} = I_{1k}\left(z_1 + \frac{z_2 z_3}{z_2 + z_3}\right), \qquad I_{2k} = I_{1k}\frac{z_3}{z_2 + z_3}.$$

Damit erhält man aus Gl. (2.3.17)

$$\left.\begin{aligned} A_{11} &= \frac{U_{10}}{U_{20}} = 1 + \frac{z_1}{z_3}, & A_{12} &= \frac{U_{1k}}{I_{2k}} = z_1 + z_2 + \frac{z_1 z_2}{z_3}, \\ A_{21} &= \frac{I_{10}}{U_{20}} = \frac{1}{z_3}, & A_{22} &= \frac{I_{1k}}{I_{2k}} = 1 + \frac{z_2}{z_3}. \end{aligned}\right\} \quad (2.3.18)$$

Die Gleichungspaare unterscheiden sich nur durch den Aufbau ihrer Vierpolkonstanten. Man kann daher mit den aus den Vierpolparametern gebildeten Koeffizientensystemen wie mit selbständigen Größen rechnen, indem man diese als Matrizen darstellt. Das ergibt die Widerstandsmatrix $\boldsymbol{Z}$, die Leitwertmatrix $\boldsymbol{Y}$ und die Kettenmatrix $\boldsymbol{A}$

$$\boldsymbol{Z} = \begin{pmatrix} Z_{11} Z_{12} \\ Z_{21} Z_{22} \end{pmatrix}, \quad \boldsymbol{Y} = \begin{pmatrix} Y_{11} Y_{12} \\ Y_{21} Y_{22} \end{pmatrix}, \quad \boldsymbol{A} = \begin{pmatrix} A_{11} A_{12} \\ A_{21} A_{22} \end{pmatrix}. \quad (2.3.19)$$

Damit lauten die Vierpolgleichungen in Matrizenform

$$\begin{pmatrix} U_1 \\ U_2 \end{pmatrix} = \boldsymbol{Z} \cdot \begin{pmatrix} I_1 \\ I_2 \end{pmatrix}, \quad \begin{pmatrix} I_1 \\ I_2 \end{pmatrix} = \boldsymbol{Y} \cdot \begin{pmatrix} U_1 \\ U_2 \end{pmatrix}, \quad \begin{pmatrix} U_1 \\ I_1 \end{pmatrix} = \boldsymbol{A} \cdot \begin{pmatrix} U_2 \\ -I_2 \end{pmatrix}. \quad (2.3.20)$$

Die Widerstandsform ist das Ohmsche Gesetz in Matrizenform, die Leitwertform dessen Umkwehrung. Für nicht entartete lineare und passive Vierpole ist demnach die Leitwertmatrix die Inverse der Widerstandsmatrix und umgekehrt. Siehe auch Kap. 13.1.2. Einige Rechenregeln für Matrizen und eine Tabelle mit einigen Vierpolmatrizen sind im Anhang angegeben.

Aktive Vierpole sind u.a. *gesteuerte* Quellen. Im Gegensatz zu unabhängigen Quellen wird deren Quellenspannung oder deren Quellenstrom von einer von der Quelle unabhängigen Größe gesteuert. Solche gesteuerte Quellen sind meist nichtlinear.

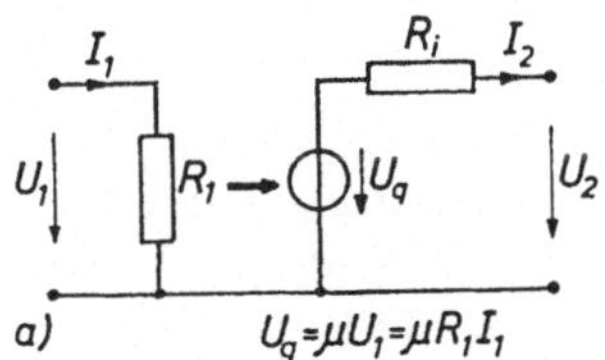

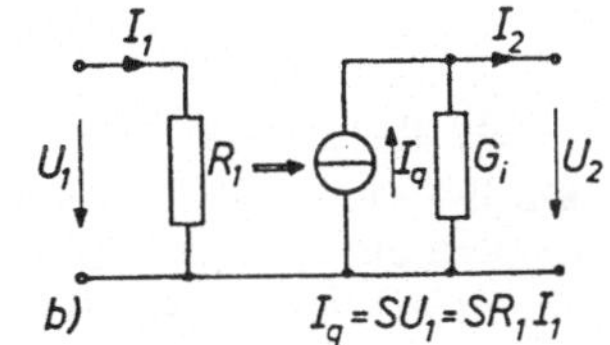

Bild 2.3.26 Gesteuerte Quellen
a) Spannungsquelle
b) Stromquelle

Als Vierpol können gesteuerte Quellen nach Bild 2.3.26 durch einen aktiven Ersatzvierpol beschrieben werden, der nicht umkehrbar und rückwirkungsfrei ist. Die Steuergröße am Eingangstor bestimmt die Ausgangsgröße, die jedoch im Gegensatz zu gekoppelten Stromkreisen die Steuergröße nicht beeinflussen kann. Da ferner in Bild 2.3.26 die Eingangsspannung $U_1 = I_1 R_1$, kann sowohl die Eingangsspannung als auch der Eingangsstrom als Steuergröße dienen. Man unterscheidet daher zwischen

spannungsgesteuerte / stromgesteuerte } Spannungsquellen, spannungsgesteuerte / stromgesteuerte } Stromquellen

und setzt für eine spannungsgesteuerte Spannungs- oder Stromquelle mit den Bezeichnungen in Bild 2.3.26 und μ als Steuerfaktor sowie S als Steilheit

$$U_q = \mu U_1, \qquad U_2 = \mu U_1 - I_2 R_i,$$
$$I_q = \mu G_i U_1 = S U_1, \qquad I_2 = S U_1 - U_2 G_i,$$

wobei $\mu = SR_i$. μ ist eine reine Zahl und normalerweise > 1. Bei stromgesteuerten Quellen ist U_1 durch $I_1 R_1$ zu ersetzen.

Gesteuerte Quellen können als Ersatzschaltung durch einen nichtumkehrbaren aktiven Vierpol (Zweitor) beschrieben werden mit den Steuergrößen als Eingangsgrößen und den Quellengrößen als Ausgangsgrößen. Die Steuergrößen sind durch die Quellengrößen nicht beeinflußbar; gesteuerte Quellen sind rückwirkungsfrei.

Ein einfaches Beispiel einer gesteuerten Spannungsquelle ist der fremderregte Gleichstromgenerator. In der im Erregerfeld rotierenden Ankerwicklung wird eine Spannung als Ausgangsgröße induziert, die eine Funktion des Erregerstromes als Steuergröße ist, ohne diesen zu beeinflussen. In der Nachrichtentechnik bilden u.a. elektronische Verstärkerelemente wie Transistoren und Operationsverstärker (Kap. 8.2 und 8.3) gesteuerte Quellen.

Beispiel 2.32. Eine spannungsgesteuerte Spannungsquelle nach Bild 2.3.26a ist am Ausgang mit $R = 900\ \Omega$ belastet, $R_i = 300\ \Omega$. Der konstanten Steuerspannung wird eine Spannungsschwankung ΔU_1 überlagert. Gesucht ist der erforderliche Steuerfaktor μ, damit am Ausgang ΔU_2 größer wird als ΔU_1.

Lösung: Es wird

$$\Delta U_2 = \Delta U_q \frac{R}{R_i + R} = \mu \Delta U_1 \frac{R}{R_i + R} = 0{,}75\ \mu \Delta U_1 .$$

Für $\mu > 4/3$ wird die gesteuerte Quelle zum Spannungsverstärker.

2.4 Netzwerkanalyse

2.4.1 Allgemeines. Ein Netzwerk kann grundsätzlich Endpunkte von Stichleitungen und *Knotenpunkte* (Stromverzweigungspunkte) enthalten, die durch Leiterstrecken miteinander verbunden sind. Diese Leiterstrecken bilden die *Zweige* des Netzes. Wird ein Netzwerk durch Fortnahme einer Leiterstrecke in zwei voneinander unabhängige Teilnetze aufgeteilt, so bildet die fortgenommene Leiterstrecke eine sogenannte *Brücke*. Im folgenden sollen nur lineare Maschennetze betrachtet werden, in denen keine Brücken und Endpunkte vorkommen, da diese keine neuen Gesichtspunkte ergeben.

Die rein geometrische Struktur eines Maschennetzes, also das Gerüst der Schaltung nennt man *Streckenkomplex* oder *Graph*. Zeichnet man darin noch die Bezugsrichtungen der Zweigströme ein, so erhält man einen orientierten oder *gerichteten* Streckenkomplex aus n Zweigen und p Knotenpunkten oder Knoten.

Entfernt man aus dem Streckenkomplex so viele Zweige, daß schließlich jeder Knotenpunkt mit jedem anderen auf nur einem Wege mittelbar oder unmittelbar verbunden bleibt, so bezeichnet man das verbleibende System von Zweigen als „vollständigen" Baum; seine $p - 1$ Zweige heißen *Baumzweige*. In einem solchen System liegen z.B. alle Knotenpunkte auf einem nicht geschlossenen Kurvenzug. Die dem Netzwerk entnommenen Zweige sind die „unabhängigen" Zweige oder *Verbindungszweige*. Zu jedem vollständigen Baum gehört stets ein bestimmtes System von Verbindungszweigen, es bildet einen Cobaum.

Zur Berechnung der n Zweigströme oder der zugehörigen n Zweigspannungen eines Netzes mit n Zweigen und p Knotenpunkten sind n voneinander unabhängige Gleichungen mit n Unbekannten erforderlich, die man durch Anwenden der beiden Kirchhoffschen Sätze erhält. Zunächst ergibt der erste Kirchhoffsche Satz (Knotenpunktsregel) $r = p - 1$ unabhängige Knotengleichungen. Die p-te Gleichung ist in diesen r Gleichungen enthalten, ergibt deren Summe (Kap. 2.1.6) und enthält daher keine neue Aussage. Es verbleiben somit

$$\boxed{m = n - (p - 1) = n - r} \tag{2.4.1}$$

Maschengleichungen, die man mit Hilfe des zweiten Kirchhoffschen Satzes (Maschenregel) aufstellen muß.

Das so erhaltene lineare Gleichungssystem mit n Unbekannten kann man in m Maschengleichungen und r Knotengleichungen aufteilen. Wird jeder Strom der m Verbindungszweige als Kreisstrom über die $p - 1$ Zweige des vollständigen Baumes geschlossen, so erhält man m Maschen, wobei jede von ihnen jeweils nur einen Verbindungszweig enthält. Betrachtet man diese m Kreisströme als „unabhängige" Maschenströme und berechnet sie zuerst, so führt das zum *Maschenverfahren*. Die m Maschen kann man auch so finden, daß man nach der *Auftrennmethode* zunächst eine beliebige Masche auswählt, einen ihrer Zweige als Verbindungszweig betrachtet und diesen auftrennt. Anschließend wird mit weiteren Maschen ebenso verfahren, bis nur ein vollständiger Baum übrig bleibt, über dessen Zweige sich jeder Strom der m Verbindungszweige als Maschenstrom schließt. Man kann aber auch die r Zweigspannungen längs der r Baumzweige als „unabhängige" Spannungen wählen und diese zuerst berechnen, was zum *Knotenpunktsverfahren* führt. In beiden Fällen wird die Berechnung der n Zweigströme in zwei Schritten durchgeführt. Beim Maschenverfahren reduziert sich die Anzahl der Unbekannten nach Gl. (2.4.1) von n auf m, beim Knotenpunktsverfahren von n auf $r = p - 1$. Das Maschenverfahren arbeitet dabei mit Widerständen und Strömen, das Knotenpunktsverfahren mit Leitwerten und Spannungen.

2.4.2 Das Maschenverfahren. Nach dem Maschenverfahren kann so vorgegangen werden, daß man nach willkürlicher Wahl der Bezugsrichtungen für die n unbekannten Zweigströme zunächst nach Gl. (2.4.1) m Maschen auswählt und in diesen Maschen wie in Bild 2.4.1b Umlauf- oder *Maschenströme* I' annimmt. Bei bekannten Zweigwiderständen und gegebenen Spannungen können diese Umlaufströme mit Hilfe des zweiten Kirchhoffschen Satzes berechnet werden. Wegen der vorausgesetzten Linearität des Netzes erhält man dann die gesuchten Zweigströme durch lineare Überlagerung der m Umlaufströme.

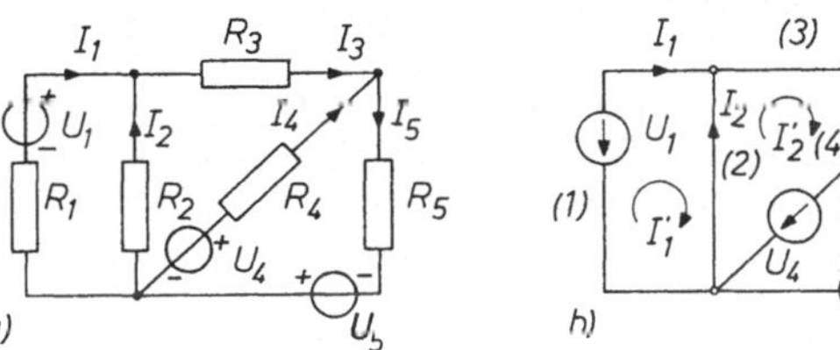

Bild 2.4.1
Maschennetz mit eingegrägten Spannungen a) Schaltbild, b) orientierter Streckenkomplex mit eingezeichneten Umlaufströmen

Für das Netzwerk Bild 2.4.1a mit $n = 5$ Zweigen und $p = 3$ Knotenpunkten erhält man auf diese Weise für die $m - 3$ Umlaufströme unter Beachtung der gewählten Bezugsrichtungen

$$I_1'(R_1 + R_2) - I_2' R_2 = U_1$$
$$I_2'(R_2 + R_3 + R_4) - I_1' R_2 - I_3' R_4 = -U_4$$
$$I_3'(R_4 + R_5) - I_2' R_4 = U_4 + U_5 .$$

Allgemein lautet somit das System der m Maschengleichungen

$$\boxed{\begin{aligned} z_{11} I_1' + z_{12} I_2' + z_{13} I_3' + \ldots + z_{1m} I_m' &= U_1' \\ z_{21} I_1' + z_{22} I_2' + z_{23} I_3' + \ldots + z_{2m} I_m' &= U_2' \\ &\vdots \\ z_{m1} I_1' + z_{m2} I_2' + z_{m3} I_3' + \ldots + z_{mm} I_m' &= U_m' \end{aligned}} \tag{2.4.2}$$

In diesem Gleichungssystem sind die Koeffizienten z_{ii} die Umlaufwiderstände, gebildet durch die Summe der die Masche i bildenden Zweigwiderstände, während die Koeffizienten z_{ik} die den Maschen i und k gemeinsamen Kopplungswiderstände sind, so daß

$$z_{ik} = z_{ki} . \tag{2.4.3}$$

Als Vorzeichenregel erkennt man:

Die Kopplungswiderstände z_{ik} erhalten ein negatives Vorzeichen, wenn die Umlaufströme der zugehörigen Maschen sie in entgegengesetzter Zählrichtung durchfließen.

Die *Erregerspannungen* U' der rechten Seite von Gl. (2.4.2) werden durch die Summe der in jeder Masche wirkenden eingeprägten „treibenden“ Zweigspannungen gebildet. Dabei muß als Vorzeichenregel gelten:

> Die U' bildenden Zweigspannungen erhalten auf der *rechten* Seite in Gl. (2.4.2) ein positives Vorzeichen, wenn ihre Bezugsrichtung zu derjenigen des zugehörigen Umlaufstromes I' entgegengesetzt ist.

Für das betrachtete Netzwerk entnimmt man schließlich Bild 2.4.1b

$$I_1 = I'_1, \quad I_2 = I'_2 - I'_1, \quad I_3 = I'_2, \quad I_4 = I'_3 - I'_2, \quad I_5 = I'_3,$$

womit die gesuchte Stromverteilung ermittelt ist. Erhält man ein negatives Vorzeichen für einzelne Zweigströme, so ist deren Richtungssinn der angenommenen Bezugspfeilrichtung entgegengesetzt.

Für das Maschenverfahren erhält man zusammengefaßt folgenden Rechnungsgang:

1. Aufzeichnen des Streckenkomplexes mit eingetragenen Spannungsquellen und Spannungsbezugspfeilen. Durchnumerieren der Zweige.
2. Eintragen der Bezugspfeile für die Zweigströme. Ihre Richtung kann grundsätzlich beliebig angenommen werden.
3. Auswahl von m Maschen und eintragen der Umlaufströme I'_1 bis I'_m mit beliebigem Umlaufsinn.
4. Aufstellen der m Maschengleichungen durch Anwenden der Maschenregel auf die m ausgewählten Maschen. Ausrechnen der m Maschenströme.
5. Überlagern der Umlaufströme (Maschenströme) in jedem Netzzweig ergibt die gesuchten Zweigströme.

Auf die gleiche Weise kann auch die Stromverteilung in linearen Maschennetzen mit durch Knotenströme belasteten Knotenpunkten berechnet werden. Dient dabei ein Knotenpunkt als Speisepunkt, so erhält man die Stromverteilung der Zweigströme durch lineare Überlagerung der Maschenströme I' und der Knotenströme. Die Stromverteilung der Knotenströme wird vorher längs Zweige des vollständigen Baumes angenommen. Bei der Aufstellung der Maschengleichungen werden die Knotenströme längs der Netzzweige entsprechend ihrer Bezugsrichtung berücksichtigt (s. Kap. 2.4.5). Mehrere Speisepunkte können durch „fiktive“ Zweige zu einem Knotenpunkt vereinigt werden.

2.4.3 Das Knotenpunktsverfahren. Das Knotenpunktsverfahren ist vor allem vorteilhaft, wenn es sich um Stromeinspeisungen, also um knotenpunktsbelastete Netze handelt. Bild 2.4.2 zeigt den Streckenkomplex eines solchen Netzes. Es hat $n = 5$ Zweige und $p = 4$ Knotenpunkte p_0 bis p_3, von denen p_2 der Speisepunkt ist, während von den anderen Knotenpunkten die Lastströme I_a, I_b, I_c abgehen. Zur Berechnung der n Zweigströme stehen nur $r = p - 1$ Knotengleichungen zur Verfügung. Man wählt daher einen beliebigen Knotenpunkt als *Bezugsknoten* p_0 und führt die r Knotenpunkts-Potentialdifferenzen U'_1 bis U'_r zwischen den übrigen Knoten und dem Bezugsknoten als „unabhängige“ Knotenspannungen ein. Ist ein Knotenpunkt nicht unmittelbar mit dem Bezugsknoten p_0 durch einen Zweig verbunden, so kann man diese beiden Knotenpunkte durch einen fiktiven Zweig mit dem Leitwert $G_\nu = 0$ und dem Zweigstrom $I_\nu = 0$ verbunden denken. In Bild 2.4.2 ist das der Zweig $p_0 - p_2$ mit $G_2 = 0$.

Die n Zweigspannungen U_{ik} lassen sich als Differenz zweier Knotenspannungen ausdrücken, da die Knotenspannungen die Knotenpotentiale festlegen und somit nach dem Ohmschen Gesetz auch die Zweigströme I_{ik}. Dabei ist I_{ik} der zum Knotenpunkt p_k *vom* Knotenpunkt p_i *abfließende* Zweigstrom, so daß

$$I_{ik} = -I_{ki}, \quad U_{ik} = -U_{ki}.$$

Wendet man die Knotenpunktsregel auf die Knotenpunkte p_1 bis p_r an, so erhält man für das Beispiel Bild 2.4.2

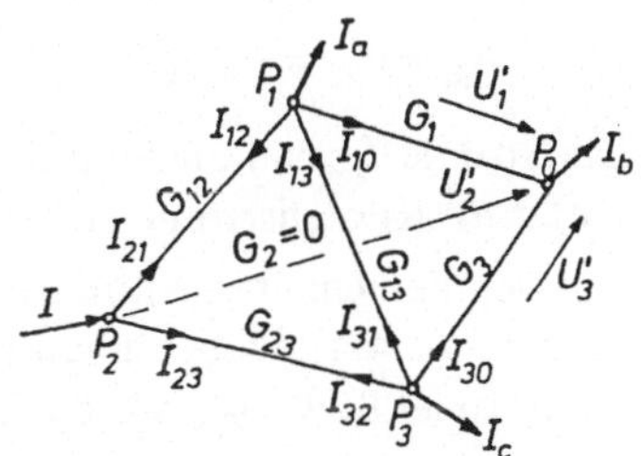

Bild 2.4.2 Zur Ableitung des Knotenpunktsverfahrens

$$\begin{aligned}
&\text{Knoten } p_1: && I_{10} + I_{12} + I_{13} = -I_a\\
&\text{Knoten } p_2: && I_{21} + I_{23} = I\\
&\text{Knoten } p_3: && I_{30} + I_{31} + I_{32} = -I_c
\end{aligned}$$

Wie erforderlich ergibt dabei Addition der rechten und linken Seiten wegen $I_{ki} = -I_{ik}$ mit der Knotengleichung für den Bezugsknoten

$$I = I_a + I_b + I_c.$$

Die Zweigströme durch die Knotenspannungen und Netzleitwerte ausgedrückt, ergibt

$$I_{ik} = U_{ik}\,G_{ik} = (U_i' - U_k')\,G_{ik}, \quad I_{k0} = U_k'\,G_k. \qquad (2.4.4)$$

Also wird im betrachteten Beispiel Bild 2.4.2 wegen $G_2 = 0$

$$\begin{aligned}
&\text{Knoten } p_1: && U_1' G_1 + (U_1' - U_2')\,G_{12} + (U_1' - U_3')\,G_{13} = -I_a\\
&\text{Knoten } p_2: && (U_2' - U_1')\,G_{12} + (U_2' - U_3')\,G_{23} = I\\
&\text{Knoten } p_3: && U_3' G_3 + (U_3' - U_1')\,G_{13} + (U_3' - U_2')\,G_{23} = -I_c
\end{aligned}$$

oder

$$\begin{aligned}
U_1'(G_1 + G_{12} + G_{13}) - U_2' G_{12} - U_3' G_{13} &= -I_a\\
-U_1' G_{12} + U_2'(G_{12} + G_{23}) - U_3' G_{23} &= I\\
-U_1' G_{13} - U_2' G_{23} + U_3'(G_3 + G_{13} + G_{23}) &= -I_c.
\end{aligned}$$

Allgemein lautet somit das System der *Knotengleichungen* in Analogie zu den Maschengleichungen

$$\boxed{\begin{aligned}
y_{11} U_1' + y_{12} U_2' + y_{13} U_3' + \ldots + y_{1r} U_r' &= I_1'\\
y_{21} U_1' + y_{22} U_2' + y_{23} U_3' + \ldots + y_{2r} U_r' &= I_2'\\
&\vdots\\
y_{r1} U_1' + y_{r2} U_2' + y_{r3} U_3' + \ldots + y_{rr} U_r' &= I_r'
\end{aligned}} \qquad (2.4.5)$$

In diesem Gleichungssystem sind U'_1 bis U'_r die strahlenförmig von den r anderen Knotenpunkten zum Bezugsknoten p_0 zeigenden einzelnen Knotenspannungen. Die Koeffizienten y_{ii} sind die Summe der Zweigleitwerte um den Knotenpunkt p_i, während die Koeffizienten y_{ik} die mit *negativem* Vorzeichen versehenen, die beiden Knotenpunkte p_i und p_k unmittelbar verbindenden Zweigleitwerte darstellen. Demnach ist

$$y_{ik} = y_{ki} = -G_{ik} = -G_{ki}. \tag{2.4.6}$$

Die Ströme I'_i sind die zum Knotenpunkt p_i von außen *zufließenden* Knotenströme. *Abfließende* Knotenströme erhalten ein *negatives* Vorzeichen.

Aus den berechneten Knotenspannungen U'_1 bis U'_r erhält man die einzelnen Zweigströme nach Gl. (2.4.4), wobei deren frei gewählte Bezugsrichtung zu beachten ist. Im betrachteten Beispiel Bild 2.4.2 werden z.B.

$$I_{10} = U'_1 G_1, \quad I_{12} = (U'_1 - U'_2)\, G_{12} = -I_{21} \text{ usw.}$$

Für das Knotenpunktsverfahren ergibt sich demnach folgender Rechnungsgang:

1. Aufzeichnen des Streckenkomplexes mit frei wählbaren Strombezugspfeilen.
2. Auswahl eines Knotenpunktes als Bezugsknoten p_0 und durchnumerieren der übrigen r Knotenpunkte mit p_1 bis p_r.
3. Eintragen der Knotenspannungen U'_ν mit Bezugspfeilen. Sie bilden ein Strahlenbündel, das von den r übrigen Knotenpunkten auf den Bezugsknoten zeigt.
4. Aufstellen der r Knotengleichungen für die r Knotenpunkte p_1 bis p_r und ausrechnen der r Spannungen U'_ν. Damit liegen die Potentialdifferenzen zwischen den übrigen r Knotenpunkten und p_0 fest.
5. Ausrechnen der Zweigspannungen U_{ik} als Differenz der Knotenspannungen $U'_i - U'_k$. Ausrechnen der Zweigströme nach dem Ohmschen Gesetz unter Berücksichtigung ihrer angenommenen Bezugspfeilrichtungen.

Enthält das Netz auch noch eingeprägte („treibende") Spannungen, so müssen diese entsprechend berücksichtigt werden. Siehe Kap. 2.4.5.

2.4.4 Die Netzwerkgleichungen in Matrizenform. Ein einfaches Ermitteln und Aufstellen des Systems der Maschen- und Knotengleichungen gestattet das Rechnen mit den Netzwerkmatrizen; es wird dann nicht mehr mit den einzelnen Strömen und Spannungen, sondern mit der ganzen Schaltung gerechnet. So lautet das System der Maschengleichung Gl. (2.4.2) in der Kurzform der Matrizenschreibweise

$$\boldsymbol{Z I'} = \boldsymbol{U} \tag{2.4.7}$$

oder ausgeschrieben

$$\begin{bmatrix} z_{11} & z_{12} & z_{13} & \cdots & z_{1m} \\ z_{21} & z_{22} & z_{23} & \cdots & z_{2m} \\ \vdots & & & & \\ z_{m1} & z_{m2} & z_{m3} & \cdots & z_{mm} \end{bmatrix} \cdot \begin{bmatrix} I'_1 \\ I'_2 \\ \vdots \\ I'_m \end{bmatrix} = \begin{bmatrix} U'_1 \\ U'_2 \\ \vdots \\ U'_m \end{bmatrix} \tag{2.4.7a}$$

Die quadratische Widerstands- oder *Impedanzmatrix* $\boldsymbol{Z}$ ist wegen Gl. (2.4.3) symmetrisch; die *Spaltenvektoren* $\boldsymbol{I}'$ der m unbekannten Umlaufströme I' und U der m Erregerspannungen U' sind Spaltenmatrizen. Unter Beachtung der in Kap. 2.4.2 angegebenen Vorzeichenregeln können diese Matrizen dem Streckenkomplex des Netzes unmittelbar entnommen werden.

Als Beispiel entnimmt man Bild 2.4.1 die Matrizengleichung

$$\begin{bmatrix} R_1 + R_2 & -R_2 & 0 \\ -R_2 & R_2 + R_3 + R_4 & -R_4 \\ 0 & -R_4 & R_4 + R_5 \end{bmatrix} \cdot \begin{bmatrix} I'_1 \\ I'_2 \\ I'_3 \end{bmatrix} = \begin{bmatrix} U_1 \\ -U_4 \\ U_4 + U_5 \end{bmatrix}$$

Für das System der Knotengleichung Gl. (2.4.5) erhält man in der Kurzform der Matrizenschreibweise die Matrizengleichung

$$\boldsymbol{Y}\,\boldsymbol{U}' = \boldsymbol{I} \tag{2.4.8}$$

oder ausgeschrieben

$$\begin{bmatrix} y_{11} & y_{12} & y_{13} & \cdots & y_{1r} \\ y_{21} & y_{22} & y_{23} & \cdots & y_{2r} \\ \vdots & & & & \\ y_{r1} & y_{r2} & y_{r3} & \cdots & y_{rr} \end{bmatrix} \cdot \begin{bmatrix} U'_1 \\ U'_2 \\ \vdots \\ U'_r \end{bmatrix} = \begin{bmatrix} I'_1 \\ I'_2 \\ \vdots \\ I'_r \end{bmatrix} \tag{2.4.8a}$$

Auch die quadratische Leitwert- oder *Admittanzmatrix* $\boldsymbol{Y}$ ist wegen Gl. (2.4.6) symmetrisch. Die Elemente des Spaltenvektors $\boldsymbol{U}'$ sind die von den r übrigen Knotenpunkten strahlenförmig ausgehenden, zum Bezugsknoten p_0 zeigenden, unbekannten Knotenspannungen U', während die Elemente des Spaltenvektors $\boldsymbol{I}$ der rechten Seite durch die außen zu- und *abfließenden* Knotenströme, letztere mit *negativem* Vorzeichen, gebildet werden.

Dem Bild 2.4.2 entnimmt man die Matrizengleichung

$$\begin{bmatrix} G_1 + G_{12} + G_{13} & -G_{12} & -G_{13} \\ -G_{12} & G_{12} + G_{23} & -G_{23} \\ -G_{13} & -G_{23} & G_3 + G_{13} + G_{23} \end{bmatrix} \cdot \begin{bmatrix} U'_1 \\ U'_2 \\ U'_3 \end{bmatrix} = \begin{bmatrix} -I_a \\ I \\ -I_c \end{bmatrix}$$

2.4.5 Anwendungen. Bei sehr vermaschten Netzen erfordert das Maschenverfahren meist eine Netzanalyse zur Maschenauswahl. Das Knotenpunktsverfahren betrachtet dagegen nur die Knotenpunkte, die Knotengleichungen können der Reihe nach für jeden Netzpunkt unmittelbar dem Schaltplan entnommen werden. In der Energietechnik hat das Knotenpunktsverfahren zur Berechnung von Maschennetzen der Energieversorgung große Bedeutung. In der Elektronik ist dieses Verfahren z.B. bei stromgespeisten Halbleiterschaltungen eine sehr wichtige und viel angewendete Berechnungsmethode.

Grundsätzlich ist das Maschenverfahren für Netze mit Spannungsquellen, das Knotenpunktsverfahren für Netze mit Stromquellen besonders geeignet. Beim Maschenverfahren werden daher zweckmäßig unabhängige Stromquellen innerhalb des Netzes in äquivalente

Spannungsquellen umgewandelt, falls man sie nicht durch Knotenströme (Speise- und Lastströme) ersetzt Für die Knotenströme kann man eine Stromverteilung längs der Baumzweige willkürlich annehmen, die bei der Berechnung der Maschenströme entsprechend berücksichtigt wird. Beim Knotenpunktsverfahren werden dagegen unabhängige Spannungsquellen in äquivalente Stromquellen umgewandelt und diese durch Knotenströme ersetzt, was knotenpunktsbelastete Netze ergibt. Möglichkeiten zur Berechnung der Zweigströme linearer Netze nach beiden Verfahren erläutert Bild 2.4.3.

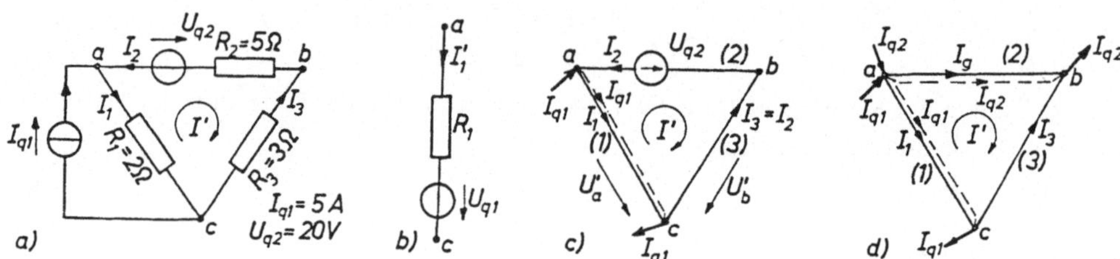

Bild 2.4.3 Zur Anwendung des Maschen- und Knotenpunktsverfahrens

Wird in Bild 2.4.3a die Stromquelle im Parallelzweig $a-c$ für das Maschenverfahren in eine Spannungsquelle umgewandelt, so erhält man eine Parallelschaltung zweier Spannungsquellen zwischen $a-c$, innerhalb der ein Kreisstrom I_1' als Ausgleichsstrom fließt. Den Zweig $a-c$ zeigt Bild 2.4.3b, $U_{q1} = I_{q1} R_1$.

$$I'(R_1 + R_2 + R_3) = U_{q1} - U_{q2}; \quad I' = -1\text{ A},$$

so daß $I_1' = I_2 = I_3 = 1$ A und mit Gl. (2.3.13) unter Beachtung der Vorzeichen in Bild 2.4.3a

$$I_1 = I_{q1} + I_1' = 6\text{ A}, \quad U_{ac} = 12\text{ V}.$$

Wird die ideale Stromquelle durch eine Stromeinspeisung nach Bild 2.4.3c ersetzt, so tritt $I_{q1} R_1$ anstelle von U_{q1} als Erregerspannung für den Maschenstrom I'. Bild 2.4.3c entnimmt man dann

$$I_1 = I_{q1} - I' = 6\text{ A}; \qquad I_2 = I_3 = -I' = 1\text{ A}.$$

Gleiche Ergebnisse ergibt die Umwandlung auch noch der Spannungsquelle in eine Stromquelle, wie in Bild 2.4.3d angegeben. Dabei wird nach Gl. (2.3.13) mit $I_{q2} = U_{q2}/R_2$

$$I_g = I_{q2} - I_2 = I' + I_{q2}; \qquad I_2 = I_3 = -I'.$$

Wird schließlich I_{q1} über die Netzpunkte a, b, c geführt, so wirkt $I_{q1}(R_2 + R_3)$ als Erregerspannung längs $a-b-c$ und es wird der Maschenstrom $I'' = -6$ A. Man erhält wieder die bisherigen Ergebnisse

$$I_1 = -I'' = 6\text{ A}, \quad I_2 = -(I_{q1} + I'') = 1\text{ A} = I_3.$$

Mit Knotenpunkt c als Bezugsknoten entnimmt man Bild 2.4.3c die Knotengleichungen

Knoten a: $U_a'(G_1 + G_2) - U_b' G_2 = I_{q1} + U_{q2} G_2 = I_{q1} + I_{q2}$

Knoten b: $-U_a' G_2 + U_b'(G_2 + G_3) = -U_{q2} G_2 = -I_{q2}$

Daraus: $U_a' = 12$ V, $U_b' = -3$ V. Damit sind die Spannungen längs $a-b$, $b-c$, $c-a$ festgelegt, z.B.

$$U_{ab} = U_a' - U_b' = U_{q2} - I_2 R_2 = 15\text{ V},$$

womit man die Zweigströme in Übereinstimmung mit den bisherigen Ergebnissen erhält.

Beispiel 2.33. Die Stromverteilung in der Brückenschaltung Bild 2.4.4 ist nach dem Maschenverfahren und nach dem Knotenpunktsverfahren zu berechnen.

Lösung: Die Brückenschaltung hat $p = 4$ Knotenpunkte und $n = 6$ Zweige. Zur Berechnung der 6 Zweigströme sind demnach 3 Maschengleichungen oder 3 Knotengleichungen erforderlich.

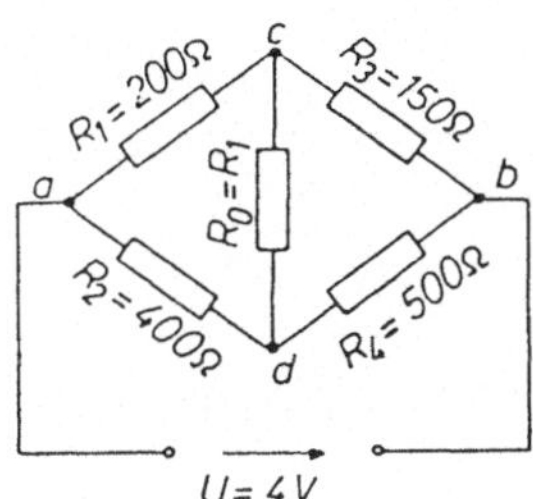

Bild 2.4.4 Brückenschaltung, Beispiel 2.33

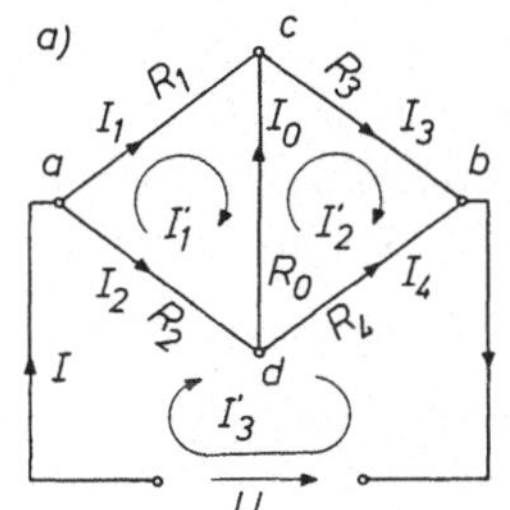

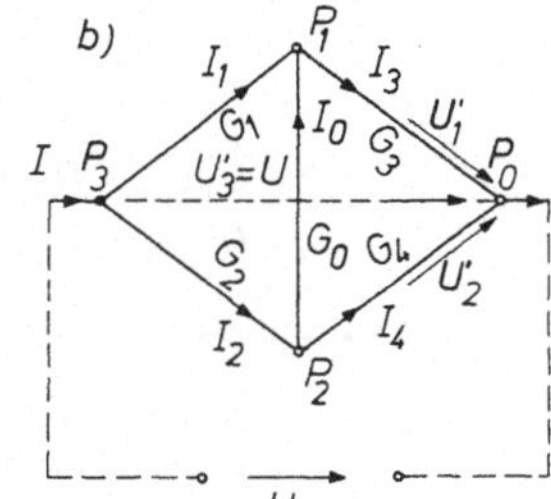

Bild 2.4.5 Orientierter Streckenkomplex zu Bild 2.4.4
a) mit eingezeichneten Umlaufströmen
b) mit eingezeichneten Knotenspannungen

Mit den Umlaufströmen nach Bild 2.4.5a erhält man als *Maschengleichungen*

$$\begin{bmatrix} R_1 + R_2 + R_0 & -R_0 & -R_2 \\ -R_0 & R_3 + R_4 + R_0 & -R_4 \\ -R_2 & -R_4 & R_2 + R_4 \end{bmatrix} \cdot \begin{bmatrix} I'_1 \\ I'_2 \\ I'_3 \end{bmatrix} = \begin{bmatrix} 0 \\ 0 \\ U \end{bmatrix}.$$

Somit

$$I'_1(R_1 + R_2 + R_0) - I'_2 R_0 - I'_3 R_2 = 0$$
$$-I'_1 R_0 + I'_2(R_3 + R_4 + R_0) - I'_3 R_4 = 0$$
$$-I'_1 R_2 - I'_2 R_4 + I'_3(R_2 + R_4) = U$$

oder mit den gegebenen Widerstandswerten nach Division aller Gleichungen durch 100 Ω

$$8{,}0\, I'_1 - 2{,}0\, I'_2 - 4{,}0\, I'_3 = 0$$
$$-2{,}0\, I'_1 + 8{,}5\, I'_2 - 5{,}0\, I'_3 = 0$$
$$-4{,}0\, I'_1 - 5{,}0\, I'_2 + 9{,}0\, I'_3 = 40 \text{ mA}.$$

Daraus findet man für die Maschenströme

$$I'_1 = 11 \text{ mA}, \quad I'_2 = 12 \text{ mA}, \quad I'_3 = 16 \text{ mA}.$$

Bei der Anwendung des Knotenpunktsverfahrens muß beachtet werden, daß die Spannung U gegeben ist. Es muß daher der Knotenpunkt a oder b in Bild 2.4.5a als Bezugsknoten gewählt werden. Dann ist eine der unabhängigen Knotenspannungen bekannt, dafür erscheint aber der Gesamtstrom I als Unbekannte. Bei Wahl der Knotenpunkte c oder d wird die Brückenschaltung als nur knotenbelastetes Netz betrachtet und es muß zunächst noch der Gesamtstrom I berechnet werden. Nach Bild 2.4.5b wurde daher der Knotenpunkt b als Bezugsknoten p_0 gewählt. Man erhält dann für die drei übrigen Knotenpunkte p_1 bis p_3 folgende *Knotengleichungen*, wenn man die Zweigwiderstände R_n durch ihre Leitwerte $G_n = 1/R_n$ ersetzt,

$$\begin{bmatrix} G_1 + G_3 + G_0 & -G_0 & -G_1 \\ -G_0 & G_2 + G_4 + G_0 & -G_2 \\ -G_1 & -G_2 & G_1 + G_2 \end{bmatrix} \cdot \begin{bmatrix} U_1' \\ U_2' \\ U_3' \end{bmatrix} = \begin{bmatrix} 0 \\ 0 \\ I \end{bmatrix}.$$

Somit

$$\begin{aligned} U_1'(G_1 + G_3 + G_0) - U_2' G_0 - U_3' G_1 &= 0 \\ -U_1' G_0 + U_2'(G_2 + G_4 + G_0) - U_3' G_2 &= 0 \\ -U_1' G_1 - U_2' G_2 + U_3'(G_1 + G_2) &= I \end{aligned}$$

I ist unbekannt, aber $U_3' = U$ bekannt, so daß

$$\begin{aligned} U_1'(G_1 + G_3 + G_0) - U_2' G_0 &= U G_1 \\ -U_1' G_0 + U_2'(G_2 + G_4 + G_0) &= U G_2 \\ U_1' G_1 + U_2' G_2 + I &= U(G_1 + G_2) \end{aligned}$$

oder mit den gegebenen Zahlenwerten, wenn man alle Gleichungen durch 1 mS dividiert und den Strom I, dividiert durch 1 mS, U_i setzt,

$$\begin{aligned} 16{,}7\, U_1' - 5{,}0\, U_2' &= 20\ \text{V} \\ -5{,}0\, U_1' + 9{,}5\, U_2' &= 10\ \text{V} \\ 5\, U_1' + 2{,}5\, U_2' + U_i &= 30\ \text{V}. \end{aligned}$$

Daraus findet man für die „unabhängigen" Spannungen

$$U_1' = 1{,}8\ \text{V}, \quad U_2' = 2{,}0\ \text{V}, \quad U_i = 16\ \text{V}.$$

Die Zweigströme werden somit unter Beachtung der angenommenen Bezugspfeilrichtungen in Bild 2.4.5 aus den Umlaufströmen I_ν' bzw. aus den Spannungen U_ν'

$$\begin{aligned} I_1 &= I_1' = (U - U_1')\, G_1 = 11\ \text{mA}, & I_2 &= I_3' - I_1' = (U - U_2')\, G_2 = 5\ \text{mA}, \\ I_3 &= I_2' = U_1'\, G_3 = 12\ \text{mA}, & I_4 &= I_3' - I_2' = U_2'\, G_4 = 4\ \text{mA}, \\ I_0 &= I_2' - I_1' = (U_2' - U_1')\, G_0 = 1\ \text{mA}, & I &= I_3' = U_i \cdot 1\ \text{mS} = 16\ \text{mA}. \end{aligned}$$

Bem.: Zur numerischen Lösung des linearen Gleichungssystems des Maschen- oder Knotenpunktsverfahrens existieren verschiedene Algorithmen. Auch für Taschenrechner gibt es hierfür fertige Rechenprogramme, wobei nur die Netzmatrix und die rechte Seite der Matrizengleichung eingegeben werden. Rechenzentren besitzen fertige Programme für größere Maschennetze, mit denen sogar das Gleichungssystem aufgestellt werden kann. Hierzu muß auf das Spezialschrifttum verwiesen werden.

3 Das elektrische Feld

3.1 Das elektrostatische Feld

3.1.1 Feldbegriff, Feldstärke, Potential und Spannung. Als Feld bezeichnet man einen physikalischen *Zustand des Raumes*, gekennzeichnet beispielsweise durch das Auftreten von Kräften. Die ein Feld, also den Zustand eines Raumes beschreibenden physikalischen Größen heißen Feldgrößen; sind es Kräfte, so heißen sie Feldkräfte.

Auf jede in den Raum um die Erde hineingebrachte Masse wird eine Kraft in Richtung zum Erdmittelpunkt ausgeübt. Diese Schwerkraft beschreibt einen physikalischen Zustand des Raumes um die Erde, den man als Schwerefeld oder Gravitationsfeld der Erde bezeichnet.

Auch in der Umgebung jeder elektrischen Ladung befindet sich der Raum in einem Zwangszustand, der dadurch gekennzeichnet ist, daß auf einen in diesen Raum gebrachten Träger einer elektrischen Ladung eine Kraft ausgeübt wird. Diese Kraft wirkt auf den Ladungsträger zusätzlich zur Schwerkraft und kann mechanisch nicht erklärt werden; sie verschwindet mit der Ladung. Den Zustand in der Umgebung einer elektrischen Ladung bezeichnet man als *elektrisches* Feld.

Befinden sich elektrische Ladungen im Zustand der Ruhe, d.h. daß sie weder Ort noch Größe ändern ($I = 0$), so ist das von diesen Ladungen hervorgerufene elektrische Feld ein *elektrostatisches* (ruhendes elektrisches) Feld. Das elektrostatische Feld ist demnach ein Sonderfall des zeitlich konstanten elektrischen Feldes, da es sich wegen $I = 0$ nur im Nichtleiter (Dielektrikum) ausbilden kann. Als Maß für die Stärke des Feldes (elektrische Feldstärke) dient die Kraft F auf einen in das Feld *gebrachten*, relativ zum Beobachter ruhenden Träger einer positiven Punktladung $Q = q$ mit vernachlässigbar kleiner Masse

$$\boxed{E = \frac{F}{q}} \qquad \boxed{E = \frac{F}{q}} \tag{3.1.1}$$

Die elektrische Feldstärke ist eine Vektorgröße und wie die Kraft durch Angabe von *Betrag E* und *Richtung* eindeutig bestimmt. Die Einheit der elektrischen Feldstärke erhält man nach Gl. (3.1.1) als Quotienten aus Krafteinheit und Ladungseinheit

$$\text{Einheit der elektrischen Feldstärke: } \frac{\text{N}}{\text{C}} = \frac{\text{Ws/m}}{\text{As}} = \frac{\text{V}}{\text{m}}.$$

Die Richtung der elektrischen Feldstärke ist gleich der Richtung der Kraft, die auf eine ruhende *positive* Punktladung im elektrischen Feld ausgeübt wird.

Da sich gleichnamige elektrische Ladungen abstoßen, ungleichnamige Ladungen dagegen anziehen, zeigt die Richtung der elektrischen Feldstärke als Kraftrichtung auf eine *positive* Ladung in Richtung negativer Ladungen, also von Plus nach Minus.

Zur Darstellung elektrischer Felder oder allgemein von Feldern, die durch einen Feldvektor beschrieben werden, bedient man sich der *Feldlinien* (Vektorlinien, Kraftlinien). Diese geben in jedem Raumpunkt die Richtung des Feldvektors, beispielsweise der elektrischen Feldstärke an, wie in Bild 3.1.1. Solche *Feldbilder* vermitteln einen anschaulichen Überblick über den Verlauf eines Feldes. Jedoch beachte man sehr genau:

Feldlinien sind keine physikalische Realität. Es sind *gedachte* Linien, eine Hilfsvorstellung zur Darstellung der Richtung der Feldvektoren an jeder Stelle des betrachteten Raumgebietes.

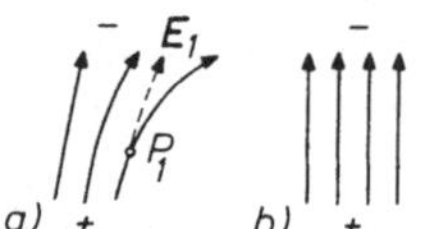

Bild 3.1.1
Feldliniendarstellung
a) inhomogenes Feld
b) homogenes Feld

Ändern sich Betrag und Richtung der Feldstärke, wie in Bild 3.1.1a von Ort zu Ort, so bezeichnet man das Feld als *inhomogen*. Die Richtung der Feldstärke in einem Raumpunkt ist durch die Tangente an die Feldlinie im betrachteten Raumpunkt beispielsweise P_1 gegeben. Je größer der Betrag des Feldes, um so dichter verlaufen die Feldlinien. Ist das Feld räumlich konstant, d.h. die Feldstärke hat in jedem Punkt des betrachteten Raumes gleiche Stärke und Richtung, so verlaufen die Feldlinien parallel und im gleichen Abstand, wie in Bild 3.1.1b. Ein solches Feld heißt *homogen*. Man bezeichnet die Richtung des Feldvektors auch als *Feldrichtung*. Im zeitlich konstanten elektrischen Feld entspringen die Feldlinien an positiven Ladungen und münden an negativen Ladungen, zeigen also in Richtung *abnehmenden* Potentials.

Die erforderliche Energie zum Transport einer Punktladung q vom Punkt a zum Punkt b entgegen den Feldkräften längs des geraden Weges s im *homogenen* elektrischen Feld (Bild 3.1.1b) ist dabei

$$W_{ab} = Fs \cos\alpha = qEs \cos\alpha,$$

wobei α der Winkel zwischen Feld- und Wegrichtung ist. Nun ist aber nach Gl. (2.1.3) und Gl. (2.1.4) der Quotient W_{ab}/q die Spannung zwischen den Punkten a und b oder die Potentialdifferenz $\varphi_a - \varphi_b$ zwischen diesen beiden Punkten. Für einen Weg senkrecht zur Feldrichtung ist $\cos\alpha = 0$ und daher wegen $W_{ab} = 0$ auch die Spannung $U_{ab} = \varphi_a - \varphi_b = 0$, also $\varphi_a = \varphi_b$. Solche Punkte gleichen Potentials ergeben eine *Äquipotentialfläche* und ihre Spur eine Äquipotentiallinie, *Potentiallinie* oder Niveaulinie. Der Transport einer Ladung längs einer Potentiallinie erfordert also keinen Energieaufwand.

Feldlinien und Potentiallinien schneiden sich stets senkrecht, bilden also orthogonale Trajektorien.

Dabei beachte man aber:

Das Potential längs einer Potentiallinie ist definitionsgemäß konstant, der Betrag der Feldstärke längs einer Feldlinie aber in Regel in jedem Punkt verschieden.

Nur im homogenen Feld ist die Feldstärke längs einer Feldlinie konstant.
Allgemein ist zum Transport einer positiven Punktladung q im elektrischen Feld längs des Wegelementes $\mathrm{d}s$ mit F nach Gl. (3.1.1) die Energie

$$\mathrm{d}W = F \cos\alpha \,\mathrm{d}s = qE \cos\alpha \,\mathrm{d}s$$

erforderlich. Die Spannung längs des Weges s vom Punkt a zum Punkt b mit $\varphi_a > \varphi_b$ wird daher

$$U_{ab} = \varphi_a - \varphi_b = \int_a^b E \,\mathrm{d}s = \int_a^b E \cos\alpha \,\mathrm{d}s \qquad (3.1.2)$$

In Bild 3.1.2 ist beim Fortschreiten in Feldrichtung unter Beachtung, daß definitionsgemäß die Normale n stets in Richtung wachsenden Potentials zeigt, $E\,\mathrm{d}n = -\,\mathrm{d}\varphi$, so daß

$$E = -\frac{\mathrm{d}\varphi}{\mathrm{d}n}. \qquad (3.1.3)$$

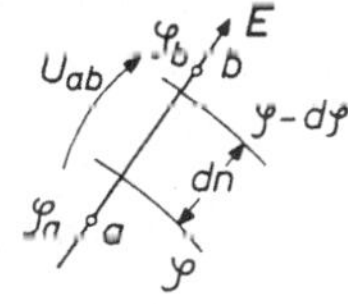

Bild 3.1.2
Zur Berechnung der Spannung aus der Feldstärke

Die elektrische Feldstärke gibt somit das *Potentialgefälle* längs einer Strecke normal zu den Äquipotentialflächen an.

Die elektrische Feldsstärke zeigt in Richtung *maximaler* Potential*abnahme*. In Feldrichtung nimmt die Spannung zwischen zwei Punkten zu, das Potential dagegen ab.

Die Spannung zwischen den Punkten a und b in Bild 3.1.2 ist daher

$$U_{ab} = \int_a^b E\,\mathrm{d}n = \int_a^\infty E\,\mathrm{d}n + \int_\infty^b E\,\mathrm{d}n = \int_a^\infty E\,\mathrm{d}n - \int_b^\infty E\,\mathrm{d}n = \varphi_a - \varphi_b.$$

Zwischen zwei beliebigen Punkten a und b auf je einer Äquipotentialfläche mit φ_a und φ_b ist die Spannung (Potentialdifferenz) stets U_{ab} und damit unabhängig vom Weg.

Im elektrostatischen Feld ist das Linienintegral der Feldstärke unabhängig vom Weg gleich der Differenz der Potentiale zwischen Anfangs- und Endpunkt des Integrationsweges, also gleich der Spannung zwischen diesen beiden Punkten.

Hierbei beachte man:

Eine Spannung kann nur zwischen zwei Punkten angegeben werden. Für einen Punkt des Feldes kann man zwar ein Potential, aber nicht eine Spannung angeben. Als Bezugskörper wird dann z.B. die Erde (Erdpotential) oder der unendlich ferne Punkt angenommen.

Hat der Abstand zwischen zwei Äquipotentialflächen überall den Wert l und ist ihre Potentialdifferenz U (homogenes Feld), dann ist

$$E = U/l \quad \text{und} \quad U = El \tag{3.1.3a}$$

Bem.: Gelegentlich findet man für den Betrag der elektrischen Feldstärke statt Gl. (3.1.3) den Ausdruck $E = \mathrm{d}U/\mathrm{d}l$. Die elektrische Feldstärke kann aber für *einen* Punkt des Raumes, eine Spannung als Potentialdifferenz jedoch nur zwischen *zwei* Punkten angegeben werden. Nur im *homogenen* elektrostatischen Feld ist die Feldstärke längs einer Feldlinie, also längs einer Strecke konstant; dann und nur dann ist E durch Gl. (3.1.3a) gegeben.

Im zeitlich konstanten elektrischen Feld kann jedem Raumpunkt eindeutig ein Potential φ zugeordnet werden. Kehrt man daher von einem beliebigen Ausgangspunkt mit dem Potential φ_a nach einem *geschlossenen* Umlauf wieder zum Ausgangspunkt zurück, so ist die elektrische Umlaufspannung längs dieses geschlossenen Weges nach Gl. (3.1.2) $\varphi_a - \varphi_a = 0$. Die Umlaufspannung im elektrostatischen Feld ist daher stets Null oder

$$\boxed{\oint \boldsymbol{E}\,\mathrm{d}\boldsymbol{s} = \oint E\cos\alpha\,\mathrm{d}s = 0} \tag{3.1.4}$$

Im elektrostatischen Feld sind daher keine in sich geschlossenen Feldlinien möglich. Das Linienintegral längs einer solchen geschlossenen Feldlinie könnte nicht verschwinden, da längs der gesamten Strecke $\cos\alpha = 1$. Man beachte dabei auch den Unterschied zu dem durch Induktionswirkung im Magnetfeld entstehenden elektrischen Wirbelfeld mit seinen in sich geschlossenen E-Linien (S. 118). Ein Feld, dessen Feldvektor Gl. (3.1.4) befolgt, heißt wirbelfrei oder *Potentialfeld* (Kap. 5.3.1).

In einem Leiter ist kein elektrostatisches Feld möglich, da die freien Elekronen (Ladungsträger) in einem Leiter leicht beweglich sind und jede auf sie ausgeübte Feldkraft einen Leitungsstrom hervorrufen würde. Im Normalfall können die Leitungselektronen auch nicht aus der Oberfläche eines Leiters heraustreten, sich aber längs der Oberfläche des Leiters bewegen, solange die Feldstärke dort eine Tangentialkomponente hat. Elektrisches Gleichgewicht, also Ruhe der Ladungen, kann somit nur herrschen, wenn sich auf der Leiteroberfläche durch die Einwirkung des Feldes eine solche Ladungsverteilung einstellt, daß

1. die Feldstärke im Leiterinnern verschwindet,
2. die Feldlinien senkrecht zur Leiteroberfläche stehen.

Diese Einwirkung eines elektrischen Feldes auf die freien Elektronen eines *Leiters* bezeichnet man als *Influenz* und man erkennt:

|| Die Oberfläche eines Leiters im *elektrostatischen* Feld ist stets eine Äquipotentialfläche und der Sitz überschüssiger Ladungen, an denen Feldlinien *senkrecht* entspringen oder münden.

Auf der Oberfläche eines vorher ungeladenen Leiters, der in ein elektrostatisches Feld gebracht wird, entstehen gleichgroße positive und negative Ladungen (Überschuß oder Mangel an Elektronen).

Wird ein vorher ungeladener Leiter in ein elektrostatisches Feld gebracht und anschließend aus dem Feld entfernt oder verschwindet das Feld wieder, so gleichen sich die auf seiner Oberfläche influenzierten Ladungen aus und der Leiter erscheint wieder ungeladen. Besteht dieser Leiter aus zwei Teilen, wie etwa die Maxwellsche Doppelplatte in Bild 3.1.3, so wird durch Trennen beider Platten *im Feld* ein Ladungsausgleich verhindert und man erhält je eine positiv und negativ geladene Platte. Influenzladungen lassen sich demnach trennen (Elektrizitätserzeugung).

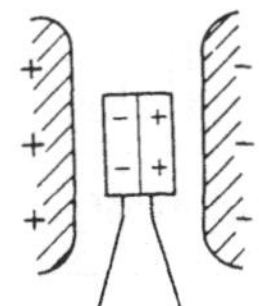

Bild 3.1.3
Maxwellsche Doppelplatte

Wegen der Feldfreiheit im Leiterinnern kann ein massiver Leiter (Elektrode) durch einen Hohlleiter ersetzt werden, dessen Inneres dann ebenfalls feldfrei ist (Faradayscher Käfig). Mit Metallfolien kann man z.B. Räume elektrostatisch gegen elektrische Felder abschirmen.

3.1.2 Elektrischer Fluß und elektrische Flußdichte. Gl. (3.1.1) macht keine Aussage über den Zusammenhang zwischen einer Ladung und dem von ihr erzeugten elektrischen Feld. Die Punktladung q wurde vielmehr lediglich in ein bereits *bestehendes* Feld der Stärke E gebracht, um die auf sie ausgeübte Feldkraft und damit die Stärke des Feldes zu bestimmen. Zur Ermittlung des Zusammenhangs zwischen einer Ladung und dem von ihr erzeugten elektrischen Feld, muß noch eine weitere elektrische Feldgröße eingeführt werden.

Wird eine Ladung Q von einer ungeladenen, leitenden Hüllelektrode beliebiger Form vollständig umschlossen, z.B. durch eine metallene Hohlkugel wie in Bild 3.1.4, so entsteht auf der Oberfläche dieser Hüllelektrode durch Influenz eine Ladung Q_i. Diesen Vorgang kann man so deuten, daß man sich von der Ladung Q innerhalb der Hüllelektrode einen *elektrischen Fluß* (Verschiebungsfluß) Ψ durch den Nichtleiter zur Hüllelektrode als Gegenelektrode ausgehen denkt, gleichsam wie eine sich von der Ladung Q ausbreitende Kraftwirkung auf Ladungsträger. Im Nichtleiter stehen aber keine freien Ladungsträger zur Verfügung, es kommt daher lediglich zu elastischen Verlagerungen („Verschiebungen") zwischen Atomkern und Atomhülle (Polarisation des Dielektrikums, Kap. 3.1.4). Diese *atomaren* Verschiebungen im Nichtleiter sind offenbar um so größer, je größer die Flächendichte des Verschiebungsflusses ist; Verschiebungsrichtung ist die Richtung der Feldkräfte, die man durch *Verschiebungslinien* angeben kann. Die Flächendichte des elektrischen Flusses bezeichnet man als *elektrische Fluß-* oder *Verschiebungsdichte D*. Sie ist eine Vektorgröße, ihre Vektorlinien sind die Verschiebungslinien, die an positiven Ladungen entspringen und an negativen Ladungen wieder münden. Im homogenen Feld ist demnach der durch eine Fläche A hindurchtretende elektrische Fluß

$$\Psi = DA = DA \cos \alpha$$

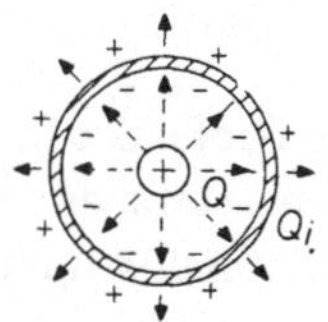

Bild 3.1.4
Ladung Q mit leitender Hüllfläche

mit α als Winkel zwischen der Flußdichte und der Flächennormale. Der gesamte von der influenzierenden Ladung Q ausgehende elektrische Fluß Ψ kann in Bild 3.1.4 als Influenzladung Q_i auf der Oberfläche der Hüllelektrode gemessen werden. Da ebensoviele

Verschiebungslinien von Q ausgehen, wie auf der Hüllelektrode münden, ist $Q_i = Q$ und damit auch der gesamte von Q ausgehende Hüllenfluß Ψ ebenfalls gleich Q.

|| Der gesamte von einer Ladung ausgehende elektrische Fluß (Hüllenfluß) ist dieser Ladung gleich.

Somit ist

$$\boxed{\Psi = \oint D \, \mathrm{d}A = \oint D \cos\alpha \, \mathrm{d}A = Q} \tag{3.1.5}$$

|| Das Flächenintegral der elektrischen Flußdichte über eine beliebige geschlossene Hüllfläche (Hüllenintegral) ist gleich der von der Hüllkurve eingeschlossenen Ladung (Hüllenfluß).

Man kennzeichnet daher auch den elektrischen Fluß durch das gleiche Symbol Q wie die Ladung, jedoch beachte man dabei, daß der elektrische Fluß einen *Zustand* des *nichtleitenden Raumes* veranschaulicht. Der durch eine beliebig orientierte Fläche A hindurchtretende elektrische Fluß ist

$$Q = \int \boldsymbol{D} \, \mathrm{d}\boldsymbol{A} = \int D \cos\alpha \, \mathrm{d}A \tag{3.1.6}$$

und der Betrag D_n der Normalkomponente der Flußdichte ($\alpha = 0°$)

$$D_n = \frac{\mathrm{d}Q}{\mathrm{d}A}. \tag{3.1.6a}$$

Der Betrag D der Flußdichte auf der Oberfläche einer Elektrode ist identisch mit der dort vorhandenen Ladungsdichte

$$\sigma = \mathrm{d}Q/\mathrm{d}A.$$

Im leeren Raum (Vakuum) kann von atomaren „Verschiebungen" (Polarisation des Dielektrikums) nicht gesprochen werden. Will man elektrischen Fluß und Flußdichte im materiefreien Raum nicht als Rechengröße betrachten, so kann der elektrische Fluß wegen $\Psi = Q$ als physikalische Größe, nämlich gleichsam als eine Erweiterung des Ladungsbegriffs auf den Raum betrachtet werden.

Der Begriff der Flußdichte und des elektrischen Flusses kann auch aus einer Feldlinienbetrachtung abgeleitet werden. Zeichnet man die Feldlinien an der Leiteroberfläche um so dichter, je größer die Ladungsdichte, also die je Flächenelement vorhandene Ladung $\mathrm{d}Q/\mathrm{d}A$, so ist die Gesamtheit der Feldlinien, die von der positiven zur negativen Elektrode übergehen, ein Maß für die auf der Elektrode vorhandene Ladung. Man bezeichnet dann die Linien als Verschiebungslinien. Die Gesamtheit der Linien symbolisiert den elektrischen Fluß $\Psi = Q$, ihre Dichte gibt die Flußdichte D an.

Die Größe der Flußdichte ist durch die Stärke des Feldes und die Eigenschaften des Mediums (atomare Verschiebbarkeit der Ladungsträger) gegeben. In isotropen, elektrisch linearen und homogenen Medien ist $D \sim E$. Man setzt deshalb

$$\boxed{\boldsymbol{D} = \epsilon \boldsymbol{E}.} \tag{3.1.7}$$

Das ist die *Materialgleichung* des elektrischen Feldes, wobei man, um den Einfluß des Mediums zu berücksichtigen, für die *Permittivität*

$$\epsilon = D/E \tag{3.1.7a}$$

setzt

$$\boxed{\epsilon = \epsilon_0 \, \epsilon_r} \tag{3.1.8}$$

Hierbei ist ϵ_0 die *elektrische Feldkonstante* und ϵ_r die *relative Permittivität* oder *Permittivitätszahl*. In diesem Zusammenhang wird ϵ auch als absolute Permittivität bezeichnet.

Die elektrische Feldkonstante ϵ_0 ist eine Naturkonstante. Sie ist die Permittivität des materiefreien Raumes.

Die Permittivitätszahl ϵ_r ist in elektrisch linearen und isotropen Stoffen eine Verhältniszahl und eine Materialkonstante, die angibt, um wieviel die Permittivität eines Stoffes größer ist als ϵ_0.

$$\boxed{\epsilon_0 = 8{,}854 \cdot 10^{-12} \, \frac{\mathrm{F}}{\mathrm{m}} = 8{,}854 \cdot 10^{-12} \, \frac{\mathrm{As}}{\mathrm{Vm}}} \tag{3.1.9}$$

wobei

$$1 \text{ Farad (F)} = 1 \text{ Siemens-Sekunde } (\mathrm{Ss} = \Omega^{-1}\,\mathrm{s}) \tag{3.1.10}$$

Im leeren Raum ist $\epsilon = \epsilon_0$ und $\epsilon_r = 1$. Für Luft ist $\epsilon_r \approx 1$.

Bei einigen Stoffen ist ϵ_r stark von der Feldstärke abhängig, so z.B. bei Bariumtitanat mit $\epsilon_r > 1000$. Solche Stoffe heißen ferroelektrisch, ihre Kennlinie $D = f(E)$ ergibt eine Hystereseschleife wie bei ferromagnetischen Stoffen (Kap. 4.1.4) mit einer elektrischen Remanenzflußdichte D_r und einer elektrischen Koerzitivfeldstärke E_c. Nach der Einwirkung eines elektrischen Fremdfeldes erhält man als Analogon zum Permanentmagneten einen *Elektreten*. Eine technische Anwendung findet der Elektret z.B. im Elektretmikrofon.

Zahlenwerte für ϵ_r siehe Tabelle 3.1.

Für Berechnungen erweist es sich als zweckmäßig, für die elektrische Feldkonstante Gl. (3.1.9), zu schreiben:

$$\epsilon_0 = 8{,}854 \cdot 10^{-12} \, \frac{\mathrm{As}}{\mathrm{Vm}} \approx \frac{10^{-9}}{4\pi \cdot 9} \, \frac{\mathrm{As}}{\mathrm{Vm}}, \quad \text{womit } 4\pi\epsilon_0 \approx \frac{1}{9} \cdot 10^{-9} \, \frac{\mathrm{As}}{\mathrm{Vm}} = \frac{1}{9} \cdot 10^{-9} \, \frac{\mathrm{F}}{\mathrm{m}}. \tag{3.1.11}$$

Tabelle 3.1. Permittivitätszahlen ϵ_r bei 20 °C

Stoff	ϵ_r	Stoff	ϵ_r
Aluminiumoxid	10	Papier trocken	1,8 bis 2,6
Bernstein	2,8	Plexiglas	3,0
Ebonit	2,6	Porzellan	5,0
Glas	5 bis 12	Polyäthylen	2,25
Glimmer	5 bis 8	Polystyrol	2,5
Hartpapier	4,0	Stealit	6,4
Holz	2,5 bis 6,8	Styroflex	2,5
Kabelpapier in Öl	4,5	Tantaloxid	25
Luft, Normalverh.	1,0006	Transformatoröl	2,2 bis 2,4
Marmor	8,3	Wasser, dest.	80
Mikanit	4 bis 6	Zellulose	5,6

Beispiel 3.1. An der Erdoberfläche mißt man eine mittlere Feldstärke von 130 V/m. Die Richtung des Feldes zeigt zum Erdmittelpunkt. Wie groß sind demnach Ladungsdichte und Ladung der Erde? Erdradius: $r = 6{,}37 \cdot 10^6$ m.

Lösung: Für die Ladungsdichte ergibt Gl. (3.1.7)

$$\sigma \equiv D = \epsilon_0 E = \frac{10^{-9}}{36\pi} \cdot \frac{\text{As}}{\text{Vm}} \cdot 130 \frac{\text{V}}{\text{m}} \approx 1{,}15 \cdot 10^{-9} \frac{\text{As}}{\text{m}^2}.$$

Somit wird die Ladung der Erde nach Gl. (3.1.6)

$$Q = D \cdot 4\pi r^2 = 5{,}9 \cdot 10^5 \text{ C}.$$

Aus der Richtung des Erdfeldes folgt, daß die Erde negativ geladen erscheint.

3.1.3 Berechnung von Feldstärke und Potential. Zur Berechnung von Feldstärke und Potential geht man bei einer vorgegebenen Ladungsverteilung zweckmäßig von der Flußdichte aus. Eine Punktladung muß dabei im sonst ladungsfreien homogenen Raum aus Symmetriegründen ein sich kugelsymmetrisch ausbildendes Feld nach Bild 3.1.5 hervorrufen. Die Äquipotentialflächen bilden konzentrische Kugelschalen um die Punktladung q als Mittelpunkt. Auf einer solchen Kugelschale vom Radius r wird die Flußdichte

$$D = \frac{q}{A} = \frac{q}{4\pi r^2}$$

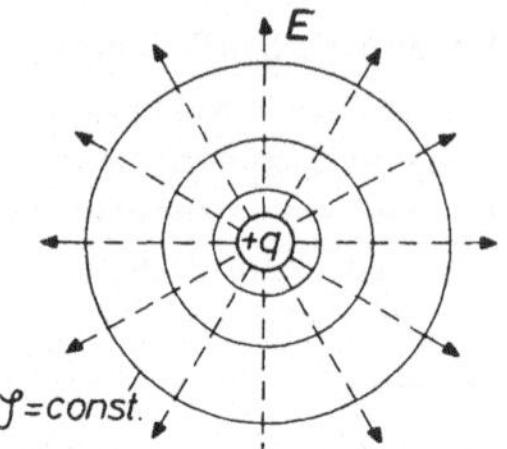

Bild 3.1.5
Elektrostatisches Feld um eine positive Punktladung

und damit die Feldstärke im Abstand r von der Punktladung nach Gl. (3.1.7) im homogenen Medium

$$E = \frac{q}{4\pi \epsilon r^2} \tag{3.1.12}$$

Die Feldstärke ist dem Quadrat des (Krümmungs-)Radius einer Elektrode umgekehrt proportional. An spitzen Kanten ist daher die Feldstärke stets am größten, dort treten die ersten Entladungserscheinungen auf (Spitzenwirkung).

Ersetzt man in Bild 3.1.5 eine Äquipotentialfläche durch eine Metallfolie oder durch eine leitende Vollkugel, so wird der Feldverlauf außerhalb dieser Kugel nicht geändert, da die Leiteroberfläche selbst Äquipotentialfläche ist. Eine die Ladung Q tragende Metallkugel kann demnach in ihrer Wirkung nach außen durch eine Punktladung $q = Q$ im Kugelmittelpunkt ersetzt werden und Gl. (3.1.12) gibt dann die Feldstärke auf der Oberfläche dieser Metallkugel vom Radius $R = r$.

Das Potential φ im Abstand r von einer Punktladung q, bezogen auf den unendlich weit entfernten Punkt ($r \to \infty$) mit $\varphi_0 = 0$ erhält man aus Gl. (3.1.12) durch Integration nach Gl. (3.1.2)

$$\varphi = \int E \, \mathrm{d}r = \frac{q}{4\pi\epsilon} \int_r^\infty \frac{\mathrm{d}r}{r^2} = -\frac{q}{4\pi\epsilon} \left[\frac{1}{r}\right]_r^\infty$$

oder

$$\varphi = \frac{q}{4\pi\epsilon r}. \tag{3.1.13}$$

Wegen der linearen Abhängigkeit des Potentials von r addieren sich die Potentiale mehrerer Punktladungen in jedem Raumpunkt algebraisch zum Gesamtpotential.
Man beachte aber:

Eine Ladung ist immer an einen Ladungsträger gebunden. Eine Punktladung bedeutet daher nur eine Hilfsvorstellung. Ihre Oberfläche ist unendlich klein ($r \to 0$), daher können Feldstärke und Potential im Raumpunkt einer gedachten Punktladung nicht angegeben werden (E, $\varphi \to \infty$). Die Angabe einer Spannung zwischen zwei Punktladungen ist demnach auch nicht möglich.

Bei einem Koaxialkabel bilden die Feldlinien nach Bild 3.1.6 zwischen dem Innenleiter vom Radius R_i und dem Kabelmantel (Außenleiter) vom Radius R_a radiale Strahlen und die Äquipotentialflächen sind konzentrische Kreiszylinder um den Innenleiter. Ist Q die Ladung des Innenleiters und ϵ die Permittivität (Dielektrizitätskonstante) des homogenen Isoliermaterials, so werden Flußdichte und Feldstärke für $R_i \leqslant r \leqslant R_a$

$$D = \frac{Q}{2\pi l r}, \qquad E = \frac{Q}{2\pi\epsilon l r}.$$

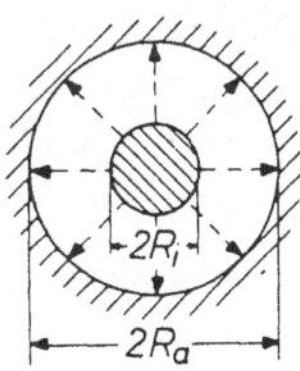

Bild 3.1.6
Elektrische Feldlinien im Koaxialkabel

Damit wird die Spannung U zwischen Innen- und Außenleiter

$$U = \int E \, \mathrm{d}r = \frac{Q}{2\pi\epsilon l} \int_{R_i}^{R_a} \frac{\mathrm{d}r}{r} = \frac{Q}{2\pi\epsilon l} \ln \frac{R_a}{R_i} \tag{3.1.14}$$

oder damit die Feldstärke innerhalb des Isoliermaterials

$$E = \frac{U}{r \ln (R_a/R_i)}. \tag{3.1.15}$$

Beispiel 3.2. Gesucht ist die Spannung zwischen zwei Raumpunkten P_1 und P_2 im Abstand $r_1 = 10$ cm und $r_2 = 1$ m von einer positiven Punktladung $q = 10^{-6}$ C = 1 μAs. Medium: Luft.

Lösung: Beide Punkte liegen auf je einer Äquipotentiallinie, die konzentrische Kreise um die Punktladung mit den Radien r_1 und r_2 bilden. Das Potential beider Punkte wird nach Gl. (3.1.13)

$$\varphi_1 = \frac{q}{4\pi\epsilon_0 r_1} = 90 \text{ kV}, \qquad \varphi_2 = \frac{q}{4\pi\epsilon_0 r_2} = 9 \text{ kV}.$$

Die Spannung wird daher

$$U_{12} = \varphi_1 - \varphi_2 = \int_{r_1}^{r_2} E\,dr = \frac{q}{4\pi\epsilon_0}\left(\frac{1}{r_1} - \frac{1}{r_2}\right) = 81\ \text{kV}.$$

P_1 hat ein höheres Potential als P_2. Der Punkt P_1 erscheint daher gegenüber dem Punkt P_2 positiv.

Beispiel 3.3. Zwei positive Punktladungen $q_1 = q_2 = 10^{-6}$ As befinden sich im Abstand $r = 1$ m im Luftraum. Gesucht ist die von ihnen hervorgerufene Feldstärke in einem Raumpunkt P im Abstand r von q_2, senkrecht zur Verbindungslinie $q_1 - q_2$.

Lösung: Die Anordnung zeigt Bild 3.1.7a. Die Beträge der von beiden Punktladungen im Punkt P hervorgerufenen Feldstärkekomponenten erhält man aus Gl. (3.1.12) mit $a^2 = 2r^2$ zu

$$E_1 = \frac{q_1}{4\pi\epsilon_0 a^2} = 4{,}5\ \text{kV/m}, \qquad E_2 = \frac{q_2}{4\pi\epsilon_0 r^2} = 9\ \text{kV/m}.$$

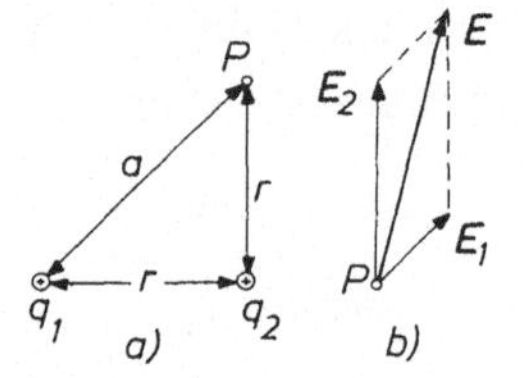

Bild 3.1.7
Zu Beispiel 3.3

Ihre Addition muß geometrisch erfolgen und ist im Vektordiagramm Bild 3.1.7b durchgeführt. Als resultierende Feldstärke erhält man $E \approx 12{,}6$ kV/m.

3.1.4 Elektrische Polarisation. Im Leiter sind die freien Elektronen als Ladungsträger leicht beweglich und können unter dem Einfluß eines elektrischen Feldes an die Leiteroberfläche wandern (Erscheinung der Influenz). Innerhalb des Nichtleiters sind aber keine freien Ladungsträger vorhanden, es kommt daher im elektrischen Feld lediglich zu elastischen Verschiebungen (Ausrichtungen) zwischen Atomhülle und Atomkern. Diese Erscheinung heißt *Polarisation* des Nichtleiters (Dielektrikums). Alle kleinen atomaren Verschiebungen tragen in der polarisierten Materie zum gesamten elektrischen Fluß bei.

Um den Einfluß der Materie im elektrostatischen Feld zu kennzeichnen, setzt man in der Physik

$$\boldsymbol{D} = \epsilon_0 \boldsymbol{E} + \boldsymbol{P} = \epsilon_0 \boldsymbol{E}(1 + \chi_e) = \epsilon \boldsymbol{E}. \tag{3.1.16}$$

Hierbei ist die Vektorgröße

$$\boldsymbol{P} = \boldsymbol{D} - \epsilon_0 \boldsymbol{E} = \epsilon_0 \chi_e \boldsymbol{E}, \tag{3.1.17}$$

die elektrische *Polarisation*, die den Einfluß der Materie angibt, und

$$\chi_e = \epsilon_r - 1 \tag{3.1.18}$$

die *elektrische Suszeptibilität*.

Auf den gegenüberliegenden Flächen eines in das elektrische Feld gebrachten dielektrischen Körpers entstehen infolge der Polarisation entgegengesetzte Polarisationsladungen als Oberflächenladungen senkrecht zur Feldrichtung. Jedes Atom oder Molekül der polarisierten Materie wird dabei zu einem elektrischen Dipol.

Unter einem elektrischen Dipol versteht man allgemein zwei Punktladungen verschiedener Polarität in hinreichend kleinem Abstand.

Ist d der Abstand beider Punktladungen (Dipolachse), so bezeichnet man das Produkt $m_e = qd$ als *elektrisches Moment* des Dipols (Dipolmoment). Im elektrischen Feld erhält jeder hineingebrachte Körper ein elektrisches Moment. Im Gegensatz zu Influenzladungen, die sich trennen lassen (Maxwellsche Doppelplatte, S. 67), können aber Polarisationsladungen nicht getrennt werden. Jeder noch so kleine polarisierte dielektrische Körper bleibt immer ein elektrischer Dipol.

Unter den Erscheinungsformen der elektrischen Polarisation können zwei Grenzfälle unterschieden werden:

1. Die Moleküle sind für sich allein nicht nur elektrisch neutral, sondern auch dipolfrei. Erst unter der Einwirkung eines äußeren elektrischen Feldes erhalten sie durch elektrische Polarisation ein elektrisches Moment; sie werden im elektrischen Feld „elektrisch deformiert". Stoffe dieser Art heißen *unpolar* oder *dielektrisch*.
2. Die Moleküle besitzen bereits von sich aus ohne äußeres Feld ein permanentes elektrisches Moment, sind also selbst molekulare elektrische Dipole. Infolge regelloser Orientierung verschwindet jedoch die Summe aller Momente im zeitlichen und räumlichen Mittel. Im elektrischen Feld erfolgt neben der „elektrischen Deformation" zusätzlich eine Ausrichtung der einzelnen Dipole, der die molekulare Wärmebewegung entgegenwirkt. Solche Stoffe heißen *polar* oder *parelektrisch*, ihre Permittivität ist im Gegensatz zu unpolaren Stoffen temperaturabhängig.

Nach Ausrichtung aller Dipole müßte bei polaren Stoffen ein Sättigungswert der Polarisation eintreten. Vor Erreichen der hierfür erforderlichen Feldstärken treten aber im allgemeinen bereits Entladungserscheinungen auf. Bei einigen Kristallen konnten solche Sättigungserscheinungen beobachtet werden.

Bei einigen aus Ionen aufgebauten Kristallen kann auch durch mechanische Deformation eine Polarisation auftreten, wobei diese Polarisation der mechanischen Deformation proportional ist. Man bezeichnet diese Erscheinung als piezoelektrischen Effekt (Piezoelektrizität). Die Polarisation kann auch durch Erwärmung hervorgerufen werden (Pyroelektrizität). Pyroelektrische Kristalle sind auch gleichzeitig piezoelektrisch. Die wichtigsten Vertreter piezoelektrischer Kristalle sind Quarz, Seignettesalz und Turmalin. Einen besonders kräftigen piezoelektrischen Effekt zeigen auch künstliche Stoffe wie Barium-Titanate und vor allem Blei-Zirkon-Titan. Der piezoelektrische Effekt ist auch umkehrbar (reziproker piezoelektrischer Effekt), d.h. im elektrischen Feld wird ein piezoelektrischer Kristall zusammengedrückt oder gedehnt, wodurch im elektrischen Wechselfeld mechanische Schwingungen angeregt werden können (Elektrostriktion).

Die Erscheinung der piezoelektrischen Polarisation kann in grober Weise an Hand eines regulären Tetraeders nach Bild 3.1.8 erklärt werden. Im Mittelpunkt befindet sich ein vierfach geladenes positives Ion, das durch vier einfach geladene Ionen (je eins an den vier Ecken) kompensiert wird, da der Schwerpunkt der negativen Ladung mit der positiven Ladung zusammenfällt. Der Kristall besitzt daher kein Dipolmoment. Wird nun der Kristall bei festgehaltenem Mittelpunkt deformiert, etwa in Bild 3.1.8 die Spitze nach unten gedrückt, so verlagert sich der Schwerpunkt der negativen Ladung und es entsteht ein Dipolmoment. Voraussetzung für das Auftreten des piezoelektrischen Effektes ist dabei das Vorhandensein einer Achse (polare Achse genannt), deren Normalebene keine Symmetrieebene des Kristalls ist. Technische Anwendung findet die Piezoelektrizität unter anderem zur elektrischen Druck- und Beschleunigungsmessung insbesondere mittels Quarzindikatoren, ferner in elektrischen Tonabnehmern für Schallplatten.

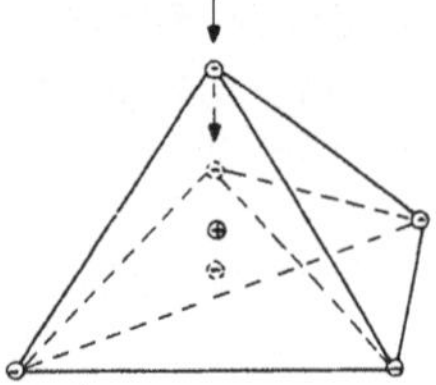

Bild 3.1.8
Zur Erklärung des piezoelektrischen Effekts

3.1.5 Grenzflächen. Im felderfüllten ladungsfreien Raum ist nach Gl. (3.1.4) und (3.1.5)

$$\oint \boldsymbol{E}\,\mathrm{d}\boldsymbol{s} = 0$$

und

$$\oint \boldsymbol{D}\,\mathrm{d}\boldsymbol{A} = 0.$$

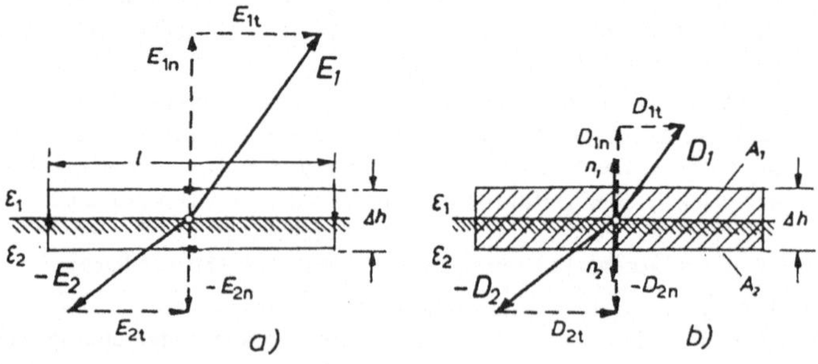

Bild 3.1.9 Die elektrischen Feldvektoren an homogenen Grenzflächen
a) E-Linien, b) D-Linien

Ein eine Grenzfläche eng umschließender Umlauf wie in Bild 3.1.9a mit $\Delta h \to 0$ ergibt daher $E_{1t}l = E_{2t}l$. Ferner ergibt in Bild 3.1.9b ein die Grenzfläche umgebender Zylinder mit den Endflächen $A_1 = A_2 = A$ parallel zur Grenzfläche für $\Delta h \to 0$ bei ladungsfreier Grenzfläche $D_{1n}A = D_{2n}A$. Somit gilt für *ladungsfreie* und homogene Grenzschichten mit verschiedenen Permittivitäten ϵ_1 und ϵ_2

$$E_{1t} = E_{2t}, \qquad D_{1n} = D_{2n} \tag{3.1.19}$$

und wegen Gl. (3.1.7)

$$E_{1n}/E_{2n} = \epsilon_2/\epsilon_1, \qquad D_{1t}/D_{2t} = \epsilon_1/\epsilon_2. \tag{3.1.20}$$

An ladungsfreien Trennflächen zweier Dielektrika gehen im elektrostatischen Feld die Normalkomponenten der Flußdichte und die Tangentialkomponenten der elektrischen Feldstärke stetig ineinander über.

Die D-Linien und E-Linien werden an ladungsfreien Trennflächen gebrochen. Befinden sich dagegen in der Trennschicht Ladungen der Flächendichte σ, so bilden sie Quellen neuer Feldlinien, es gilt dann nicht mehr die Stetigkeit der Normalkomponenten der Flußdichte.

Ist Medium (1) ein Dielektrikum und Medium (2) ein Leiter (Metall) mit $\epsilon_2 \to \infty$, so ist nach Gl. (3.1.20) D_{1n} und damit auch E_{1n} wegen der Influenzladungen auf der Leiteroberfläche von Null verschieden. Innerhalb des Leiters ist $E = 0$ und die Leiteroberfläche ist eine Äquipotentialfläche.

3.1.6 Der Kondensator, Kondensatorschaltungen. Liegt zwischen zwei Metallelektroden die Spannung U und ist Q der dabei von einer Elektrode zur Gegenelektrode übergehende elektrische Fluß, also die Ladung der Elektroden, so definiert man das Verhältnis

$$\boxed{C = \frac{Q}{U}} \tag{3.1.21}$$

als *Kapazität* beider Elektroden. Die Elektrodenanordnung nennt man dann auch einen *Kondensator*, dessen Kapazität sein Fassungsvermögen für elektrische Ladungen angibt. Einheit der Kapazität ist das Farad (F) nach Gl. (3.1.10).

Die einfachste Form eines Kondensators bildet der Plattenkondensator nach Bild 3.1.10. Ist der Plattenabstand hinreichend klein, so kann die Randstreuung des Feldes vernachlässigt werden und das Feld bei homogenem Dielektrikum zwischen den Platten als angenähert homogen gelten. Die Kapazität eines solchen Kondensators mit der Plattenfläche A im Abstand a beträgt dann

$$C = \frac{Q}{U} = \frac{DA}{aE} = \epsilon\,\frac{A}{a}. \tag{3.1.22}$$

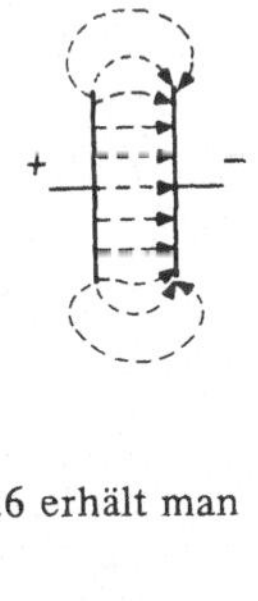

Bild 3.1.10
Plattenkondensator mit Streufeld

Für die Kapazität eines Koaxialkabels (Zylinderkondensators) der Länge l nach Bild 3.1.6 erhält man aus Gl. (3.1.21) wegen Gl. (3.1.14)

$$C = \frac{Q}{U} = \frac{2\pi\epsilon l}{\ln(R_a/R_i)}. \tag{3.1.23}$$

Zur Berechnung der Kapazität zweier konzentrischer Kugelschalen (Kugelkondensator) muß zunächst die Spannung U zwischen beiden Elektroden ermittelt werden. Sind R_a und R_i die Radien von Außen- und Innenkugel und ϵ die Permittivität zwischen beiden Kugelelektroden, so wird mit Gl. (3.1.12)

$$U = \int E\,\mathrm{d}r = \frac{Q}{4\pi\epsilon}\int_{R_i}^{R_a}\frac{\mathrm{d}r}{r^2} = \frac{Q}{4\pi\epsilon}\left(\frac{1}{R_i} - \frac{1}{R_a}\right).$$

Daraus erhält man als Kapazität eines Kugelkondensators nach Gl. (3.1.21)

$$C = 4\pi\epsilon\,\frac{R_a R_i}{R_a - R_i} = 4\pi\epsilon\,\frac{R_i}{1 - R_i/R_a}. \tag{3.1.24}$$

Für $R_i = R$ und $R_a \to \infty$ erhält man die Kapazität einer Kugel vom Radius R gegenüber einer weit entfernten Belegung (praktisch bereits Zimmerwände)

$$C = 4\pi\epsilon R. \tag{3.1.24a}$$

Setzt man in Gl. (3.1.23) und Gl. (3.1.24) $R_i \approx R_a = R$ und $R_a - R_i = a$ unter Beachtung, daß dann

$$\ln \frac{R_a}{R_i} \approx 2 \frac{R_a - R_i}{R_a + R_i} \approx \frac{a}{R},$$

so erhält man in beiden Fällen $C \to \epsilon A/a$, also den Ausdruck für die Kapazität eines ebenen Plattenkondensators.

Die Kapazität eines Kondensators ist allein abhängig von seinen mechanischen Abmessungen und dem Dielektrikum zwischen seinen Platten.

Eine Kapazitätserhöhung kann erfolgen durch:

1. Vergrößerung der Elektrodenoberfläche,
2. Verringerung des Elektrodenabstandes,
3. Wahl eines Dielektrikums mit höherer Permittivität.

Beispiel 3.4. Ein Kondensator aus zwei ebenen Platten, Luft als Dielektrikum und $A = 400\ \text{cm}^2$ hat $C = 70{,}7$ pF. Er wird an $U = 1$ kV angeschlossen. Nach Trennen des Kondensators von der Spannungsquelle wird sein Plattenabstand a auf $2a$ verdoppelt. Gesucht ist bei Vernachlässigung der Randstreuung:

a) Ladung und Feldstärke bei $a_1 = a$

b) Ladung, Feldstärke, Kapazität und Spannung U_2 bei $a_2 = 2a$.

Lösung: Ladung und Feldstärke betragen bei $a_1 = a$

$$Q = CU = 70{,}7 \cdot 10^{-9}\ \text{As}, \qquad E = \frac{D}{\epsilon_0} = \frac{Q}{\epsilon_0 A} = 200\ \text{kV/m}.$$

Wird der Plattenabstand nach Trennung von der Spannungsquelle geändert, so kann Ladung weder ab- noch zufließen. Die Ladung Q, die Flußdichte D und damit auch wegen Gl. (3.1.7) die Feldstärke E bleiben daher unverändert. Nach Gl. (3.1.22) wird dagegen die Kapazität wegen $a_2 = 2a$ auf die Hälfte verkleinert, nämlich auf $C_2 = C/2 = 35{,}35$ pF. Die Spannung U_2 wird

$$U_2 = \frac{Q}{C_2} = 2aE = 2U = 2\ \text{kV}.$$

Wird der Plattenabstand bei *angeschlossener* Spannungsquelle verdoppelt, so bleibt die Spannung unverändert. Die auf die Hälfte verkleinerte Kapazität ergibt daher auch die halbe Ladung und halbe Feldstärke, da dann

$$Q_2 = UC_2 = UC/2, \qquad E_2 = U/a_2 = E/2.$$

Während der Vergrößerung des Plattenabstandes muß Ladung als Entladestrom zur Spannungsquelle zurückfließen.

Beispiel 3.5. Zwischen die Kondensatorplatten des Kondensators im vorigen Beispiel mit $C = 70{,}7$ pF wird nach Trennung von der Spannungsquelle mit $U = 1$ kV ohne Änderung des Plattenabstandes eine Isolierplatte mit $\epsilon_r = 2{,}69$ geschoben, die den Plattenabstand voll ausfüllt. Wie ändern sich dadurch Ladung, Kapazität, Feldstärke und Spannung?

Lösung: Die Ladung Q muß weiterhin unverändert bleiben, da vom abgeschalteten Kondensator keine Ladung abfließen kann. Nach Gl. (3.1.22) wird dagegen die Kapazität $C_i = \epsilon_r C$, also 190 pF und

$$U_i = Q/C_i = U/\epsilon_r = 372\ \text{V}, \qquad E_i = U_i/a = E/\epsilon_r = 74{,}4\ \text{kV/m}.$$

Erfolgt das Einschieben der Isolierplatte bei angeschlossener Spannungsquelle, so bleiben Spannung und Feldstärke unverändert, dagegen bewirkt die Kapazitätserhöhung um den Faktor ϵ_r eine ebenfalls ϵ_r-mal größere Ladungsaufnahme.

Vergrößern der Elektrodenoberfläche ist gleichbedeutend mit der Parallelschaltung mehrerer Kondensatoren. Bei der Parallelschalung verzweigt sich der elektrische Fluß auf die einzelnen Kondensatoren, so daß

$$Q = Q_1 + Q_2 + \ldots + Q_n, \quad \text{während} \quad U = U_1 = U_2 = \ldots = U_n.$$

Somit ist

$$UC = UC_1 + UC_2 + \ldots + UC_n = U(C_1 + C_2 + \ldots + C_n)$$

oder die resultierende Kapazität C bei *Parallelschaltung* mehrerer Kondensatoren

$$\boxed{C = \sum_1^n C_\nu} \tag{3.1.25}$$

Bei der Reihenschaltung von Kondensatoren muß der elektrische Fluß in jedem Kondensator gleich sein, so daß

$$Q = Q_1 = Q_2 = \ldots = Q_n, \quad \text{während} \quad U = U_1 + U_2 + \ldots + U_n.$$

Somit ist

$$Q/C = Q\,(1/C_1 + 1/C_2 + \ldots + 1/C_n)$$

oder die resultierende Kapazität C bei *Reihenschaltung* mehrerer Kondensatoren

$$\boxed{\frac{1}{C} = \sum_1^n \frac{1}{C_\nu}} \tag{3.1.26}$$

Werden demnach n gleiche Kondensatoren der Kapazität C in Parallelschaltung mit der Spannung U aufgeladen und in Reihenschaltung etwa über eine Funkenstrecke entladen, so addieren sich bei der Entladung die n Spannungen zur Gesamtspannung nU, während die Gesamtkapazität auf C/n absinkt. Eine solche Anordnung kann zur Erzielung hoher Überschlagsspannung als sogenannter *Stoßgenerator* z. B. zur Prüfung der Überschlags- oder Durchschlagsfestigkeit von Bauelementen dienen.

Nach Gl. (3.1.25) und Gl. (3.1.26) verhalten sich Kapazitäten wie Leitwerte. Ist $G_i = 1/R_i$ der Isolationsleitwert (jedes Isoliermaterial hat einen endlichen spez. Leitwert κ), so erhält man z.B. für einen Plattenkondensator

$$C = \epsilon A/a, \qquad G_i = \kappa A/a.$$

Demnach kann die Kapazität einer Anordnung als ihr „dielektrischer Leitwert" für den Verschiebungsfluß und die Permittivität ϵ gleichsam als „dielektrische Leitfähigkeit" gedeutet werden. Jedoch beachte man dabei, daß der Verschiebungsfluß lediglich einen *Zustand* im Nichtleiter kennzeichnet, ohne daß etwas „fließt".

Ausführungsformen von Kondensatoren können sehr verschieden sein. Am häufigsten ist der Scheiben- und Wickelkondensator. Beim Scheibenkondensator sind mehrere Metallfolien parallel geschaltet, die nach Bild 3.1.11 kammartig ineinandergreifen. Mit Ausnahme der beiden äußeren Scheiben sind beide Scheibenseiten wirksam. Ist A die Fläche einer Scheibenseite, so beträgt die Kapazität bei insgesamt n Scheiben im Abstand a

$$C = (n - 1)\,\epsilon\,\frac{A}{a}, \qquad (3.1.22a)$$

Bild 3.1.11
Schematischer Aufbau eines Scheibenkondensators mit $n = 6$ Scheiben

woraus man für $n = 2$ wieder Gl. (3.1.22) erhält. Als festes Dielektrikum dient vornehmlich keramisches Material oder Glimmer. Lassen sich beide Plattensätze als Stator und Rotor gegeneinander herausdrehen, so erhält man einen Kondensator mit veränderlicher Kapazität, sogenannter *Drehkondensator* (Beispiel 3.6). Beim Wickelkondensator dient ölgetränktes Papier oder Styroflexfolie als Dielektrikum zwischen dünnen Metallfolien, die zu einem Wickel zusammengerollt sind. In der Ausführung als Metallpapierkondensator (*MP-Kondensator*) werden dünne Metallbeläge (0,01 bis 0,1 μm) auf das Dielektrikum aufgedampft. Bei einem elektrischen Durchschlag verdampft der Metallbelag an der Durchbruchstelle, wodurch sich der Kondensator selbst ausheilt. Beim *Elektrolytkondensator* (Elko) besteht das Dielektrikum aus einer sehr dünnen Oxidschicht, erzeugt durch elektrolytische Auftragung von Sauerstoff auf Aluminium oder Tantal.

Beispiel 3.6. Es ist die Kapazität C eines Kreisplatten-Drehkondensators mit n Halbkreisplatten nach Bild 3.1.12 zu berechnen. Plattenabstand a. Die Randstreuung ist zu vernachlässigen.

Lösung: Die wirksame Plattenfläche ist nach Bild 3.1.12, wenn R der Plattenradius und r der Radius der Aussparung ist.

$$A = (R^2 - r^2)\,\alpha/2.$$

Bild 3.1.12
Kreisplatten-Drehkondensator

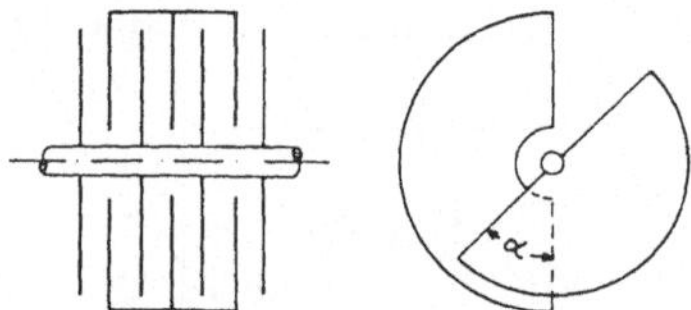

Damit wird die Kapazität bei n Platten nach Gl. (3.1.22a)

$$C = (n - 1)\,\epsilon\,\frac{R^2 - r^2}{2a}\,\alpha = f(\alpha). \qquad (3.1.27)$$

Die Maximalkapazität C_{max} erhält man für $\alpha = \pi$

$$C_{max} = (n - 1)\,\epsilon\,\frac{R^2 - r^2}{2a}\,\pi.$$

Die Kapazitätskennlinie $C = f(\alpha)$ ist eine Gerade, weicht aber für sehr kleine Winkel α von der Geraden ab, da dann die wirksame Plattenfläche nicht mehr groß gegen den Plattenabstand ist. Der Kondensator hat bei $\alpha = 0$ eine gewisse Anfangskapazität C_0 (etwa 5–10 % der Maximalkapazität). Bei entsprechender Plattenform erhält man Kondensatoren mit einer der Wellenlänge oder Frequenz proportionalen Kapazitätskennlinie (wellengerade oder frequenzgerade Drehkondensatoren) oder auch logarithmisch geschnittene Kondensatoren.

Beispiel 3.7. Das Dielektrikum eines ebenen Plattenkondensators besteht nach Bild 3.1.13 aus zwei parallelen Schichten mit ϵ_1 und ϵ_2 (Zweischichtkondensator). Gesucht ist die Kapazität bei Vernachlässigung der Randstreuung.

Lösung: Der Kondensator kann als Reihenschaltung zweier Kondensatoren

$$C_1 = \epsilon_1 \frac{A}{a_1}, \qquad C_2 = \epsilon_2 \frac{A}{a_2}$$

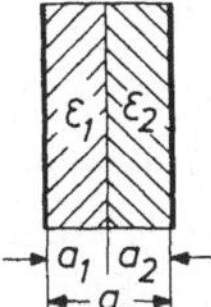

Bild 3.1.13
Zweischicht-Kondensator

mit A als Plattenoberfläche aufgefaßt werden. Die Gesamtkapazität wird daher nach Gl. (3.1.26)

$$C = \frac{C_1 C_2}{C_1 + C_2} = \frac{\epsilon_1 \epsilon_2}{a_1 a_2} \frac{A}{\epsilon_1/a_1 + \epsilon_2/a_2} = \frac{A}{a_1/\epsilon_1 + a_2/\epsilon_2}.$$

Flußdichte und Feldstärke haben an der Trennschicht nur je eine Normalkomponente. Dabei ist nach Gl. (3.1.19) $D_1 = D_2 = D$, also

$$D = CU/A, \qquad E_1 = D/\epsilon_1, \qquad E_2 = D/\epsilon_2.$$

Das Dielektrikum mit kleinster Permittivität bekommt stets die größte elektrische Beanspruchung. In eingeschlossenen Luftblasen in festen Isoliermaterialien kann es daher infolge zu hoher Feldstärke leicht zu Glimmentladungen und dadurch zum Durchschlag kommen.

Beispiel 3.8. Unter der ***Betriebskapazität*** einer Leitung versteht man die Ersatzkapazität bei einer bestimmten Betriebsart. Gesucht ist die Betriebskapazität einer als Hin- und Rückleitung betriebenen Doppelleitung (1) und (2) mit den Teilkapazitäten nach Bild 3.1.14.

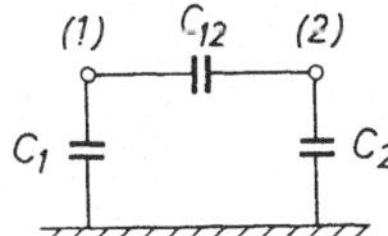

Bild 3.1.14
Teilkapazitäten einer Doppelleitung

Lösung: Die Ersatzkapazität zwischen beiden Leitern (1) und (2) setzt sich zusammen aus C_{12}, parallel zur Reihenschaltung aus beiden Erdkapazitäten C_1 und C_2. Demnach wird die Betriebskapazität der Doppelleitung

$$C_b = C_{12} + C_1 C_2/(C_1 + C_2).$$

Ist $C_1 = C_2 = C_0$, so ist die Doppelleitung symmetrisch und ihre Betriebskapazität wird $C_b = C_{12} + C_0/2$.

Läuft Leitung (2) leer ohne geerdet zu sein und wird Leitung (1) als Einfachleitung mit Erde als Rückleiter betrieben, so wird die Betriebskapazität bei dieser Betriebsart nach Bild 3.1.14

$$C_b = C_1 + C_2 C_{12}/(C_2 + C_{12}).$$

3.1.7 Graphische Feld- und Kapazitätsermittlung. Kann eine Elektrodenanordnung als ebenes Problem (zweidimensionales Feld) betrachtet werden, so kann ihr Feldbild leicht graphisch ermittelt werden. Ist a der mittlere Abstand zweier benachbarter Potentiallinien sowie b der mittlere Abstand zweier benachbarter Feldlinien und macht man durchweg

$$\epsilon \frac{b}{a} = \epsilon k = \text{const.}, \tag{3.1.28}$$

so ist die Potentialdifferenz ΔU zwischen zwei benachbarten Potentiallinien stets gleich, ebenso wie der elektrische Fluß $\Psi = Q$ durch eine Flußröhre, also im Feldbild zwischen benachbarten Feldlinien. Ein so erhaltenes Feldbild ist dann auch angenähert quantitativ richtig.

Zweckmäßig macht man wie in Bild 3.1.15 $k = b/a = 1$, so daß lauter Quadrate entstehen. Dabei geht man folgendermaßen vor:

1. Zeichnen einiger Potentiallinien nach Gefühl unter Beachtung, daß Berandungen von Elektroden (Leiter) Potentiallinien sind.
2. Einzeichnen einiger Feldlinien unter Beachtung von Gl. (3.1.28). Feld- und Potentiallinien schneiden sich stets senkrecht.
3. Korrigieren des Bildes. Immer feinere Unterteilung ergibt schließlich das gesuchte Feldbild.

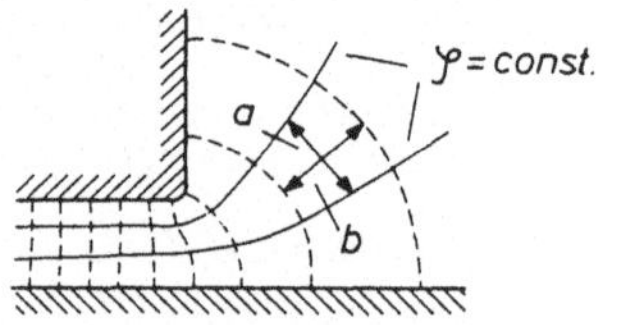

Bild 3.1.15
Zur graphischen Ermittlung zweidimensionaler Felder

Hat das Feldbild insgesamt n Potentiallinien, so beträgt die Feldstärke E an beliebiger Stelle und die Gesamtspannung U

$$E = \Delta U/a, \qquad U = (n+1)\,\Delta U.$$

Bei insgesamt m Verschiebungslinien (Feldlinien), also m Feldröhren, wird dann der gesamte elektrische Fluß $\Psi = Q$ mit l als Elektrodenlänge (senkrecht zur Papierebene) und $A = lb$ als Fläche einer Feldröhre

$$Q = m\,\epsilon E A = m\,\epsilon \frac{\Delta U}{a}\,lb = m\,\epsilon\,\Delta U l k.$$

Damit wird die Kapazität der Anordnung pro Länge (Kapazitätsbelag C') nach Gl. (3.1.21)

$$C' = \frac{C}{l} = \epsilon k \frac{m}{n+1}. \qquad (3.1.29)$$

Man erkennt daraus, daß die Kapazität pro Länge geometrisch ähnlicher Anordnungen gleich ist.

Als Beispiel zeigt Bild 3.1.16 das Feldbild einer Flachschiene, die im Abstand a parallel zu einer ebenen Wand verläuft. Anzahl der Potentiallinien $n = 2$, Anzahl der Feldlinien $m = 13$, $k = 1$. Befindet sich die Anordnung im Luftraum mit $\epsilon = \epsilon_0$, so ergibt Gl. (3.1.29) als Kapazitätsbelag $C' \approx 38$ pF/m.

Betrachtet man die leitende Wand als Symmetrieebene, so erhält man durch Spiegelung an dieser Ebene das Feldbild zwischen zwei parallelen Sammelschienen im Abstand $2a$ mit $n = 5$ und $m = 13$ und damit im Luftraum $C' \approx 19$ pF/m.

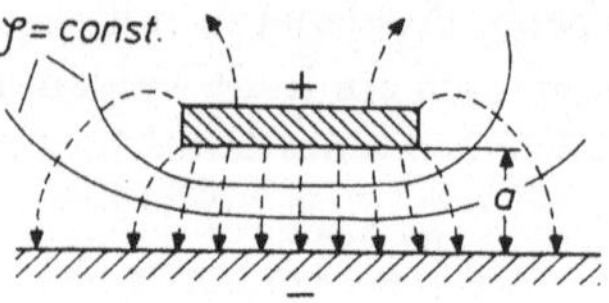

Bild 3.1.16
Feld zwischen einer Flachschiene und einer leitenden Wand

3.2 Grunderscheinungen des elektrischen Strömungsfeldes

3.2.1 Räumliche elektrische Strömung. Beschränkt man den elektrischen Strom nicht ausschließlich auf linienförmige Leiter wie in Kap. 2, sondern betrachtet beliebig ausgedehnte Räume der Leitfähigkeit κ, so erhält man eine räumliche elektrische Strömung, ein elektrisches *Strömungsfeld*.

Im elektrostatischen Feld sind die Feldgrößen zeitlich konstant, die Ladungen in Ruhe und daher die Leiter im Innern notwendig feld- und stromfrei. Aber auch im Leiter kann ein konstantes elektrisches Feld bestehen. Dieses Feld ist dann immer ein Strömungsfeld und zu seiner Aufrechterhaltung ist unter normalen Bedingungen eine ständige Energiezufuhr notwendig, da im Leiter laufend Wärme (Joulesche Wärme) entsteht. Auch findet im Strömungsfeld ein ständiger Ladungstransport statt. Jedes Strömungsfeld ist daher stets von einem Magnetfeld begleitet.

Sind die Feldgrößen des elektrischen Strömungsfeldes zeitlich konstant (Gleichstromfeld), so ist es ein *stationäres* Strömungsfeld. Kennzeichen der *räumlichen* elektrischen Strömung ist die *Stromdichte* $\boldsymbol{J}$ nach Gl. (2.1.2), definiert an beliebiger Stelle des Raumes als Flächendichte der Stromstärke. Die Stromdichte ist eine Vektorgröße, deren Richtung im konventionellen Stromrichtungssinn vom höheren zum niederen Potential zeigt; ihre Vektorlinien sind die *Stromlinien*, sie geben den Weg positiver Ladungsträger im Strömungsfeld an. Die Gesamtheit der Stromlinien (Stromfäden) ergibt den Strom I. Im homogenen Feld ist demnach

$$I = \boldsymbol{J}\boldsymbol{A} = JA \cos\alpha$$

oder allgemein

$$\boxed{I = \int \boldsymbol{J}\,\mathrm{d}\boldsymbol{A} = \int J \cos\alpha \,\mathrm{d}A} \tag{3.2.1}$$

mit α als Winkel zwischen Stromdichte (Strömungsrichtung) und Flächennormale.

Da in ein Raumteil nicht mehr Strom eintreten kann, als austritt, muß das Hüllintegral, also das über die gesamte Oberfläche eines Raumteils genommene Flächenintegral der Stromdichte verschwinden, so daß im stationären Strömungsfeld

$$\oint \boldsymbol{J}\,\mathrm{d}\boldsymbol{A} = \oint J \cos\alpha \,\mathrm{d}A = 0. \tag{3.2.2}$$

Das ist der Knotenpunktssatz Gl. (2.1.11) des stationären Strömungsfeldes. Ebenso wie das elektrostatische Feld ist auch das stationäre Strömungsfeld ein Potentialfeld. Auf geschlossenem Wege ist daher, wenn keine eingeprägte Spannungen (elektrochemische oder elektrothermische Eigenschaften der Leiter) auf dem Weg wirken,

$$\oint \boldsymbol{E}\,\mathrm{d}\boldsymbol{s} = \oint E \cos \mathrm{d}s = 0.$$

Das ist der Maschensatz Gl. (2.1.13) des stationären Strömungsfeldes.

Zwischen Punkten gleichen Potentials kann kein Strom fließen, Äquipotentialflächen werden daher von den Stromlinien ebenso wie von den Feldlinien (E-Linien) stets senkrecht durchdrungen. Den Zusammenhang zwischen Stromdichte J und Feldstärke E erhält man dabei aus der Betrachtung einer Feldröhre (Stromröhre). Im homogenen Feld bildet eine solche Stromröhre (Vektorröhre) einen Zylinder mit überall gleichem Querschnitt A, die Stirnflächen sind Äquipotentialflächen. Ist l die Länge und I der die Stromröhre insgesamt durchfließende Strom, so muß nach dem Ohmschen Gesetz gelten

$$I = \frac{U}{R} = \frac{U}{l} \kappa A, \qquad \frac{I}{A} = \kappa \frac{U}{l}.$$

Wegen Gl. (3.2.1) und Gl. (3.1.3a) erhält man daraus allgemein das *Ohmsche Gesetz* des stationären Strömungsfeldes

$$\boxed{J = \kappa E} \qquad \boxed{E = \rho J} \tag{3.2.3}$$

Stromdichte und Feldstärke sind einander proportional.

In isotropen und homogenen Stoffen, bei denen die Leitfähigkeit in allen Richtungen gleich ist, haben Stromdichte und elektrische Feldstärke gleiche Richtung.

Ist das elektrische Feld zeitlich veränderlich, also nicht mehr konstant, so ändern sich auch die Ladungen auf den Elektroden und der von ihnen ausgehende oder auf sie mündende elektrische Fluß $\Psi = Q$ innerhalb des Dielektrikums. Ist C die Kapazität der Elektroden, so erhält man dann *im Dielektrikum* einen sogenannten *Verschiebungsstrom* mit dem Augenblickswert

$$i_v = \frac{dQ}{dt} = C \frac{du}{dt}, \tag{3.2.4}$$

der beispielsweise als Lade- oder Entladestrom eines Kondensators auftritt. Seine Flächendichte, die *Verschiebungsstromdichte*, ist wegen Gl. (3.1.6) und Gl. (3.1.7)

$$J_v = \frac{dD}{dt} = \epsilon \frac{dE}{dt}. \tag{3.2.5}$$

Der Verschiebungsstrom i_v setzt sich mit dem durch die Leitfähigkeit jeder Materie bedingten Leitungsstrom i zum Gesamtstrom zusammen, ebenso bildet die Leitungsstromdichte J mit der Verschiebungsstromdichte die Gesamtstromdichte. Wegen der hohen Leitfähigkeit metallischer Leiter überwiegt in Metallen der Leitungsstrom, so daß der Verschiebungsstrom in Metallen bis zu sehr hohen Frequenzen (Höchstfrequenztechnik) vernachlässigt werden kann. In Isolierstoffen überwiegt dagen im zeitlich veränderlichen Feld der Verschiebungsstrom, der dort gleichsam als Fortsetzung des Leitungsstromes angesehen werden kann und ebenso magnetische Wirkungen hervorruft wie ein Leitungsstrom im Leiter.

3.2.2 Randbedingungen des Strömungsfeldes. Am Übergang Leiter-Isolator kann kein Strom hindurchtreten, die Stromdichte hat daher an der Trennfläche auf der Leiteroberfläche nur eine Tangentialkomponente J_t. Damit bildet die Leiteroberfläche keine Äquipotentialfläche wie im elektrostatischen Feld. Die aus einem stromführenden Leiter austretenden Feldlinien (E-Linien) sind daher wie in Bild 3.2.1 im Richtungssinn des Stromes geneigt, längs der Leiteroberfläche tritt ein Spannungsabfall auf.

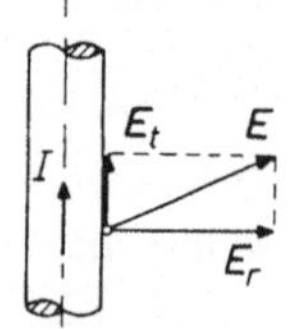

Bild 3.2.1
Feldstärke auf der Oberfläche eines stromführenden Leiters

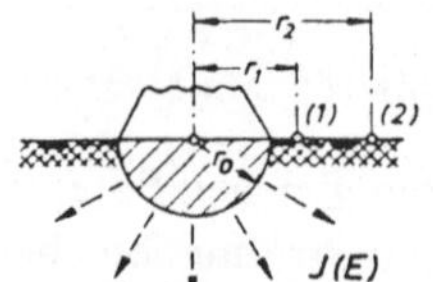

Bild 3.2.2
Halbkugelerder

Beispiel 3.9. Über einen im Erdboden verankerten Stahlmast fließt ein Strom I in das Erdreich der Leitfähigkeit κ, wo er sich allseitig ausbreiten kann. Der Mast soll als Halbkugelerder nach Bild 3.2.2 angenähert werden. Gesucht ist die Potentialdifferenz zwischen zwei Punkten (1) und (2) auf der Erdoberfläche im Abstand r_1 und r_2 vom Erdermittelpunkt (Bild 3.2.2).

Lösung: Stromdichte J und Feldstärke E auf der Erderoberfläche mit dem Radius r_0 betragen

$$J = \frac{I}{A} = \frac{I}{2\pi r_0^2}, \qquad E = \frac{J}{\kappa} = \frac{I}{2\pi\kappa r_0^2}.$$

Damit wird die Spannung zwischen den Punkten (1) und (2) auf der Erdoberfläche

$$U_{12} = \int E \, \mathrm{d}r = \frac{I}{2\pi\kappa} \int_{r_1}^{r_2} \frac{\mathrm{d}r}{r^2} = \frac{I}{2\pi\kappa}\left(\frac{1}{r_1} - \frac{1}{r_2}\right).$$

Die Spannung auf der Erdoberfläche zwischen zwei Punkten im Abstand der Schrittlänge eines Menschen (80 cm) bezeichnet man als *Schrittspannung*. Durch eine zu hohe Schrittspannung können Lebewesen in der Umgebung eines Erders gefährdet werden.

An Trennflächen zweier Stoffe mit verschiedener Leitfähigkeit κ_1 und κ_2 müssen wegen Gl. (3.2.2) die Normalkomponenten der Stromdichte stetig ineinander übergehen (vgl. Kap. 3.1.5). Im elektrischen Strömungsfeld gilt daher an Grenzflächen mit verschiedener Leitfähigkeit

$$J_{n1} = J_{n2}, \qquad E_{t1} = E_{t2} \tag{3.2.6}$$

und wegen Gl. (3.2.3)

$$J_{t1}/J_{t2} = \kappa_1/\kappa_2, \qquad E_{n1}/E_{n2} = \kappa_2/\kappa_1. \tag{3.2.7}$$

Mit Gl. (3.1.20) ist das Verhalten der elektrischen Feldstärke an Grenzflächen sowohl durch das Verhältnis ϵ_1/ϵ_2 als auch durch das Verhältnis κ_1/κ_2 gegeben. Endliche Leitfähigkeit bedeutet aber die Möglichkeit der Wanderung von Ladungsträgern als Quellen des elektrischen Feldes. Das Verhalten der elektrischen Feldstärke wird daher im Endzustand ausschließlich durch die stets vorhandene endliche Leitfähigkeit der Materie bestimmt. Haben im allgemeinen Fall beide Stoffe die konstanten Materialwerte Permittivität ϵ und Leitfähigkeit κ, so setzen sich an der Grenzfläche Oberflächenladungen der Flächendichte σ ab. Dann gilt nicht mehr die Stetigkeit der Normalkomponenten der elektrischen Flußdichte. Vielmehr wird mit Gl. (3.2.3)

$$D_{1n} = \epsilon_1 E_{1n} = \frac{\epsilon_1}{\kappa_1} J_n, \qquad D_{2n} = \epsilon_2 E_{2n} = \frac{\epsilon_2}{\kappa_2} J_n$$

oder

$$D_{1n}/D_{2n} = \epsilon_1 \kappa_2/\epsilon_2 \kappa_1 \tag{3.2.8}$$

mit

$$\epsilon_1/\kappa_1 = \tau_1, \qquad \epsilon_2/\kappa_2 = \tau_2 \tag{3.2.9}$$

als *Relaxationszeiten* oder Zeitkonstanten. Sie bestimmen das Erreichen des Endzustandes der Feldverteilung in beiden Stoffen.

Im allgemeinen Fall, daß ein Dielektrikum auch eine elektrische Leitfähigkeit hat, gilt an Grenzflächen nicht mehr die Stetigkeit der Normalkomponenten der elektrischen Flußdichte.

Die Dichte σ der Oberflächenladungen an der Grenzfläche beträgt

$$\sigma = D_{1n} - D_{2n} = (\tau_1 - \tau_2) J_n. \tag{3.2.10}$$

Beispiel 3.10. Ein Zweischicht-Kondensator als Ausschnitt eines unendlich ausgedehnten Plattenkondensators nach Bild 3.1.13 ist an die Spannung U angeschlossen. Die Permittivität beider Schichten ist ϵ_1 und ϵ_2, ihre Leitfähigkeit κ_1 und κ_2. Gesucht ist das Verhältnis der Teilspannungen U_1 und U_2 an beiden Schichten der Dicke a_1 und a_2.

Lösung: Da die Stromdichte J in beiden Schichten gleich sein muß, ist

$$J = \kappa_1 E_1 = \kappa_2 E_2,$$

wobei die Teilspannungen

$$U_1 = E_1 a_1, \qquad U_2 = E_2 a_2.$$

Die Teilwiderstände (Isolationswiderstände) beider Schichten mit A als Fläche der Kondensatorplatten betragen

$$R_1 = \frac{a_1}{\kappa_1 A}, \qquad R_2 = \frac{a_2}{\kappa_2 A},$$

so daß mit Gl. (3.2.8) wegen $D = D_n$

$$\frac{U_1}{U_2} = \frac{\epsilon_2 D_1 a_1}{\epsilon_1 D_2 a_2} = \frac{\kappa_2 a_1}{\kappa_1 a_2} = \frac{R_1}{R_2}.$$

Bei der Reihenschaltung mehrerer Kondensatoren, deren Dielektrikum eine bestimmte Leitfähigkeit hat, stellt sich eine Spannungsverteilung ein, die ausschließlich durch die Isolationswiderstände der einzelnen Teilkondensatoren gegeben ist.

3.2.3 Widerstandsberechnung räumlicher Leiter. Die formale Analogie in den Grundgesetzen des Strömungsfeldes und des elektrostatischen Feldes gestattet die Anwendung gleicher Berechnungsmethoden für beide Felder. Umgekehrt ermöglicht diese Analogie, die anschaulichen Vorstellungen des Strömungsfeldes bei der Berechnung elektrostatischer Felder anzuwenden. Auf Grund dieser Analogie gilt ferner im Isoliermaterial mit ϵ und κ für eine beliebige Elektrodenanordnung (Kondensator) mit der Kapazität C und dem Isolationswiderstand R stets

$$\tau = RC = \epsilon/\kappa. \tag{3.2.11}$$

Man bezeichnet τ als *Zeitkonstante* eines Kondensators, sie bestimmt die Dauer seines Entladevorgangs bei der Selbstentladung. Bei bekannter Kapazität C einer Anordnung kann damit deren Isolationswiderstand R oder umgekehrt leicht ermittelt werden.

Aus Gl. (3.2.11) erhält man mit Gl. (3.1.23) für den Gleichstrom-Isolationswiderstand eines Koaxialkabels der Länge l mit homogenem Isoliermaterial der Leitfähigkeit κ unmittelbar

$$R = \frac{1}{2\pi \kappa l} \ln \frac{R_a}{R_i} . \qquad (3.2.12)$$

Dieses Ergebnis kann auch Gl. (3.1.14) entnommen werden, wenn man Q durch I und ϵ durch κ ersetzt.

Beispiel 3.11. Der Widerstand des Metallbügels im Bild 3.2.3 ist zu berechnen.

Lösung: Längs jedes Halbkreises vom Radius r mit $r_i \leqslant r \leqslant r_a$ betragen Feldstärke E und wegen Gl. (3.2.3) Stromdichte J

$$E = \frac{U}{\pi r}, \qquad J = \kappa E = \frac{\kappa U}{\pi r} .$$

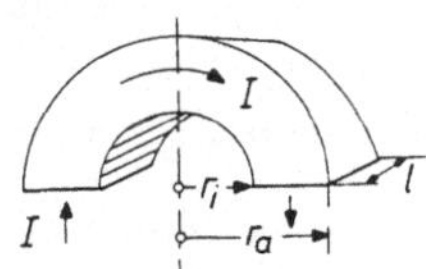

Bild 3.2.3
Metallbügel zu Beispiel 3.11

Das Feld ist nicht homogen. Mit $\mathrm{d}A = l\,\mathrm{d}r$ ist

$$I = \int J \,\mathrm{d}A = \frac{\kappa l U}{\pi} \int_{r_i}^{r_a} \frac{\mathrm{d}r}{r} = \frac{\kappa l U}{\pi} \ln \frac{r_a}{r_i}$$

und der Widerstand des Leiterbügels

$$R = \frac{U}{I} = \frac{\pi}{\kappa l \ln (r_a/r_i)} .$$

Setzt man mit r als mittleren Radius und a als Bügelbreite

$$r_a + r_i = 2r, \qquad r_a - r_i = a$$

und ist a sehr klein, dann wird

$$\ln \frac{r_a}{r_i} \approx 2 \frac{r_a - r_i}{r_a + r_i} = \frac{a}{r},$$

so daß man mit $al = A$ erhält

$$R \approx \frac{\pi r}{\kappa A},$$

was einer homogenen Stromverteilung entspricht.

4 Das magnetische Feld

4.1 Grundbegriffe und Feldgrößen

4.1.1 Grundbegriffe. Mit einer beweglichen Magnetnadel (Kompaßnadel) können in der Umgebung *bewegter* elektrischer Ladungen, wie etwa in der Umgebung elektrischer Ströme, Kraftwirkungen nachgewiesen werden, die als bisher nicht berücksichtigte Einzelmerkmale auch in der Umgebung von Magneten, so von Naturmagneten oder magnetisierten Stoffen auftreten. Es handelt sich dabei um Kräfte auf andere Magnete oder *bewegte* elektrische Ladungsträger, wie etwa auf stromdurchflossene Leiter. Auch diese Wirkungen können mechanisch nicht erklärt werden, es sind *magnetische* Wirkungen.

Jede *bewegte* elektrische Ladung (elektrischer Strom) zeigt in ihrer Umgebung neben elektrischen Wirkungen auch magnetische Wirkungen.

Der Zustand eines Raumes, der durch das Auftreten von Kraftwirkungen auf Magnete (stromdurchflossene Leiter) gekennzeichnet ist, heißt *magnetisches* Feld oder Magnetfeld.

Auch im elektrischen Feld wirken auf *bewegte* elektrische Ladungsträger elektrische Feldkräfte. Magnetische Kräfte sind aber Kräfte, die *nur* dann auf Ladungsträger ausgeübt werden, wenn sie bewegt werden, d. h. dem Beobachter bewegt erscheinen. Auf ruhende Ladungsträger übt ein Magnetfeld keine Kräfte aus.

Ebenso wie zur Erhaltung eines elektrostatischen Feldes keine Energiezufuhr benötigt wird, da das Feld ausschließlich die Folge des Vorhandenseins elektrischer Ladungen ist, bleibt auch ein magnetostatisches Feld (Feld eines Permanentmagneten) ohne Energiezufuhr bestehen. Das gilt grundsätzlich auch für Magnetfelder, die durch Gleichstrom erregt werden. Nur der Erregerstrom benötigt wegen des endlichen Widerstandes eines normalen Leiters eine ständige Energiezufuhr $I^2 Rt$. Diese dient *nicht* zur Erhaltung des mit dem Strom verbundenen Magnetfeldes.

Nicht jedes Feld ist wie das elektrische und magnetische Feld durch das Auftreten von Kraftwirkungen gekennzeichnet und damit ein „Kraftfeld", das durch einen Vektor, den Feldvektor, nach Betrag (Stärke) und Richtung beschrieben wird. Für jeden Raumpunkt kann man beispielsweise eine Temperatur angeben als skalare Größe (Kap. 1.1.4). Man spricht dann auch von einem Temperaturfeld, das durch Angabe der räumlichen Temperaturverteilung innerhalb des betrachteten Raumes beschrieben wird. Punkte gleicher Temperatur liegen auf Flächen, welche in zweidimensionaler Darstellung (im Schnitt) Linien gleicher Temperatur, sogenannte Isotherme, ergeben. Zeichnet man diese Isotherme für Temperaturwerte mit jeweils gleicher Temperaturdifferenz, beispielsweise für jeweils 20 °C, 30 °C, 40 °C usw., so erhält man ein anschauliches Bild der Temperaturverteilung im betrachteten Raum. Der Abstand der einzelnen Isotherme gibt einen Überblick über die Temperaturänderung.

Da es keine zu einer elektrischen Ladung analoge magnetische Größe gibt, kann man eine magnetische Feldstärke auch nicht ohne weiteres in analoger Form wie im elektrischen Feld definieren.

Einen freien Magnetismus, d. h. den elektrischen Ladungen entsprechende wahre, voneinander trennbare magnetische Ladungen sind bisher auch in atomaren Bereichen nicht festgestellt worden. Es gibt daher auch keinen einzelnen Magnetpol (Unipol), sondern immer nur magnetische Dipole.

Jeder noch so kleine Magnet, z. B. Stabmagnet, hat stets zwei Pole, einen Nordpol und einen Südpol; das sind ausgezeichnete Stellen an den Magnetenden, an denen die magnetischen Wirkungen besonders kräftig auftreten. Nordpol ist derjenige Pol, der sich bei einem freibeweglich angeordneten Magneten im Erdfeld nach Norden einstellt. Ungleichnamige Magnetpole üben eine Anziehungskraft aufeinander aus, gleichnamige Magnetpole stoßen sich ab.

Zur zeichnerischen Darstellung magnetischer Felder kann man den von einem Magnetfeld ausgefüllten Raum mit einer kleinen drehbar angeordneten Magnetnadel (Kompaßnadel) ausmessen. Aus der Richtung der Magnetnadel gewinnt man den Verlauf der Feldlinien, wie z.B. in Bild 4.1.1. An den Magnetpolen sind die Feldlinien am dichtesten und das Feld ist am stärksten. Die Richtung der Feldlinien ist *willkürlich* außerhalb des Magneten vom Nordpol zum Südpol festgelegt. Am Nordpol treten die Linien aus, am Südpol wieder in den Magneten ein. Auch beim Dauermagneten schließen sich dabei die Linien innerhalb des Magneten, wie bei einer stromdurchflossenen Zylinderspule in Bild 4.1.1a.

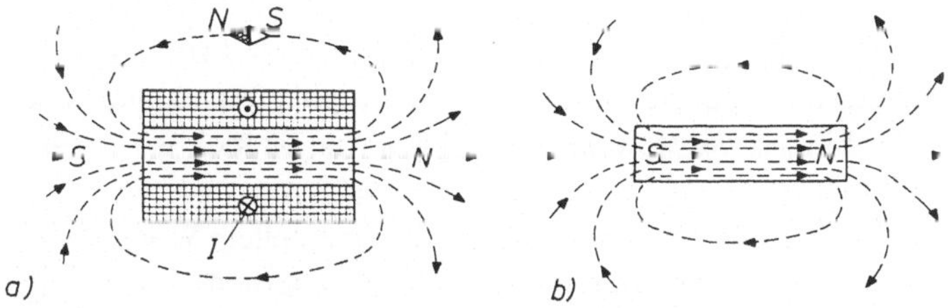

Bild 4.1.1 Magnetische Feldbilder, a) stromdurchflossene Zylinderspule, b) Stabmagnet

Solche Feldbilder können auf einfache Weise mit Eisenfeilspänen gewonnen werden, die man beispielsweise auf ein Kartonblatt um die stromdurchflossene Anordnung oder über den Magneten streut. Im Magnetfeld werden die einzelnen Feilspäne magnetisiert und selbst zu kleinen Magneten (Dipolen), die sich jeweils mit ungleichnamigen Polen in Richtung der Feldlinien aneinanderreihen und so die bekannten mit Eisenfeilspänen gewonnen Feldbilder ergeben.

Aus den Feldbildern in Bild 4.1.1 erkennt man, daß beispielsweise Stabmagnet und Zylinderspule gleichwertige Feldbilder ergeben. Das Magnetfeld eines Permanentmagneten kann demnach durch dasjenige einer stromdurchflossenen Anordnung entsprechender Größe und Gestalt ersetzt werden, wenn es damit gelingt, die erforderliche Verteilung der Ringströme zu erreichen.

Eine bewegt erscheinende elektrische Ladung (elektrischer Strom) verursacht ein magnetisches Feld mit gleichen Eigenschaften, wie dasjenige eines Dauermagneten. Beide Felder sind hinsichtlich ihrer Wirkungen nicht voneinander zu unterscheiden.

Das führt zur *Ampèreschen Hypothese,* wonach der Magnetismus allgemein eine Wirkung bewegter elektrischer Ladungen ist und ein Atom modellmäßig als Träger atomarer Kreisströme angesehen wird (Kap. 4.1.4). Magnetische Wirkungen müssen demnach bei allen Stoffen auftreten.

Alle magnetische Erscheinungen lassen sich durch elektrische Vorgänge erklären oder auf solche zurückführen.

Magnetische und elektrische Erscheinungen sind eng miteinander verknüpft und gleichsam „verschiedene Seiten" ein und desselben Naturphänomens.

4.1.2 Magnetischer Fluß, magnetische Flußdichte. Die Gesamtheit der aus dem Nordpol N des Stabmagneten in Bild 4.1.1 austretenden und in den Südpol S wieder eintretenden Linien kann man als modellmäßige Darstellung einer die magnetischen Erscheinungen repräsentierenden Größe Φ betrachten, genannt *magnetischer Fluß* oder Induktionsfluß. Dieser magnetische Fluß Φ zeigt zunächst analoges Verhalten wie etwa ein Gleichstrom im elektrischen Stromkreis, der ebenfalls in sich geschlossen auftritt. Man beachte jedoch:

Die Bezeichnung „Fluß" bedeutet nicht, daß in einem vom magnetischen Fluß erfüllten Raum (Magnetfeld) etwas „fließt". Der magnetische Fluß Φ ist eine skalare Größe zur Kennzeichnung eines Zustandes.

Auch dem magnetischen Fluß ordnet man Bezugspfeile zu, und zwar *außerhalb* des Magneten oder einer stromdurchflossenen Spulenanordnung vom Nordpol zum Südpol. Innerhalb eines Magneten verläuft der Fluß Φ dagegen nach Bild 4.1.1 vom Südpol, wo er eintritt, zum Nordpol, wo er wieder austritt.

Zu einer weiteren magnetischen Feldgröße kommt man auf experimentellem Wege. Bringt man einen vom Strom I durchflossenen geraden Leiterstab in ein Magnetfeld, das entlang der Stablänge l homogen ist und dessen Feldlinienrichtung mit dem Stab den Winkel α einschließt, so wird auf den Stab eine Kraft F ausgeübt, deren Betrag $F \sim Il \sin\alpha$. Offenbar kann diese Kraft als Maß für die Flußdichte, also für die Dichte der Feldlinien betrachtet werden, deren Verlauf vorher mit Hilfe einer kleinen drehbar angeordneten Magnetnadel ermittelt wurde. Bei unveränderten Werten I, l und α ist nämlich F in Gebieten mit geringer Feldliniendichte entsprechend kleiner als in Gebieten größerer Feldliniendichte. Man setzt daher

$$F = BIl \sin\alpha \tag{4.1.1}$$

und bezeichnet B als *magnetische Flußdichte* oder magnetische Induktion. Die Kraft auf den Leiterstab ist dabei stets senkrecht zu der aus Leiter und Feldlinienrichtung gebildeten Ebene gerichtet. Man kann daher die magnetische Flußdichte als Vektorgröße $\boldsymbol{B}$ in Richtung der Feldlinien auffassen. Im homogenen Feld erhält man dann in vektorieller Schreibweise, wenn die Leiterrichtung im Richtungssinn des Stromes positiv gezählt wird,

$$\boldsymbol{F} = (\boldsymbol{l} \times \boldsymbol{B})\, I \tag{4.1.2}$$

mit der „Schraubenregel" als Richtungsregel nach Bild 4.1.2.

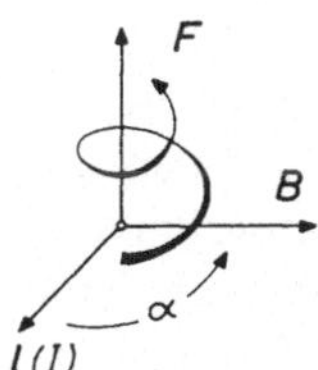

Bild 4.1.2
Richtungsregel zur Kraftwirkung auf stromführende Leiter im Magnetfeld (Schraubenregel)

Der durch eine ebene Fläche A im *homogenen* Feld der Flußdichte B hindurchtretende magnetische Fluß ist dann

$$\Phi = BA \cos\alpha = \boldsymbol{B}\boldsymbol{A} \tag{4.1.3}$$

mit α als Winkel, den die *Flächennormale* (Flächenvektor $\boldsymbol{A}$) mit der Richtung des Vektors $\boldsymbol{B}$ (Feldrichtung) bildet. Im allgemeinen Fall eines inhomogenen Feldes und einer zur Feldrichtung beliebig orientierten Fläche ist

$$\boxed{\Phi = \int B \cos\alpha \, \mathrm{d}A = \int \boldsymbol{B} \, \mathrm{d}\boldsymbol{A}} \tag{4.1.3a}$$

Bem.: Die Bezeichnung, „magnetischer Fluß" oder Kraftfluß kommt daher, daß ein Flächenintegral nach Gl. (4.1.3a) in der Vektorrechnung als „Fluß des Vektors $\boldsymbol{B}$" bezeichnet wird.

Als Einheit für B erhält man zunächst aus Gl. (4.1.1)

$$\frac{\mathrm{N}}{\mathrm{A} \cdot \mathrm{m}} = \frac{\mathrm{Ws/m}}{\mathrm{A} \cdot \mathrm{m}} = \frac{\mathrm{Vs}}{\mathrm{m}^2}$$

und damit für den ***magnetischen Fluß*** wegen Gl. (4.1.3) die Einheit

$$\boxed{1 \text{ Weber (Wb)} = 1 \text{ Volt-Sekunde (Vs)}} \tag{4.1.4}$$

und für die ***Flußdichte*** (magnetische Induktion)

$$\boxed{1 \text{ Tesla (T)} = 1 \text{ Wb/m}^2 = 1 \text{ Vs/m}^2} \tag{4.1.5}$$

Früher war für den magnetischen Fluß die nicht gesetzliche Einheit

$$1 \text{ Maxwell (M)} = 10^{-8} \text{ Vs} = 10^{-8} \text{ Wb} \tag{4.1.4a}$$

in Gebrauch. Ihr entspricht für die Flußdichte (magnetische Induktion) die nichtrationale Einheit

$$1 \text{ Gauß (G)} = 1 \text{ M/cm}^2 = 10^{-8} \text{ Wb/cm}^2 = 10^{-4} \text{ T}. \tag{4.1.5a}$$

Wesentlich für die magnetische Flußdichte B ist, daß die B-Linien stets in sich geschlossen verlaufen, wie auch aus Bild 4.1.1 zu erkennen ist.

> Magnetische Flußdichtelinien sind stets in sich geschlossen. Auch bei einem Dauermagneten entspringen und münden die B-Linien *nicht* an den Polen, sondern schließen sich im Innern des Magneten.

Daher verläuft auch der magnetische Fluß stets in sich geschlossen, wie der elektrische Strom in einem Stromkreis; man spricht von einem „magnetischen Kreis". Durch eine *Vektorröhre*, dadurch erhalten, daß man nach Bild 4.1.3 senkrecht zu den Feldlinien eine kleine Fläche A legt und die den Rand dieser Fläche begrenzenden Feldlinien weiterverfolgt, ist der Fluß Φ stets konstant. Durch eine Hüllfläche um ein Raumgebiet muß demnach ebensoviel Fluß von außen nach innen eintreten, wie von innen nach außen. In Analogie zum ersten Kirchhoffschen Satz muß daher für eine solche *geschlossene Hüllfläche* gelten

$$\Sigma \Phi = 0. \qquad (4.1.6)$$

Das ist die Kontinuitätsgleichung des magnetischen Flusses, für die man in vektorieller Schreibweise erhält, wenn man das Flächenintegral über die geschlossene Oberfläche eines Raumteiles einführt (Hüllenintegral),

$$\boxed{\oint \boldsymbol{B}\, \mathrm{d}\boldsymbol{A} = \oint B \cos\alpha\, \mathrm{d}A = 0} \qquad (4.1.6\mathrm{a})$$

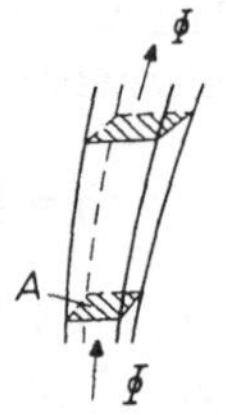

Bild 4.1.3
Vektorröhre

wobei α der Winkel ist, den die Flächennormale (Flächenvektor) mit der Richtung der Flußdichte bildet.

4.1.3 Magnetische Feldstärke, Permeabilität. Die nach Gl. (4.1.1) definierte magnetische Flußdichte gestattet eine qualitative und quantitative Beschreibung magnetischer Felder. Um aber auch noch den Zusammenhang zwischen Magnetfeld und dem es erzeugenden elektrischen Strom (bewegte elektrische Ladungen) zu erfassen, muß man eine weitere magnetische Feldgröße einführen. Zu diesem Zweck wird eine geeignete kleine und dünne Zylinderspule der Länge l mit N Windungen als Probespule in ein in Luft erzeugtes homogenes Magnetfeld der Flußdichte B eingebracht und so ausgerichtet, daß die Spulenachse mit der Richtung der magnetischen Feldlinien übereinstimmt. Der Strom I durch die Spule wird so eingestellt, daß das resultierende Feld innerhalb der Spule verschwindet, feststellbar mit einer kleinen drehbar gelagerten Magnetnadel. Das vom Spulenstrom I innerhalb der Spule erzeugte Magnetfeld (vgl. Bild 4.1.1a) ist dann genau entgegengesetzt gleich dem äußeren Feld der Flußdichte B. Als Ergebnis solcher Messungen erhält man $B \sim IN/l$. Die rechte Seite dieser Proportion kann als *Betrag H* einer Feldgröße betrachtet werden, die im Luftraum dem Betrag B der Flußdichte proportional ist. H ist der Betrag der *magnetischen Feldstärke*

$$H = IN/l = \Theta/l. \qquad (4.1.7)$$

Dabei beachte man sehr genau:

Die Beziehung Gl. (4.1.7) gilt zunächst *nur* für eine hinreichend lange und dünne Zylinderspule. Allgemein ist in Gl. (4.1.7) I der das Magnetfeld verursachende elektrische Strom einer Leiteranordnung (Spule) mit N Windungen, der also den gesamten erzeugten magnetischen Fluß N-mal umschließt, während l die Länge des magnetischen Weges (Länge einer Feldlinie) ist, unter der Voraussetzung *konstanter* Werte H bzw. B längs des betrachteten Weges l. Voraussetzung ist ferner, daß Feldlinienrichtung und Wegrichtung zusammenfallen (Kap. 4.2.1).

Die gesamte „Amperewindungszahl" IN, also das Produkt aus Strom und Windungszahl einer stromdurchflossenen Anordnung (Spule) heißt auch *Durchflutung* Θ und wird in Ampere oder Amperewindungen (AW) angegeben. Demnach ist die

Einheit der magnetischen Feldstärke: A/m.

Wegen der erkannten Proportionalität von B und H im Luftraum setzt man allgemein

$$\boxed{B = \mu H} \tag{4.1.8}$$

Das ist die *Materialgleichung* des magnetischen Feldes, wobei man noch, um den Einfluß des Mediums zu berücksichtigen, für die *Permeabilität*

$$\mu = B/H \tag{4.1.8a}$$

setzt

$$\boxed{\mu = \mu_0 \mu_r} \tag{4.1.9}$$

Hierbei ist μ_0 die *magnetische Feldkonstante* und μ_r die *relative Permeabilität* oder *Permeabilitätszahl*. In diesem Zusammenhang wird μ auch als absolute Permeabilität bezeichnet; sie kann als „magnetische Leitfähigkeit" betrachtet werden.

> Die *magnetische Feldkonstante* μ_0 ist eine Naturkonstante. Sie gibt die Permeabilität des materiefreien Raumes an.
> Die relative Permeabilität μ_r ist bei linearen und isotropen Stoffen eine Verhältniszahl, die angibt, um wieviel die Permeabilität eines Stoffes (Luft, Kupfer) größer oder kleiner ist als μ_0.

$$\boxed{\mu_0 = 0{,}4\,\pi \cdot 10^{-6}\,\mathrm{T \cdot m/A} = 1{,}256 \cdot 10^{-6}\,\mathrm{H/m}} \tag{4.1.10}$$

unter Beachtung, daß wegen Gl. (4.1.8a) $\mathrm{Vs/m^2 \cdot m/A} = \Omega\mathrm{s/m}$ und

$$1\ \text{Henry (H)} = 1\ \text{Ohm-Sekunde } (\Omega\,\mathrm{s}). \tag{4.1.11}$$

Bem.: In der Magnettechnik sowie im älteren Schrifttum wird die magnetische Feldstärke in der nichtrationalen (CGS)-Einheit Oerstedt (Oe) angegeben.

$$1\,\mathrm{Oe} = \frac{1}{0{,}4\,\pi}\,\mathrm{A/cm} \approx 0{,}8\,\mathrm{A/cm}. \tag{4.1.12}$$

Es ist dann $\mu_0 = 1$ Gauß/Oerstedt, womit im leeren Raum magnetische Flußdichte in Gauß und magnetische Feldstärke in Oerstedt gleichen Zahlenwert haben.

Im leeren Raum ist $\mu = \mu_0$, bei *diamagnetischen* Stoffen ist $\mu_r < 1$ und bei *paramagnetischen* Stoffen ist $\mu_r > 1$. Bei ferromagnetischen Stoffen (Fe, Ni, Co und Legierungen) ist $\mu_r \gg 1$ und bei Ferriten ebenfalls nicht konstant, sonst i. allg. eine Stoffkonstante. Für praktische Berechnungen kann für dia- und paramagnetische Stoffe $\mu_r \approx 1$ gesetzt werden. Werte für μ_r siehe Tabelle 4.1

Tabelle 4.1. Relative Permeabilität μ_r

Stoff	μ_r		Stoff	μ_r	
Kupfer	$1 - 10 \cdot 10^{-6}$	Dia-magnetisch	Aluminium	$1 + 22 \cdot 10^{-6}$	Para-magnetisch
Quecksilber	$1 - 25 \cdot 10^{-6}$		Luft (1 atm)	$1 + 0{,}4 \cdot 10^{-6}$	
Silber	$1 - 19 \cdot 10^{-6}$		Platin	$1 + 330 \cdot 10^{-6}$	
Wasser	$1 - 9 \cdot 10^{-6}$		Palladium	$1 + 690 \cdot 10^{-6}$	
Wismut	$1 - 170 \cdot 10^{-6}$				
Zink	$1 - 12 \cdot 10^{-6}$				

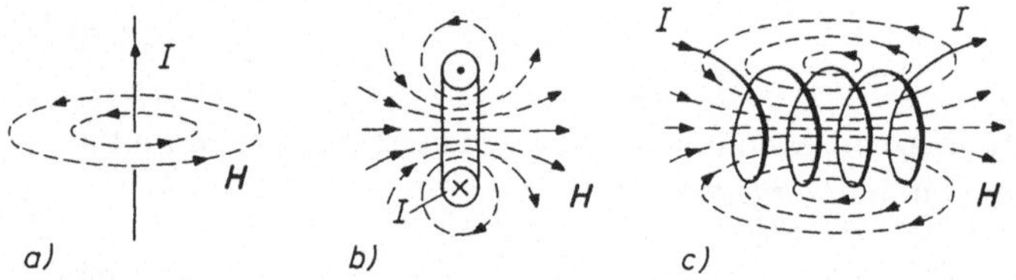

a) b) c)

Bild 4.1.4. Magnetische Feldlinien (H-Linien), a) gerader, stromführender Leiter, b) stromführender-Kreisring, c) stromführende Spule

Wegen der Proportionalität zwischen B und H nach Gl. (4.1.8) kann sowohl die magnetische Flußdichte wie auch die magnetische Feldstärke als Maß für die Stärke des magnetischen Feldes betrachtet werden und zur Beschreibung des Feldverlaufs dienen. Welchen der beiden Feldgrößen man den Vorrang gibt, ist eine Frage verschiedener experimenteller Beobachtungen und nicht zuletzt durch das verwendete Dimensionssystem bestimmt. Im allgemeinen (isotrope Stoffe) haben die H-Linien und die B-Linien gleichen Verlauf. Einige Feldbilder (Verlauf der H-Linien) zeigt Bild 4.1.4, vgl. auch Bild 4.1.1. Als Richtungsregel gilt dabei die „Schraubenregel“:

Bildet der Vorschub einer *rechtsgängigen* Schraube die Strombezugsrichtung, so gibt die Drehrichtung die Richtung der Feldlinien des von diesem Strom erzeugten Magnetfeldes an.

Bildet der Vorschub einer *rechtsgängigen* Schraube die Richtung der Feldlinien eines Magnetfeldes, so gibt die Drehrichtung die Strombezugsrichtung des das Magnetfeld erzeugenden Stromes an.

Um einen hinreichend langen und geraden stromführenden Einzelleiter bilden die Feldlinien nach Bild 4.1.4a konzentrische Kreise um die Leiterachse. Dabei ist der Betrag H längs jeder Feldlinie konstant, daher gilt Gl. (4.1.7) exakt. Im Abstand r von der Leiterachse ist mit $l = 2\pi r$ und $N = 1$

$$H = \frac{I}{2\pi r}. \qquad (4.1.13)$$

Der Betrag der magnetischen Feldstärke nimmt umgekehrt mit der radialen Entfernung von der Leiterachse ab.

Auch bei einer Kreisringspule (Toroid) nach Bild 4.1.5 ist der Betrag H längs jeder Feldlinie konstant. Außerhalb der Wicklung ist der Raum feldfrei, abgesehen von sogenannten Streulinien (Kap. 4.2.2).

Für eine hinreichend dünne Kreisringspule mit gleichmäßig verteilter Wicklung von N Windungen, durchflossen vom Strom I, beträgt demnach die mittlere Feldstärke nach Gl. (4.1.7)

$$H = \frac{IN}{\pi D}. \qquad (4.1.14)$$

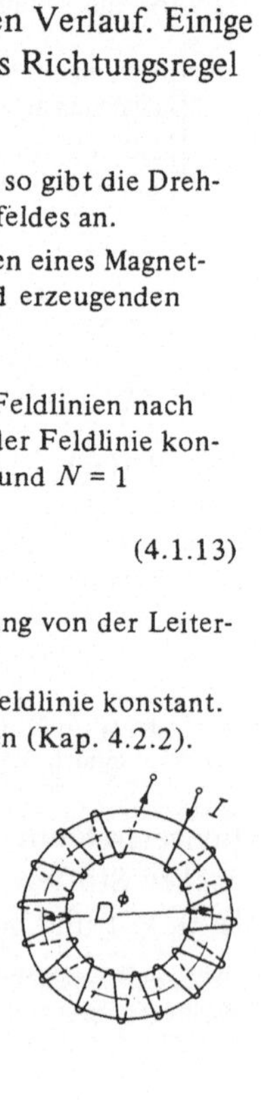

Bild 4.1.5
Kreisringspule (Toroid)

Wird auf den ringförmigen Spulenträger eine zweite Wicklung mit gleicher Windungszahl aber entgegengesetztem Wicklungssinn aufgebracht, wobei beide Wicklungen vom gleichen Strom durchflossen werden, so heben sich die magnetischen Wirkungen beider Wicklungen gegenseitig auf, abgesehen von verbleibenden Streuwirkungen. Sollen sich daher magnetische Wirkungen weitmöglichst aufheben, so verwendet man entsprechende Wicklungsanordnungen (*bifilare* Wicklung).

Außerhalb einer stromdurchflossenen Zylinderspule (Bild 4.1.1a und Bild 4.1.4c) ist H längs einer Feldlinie nicht mehr konstant und daher l in Gl. (4.1.7) nicht mehr genau definierbar. Lediglich für eine hinreichend lange und dünne Zylinderspule kann dann angenähert für l die Spulenlänge eingesetzt werden (Kap. 4.2.1).

Beispiel 4.1. Gesucht die Feldstärkeverteilung über den Querschnitt eines Koaxialkabels bei gleichmäßiger Stromdichte (Stromverteilung) im konzentrischen Innenleiter und in dem als Rückleiter dienenden Kabelmantel (Außenleiter).

Lösung: Die Stromdichte J_i im Innenleiter mit dem Radius r_i und die Stromdichte J_k im Außenleiter mit dem Innenradius R_i und dem Außenradius R_a beträgt

$$J_i = \frac{I}{\pi r_i^2}, \qquad J_k = \frac{I}{\pi (R_a^2 - R_i^2)}.$$

Eine Kreisfläche innerhalb des Innenleiters mit dem Radius $r \leqslant r_i$ führt demnach wegen der konstanten Stromdichte J_i den Teilstrom

$$I_i = J_i \pi r^2 = I \frac{r^2}{r_i^2}.$$

Durch einen Hohlzylinder mit R_i als Innenradius und $r \leqslant R_a$ fließt entsprechend der Teilstrom

$$I_k = J_k \pi (r^2 - R_i^2) = \frac{I (r^2 - R_i^2)}{R_a^2 - R_i^2}.$$

Somit wird der Betrag der magnetischen Feldstärke innerhalb des Innenleiters und innerhalb des Kabelmantels nach Gl. (4.1.13)

$$H_i = \frac{I_i}{2\pi r} = \frac{I r}{2\pi r_i^2} \quad r \leqq r_i, \qquad H_k = \frac{I}{2\pi r} \frac{r^2 - R_i^2}{R_a^2 - R_i^2} \quad R_i \leqq r \leqq R_a.$$

Die Feldstärke wächst also innerhalb des Innenleiters linear mit dem Radius r und hat für $r = r_i$ einen Maximalwert. Innerhalb des Isolierstoffes zwischen Innenleiter und Kabelmantel nimmt dagegen die Feldstärke mit wachsendem Radius r nach Gl. (4.1.13) hyperbolisch ab, da I_k dort keinen Feldbeitrag liefert.

Es ist demnach für $r < R_i$ auch $H_k = 0$. Für $r = R_a$ hat H_k seinen Maximalwert, um mit wachsendem $r > R_a$ hyperbolisch abzunehmen.

Unter Berücksichtigung, daß der Kabelmantel als Rückleiter dient, wird nun der Betrag der resultierenden Feldstärke im Innenleiter mit $r \leqq r_i$ und zwischen Innenleiter und Kabelmantel mit $r_i \leqq r \leqq R_i$

$$H = H_1 = \frac{I r}{2\pi r_i^2}, \qquad H = H_2 = \frac{I}{2\pi r}.$$

Innerhalb des Kabelmantels mit $R_i \leqq r \leqq R_a$ wird dagegen

$$H = H_3 = \frac{I}{2\pi r} - \frac{I}{2\pi r} \frac{r^2 - R_i^2}{R_a^2 - R_i^2} = \frac{I}{2\pi r} \frac{R_a^2 - r^2}{R_a^2 - R_i^2}.$$

Im Außenraum mit $r > R_a$ heben sich die durch den Innen- und Außenleiterstrom hervorgerufenen Felder gegenseitig auf, da sie dort in jedem Punkt entgegengesetzt gleich sind. Der Außenraum ist demnach feldfrei. Die Feldverteilung zeigt Bild 4.1.6.

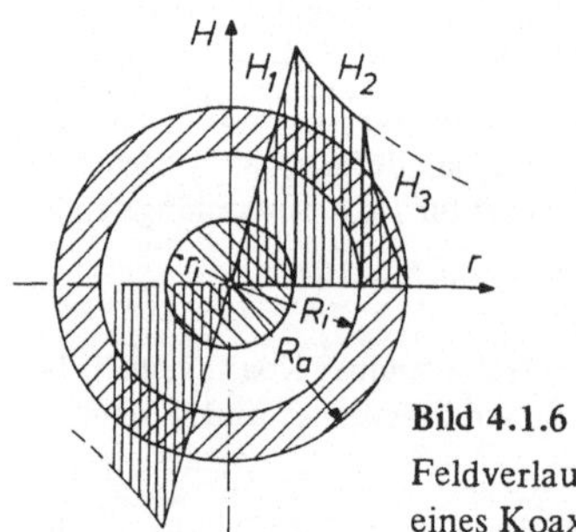

Bild 4.1.6 Feldverlauf über den Querschnitt eines Koaxialkabels

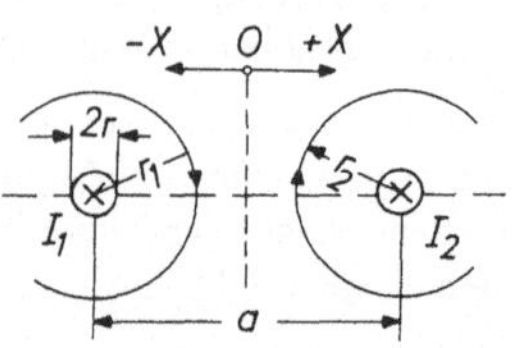

Bild 4.1.7 Zu Beispiel 4.2

Beispiel 4.2. Gesucht die Feldverteilung zwischen zwei sehr langen parallelen und geraden Leitern in Luft im Abstand a auf der Ebene durch beide Leiter. Beide Leiter werden vom gleichen Strom $I = I_1 = I_2$ in gleichem Bezugssinn durchflossen.

Lösung: Die Feldstärke steht senkrecht auf der Ebene durch beide Leiter, wobei nach Gl. (4.1.13)

$$H_1 = \frac{I}{2\pi r_1}, \qquad H_2 = \frac{I}{2\pi r_2}$$

und unter Beachtung des Vorzeichens (Bild 4.1.7)

$$H = \frac{I}{2\pi}\left(\frac{1}{r_2} - \frac{1}{r_1}\right).$$

Legt man den Koordinatenursprung $x = 0$ in die Mitte der Verbindungslinie, so ist nach Bild 4.1.7

$$r_1 = \frac{a}{2} + x, \quad r_2 = \frac{a}{2} - x$$

und somit

$$H = \frac{I}{\pi}\left(\frac{1}{a - 2x} - \frac{1}{a + 2x}\right) = \frac{I}{\pi}\,\frac{4x}{a^2 - 4x^2}.$$

Die Feldverteilung auf der Verbindungslinie zwischen beiden Leitern zeigt Bild 4.1.8, in der Mitte zwischen beiden Leitern verschwindet die Feldstärke. Das Feldbild in der Ebene senkrecht zu beiden Leitern zeigt Bild 4.1.9.

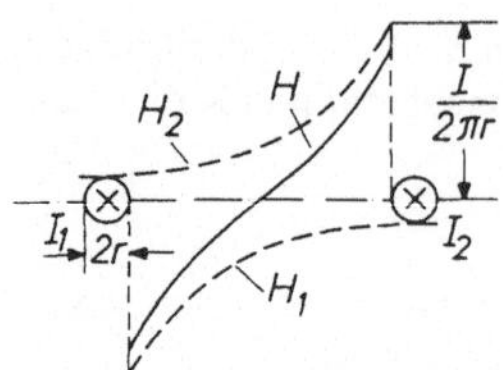

Bild 4.1.8 Feldverteilung auf der Verbindungslinie zwischen zwei parallelen Stromleitern mit $I_1 = I_2$

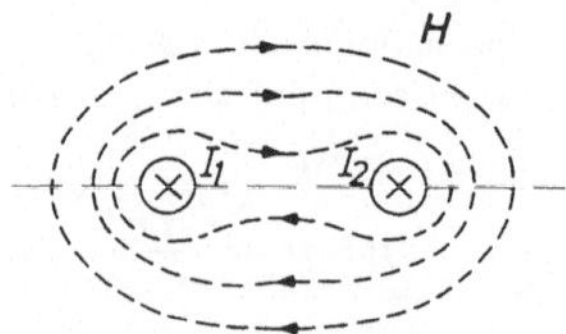

Bild 4.1.9 Magnetische Feldlinien um zwei parallele Stromleiter mit $I_1 = I_2$

Beispiel 4.3. Wie ändern sich die Verhältnisse, wenn der Strom in beiden Leitern des vorigen Beispiels verschiedenes Vorzeichen hat? (Hin- und Rückleitung).

Lösung: Die Feldstärke hat jetzt auf der Verbindungslinie zwischen beiden Leitern die gleiche Richtung. Somit wird

$$H = H_1 + H_2 = \frac{I}{2\pi}\left(\frac{1}{r_1} + \frac{1}{r_2}\right) = \frac{I}{\pi}\,\frac{2a}{a^2 - 4x^2}.$$

Die Feldverteilung auf der Verbindungslinie zwischen beiden Leitern zeigt Bild 4.1.10, das Feldbild in der Ebene senkrecht zu beiden Leitern zeigt Bild 4.1.11.

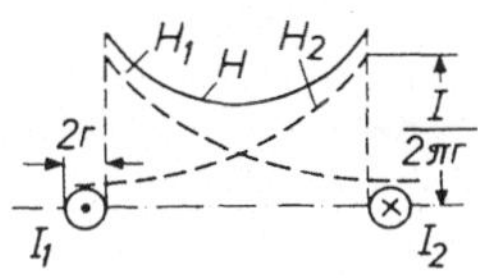

Bild 4.1.10 Feldverteilung auf der Verbindungslinie zwischen zwei parallelen Stromleitern mit $I_1 = - I_2$ (Doppelleitung)

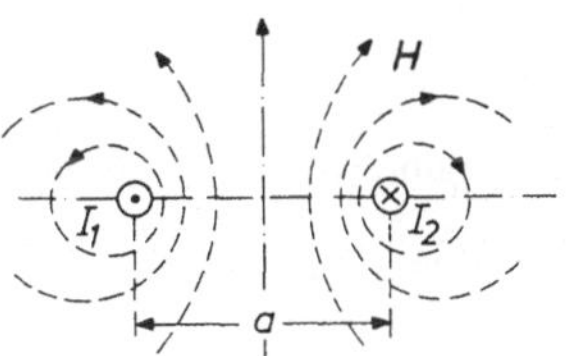

Bild 4.1.11 Magnetische Feldlinien um zwei parallele Stromleiter mit $I_1 = - I_2$ (Doppelleitung)

Beispiel 4.4. Der Achsabstand zweier paralleler Leiter in Luft beträgt $a = 25$ cm. Beide Leiter bilden eine Doppelleitung (Hin- und Rückleitung) und führen je $I = 100$ A. Gesucht ist die Feldstärke H in einem Punkt P mit einem Achsabstand von Leiter (1) $r_1 = 10$ cm und von Leiter (2) $r_2 = 20$ cm.

Lösung: Der Betrag der von jedem Leiter im Punkt P hervorgerufenen Feldstärke wird nach Gl. 4.1.13

$$H_1 = \frac{I}{2\pi r_1} \approx 1{,}6\ \frac{\text{A}}{\text{cm}}, \qquad H_2 = \frac{I}{2\pi r_2} \approx 0{,}8\ \frac{\text{A}}{\text{cm}}.$$

Die Addition erfolgt am besten graphisch und ist in Bild 4.1.12 durchgeführt. Als Maßstab wählt man etwa: 1 cm $\hat{=}$ 0,2 A/cm. Aus dem Diagramm entnimmt man $H = 1{,}99$ A/cm.

Beispiel 4.5. Gesucht der magnetische Fluß Φ, der ein nach Bild 4.1.13 in der Papierebene liegendes Rechteck in Luft mit den Abmessungen $a = 2$ cm, $b = 10$ cm durchsetzt, parallel zu einem geraden Leiter mit $I = 120$ A. Ferner ist der mittlere Betrag von Flußdichte B und Feldstärke H innerhalb des Rechtecks zu berechnen. Abstand $r = 10$ cm.

Lösung: Mittlere Feldstärke H und mittlere Flußdichte B werden nach Gl. (4.1.13) und Gl. (4.1.8) wegen $\mu_r = 1$

$$H = \frac{I}{2\pi\left(r + \frac{a}{2}\right)}, \qquad B = \mu_0 H.$$

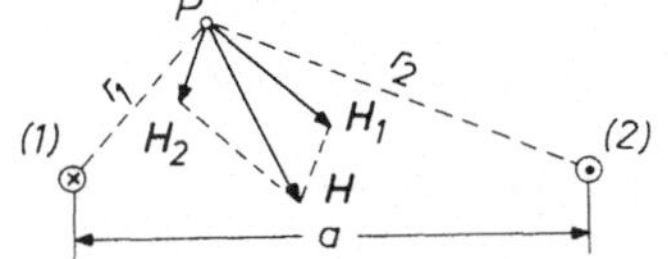

Bild 4.1.12
Feldstärke im Punkt P, Beispiel 4.4

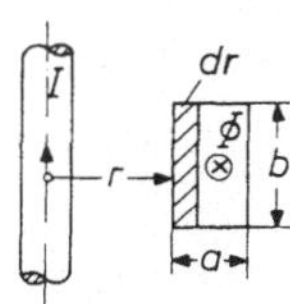

Bild 4.1.13
Zu Beispiel 4.5

Das ergibt

$$H \approx 1{,}74 \text{ A/cm}, \quad B = 2{,}18 \cdot 10^{-8} \text{ Wb/cm}^2.$$

Damit wird der magnetische Fluß nach Gl. (4.1.3), da $\alpha = 0°$,

$$\Phi = BA = Bab = 43{,}6 \cdot 10^{-8} \text{ Wb}.$$

Eine genauere Berechnung geht von Gl. (4.1.3a) aus

$$\Phi = \int B\,dA = \int_r^{r+a} Bb\,dr, \quad B = \frac{\mu_0 I}{2\pi r}.$$

Das ergibt, wenn man die konstanten Werte vor das Integral nimmt, wegen

$$\ln r_1 - \ln r_2 = \ln(r_1/r_2)$$

$$\Phi = \frac{\mu_0 I b}{2\pi} \int_r^{a+r} \frac{dr}{r} = \frac{\mu_0 I b}{2\pi} \ln r \Big|_r^{r+a} = \frac{\mu_0 I b}{2\pi} \ln \frac{r+a}{r} \quad (4.1.15)$$

und mit den gegebenen Zahlenwerten

$$\Phi = 2{,}4 \cdot 10^{-6} \cdot 0{,}18 \text{ Vs} = 43{,}2 \cdot 10^{-8} \text{ Wb}.$$

Damit wird

$$B = \Phi/A = 2{,}16 \cdot 10^{-8} \text{ Wb/cm}^2, \quad H = B/\mu_0 = 1{,}72 \text{ A/cm}.$$

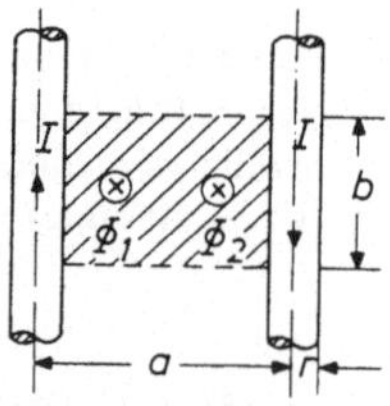

Bild 4.1.14
Doppelleitung, Beispiel 4.6

Beispiel 4.6. Bei einer (sehr langen) Doppelleitung (Hin- und Rückleitung) beträgt der Leiterachsabstand $a = 25$ cm und der Leiterradius $r = 3$ mm. Der die Leitung durchfließende Strom ist $I = 100$ A. Gesucht ist der Fluß Φ, der zwischen beiden Leitern auf einer Länge $b = 10$ m hindurchtritt, und der Betrag B der mittleren Flußdichte innerhalb dieser Fläche.

Lösung: Die Verhältnisse erläutert Bild 4.1.14. Wie man ferner Bild 4.1.10 entnimmt, ist die Flußdichte zwischen beiden Leitern nicht konstant und daher auch nicht mehr als mittlerer Wert über Gl. (4.1.13) berechenbar. Der von jedem Leiter erzeugte magnetische Fluß Φ_1 und Φ_2 kann jedoch nach Gl. (4.1.15) berechnet werden. Das Integral ist dabei nach Bild 4.1.14 innerhalb der Grenzen r bis $a-r$ zu bilden. Somit

$$\Phi_1 = \Phi_2 = \frac{\mu_0 I b}{2\pi} \ln \frac{a-r}{r} = 0{,}2 \cdot 10^{-3} \cdot 4{,}4 \text{ Vs} = 0{,}88 \cdot 10^{-3} \text{ Wb}.$$

Da der Richtungssinn der Ströme in beiden Leitern entgegengesetzt ist, addieren sich diese beiden Flüsse. Es wird also der Gesamtfluß

$$\Phi = \Phi_1 + \Phi_2 = 1{,}76 \cdot 10^{-3} \text{ Wb}.$$

Der Betrag der mittleren Flußdichte wird damit nach Gl. (4.1.3), da $\alpha = 0°$,

$$B = \frac{\Phi}{(a-2r)b} = \frac{1{,}76 \cdot 10^{-3} \text{ Wb}}{0{,}244 \cdot 10 \text{ m}^2} \approx 0{,}72 \cdot 10^{-3} \frac{\text{Wb}}{\text{m}^2} = 0{,}72 \text{ mT}.$$

4.1.4 Magnetfeld in Materie, Ferromagnetismus. Nach der Ampèreschen Hypothese können die magnetischen Eigenschaften der Materie durch die magnetischen Wirkungen der „Elementarströme" gedeutet werden (Elementarstromtheorie), welche durch Bahnbewegungen der Elektronen im Atomverband zustande kommen. Diese Elementarströme haben die Wirkung kleiner Elementarmagnete, also elementarer magnetischer Dipole. Außerdem können die Elektronen auch noch eine Eigenrotation ausführen, die man als *Spin* bezeichnet. Der Spin verleiht einem Elektron bereits ohne Bahnbewegung ein sogenanntes magnetisches Moment.

Bei einem Stabmagneten bezeichnet man das Produkt aus Gesamtfluß Φ und Polabstand l (etwa gleich der Stablänge) als *magnetisches Moment*; es bestimmt das auf den Stabmagneten in einem Magnetfeld ausgeübte Drehmoment. Soll der Stabmagnet durch eine vom Strom I durchflossene, gleichlange Zylinderspule vom Spulenquerschnitt A mit N Windungen ersetzt werden, so ist für diese nach Gl. (4.1.3) wegen Gl. (4.1.7) und Gl. (4.1.8)

$$\Phi l = \mu \frac{IN}{l} A l = \mu I N A.$$

Eine vom Strom I durchflossene Schleife (elementarer Kreisstrom) mit der umschlungenen Fläche A und $N = 1$ hat demnach ein magnetisches Moment

$$m_\mathrm{m} = \mu I A. \tag{4.1.16}$$

Das magnetische Moment ist eine Vektorgröße in Richtung der Schleifenachse, also senkrecht auf der von der Schleife gebildeten Fläche, wobei die Richtung dieses Vektors mit dem Strombezugssinn eine Rechtsschraube bildet.

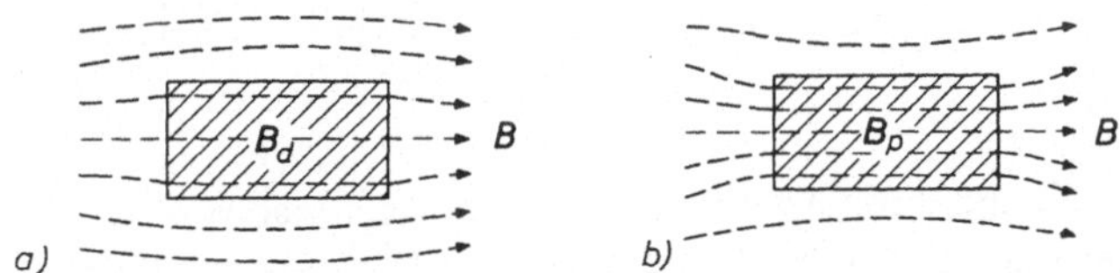

Bild 4.1.15 Diamagnetischer (a) und paramagnetischer (b) Körper im homogenen Magnetfeld

Wird ein *diamagnetischer* Körper in ein magnetisches Feld im leeren Raum der Flußdichte B gebracht, so wird nach Bild 4.1.15a das äußere ursprüngliche Feld an den Stirnflächen senkrecht zu den B-Linien geschwächt, an den Seitenflächen dagegen verstärkt; ein diamagnetischer Körper versucht die B-Linien aus sich herauszudrängen. Innerhalb der diamagnetischen Materie ist wegen $\mu_r < 1$ auch $B_d < B$; die von der diamagnetischen Materie herrührende Flußdichte ist derjenigen des äußeren Feldes entgegengesetzt gerichtet. Handelt es sich dagegen um einen *paramagnetischen* Körper, so wird nach Bild 4.1.15b das Feld an den Stirnflächen senkrecht zu den B-Linien verstärkt, an den Seitenflächen dagegen geschwächt; ein paramagnetischer Körper versucht die B-Linien in sich hineinzuziehen. Ebenso verhält sich auch ein ferromagnetischer Körper. Die von der paramagnetischen oder ferromagnetischen Materie herrührende Flußdichte verläuft in der gleichen Richtung wie diejenige des ursprünglichen äußeren Feldes. Wegen $\mu_r > 1$ ist innerhalb der paramagnetischen und ferromagnetischen Materie $B_p > B$. Diamagnetische Stoffe werden daher aus Gebieten größerer Felddichte herausgedrängt, paramagnetische und ferromagnetische Stoffe werden dagegen in Gebiete größerer Felddichte hineingezogen. Da bei dia- und paramagnetischen Stoffen μ_r nur um einige Promille von 1 abweicht, sind die para- und diamagnetischen Wirkungen im Magnetfeld auch entsprechend gering. Grundsätzlich wird aber ein Magnetfeld stets durch das Hineinbringen von Materie beeinflußt, da jeder Körper im Magnetfeld zu einem magnetischen Dipol wird.

Bei *diamagnetischen* Stoffen besitzen die Moleküle kein magnetisches Moment, die Umlaufbewegungen der Elektronen im Atomverband (Elementarströme) erfolgen stets paarweise antiparallel und auch die durch den Elektronenspin hervorgerufenen Momente (Spinmomente) der stets paarweise auftretenden Elektronen heben sich im ungestörten Zustand gegenseitig auf. Erst durch die Wirkung eines äußeren Magnetfeldes entsteht ein magnetisches Moment, das dem Fremdfeld entgegenwirkt und dieses innerhalb der diamagnetischen Materie schwächt ($\mu_r < 1$). Die relative Permeabilität diamagnetischer Stoffe ist daher temperaturunabhängig.

Die Moleküle *paramagnetischer* Stoffe besitzen bereits ein natürliches magnetisches Moment unabhängig vom Vorhandensein eines äußeren Feldes. Dieses Moment wird hervorgerufen durch den Bahnumlauf der Elektronen sowie durch den Elektronenspin. Infolge regelloser Orientierung durch die natürlichen Wärmebewegungen hebt sich aber die Wirkung der molekularen elementaren magnetischen Dipole im örtlichen und zeitlichen Mittel auf. Erst in einem äußeren Magnetfeld erfolgt eine der Feldstärke proportionale Ausrichtung der Momentenachsen, wodurch die Flußdichte innerhalb der paramagnetischen Stoffe verstärkt wird ($\mu_r > 1$). Dieser Ausrichtung der Momentenachsen (Dipole) wirkt jedoch die natürliche Wärmebewegung entgegen, so daß die Permeabilität paramagnetischer Stoffe mit zunehmender Temperatur abnimmt.

Bei diamagnetischen und paramagnetischen Stoffen ist die Permeabilität eine von der Stärke eines äußeren Feldes unabhängige Stoffkonstante ($\mu_r \approx 1$) und bei paramagnetischen Stoffen temperaturabhängig.

Ferromagnetische Stoffe (Fe, Co, Ni und ihre Legierungen) unterscheiden sich von paramagnetischen Stoffen durch außerordentlich hohe Permeabilitätswerte μ_r bis zu einigen 10 000, ferner ist μ_r auch nicht angenähert konstant, sondern von der Feldstärke abhängig. Die wichtigsten ferromagnetischen Erscheinungen sind:

1. Abhängigkeit der Flußdichte (Induktion) von der Vorgeschichte.
2. Vorzugsrichtung der Magnetisierung.
3. Erscheinung der Hysterese (Nachhinken von B gegenüber H) und Sättigung.
4. Verschwinden der ferromagnetischen Eigenschaften bei einer bestimmten Temperatur (Curie-Punkt).
5. Teilweises Beibehalten einer einmal erzeugten Magnetisierung (Remanenz).
6. Beschränkung der ferromagnetischen Eigenschaften auf den festen Zustand. So zeigt z. B. Eisen in Dampfform paramagnetisches Verhalten.
7. Mechanische Deformierung ferromagnetischer Stoffe, die in ein magnetisches Feld gebracht werden (Magnetostriktion). Dieser Effekt ist reversibel und beeinflußt auch den elektrischen Widerstand.
8. Magnetisierung bzw. Ummagnetisierung eines in ein magnetisches Feld gebrachten Eisenstabes durch kräftige Hammerschläge.

Während die *Magnetisierungskurve* $B = f(H)$ bei magnetisch linearen Stoffen eine Gerade ist, erhält man bei Ferriten ebenso wie bei ferromagnetischen Stoffen eine Schleife, die sogenannte *Hystereseschleife*. Diesen grundsätzlichen Verlauf der Magnetisierungskurve für Eisen zeigt Bild 4.1.16. War das Eisen noch völlig unmagnetisch, so erhält man bei Steigerung der Erregung (Feldstärke) von Null aus die Kurve N, die sogenannte *Neukurve*. Verkleinert man die Erregung bis ins negative Gebiet (Stromumkehrung) mit nochmaliger Steigerung der Erregung usw., so erhält man die vollständige Magnetisierungsschleife. Das „Nachhinken" der Flußdichte gegenüber der Feldstärke, die Hysterese, gibt der Magnetisierungsschleife auch die Bezeichnung Hystereseschleife. In Bild 4.1.16 ist ferner B_r die Remanenz und H_c die Koerzitivfeldstärke.

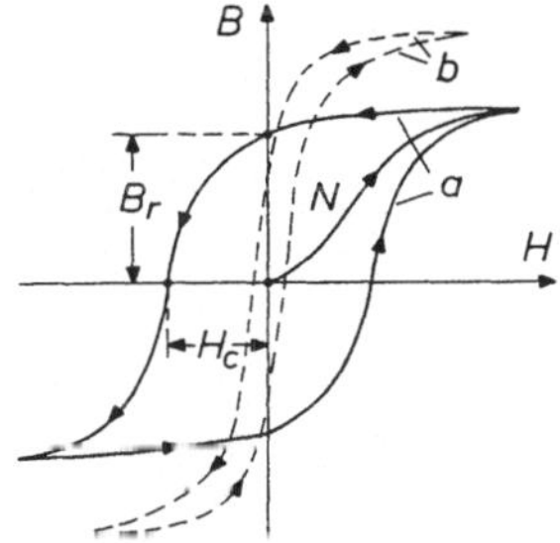

Bild 4.1.16 Magnetisierungskurven von Eisen (Hystereseschleifen) *a* magnetisch hartes, *b* magnetisch weiches Eisen, *N* Neukurve

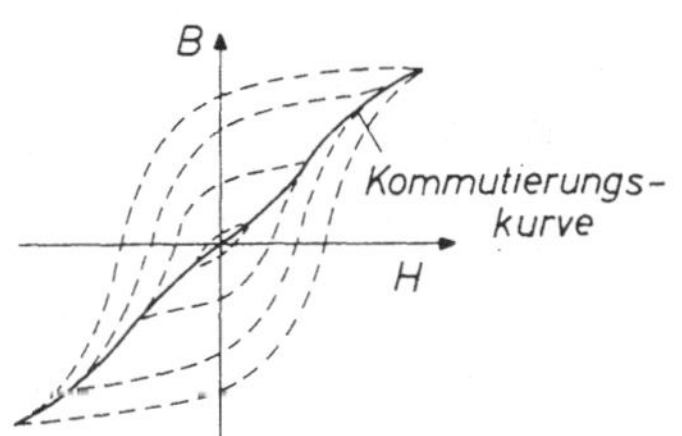

Bild 4.1.17 Zur Definition der Kommutierungskurve

> Die Remanenz gibt an, wieviel Magnetisierung nach vollständigem Verschwinden der äußeren Erregung übrigbleibt.

> Die Koerzitivfeldstärke gibt an, welche äußere Feldstärke erforderlich ist, um den Restmagnetismus (Remanenz) zum Verschwinden zu bringen.

Schleifenform und charakteristische Werte B_r und H_c können je nach Material sehr verschieden sein. Magnetisch hartes Eisen hat eine breite Hystereseschleife wie Kurve *a* in Bild 4.1.16, magnetisch weiches Eisen dagegen eine schmale Schleife wie die gestrichelte Kurve *b* in Bild 4.1.16. Wegen der geringeren Koerzitivfeldstärke H_c ist magnetisch weiches Eisen leicht entmagnetisierbar. Auch mechanische Deformation oder thermische Behandlung kann die Form der Hystereseschleife stark beeinflussen. Einen nahezu rechteckigen Verlauf der Hystereseschleife zeigen Nickellegierungen sowie Ferrite, die für Speicherkerne verwendet werden.

Für technische Berechnungen verwendet man eine mittlere Kurve, die *Kommutierungskurve*. Man erhält sie nach Bild 4.1.17 durch Aufnahme mehrerer Hystereseschleifen bei jeweils verschiedenen Höchststromwerten als Umkehrpunkte und Verbinden der so erhaltenen Umkehrpunkte. Die Kommutierungskurve weicht nur etwas von der Neukurve ab; sie wird allgemein auch bei wechselnder Magnetisierung mit Wechselstrom verwendet.

Entsprechend dem Verlauf der Magnetisierungskurve ist auch der Wert der Permeabilität bei ferromagnetischen Stoffen und bei Ferriten eine Funktion der Feldstärke. So zeigt Bild 4.1.18 eine Permeabilitätskurve $\mu_r = f(H)$ mit der zugehörigen Magnetisierungskurve (Kommutierungskurve). Die Permeabilität beginnt stets mit einem endlichen Wert, der Anfangspermeabilität μ_A für $B = 0$ und $H = 0$, erreicht einen Maximalwert, die Maximalpermeabilität μ_{max}, um dann wieder abzusinken und sich asymptotisch dem Wert Eins zu nähern. Bei gegebener Magnetisierungskurve kann die Maximalpermeabilität mit für technische Bedürfnisse hinreichender Genauigkeit durch die Steigung der Tangente durch den Ursprung an die Magnetisierungskurve graphisch ermittelt werden, wie aus Bild 4.1.18 zu erkennen ist.

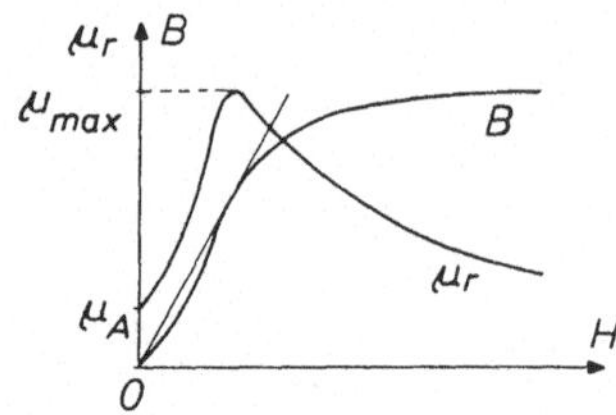

Bild 4.1.18 Permeabilität $\mu_r = f(H)$ mit zugehöriger Magnetisierungskurve (Kommutierungskurve)

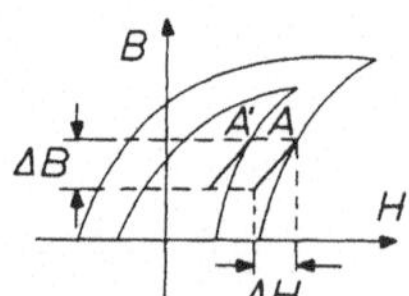

Bild 4.1.19 Zur Definition der reversiblen Permeabilität

Die Anfangspermeabilität hat überall dort Bedeutung, wo bei relativ kleinen Feldstärken große Flußdichtewerte gewünscht werden. Besonders hohe Anfangspermeabilitäten ergeben Fe-Ni-Legierungen. Solche Legierungen sind unter der Bezeichnung Permalloy bekannt geworden und haben außerdem Maximalpermeabilitäten von $\mu_{r\,\text{max}} > 100\,000$. Nicht weniger bedeutungsvoll sind die unter der Bezeichnung Perminvar bekannten Ni-Co-Fe-Legierungen, die sich durch angenäherte Konstanz der Permeabilität innerhalb eines bestimmten Feldstärkebereiches auszeichnen.

Die Permeabilität kann auch in verschiedenen Achsrichtungen verschieden sein (Texturblech).

Allgemein gilt:

> Die Permeabilität ferromagnetischer Stoffe ist keine Konstante, sondern von der magnetischen Feldstärke und der Vorgeschichte des Stoffes abhängig. Sie ist temperaturabhängig und erreicht bei einer bestimmten Temperatur (Curie-Punkt) sprunghaft die Werte paramagnetischer Stoffe.

Die Curie-Temperatur beträgt bei Eisen 769 °C, bei Nickel 360 °C und bei Kobalt 1173 °C. Bei kleinen Feldstärkeänderungen ΔH und gleichzeitiger Vormagnetisierung durch eine zusätzliche gleichstromgespeiste Erregerwicklung ist die Abhängigkeit der Flußdichte von der Feldstärke innerhalb des Gebietes von ΔH linear, Bild 4.1.19. Bei Umkehrung der Erregung gelangt man zum Ausgangspunkt zurück. Der Vorgang ist also reversibel. Man bezeichnet daher das Verhältnis

$$\mu_u = \frac{1}{\mu_0} \frac{\Delta B}{\Delta H} \tag{4.1.17}$$

als *reversible* Permeabilität. Für einen Punkt der Magnetisierungskurve gilt im allgemeinen

$$\mu_u < \mu_r \quad \text{und} \quad \mu_u \neq \frac{1}{\mu_0} \frac{dB}{dH},$$

wobei man $\mu = B/H$ auch als statische und $\mu = \mathrm{d}B/\mathrm{d}H$ als differentielle Permeabilität bezeichnet. Schließlich ist μ_u nur von der Flußdichte und nicht von der Feldstärke abhängig. In Bild 4.1.19 erhält man daher gleiches μ_u ausgehend von Punkt A oder A'.

Die reversible Permeabilität ist im allgemeinen kleiner als die relative Permeabilität. Der Maximalwert liegt bei $B = 0$, dort ist sie gleich der Anfangspermeabilität.

Aus den bisherigen Betrachtungen erkennt man:

Der Ferromagnetismus ist eine makroskopische Erscheinung, eine Eigenschaft von Kristallen. Es handelt sich um eine in der Struktur des betreffenden Stoffes begründete Erscheinung.

Bei ferromagnetischen Stoffen kommt neben dem paramagnetischen Verhalten noch ein weiterer Effekt verstärkend hinzu. Innerhalb einzelner makroskopisch feststellbarer Kristallbereiche, sogenannter *Weißscher Bezirke,* mit einigen 10^6 elementaren magnetischen Dipolen befinden sich diese „Elementarmagnete" (Magnetonen) bereits ohne äußeres Magnetfeld in einer bestimmten Vorzugsrichtung.
Normalerweise befinden sich die einzelnen Bezirke (Bereiche) in einer ungeordneten Lage kleinster potentieller Energie, nach außen ist daher kein Magnetfeld feststellbar. Unter der Einwirkung eines äußeren Feldes werden dagegen einzelne Kristallbereiche *reihenweise* ausgerichtet, wobei sich jeweils Nordpol und Südpol aneinanderreihen, wodurch sich gleichsam eine Kette von Elementarmagneten bildet. Dieser Vorgang spielt sich ähnlich wie eine thermische Umkristallisierung ab und wird als „Wandverschiebung" bezeichnet; sie bedeutet ein reihenweises Umklappen einzelner Bereiche, was bei geeigneter Verstärkung, beispielsweise beim Nähern eines Magneten an den Eisenkern einer Spule, hörbar gemacht werden kann *(Barkhausen-Effekt).* Jede spontane Flußänderung ruft dabei in der Spule einen Spannungsstoß hervor (Induktionsgesetz, Kap. 4.3.1).

Nach Ausrichtung aller Bezirke ist der höchste Grad der Magnetisierung erreicht und damit die Sättigung. Weitere Erhöhung der Feldstärke führt nur noch zu einer linear mit der Feldstärke anwachsenden Flußdichte nach der Beziehung $B = \mu_0 H$, da die von der Materie herrührende Flußdichte nicht mehr weiter gesteigert werden kann. Nach Verschwinden eines äußeren Feldes schwenken die einzelnen Bereiche nicht mehr in die regellos verteilten ursprünglichen Lagen zurück, sondern wählen Vorzugsrichtungen mit energetisch stabilen Zuständen. Die verbleibende Flußdichte B hat den Wert der Remanenz B_r. Nur bei kleinen Feldstärkeänderungen ΔH, welche bei einem bestimmten Ordnungszustand (Vormagnetisierung) lediglich zu geringen elastischen Verdrehungen führen, wird die Ausgangslage nach Verschwinden von ΔH wieder eingenommen, was zur reversiblen Permeabilität führt. Bei der *Curietemperatur* (Curie-Punkt) hat schließlich die thermische Energie die Größenordnung der potentiellen Energie der spontanen Zustände erreicht, das ferromagnetische Verhalten verschwindet und geht in ein paramagnetisches Verhalten über.

Um den von der Materie herrührenden Beitrag der Flußdichte zu berücksichtigen, setzt man in der Physik für Gl. (4.1.8)

$$B = \mu H = \mu_0 H + J = \mu_0 (H + M), \tag{4.1.18}$$

wobei die letzte Form der Auffassung der Elementarstromtheorie entspricht. J ist die *magnetische Polarisation* und M die *Magnetisierung.* Beide werden miteinander verknüpft durch

$$J/\mu_0 = M = \kappa H,$$

so daß

$$B = \mu_0 H (1 + \kappa) = \mu_0 \mu_r H, \qquad \kappa = \mu_r - 1. \tag{4.1.19}$$

Bei diamagnetischen Stoffen ist die *magnetische Suszeptibilität* κ negativ, bei paramagnetischen Stoffen dagegen positiv. Die Verhältnisse bei ferromagnetischen Stoffen erläutert Bild 4.1.20. Die Magnetisierung M strebt mit zunehmender Feldstärke H asymptotisch ihrem Höchstwert zu, dem eine vollständige Ausrichtung aller Elementarmagnete entspricht (Sättigung). Die Flußdichte B kann dann nur noch um den Betrag $\mu_0 H$ anwachsen.

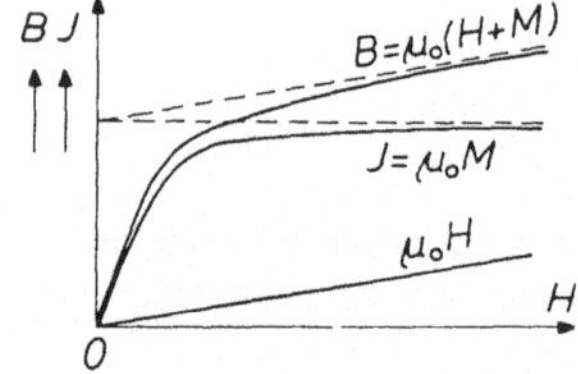

Bild 4.1.20

Magnetisierung ferromagnetischer Stoffe (Neukurve). Polarisation J und Flußdichte B in Abhängigkeit von der Feldstärke H, M Magnetisierung

Beispiel 4.7. Es sei angenommen, daß beide Leiter im Beispiel 4.2 isoliert im Achsabstand $a = 2$ cm in Eisen (Dynamoblech) von unendlicher Ausdehnung eingebettet sind und die Hin- und Rückleitung für einen Strom $I = 100$ A bilden. Gesucht die Flußdichte B im Mittelpunkt auf der Verbindungslinie zwischen beiden Leitern, $x = 0$, in Bild 4.1.7. Magnetisierungskurve im Anhang.

Lösung: Nach Beispiel 4.3 ist für $x = 0$

$$H = \frac{2I}{\pi a} = \frac{200}{2\pi} \frac{\text{A}}{\text{cm}} = 31{,}8 \frac{\text{A}}{\text{cm}}.$$

Dafür aus der Magnetisierungskurve, Kurve b: $B \approx 1{,}54$ T.

Wegen des linearen Zusammenhangs von H und I können im vorliegenden Fall die Feldstärkebeiträge beider Leiter addiert werden (Beispiel 4.3), jedoch nicht die Flußdichtebeiträge, da der Zusammenhang zwischen B und H im Eisen nichtlinear ist. Mit $H_1 = H_2 = 15{,}9$ A/cm würde man dann aus der Magnetisierungskurve erhalten: $B_1 = B_2 = 1{,}42$ T und somit $B = 2{,}84$ T.

Beispiel 4.8. Eine Kreisringspule (Toroid nach Bild 4.1.5) trägt eine gleichmäßig verteilte Wicklung mit $N = 900$ Wdg. Mittlerer Durchmesser $D = 12$ cm, Querschnitt des Spulenkörpers $A = 4\ \text{cm}^2$ und Strom $I = 1{,}2$ A.

Gesucht sind die Beträge der mittleren Feldstärke und Flußdichte im Spulenkörper, der magnetische Fluß Φ und die Durchflutung Θ

a) bei einem Spulenkörper aus Holz,

b) bei einem Spulenkörper aus Eisen (Dynamoblech, siehe Anhang).

Lösung: Die Feldlinien verlaufen innerhalb der Windungen im Spulenkörper. Außerhalb der Spule (innerhalb und außerhalb des „Spulenfensters") ist die Feldstärke praktisch Null, innerhalb des Spulenkörpers aber nicht konstant, da der innere Spulenradius kleiner ist als der äußere. Für die Rechnung genügt es, mit dem mittleren Durchmesser (mittlere Feldlinie) zu rechnen. Es ist dann nach Gl. (4.1.14)

$$H = \frac{IN}{\pi D} = \frac{1{,}2 \cdot 900}{\pi \cdot 12} \frac{\text{A}}{\text{cm}} \approx 28{,}6 \frac{\text{A}}{\text{cm}}.$$

Die Durchflutung, also die gesamte Amperewindungszahl wird $\Theta = IN = 1080$ A

a) Spulenkörper aus Holz, $\mu_r = 1$, $\mu = \mu_0$.

Der Betrag der mittleren Flußdichte wird nach Gl. (4.1.8)

$$B = \mu_0 H = 0{,}4\pi \cdot 10^{-8} \frac{\Omega\text{s}}{\text{cm}} \cdot 28{,}6 \frac{\text{A}}{\text{cm}} = 35{,}9 \cdot 10^{-4} \frac{\text{Wb}}{\text{m}^2} \approx 3{,}6\ \text{mT}.$$

Somit

$$\Phi = BA = 35{,}9 \cdot 10^{-4} \frac{\text{Wb}}{\text{m}^2} \cdot 4\ \text{cm}^2 = 143{,}6 \cdot 10^{-8}\ \text{Wb}.$$

b) Spulenkörper aus Dynamoblech.
Die Feldstärke ist die gleiche geblieben. Aus der Magnetisierungskurve für Dynamoblech, Kurve *a*, entnimmt man für $H = 28{,}6$ A/cm:

$$B = 1{,}52\ \text{T} = 1{,}52 \frac{\text{Wb}}{\text{m}^2}.$$

Damit wird der magnetische Fluß

$$\Phi = BA = 1{,}52 \cdot 10^{-4} \frac{\text{Wb}}{\text{cm}^2} \cdot 4\ \text{cm}^2 = 0{,}608 \cdot 10^{-3}\ \text{Wb}.$$

Durch eine Verdoppelung des Stromes wird auch der Betrag der Feldstärke auf $H = 57{,}2$ A/cm verdoppelt. Bei einem Spulenkörper aus Holz erhält man dann auch einen doppelten Wert der Flußdichte. Bei einem Spulenkörper aus Dynamoblech ergibt die Magnetisierungskurve, Kurve *b*, im Anhang für $H = 57{,}2$ A/cm, $B = 1{,}66$ T. Die Flußdichte hat sich demnach durch die Stromverdoppelung nur um etwa 9 % erhöht. Infolge der Krümmung der Magnetisierungskurve bewirkt selbst eine große Zunahme der Feldstärke, also des erregenden Stromes, bei starker Magnetisierung nur noch eine geringe Erhöhung der Flußdichte.

Beispiel 4.9. Im ringförmigen Spulenkörper aus Dynamoblech des vorigen Beispiels soll ein Fluß von $\Phi = 0{,}52 \cdot 10^{-3}$ Wb erzeugt werden. Gesucht ist die hierfür erforderliche Amperewindungszahl (Durchflutung Θ).

Lösung: Da Fluß Φ und Querschnitt A bekannt sind, ist die erforderliche Flußdichte

$$B = \frac{\Phi}{A} = \frac{0{,}52 \cdot 10^{-3}}{4} \frac{\text{Wb}}{\text{cm}^2} = 1{,}3 \frac{\text{Wb}}{\text{m}^2}.$$

Dafür erhält man aus Kurve *a* im Anhang für Dynamoblech: $H = 10{,}4$ A/cm oder die erforderliche Durchflutung nach Gl. (4.1.7)

$$\Theta = Hl = H\pi D = 10{,}4 \frac{\text{A}}{\text{cm}} \cdot \pi \cdot 12\ \text{cm} \approx 392\ \text{A}.$$

Man beachte, daß demgegenüber die angenähert dreifache Durchflutung im vorigen Beispiel nur eine Erhöhung der Flußdichte von etwa 15 % gebracht hatte.

4.2 Der magnetische Kreis

4.2.1 Durchflutung, Durchflutungsgesetz. Flußdichtelinien (B-Linien) verlaufen nach Gl. (4.1.6a) stets in sich geschlossen, das bedeutet, daß der magnetische Fluß Φ immer in geschlossenen Bahnen auftritt. In Analogie zum elektrischen Stromkreis spricht man von einem *magnetischen Kreis*, in dem der magnetische Fluß durch die *Durchflutung* Θ, das ist die Gesamtheit der im Kreise wirksamen Amperewindungen IN, hervorgerufen wird. Die *magnetische Spannung* V zwischen zwei Punkten ist dann derjenige Anteil der gesamten Amperewindungen, der auf den Weg längs des magnetischen Kreises zwischen den betrachteten beiden Punkten entfällt.

Die magnetische Spannung wird ebenso wie die Durchflutung in Ampere (A) oder genauer in Amperewindungen (AW) angegeben. Wegen Gl. (4.1.7) ergibt dabei ein Umlauf im magnetischen Kreis

$$\Theta = V_1 + V_2 + V_3 + \ldots = IN = Hl$$

Die magnetische Spannung zwischen zwei Punkten (1) und (2) längs eines Wegabschnittes ist demnach allgemein

$$V_{12} = \int_1^2 \boldsymbol{H}\, \mathrm{d}\boldsymbol{s} = \int_1^2 H \cos\alpha\, \mathrm{d}s. \qquad (4.2.1)$$

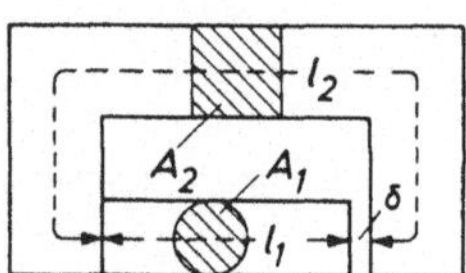

Bild 4.2.1
Magnetischer Kreis mit mehreren Abschnitten

Im homogenen Feld wird daraus bei $\alpha = 0°$

$$V = Hl = IN, \qquad (4.2.1a)$$

wobei IN der auf den betrachteten Weg entfallende Anteil der Amperewindungen ist. Fallen wie in Bild 4.2.1 Feldlinien- und Wegrichtung in den einzelnen Teilabschnitten der Länge l_ν eines magnetischen Kreises zusammen und kann die Feldstärke H_ν längs jedes Teilabschnittes als konstant betrachtet werden, so erhält man analog zur Maschenregel im elektrischen Stromkreis für einen *geschlossenen* Umlauf

$$\boxed{\Theta = H_1 l_1 + H_2 l_2 + H_3 l_3 + \ldots = \sum_{\nu=1}^{n} H_\nu l_\nu = IN} \qquad (4.2.2)$$

In jedem magnetischen Kreis ist die Summe der magnetischen Spannungen (Umlaufspannung) gleich der Durchflutung, die benötigt wird, um den Fluß durch den magnetischen Kreis zu treiben.

Das ist die Aussage des *Durchflutungsgesetzes:*

Die Durchflutung ist gleich der magnetischen Spannung auf *geschlossenem* Wege, also gleich der magnetischen *Umlaufspannung.*

In allgemeiner Form lautet das Durchflutungsgesetz, wenn man das Linienintegral auf *geschlossenem* Wege einführt,

$$\boxed{\oint \boldsymbol{H}\, \mathrm{d}\boldsymbol{s} = \oint H \cos\alpha\, \mathrm{d}s = \Theta} \qquad (4.2.2a)$$

wobei α der Winkel zwischen Wegrichtung und Feldlinienrichtung ist.

Das Linienintegral der magnetischen Feldstärke auf *geschlossenem* Wege ist gleich der Durchflutung durch die vom Weg umrandete Fläche, also gleich den vom Weg umschlossenen Amperewindungen IN.

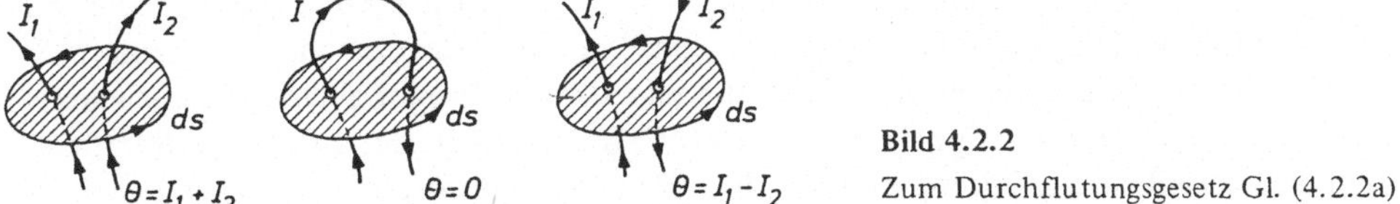

Bild 4.2.2
Zum Durchflutungsgesetz Gl. (4.2.2a)

Diese Aussage erläutert Bild 4.2.2. Ist dabei die Feldstärke H längs des betrachteten geschlossenen Weges konstant und $\alpha = 0°$, so erhält man Gl. (4.1.7) als Sonderfall des Durchflutungsgesetzes.

Handelt es sich um eine Vektorröhre der Länge l (Länge des magnetischen Weges) mit dem mittleren Querschnitt A und dem magnetischen Fluß Φ, so erhält man aus

$$\Phi l = \mu INA = \mu AHl = \mu A V$$

das *Ohmsche Gesetz* des magnetischen Kreises

$$\Phi = \mu \frac{INA}{l} = \frac{V}{R_m}, \quad V = \Phi R_m, \tag{4.2.3}$$

wobei der magnetische Widerstand

$$R_m = \frac{l}{\mu A} = \frac{1}{\Lambda} \tag{4.2.4}$$

und sein Kehrwert der magnetische Leitwert Λ ist. Der magnetische Widerstand hat wegen Gl. (4.1.10) und Gl. (4.1.11) die Einheit $1/\mathrm{H} = \mathrm{Ss}^{-1}$.

Setzt sich der magnetische Widerstand eines magnetischen Kreises aus dem Widerstand eines Eisenweges R_{mF} und eines Luftspaltes R_{mL} zusammen, so ist wegen der großen Permeabilität des Eisens $R_{mF} < R_{mL}$. Auf den Eisenweg entfällt daher auch eine entsprechend kleine magnetische Spannung $V_F = \Phi R_{mF}$. Beim Vorhandensein eines Luftspaltes gilt daher im allgemeinen

Der Hauptteil der Durchflutung (Amperewindungen) eines magnetischen Kreises mit Luftspalt dient dazu, den magnetischen Fluß durch den Luftspalt zu „treiben".

Bei hinreichend großem Luftspalt kann im allgemeinen für Überschlagsrechnungen der Eisenweg (magnetischer Widerstand des Eisens) vernachlässigt werden.

4.2.2 Streuung an Grenzflächen. Der magnetische Fluß versucht sich weitgehend in Eisen zu schließen, da dort infolge hoher Permeabilität (magnetischer Leitfähigkeit) ein geringer magnetischer Widerstand vorhanden ist. Andere, den Eisenweg umgebende, nichtferromagnetische Medien wie etwa Luft sind aber ebenfalls magnetische Leiter, wenn auch mit wesentlich geringerer magnetischer Leitfähigkeit (Permeabilität) als Eisen; sie bilden für den magnetischen Fluß einen magnetischen Nebenschluß zum Eisenweg. Einige Feldlinien werden sich somit als sogenannte *Streulinien* nach Bild 4.2.3 im Luftraum schließen. In einem Luftspalt versuchen die Feldlinien ferner durch Auseinanderstreben den Luftspaltquerschnitt zu vergrößern, um seinen magnetischen Widerstand zu verkleinern.

Der durch die Streulinien repräsentierte magnetische Fluß ist der *Streufluß* Φ_σ. Man versteht darunter denjenigen Teil des Gesamtflusses Φ_{ges}, der teilweise oder ganz außerhalb des betrachteten magnetischen Kreises (Nutzkreises) verläuft oder auch nicht mit allen Windungen der Erregerwicklung verkettet ist (vgl. Bild 4.1.4c). Der als *Nutzfluß* verbleibende Flußanteil ist die Differenz $\Phi_{ges} - \Phi_\sigma$. Die Größe der Streuung hängt stark von der geometrischen Form des magnetischen Kreises ab; außerdem wächst die Streuung mit zunehmender Eisensättigung, da dann das Verhältnis der Permeabilitäten in Eisen und Luft abnimmt. Enthält der magnetische Kreis keine Eisenwege, so ist die Streuung besonders groß. Das Verhältnis

$$\sigma = \frac{\Phi_\sigma}{\Phi_{ges}} = \frac{\Phi_\sigma}{\Phi + \Phi_\sigma} \tag{4.2.5}$$

ist der *Streufaktor* (Kap. 4.3.3).

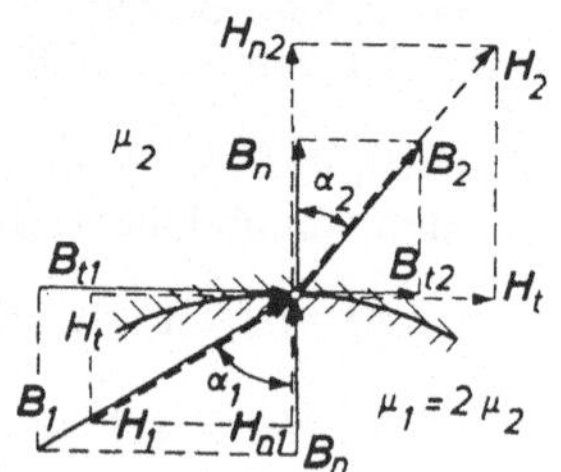

Bild 4.2.4
Die magnetischen Feldvektoren an stromlosen Grenzflächen

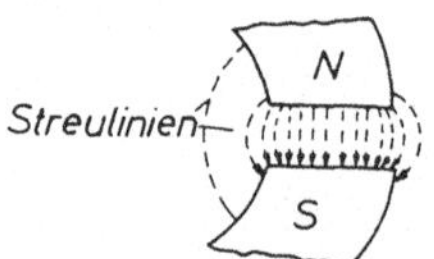

Bild 4.2.3
Streuung am Luftspalt

Wie auch aus Bild 4.2.3 zu erkennen ist, erfolgt beim Übergang des Flusses aus Eisen in Luft oder allgemein in Grenzflächen zweier Medien verschiedener Permeabilität eine Brechung der Feldlinien. Dabei muß an der Trennfläche nach Gl. (4.1.6) ebensoviel Fluß aus Medium (1) austreten, wie in Medium (2) eintritt. Bei einer Trennfläche *senkrecht* zu den Feldlinien müssen demnach die B-Linien ungehindert durch die Trennfläche hindurchtreten. Die Flußdichte auf beiden Seiten der Trennfläche hat dann nur eine Normalkomponente $B_n = \Phi/A$ und $B_{n1} = B_{n2}$. Bei einer Trennfläche *parallel* zu den Feldlinien muß dagegen das Linienintegral der magnetischen Feldstärke längs eines die Grenzfläche auf beiden Seiten eng tangierenden und geschlossenen Weges nach Gl. (4.2.2a) verschwinden, sofern in der Grenzschicht *kein* Strom fließt, da dann $\Theta = 0$. Die magnetische Spannung zwischen zwei Punkten auf einem die stromlose Grenzfläche eng tangierenden Weg l muß auf beiden Seiten der Trennschicht gleich sein. Somit ist $H_1 l = H_2 l$ oder $H_{t1} = H_{t2}$, da die magnetische Feldstärke im vorliegenden Fall nur eine tangentiale Komponente hat. Treffen die Feldvektoren unter einem beliebigen Winkel auf eine Trennfläche zwischen zwei Medien (1) und (2) mit verschiedenen Permeabilitäten μ_1 und μ_2, so teilt man beide Feldvektoren nach Bild 4.2.4 in je eine Normalkomponente (Index n) senkrecht zur Trennfläche und in je eine Tangentialkomponente (Index t) parallel zur Trennfläche auf. Fließt kein Strom in der Grenzschicht, so ist dann

$$\boxed{B_{n1} = B_{n2}} \qquad \boxed{H_{t1} = H_{t2}} \tag{4.2.6}$$

und wegen Gl. (4.1.8)

$$B_{t1}/B_{t2} = \mu_1/\mu_2, \qquad H_{n1}/H_{n2} = \mu_2/\mu_1. \tag{4.2.7}$$

Im magnetischen Feld gehen an Grenzflächen mit verschiedener Permeabilität die Normalkomponenten der magnetischen Flußdichte und sofern keine Ströme in den Grenzflächen fließen, die Tangentialkomponenten der magnetischen Feldstärke stetig ineinander über.

Für den Brechungswinkel α entnimmt man aus Bild 4.2.4

$$\tan\alpha_1 = B_{t1}/B_n, \qquad \tan\alpha_2 = B_{t2}/B_n,$$

so daß

$$\tan\alpha_1/\tan\alpha_2 = \mu_1/\mu_2.$$

An einer Trennfläche Eisen (1) und Luft (2) ist daher wegen $\mu_1 \gg \mu_2$ die Tangentialkomponente der Flußdichte in der Luft sehr klein, so daß α im allgemeinen vernachlässigbar klein wird. Die Feldlinien treten daher nahezu senkrecht aus Eisen in Luft, und im Luftspalt eines Eisenkerns ist die Anzahl der B-Linien, die das Eisen verlassen, gleich der Anzahl der in Luft eintretenden B-Linien; dagegen entspringen und münden im Luftspalt an der Eisenfläche neue H-Linien, die im Eisen keine Fortsetzung finden.

4.2.3 Erregerwicklung und Wicklungsdaten. Zur Ermittlung von Windungszahl N und Drahtquerschnitt A der Erregerwicklung sind die berechnete Durchflutung $\Theta = IN$ und in der Regel die Spannung U gegeben, für welche die Wicklung ausgelegt werden soll. Bedeuten A_w der zur Verfügung stehende Wicklungsquerschnitt (Wicklungsfläche), l_m die mittlere Windungslänge und ζ der Kupferfüllfaktor ($\zeta < 1$), der berücksichtigt, daß A_w nicht vollkommen mit Kupfer der Leitfähigkeit κ ausgefüllt wird, so ist zunächst

$$AN = \zeta A_w, \quad R = \frac{UN}{\Theta} = \frac{N^2 l_m}{\kappa \zeta A_w}.$$

Daraus die Windungszahl N

$$\boxed{N = U \frac{\kappa \zeta A_w}{l_m \Theta} = \frac{\zeta A_w}{A}} \tag{4.2.8}$$

und der Drahtquerschnitt A

$$\boxed{A = \frac{\zeta A_w}{N} = \frac{l_m \Theta}{\kappa U}} \tag{4.2.9}$$

Schließlich werden die Kupferverluste (Stromwärmeverluste)

$$P_{Cu} = I^2 R = \frac{\Theta U}{N}. \tag{4.2.10}$$

Bem.: In vielen Fällen ist es zweckmäßiger, nicht mit dem Kupferfüllfaktor zu rechnen, sondern die erforderlichen Windungen pro cm^2 Wicklungsquerschnitt zu ermitteln ($W = N/A_w$). Aus Tabellen (siehe Anhang) kann dann direkt der erforderliche Drahtdurchmesser und Widerstand pro Meter Länge entnommen werden.

Die Kupferverluste haben eine Erwärmung der Wicklung zur Folge. Die Wärme wird durch die Wicklungsoberfläche und durch die Oberfläche des Eisenkörpers abgeführt. Ist A_0 die gesamte wärmeableitende Oberfläche von Wicklung und Eisenkörper und λ die sogenannte Wärmeübergangszahl, so wird die Übertemperatur (Erwärmung)

$$\vartheta_{ü} = \frac{P_{\mathrm{Cu}}}{A_0\,\lambda}\,. \tag{4.2.11}$$

Die Höhe der erreichbaren Durchflutung ist in erster Linie durch die Erwärmung der Wicklung begrenzt.

4.2.4 Berechnung magnetischer Kreise. Um große Flußwerte zu erhalten ist der magnetische Kreis ganz oder teilweise eisengeschlossen. Das Eisenpaket als Träger des Spulenkörpers mit der Erregerwicklung kann in seinen Abschnitten verschiedene Querschnitte haben und wird meist aus in Flußrichtung geschichteten Blechen zusammengesetzt, die gegeneinander durch eine Zunder- oder Oxidschicht, Lacküberzug oder Papierzwischenlagen elektrisch isoliert sind (Kap. 12.2.1). Infolge dieser Isolierung sind effektive Höhe und effektiver Eisenquerschnitt A_e kleiner als Höhe und Querschnitt A des Eisenpakets. Das Verhältnis

$$\zeta_{\mathrm{e}} = A_e/A \tag{4.2.12}$$

ist der *Eisenfüllfaktor.*

Für technische Berechnungen wird der magnetische Kreis in Abschnitte aufgeteilt, für die B und H angenähert als konstant betrachtet werden können. Ausgehend von der Kontinuität des magnetischen Flusses werden dann Flußdichte und Feldstärke abschnittsweise berechnet unter Anwenden des Durchflutungsgesetzes in der Form Gl. (4.2.2).

> Bei der Berechnung magnetischer Kreise gehe man davon aus, daß der magnetische Fluß in allen Querschnitten gleich sein muß (soweit der Streufluß unbeachtet bleibt).

Als Umlaufweg wird eine mittlere Feldlinie mit idealisiertem Verlauf gewählt. Gelegentlich kann auch mit dem magnetischen Widerstand der einzelnen Abschnitte gerechnet werden.

Der magnetische Widerstand ist nur sehr begrenzt und auch nur in homogenen Feldern berechenbar, schon weil l und A oft nicht definierbar sind und beim Vorhandensein von Eisen auch μ örtlich sehr verschiedene Werte haben kann. Bei hinreichend langen Zylinderspulen kann dagegen näherungsweise der magnetische Widerstand im Raum außerhalb der Spule vernachlässigt werden, da der magnetische Fluß dort einen beliebig großen Querschnitt zur Verfügung hat. Angenähert kann dann in Gl. (4.2.3) für A der Spulenquerschnitt, für l die Spulenlänge und $V = \Theta$ gesetzt werden.

Die Berücksichtigung der stets vorhandenen Streuung erfolgt ebenfalls angenähert, sofern sie nicht ganz vernachlässigt werden darf. Entweder man rechnet mit einem entsprechend vergrößert angenommenen Luftspalt-Querschnitt, was bei größeren Luftspalten in jedem Fall notwendig ist (vgl. Bild 4.2.3), oder die Durchflutung Θ wird um einen geschätzten Anteil zur Deckung der Streuung erhöht. In Fällen, in denen die Kenntnis der Größe des Streuflusses notwendig ist, wie beispielsweise im Elektromaschinenbau, können im allgemeinen alle Eisenwege vernachlässigt werden.

Für einen vorgegebenen magnetischen Kreis handelt es sich grundsätzlich um folgende Aufgabenstellung:

1. Gesucht der magnetische Fluß bei vorgegebener Durchflutung.
2. Gesucht die erforderliche Durchflutung für einen verlangten magnetischen Fluß.

Der erste Fall hat weniger praktische Bedeutung. Wegen der nichtlinearen Magnetisierungskurve des Eisens ist eine solche Aufgabe nur unter oft sehr vereinfachenden Annahmen, beispielsweise μ = const., oder sonst nur auf graphischem Wege zu lösen, wie das folgende Beispiel erläutert.

Beispiel 4.10. Der ringförmige Spulenkörper aus Dynamoblech, Beispiel 4.8, hat einen Luftspalt $\delta = 2$ mm. $D = 12$ cm, $A = 4\ \text{cm}^2$ und $N = 1000$ Wdg. Der Strom beträgt $I = 2{,}47$ A. Gesucht ist der magnetische Fluß Φ, wenn die Streuung im Luftspalt vernachlässigt wird.

Lösung: Kennzeichnet Index F die Größen im Eisen und Index L die Größen im Luftspalt, so wird die Durchflutung nach Gl. (4.2.2)

$$\Theta = \Sigma H l = H_F l_F + H_L l_L = IN = 2470\ \text{A}.$$

H_F und H_L sind unbekannte Größen. Die Aufgabe kann in dieser Form nur durch Probieren gelöst werden, indem man für Φ verschiedene Werte annimmt. Trägt man Φ in Abhängigkeit von der zugehörigen Durchflutung graphisch auf, so kann der gesuchte magnetische Fluß durch Interpolation gefunden werden. Um einen Anhaltspunkt zu haben, wird der Eisenweg vorerst vernachlässigt. Es ist dann

$$B = B_L = \mu_0 H_L = \frac{\mu_0 \Theta}{\delta} = 1{,}55\ \frac{\text{Wb}}{\text{m}^2} = 1{,}55\ \text{T}.$$

Dieser Wert ist mit Sicherheit zu groß, da er nur den magnetischen Widerstand des Luftspaltes berücksichtigt. Es sollen daher mindestens zwei verschiedene Werte $B_1 = 1{,}35$ T und $B_2 = 1{,}25$ T angenommen werden. Dann ist

$$\Phi = BA, \quad H_L l_L = B\,\delta/\mu_0, \quad H_F l_F \approx H_F \pi D.$$

H_F wird der Magnetisierungskurve im Anhang entnommen. Die Berechnung erfolgt in Tabellenform.

	B T	Φ Wb	$H_L l_L$ A	H_F A/cm	$H_F l_F$ A	Θ A
1	1,35	$0{,}54 \cdot 10^{-3}$	2 150	12,3	460	2 610
2	1,25	$0{,}50 \cdot 10^{-3}$	1 990	9,0	377	2 327

Der Wert Θ_1 ist noch zu groß, der Wert Θ_2 ist zu klein.

Die Flüsse Φ_1 und Φ_2 in Abhängigkeit von Θ graphisch aufgetragen, ergibt die Punkte P_1 und P_2 in Bild 4.2.5. Durch lineare Interpolation erhält man für den Punkt P mit $\Theta = 2470$ A den gesuchten magnetischen Fluß $\Theta \approx 0{,}52 \cdot 10^{-3}$ Wb.

Allgemein ergibt $\Phi = f(\Theta)$ eine leicht gekrümmte Magnetisierungskurve. Man rechnet daher genauer, wenn man in Bild 4.2.5 mehrere Punkte ermittelt. Vgl. auch die Ermittlung der Durchflutung aus Bild 4.3.10 in Kap. 4.3.2.

Meist liegt die zweite Aufgabenstellung vor. Verlangt wird dabei ein bestimmter Flußwert beispielsweise in einem Luftspalt, woraus sich wegen der Kontinuität des magnetischen Flusses die Flußdichtewerte in den einzelnen Abschnitten berechnen lassen und die zugehörigen Feldstärkewerte aus der Magnetisierungskurve entnommen werden können. In einfachen Fällen kann die gesuchte Durchflutung unmittelbar mit Hilfe des Durchflutungsgesetzes Gl. (4.2.2) berechnet werden, wie die beiden folgenden Beispiele zeigen.

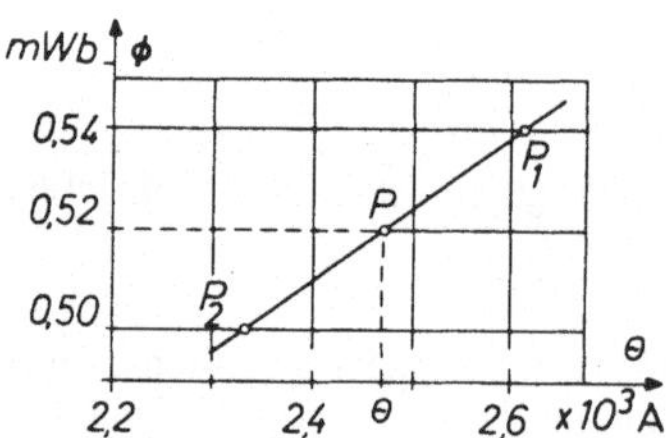

Bild 4.2.5
Zu Beispiel 4.10

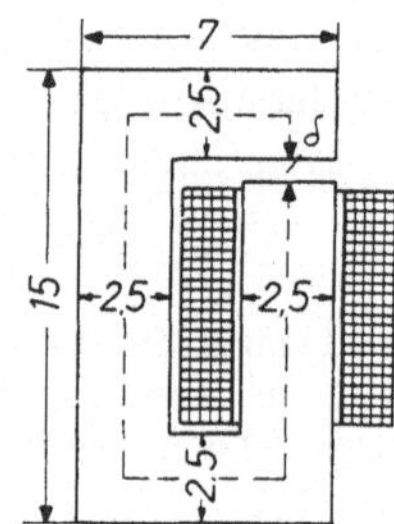

Bild 4.2.6
Blechschnitt und Wicklungsanordnung, Beispiel 4.11. Abmessungen in cm

Beispiel 4.11. Der Eisenkern einer Drosselspule ist aus geschichteten Blechen (Dynamoblech) zusammengesetzt, die gegeneinander durch eine Papierzwischenlage elektrisch isoliert sind. Den Blechschnitt und die Anordnung der Wicklung zeigt Bild 4.2.6. Höhe des Blechpaketes 5,88 cm, Eisenfüllfaktor 85 %. Gesucht ist die erforderliche Amperewindungszahl (Durchflutung Θ) bei einem Luftspalt $\delta = 1$ mm, wenn der Fluß $\Phi = 0{,}625 \cdot 10^{-3}$ Wb betragen soll. Zur Berücksichtigung der Streuung soll im Luftspalt mit einem Querschnitt $A_L = 1{,}1\, A_e$ gerechnet werden, wobei A_e der effektive (wirksame) Eisenquerschnitt ist.

Lösung: Effektiver Eisenquerschnitt nach Bild 4.2.6 und Luftspaltquerschnitt

$$A_e = 0{,}85 \cdot 5{,}88 \cdot 2{,}5 \text{ cm}^2 = 12{,}5 \text{ cm}^2 \qquad A_L = 1{,}1 \cdot A_e = 13{,}75 \text{ cm}^2.$$

Damit wird die Flußdichte im Eisen und im Luftspalt

$$B_F = \frac{\Phi}{A_e} = 0{,}4 \text{ T}, \qquad B_L = \frac{\Phi}{A_L} \approx 0{,}46 \text{ T}.$$

Der Luftweg ist $l_L = \delta = 0{,}1$ cm, der Eisenweg ist nach Bild 4.2.6 bei Vernachlässigung von δ

$$l_F = 2\,[(15 - 2{,}5) + (7 - 2{,}5)] \text{ cm} = 34 \text{ cm}.$$

Die Feldstärke im Eisen beträgt aus Kurve *a* im Anhang für Dynamoblech bei $B = 0{,}5$ T: $H_F = 1{,}9$ A/cm und die Feldstärke im Luftspalt nach Gl. (4.1.8) $H_L = B_L/\mu_0 = 3\,620$ A/cm. Damit wird die erforderliche Durchflutung nach Gl. (4.2.2)

$$\Theta = \Sigma H l = H_F l_F + H_L\, l_L = 64 \text{ A} + 362 \text{ A} = 426 \text{ A}.$$

Infolge der hohen Permeabilität des Eisens gegenüber Luft sind für den Eisenweg von 34 cm Länge 64 A aufzubringen, gegenüber 362 A für einen Luftweg von nur 1 mm. Man beachte auch die verschiedenen Feldstärkewerte in Eisen und Luft.

Beispiel 4.12. Die beiden Schenkel des Elektromagneten (Bild 4.2.7) haben Kreisquerschnitt, Joch und Anker quadratischen Querschnitt. Bei angezogenem Anker soll der Fluß im Gesamtkreis $\Phi = 1{,}55 \cdot 10^{-3}$ Wb betragen. Gesucht ist die erforderliche Durchflutung Θ, wenn bei angezogenem Anker ein verbleibender Luftspalt $\delta = 0{,}05$ mm angenommen wird. Die Streuung ist zu vernachlässigen.

Lösung: Die Berechnung erfolgt in Tabellenform. Querschnitte und Weglängen werden Bild 4.2.7 entnommen, der Luftweg ist 2 δ. Wegen Vernachlässigung der Streuung ist im Luftspalt und Schenkel der Querschnitt gleich anzunehmen. Die Flußdichte erhält man unter Berücksichtigung, daß der Fluß durch alle Querschnitte gleich ist. Schließlich werden die Feldstärkewerte für Schenkel, Joch und Anker zu den zugehörigen Werten der Flußdichte aus der Magnetisierungskurve im Anhang entnommen, während im Luftspalt $H_L = B_L/\mu_0$.

	A	l	B	H	Hl
	cm^2	cm	T	A/cm	A
Schenkel	19,6	14,0	0,79	3,7	51,8
Joch und Anker	25,0	24,0	0,62	2,6	62,4
Luftspalt	19,6	0,01	0,79	6300	63

Somit

$\Theta = (51{,}8 + 62{,}4 + 63)\ \text{A} \approx 177\ \text{A}.$

Bild 4.2.7
Elektromagnet zu Beispiel 4.12

Die formalen Analogien zwischen einem magnetischen Kreis und einem elektrischen Stromkreis ermöglichen es, elektrische Ersatzschaltbilder zur Berechnung magnetischer Kreise aufzustellen. Dabei entsprechen einander:

Durchflutung Θ	Quellenspannung U_q
Magn. Fluß Φ	Strom I
Magn. Widerstand R_m	Elektrischer Widerstand R
Magn. Spannung $V_\nu = H_\nu l_\nu$	Spannung U_ν.

Der Knoten- und Maschenregel des elektrischen Stromkreises entsprechen im magnetischen Kreis die Kontinuitätsgleichung Gl. (4.1.6) und das Durchflutungsgesetz Gl. (4.2.2) bzw. Gl. (4.2.2a), wobei aber die Nichtlinearität des magnetischen Kreises bei Anwesenheit ferromagnetischer Stoffe zu beachten ist, d. h. eine Überlagerung unzulässig ist.

Die Verwendung elektrischer Ersatzschaltbilder ist immer dann zweckmäßig, wenn es sich um verzweigte magnetische Kreise handelt. Ein Beispiel zeigt der magnetische Kreis Bild 4.2.8. Die Strombezugsrichtung in den Wicklungen bestimmt die Bezugsrichtung des magnetischen Flusses, nämlich in Schenkel (1) von unten nach oben und in den Schenkeln (2)

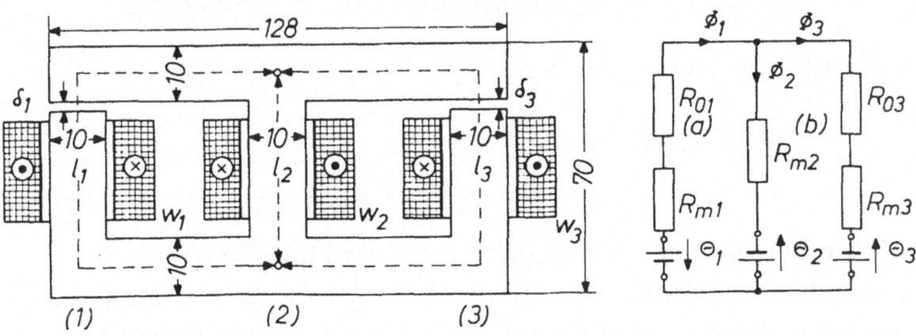

Bild 4.2.8. Magnetischer Kreis und elektrisches Ersatzschaltbild. Abmessungen in cm

und (3) von oben nach unten. Alle Eisenquerschnitte sind gleich, so daß eine Aufteilung in weitere Abschnitte nicht erforderlich ist. Im Ersatzschaltbild liegen an den magnetischen Widerständen R_{m1}, R_{m2} und R_{m3} die magnetischen Spannungen $H_1 l_1, H_2 l_2$ und $H_3 l_3$. An die Stelle der Luftspalte δ_1 und δ_3 treten die Widerstände R_{01} und R_{03} mit den magnetischen Spannungen $H_{01}\delta_1$ und $H_{03}\delta_3$. Dem Ersatzschaltbild entnimmt man für einen Knotenpunkt und für die beiden Maschen (a) und (b) die drei Gleichungen

1. $\Phi_1 = \Phi_2 + \Phi_3$
2. $\Theta_1 + \Theta_2 = H_1 l_1 + H_2 l_2 + H_{01}\delta_1$
3. $\Theta_3 - \Theta_2 = H_3 l_3 + H_{03}\delta_3 - H_2 l_2$.

Beispiel 4.13. Für den Eisenkörper Bild 4.2.8 soll die Flußdichte im Luftspalt δ_3 den Wert $B_{03} = 0{,}3$ T haben. Die effektive Eisenhöhe beträgt 5 cm. Die Windungszahlen der drei Wicklungen w_1, w_2 und w_3 sind $N_1 = 1\,000$ Wdg, $N_2 = N_3 = 500$ Wdg. Die Ströme sind $I_1 = I_2 = I_3 = I = 1$ A. Gesucht sind die magnetischen Flüsse Φ_1, Φ_2 und Φ_3 in den drei Schenkeln (1), (2) und (3) sowie die erforderliche Luftspaltlänge δ_1, bei $\delta_3 = 0{,}1$ mm. Die Streuung ist zu vernachlässigen. Magnetisierungskurve: Dynamoblech im Anhang.

Lösung: Zunächst entnimmt man Bild 4.2.8 die Weglängen $l_1 = l_3 = 178$ cm, $l_2 = 60$ cm. Effektiver Eisenquerschnitt von Joch und Schenkeln $A = 50\ \text{cm}^2$. Ferner ist $\Theta_1 = IN_1 = 1000$ A, $\Theta_2 = \Theta_3 = IN_2 = 500$ A. Für Schenkel (3) erhält man den magnetischen Fluß Θ_3 nach Gl. (4.1.3) wegen $B_3 = B_{03}$

$$\Phi_3 = B_3 A = 1{,}5 \cdot 10^{-3}\ \text{Wb}.$$

Ferner ist mit $B_3 = B_{03} = 0{,}3\ \text{T} = 0{,}3\ \text{Wb/m}^2$

$$H_{03} = B_3/\mu_0 = 2400\ \text{A/cm}, \qquad H_3 = 1\ \text{A/cm (aus Magnetisierungskurve)}.$$

Somit wegen $\Theta_2 = \Theta_3$ aus 3.

$$H_2 = \frac{H_3 l_3 + H_{03}\delta_3}{l_2} \approx 3{,}4\ \frac{\text{A}}{\text{cm}},$$

wofür man aus der Magnetisierungskurve, Kurve a, eine Flußdichte $B_2 \approx 0{,}73$ T entnimmt. Somit

$$\Phi_2 = B_2 A = 3{,}65 \cdot 10^{-3}\ \text{Wb}, \quad \Phi_1 = \Phi_2 + \Phi_3 = 5{,}15 \cdot 10^{-3}\ \text{Wb}$$

und

$$B_1 = \frac{\Phi_1}{A} = 1{,}03\ \text{T}, \quad H_1 = 6{,}2\ \frac{\text{A}}{\text{cm}}\ \text{(aus Magnetisierungskurve)}, \quad H_{01} = \frac{B_1}{\mu_0} \approx 8200\ \frac{\text{A}}{\text{cm}}$$

oder die erforderliche Luftspaltlänge aus 2

$$\delta_1 = \frac{\Theta_1 + \Theta_2 - (H_2 l_2 + H_1 l_1)}{H_{01}} \approx 0{,}23\ \text{mm}.$$

4.2.5 Dauermagnete und ihre Berechnung. Ein Dauermagnet wird durch Stromstoß magnetisiert. Die anschließende Entmagnetisierung erfolgt dann entlang des absteigenden Astes der Magnetisierungskurve, deren Verlauf allgemein als „Entmagnetisierungskurve“ des Magnetstahls bezeichnet wird (zweiter Quadrant der Hystereseschleife Bild 4.1.16).

Verlangt wird insbesondere eine hohe Koerzitivfeldstärke, da Dauermagnete nicht nur kräftig sein sollen, sondern ihren Magnetismus auch nicht leicht verlieren dürfen, z. B. durch Fremdfelder wie etwa das Erdfeld.

Wird der ganze magnetische Kreis des Dauermagneten, bestehend aus Magnetstahl, Eisenjoch und Luftspalt, durch eine vorübergehend aufgebrachte, stromdurchflossene Wicklung magnetisiert, so stellt sich ein bestimmter Gleichgewichtszustand ein, der etwa dem Punkt P in Bild 4.2.9 entspricht. Die innere Durchflutung des Magneten deckt dann gerade den Durchflutungsbedarf des ganzen magnetischen Kreises. Ist die Flußdichte nach der *alleinigen* Magnetisierung des Magnetstahles auf der Entmagnetisierungskurve etwa bis auf den Punkt P_1 zurückgegangen (größerer Luftweg als vorher, daher größerer Durchflutungsbedarf), so wird sie bei nachträglichem Schließen des magnetischen Kreises nicht wieder längs der ursprünglichen Entmagnetisierungskurve ansteigen, sondern infolge Hysterese auf einem tieferliegenden Ast, etwa $P_1 - B_1$ in Bild 4.2.9. Man erhält als Betriebspunkt nicht P, sondern P_2.

Zur angenäherten Berechnung eines Dauermagneten können im allgemeinen alle Abschnitte des magnetischen Kreises außer Luft- und Magnetstahlabschnitt vernachlässigt werden. Sind B_L und B die Beträge der Flußdichte, H_L und H die Beträge der Feldstärke im Luftspalt und Magnetstahl, ferner A_L und A Querschnitt, l_L und l Länge des Luftspaltes bzw. Magnetstahles, so ergibt das Durchflutungsgesetz wegen $I = 0$

$$H l + H_L l_L = 0 = H l + \frac{B_L}{\mu_0} l_L, \quad H = -\frac{B_L l_L}{\mu_0 l}. \tag{4.2.13}$$

Ferner wird unter Berücksichtigung der Streuung durch Einführung des Streufaktors $\sigma = \Phi_L/\Phi$, wobei $\sigma < 1$,

$$B_L A_L = \sigma B A, \qquad B_L = \sigma B A / A_L. \tag{4.2.14}$$

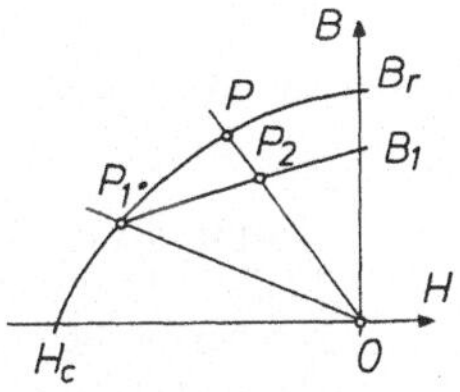

Daraus B_L in Gl. (4.2.13) eingesetzt, ergibt

$$H = -\sigma \frac{l_L A}{l A_L} \frac{B}{\mu_0} = -\eta \frac{B}{\mu_0}, \tag{4.2.15}$$

wobei

$$\eta = \sigma \frac{l_L A}{l A_L} \tag{4.2.16}$$

als „Entmagnetisierungsfaktor" bezeichnet wird.

Bild 4.2.9
Entmagnetisierungskurve eines Dauermagneten

Der Schnittpunkt der Geraden Gl. (4.2.15) mit der Magnetisierungskurve ergibt den Betriebspunkt P_1, P_2 oder P in Bild 4.2.9 mit den Werten H und B im Magneten, dessen Länge l und Querschnitt A nach Gl. (4.2.13) und Gl. (4.2.14)

$$l = \frac{B_L l_L}{\mu_0 H}, \qquad A = \frac{B_L A_L}{\sigma B} \tag{4.2.17}$$

betragen, wobei das negative Vorzeichen ($H\,l = -H_L\,l_L$) nicht berücksichtigt wird, da es lediglich die Entmagnetisierung kennzeichnet. Somit erhält man als Magnetvolumen

$$V = A\,l = \mu_0\,\frac{H_L^2\,A_L\,l_L}{\sigma\,B\,H}, \tag{4.2.18}$$

woraus man erkennt:

> Das Volumen des erregenden Magnetstahles wird ein Minimum, wenn man einen Magnetstahl bzw. eine solche Konstruktion wählt, daß das Produkt $B\,H$ ein Maximum wird.

Den diesem Produkt $(BH)_{max}$ entsprechenden Arbeitspunkt P_m findet man angenähert als Schnittpunkt der Kennlinie mit der Diagonalen des Rechtecks über B_r und H_c, wie Bild 4.2.10 zu entnehmen ist. Neben B_r und H_c wird das Produkt $(BH)_{max}$ für die Güte eines Magneten angegeben. Die dem Arbeitspunkt P_m entsprechenden Werte $H = H_m$ und $B = B_m$ sind der Konstruktion eines Dauermagneten zugrundezulegen.

Ist das Magnetstahlvolumen V gegeben, so wird die maximale Flußdichte im Luftspalt aus Gl. (4.2.18) mit Gl. (4.1.8)

$$\boxed{B_{L\,max} = \sqrt{\sigma\,\frac{V}{A_L\,l_L}\,\mu_0\,(B\,H)_{max}}} \tag{4.2.19}$$

Dieser Wert, in Gl. (4.2.17) eingesetzt, liefert den günstigsten Magnetquerschnitt bei gegebenem Magnetvolumen

$$\boxed{A = \sqrt{\frac{\mu_0\,H\,V\,A_L}{\sigma\,B\,l_L}}} \tag{4.2.20}$$

wobei für B und H wieder die $(B\,H)_{max}$ entsprechenden Werte einzusetzen sind.

Beispiel 4.14. Für einen Lautsprechermagneten mit den vorgeschriebenen Abmessungen nach Bild 4.2.11 (die Weicheisenteile sind nicht schraffiert gezeichnet, ihr magnetischer Widerstand soll bei der Berechnung vernachlässigt werden) stehen zwei verschiedene Magnetmaterialien zur Verfügung: Al-Ni-Co mit $B_r = 0{,}95$ T, $H_c = 60$ A/cm und Bariumferrit mit $B_r = 0{,}40$ T,

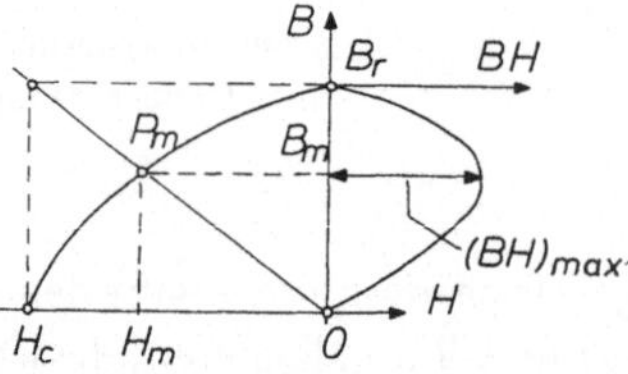

Bild 4.2.10
Ermittlung des günstigsten Arbeitspunktes P_m

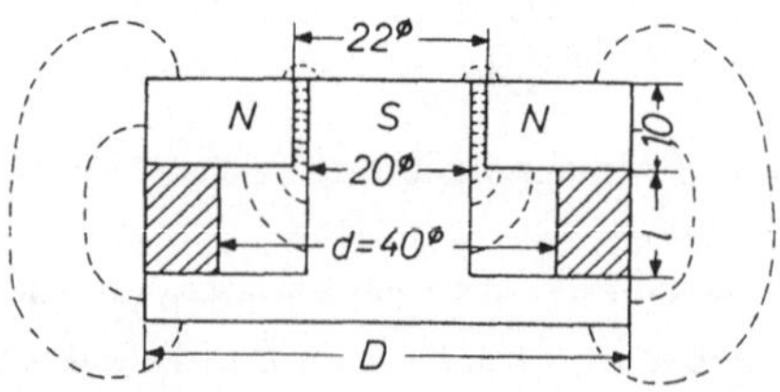

Bild 4.2.11
Lautsprechermagnet, Beispiel 4.14, mit angedeuteten Streulinien, Maße in mm

H_c = 1600 A/cm. Aus der Entmagnetisierungskurve beider Stähle wurden folgende Werte für das Produkt $(BH)_{max}$ entnommen (s. Bild 4.2.10).

Al-Ni-Co: $(BH)_{max} = 2{,}84 \frac{\text{mWs}}{\text{cm}^3}$ mit $H_1 = 40 \frac{\text{A}}{\text{cm}}$, $B_1 = 0{,}71$ T.

Bariumferrit: $(BH)_{max} = 27{,}5 \frac{\text{mWs}}{\text{cm}^3}$ mit $H_2 = 1020 \frac{\text{A}}{\text{cm}}$, $B_2 = 0{,}27$ T.

Für beide Werkstoffe sind die Länge l und der äußere Durchmesser D des Ringmagneten zu berechnen, wenn die Flußdichte B_L im Luftspalt mindestens 0,65 T betragen soll und der Streufaktor mit $\sigma = 0{,}6$ angenommen wird.

Lösung: Aus Bild 4.2.11 entnimmt man

$$A_L = \pi \cdot 2{,}1 \cdot 1\ \text{cm}^2 \approx 6{,}6\ \text{cm}^2, \quad l_L = 0{,}1\ \text{cm}.$$

Damit nach Gl. (4.2.17)

$$l = \frac{B_L l_L}{\mu_0 H} = 517\ \text{A} \cdot \frac{1}{H}, \quad A = \frac{B_L A_L}{\sigma B} = 7{,}15\ \text{T} \cdot \text{cm}^2 \cdot \frac{1}{B}$$

oder die Werte für B und H eingesetzt, ergibt

für Al-Ni-Co: $l_1 = 12{,}9$ cm, $A_1 = 10{,}1\ \text{cm}^2$,
für Bariumferrit: $l_2 = 0{,}5$ cm, $A_2 = 26{,}5\ \text{cm}^2$,

was einen äußeren Durchmesser des Magneten von $D_1 = 5{,}4$ cm, $D_2 = 7{,}1$ cm ergibt.

Bei Verwendung von Al-Ni-Co wird der Ringmagnet unzulässig lang. Die Forderung einer Flußdichte von mindestens 0,65 T ist für dieses Magnetmaterial im vorliegenden Fall zu hoch, obgleich die Remanenz 0,95 T betrug. Dagegen kann bei Verwendung von Bariumferrit trotz einer Remanenz von nur 0,40 T die verlangte Flußdichte im Luftspalt erreicht werden.

Eine Erniedrigung der Remanenz des Magnetstahles bedeutet keinen Nachteil, vorausgesetzt, daß sie mit einer entsprechenden Erhöhung der Koerzitivfeldstärke verbunden ist.

4.3 Induktionsvorgang und Induktivität

4.3.1 Das Induktionsgesetz. Umschlingt eine relativ zum Beobachter ruhende und *geschlossene* Leiterschleife einen zeitlich veränderlichen magnetischen Fluß, so wirkt in der Leiterschleife während der Flußänderung eine elektrische Spannung, welche einen Strom in der Schleife zur Folge hat. Man nennt diese Erscheinung *Induktionsvorgang.* Die induzierte Spannung innerhalb der Leiterschleife ist abhängig:

1. Von der Änderungsgeschwindigkeit des von der Schleife umschlungenen Flusses (Windungsfluß Φ).
2. Von der Anzahl der Flußumschlingungen (Windungszahl N).

Der Strom in der Leiterschleife stellt sich stets so ein, daß der von ihm hervorgerufene Fluß Φ_i der die Spannung induzierenden zeitlichen Flußänderung $\mathrm{d}\Phi/\mathrm{d}t$ entgegenwirkt.

Bei einer Flußabnahme – $d\Phi$ versucht Φ_i den Fluß Φ nach Bild 4.3.1a zu verstärken, bei Flußzunahme + $d\Phi$ nach Bild 4.3.1b zu schwächen. In jedem Fall wirkt der vom Schleifenstrom i hervorgerufene Fluß Φ_i jeder Flußänderung $d\Phi/dt$ entgegen.

> Bei jedem Induktionsvorgang versuchen die entstehenden Spannungen und Ströme die die Induktion bewirkende Ursache aufzuhalten.

Das ist die Aussage des *Lenzschen Gesetzes.* Für den Augenblickswert der induzierten Spannung erhält man dabei als *Induktionsgesetz,* wenn $\Psi = N\Phi$ der gesamte mit N Windungen verkettete Fluß ist,

$$u_i = -N\frac{d\Phi}{dt} = -\frac{d\Psi}{dt} \tag{4.3.1}$$

> Die in einer geschlossenen Leiterschleife induzierte Spannung ist in jedem Augenblick gleich der zeitlichen Änderung des von der Leiterschleife umschlungenen magnetischen Flusses.

> Der durch eine induzierte Spannung hervorgerufene Strom wirkt stets der diese Spannung verursachenden Flußänderung entgegen und bildet mit dem abnehmenden Windungsfluß (Richtung der *abnehmenden* Flußdichte) eine Rechtsschraube (Bild 4.3.1a).

Die Abnahmegeschwindigkeit $-d\Phi/dt$ des umschlungenen Flusses nennt man auch magnetischen Schwund.

Auch im zeitlich konstanten Magnetfeld können Induktionserscheinungen auftreten. Wird nämlich ein Leiter, der sich mit der Länge l senkrecht zur Feldrichtung in einem homogenen konstanten Magnetfeld der Flußdichte B befindet, mit der Geschwindigkeit v relativ zum Beobachter (Voltmeter) beispielsweise als Leiterbügel a–d zwischen zwei Schienen nach Bild 4.3.2 bewegt, so umschließt die Leiterschleife a–b–c–d während der Bewegung des Leiterbügels einen zeitlich abnehmenden magnetischen Fluß. Während der Bewegung des Leiterbügels fließt daher in der Leiterschleife der eingezeichnete Strom i; er bildet mit dem von ihm umschlungenen ***abnehmenden*** Fluß eine Rechtsschraube. Ist A_0 die von der Gesamtschleife a–b–c–d umrandete Fläche zu Beginn der Betrachtung ($t = 0$), so ändert sich der von der Schleife umschlungene Fluß bei gleichförmiger Geschwindigkeit v des Leiterbügels gemäß

$$\Phi = B(A_0 - A(t)) = B(A_0 - vlt).$$

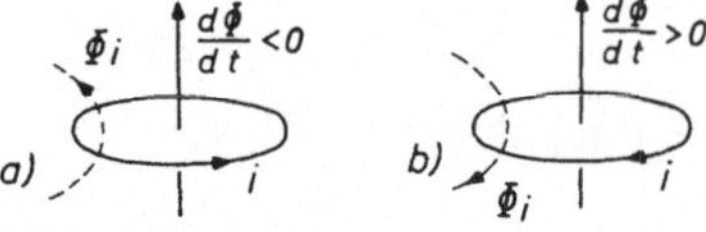

Bild 4.3.1
Zum Induktionsgesetz
a) Flußabnahme, b) Flußzunahme

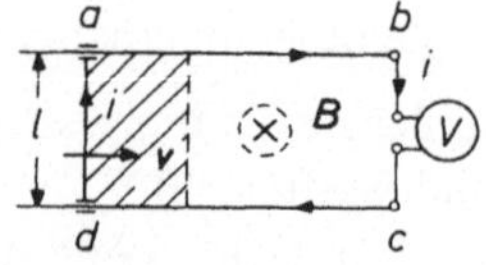

Bild 4.3.2
Bewegter Leiter im Magnetfeld

Mithin ist die in der Leiterschleife induzierte Spannung nach Gl. (4.3.1) $u_i = -\,\mathrm{d}\Phi/\mathrm{d}t = Bvl$. Bilden Geschwindigkeits- und Flußdichterichtung in Bild 4.3.2 den Winkel α und ist $\alpha = 0°$ so wird von der Leiterschleife kein Fluß umschlungen, da das Magnetfeld die Leiterschleife dann tangiert. Man erhält daher als zweite Form des Induktionsgesetzes für die induzierte Spannung in einem im zeitlich *konstanten* und homogenen Magnetfeld bewegten Leiter

$$\boxed{u = Bvl \sin\alpha} \tag{4.3.2}$$

so daß man in vektorieller Schreibweise erhält

$$u = (\boldsymbol{v} \times \boldsymbol{B})\, \boldsymbol{l}. \tag{4.3.2a}$$

Bewegungsrichtung und Feldrichtung bilden mit dem Richtungssinn des Stromes im Leiter stets ein Rechtssystem nach Bild 4.3.3.

|| v ist die Geschwindigkeit des Leiters *relativ zum Beobachter*, der auch die Flußdichte B mißt.

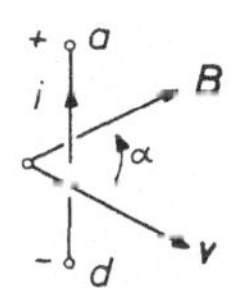

Bild 4.3.3
Richtungsregel zum Induktionsgesetz in Bild 4.3.2

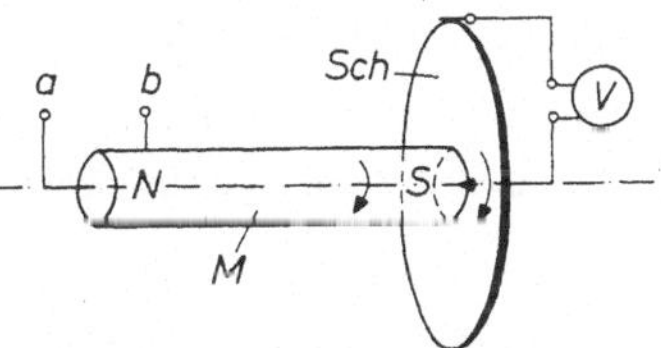

Bild 4.3.4
Induktionsversuch

Das über Schleifkontakte zwischen Scheibenrand und Scheibenmitte in Bild 4.3.4 angeschlossene ruhende Voltmeter wird beispielsweise nur dann eine Spannung anzeigen, wenn die Scheibe *Sch* rotiert. Ob dabei der rotationssymmetrisch magnetisierte Stabmagnet *M* ebenfalls um seine Achse rotiert oder nicht ist völlig gleichgültig und ohne Einfluß, da das magnetische Feld in der Umgebung des Magneten wegen der Rotationssymmetrie unverändert bleibt, auch wenn sich der Magnet um seine Achse dreht. Bei rotierendem Magneten kann allerdings an der Magnetoberfläche zwischen den Punkten *a* und *b* mit Hilfe von Schleifringen eine Spannung abgegriffen werden (Faradayscher Versuch).

Wie aus Gl. (4.3.2a) zu entnehmen ist, setzt Gl. (4.3.2) voraus, daß der bewegte Leiter mit der Flächennormale der aus Bewegungsrichtung und Flußdichterichtung gebildeten Fläche den Winkel $\beta = 0°$ bildet, anderenfalls ist die rechte Seite von Gl. (4.3.2) mit $\cos\beta$ zu multiplizieren. Auch beachte man, daß Gl. (4.3.2) nur für zeitlich *konstante* Flußdichte B gilt, denn nur dann ist mit $A = A_0 - vlt$

$$-\frac{\mathrm{d}\Phi}{\mathrm{d}t} = -\frac{\mathrm{d}(BA)}{\mathrm{d}t} = -B\,\frac{\mathrm{d}A}{\mathrm{d}t} = Bvl,$$

wogegen bei $B = B(t)$

$$\frac{\mathrm{d}\Phi}{\mathrm{d}t} = \frac{\mathrm{d}(BA)}{\mathrm{d}t} = B\,\frac{\mathrm{d}A}{\mathrm{d}t} + A\,\frac{\mathrm{d}B}{\mathrm{d}t}.$$

Ist beispielsweise $B = B_0 (1 + at)$, wächst B also linear mit der Zeit, so wird

$$-\frac{d\Phi}{dt} = B_0 (1 + at)\, vl - aB_0 (A_0 - vlt) = B_0 vl (1 + 2at) - aB_0 A_0,$$

wogegen

$$vBl = vlB_0 (1 + at).$$

Beide Formen des Induktionsgesetzes beschreiben keinen wesensverschiedenen Vorgang. Gl. (4.3.1) beschreibt aber den Induktionsvorgang in allgemeinerer Form, da die zeitliche Flußänderung $d\Psi/dt$ grundsätzlich bei unveränderter Leiterschleife durch eine zeitliche Änderung von Betrag und Richtung des Flußdichtevektors oder bei zeitlich konstanter Flußdichte durch Bewegen und gleichzeitige Deformation der Leiterschleife hervorgerufen werden kann. Den letzten Vorgang gibt Gl. (4.3.2) an. In allen Fällen kann der Induktionsvorgang in Leitern durch eine auf die Leitungselektronen ausgeübte Feldkraft gedeutet werden. *Induktion* in Leitern erfolgt dabei, wenn:

1. eine zeitliche Änderung der Flußdichte innerhalb einer *geschlossenen* Leiterschleife vom Beobachter festgestellt wird, wobei es eine Änderung von Betrag, Richtung oder Betrag und Richtung der Flußdichte sein kann;
2. ein Leiter im vom Beobachter gemessenen Magnetfeld (auch Eigenfeld) relativ zum Beobachter (Meßgerät) bewegt wird.

Vor einer Vorstellung „geschnittener Kraftlinien" im Zusammenhang mit dem Induktionsgesetz muß dringend gewarnt werden.

Von einem Feld kann sich nur seine Richtung oder seine Stärke (Richtung und Betrag des Feldvektors) ändern, von Verschiebungen der Kraftlinien oder von Relativgeschwindigkeiten derselben zu sprechen ist sinnlos, da die Angabe einer Geschwindigkeit nur bei materiellen Körpern physikalischen Sinn hat.

Im Zusammenhang mit Induktionsvorgängen vermeidet man zweckmäßig den Begriff der Kraftlinie, wenn auch dadurch in vielen Fällen ein anschauliches Bild des Feldes gewonnen werden kann, das aber wie alle Modellvorstellungen nur einen Teil der Vorgänge richtig darstellt. Die „Schnitttheorie" ergibt nur dann ein richtiges Ergebnis, wenn dabei eine Änderung des magnetischen Flusses innerhalb der vom Leiter umschlossenen Fläche eintritt. Die Nichtbeachtung dieser Tatsache machte die Bemühungen zahlreicher Erfinder zunichte, durch Reihenschaltung mehrerer Ankerleiter eine Gleichstrommaschine (Unipolarmaschine) ohne Schleifringe und Bürsten zu konstruieren.

Von grundlegender Bedeutung ist nun folgende Erfahrungstatsache:

Die Messung einer in einem Leiter im zeitlich veränderlichen Magnetfeld auftretenden Spannung erfordert stets die Bildung einer geschlossenen Leiterschleife.

Bildet der Leiter selbst keine geschlossene Schleife, so wird sie durch die Zuleitungen zum Meßinstrument gebildet. Auch in Bild 4.3.2 bildet der bewegte Leiterbügel nur einen Teil eines geschlossenen Leiterkreises.

Der eigentliche Vorgang der Induktion besteht im Auftreten *geschlossener elektrischer Feldlinien,* mit denen sich zeitlich veränderliche Magnetfelder umgeben. Eine Leiterschleife ermöglicht lediglich den Nachweis dieses Feldes, welches das veränderliche Magnetfeld gleichsam „umwirbelt“ und als *elektrisches* Wirbelfeld bezeichnet wird; die induzierte Spannung ist eine elektrische *Umlaufspannung* im geschlossenen Leiterkeis. Setzt man mit Gl. (3.1.1) wegen Gl. (2.1.3)

$$\boldsymbol{E}\,\mathrm{d}\boldsymbol{s} = \boldsymbol{F}\,\mathrm{d}\boldsymbol{s}/Q = \mathrm{d}W/Q = \mathrm{d}u,$$

so kann man dem Induktionsgesetz Gl. (4.3.1) die Form geben

$$\oint \boldsymbol{E}\,\mathrm{d}\boldsymbol{s} = -\frac{\mathrm{d}\Psi}{\mathrm{d}t} = -\frac{\mathrm{d}}{\mathrm{d}t}\int \boldsymbol{B}\,\mathrm{d}\boldsymbol{A} \tag{4.3.1a}$$

wodurch die induzierte Spannung als Umlaufspannung gekennzeichnet ist. Im Gegensatz

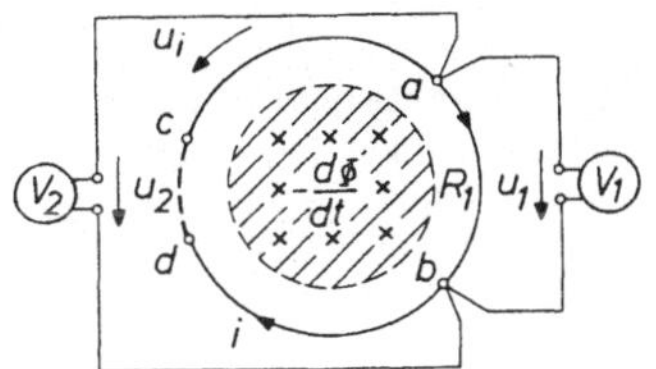

Bild 4.3.5
Spannungsmessung im elektrischen Wirbelfeld

zur Spannung zwischen zwei Punkten eines Gleichstromkreises nach Kap. 2.1, die vom Weg unabhängig ist, also auch von der Lage der Zuleitungen zum Meßgerät, verlangt die Messung einer Spannung im elektrischen Wirbelfeld stets die Betrachtung eines *geschlossenen* Weges, denn die Umlaufspannung ist vom Weg und damit auch von der Lage der Zuleitungen zum Meßgerät abhängig, da der vom Gesamtkreis umschlungene zeitlich veränderliche Fluß den Spannungswert in jedem Augenblick bestimmt.

Im Bild 4.3.5 umschlingt ein Drahtbügel vom Widerstand R ein zeitlich veränderliches Magnetfeld, z. B. in einem Eisenschenkel. Zwischen den Punkten a–b auf dem Leiterbügel soll die Spannung mit beiden Voltmetern V_1 und V_2 gemessen werden; ihre Anzeige ist u_1 und u_2.

a) Drahtbügel offen, c–d nicht verbunden, $i = 0$.

Im offenen Drahtbügel kann keine Spannung nachgewiesen werden, es wird kein Fluß von R_1 und den Zuleitungen zu V_1 umschlungen. Die Zuleitungen zu V_2 umschließen dagegen über a–R_1–b den gesamten Fluß. Daher ist

$$u_1 = 0$$

$$u_2 + u_\mathrm{i} = 0, \qquad u_2 = -u_\mathrm{i} = \frac{\mathrm{d}\Phi}{\mathrm{d}t}.$$

Diese Anzeige beider Voltmeter ist unabhängig von der Lage der Punkte a und b auf dem Drahtbügel.

b) Drahtbügel geschlossen, c–d verbunden.

Jetzt ist

$$-u_\mathrm{i} + iR = \frac{\mathrm{d}\Phi}{\mathrm{d}t} + iR = 0, \qquad i = -\frac{1}{R}\frac{\mathrm{d}\Phi}{\mathrm{d}t}$$

und daher

$$u_1 - iR_1 = u_1 + i(R - R_1) - u_\mathrm{i} = 0, \qquad u_1 = iR_1 = -\frac{\mathrm{d}\Phi}{\mathrm{d}t}\frac{R_1}{R}.$$

Umlauf von V_2 über $a-c-d-b$ ergibt

$$u_2 + i(R - R_1) = 0, \qquad u_2 = \frac{d\Phi}{dt}\left(1 - \frac{R_1}{R}\right).$$

Umlauf von V_2 über $a-R_1-b$ ergibt, da nun der gesamte Fluß umschlungen wird,

$$u_2 + u_i - iR_1 = 0, \qquad u_2 = \frac{d\Phi}{dt}\left(1 - \frac{R_1}{R}\right).$$

Beide Voltmeter zeigen daher in beiden Fällen zwischen den gleichen Punkten a und b verschiedene Spannungswerte an.

Beispiel 4.15. Eine Rechteckschleife nach Bild 4.3.6 rotiert mit der Drehzahl n im homogenen Magnetfeld der Flußdichte B. Gesucht ist die Größe der in der Leiterschleife induzierten Umlaufspannung, die an Schleifringen abgenommen werden soll.

Lösung: Aus der Richtungsregel Bild 4.3.3 folgt, daß nur die beiden Rechteckseiten l einen Spannungsbeitrag liefern; sie bilden mit der Feldrichtung einen rechten Winkel. Die Geschwindigkeit der Schleife ist $v = 2\pi nr = \omega r$, wobei lediglich die Horizontalkomponente $v \cdot \sin\alpha$ einzusetzen ist. Der Drehwinkel hat in jedem Augenblick den Wert $\alpha = at$.

Für $\alpha = 2\pi$ ist $t = 1/n$ und daher

$$2\pi = a/n, \qquad a = 2\pi n = \omega, \qquad \alpha = \omega t$$

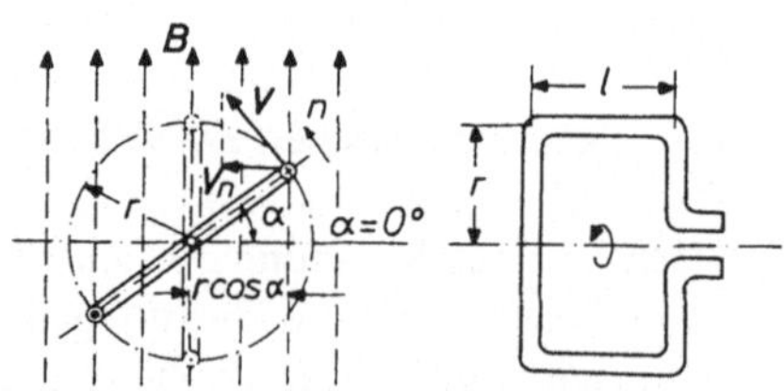

Bild 4.3.6
Rotierende Leiterschleife, Beispiel 4.15

oder nach Gl. (4.3.2) die gesamte Umlaufspannung

$$u = 2Blr\omega \sin\omega t = \hat{u} \sin\omega t.$$

Der zeitliche Verlauf $u(t)$ ergibt nach Bild 4.3.7 eine Sinuslinie. Man bezeichnet eine so verlaufende Spannung als „sinusförmige Wechselspannung". Der Maximalwert (Scheitelwert) wird erreicht für $\alpha = \pi/2$. Er wird $\hat{u} = 2Blr\omega$.

Die Berechnung kann auch nach Gl. (4.3.1) erfolgen.
Der die gesamte Schleife durchsetzende Fluß wird

$$\Phi = BA = 2Blr\cos\alpha = 2Blr\cos\omega t$$

oder

$$u = -\frac{d\Phi}{dt} = 2Blr\omega \sin\omega t.$$

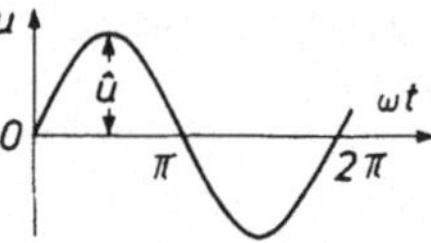

Bild 4.3.7
Sinusförmige Wechselspannung

Beispiel 4.16. Eine Kupferscheibe vom Radius $r = 5$ cm rotiert mit $n = 3000$ U/min in einem homogenen, konstanten Magnetfeld der Flußdichte $B = 0{,}5$ Wb/m^2, das die Scheibe in axialer Richtung senkrecht durchsetzt. Zwischen Scheibenrand und Achse soll über Schleifringe eine Spannung abgegriffen werden, deren Größe zu berechnen ist.

Lösung: Die zwischen Scheibenrand und Achse abnehmbare Spannung wird nach Gl. (4.3.2) wegen $\sin\alpha = 1$ mit der mittleren Geschwindigkeit $v_m = v/2 = 2\pi nr/2 = \omega r/2$

$$U = Bv_m r = B\omega\frac{r^2}{2} \approx 0{,}2 \text{ V}.$$

Mit $dv = 2\pi n\, dr = \omega dr$ erhält man durch Integration über den Scheibenradius das gleiche Ergebnis

$$U = B\,\omega \int_0^r r\,dr = B\,\omega \frac{r^2}{2}.$$

Die Spannung wirkt in der Scheibe in radialer Richtung.

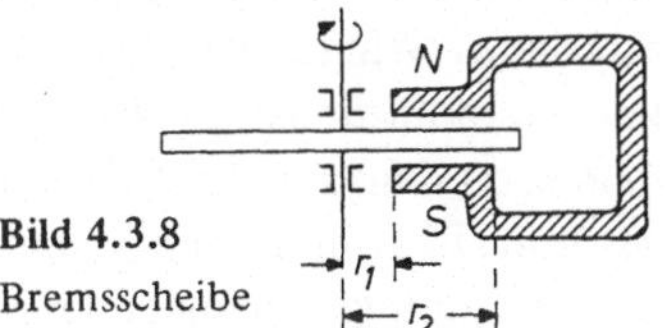

Bild 4.3.8
Bremsscheibe

Die Anordnung stellt eine sogenannte Unipolarmaschine dar, das ist eine Gleichstrommaschine ohne Kollektor. Man beachte dabei, daß ein Strom in der Scheibe nur fließen kann, wenn die beiden Schleifkontakte außerhalb des Magnetfeldes verbunden werden. Innerhalb der Scheibe ist sonst kein Rückfluß des Stromes möglich.

Befindet sich nur ein Teil der Scheibe nach Bild 4.3.8 im Magnetfeld, so wird

$$U = B\,\omega \int_{r_1}^{r_2} r\,dr = B\frac{\omega}{2}(r_2^2 - r_1^2).$$

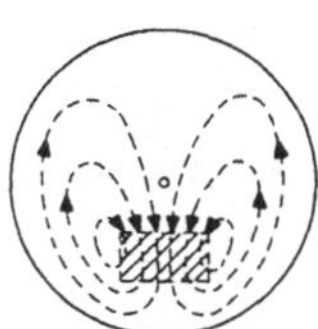

Bild 4.3.9
Wirbelströme in einer Bremsscheibe

Innerhalb der Scheibe kann jetzt ein Strom fließen, der als „Wirbelstrom" bezeichnet wird und dessen Strombahnen in Bild 4.3.9 angedeutet sind. Die Scheibe kann unter Umständen zur Rotglut gebracht werden (Joulesche Wärme), wobei die in der Scheibe entwickelte Wärme durch mechanische Arbeit beim Drehen der Scheibe aufgebracht werden muß. Eine solche Scheibe kann als elektromagnetische Bremse dienen (Wirbelstrombremse).

Beispiel 4.17. Ein gerades Leiterstück wird längs einer Strecke d = 10 cm in einem konstantem und homogenen Magnetfeld der Flußdichte B = 1 Wb/m² mit der gleichförmigen Geschwindigkeit v = 20 m/s senkrecht zur Feldrichtung bewegt. Senkrecht zur Feld- und Bewegungsrichtung beträgt die Länge des Leiterstücks innerhalb des Magnetfeldes l = 4 cm. Das bewegte Leiterstück bildet einen Teil einer geschlossenen Leiterschleife mit dem Gesamtwiderstand $R = 1\,\Omega$. Der in der Leiterschleife infolge Induktionswirkung fließende Strom I, die in der Schleife in Wärme umgesetzte Energie (Joulesche Wärme) sowie die auf das Leiterstück ausgeübte Bremskraft F und der bei Vernachlässigung der Reibung zur Bewegung des Leiterstückes erforderliche Energieaufwand sind zu berechnen.

Lösung: Strom I und die in Wärme umgesetzte Energie W_j betragen

$$I = \frac{U_i}{R} = \frac{B\,v\,l}{R} = 0{,}8\text{ A}, \qquad W_j = I^2 R t = I^2 R \frac{d}{v} = 3{,}2\text{ mWs}.$$

Nach Gl. (4.1.1) wird die auf den Leiter ausgeübte Bremskraft unter Beachtung von Gl. (1.1.1)

$$F = BIl = 32 \cdot 10^{-3}\text{ Ws/m} = 32\text{ mN}.$$

Somit ist zur Bewegung des Leiterstückes ein Energieaufwand

$$W_{mech} = Fd = 3{,}2\text{ mWs}$$

erforderlich. Es ist also $W_j = W_{mech}$. Die aufzuwendende Arbeit wird restlos in Wärme umgewandelt.

4.3.2 Die Selbstinduktivität. Mit jedem Strom ist ein magnetisches Feld verbunden. Ein stromdurchflossener Leiter ist daher stets mit seinem Eigenfeld verkettet. Ist $\Psi = N\Phi$ der mit den N Windungen verkettete Fluß einer stromdurchflossenen Spule, so muß dieser verkettete Induktionsfluß Ψ wegen Gl. (4.2.3) dem Strom I bei μ = const. proportional sein, man setzt daher $\Psi = LI$. Die Größe L wird *Induktivität* oder Selbstinduktionskoeffizient genannt. Er ist nur bei konstanter Permeabilität μ eine Konstante, außerdem von der Form der Anordnung abhängig, denn es wird mit Gl. (4.2.3)

$$\boxed{L = \frac{\Psi}{I} = \mu \frac{N^2 A}{l} = \frac{N^2}{R_m}} \qquad (4.3.3)$$

Man unterscheidet dabei zwischen äußerer und innerer Induktivität. Die *äußere* Induktivität L_a berücksichtigt lediglich den mit dem Strom verketteten Fluß außerhalb der Leiter, die *innere* Induktivität L_i berücksichtigt den Fluß innerhalb der Leiter, der nur mit einem Teil des Gesamtstromes verkettet ist (Beispiel 4.19). Die Gesamtinduktivität L wird daher

$$L = L_a + L_i. \qquad (4.3.4)$$

L hat die Einheit 1 Henry nach Gl. (4.1.11).

Ist $\mu \neq$ const. (ferromagnetische Stoffe), so muß man aus der Magnetisierungskurve für jeden Stromwert i den zugehörigen Flußwert Φ entnehmen und $L = f(i)$ punktweise ermitteln. Bezogen auf die Kommutierungskurve (S. 99) definiert man dann als differentielle Induktivität mit i als Augenblickswert des Stromes

$$L = \frac{d\Psi}{di}. \qquad (4.3.3a)$$

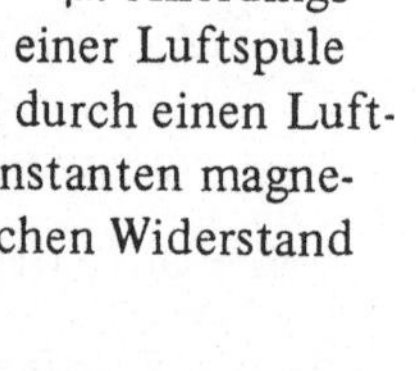

Bild 4.3.10 Scherung einer Magnetisierungskurve

Durch einen Eisenkern wird die Induktivität einer Spule erhöht, da $L \sim \mu$. Allerdings nimmt L mit zunehmender Eisensättigung wieder ab, um sich dem Wert einer Luftspule asymptotisch zu nähern. Diese Stromabhängigkeit der Induktivität kann durch einen Luftspalt im Eisenkern verringert werden. Durch die Reihenschaltung des konstanten magnetischen Widerstandes des Luftspaltes mit dem nichtkonstanten magnetischen Widerstand des Eisenkernes wird die Magnetisierungskurve linearisiert.

Bei gegebener Magnetisierungskurve des Gesamtkreises mit Luftspalt l' kann der Luftspalteinfluß leicht eliminiert werden, was man als *Scherung* bezeichnet. Trägt man etwa, wie in Bild 4.3.10, für einen Eisenring mit gleichem Luft- und Eisenquerschnitt die Flußdichte B als Funktion der Erregung $\Theta = IN$ auf (Kurve I), so ergibt die Gerade

$$\Theta_L = H_L l' = B l'/\mu_0$$

die erforderliche Luftspaltdurchflutung (magnet. Spannung) für jeden Wert von B. Diese von der Gesamtdurchflutung $\Theta = \Theta_L + \Theta_F$ abgezogen, ergibt den für den Eisenweg erforderlichen Durchflutungsbedarf Θ_F. Auf diese Weise kann die „entscherte Kurve" (Kurve II), also die Magnetisierungskurve ohne Luftspalt, punktweise ermittelt werden. Bild 4.3.10 läßt die linearisierende Wirkung eines Luftspaltes deutlich erkennen. Man kann Bild 4.3.10 auch entnehmen, daß die Induktivität bei Vorhandensein eines Luftspaltes sogar größer sein kann, als ohne Luftspalt. Das gilt wegen $L \sim \mu$ für alle Durchflutungswerte, bei denen die entscherte Kurve infolge eingetretener Sättigung bereits eine geringere Steigung ($\mu = B/H$) aufweist, als die Magnetisierungskurve mit Luftspalt.

Ändert sich in einer Spule konstanter Induktivität der Strom, so ändert sich damit auch der vom Strom erzeugte und ihm proportionale magnetische Fluß. In der Spule wird dann nach dem Induktionsgesetz Gl. (4.3.1) eine Spannung

$$u_i = -\frac{d\Psi}{dt} = -L\frac{di}{dt} \tag{4.3.5}$$

induziert. Diese Spannung tritt nach dem Lenzschen Gesetz stets als „Gegenspannung" auf. Sie ist die Ursache dafür, daß beispielsweise der volle Strom $I = U/R$ beim Anschalten einer Gleichspannung U an einen Stromkreis vom Widerstand R nicht gleich fließt, sondern stetig und in endlicher, wenn auch oft sehr kurzer Zeit seinen Endwert erreicht. Die Induktivität entspricht demnach einer trägen Masse in der Mechanik. Da ferner jeder Strom mit einem Magnetfeld verkettet ist, hat auch jeder elektrische Stromkreis eine bestimmte Induktivität L. Ihre Wirkung tritt aber erst bei einer Stromänderung in Erscheinung. Im Ersatzschaltbild wird L durch eine widerstandslos gedachte Spule nach Bild 4.3.11 berücksichtigt, was voraussetzt, daß diese idealisierte Spule als Zweipol betrachtet werden kann, und ihr Feld nur innerhalb des Zweipols so konzentriert ist, daß die Klemmenspannung u_L außerhalb des Zweipols eindeutig, also unabhängig vom Wege meßbar ist.

Für die Augenblickswerte von Strom und Spannung entnimmt man Bild 4.3.11 bei Schalterstellung *a* (Einschalten)

$$u + u_i = u_R, \qquad u - L\frac{di}{dt} = iR$$

oder

$$u = u_L + u_R = L\frac{di}{dt} + iR$$

und bei Schalterstellung *b* (Ausschalten)

$$u_i - u_R = -L\frac{di}{dt} - iR = 0, \qquad iR = -L\frac{di}{dt}$$

oder

$$u_L + u_R = L\frac{di}{dt} + iR = 0.$$

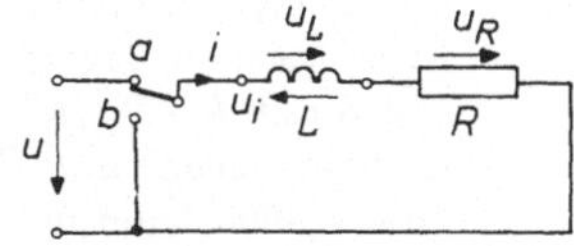

Bild 4.3.11 Ersatzschaltung eines Stromkreises mit Berücksichtigung der Induktivität L

Während die induzierte Spannung u_i beim Anschalten des Stromkreises dem Strom entgegenwirkt, versucht sie den Strom beim Abschalten aufrechtzuerhalten.

Wegen des negativen Vorzeichens in Gl. (4.3.5) rechnet man im allgemeinen nicht mit u_i sondern mit der Spannung an der Spule (Induktivität) $u_L = -u_i$. Das Induktionsgesetz in der Form Gl. (4.3.5) lautet dann

$$\boxed{u_L = \frac{d\Psi}{dt} = L\frac{di}{dt}} \tag{4.3.5a}$$

Beispiel 4.18. Es ist die Induktivität der Kreisringspule in Beispiel 4.8 bei einem Spulenkörper aus Holz zu berechnen.

Lösung: Mit den Zahlenwerten aus Beispiel 4.8 wird zunächst der magnetische Widerstand

$$R_m = \frac{\pi D}{\mu A} = \frac{\pi \cdot 12\ \text{cm}}{0{,}4\,\pi \cdot 10^{-8}\ \Omega\text{s/cm} \cdot 4\ \text{cm}^2} = 0{,}75 \cdot 10^{-9}\ \text{S s}^{-1}.$$

Bei $N = 900$ Wdg beträgt dann die Induktivität

$$L = \frac{N^2}{R_m} = \frac{81 \cdot 10^4}{0{,}75 \cdot 10^9}\ \Omega\,\text{s} = 1{,}08\ \text{mH}$$

oder mit $\Phi = 143{,}6 \cdot 10^{-8}$ Wb und $I = 1{,}2$ A

$$L = \frac{\Psi}{I} = \frac{N\Phi}{I} = \frac{9 \cdot 143{,}6 \cdot 10^{-6}}{1{,}2}\ \frac{\text{Vs}}{\text{A}} = 1{,}08\ \text{mH}.$$

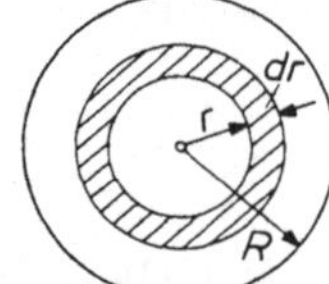

Bild 4.3.12
Zur Flußverkettung innerhalb eines kreiszylindrischen Leiters

Beispiel 4.19. Gesucht die Induktivität pro km Länge (Induktivitätsbelag L') einer Doppelleitung mit dem Leiterabstand a und dem Leiterradius R (vgl. Beispiel 4.6).

Lösung: Nach Gl. (4.1.15) wird der magnetische Fluß (Hin- und Rückleitung) mit $l = 1$ km nach Beispiel 4.6

$$\Phi = \frac{\mu_0 lI}{\pi} \ln \frac{a - R}{R}$$

oder mit $a \gg R$ nach Gl. (4.3.3)

$$L_a = \frac{\Phi}{I} = \frac{\mu_0 l}{\pi} \cdot \ln \frac{a - R}{R} \approx \frac{\mu_0 l}{\pi} \cdot \ln \frac{a}{R} = 0{,}4 \ln \frac{a}{R}\ \frac{\text{mH}}{\text{km}}.$$

Die innere Induktivität berechnet man am einfachsten aus der magnetischen Energie innerhalb des Leiters (Beispiel 5.1). Geht man dagegen von der Definitionsgleichung Gl. (4.3.3) aus, so ist zu beachten, daß nach Bild 4.3.12 ein Ring der Breite dr innerhalb der Leiter lediglich mit dem Strom $I_i = Ir^2/R^2$ verkettet ist (siehe Beispiel 4.1). Jeder Teilfluß im Leiterinnern liefert daher nur einen um r^2/R^2 verringerten Beitrag zur inneren Induktivität. Mit den Ergebnissen für den Innenleiter des Beispiels 4.1 erhält man dann als innere Induktivität bei konstanter Stromdichte über den Leiterquerschnitt

$$L_i = \frac{1}{I}\int_0^R \frac{r^2}{R^2} B_i l\,dr = \frac{\mu_0 l}{2\pi R^4}\int_0^R r^3\,dr = \frac{\mu_0 l}{8\pi} \tag{4.3.6}$$

und die gesamte Induktivität einer Doppelleitung der Länge l mit dem Leiterabstand a und dem Leiterradius R

$$L = L_a + 2L_i = \frac{\mu_0 l}{\pi}\left(\ln \frac{a}{R} + \frac{1}{4}\right) \tag{4.3.7}$$

oder die Induktivität pro km Länge, das ist der Induktivitätsbelag, als „zugeschnittene" Größengleichung wegen $\mu_0/\pi = 0{,}4$ mH/km

$$L' = 0{,}4\left(\ln\frac{a}{R} + 0{,}25\right)\frac{\text{mH}}{\text{km}} \qquad (4.3.7\text{a})$$

Auf die gleiche Weise kann die Induktivität eines Koaxialkabels berechnet werden. Für $r_i \leqq r \leqq R_i$ (siehe Bild 4.1.6) wird die äußere Induktivität

$$L_a = \frac{\Phi}{I} = \frac{\mu_0 l}{2\pi}\int_{r_i}^{R_i}\frac{\mathrm{d}r}{r} = \frac{\mu_0 l}{2\pi}\ln\frac{R_i}{r_i}.$$

Vernachlässigt man die innere Induktivität des Außenleiters (Kabelmantels), so erhält man als Gesamtinduktivität

$$L = L_a + L_i = \frac{\mu_0 l}{2\pi}\left(\ln\frac{R_i}{r_i} + 0{,}25\right)$$

und als Induktivitätsbelag

$$L' = 0{,}2\left(\ln\frac{R_i}{r_i} + 0{,}25\right)\frac{\text{mH}}{\text{km}}.$$

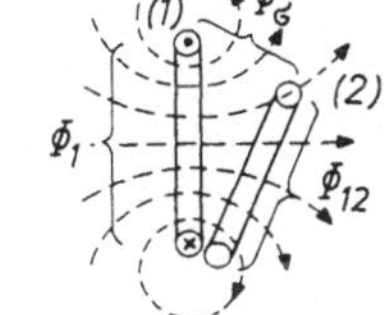

Bild 4.3.13
Zum Begriff der Gegeninduktivität

4.3.3 Gegeninduktivität, Streuung und Kopplung. In Bild 4.3.13 erzeugt der Strom I_1 im Stromkreis (1) den Fluß Φ_1, wovon Φ_{12} auch mit den N_2 Windungen des Stromkreises (2) verkettet ist. Beide Kreise bezeichnet man daher als miteinander magnetisch gekoppelt und führt eine *Gegeninduktivität* oder gegenseitige Induktivität zwischen beiden Stromkreisen ein, indem man setzt

$$\Psi_{12} = N_2\Phi_{12} = L_{12}I_1, \qquad \Psi_{21} = N_1\Phi_{21} = L_{21}I_2,$$

wobei im ersten Fall Stromkreis (2) und im zweiten Fall Stromkreis (1) offen, also stromlos sein soll. Wegen Gl. (4.2.3) sind

$$L_{12} = \frac{N_2 N_1}{R_{m12}}, \qquad L_{21} = \frac{N_1 N_2}{R_{m21}}$$

die Gegeninduktivitäten zwischen beiden Kreisen, wenn Kreis (2) bzw. Kreis (1) offen ist, also jeweils ein Strom in nur einem Kreis fließt. Da bei konstanter Permeabilität der magnetische Widerstand des Raumes zwischen beiden Stromkreisen unabhängig davon ist, ob Kreis (1) oder Kreis (2) Strom führt, ist bei $\mu = \text{const.}$ $L_{12} = L_{21}$ und $R_{m12} = R_{m21} = R_m$, so daß

$$L_{12} = L_{21} = \frac{N_2\Phi_{12}}{I_1} = \frac{N_1\Phi_{21}}{I_2} = \frac{N_1 N_2}{R_m} \qquad (4.3.8)$$

Nur für $\mu \neq \text{const.}$ (ferromagnetische Stoffe) ist $L_{12} \neq L_{21}$.

Ist Stromkreis (2) geschlossen, so wird während jeder Stromänderung in Kreis (1) eine Spannung u_2 in Kreis (2) induziert, die dort einen Strom i_2 hervorruft, der seinerseits wiederum in Kreis (1) eine Spannung u_1 induziert. Dabei ist

$$u_2 = L_{21} \frac{\mathrm{d}i_1}{\mathrm{d}t}, \quad u_1 = L_{12} \frac{\mathrm{d}i_2}{\mathrm{d}t}. \tag{4.3.9}$$

Der nur mit dem eigenen Kreis verkettete Teil des Flusses ist der *Streufluß* Φ_σ im Bild 4.3.13, während $\Phi_{12} = \Phi_1 - \Phi_\sigma$ als *Nutzfluß* bezeichnet wird. Die Streufaktoren beider Kreise werden dann nach Gl. (4.2.5)

$$\left.\begin{aligned} \sigma_1 &= \frac{\Phi_{\sigma 1}}{\Phi_1} = \frac{\Phi_1 - \Phi_{12}}{\Phi_1} = 1 - \frac{N_1 L_{12}}{N_2 L_1} \\ \sigma_2 &= \frac{\Phi_{\sigma 2}}{\Phi_2} = \frac{\Phi_2 - \Phi_{21}}{\Phi_2} = 1 - \frac{N_2 L_{21}}{N_1 L_2} \end{aligned}\right\} \tag{4.3.10}$$

Ferner bezeichnet man als Kopplungsfaktor k den Mittelwert

$$k = \sqrt{\frac{\Phi_{12}\Phi_{21}}{\Phi_1 \Phi_2}} = \frac{L_{12}}{\sqrt{L_1 L_2}} = \sqrt{k_1 k_2}, \tag{4.3.11}$$

wobei $k_1 = \Phi_{12}/\Phi_1$ und $k_2 = \Phi_{21}/\Phi_2$.

Als totalen Streufaktor σ definiert man dann bei $L_{12} = L_{21}$

$$\boxed{\sigma = 1 - \frac{L_{12}^2}{L_1 L_2} = 1 - k^2} \tag{4.3.12}$$

Da stets Streuung vorhanden ist, sind $\sigma > 0$ und $k < 1$.

Schließlich erhält man als Streuinduktivitäten L_{s1} und L_{s2} mit Gl. (4.3.10)

$$\left.\begin{aligned} L_{s1} &= \frac{N_1 \Phi_{\sigma 1}}{I_1} = L_1 - \frac{N_1}{N_2} L_{12} = \sigma_1 L_1 \\ L_{s2} &= \frac{N_2 \Phi_{\sigma 2}}{I_2} = L_2 - \frac{N_2}{N_1} L_{21} = \sigma_2 L_2. \end{aligned}\right\} \tag{4.3.13}$$

4.3.4 Induktivität verzweigter Stromkreise. Bei der Reihenschaltung von Spulen der Induktivität $L_1, L_2, \dots, L_n$ wird, falls *keine* magnetische Kopplung vorhanden ist und $\mu = \text{const.}$,

$$L \frac{\mathrm{d}i}{\mathrm{d}t} = (L_1 + L_2 + \dots + L_n) \frac{\mathrm{d}i}{\mathrm{d}t}, \quad L = L_1 + L_2 + \dots + L_n$$

oder bei *Reihenschaltung*

$$\boxed{L = \sum_{1}^{n} L_\nu} \tag{4.3.14}$$

Unter der gleichen Voraussetzung erhält man dagegen bei Parallelschaltung

$$L\,\frac{\mathrm{d}i}{\mathrm{d}t} = L_1\,\frac{\mathrm{d}i_1}{\mathrm{d}t} = L_2\,\frac{\mathrm{d}i_2}{\mathrm{d}t} = \ldots,\quad i = i_1 + i_2 + \ldots + i_n,$$

wobei

$$\mathrm{d}i = \mathrm{d}(i_1 + i_2 + \ldots + i_n) = u_L\,\frac{\mathrm{d}t}{L} = u_L\,\mathrm{d}t\left(\frac{1}{L_1} + \frac{1}{L_2} + \ldots + \frac{1}{L_n}\right),$$

oder bei *Parallelschaltung*

$$\boxed{\frac{1}{L} = \sum_{1}^{n} \frac{1}{L_\nu}} \tag{4.3.15}$$

Liegt außerdem magnetische Kopplung vor, so muß die Gegeninduktivität L_{12} berücksichtigt werden, wobei zu unterscheiden ist, ob die Flüsse der Spulen sich ergänzen oder gegeneinander wirken, also die Stromkreise „wirksam" oder „gegeneinander" geschaltet sind. Bei konstanter Permeabilität und Reihenschaltung zweier Spulen ist dabei $u = u_1 + u_2$ und $i = i_1 = i_2$, so daß wegen $L_{12} = L_{21}$

$$u = L_1\,\frac{\mathrm{d}i}{\mathrm{d}t} \pm L_{12}\,\frac{\mathrm{d}i}{\mathrm{d}t} + L_2\,\frac{\mathrm{d}i}{\mathrm{d}t} \pm L_{12}\,\frac{\mathrm{d}i}{\mathrm{d}t} = L\,\frac{\mathrm{d}i}{\mathrm{d}t}$$

oder bei *Reihenschaltung*

$$L = L_1 + L_2 \pm 2L_{12} \tag{4.3.16}$$

je nachdem, ob beide Spulen magnetisch „wirksam" (oberes Vorzeichen) oder magnetisch „gegeneinander" (unteres Vorzeichen) geschaltet sind. Unter gleichen Bedingungen und Parallelschaltung zweier Spulen ist zunächst

$$u_1\,\mathrm{d}t = L_1\,\mathrm{d}i_1 \pm L_{12}\,\mathrm{d}i_2,\qquad u_2\,\mathrm{d}t = L_2\,\mathrm{d}i_2 \pm L_{12}\,\mathrm{d}i_1,\qquad u_1 = u_2 = u,\ i = i_1 + i_2,$$

so daß

$$(L_1 \mp L_{12})\,\mathrm{d}i_1 = (L_2 \mp L_{12})\,\mathrm{d}i_2\,.$$

Daraus $\mathrm{d}i_1$ bzw. $\mathrm{d}i_2$ oben eingesetzt, ergibt

$$\mathrm{d}i_1 = \frac{L_2 \mp L_{12}}{L_1 L_2 - L_{12}^2}\,u\,\mathrm{d}t,\qquad \mathrm{d}i_2 = \frac{L_1 \mp L_{12}}{L_1 L_2 - L_{12}^2}\,u\,\mathrm{d}t.$$

Setzt man $\mathrm{d}i = \mathrm{d}i_1 + \mathrm{d}i_2 = u\,\mathrm{d}t/L$, so erhält man daraus bei *Parallelschaltung*

$$L = \frac{L_1 L_2 - L_{12}^2}{L_1 + L_2 \mp 2L_{12}}\,. \tag{4.3.17}$$

Das obere Vorzeichen gilt wieder für eine magnetisch „wirksame" Parallelschaltung, das untere Vorzeichen für eine Parallelschaltung, die magnetisch „gegeneinander" wirkt.

Will man bei magnetisch gekoppelten Stromkreisen wie z.B. bei einem Transformator den Wicklungssinn der einzelnen Wicklungen (Spulen) in den Schaltplänen kennzeichnen, so kann man nach DIN 5489 eine Markierung durch einen *Wicklungspunkt* einführen. Dabei gilt die Vereinbarung, daß man die gemeinsame magnetische Wicklungsachse der markierten Wicklungen im gleichen Umlaufsinn durchläuft, wenn man vom Wicklungspunkt ausgeht. Eine solche Kennzeichnung zeigt Bild 4.3.14. In Bild 4.3.14a sind beide Teilwicklungen bezüglich der magnetischen Achse gleichsinnig, in Bild 4.3.14b ungleichsinnig, jedoch so in Reihe geschaltet, daß die Ströme in ihnen gleichen Umlaufsinn um die magnetische Achse haben. Dadurch wird der ungleiche Wicklungssinn wieder ausgeglichen. Die magnetischen Flüsse haben somit in allen Wicklungen gleichen Richtungssinn und addieren sich zu

$$\Phi = \Phi_1 + \Phi_2, \qquad \Phi' = \Phi_1' + \Phi_2'.$$

Werden dagegen beide Wicklungen in Bild 4.3.14b ebenso wie in Bild 4.3.14a verbunden, so haben die Flüsse Φ_1' und Φ_2' entgegengesetzten Richtungssinn. Werden dann beide Teilwicklungen übereinander angeordnet, so erhält man eine induktivitätsarme sogenannte *bifilare* Wicklung.

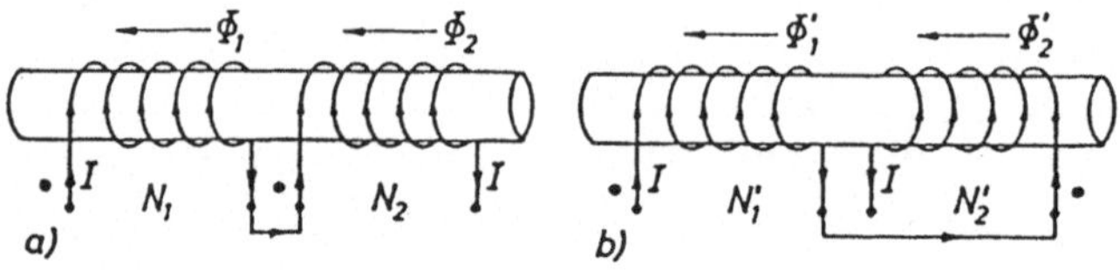

Bild 4.3.14 Zur Kennzeichnung des Wicklungssinns
a) gleichsinnige Wicklungen
b) ungleichsinnige Wicklungen

5 Energie, Kräfte und Feldverkettung

5.1 Energie und Kraftwirkungen im Magnetfeld

5.1.1 Magnetische Energie. Jeder Strom ist mit einem magnetischen Feld verkettet, man kann daher jedem Zweipol eine Induktivität L zuordnen. Ändert sich die Klemmenspannung eines Zweipols, so ändert sich damit auch der Strom und das mit ihm verkettete Magnetfeld. Für die Klemmenspannung an einer Spule gilt daher in jedem Augenblick mit Gl. (4.3.5a) – vgl. Bild 4.3.11, Seite 123

$$u = u_R + u_L = iR + N\frac{\mathrm{d}\Phi}{\mathrm{d}t} = iR + L\frac{\mathrm{d}i}{\mathrm{d}t}.$$

Die dabei dem Zweipol während der Zeit $\mathrm{d}t$ gelieferte Energie erhält man nach Gl. (2.2.2) durch Multiplikation mit $i\,\mathrm{d}t$

$$u\,i\,\mathrm{d}t = i^2 R\,\mathrm{d}t + L\,i\,\mathrm{d}i = \mathrm{d}W_j + \mathrm{d}W_m.$$

Hierbei ist $\mathrm{d}W_j$ die während $\mathrm{d}t$ entwickelte Joulesche Wärme, $\mathrm{d}W_m$ die während $\mathrm{d}t$ im Zweipol gespeicherte *magnetische Energie.* Die gesamte im Zweipol gespeicherte magnetische Energie erhält man bei konstanter Permeabilität μ durch Integration nach Gl. (2.2.2a). Das ergibt

$$\boxed{W_m = \frac{1}{2}LI^2 = \frac{1}{2}\Psi I} \qquad (5.1.1)$$

Diese Beziehung kann auch in vielen Fällen besonders zweckmäßig zur Berechnung der inneren Induktivität linearer Anordnungen dienen. Es ist dann

$$L = 2\,W_m/I^2. \qquad (5.1.2)$$

Im homogenen Feld ist $\Phi = BA$ und $NI = Hl$ und daher mit $V = Al$ als Volumen

$$W_m = \frac{1}{2}BHV = \frac{1}{2}\Phi\Theta. \qquad (5.1.3)$$

Da das Feld innerhalb eines Volumenelementes $\mathrm{d}V$ homogen ist, erhält man für die magnetische Energie bei *konstanter* Permeabilität μ

$$W_m = \frac{1}{2}\int HB\,\mathrm{d}V \qquad (5.1.3a)$$

und für die räumliche *Energiedichte* (Energie/Volumen)

$$w_m = \frac{1}{2} BH = \frac{\mu H^2}{2} = \frac{B^2}{2\mu} \tag{5.1.4}$$

Dort, wo B und H ihre Größtwerte haben, ist auch die magnetische Energiedichte am größten. Daraus erkennt man:

> Sitz der magnetischen Energie ist der vom magnetischen Feld erfüllte Raum, also das magnetische Feld.

Bei einem von Gleichstrom gespeisten Zweipol vom Widerstand R wächst die nach außen abgeführte Wärme I^2Rt linear mit der Zeit und muß von der speisenden Energiequelle ständig nachgeliefert werden. W_m bleibt dagegen nach Gl. (5.1.1) unverändert und kann nur im magnetischen Feld des Zweipols gespeichert sein. Wird ferner ein Stromkreis an eine Gleichspannung U angeschlossen, so kann der Strom erst nach Aufbau des Magnetfeldes seinen Endwert $I = U/R$ erreichen. Die zum Feldaufbau benötigte Energie wird von der speisenden Spannungsquelle geliefert und bleibt im Magnetfeld des Zweipols gespeichert. Man beachte auch die Analogie mit der kinetischen Energie $mv^2/2$ in der Mechanik. Beim Verschwinden der speisenden Spannung U wird die gespeicherte Energie zurückgeliefert oder als Wärme frei (Abschaltfunke). Von der speisenden Spannungsquelle muß daher lediglich die abgeführte Energie (Wärme) I^2Rt ständig nachgeliefert werden (Joulesches Gesetz).

Ist die Magnetisierungskurve $B = \mathrm{f}(H)$ nichtlinear (ferromagnetische Stoffe), so ist $\mathrm{d}w_m = H\,\mathrm{d}B$ oder allgemein

$$w_m = \int_0^B H\,\mathrm{d}B. \tag{5.1.5}$$

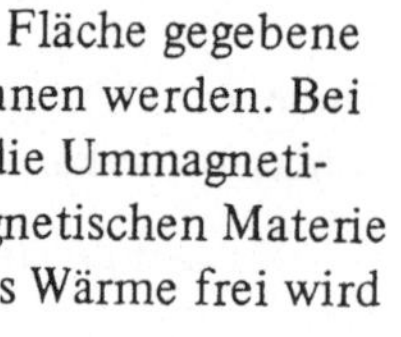

Bild 5.1.1
Magnetisierungskurve $B = \mathrm{f}(H)$ mit Hysterese

Wegen der Hysterese kann nach Bild 5.1.1 nur der durch die schraffierte Fläche gegebene Anteil der Magnetisierungsarbeit bei der Entmagnetisierung wiedergewonnen werden. Bei vollständiger Ummagnetisierung ergibt die Fläche der Hystereseschleife die Ummagnetisierungsarbeit zum Umklappen der „Weißschen Bezirke" in der ferromagnetischen Materie (Kap. 4.1.4). Das ist der *Hystereseverlust*, der innerhalb des Magneten als Wärme frei wird und bei wechselnder Magnetisierung Bedeutung hat (Kap. 12.2.1).

Beispiel 5.1. Für einen geraden zylindrischen Leiter vom Radius R ist die innere Induktivität L_i mit Hilfe von Gl. (5.1.2) zu berechnen.

Lösung: Mit H_i aus Beispiel 4.1, Seite 93, wird nach Gl. (5.1.3) wegen $\mathrm{d}V = 2\pi lr\,\mathrm{d}r$

$$W_m = \frac{1}{2}\int \mu_0 H_i^2\,\mathrm{d}V = \frac{\mu_0 I^2}{8\pi^2 R^4} 2\pi l \int_0^R r^3\,\mathrm{d}r = \frac{\mu_0 l I^2}{16\pi}.$$

Daraus

$$L_i = \frac{2\,W_m}{I^2} = \frac{\mu_0\,l}{8\,\pi}$$

in Übereinstimmung mit Gl. (4.3.6).

Beispiel 5.2. Für den ringförmigen Spulenkörper in Beispiel 4.10, Seite 109, mit einem Luftspalt δ = 2 mm ist die magnetische Energie im Eisen und im Luftspalt zu berechnen. Magnetischer Fluß $\Phi = 0{,}54 \cdot 10^{-3}$ Wb. Im Eisen soll das Feld angenähert als homogen und damit μ als konstant angesehen werden.

Lösung: Mit den Ergebnissen aus Beispiel 4.10 ist nach Gl. (5.1.3) im Eisen

$$W_{mF} = \frac{\Phi\,\Theta_F}{2} = \frac{0{,}54 \cdot 10^{-3}\ \text{Vs} \cdot 460\ \text{A}}{2} = 0{,}124\ \text{Ws}$$

und im Luftspalt

$$W_{mL} = \frac{\Phi\,\Theta_L}{2} = \frac{0{,}54 \cdot 10^{-3}\ \text{Vs} \cdot 2150\ \text{A}}{2} \approx 0{,}581\ \text{Ws}.$$

Damit wird die gesamte im magnetischen Kreis gespeicherte magnetische Energie

$$W_m = W_{mF} + W_{mL} \approx 0{,}71\ \text{Ws} = 0{,}71\ \text{J}.$$

Daraus erkennt man:

Bei unverändertem magnetischem Fluß wird die gespeicherte magnetische Energie eines magnetischen Kreises durch Einfügen eines Luftspaltes wesentlich vergrößert.
Der größte Teil der magnetischen Energie ist im Feld des Luftspaltes gespeichert.

5.1.2 Kräfte an Grenzflächen Eisen-Luft. Infolge der hohen Permeabilität des Eisens gegenüber Luft treten die Feldlinien beim Übergang von Eisen in Luft nahezu senkrecht aus dem Eisen aus. Sie können daher bei kleinem Ankerabstand (Luftspalt δ) als parallele Linien senkrecht zu den Polflächen angenommen werden (Vernachlässigung der Streuung!). Die von der Zugkraft F geleistete Arbeit wird dabei bei einer virtuellen Verschiebung des Ankers um $\mathrm{d}s$ in Feldrichtung gleich $F\,\mathrm{d}s$. Nach dem Energiesatz muß diese Arbeit der durch die Verschiebung des Ankers bedingten Energieänderung des magnetischen Feldes gleich sein. Sind nun H_L und B_L die Feldgrößen im Luftspalt, also an der Trennfläche zwischen Pol und Anker, so wird nach Gl. (5.1.3) mit den oben gemachten Annahmen für jeden Pol

$$\mathrm{d}W_m = F\,\mathrm{d}s = \frac{B_L\,H_L}{2}\,A_{\text{Pol}}\,\mathrm{d}s$$

oder

$$\boxed{F_{\text{Pol}} = \frac{1}{2}\,B_L\,H_L\,A_{\text{Pol}}} \tag{5.1.6}$$

wobei A_{Pol} die wirksame Polfläche *eines* Pols ist. Diese Beziehung setzt allerdings voraus, daß nicht nur der Luftspalt hinreichend klein ist, sondern sich auch das Magnetfeld (B und H) nicht ändert.

Wird der Luftspalt durch die Ankerbewegung verkleinert, so nimmt der magnetische Widerstand des Luftspalts schnell ab, bei konstanter Erregung dagegen der Fluß zu. Gl. (5.1.6) kann aber insbesondere zur Berechnung der Zugkraft eines Elektromagneten bei angezogenem Anker dienen, wobei auch dann stets ein geringer Luftspalt unvermeidbar und im allgemeinen erwünscht ist.

Setzt man schließlich in Gl. (5.1.6) $H_L = B_L/\mu_0$, so erhält man die zugeschnittene Größengleichung

$$F_{\text{Pol}} = 40 \frac{A_{\text{pol}}}{\text{cm}^2} \frac{B_{\text{L}}^2}{\text{T}^2} \text{ in N.} \qquad (5.1.6\text{a})$$

Ebenso wie das stabile Gleichgewicht in der Mechanik durch ein Minimum an potentieller Energie gekennzeichnet ist, versucht auch die Kraftwirkung im Magnetfeld die Energie einer Anordnung zu verringern, indem z. B. der Anker eines Hubmagneten angezogen wird. Dadurch wird die Energie im Luftspalt aufgebraucht und es bleibt nur die Energie im Eisenkreis übrig. Aus diesem Verhalten kann man folgende Regeln ableiten:

> Im magnetischen Feld tritt längs der Feldlinien ein *Längszug* und quer zu ihnen ein *Querdruck* auf. Die resultierende Kraft auf eine Grenzfläche ist dabei stets zum Medium kleinerer Permeabilität gerichtet.

Längszug und Querdruck haben den durch Gl. (5.1.6) gegebenen Wert.

Ferromagnetische wie auch paramagnetische Stoffe werden daher in Richtung größerer Felddichte, also in ein Magnetfeld hineingezogen, wie in Bild 5.1.2 zu erkennen ist, wo sich die beiden Querkräfte F_q aus Symmetriegründen gegenseitig aufheben, wogegen wegen der größeren Felddichte an der linken Stirnseite des Eisens $F_1 > F_2$. Das Eisen wird daher in die Spule hineingezogen. Die Kraftrichtung kann somit aus dem Feldbild entnommen werden.

Beispiel 5.3. Der Elektromagnet im Beispiel 4.12, Bild 4.2.7, soll bei angezogenem Anker eine Tragkraft von 980 N haben. Gesucht der erforderliche magnetische Fluß, bei Vernachlässigung der Streuung (δ = 0,005 mm). Schenkelquerschnitt (Polfläche) $A_S = 19{,}6\ \text{cm}^2$.

Lösung: Die notwendige Flußdichte in *beiden* Schenkeln wird nach Gl. (5.1.6)

$$B_s = \sqrt{\frac{F\mu_0}{A_s}} = \sqrt{980\ \frac{\text{Ws}}{\text{m}} \cdot \frac{0{,}4\,\pi \cdot 10^{-6}\ \Omega\,\text{s/m}}{19{,}6 \cdot 10^{-4}\ \text{m}^2}} = 0{,}79\ \frac{\text{Wb}}{\text{m}^2} = 0{,}79\ \text{T}$$

oder nach Gl. (5.1.6a)

$$B_s = \sqrt{\frac{F}{80\,A_s}} = 0{,}79\ \text{T}$$

Damit wird der erforderliche magnetische Fluß

$$\Phi = B_s A_s = 1{,}55 \cdot 10^{-3}\ \text{Wb}.$$

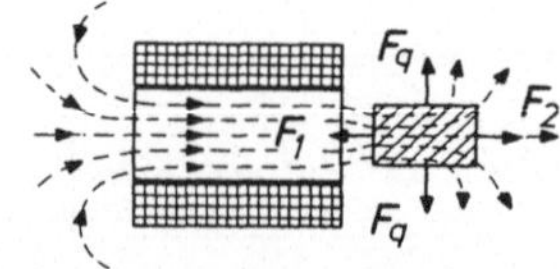

Bild 5.1.2
Kraftwirkung auf einen Eisenkörper im Magnetfeld

5.1.3 Kraftwirkung auf Stromleiter und bewegte Ladungen. Die Kraft auf einen vom Strom I durchflossenen Leiter der Länge l im homogenen Magnetfeld der Flußdichte B beträgt nach Gl. (4.1.1)

$$F = BIl \sin \alpha, \tag{5.1.7}$$

wobei α der Winkel ist, den der Leiter mit der Flußdichterichtung (Feldrichtung) bildet. Wird die Leiterrichtung in konventionellem Stromrichtungssinn positiv gezählt, so erhält man aus Gl. (5.1.7) in vektorieller Schreibweise

$$\boldsymbol{F} = I(\boldsymbol{l} \times \boldsymbol{B}). \tag{5.1.8}$$

Die Richtung der Kraft ist durch die „Schraubenregel" nach Bild 4.1.2 gegeben. Die Kraftrichtung kann man auch dem Feldverlauf Bild 5.1.3 entnehmen.

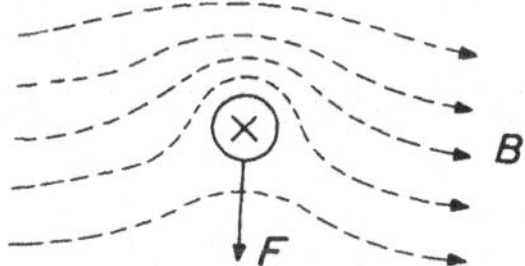

Bild 5.1.3
Kraftrichtung auf einen stromführenden Leiter im Magnetfeld

Die Beziehung Gl. (5.1.7) dient auch zur Berechnung der am Anker eines Elektromotors angreifenden Umfangskraft, führt dann aber leicht zu einem Fehlschluß, da aus ihr gefolgert werden kann, daß die Umfangskraft allein an den Ankerstäben angreift. Dieses ist aber nicht der Fall. Die Stäbe sind vielmehr in Ankernuten gebettet, infolge der hohen magnetischen Leitfähigkeit (Permeabilität) des Ankereisens verlaufen daher die Feldlinien vorwiegend in den Ankerzähnen.

Man beachte daher:

> Die für das Drehmoment maßgebenden Triebkräfte greifen im wesentlichen an den Zahnflanken des Ankers an. Sie werden durch die an Grenzflächen zwischen zwei Stoffen verschiedener Permeabilität (Eisen – Luft) auftretenden Kräfte hervorgerufen.

Der den Stab durchfließende Strom bewirkt, daß die Normalkomponenten der Flußdichte an beiden Zahnflanken der Nut verschieden sind, wodurch die Triebkraft zustande kommt. Ist μ_r die mittlere Permeabilität im Ankerzahn, so wird die an einem Stab angreifende Kraft $F_z = BIl/\mu_r$. Die am Ankereisen angreifende Kraft F_a ist dagegen $(\mu_r - 1)$ mal so groß. Die Gesamtkraft (bei einem Stab) wird daher

$$F = F_a + F_z = \left(\frac{\mu_r - 1}{\mu_r} + \frac{1}{\mu_r}\right) BIl = BIl.$$

Sie hat denselben Wert wie bei einem Stab im Feld der Flußdichte B.

Die Verhältnisse erläutert Bild 5.1.4 auf der nächsten Seite. Fließt kein Ankerstrom ($I = 0$), so ist der Feldverlauf ebenso wie bei nichterregter Maschine (Bild 5.1.4a und b) symmetrisch, die auf die Zahnflanken wirkenden Kräfte heben sich gegenseitig auf. Da die magnetischen Widerstände vorwiegend im eisenfreien Raum liegen, erhält man das Feld in der Nutöffnung durch Überlagerung beider Felder in Bild 5.1.4a und b, was Bild 5.1.4c ergibt. Die Unsymmetrie des so erhaltenen Feldes bei belasteter Maschine bedingt einen starken einseitigen Zug auf die Nutenflanken, besonders an den Zahnkanten, wo sich die Feldlinien dicht zusammendrängen. Beim Nutenanker elektrischer Maschinen entsteht die Umfangskraft demnach im wesentlichen als Zugkraft durch Feldlinien (B-Linien), die von der Seite her, und zwar unsymmetrisch, in den Zahn eindringen.

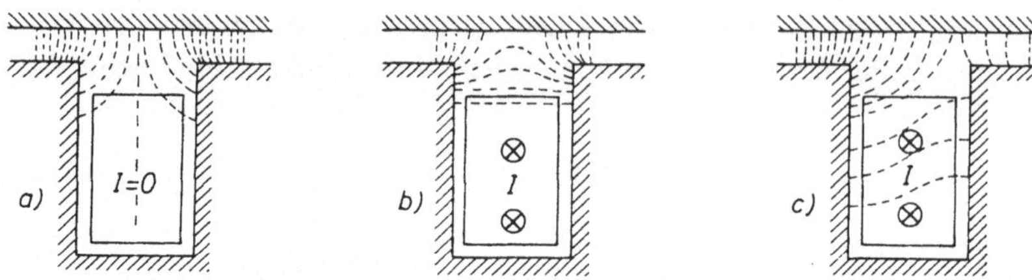

Bild 5.1.4 Feldverlauf in der Nut eines Ankers, a) ohne Ankerstrom, b) ohne Erregung, c) bei Belastung

Mit Gl. (5.1.7) kann auch das Drehmoment berechnet werden, das auf eine vom Strom I durchflossene Rechteckspule nach Bild 5.1.5 mit der Spulenfläche A ausgeübt wird. Die auf eine zur Zeichenebene senkrechte Spulenseite in Bild 5.1.5 ausgeübte Kraft F sowie das Drehmoment M betragen mit α als Winkel zwischen Flächennormale und Feldrichtung

$$F = \frac{BIA}{2r} \sin\alpha, \qquad M = 2rF = BIA \sin\alpha.$$

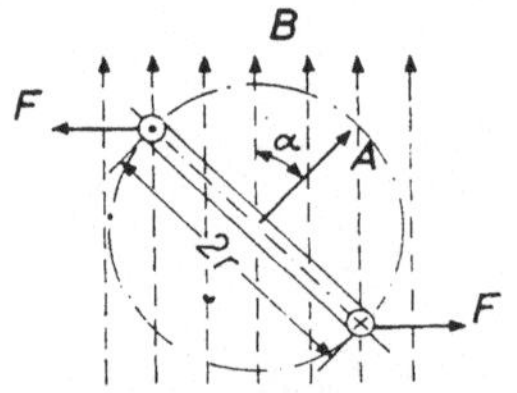

Bild 5.1.5
Stromdurchflossene Windung im Magnetfeld

Führt man das magnetische Moment m_m der Spule nach Gl. (4.1.16) ein, so wird

$$M = \mu_0 IAH \sin\alpha = m_m H \sin\alpha. \tag{5.1.9}$$

Die Spule versucht sich so einzustellen, daß das Feld sie senkrecht durchdringt.

Angenähert erhält man aus Gl. (5.1.9) auch das auf eine Kompaßnadel (Magnetnadel) der Länge l ausgeübte Drehmoment. Ist Φ_m der gesamte Fluß der Kompaßnadel, so ist (S. 97)

$$M = \Phi_m \, l H \sin\alpha = m_m H \sin\alpha, \tag{5.1.10}$$

wobei α der Winkel zwischen Kompaßnadel und Feldrichtung ist. Eine Kompaßnadel versucht sich im homogenen Feld stets in Feldrichtung zu stellen. Im Erdfeld mit einer Horizontalkomponente $B = 0{,}3 \cdot 10^{-4}$ T wird dabei auf eine Kompaßnadel der Länge $l = 5$ cm und $\Phi_m = 0{,}6\ \mu$Wb maximal ein Drehmoment.

$$M = \frac{0{,}6 \cdot 10^{-6}\ \text{Vs} \cdot 5\ \text{cm} \cdot 0{,}3 \cdot 10^{-8}\ \text{Vs/cm}^2}{0{,}4\,\pi \cdot 10^{-8}\ \Omega\ \text{s/cm}} = 72 \cdot 10^{-8}\ \text{Ws} = 72\ \mu\text{N} \cdot \text{cm}$$

ausgeübt.

Setzt man in Gl. (5.1.7) $I = Q/t = Qv/l$, so erhält man für die auf eine punktförmige elektrische Ladung $q = Q$ (Punktladung) im homogenen Magnetfeld der Flußdichte B ausgeübte Kraft, sogenannte *Lorentzkraft*, wenn sich die Punktladung mit der Geschwindigkeit v relativ zum Beobachter bewegt, der die Flußdichte B mißt,

$$F = q\,v\,B \sin\alpha. \tag{5.1.11}$$

Da die Bewegungsrichtung positiver Ladungen dem konventionellen Stromrichtungssinn entspricht, ist dabei α der von der Geschwindigkeitsrichtung und Flußdichterichtung gebildete Winkel. Die Richtung dieser Lorenzkraft ist aus Bild 5.1.6 zu entnehmen; Geschwindigkeitsrichtung, Flußdichterichtung und Kraftrichtung bilden ein Rechtssystem (Schraubenregel). In vektorieller Schreibweise erhält man daher aus Gl. (5.1.11)

$$\boxed{\boldsymbol{F} = q\,(\boldsymbol{v} \times \boldsymbol{B})} \qquad (5.1.11\text{a})$$

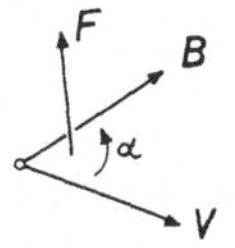

Bild 5.1.6
Richtungsregel zur Lorentzkraft

Die Kraft wirkt demnach immer senkrecht zur Bewegungsrichtung, ohne den Geschwindigkeitsbetrag zu ändern.

> Im Magnetfeld erfährt ein bewegter Ladungsträger *keine* Änderung des Geschwindigkeitsbetrages, sondern lediglich eine Änderung der Geschwindigkeits*richtung*. Zwischen Magnetfeld und Ladungsträger kann daher *kein* Energieaustausch stattfinden.

Bei $v = 0$ ist auch $F = 0$, daraus folgt:

> Auf eine ruhende elektrische Ladung wird im zeitlich konstanten Magnetfeld keine Kraft ausgeübt.

Vergleicht man die beiden Beziehungen (Gl. (3.1.1) und Gl. (5.1.11a)

$$\boldsymbol{F} = q\,\boldsymbol{E} \quad \text{und} \quad \boldsymbol{F} = q\,(\boldsymbol{v} \times \boldsymbol{B})$$

und berücksichtigt, daß die Geschwindigkeit v eine relative Größe ist, die zu ihrer Angabe ein eindeutiges Bezugssystem verlangt, so erkennt man, daß auch E und B relative Größen darstellen. Für einen mit dem Ladungsträger mitbewegten Beobachter ist $v = 0$; dieser Beobachter muß daher dem Raum ein elektrisches Feld zuordnen, da für ihn auf einen ruhend erscheinenden Ladungsträger eine Feldkraft ausgeübt wird. Dagegen wird ein Beobachter, für den der Ladungsträger bewegt erscheint ($v \neq 0$) ein Magnetfeld annehmen müssen. Es ist dabei (vgl. Bild 5.1.6)

$$\boldsymbol{E} = \boldsymbol{v} \times \boldsymbol{B}, \qquad E = vB \sin\alpha. \qquad (5.1.12)$$

> Elektrisches und magnetisches Feld sind eine Einheit, sie sind nur relativ zum benutzten Bezugssystem zu unterscheiden.

Durch die Kraftwirkung auf bewegte Ladungen nach Gl. (5.1.11a) werden auch die Strombahnen in Leitern (bewegte Ladungsträger) im Magnetfeld umgelenkt. Diese Erscheinung heißt *Halleffekt*. Auf der einen Längsseite eines Stromleiters in Bild 5.1.7 erhält man dadurch eine Ladungsträgeranhäufung und somit zwischen den Punkten 1 und 2 die soge-

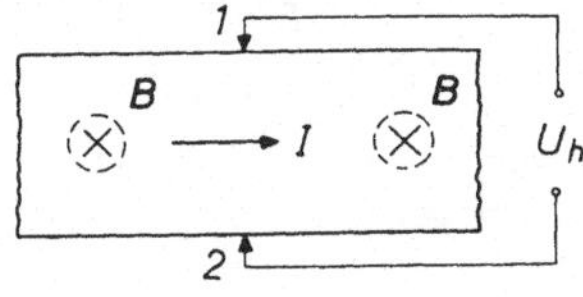

Bild 5.1.7
Zum Halleffekt

nannte Hallspannung U_h. Diese wird nach Gl. (4.3.2), wenn b die Leiterbreite und v die wirksame Geschwindigkeitskomponente der Ladungsträger eines Vorzeichens, z. B. der Leitungselektronen ist,

$$U_h = B v b = B b w E$$

mit der Beweglichkeit w, also die auf die elektrische Feldstärke bezogene Geschwindigkeit

$$w = v/E. \tag{5.1.13}$$

Mit Gl. (3.1.1) ist dabei wegen Gl. (2.1.3)

$$E l = F l/Q = W/Q = U = I R.$$

Ist d die Leiterdicke und somit bd der Leiterquerschnitt, so ist daher der Betrag der elektrischen Feldstärke

$$E = \frac{IR}{l} = \frac{I}{\kappa b d}.$$

Somit wird

$$U_h = c_h B I/d \tag{5.1.14}$$

mit $c_h = w/\kappa$ als Hallkonstante, deren Vorzeichen durch die Polarität (Geschwindigkeitsrichtung) der Ladungsträger bestimmt ist. In reinen Metallen liegt c_h in der Größenordnung von nur 10^{-4} cm^3/As, was eine Hallspannung $U_h \approx 10$ µV je A und T ergibt. Bei Halbleitern kann c_h Werte bis zu etwa 600 cm^3/As erreichen und Hallspannungen von etwa 0,1 V je A und T ergeben. Solche „Hallgeneratoren" können in Form sogenannter Hallsonden zur Ausmessung magnetischer Felder dienen.

Ähnlich wie in Bild 5.1.7 kann man an zwei Plattenelektroden eine Spannung abgreifen, wenn man zwischen beide Elektroden senkrecht zu einem magnetischen Querfeld ein beispielsweise durch Erhitzen hochionisiertes Gas mit hoher Geschwindigkeit bläst (magnetohydrodynamisches Prinzip, abgekürzt *MHD-Prinzip*).

Beispiel 5.4. Da die Lorentzkraft stets senkrecht zur Geschwindigkeitsrichtung wirkt, beschreibt ein Ladungsträger der Ladung q (Punktladung), der mit der Geschwindigkeit v *senkrecht* zur Feldrichtung in ein homogenes Magnetfeld der Flußdichte B eingeschossen wird, eine Kreisbahn nach Bild 5.1.8. Gesucht ist der Radius r dieser Kreisbahn und die Umlaufdauer τ des Ladungsträgers.

Lösung: Der nach dem Kreismittelpunkt gerichteten Lorentzkraft hält die Zentrifugalkraft mv^2/r das Gleichgewicht. Mithin ist wegen $F = qBv = mv^2/r$

$$r = \frac{mv}{qB}, \qquad \tau = \frac{2\pi r}{v} = 2\pi \frac{m}{qB}.$$

Damit wird die Winkelgeschwindigkeit

$$\omega = \frac{2\pi}{\tau} = \frac{q}{m} B.$$

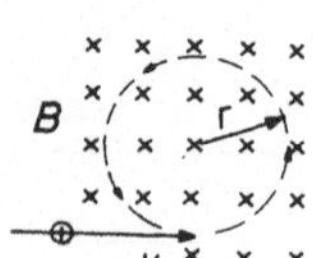

Bild 5.1.8
Kreisbahn eines positiven Ladungsträgers q im homogenen Magnetfeld

Bilden beim Einschießen des Ladungsträgers in ein homogenes Magnetfeld Geschwindigkeits- und Feldrichtung einen beliebigen Winkel $\alpha \neq 90°$, so beschreibt der Ladungsträger im Magnetfeld eine Schraubenlinienbahn, deren Ganghöhe durch die Geschwindigkeitskomponente in Feldrichtung gegeben ist.

5.1.4 Kraftwirkung zwischen stromdurchflossenen Leitern. Verlaufen zwei hinreichend lange gerade Leiter vom Radius r parallel im Achsabstand $a \gg r$, so ist der vom Leiter (1) mit dem Strom I_1 am Ort des Leiters (2) im Luftraum hervorgerufene Betrag der Flußdichte wegen Gl. (4.1.13)

$$B_1 = \mu_0 \frac{I_1}{2\pi a}.$$

Ist I_2 der den Leiter (2) durchfließende Strom, so ergibt das in Gl. (5.1.7) eingesetzt, als Kraftwirkung zwischen zwei parallelen stromdurchflossenen (sehr langen) Leiterabschnitten der Länge l unter Beachtung, daß $\sin\alpha = 1$,

$$\boxed{F = \frac{\mu_0 I_1 I_2}{2\pi a}\, l} \tag{5.1.15}$$

Daraus erhält man mit l und a in gleichen Einheiten die zugeschnittene Größengleichung

$$F = 0{,}2 \cdot 10^{-6}\, \frac{I_1 I_2}{\text{AA}}\, \frac{l}{a} \text{ in N.} \tag{5.1.15a}$$

Hierbei gilt:

Parallele Ströme mit gleichem Richtungssinn ziehen sich an, parallele Ströme mit entgegengesetzem Richtungssinn stoßen sich ab.

Diese Regel kann man auch direkt aus den Bildern 4.1.9 und 4.1.11, Seite 94/95, ablesen. Zwischen beiden Leitern tritt bei entgegengesetztem Stromrichtungssinn beider Ströme (Bild 4.1.11) eine Feldlinienverdichtung auf, welche beide Leiter auseinanderdrücken will, während bei gleichem Richtungssinn beider Ströme (Bild 4.1.9) die Feldverdünnung zwischen beiden Leitern sie anzuziehen bestrebt ist.

Infolge der Stromkräfte wird auf die Windungen einer stromdurchflossenen Spule eine axiale Druckkraft ausgeübt; außerdem versucht eine radiale Zugkraft die Windungen zu sprengen. Diese Stromkräfte können beispielsweise bei Transformatoren im Kurzschluß sehr hohe Werte erreichen, weshalb eine entsprechende Abstützung der Wicklungen notwendig ist, um die Kurzschlußkräfte aufzunehmen.

Mit Hilfe von Gl. (5.1.15) kann man auch die Kraftwirkung zwischen einem hinreichend langen stromführenden Leiter und einer parallel verlaufenden ebenen Eisenfläche im Abstand a berechnen. Betrachtet man das Eisen als einen gegenüber Luft angenähert vollkommenen magnetischen Leiter mit $\mu \to \infty$, so muß nach Gl. (4.2.7) die Tangentialkomponente des Feldes an der Eisenoberfläche verschwinden. Man erhält im Luftraum zwischen Stromleiter und Eisenfläche einen Feldverlauf nach Bild 5.1.9, der einer Hälfte des Feldbildes zweier paralleler Stromleiter mit gleichem Stromrichtungssinn im Abstand $2a$ nach Bild 4.1.9 entspricht. Die Kraft zwischen Stromleiter und ebene Eisenfläche ist demnach gleich der Kraft zwischen zwei Stromleitern im Abstand $2a$, denn ein Beobachter im Luftraum wird an Hand des

Feldverlaufes nicht feststellen können, ob es sich um die Anordnung Stromleiter-Eisenfläche im Abstand a oder um zwei parallele Stromleiter mit gleichem Stromrichtungssinn im Abstand $2a$ handelt. Somit wird nach Gl. (5.1.15)

$$F = \frac{\mu_0}{4\pi a} I^2 l, \tag{5.1.16}$$

wobei l die Länge des zur Eisenoberfläche parallelen Leiters und a der senkrechte Abstand des Leiters von der Eisenoberfläche ist. Da der Strom im Leiter und sein Spiegelbild gleiches Vorzeichen haben, ziehen sich Stromleiter und Eisenoberfläche stets gegenseitig an.

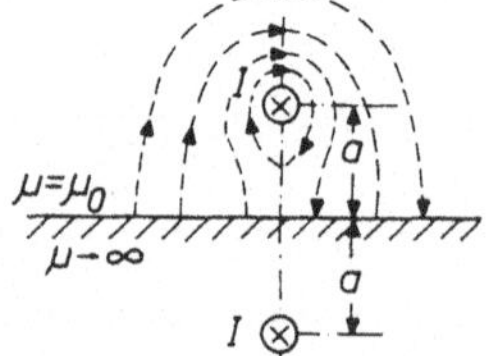

Bild 5.1.9
Magnetisches Feld um einen stromführenden Leiter parallel zu einer ebenen Eisenfläche.

Beispiel 5.5. Zwischen den Sammelschienen einer Gleichstromanlage ist ein Kurzschluß entstanden. Der Kurzschlußstrom beträgt $I = 30$ kA. Gesucht ist die Kraft zwischen beiden Sammelschienen je Meter Länge, wenn deren Abstand $a = 120$ mm beträgt.

Lösung: Nach Gl. (5.1.15) beträgt die Kraft F, mit der sich beide Sammelschienen auf 1 m Länge abstoßen

$$F = \mu_0 \frac{I^2 l}{2\pi a} = \frac{0{,}4\,\pi \cdot 10^{-6}\ \Omega\text{s/m}}{2\pi \cdot 0{,}12\,\text{m}} \cdot 9 \cdot 10^8\ \text{A}^2 \cdot 1\ \text{m} = 1500\ \text{N}$$

oder nach Gl. (5.1.15a)

$$F = 0{,}2 \cdot 10^{-6} \cdot 9 \cdot 10^8 \frac{100}{12}\ \text{N} = 1500\ \text{N}.$$

5.2 Energie und Kraftwirkung im elektrischen Feld

5.2.1 Energie des elektrischen Feldes. Beim Anlagen der Spannung U an einen Kondensator der Kapazität C muß zunächst das elektrische Feld aufgebaut werden. Während dieser Zeit nimmt die Ladung des Kondensators stetig zu, so daß in den Zuleitungen ein Ladestrom i fließt, bis der Kondensator aufgeladen ist. Wegen Gl. (3.1.21) steigt auch die Kondensatorspannung während der Aufladung stetig von $u = 0$ bis $u = U$, erreicht demnach den Endwert U erst in endlicher Zeit. Ist R der Widerstand der Zuleitungen, so muß die Spannungsquelle zur Aufladung des Kondensators während $\mathrm{d}t$ die Energie

$$\mathrm{d}W = i^2 R\,\mathrm{d}t + u\,\mathrm{d}Q = \mathrm{d}W_j + \mathrm{d}W_e$$

liefern. Der Anteil $\mathrm{d}W_j$ ist die während $\mathrm{d}t$ in der Zuleitung entwickelte Wärme, während $\mathrm{d}W_e$ zum Feldaufbau benötigt wird. Die gesamte vom Kondensator aufgenommene elektrische Energie beträgt daher

$$W_e = \int u\,\mathrm{d}Q = C \int_0^U u\,\mathrm{d}u = \frac{1}{2} C U^2$$

oder

$$W_e = \frac{1}{2} CU^2 = \frac{1}{2} QU = \frac{1}{2} \frac{Q^2}{C} \tag{5.2.1}$$

Im Felde eines Kondensators wird elektrische Energie gespeichert wie die potentielle Energie in einer gespannten Feder. Bei der Entladung des Kondensators kann diese Energie wiedergewonnen werden.

Setzt man in Gl. (5.2.1) $Q = DA$ und $U = El$, so erhält man für jeden Raumpunkt als *elektrische Energiedichte* (Energie/Volumen) allgemein, da in einem Raumelement dV das Feld homogen ist,

$$w_e = \frac{1}{2} DE = \frac{1}{2} \epsilon E^2 = \frac{D^2}{2\epsilon} \tag{5.2.2}$$

in Analogie zu Gl. (5.1.4) im magnetischen Feld.

Sitz der elektrischen Energie ist der vom elektrischen Feld erfüllte Raum, also das elektrische Feld.

Im Raum der Leitfähigkeit κ wird die elektrische Energie aufgebraucht und in Wärme umgewandelt. Aus $P = UI$ wird die verbrauchte Leistung pro Volumen P/V

$$P' = JE = \kappa E^2 = J^2/\kappa. \tag{5.2.3}$$

Beispiel 5.6. Ein Drehkondensator ist bei maximaler Kapazität $C = C_1$ an eine konstante Spannung U_1 angeschlossen. Nach Trennen des Kondensators von der Spannungsquelle wird seine Kapazität durch Herausdrehen der Rotorplatten auf den Wert C_2 verringert, wobei mit $n > 1$ der Kapazitätswert $C_2 = C_1/n$. Wie ändert sich dadurch die im Kondensator gespeicherte Energie?

Lösung: Wird die Kapazität ***nach*** Trennen des Kondensators von der Spannungsquelle auf C_2 verringert, so muß die Ladung Q unverändert bleiben, da sie nicht abfließen kann. Dagegen wird die Kondensatorspannung nach Gl. (3.1.21) $U_2 = n U_1$ und damit die im Feld des Kondensators gespeicherte Energie $W_2 = n W_1$. Sie ist durch die Verringerung der Kapazität des ***geladenen*** Kondensators n-mal größer geworden. Da die geladenen Kondensatorplatten eine Anziehungskraft aufeinander ausüben, muß zum Herausdrehen der Rotorplatten mechanische Arbeit geleistet werden, die als elektrische Energie die Feldenergie des Kondensators vergrößert.

5.2.2 Kraftwirkung auf freie Ladungsträger. Die auf eine Punktladung q vom elektrischen Feld ausgeübte geschwindigkeitsunabhängige Feldkraft beträgt

$$F = qE. \tag{5.2.4}$$

Auf ein Elektron wird daher vom elektrischen Feld die Kraft eE ausgeübt. Dadurch wird es entgegen der Feldrichtung beschleunigt und erreicht nach Zurücklegen der Strecke l die Geschwindigkeit v. Ist m_0 seine Masse (Ruhemasse), so beträgt dann seine kinetische Energie $m_0 v^2/2 = eEl$ oder

$$\frac{m_0 v^2}{2} = eU, \tag{5.2.5}$$

wobei U die vom Elektron durchlaufene Spannung (Potentialdifferenz) ist. Die vom Elektron erreichte Geschwindigkeit beim Durchlaufen der Spannung U beträgt somit

$$v = \sqrt{\frac{2e}{m_0} U}. \tag{5.2.5a}$$

Da die Elektronenmasse geschwindigkeitsabhängig ist, gilt Gl. (5.2.5) nur unter der Voraussetzung, daß mit c als Lichtgeschwindigkeit $v \ll c$. Dann erhält man aus Gl. (5.2.5a) durch Einsetzen der Zahlenwerte für e und m_0 nach Gl. (1.2.2) und Gl. (1.2.3) angenähert als Zahlenwertgleichung für Überschlagsrechnungen

$$v \approx 600 \sqrt{\frac{U}{\mathrm{V}}} \text{ in km/s}.$$

Kann v/c nicht mehr gegen 1 vernachlässigt werden, so muß die Geschwindigkeitsabhängigkeit der Masse

$$m = \frac{m_0}{\sqrt{1-(v/c)^2}} \tag{5.2.6}$$

berücksichtigt werden.

Nach Gl. (5.2.5) ist die von einem Elektron durchlaufene Spannung ein Maß für seine kinetische Energie, die man deshalb in der Energieeinheit *Elektronvolt* (eV) angibt.

$$1 \text{ eV} = 1{,}60 \cdot 10^{-19} \text{ Ws}. \tag{5.2.7}$$

Ein Elektronvolt (eV) ist die Energie, die ein Elektron im Vakuum beim Durchlaufen einer Potentialdifferenz von 1 Volt aus dem elektrischen Feld aufnimmt (Beschleunigung) oder dem Feld abgibt (Bremsung).

Außerdem entnimmt man Gl. (5.2.5):

Im Gegensatz zum magnetischen Feld ist im elektrischen Feld ein Energieaustausch zwischen Ladungsträger und Feld möglich.

Wird der Ladungsträger im Feld beschleunigt, so nimmt er Energie aus dem elektrischen Feld als kinetische Energie auf, wird er dagegen abgebremst, so gibt er kinetische Energie dem Feld ab, wodurch das Feld verstärkt wird.

Auch die Kraft, mit der sich zwei Punktladungen q_1 und q_2 im Abstand r bei gleicher Polarität abstoßen oder bei ungleicher Polarität anziehen, kann mit Gl. (5.2.4) berechnet werden. Am Ort von q_2 erzeugt zunächst q_1 ein Feld der Stärke E_1, wobei

$$E_1 = \frac{q_1}{4\pi\varepsilon r^2}, \qquad F = q_2 E_1,$$

so daß beide Punktladungen aufeinander die Kraft

$$F = \frac{q_1 q_2}{4\pi\varepsilon r^2} \tag{5.2.8}$$

ausüben. Das ist das *Coulombsche Gesetz* der Elektrostatik.

5.2.3 Kraftwirkung zwischen ebenen Flächenladungen. Denkt man sich den Elektrodenabstand eines geladenen Kondensators nach Abschaltung der Spannungsquelle um ein Wegelement $\mathrm{d}s$ virtuell verändert, so ist hierfür die Energie $\mathrm{d}W = F\,\mathrm{d}s$ erforderlich. Sie muß dem Feld des Kondensators entzogen oder zugeführt werden. Da diese Energieänderung durch eine Kapazitätsänderung verursacht wurde, wird nach Gl. (5.2.1) mit $\mathrm{d}W = \frac{1}{2} \cdot U^2\,\mathrm{d}C$ und $F = \mathrm{d}W/\mathrm{d}s$

$$F = \frac{1}{2} U^2 \frac{\mathrm{d}C}{\mathrm{d}s}. \qquad (5.2.9)$$

Die Kraft ist immer so gerichtet, daß sie (bei ungleichsinniger Polarität der Elektroden) die Kapazität zu vergrößern sucht.

Für einen Plattenkondensator wird daraus wegen Gl. (3.1.22) der Betrag bei Vernachlässigung der Streuung

$$F = \epsilon \frac{U^2 A}{2a^2} = \frac{C}{2a} U^2. \qquad (5.2.10)$$

Die Kraftwirkung im elektrostatischen Feld ist relativ klein, sie findet beispielsweise im elektrostatischen Spannungsmesser Anwendung.

Zwei ebene Kreisplatten vom Radius r = 30 cm im Abstand a = 5 mm haben in Luft eine Kapazität

$$C = \epsilon_0 \pi r^2 / a \approx 500 \text{ pF}.$$

Bei Anschluß beider Platten an U = 5 kV üben sie nach Gl. (5.2.10) eine gegenseitige Anziehungskraft

$$F = \frac{25 \cdot 10^6 \text{ V}^2 \cdot 5 \cdot 10^{-10} \text{ As/V}}{2 \cdot 5 \cdot 10^{-3} \text{ m}} = 1{,}25 \frac{\text{Ws}}{\text{m}} = 1{,}25 \text{ N}$$

aufeinander aus.

Setzt man in Gl. (5.2.10) wegen der vorausgesetzten Homogenität des Feldes im Plattenkondensator $U/a = E$ und $CU = DA$, so erhält man in Analogie zu Gl. (5.1.6)

$$F = \frac{1}{2} EDA = \frac{1}{2} \epsilon E^2 A. \qquad (5.2.11)$$

Dabei gilt auch im elektrischen Feld:

Im elektrostatischen Feld tritt längs der Feldlinien ein *Längszug* und quer zu ihnen ein *Querdruck* auf. Die resultierende Kraft auf eine Grenzfläche ist dabei stets zum Medium kleinerer Dielektrizitätskonstante gerichtet.

Längszug und Querdruck haben den durch Gl. (5.2.11) gegebenen Wert.

5.3 Das elektromagnetische Feld

5.3.1 Quellen- und Wirbelfeld. Elektrisches und magnetisches Feld zeigen im Aufbau ihrer Beziehungen oft eine ausgesprochene Analogie, die in vielen Fällen eine Anwendung gleicher Berechnungsmethoden gestattet und sich auch in der Zusammenstellung einiger

Gesetze in Tabelle 5.1 abzeichnet. Diese *rein formale* Analogie darf aber nicht über den *sehr wesentlichen* Unterschied beider Felder hinwegtäuschen, der stets beachtet werden muß. Kennzeichnend hierfür sind die Beziehungen im zeitlich konstanten Feld

$$\oint D \, dA = Q, \qquad \oint B \, dA = 0,$$

$$\oint E \, ds = 0, \qquad \oint H \, ds = \Theta.$$

Dort, wo das Flächenintegral eines Vektors über die geschlossene Oberfläche eines Raumteils (Hüllenintegral) verschwindet, beschreibt der Vektor ein quellenfreies Feld. Bei nicht verschwindendem Hüllenintegral beschreibt er ein *Quellenfeld.*

Dort, wo das Linienintegral eines Vektors auf geschlossenem Wege (Umlaufintegral) verschwindet, beschreibt der Vektor ein wirbelfreies Feld. Bei nicht verschwindendem Umlaufintegral beschreibt er ein *Wirbelfeld.*

Tabelle 5.1 *Elektrisches und magnetisches Feld*

Elektrisches Feld		Magnetisches Feld
I	Q	Φ
$I = \int J \, dA$	$Q = \int D \, dA$	$\Phi = \int B \, dA$
$J = \kappa E$	$D = \epsilon E$	$B = \mu H$
	$\epsilon = \epsilon_0 \epsilon_r$	$\mu = \mu_0 \mu_r$
$U = \int E \, ds \rightarrow El$		$V = \int H \, ds \rightarrow Hl$
$w_e = \frac{1}{2} DE$		$w_m = \frac{1}{2} BH$
$I = UG$	$Q = UC$	$\Phi = V \Lambda$
$G = \frac{I}{U}$	$C = \frac{Q}{U}$	$L = \frac{\Psi}{I}$
$R = \frac{l}{\kappa A}$	$\frac{1}{C} = \frac{l}{\epsilon A}$	$R_m = \frac{l}{\mu A}$
$W_e = \frac{1}{2} QU = \frac{1}{2} CU^2$		$W_m = \frac{1}{2} \Psi I = \frac{1}{2} LI^2$

Im elektrischen Feld entspringt und mündet der elektrische Fluß an den elektrischen Ladungen, sie sind die *Quellen* des Feldes. Der magnetische Fluß hat dagegen keine Quellen, denn magnetische „Mengen" sind nicht bekannt. Der magnetische Fluß verläuft stets in geschlossenen Bahnen. Das magnetische Feld ist quellenfrei.

Im zeitlich konstanten elektrischen Feld sind geschlossene Feldlinien unbekannt, die elektrische Umlaufspannung verschwindet. Das stationäre elektrische Feld ist wirbelfrei, während das magnetische Feld ein Wirbelfeld ist. Die *H*-Linien „umwirbeln" den elektrischen Strom ebenso wie die durch Induktionswirkung hervorgerufenen *geschlossenen E*-Linien den sich zeitlich ändernden Magnetfluß.

Das Umlaufintegral im homogenen Feld, Bild 5.3.1, ergibt

$$\oint E\,\mathrm{d}s = \int_1^2 E\,\mathrm{d}s + \int_2^3 E\,\mathrm{d}s + \int_3^4 E\,\mathrm{d}s + \int_4^1 E\,\mathrm{d}s.$$

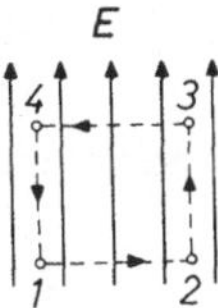

Bild 5.3.1
Geschlossener Umlauf im homogenen Feld

Auf dem Wege 1–2 und 3–4 verschwindet das Linienintegral, weil Weg- und Feldrichtung einen rechten Winkel bilden. Auf dem Wege 2–3 fallen Weg- und Feldrichtung zusammen, auf dem Wege 4–1 sind Weg- und Feldrichtung entgegengesetzt. Somit wird in Bild 5.3.1 wegen der Homogenität des Feldes

$$\oint E\,\mathrm{d}s = \int_2^3 E\,\mathrm{d}s + \int_4^1 E\,\mathrm{d}s = Es - Es = 0.$$

Man entnimmt diesem einfachen Beispiel:

1. Es ist nicht möglich ein elektrostatisches Feld *konstanter* Richtung zu erhalten, bei dem der Betrag des Feldvektors quer zur Feldrichtung örtlich verschieden ist. E hätte dann längs der Wege 2–3 und 4–1 verschiedene Werte, womit das Umlaufintegral nicht mehr verschwindet. Das elektrostatische Feld ist aber wirbelfrei.
2. Im zeitlich veränderlichen Feld (Wechselfeld) kann die Stromdichte über den Querschnitt eines Leiters nicht konstant sein wie bei Gleichstrom. Wegen $J \sim E$ müßte dann die Umlaufspannung (Umlaufintegral) verschwinden. Der Umlauf umschließt aber im Wechselfeld einen zeitlich veränderlichen Fluß $\mathrm{d}\Phi/\mathrm{d}t$, dessen Betrag nach dem Induktionsgesetz Gl. (4.3.1a) in jedem Augenblick gleich der Umlaufspannung ist. Das führt zur sogenannten Strom- und Feldverdrängung im Wechselfeld (Skin-Effekt, Kap. 12.1.3).

5.3.2 Verkettung der Felder. Jeder elektrische Strom ist stets von einem Magnetfeld begleitet und mit ihm verkettet. Mit Ausnahme des elektrostatischen und des magnetostatischen Feldes sind daher elektrisches und magnetisches Feld stets ein elektromagnetisches Feld. Bei nicht zu schnellen Feldänderungen und Vernachlässigung des Verschiebungsstromes wird die Verkettung beider Felder durch das *Durchflutungsgesetz* Gl. (4.2.2a) und das *Induktionsgesetz* Gl. (4.3.1a)

$$\oint H \cos\alpha\,\mathrm{d}s = \Theta, \qquad \oint E \cos\alpha\,\mathrm{d}s = -\,\mathrm{d}\Psi/\mathrm{d}t$$

beschrieben. Auch besteht eine Verknüpfung der Feldkonstanten beider Felder ϵ_0 und μ_0. Mit c als Lichtgeschwindigkeit ist im leeren Raum

$$\epsilon_0\,\mu_0\,c^2 = 1. \tag{5.3.1}$$

Nach dem zeitlichen Verhalten der Feldgrößen werden die Felder folgendermaßen eingeteilt:

1. *Statische Felder.* Zu ihnen gehört das elektrostatische Feld, gekennzeichnet durch $\mathrm{d}Q/\mathrm{d}t = 0$ und $\Phi = 0$, ferner das magnetostatische Feld, gekennzeichnet durch $\mathrm{d}Q/\mathrm{d}t = 0$, $E = 0$ und $\mathrm{d}\Phi/\mathrm{d}t = 0$. In statischen Feldern erfolgt kein Energietransport.
2. *Stationäre Felder.* Das sind Gleichstromfelder, gekennzeichnet durch $\mathrm{d}Q/\mathrm{d}t = I = \mathrm{const.}$, und $\mathrm{d}\Phi/\mathrm{d}t = 0$.

3. *Quasistationäre* oder *langsam veränderliche Felder*. Bei ihnen erfolgen die Feldänderungen so langsam, daß angenähert die Gesetze des stationären Feldes gelten; sie sind gekennzeichnet durch $\mathrm{d}Q/\mathrm{d}t \neq 0$ und $\mathrm{d}\Phi/\mathrm{d}t \neq 0$, bzw.

$$i_c = C\frac{\mathrm{d}u}{\mathrm{d}t}, \qquad u_L = L\frac{\mathrm{d}i}{\mathrm{d}t}. \tag{5.3.2}$$

Der Verschiebungsstrom wird nur dort berücksichtigt, wo konzentrierte Kapazität auftritt.

4. *Rasch veränderliche Felder*. Bei ihnen kommt die Verkettung der elektrischen und magnetischen Größen nach Bild 5.3.2 voll zur Wirkung, sie bilden vorzugsweise das Gebiet der Hochfrequenztechnik.

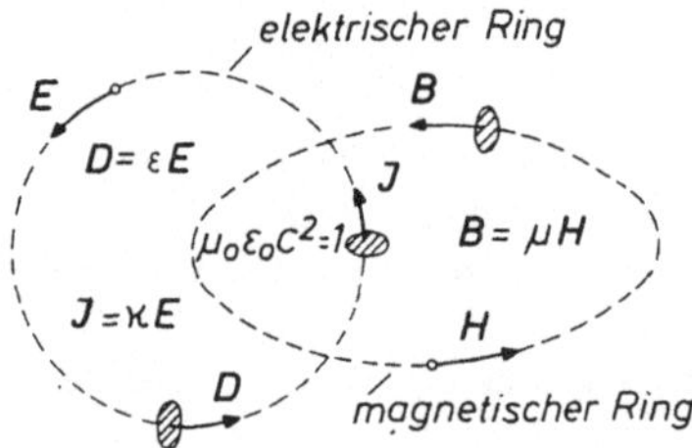

Bild 5.3.2
Verkettung des elektrischen und magnetischen Feldes

Das Durchflutungsgesetz muß durch den Verschiebungsstrom nach Gl. (3.2.5) erweitert werden, was zu den *Maxwellschen Feldgleichungen* führt. In der Integralform lauten sie in Vektorschreibweise

$$1.\ \oint \boldsymbol{H}\,\mathrm{d}s = \int\left(\kappa\boldsymbol{E} + \epsilon\frac{\mathrm{d}\boldsymbol{E}}{\mathrm{d}t}\right)\mathrm{d}A, \qquad 2.\ \oint \boldsymbol{E}\,\mathrm{d}s = -\frac{\mathrm{d}}{\mathrm{d}t}\int \boldsymbol{B}\,\mathrm{d}A.$$

Nimmt man noch die Materialgleichungen

$$\boldsymbol{D} = \epsilon\boldsymbol{E}, \qquad \boldsymbol{B} = \mu\boldsymbol{H}$$

und die Zusatzbedingungen

$$\oint \boldsymbol{D}\,\mathrm{d}A = Q, \qquad \oint \boldsymbol{B}\,\mathrm{d}A = 0$$

hinzu, so können mit diesem Gleichungssystem alle elektromagnetischen Erscheinungen des Makrokosmos beschrieben werden. Ihre Aussage ist in Bild 5.3.3 dargestellt.

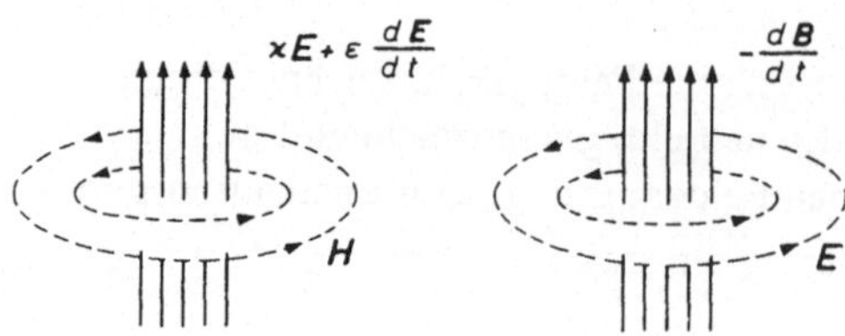

Bild 5.3.3
Aussage der Maxwellschen Feldgleichungen

6 Elektrische Strömung in Elektrolyten

6.1 Elektrochemische Vorgänge

6.1.1 Elektrizitätsleitung in Flüssigkeiten. Wasser übt auf gelöste Stoffe eine starke dissoziierende Wirkung aus. Man versteht darunter die Aufspaltung gelöster Stoffe in ihre Ionenbestandteile (elektrolytische *Dissoziation*). In wäßrigen Lösungen von Säuren, Basen und Salzen, die man auch als *Elektrolyte* bezeichnet, sind daher infolge der elektrolytischen Dissoziation bereits von Anfang an materielle Ladungsträger in Form von positiven Ionen, den *Kationen*, und negativen Ionen, den *Anionen*, vorhanden. Unter dem Einfluß einer elektrischen Spannung wandern dann *innerhalb* des Elektrolyten nach Bild 6.1.1 die Kationen zur Kathode (K) und die Anionen zur Anode (A). Man bezeichnet dabei allgemein die *Stromaustritts*-Elektrode als *Kathode* und die *Stromeintritts*-Elektrode als Anode. In Bild 6.1.1 ist demnach die positive Elektrode Anode und die negative Elektrode Kathode. Die positiven Kationen werden durch die Atome der Metalle, des Wasserstoffs und der Atomgruppen gebildet, die sie chemisch ersetzen können, wie z.B. NH_4. Nichtmetalle, Hydroxylgruppen und Säurereste wie z.B. SO_4 bilden dagegen die negativen Anionen. Jedes Ion, gleichgültig ob Atomion oder Molekülion, trägt ebensoviele Elementarladungen e, wie seine chemische Wertigkeit n beträgt, was man durch n hochgestellte Plus- oder Minuszeichen kennzeichnen kann, z.B. Cu^{++}, H^+, SO_4^{--}, O^{--} oder Cu^{2+}, SO_4^{2-}, O^{2-} usw.

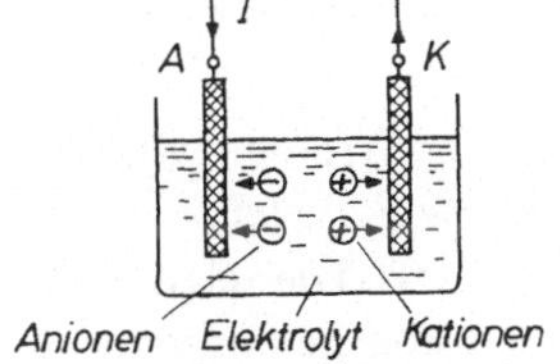

Bild 6.1.1
Elektrolyse

An den Elektroden werden die Ionen durch Aufnahme oder Abgabe von Elektronen neutralisiert (entladen) und in fester Form oder als Gas atomar niedergeschlagen. Die so gebildeten Reaktionsprodukte können wieder in Lösung gehen oder auch mit dem Elektrodenmaterial oder dem Elektrolyten neue chemische Verbindungen bilden. Im Gegensatz zur Elektrizitätsleitung in Metallen (Kap. 7.2.1) handelt es sich demnach bei der Elektrizitätsleitung in Elektrolyten um eine *Ionenleitung* (elektrolytische Leitung), gekennzeichnet durch einen Materialtransport (Kap. 1.2.2). Dabei tritt eine Trennung chemischer Verbindungen ein. Diesen Vorgang bezeichnet man als *Elektrolyse*. Eine elektrolytische Leitung ist auch in festen Stoffen, z. B. in bestimmten Kristallen möglich, sie tritt auch in der Schmelze von Salzen auf.

In Elektrolyten gilt das Ohmsche Gesetz. Der Widerstand nimmt in der Regel mit zunehmender Temperatur ab (negativer Temperaturkoeffizient), da die Anzahl der Ladungsträger und damit die Konzentration im allgemeinen mit der Temperatur ansteigt. Um eine chemische Zersetzung und Polarisation (Kap. 6.1.3) zu vermeiden, muß der Widerstand von Elektrolyten mit Wechselstrom gemessen werden.

Wasser ist in chemisch reinem Zustand nahezu ein Isolator, aber bereits kleine lösliche Beimengungen machen es leitend. Bei einem Zusatz von Schwefelsäure H_2SO_4 wandern z.B. beim Anlegen einer Spannung die Wasserstoffionen als Kationen zur Kathode, wo Wasserstoff in Form von Gasblasen entweicht. Die SO_4-Ionen wandern dagegen als Anionen zur Anode. Dort bilden sie mit dem Wasser wieder Schwefelsäure, so daß an der Anode Sauerstoff als sekundäre chemische Reaktion entsteht. Besteht die Anode z.B. aus Kupfer, so bildet sich mit der SO_4-Gruppe Kupfersulfat $CuSO_4$, welches in Lösung geht und die Kupferanode aufbraucht, während Kupferionen als Kationen zur Kathode wandern, dort neutralisiert werden und die Kathode verkupfern.

In einer elektrolytischen Zelle mit Aluminiumanode verbindet sich bei der Wasserzersetzung der entstehende Sauerstoff mit dem Aluminium zu Aluminiumoxid (Eloxal-Verfahren zur Bildung von elektrisch oxydierten Aluminiumschichten). Da Aluminiumoxid nahezu ein Isolator ist, wird der Strom sehr klein (Ventilwirkung, elektrolytischer Gleichrichter).

Bei mehr oder weniger isolierenden Flüssigkeiten, z.B. Isolierölen, ist der Leitungsvorgang wesentlich komplizierter. Das Ohmsche Gesetz gilt nur im ersten Teil der Stromspannungskennlinie und geht in ein Sättigungsgebiet über. Weitere Spannungssteigerung führt schließlich zu einem starken Stromanstieg, der zum Durchschlag führt. Die zugehörige Durchschlagspannung ist von vielerlei Einflüssen insbesondere von Verunreinigungen, Wassergehalt, Temperatur und Druck, sowie vom zeitlichen Verlauf der Spannung abhängig.

6.1.2 Elektrolyse. In der physikalischen Chemie wird die Stoffmenge, also die „Stückzahl gleichartiger Teilchen", in Vielfachen der Mengeneinheit *Mol* angegeben:

> Ein Mol (mol) ist die Stoffmenge eines Systems aus ebensoviel Teilchen wie Atome in 12 g des Kohlenstoffnuklids ^{12}C enthalten sind. Das sind stets N_A Teilchen, z.B. Atome, Moleküle, Ionen usw.

$N_A = 6{,}022 \cdot 10^{23}\,\text{mol}^{-1}$ ist die *Avogadro-Konstante*. Die Masse m_a von Atomen wird ferner allgemein in Vielfachen einer „atomaren Masse", der *Atommassenkonstante* m_u, angegeben, festgelegt als 1/12 der Atommasse des Kohlenstoffnuklids ^{12}C. Die relative Atommasse A_r eines Elements oder Nuklids ist dagegen die auf m_u bezogene Atommasse, $A_r = m_a/m_u$. Entsprechend ergibt die relative Molekülmasse M_r eines Stoffes die Summe der in einem Molekül dieses Stoffes enthaltenen relativen Atommassen.

Nach der Definition der Mengeneinheit Mol gilt für Kohlenstoff ^{12}C mit der Atommasse m_{ac}

$$N_A m_{ac} = 12\, N_A m_u = 12\ \text{g/mol}; \qquad N_A m_u = 1\ \text{g/mol}$$

oder allgemein

$$m_u = \frac{1}{N_A}\ \text{g/mol} = 1{,}660 \cdot 10^{-24}\ \text{g} = 1\ \text{u}.$$

Mit $N_A m_a = N_A m_u A_r$ Teilchenmassen je Mol hat demnach ein Mol die Masse A_r g und entsprechend bei mehratomigen Stoffen die Masse M_r g.

Bem.: Mit der Masse des Sauerstoffatoms ^{16}O als Bezugsmasse wurde früher die relative Atommasse A_r als „Atomgewicht" und die relative Molekülmasse M_r als „Molekulargewicht" bezeichnet. Die Einheit u von m_u steht für "unified atomic mass".

Wegen $A_r = 16$ für Sauerstoff O ist ein Mol Sauerstoff eine Menge mit einer *Masse* von 16 g, dagegen hat ein Mol O_2 eine Masse von 32 g. Wegen $A_r = 32$ für Schwefel S hat die Verbindung SO_4 eine relative Molekülmasse $M_r = 1 \cdot 32 + 4 \cdot 16 = 96$. Ein Mol SO_4 ist also eine Menge mit einer Masse von 96 g.

Fließt durch einen Elektrolyten (Bild 6.1.1) ein konstanter Strom I, wobei während der Zeit t an den Elektroden Nn-wertige Ionen neutralisiert werden, so beträgt bei einatomigen Ionen die während dieser Zeit an den Elektroden ausgeschiedene Masse

$$m = NA_r m_u, \quad \text{so daß } N = \frac{m}{A_r m_u}.$$

Die zum Ausscheiden dieser Masse m benötigte elektrische Ladung Q ist

$$Q = It = Nne = \frac{m}{A_r} n \frac{e}{m_u}, \quad \text{wobei } F = \frac{e}{m_u} = \frac{1{,}60 \cdot 10^{-19}\,\text{As}}{1{,}66 \cdot 10^{-24}\,\text{g}} \approx 96500\ \text{As/g}$$

und für mehratomige Stoffe A_r durch M_r zu ersetzen ist. Die Masse von einem Mol eines n-wertigen Stoffes transportiert demnach stets eine Ladung $Q_F = n \cdot 96500$ As. Das ist die Aussage des *Faradayschen Äquivalentgesetzes:*

Zur Ausscheidung einer Stoffmenge von einem Mol aus einer wäßrigen Lösung ist eine elektrische Ladung $Q_F = n \cdot 96500$ As erforderlich.

In der Zeit t wird somit bei konstantem Strom I eine Stoffmenge mit der Masse

$$\boxed{m = It \frac{A_r}{nF}} \tag{6.1.1}$$

abgeschieden. Für mehratomige Stoffe ist wieder A_r durch die relative Molekülmasse M_r zu ersetzen. Vorausgesetzt ist ferner, daß die Stromausbeute 100 % ist.

$$\boxed{F = 96\,500\ \text{As/g}} \tag{6.1.2}$$

bezeichnet man als *Faraday-Konstante* (Äquivalentladung).

Angewendet wird die Elektrolyse in der Metallurgie zur Gewinnung von Reinmetallen, z.B. Elektrolytkupfer, wie auch bei der Aluminiumerzeugung. Weitere Anwendungen sind in der *Galvanostegie* die Herstellung von metallischen Überzügen, z.B. Verkupfern, Versilbern, Vergolden und in der *Galvanoplastik* die Anfertigung von Abdrucken (Galvanos, Klischees).

Beispiel 6.1. Welche Silbermenge wird von einer Stromstärke $I = 1$ A in einer Sekunde aus einer wäßrigen Silbersalzlösung ausgeschieden? Wertigkeit $n = 1$, $A_r = 107{,}88$.

Lösung: Nach Gl. (6.1.1) wird

$$m = It \frac{A_r}{nF} = 1\,\text{A} \cdot 1\,\text{s} \cdot \frac{107{,}88}{1 \cdot 96{,}5 \cdot 10^3\,\text{As/g}} = 1{,}118\ \text{mg}.$$

Da eine Wägung der ausgeschiedenen Silbermenge sehr genau möglich ist, diente dieses Ergebnis zur Festlegung des „internationalen“ Amperes.

Beispiel 6.2. Aus einem Nickelbad sollen in t = 8 Stunden m = 500 g Nickel gewonnen werden. Wertigkeit n = 2, A_r = 58,6. Gesucht ist die hierfür erforderliche Stromstärke.

Lösung: Nach Gl. (6.1.1) wird

$$I = \frac{mnF}{tA_r} = \frac{500\,\text{g} \cdot 2 \cdot 96{,}5 \cdot 10^3\,\text{As/g}}{8 \cdot 60 \cdot 60\,\text{s} \cdot 58{,}6} = 57{,}2\,\text{A}.$$

6.1.3 Elektrolytische Polarisation. Die bei der Elektrolyse benötigte Leistung ist

$$P = I^2 R + P_p.$$

Der Anteil $I^2 R$ führt zur Erwärmung des Elektrolyten, während P_p die *Polarisationsleistung* ist, die aufgebracht werden muß, um in chemische Energie umgesetzt zu werden.

Der Polarisationsleistung entspricht die *Polarisationsspannung* U_p

$$U_p = P_p/I = U - IR.$$

Sie kann bei Unterbrechung der Stromzuführung zwischen den Elektroden der Zersetzungszelle gemessen werden, die währenddessen kurzzeitig als Spannungsquelle (galvanisches Element) wirkt. Soll eine Elektrolyse ununterbrochen durchgeführt werden, so muß daher die angelegte Spannung oberhalb der *Zersetzungsspannung* (Polarisationsspannung) des Elektrolyten liegen. Eine Polarisationsspannung entsteht aber stets bei verschiedener Beschaffenheit der Grenzflächen zwischen Elektrode und Flüssigkeit, also auch dann, wenn sich verschiedene Stoffe bei der Elektrolyse auf den Elektroden aus gleichem Material absetzen, wie etwa Wasserstoff und Sauerstoff bei der Wasserzersetzung mit Platinelektroden. Eigentliche Ursache der Entstehung einer Polarisationsspannung ist der Vorgang der Elektronenabgabe (Oxydation) an einer Elektrode und der Elektronenaufnahme (Reduktion) an der anderen Elektrode.

Befindet sich ein Metall in einer Flüssigkeit, so wird die Austrittsarbeit der Metallionen herabgesetzt; es gehen positive Metallionen als Kationen in die Flüssigkeit bis zum Erreichen eines Sättigungszustandes. Dadurch erhält die Metallelektrode ein negatives und die Flüssigkeit ein positives Potential. Der Endzustand als Gleichgewichtszustand ist erreicht, wenn die Potentialdifferenz U_1 zwischen Metall und Elektrolyt einen solchen Wert hat, daß sich die Wirkung der elektrischen Rückholkräfte (Kräfte zwischen Ladungen verschiedener Polarität), verstärkt durch die Rückdiffusion, dem Bestreben der Metallionen in Lösung zu gehen das Gleichgewicht hält. Mit einer zweiten Elektrode, die ebenfalls eine Potentialdifferenz U_2 gegenüber dem Elektrolyten hat, kann die Differenz $U_1 - U_2$ als Quellenspannung (Leerlaufspannung) zwischen beiden Elektroden abgenommen werden. Man hat ein galvanisches Element erhalten.

Ähnlich wie Metalle verhalten sich auch Gase, z. B. Gasschichten an den Elektroden, wenn sie sich im Elektrodenmetall lösen und Ionen in Lösung schicken können. Die elektrolytische *Spannungsreihe der Elemente* gibt die Spannung zwischen einem Metall und einer Wasserstoff-Bezugselektrode an.

Tabelle 6.1 *Elektrolytische Spannungsreihe der Metalle*

K	− 2,9 V	Zn	− 0,77 V	H	0,0 V
Na	− 2,7 V	Fe	− 0,44 V	Cu	+ 0,34 V
Mg	− 2,4 V	Ni	− 0,23 V	Ag	+ 0,80 V
Al	− 1,7 V	Sn	− 0,14 V	Hg	+ 0,86 V
Mn	− 1,1 V	Pb	− 0,13 V	Pt	+ 1,2 V

In galvanischen Elementen bewirkt die elektrolytische Polarisation, daß die Spannung während der Stromentnahme absinkt, da die Polarisationsspannung der Quellenspannung entgegenwirkt. Um die Polarisation an den Elektroden zu verhindern, werden *Depolarisatoren* beigegeben. Das sind Stoffe, welche z. B. Sauerstoff abgeben, der mit der Wasserstoffhaut auf den Elektroden eine chemische Bindung eingeht; es entsteht Wasser.

6.2 Elektrochemische Spannungsquellen

6.2.1 Galvanische Elemente. Die Quellenspannung galvanischer Elemente entsteht auf die gleiche Weise, wie die Polarisationsspannung bei der Elektrolyse. Galvanische Elemente sind dabei Primärelemente, d. h. die Umformung der chemischen Energie in elektrische Energie ist nicht umkehrbar. Akkumulatoren (Sammler) sind dagegen Sekundärelemente; in ihnen wird Energie in Form chemischer Energie gespeichert, sie können „aufgeladen" werden. Galvanische Elemente mit nicht eingedicktem Elektrolyten haben heute keine technische Bedeutung mehr. Trockenelemente werden dagegen vielseitig z. B. als Taschenlampen-Batterien, Anoden-Batterien und in zunehmendem Maße insbesondere als miniaturisierte Zink/Silberoxid-Zellen (Zn/AgO oder Zn/Ag_2O) für Armbanduhren oder elektronische Taschenrechner verwendet. Kleinste Knopfzellen dieser Art mit 6,8 mm Durchmesser und 2,1 mm Höhe erreichen eine Kapazität von 15 mAh bei 1,55 V. Elektrolyt bildet eine hochkonzentrierte Natrium- oder Kaliumhydroxidlösung.

Beim *Leclanché-Element* (Klingelelement) befinden sich Kohle (+) und Zink (-) in einer Salmiaklösung, die bei der Trockenbatterie (Taschenlampen-Batterie, Anoden-Batterie) eingedickt ist. Der entstehende Wasserstoff würde das Element polarisieren, daher ist die Kohle (Graphit-Elektrode) mit Braunstein umgeben, der durch Abgabe von Sauerstoff als Depolarisator wirkt. Die Quellenspannung beträgt etwa 1,4 V, sie sinkt bei Belastung etwas ab. Als *Luft-Sauerstoff-Element* ausgeführt, besteht die Kohleelektrode aus poröser Kohle, um eine große Oberfläche zu erhalten, auf der sich der Wasserstoff fein verteilt. Durch den Luftsauerstoff wird dieser Wasserstoff zu Wasser oxydiert. Für die praktische Ausführung von galvanischen Elementen gelten VDE 0807, VDE 0808 und DIN 40850.

In der Meßtechnik hat das *Normalelement von Weston* (Cadmium-Element) Bedeutung. Die positive Elektrode wird durch Quecksilber (Hg) gebildet, die negative Elektrode durch Cadmium (Cd)(Cadmiumamalgam). Elektrolyt ist konzentrierte Cadmiumsulfatlösung ($CdSO_4$), beigegebene Kristalle erhalten die Konzentration. Die Quellenspannung ist weitgehend konstant und nur wenig temperaturabhängig, sie beträgt 1,0183 V bei 20 °C. Das Element darf nur mit schwachen Strömen belastet werden ($I < 0,1$ mA). Anwendung findet das Normalelement bei Kompensationsmessungen (Kap. 2.3.2), Eichungen von Meßinstrumenten oder überall dort, wo eine konstante und genau bekannte Spannung verlangt wird.

6.2.2 Der Bleiakkumulator. Die positive Elektrode besteht im geladenen Zustand aus Bleidioxid PbO_2 die negative Elektrode aus Blei. Bei völlig entladenem Zustand bestehen beide Elektroden (Platten) aus Bleisulfat $PbSO_4$. Elektrolyt ist verdünnte Schwefelsäure H_2SO_4 mit H_2O. Im einzelnen ergibt sich folgender Vorgang:

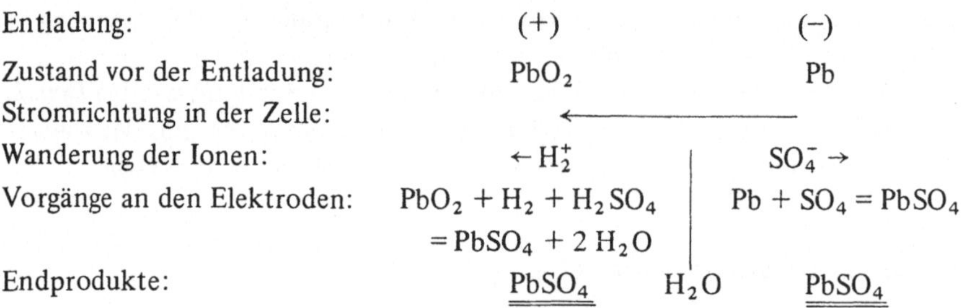

Entladung:	(+)		(−)
Zustand vor der Entladung:	PbO_2		Pb
Stromrichtung in der Zelle:	←		
Wanderung der Ionen:	$\leftarrow H_2^{+}$		$SO_4^{-} \rightarrow$
Vorgänge an den Elektroden:	$PbO_2 + H_2 + H_2SO_4 = PbSO_4 + 2\,H_2O$		$Pb + SO_4 = PbSO_4$
Endprodukte:	$PbSO_4$	H_2O	$PbSO_4$

Beide Platten sind zu Bleisulfat geworden, der Akkumulator ist vollständig entladen. Die Säuredichte wird während der Entladung geringer, da sich Wasser gebildet hat.

Ladung:	(+)		(−)
Zustand vor der Ladung:	$PbSO_4$		$PbSO_4$
Stromrichtung in der Zelle:			→
Wanderung der Ionen:	$\leftarrow SO_4^{-}$		$H_2^{+} \rightarrow$
Vorgänge an den Elektroden:	$PbSO_4 + SO_4 + 2\,H_2O = PbO_2 + 2\,H_2SO_4$		$PbSO_4 + H_2 = Pb + H_2SO_4$
Endprodukte:	PbO_2	H_2SO_4	Pb

Die positive Platte ist wieder zu Bleidioxid geworden. An der negativen Platte hat sich metallisches Blei gebildet, die Zersetzungszelle ist wieder Stromquelle, galvanisches Element (Sekundärelement). An beiden Platten wurde Schwefelsäure frei, daher ist die Säuredichte größer geworden. Das Ende der Ladung erkennt man daran, daß beide Platten infolge Wasserzersetzung heftig „gasen" (Knallgasbildung). Außerdem ist die Säuredichte ein Kennzeichen für beendete Ladung. Die volle Umkehrbarkeit der Vorgänge zeigt die Beziehung

$$PbO_2 + 2\,H_2SO_4 + Pb \underset{\text{Ladung}}{\overset{\text{Entladung}}{\rightleftarrows}} PbSO_4 + 2\,H_2O + PbSO_4.$$

Die Spannung beträgt im Mittel 2,0 V, sie bleibt während der Entladung nahezu konstant.

Bem.: Das bei der Entladung gebildete Bleisulfat ist praktisch ein Nichtleiter. Um daher eine zu starke Sulfatierung der Platten zu verhindern, ist eine Entladung unter 1,75 V Zellenspannung unbedingt zu vermeiden.

Die Kapazität (Aufnahmefähigkeit) eines Akkumulators wird in Ampere-Stunden (Ah) angegeben. Sie ist kleiner, wenn mit starken Strömen entladen oder geladen wird, da die aktive Masse bei starken Strömen nur oberflächlich umgewandelt werden kann. Als Platten werden Gitter- oder Großoberflächenplatten verwendet. Die aktive Masse wird in Gittermaschen gepreßt. Auf diese Weise kann die Säure überall eindringen.

6.2.3 Andere Akkumulatoren. Stahlakkumulatoren werden entweder als Nickel-Eisen-Zelle (Edison-Akkumulator) oder als Nickel-Cadmium-Zelle ausgeführt. Die aktive Masse der positiven Elektrode wird aus Nickelhydroxydul $Ni(OH)_2$ gebildet, während die negative Elektrode aus Eisenhydroxydul $Fe(OH)_2$ bzw. Cadmiumhydroxydul $Cd(OH)_2$ besteht. Elektrolyt ist 20 %ige Kalilauge (KOH). Bei der Ladung erfolgt Umwandlung des Nickelhydroxyduls in Nickelhydroxyd und des Eisen-(Cadmium)-hydroxyduls in metallisches Eisen bzw. Cadmium nach der Beziehung

$$2\,Ni(OH)_2 + Fe(OH)_2 \underset{\text{Entladung}}{\overset{\text{Ladung}}{\rightleftarrows}} 2\,Ni(OH)_3 + Fe,$$

wobei für die Nickel-Cadmium-Zelle Fe durch Cd zu ersetzen ist. Die Kalilauge dient lediglich als Leiter und nimmt an der Umwandlung nicht teil. Die Quellenspannung beträgt 1,35 bis 1,5 V, die Klemmenspannung im zeitlichen Mittel 1,2 V pro Zelle. Ladespannung etwa 1,65 bis 1,8 V.

Gegenüber Bleiakkumulatoren haben Stahlakkumulatoren den Vorteil großerer mechanischer Festigkeit und Unempfindlichkeit gegen unsachgemäße Behandlung. Nachteile sind geringere Spannung, höherer innerer Widerstand, ein relativ schlechter Wirkungsgrad und der höhere Preis.

Einen besonders guten Wirkungsgrad hat der Silber-Zink-Akkumulator, bei dem sich die chemischen Reaktionen nach der Beziehung

$$Ag + Zn(OH)_2 \underset{\text{Entladung}}{\overset{\text{Ladung}}{\rightleftarrows}} AgO + H_2O + Zn$$

abspielen. Er hat eine Zellenspannung von etwa 1,5 V und findet wegen seines relativ geringen Gewichtes vorzugsweise in der Luft- und Raumfahrt Anwendung.

6.2.4 Brennstoffzellen. Ebenso wie galvanische Elemente und Akkumulatoren sind auch Brennstoffzellen Energie-Direktumwandler. Die in den Brennstoffen gespeicherte chemische Energie wird ohne Zwischenstufe wie Umwandlung in Wärme und mechanische Energie direkt in elektrische Energie überführt. Auch der Vorgang der Entstehung einer Spannung in der Brennstoffzelle spielt sich nach den gleichen Gesetzen ab, wie in einem galvanischen Element. Während aber bei den galvanischen Elementen und Akkumulatoren die Partner der chemischen Reaktionen bereits in der Zelle vorgegeben sind und zusammen mit den Endprodukten in der Zelle bleiben, werden die Reaktionspartner der Brennstoffzelle als Brennstoff kontinuierlich zugeführt und die Endprodukte laufend abgeführt. Der Brennstoff wird gasförmig oder in gelöster Form mit dem Elektrolyten und den beiden Elektroden in innigen Kontakt gebracht.

Als Beispiel zeigt Bild 6.2.1 den schematischen Aufbau einer H_2-O_2-Brennstoffzelle; sie besteht im wesentlichen aus zwei im allgemeinen porösen Elektroden, die durch den Elektrolyten als Ionenleiter getrennt sind. Die Reaktionsgase, H_2 als Brennstoff und O_2 als Oxydationsmittel, werden den Elektroden getrennt und kontinuierlich zugeführt, Wasser H_2O als Endprodukt laufend abgeführt. An der Kathode K nimmt der zugeführte Sauerstoff Elektronen auf (Reduktion) nach der kathodischen Teilreaktion

$$\frac{1}{2}\,O_2 + H_2O + 2\,e^- \rightarrow 2\,OH^-.$$

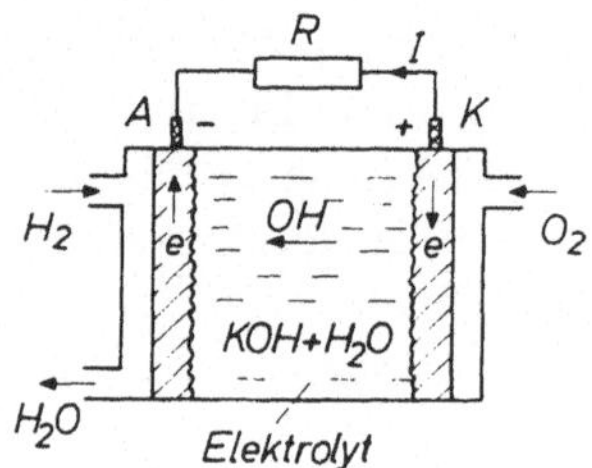

Bild 6.2.1
Schematischer Aufbau einer H_2-O_2-Brennstoffzelle

Dadurch entsteht an der Kathode ein Elektronenmangel, die Kathode ist positive Elektrode. An der Anode A als Brennstoffelektrode gibt der zugeführte Wasserstoff Elektronen ab (Oxydation) nach der Beziehung

$$H_2 \rightarrow 2\,H^+ + 2\,e^-.$$

Zusammen mit den OH-Ionen, die als negative Anionen durch den Elektrolyten zur Anode diffundieren, spielt sich an der Anode die anodische Teilreaktion

$$2\,H^+ + 2\,e^- + 2\,OH^- \rightarrow 2\,H_2O + 2\,e^-$$

ab. Infolge Elektronenüberschusses ist die Anode die negative Elektrode. In der Brennstoffzelle wird demnach die Gesamtreaktion

$$\frac{1}{2}\,O_2 + H_2 \rightarrow H_2O$$

in eine kathodische und anodische Teilreaktion aufgespalten. Durch die örtliche Trennung der Reduktionsreaktion an der Kathode (Elektronenaufnahme) und der Oxydationsreaktion an der Anode (Elektronenabgabe) wird erreicht, daß bei der stark exothermen, d. h. wärmeabgebenden Gesamtreaktion der überwiegende Teil der Reaktionsenergie in elektrische Energie überführt wird. Etwa durch Erhitzen könnte diese Gesamtreaktion dagegen sogar explosionsartig erfolgen (Knallgas-Explosion).

Die an der Anode frei werdenden Elektronen gelangen über den äußeren Stromkreis, in dem sie Arbeit leisten, zur positiven Kathode und werden dort zur Reduktion des Sauerstoffs verbraucht. Ein Elektronenaustausch findet also nur mit dem Metall der Elektroden über den äußeren Stromkreis statt. Innerhalb des Elektrolyten liegt eine Ionenleitung vor und ist auch nur erwünscht, denn eine Elektronenleitung innerhalb der Zelle würde einen Kurzschluß bedeuten. Die Spannung einer Brennstoffzelle liegt im Bereich um 1 V.

7 Elektrizitätsleitung in gasförmigen und festen Stoffen

7.1 Elektrizitätsleitung im Vakuum und in Gasen

7.1.1 Arten der Elektrizitätsleitung. Voraussetzung für das Zustandekommen eines elektrischen Leitungsstromes ist das Vorhandensein von Elektrizitätsträgern. Dabei kann man zwei Grenzfälle unterscheiden:

1. Die Elektronenleitung, bei der die Elektrizitätsleitung ausschließlich durch die Wanderung (Bewegung) von Elektronen erfolgt.
2. Die Ionenleitung, die auf Wanderung (Bewegung) positiver oder negativer Ionen beruht. Es handelt sich also um materielle Träger der Elementarladungen (Atom- oder Molekülionen).

Im Gegensatz zur reinen Elektronenleitung ist somit eine Ionenleitung (oder die Beteiligung von Ionen an der Elektrizitätsleitung) stets mit einem Materietransport verbunden und daran kenntlich.

Je nachdem die Elektrizitätsträger zur Aufrechterhaltung der Elektrizitätsleitung zusätzlich aufgebracht werden müssen oder nicht, unterscheidet man ferner zwischen einer selbständigen und einer unselbständigen Elektrizitätsleitung. Bei der unselbständigen Elektrizitätsleitung müssen die Ladungsträger sämtlich oder zum Teil durch eine besondere Trägerquelle erzeugt werden (Beispiel: Elektrizitätsleitung im Vakuum, Kap. 7.1.3). Die Elektrizitätsleitung hört nach Abschalten der Trägerquelle auf. Bei der selbständigen Elektrizitätsleitung verschafft sich der Stromdurchgang selbst die erforderlichen Ladungsträger (Beispiel: Elektrizitätsleitung in Metallen, Kap. 7.2.1). Zusätzliche äußere Hilfsmittel sind zu ihrer Aufrechterhaltung nicht erforderlich.

7.1.2 Elektronenemission, Anregung und Ionisation. Wird ein Metall im Vakuum erhitzt, so bedeutet das Energiezufuhr. Dadurch wird die statistische Geschwindigkeitsverteilung der Leitungselektronen (Wärmegeschwindigkeit) derart verschoben, daß ein wachsender Anteil von Elektronen so viel Energie aufnimmt, daß sie befähigt werden, das Metall zu verlassen und in das Vakuum zu treten. Man erhält eine Elektronenemission (Glühemission). Elektronenemission kann auch z. B. durch die Einwirkung eines hinreichend starken elektrischen Feldes an einer Metalloberfläche (Feldemission) oder durch auftreffende Lichtenergie (Photoeffekt) hervorgerufen werden. Auch beim Auftreffen von Ladungsträgern hinreichender Geschwindigkeit (kinetischer Energie) auf feste (metallische) Flächen kann es zu einer Elektronenemission kommen (Sekundäremission).

Zur Elektronenbefreiung (Elektronenemission) muß je nach Material (Atomaufbau) eine bestimmte Mindestenergie aufgebracht werden, die Austrittsenergie oder *Austrittsarbeit*

$$W_0 = \frac{m_0 v_g^2}{2} = e\varphi_0 . \qquad (7.1.1)$$

Hierbei ist φ_0 das sogenannte *Halte-* oder *Austrittspotential*, m_0 die Elektronenmasse (Ruhemasse) und v_g die Grenzgeschwindigkeit, bei der ein Elektron die notwendige kinetische Energie erreicht, um den Leiter zu verlassen.

Bei den meisten Metallen beträgt die Austrittsarbeit nur einige eV, beispielsweise bei Bariumoxid etwa 1 eV ($v_g \approx 600$ km/s) und bei Platin etwa 5 eV ($v_g \approx 1330$ km/s).

Treffen sehr schnelle Elektronen auf Metalle mit hohem Atomgewicht, so erhält man *Röntgenstrahlen*, als Strahlung sehr kurzer Wellenlänge von etwa 10^{-5} bis 10^{-8} mm. Sie entstehen als Energieabstrahlung der im Kraftfeld der Ionen des festen Körpers (der Antikathode) abgebremsten Elektronen (Bremsstrahlung) sowie durch Zurückfallen von Elektronen des festen Körpers in ihre Grundbahnen, aus denen sie durch das Auftreffen der schnellen Elektronen „gehoben" wurden (Eigenstrahlung).

Wird einem neutralen Gasteilchen (Atom, Molekül) Energie zugeführt, so können dadurch Elektronen innerhalb der Elektronenhülle des Atoms auf Bahnen höheren Energieinhalts „gehoben" werden. Man bezeichnet ein solches Atom als angeregt und versteht unter *Anregung* die Überführung eines oder mehrerer Elektronen innerhalb der Elektronenhülle von ihrer Grundbahn in eine Bahn höheren Energieinhalts. Da der Zustand der Anregung instabil ist, fallen die Elektronen auf ihre Grundbahn zurück unter Abgabe der aufgenommenen Energie in Form einer Abstrahlung (Licht). Leuchterscheinungen sind daher nur im Gasraum aber nicht im Hochvakuum möglich.

Wird die Energiezufuhr bis zum Ablösen eines Elektrons aus dem Atomverband gesteigert, so erhält man ein positives Ion und ein freies Elektron. Man bezeichnet diesen Vorgang als Ionisation, sie ist ein Grenzfall der Anregung und bedeutet die Bildung von Ionen. Durch Anlagerung eines Elektrons an ein neutrales Atom oder Molekül kann auch ein negatives Ion entstehen. Die wichtigste und häufigste Form der Ionisation im Gasraum ist die *Stoßionisation*, d. h. die Ionisation durch Stoß. Man versteht darunter das Zusammentreffen von Teilchen, wobei es zu energetischen Wechselwirkungen kommt, die zur Anregung oder zur Ionisation führen können.

7.1.3 Elektrizitätsleitung im Hochvakuum. Die Elektrizitätsleitung im Hochvakuum erfolgt stets unselbständig, da zunächst Elektronen als Ladungsträger in das Vakuum gebracht werden müssen. Zu diesem Zweck kann die Kathode als Glühkathode oder beispielsweise auch als Photokathode ausgebildet werden. Als Glühkathode dient wie in Bild 7.1.1 ein Heizdraht (direkte Heizung) oder in den meisten Fällen ein innen geheiztes Röhrchen aus keramischem Material mit einer außen aufgebrachten dünnen leicht emittierenden Schicht z. B. aus Bariumoxid (indirekte Heizung).

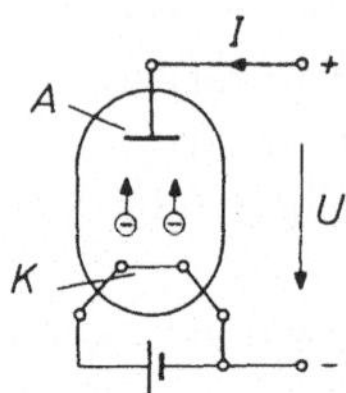

Bild 7.1.1
Zweielektrodenröhre (Diode)
A Anode, *K* Kathode

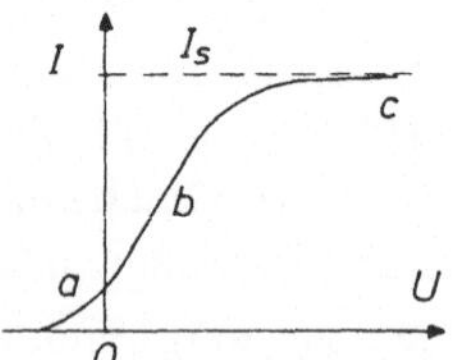

Bild 7.1.2
Kennlinie der Elektrizitätsleitung im Vakuum

Den grundsätzlichen Verlauf der Kennlinie der Elektrizitätsleitung im Vakuum zeigt Bild 7.1.2 mit dem Anlaufgebiet (*a*), dem Raumladungsgebiet (*b*) und dem Sättigungsgebiet (*c*). Bei der Anodenspannung $U = 0$ bilden die aus der Kathode austretenden Elektronen zunächst eine negative Raumladungswolke um die Kathode. Bei n Elektronen der Ladung e ist dann mit $Q = n\,e$ die *Raumladungsdichte* (Ladung pro Volumen)

$$\rho = \frac{\mathrm{d}Q}{\mathrm{d}V}. \qquad (7.1.2)$$

Elektronen mit höherer Geschwindigkeit als die Grenzgeschwindigkeit v_g gelangen auch ohne Anodenspannung bis zur Anode und bilden den Strom im *Anlaufgebiet* (*a*). Bei Steigerung der Anodenspannung dringt das elektrische Feld tiefer in die Raumladungswolke ein, so daß immer mehr Elektronen zur Anode abgesaugt werden und sich am Strom beteiligen. Über das Raumladungsgebiet (*b*) ist das *Sättigungsgebiet* (*c*) erreicht, wenn alle emittierten Elektronen laufend zur Anode abgeführt werden. Dort werden sie zu Leitungselektronen und geben ihre kinetische Energie einschließlich der Austrittsarbeit in Form von Wärme ab. Dadurch kann die Anode bei hinreichend hohen Anodenspannungen bis zur hellen Glut erhitzt und das Entladungsgefäß zerstört werden.

Das technisch wichtigste Gebiet ist das *Raumladungsgebiet* (*b*). Wegen

$$\rho = \frac{\mathrm{d}Q}{\mathrm{d}V} = \frac{\mathrm{d}I\,\mathrm{d}t}{\mathrm{d}l\,\mathrm{d}A} = \frac{J}{v}$$

beträgt die Stromdichte

$$J = \rho\,v, \qquad (7.1.3)$$

so daß auch der Strom $I \sim \rho v$. Nach Gl. (5.2.5) ist aber $v \sim \sqrt{U}$ und mit C_{ak} als wirksame Anoden-Kathoden-Kapazität $Q = C_{ak}\,U$. Mithin ist

$$\rho v \sim C_{ak}\,U\sqrt{U} = C_{ak}\,U^{3/2}.$$

Im Raumladungsgebiet gilt daher das *Raumladungsgesetz*

$$I = K\,U^{3/2} \qquad (7.1.4)$$

Die Konstante K wird *Perveanz* genannt.

Da ein Strom nur fließen kann, wenn die Anode gegenüber der Kathode positives Potential hat, kann eine Zweielektroden-Röhre, eine *Hochvakuum-Diode* nach Bild 7.1.1 als Gleichrichter oder Ventil dienen. Wegen der kleinen Elektronenmasse (geringe Trägheit) werden Hochvakuum-Dioden zur Gleichrichtung bei höheren Frequenzen verwendet.

Zum Verständnis der Elektrizitätsleitung im Vakuum führt folgende Betrachtung. Treten aus der Kathode n Elektronen der Gesamtladung $Q = n\,e$, so influenziert Q auf Kathode und Anode je eine positive Ladung Q_k bzw. Q_a, wobei in jedem Augenblick

$$Q + Q_a + Q_k = 0.$$

Während der Laufzeit der negativen Raumladung Q von der Kathode zur Anode nimmt Q_k von $Q_k = Q$ bis $Q_k = 0$ ab, Q_a dagegen von $Q_a = 0$ bis $Q_a = Q$ zu. Im Augenblick des Auftreffens von Q auf die

Anode kompensieren sich Q und Q_a. Während der gesamten Laufzeit findet demnach ein Ladungsaustausch über den *äußeren* Stromkreis statt, in dem *positive* Ladungen von der Kathode zur Anode wandern, was den Anodenstrom ergibt. Jede Feldänderung zwischen den Elektroden innerhalb eines Entladungsrohrs z. B. hervorgerufen durch bewegte Ladungsträger bedingt demnach gleichzeitig einen Anodenstrom im Anodenkreis.

7.1.4 Gasentladung. Die Elektrizitätsleitung in Gasen (Gasentladung) unterscheidet sich von derjenigen im Hochvakuum vor allem dadurch, daß neben den Elektronen in vermehrtem Maße positive und negative Ionen als Ladungsträger auftreten. Da Gas im natürlichen Zustand aus elektrisch neutralen Molekülen besteht (guter Isolator), müssen die Ladungsträger vorerst von außen hineingebracht werden (unselbständige Elektrizitätsleitung).
Wird die Spannung bei einer Gasentladung nach erreichtem Sättigungsgebiet weiter gesteigert, so kommt es wieder zu einem Stromanstieg, hervorgerufen durch beginnende Stoßionisation. Ausgehend von einem an der Kathode emittierten Elektron erhält man nach einem Zusammenstoß mit einem neutralen Gasteilchen durch Stoßionisation insgesamt zwei Elektronen und ein positives Ion. Nach einem weiteren Zusammenstoß dieser beiden Elektronen mit je einem Gasteilchen entstehen zusätzlich zwei weitere Elektronen und zwei positive Ionen. Schließlich entsteht eine „Elektronenlawine", die sich zur positiven Anode bewegt, während die positiven Ionen zur negativen Kathode wandern. Sobald ihre Anzahl und ihre kinetische Energie ausreicht, um beim Auftreffen auf die Kathode eine hinreichende Anzahl von Elektronen aus der Kathode auszulösen, wird die Entladung selbständig und „zündet" bei der *Zündspannung* U_z. Im Gebiet der selbständigen Elektrizitätsleitung hängt der Verlauf der Kennlinie sehr stark ab von Form, Größe und Abstand der Elektroden, ferner von Druck und Temperatur sowie von der Leistung der Spannungsquelle. Hauptformen der selbständigen Gasentladung sind die *Glimmentladung* und die *Bogenentladung.*

Zum Übergangsgebiet gehört die sogenannte Townsendentladung, die noch zum Gebiet des dunklen Vorstromes gezählt wird. Sie ist eine Entladungsform, bei der die im Entladungsgebiet auftretenden Raumladungen so unbedeutend sind, daß sie den Mechanismus der Entladung fast nicht beeinflussen. Weitere Zwischenformen sind Büschelentladung, *Korona* und Funken. Die Korona tritt an stark gekrümmten Leiteroberflächen auf, insbesondere an dünnen Drähten und Spitzen (Hochspannungsseilen). Sie bildet einen leuchtenden Kranz, wodurch die leitende Oberfläche vergrößert und das Gebiet kleiner Feldstärken wieder erreicht wird, so daß die Leuchterscheinung begrenzt bleibt. Der Betrag der Anfangsfeldstärke E_0 beträgt für Luft bei Normaltemperatur und Normaldruck etwa 29 kV/cm.

Die *Glimmentladung* ist eine selbständige Entladungsform bei *kalter* Kathode und relativ geringer Stromdichte, äußerlich an charakteristischen Leuchterscheinungen kenntlich. Dem schematischen Potentialverlauf in Bild 7.1.3 entnimmt man drei Gebiete, nämlich das Gebiet des Kathodenfalls (a), das Gebiet der positiven Säule (b) und das Gebiet des Anodenfalls (c). Der Raum vor der Kathode (Kathodenfallgebiet) ist dabei der wesentliche Teil der Entladestrecke. Wird die Entladestrecke verkürzt, so geht das stets auf Kosten der positiven Säule, die schließlich ganz verschwinden kann. Bei einer weiteren Verkürzung der Entladestrecke reißt die Entladung ab. Die kleinsten Kathodenfälle erhält man in Edelgasen z. B. Argon gegen Kalium mit $U_k = 64$ V.

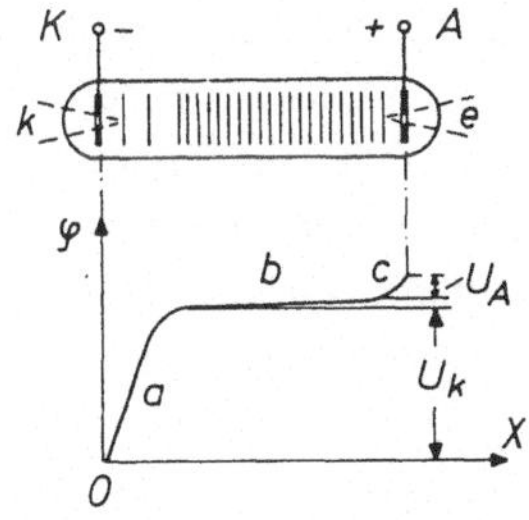

Bild 7.1.3
Schematischer Potentialverlauf bei der Glimmentladung

Der *Kathodenfall* U_k entsteht durch positive Ionen vor der Kathode, die dort eine positive Raumladung bilden. Dadurch entsteht ein starkes Potentialgefälle vor der Kathode. Die *positive Säule* besteht aus einem Gemisch neutraler Gasmoleküle, Elektronen und positiver Ionen. Hinzu kommen durch Anlagerung entstandene negative Ionen sowie angeregte Atome. Dieses gut leitende Gemisch nennt man auch *Plasma*, es ist gekennzeichnet durch $\rho \approx 0$. Der sehr kleine *Anodenfalls* U_A wird schließlich durch eine sich vor der Anode ausbildende kleine negative Raumladung aus auffliegenden Elektronen und einigen negativen Ionen gebildet.

Die Kennlinie einer Glimmentladung zeigt Bild 7.1.4. Mit dem Erreichen der Zündspannung U_z wird die Entladung gut leitend, so daß man eine zunächst fallende Kennlinie erhält. Für einen stabilen Betrieb sowie zum Schutz der speisenden Spannungsquelle ist daher stets ein Vorwiderstand als Schutzwiderstand R erforderlich. Der Schnittpunkt der Widerstandsgeraden mit dem ansteigenden Ast der Kennlinie ergibt einen stabilen Arbeitspunkt P.

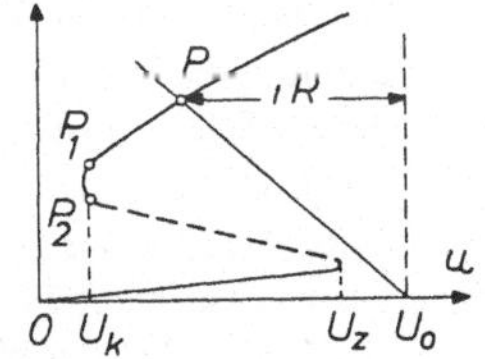

Bild 7.1.4
Kennlinie der Glimmentladung

Auf der Ausnutzung des konstanten Kathodenfalls U_k im Gebiet $P_1 - P_2$ (normaler Kathodenfall) in Bild 7.1.4 beruht die Wirkungsweise des *Glimmstreckenstabilisators* und des *Glimmspannungsteilers*. Die Glimmröhre wird mit einem Edelgasgemisch gefüllt. Die Zündspannung liegt bei 70 V. In den *Leuchtstofflampen* werden die Eigenschaften der positiven Säule ausgenutzt.

Beim Glimmspannungsableiter verwendet man eine Glimmstrecke als Überspannungsschutz. Liegt die Spannung unterhalb der Zündspannung, so wirkt die Glimmstrecke als Isolator. Wird dagegen infolge Überspannung der Wert der Zündspannung überschritten, so erfolgt Ableitung zur Erde. Die Entladung reißt ab, sobald die Spannung unterhalb des Kathodenfalls gesunken ist.

Sind die Elektroden in Bild 7.1.3 durchbohrt, so erhält man an der Anode *Kathodenstrahlen* (*e*), das sind Elektronenstrahlen, und an der Kathode *Kanalstrahlen* (*k*), das sind positive Ionenstrahlen. Hochbeschleunigte Heliumionen werden als α-Strahlen und hochbeschleunigte Elektronen als β-Strahlen bezeichnet.

Je nach Gasdruck und Leistungsfähigkeit der speisenden Spannungsquelle kann es ohne vorherige Glimmentladung direkt über Büschel- und Funkenentladung zur *Bogenentladung* kommen. Die verstärkte Elektronenemission an der Kathode führt dabei zu einem starken Ansteigen des Stromes (Stromdichten bis zu 10^4 A/cm^2), wobei sich die Strömung auf den für die Bogenentladung charakteristischen *Brennfleck* auf der Kathode zusammenzieht.

Hierbei kommt es zu hohen Feldstärken und damit zur Feldemission (S. 153), außerdem setzt eine thermische Elektronenemission ein. Die Bogenentladung ist demnach eine selbstständige Entladungsform mit *großer* Stromdichte und *heißer* Kathode sowie zusätzlicher Elektronenemission. Bei kalter Kathode kann kein Bogen aufrechterhalten werden. Infolge der guten Leitfähigkeit des Bogens beträgt der Kathodenfall beim Kohlebogen nur etwa 5 bis 10 V und beim Quecksilberbogen etwa 10 V bei einer Brennspannung zwischen 18 und 24 V.

Die Kennlinie der Bogenentladung, Bild 7.1.5, hat eine fallende Charakteristik, da der Bogendurchmesser bei Stromerhöhung wächst, was einen quadratisch mit dem Durchmesserzuwachs abnehmenden Bogenwiderstand bedeutet, während die Wärmeabgabe linear mit der Bogenoberfläche, also auch linear mit dem Bogendurchmesser zunimmt. Die zur Deckung der Wärmeabstrahlung benötigte Leistung U^2/R wird daher bei zunehmendem Strom mit einer kleineren Spannung erreicht. Die Bogenentladung erfordert daher stets einen Vorwiderstand als Strombegrenzungswiderstand.

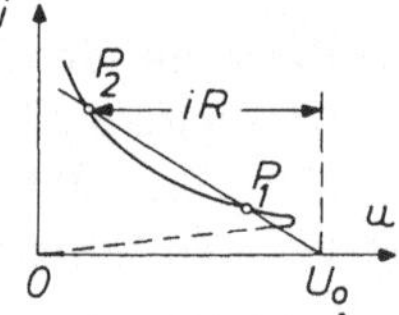

Bild 7.1.5
Kennlinie der Bogenentladung

Von den beiden Schnittpunkten P_1 und P_2 der Kennlinie mit der Widerstandsgeraden ist nur P_2 stabil, da der Spannungsbedarf bei einer geringen zufälligen Stromvergrößerung im Punkt P_1 absinken und der Strom bis zum Schnittpunkt P_2 ansteigen würde.

Da der Quecksilberbogen eine intensive Quelle ultravioletter Strahlung ist, werden Quecksilberdampflampen in der Medizin verwendet (künstliche Höhensonne). Weitere Anwendungen des Bogens sind die Bogenlampen, elektrische Schmelzöfen für höchste Temperaturen, ferner das elektrische Schweißen und Schneiden metallischer Werkstoffe. Unerwünscht ist der Bogen beim Abschalten von Stromkreisen. Dort muß man durch Kühlen des Plasmas oder durch magnetische oder mechanische Bogenumlenkung den Bogen zu löschen versuchen.

7.1.5 Die Elektronenröhre. Bringt man zwischen Kathode und Anode einer Hochvakuum-Diode nach Bild 7.1.1 eine dritte Elektrode als Gitter oder *Steuergitter* an, beispielsweise als Drahtwendel um die zylindrische Kathode, so kann man damit den Elektronenstrom in der Röhre steuern. Man erhält eine Dreipolröhre oder *Hochvakuum-Triode*. Ist das Gitter gegenüber der Kathode positiv, so werden die Elektronen auf das Gitter zu beschleunigt. Hat dagegen das Gitter negatives Potential gegenüber der Kathode, so stößt es die Elektronen ab. Auf diese Weise kann der Elektronenstrom zur Anode verringert oder ganz unterbrochen werden. Da nur ein Gitterstrom fließt, wenn das Gitter gegenüber der Kathode positives Potential hat, erfolgt die Steuerung bei negativer Gitterspannung nahezu leistungslos. Die grundsätzliche Schaltung einer Hochvakuum-Triode zeigt Bild 7.1.6.

Heute hat die Elektronenröhre nur noch in Großleistungsverstärkern und als Senderöhre Bedeutung, da die Wärmeableitung bei Halbleiterbauelementen für Signalleistungen über 1 kW Schwierigkeiten bereitet.

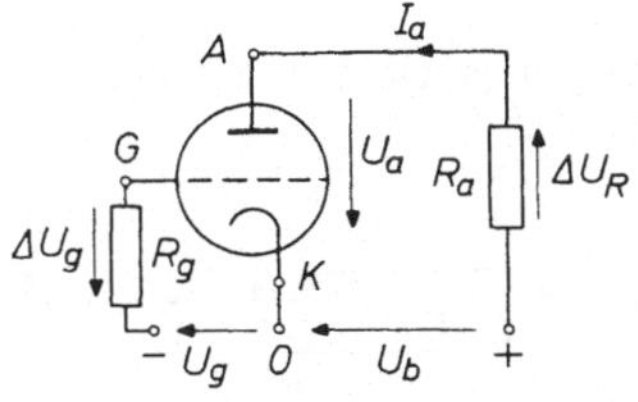

Bild 7.1.6
Grundsätzliche Schaltung einer Hochvakuum-Triode
A Anode, *G* Gitter, *K* Kathode, U_g Gitterspannung
U_a Anodenspannung

Jede durch eine Gitterspannungsänderung ΔU_g an R_g hervorgerufene Anodenstromänderung ΔI_a hat eine Änderung der Spannung am Anodenwiderstand R_a, nämlich $\Delta I_a R_a$, zur Folge. Je nach der Steilheit der Kennlinie und der Größe des Anodenwiderstandes kann man auf diese Weise bereits bei kleinen Gitterspannungsänderungen relativ große Spannungsänderungen ΔU_R am Anodenwiderstand erhalten. Hierauf beruht die Verstärkerwirkung der Elektronenröhre.

7.1.6 Die Elektronenstrahlröhre. In der Elektronenstrahlröhre (Braunsche Röhre) wird ein scharf gebündelter Elektronenstrahl in einem elektrischen oder magnetischen Feld abgelenkt. Das Aufbauschema einer solchen Röhre zeigt Bild 7.1.7. Die Elektronenemission erfolgt aus der Glühkathode *K*. Die Anode *A* ist durchbohrt, so daß der Strahl beschleunigter Elektronen hindurchtreten kann und auf dem Leuchtschirm *LS* aus fluorezierendem Material (z. B. Zinksulfid) einen Lichtpunkt abbildet. Der Elektronenstrahl muß scharf gebündelt (fokussiert) sein, was durch ein elektrisches Linsensystem *L* (bei der Oszillographenröhre) oder durch ein magnetisches Linsensystem (bei der Fernsehröhre) erfolgen kann. Im Linsensystem wird der Elektronenstrahl durch elektrische oder magnetische Feldkräfte ähnlich abgelenkt, wie ein Lichtstrahl durch eine optische Linse. Zur Steuerung des Elektronenstrahls dient der *Wehneltzylinder W*, der die Glühkathode umgibt, wie in Bild 7.1.7 angedeutet. Bei hinreichend negativem Potential gegenüber der Kathode kann kein Elektron gegen sein Feld anlaufen. Der Wehneltzylinder wirkt dann elektronensperrend. Änderung seiner Spannung führt somit zu einer Helligkeitssteuerung

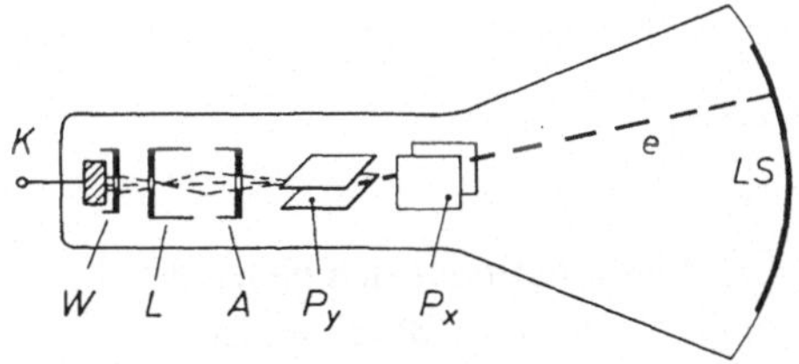

Bild 7.1.7
Schema einer Elektronenstrahlröhre
K Kathode, *W* Wehneltzylinder,
L elektrisches Linsensystem, *A* Anode,
P_x, P_y Ablenkplatten, *LS* Leuchtschirm, *e* Elektronenstrahl

des Elektronenstrahls. Eine geringe kinetische Energie der auf den Leuchtschirm *LS* auftreffenden Elektronen ergibt einen lichtschwachen Leuchtfleck. Die Ablenkung des gebündelten Strahls erfolgt durch die *Ablenkplatten* P_x in horizontaler Richtung (Zeitplatten) und P_y in vertikaler Richtung (Meßplatten). Infolge der sehr geringen Trägheit des Elektronenstrahls können mit dem Elektronenstrahl-Oszillographen noch Vorgänge sichtbar gemacht werden, die sich in Zeiträumen von 10^{-9} Sekunden abspielen.

Die Ablenkplatten bilden einen Plattenkondensator nach Bild 7.1.8. Ein normal zur Feldrichtung mit der Geschwindigkeit v in das Kondensatorfeld eintretendes Elektron wird entgegen der Feldrichtung beschleunigt. Beschleunigung a und Geschwindigkeitskomponente v_a sind dabei

$$a = \frac{F}{m_0} = \frac{eE}{m_0}, \qquad v_a = at = \frac{eEt}{m_0} = \frac{eEl}{m_0 v}.$$

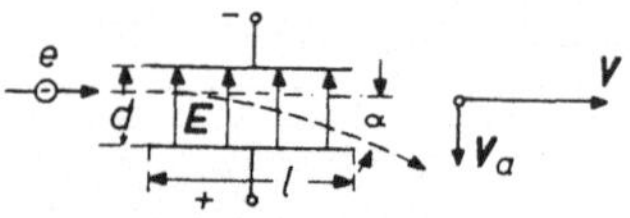

Bild 7.1.8
Ablenkung eines Elektrons im Feld eines Plattenkondensators

Damit erhält man für den Ablenkwinkel nach Bild 7.1.8

$$\tan\alpha = \frac{v_a}{v} = \frac{eEl}{m_0 v^2}.$$

Setzt man noch wegen Gl. (5.2.5) für die Beschleunigungsspannung (Anlaufspannung) U_0 und für die Plattenspannung (Ablenkspannung) U_p

$$U_0 = \frac{m_0 v^2}{2e}, \qquad U_p = Ed,$$

so erhält man für den Ablenkwinkel

$$\tan\alpha = \frac{1}{2}\,\frac{lU_p}{dU_0} \sim \frac{U_p}{U_0}. \tag{7.1.5}$$

Die Ablenkempfindlichkeit ist demnach um so größer, je kleiner die Anodenspannung (Beschleunigungsspannung) der Röhre.

Fernsehbildröhren verwenden üblicherweise eine magnetische Strahlablenkung mit Hilfe zweier Spulen, die außen auf dem Röhrenhals angebracht sind.

Bei der Farbbildröhre wird davon Gebrauch gemacht, daß jeder Farbton durch Mischung der drei Grundfarben Rot, Grün und Blau gewonnen werden kann. Entsprechend wird das aufzunehmende Bild bei der Farbaufnahme in drei diesen Grundfarben entsprechende Signale aufgeteilt. Die Farbbildröhre hat daher drei Kathoden für je einen Elektronenstrahl. Bei richtigem Abgleich durch die Steuergitter treffen die drei Strahlen durch eine Lochmaske jeweils auf eine Leuchtstofftrippel-Schicht für die drei Farben Rot, Grün und Blau auf dem Leuchtschirm. Für das Auge ergeben die drei Leuchtpunkte einen einheitlichen Farbeindruck.

7.2 Elektrizitätsleitung in festen Stoffen

7.2.1 Die Leitfähigkeit der Metalle. Im metallischen Leiter befindet sich neben den im Atomverband vorhandenen „gebundenen“ Elektronen ein gewisser Bruchteil frei beweglicher Elektronen, sogenannte *Leitungselektronen.* Diese bewegen sich zwischen den Atomteilchen allseitig völlig ungeordnet und bilden das sogenannte Elektronengas. Wird nun an einen Leiter eine Spannung angelegt, so wird auf die Leitungselektronen, bedingt durch das elektrische Feld, nach Gl. (5.2.4) eine mechanische Kraft ausgeübt. Der unregelmäßigen Wärmebewegung der Elektronen wird dadurch eine zusätzliche Bewegung überlagert. Es erfolgt ein Elektronentransport, der ein „Fließen“ des elektrischen Stromes durch den Leiter bedeutet.

Ist λ die freie Weglänge der Leitungselektronen, das ist diejenige Strecke, die ein Elektron des Elektronengases zwischen zwei Zusammenstößen im Mittel zurücklegt, so wird die sogenannte thermische Geschwindigkeit v_t eines Elektrons im Metall, wenn die freie Weglänge in der Zeit τ zurückgelegt wird, angenähert $v_t = \lambda/\tau$. Im elektrischen Feld der Stärke E wirkt nun auf ein Elektron der Ladung e (Elementarladung) und der Masse (Ruhemasse) m_0 mit a als Beschleunigung nach Gl. (5.2.4) die beschleunigende Kraft $F = eE = m_0 a$. Damit erhält ein Elektron im Metall als mittleren Geschwindigkeitszuwachs durch ein äußeres elektrisches Feld während τ

$$v_m \approx \frac{a\tau}{2} = \frac{eE\tau}{2m_0} = \frac{eE\lambda}{2m_0 v_t}.$$

Bei dauernd n Elektronen je Raumeinheit Al erhält man somit als Stromstärke I mit $E = U/l$

$$I = neAv_m = n\frac{e^2\lambda U}{2m_0 v_t}\cdot\frac{A}{l}$$

oder als spezifische Leitfähigkeit

$$\kappa = \frac{Il}{UA} = n\frac{e^2\lambda}{2m_0 v_t} \qquad (7.2.1)$$

Sie ist in Metallen der Erfahrung entsprechend unabhängig von der elektrischen Feldstärke, jedoch wegen des Faktors λ/v_t temperaturabhängig.

Je nach der Kristallstruktur bzw. dem Atomaufbau kann die Temperaturabhängigkeit der elektrischen Leitfähigkeit verschieden sein. Die Abhängigkeit des elektrischen Widerstandes von der Temperatur ist daher im allgemeinen nicht linear, sondern durch eine Potenzreihe darstellbar. Für die meisten Metalle innerhalb technisch gebräuchlicher Temperaturbereiche kann aber die Temperaturabhängigkeit des elektrischen Widerstandes angenähert linear nach Gl. (2.1.9) angenommen werden.

Beispiel 7.1. Wie groß ist die mittlere Elektronengeschwindigkeit v in einem Leiter bei $J = 5\ \mathrm{A/mm^2}$, wenn die Anzahl der Elektronen mit $n = 10^{23}\ \mathrm{cm^{-3}}$ angenommen werden kann?

Lösung: Aus der Stromdichte $J = I/A = nev$ erhält man

$$v = \frac{J}{en} = \frac{5\cdot 10^6\ \mathrm{A/m^2}}{1{,}6\cdot 10^{-19}\ \mathrm{As}\cdot 10^{23}\cdot 10^6\ \mathrm{m^{-3}}} = 3{,}1\cdot 10^{-4}\ \frac{\mathrm{m}}{\mathrm{s}} \approx 0{,}3\ \frac{\mathrm{mm}}{\mathrm{s}}.$$

Die hohe Leitfähigkeit von Metallen ist nicht durch hohe Geschwindigkeit der Leitungselektronen, sondern durch ihre große Anzahl bedingt.

Dabei darf die Elektronengeschwindigkeit im Leiter nicht etwa mit der Fortpflanzungsgeschwindigkeit elektromagnetischer Felder verwechselt werden, die im Vakuum mit Lichtgeschwindigkeit $c \approx 3\cdot 10^8$ m/s erfolgt.

7.2.2 **Thermoelektrizität.** Auf die Temperaturabhängigkeit der Elektronenkonzentration in zwei verschiedenen Leitern, die einen Kontakt miteinander bilden, beruht der nach seinem Entdecker benannte *Seebeck-Effekt* oder Thermoeffekt. Werden zwei Drähte aus unterschiedlichem Metall an ihren Enden in Kontakt gebracht und beide Enden verschiedenen Temperaturen ausgesetzt, so wirkt innerhalb dieser Drahtschleife eine Spannung (Thermospannung). Eine solche Anordnung bildet ein *Thermoelement.* Die Thermospannung ist der Temperaturdifferenz angenähert proportional und beträgt bei Metallen einige μV pro Kelvin (5 bis 60 μV pro K). Der Thermoeffekt ist umkehrbar (Peltiereffekt).

Einige gebräuchliche Thermoelemente

Konstantan-Kupfer	bis zu 500 °C	etwa 5,0 mV/100 K
Konstantan-Chromnickel	bis 900 °C	etwa 6,2 mV/100 K
Konstantan-Eisen	bis 900 °C	etwa 5,1 mV/100 K
Nickel-Chromnickel	(300) bis 1 000 °C	etwa 4,1 mV/100 K
Platin-Platinrhodium	(600) bis 1 600 °C	etwa 0,9 mV/100 K
Iridium-Iridiumrhodium	bis zu 2 000 °C	etwa 0,5 mV/100 K
Wolfram-Wolframmolybdän	bis 3 000 °C	etwa 0,3 mV/100 K

7.2.3 Supraleiter. Die grundsätzliche Temperaturabhängigkeit des elektrischen Widerstandes metallischer Leiter zeigt Bild 7.2.1. Beim Normalleiter z.B. Cu, Ag, Au, nähert sich der Leiterwiderstand bei dem absoluten Nullpunkt $T = 0$ K (Kelvin, 0 K = − 273,16 °C) einem Grenzwert, dem *Restwiderstand* R_r. Beim Supraleiter wird dagegen der Widerstand bei der *Sprungtemperatur* T_c unmeßbar klein. Bei den meisten Supraleitern liegt die Sprungtemperatur unterhalb 10 K, also im Bereich des flüssigen Heliums (4,2 K). Allen Supraleitern gemeinsam sind folgende Eigenschaften:

1. Im supraleitenden Zustand sind alle Stoffe fest.
2. Träger des Stromes im supraleitenden Zustand sind Paare bildende Elektronen (sogenannte Cooper-Paare). Der Übergang vom supraleitenden Zustand in den normalleitenden Zustand erfolgt sprunghaft und umgekehrt.
3. Jeder Supraleiter besitzt eine kritische Stromdichte, die nicht überschritten werden darf. (Bei Niob-Zinn z. B. etwa 10 kA/mm²)

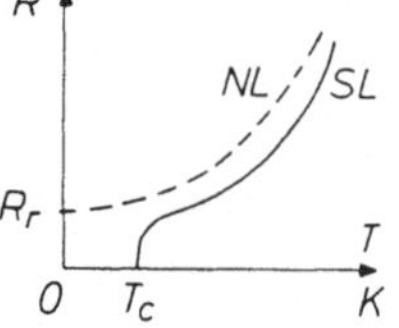

Bild 7.2.1
Temperaturabhängigkeit des elektrischen Widerstandes
NL Normalleiter, *SL* Supraleiter

Im supraleitenden Zustand ist das Leiterinnere bis auf eine hauchdünne supraleitende Oberflächenschicht feld- und stromfrei. Beim Überschreiten einer bestimmten kritischen *magnetischen* Feldstärke dringt das Feld in das Leiterinnere ein. Der *weiche* Supraleiter (Supraleiter 1. Art) geht dabei sprunghaft in den normalleitenden Zustand über, der *harte* Supraleiter (Supraleiter 2. Art) erst über einen sogenannten *Mischzustand,* gebildet durch supraleitende Lamellen in Form von *Flußschläuchen,* die den supraleitenden Zustand bis zum Erreichen einer oberen kritischen Feldstärke aufrechterhalten.

Unterhalb der Sprungtemperatur beginnen die Leitungselektronen in den sogenannten suprafüssigen Zustand zu kondensieren; sie verhalten sich dann nicht mehr wie ein Gas. Jede Wechselwirkung mit dem Kristallgitter hört auf. Damit verschwindet auch die „innere Reibung". Ähnlich wie beim Ferromagnetismus handelt es sich bei der Supraleitung ebenfalls um Ordnungsvorgänge der Leitungselektronen in größeren Kristallbereichen. Zwischen Supraleitfähigkeit und Kristallstruktur besteht daher ein Zusammenhang. Im suprafüssigen Zustand kondensierte Elektronen können auch keine Wärme übertragen. Wärmeübertragung ist dann nur noch über das Kristallgitter möglich.

7.2.4 Leiter und Isolator. Im allgemeinen Fall ist in einem festen Körper sowohl eine Elektronenleitung wie auch eine Ionenleitung möglich. In Metallen handelt es sich normalerweise um eine reine Elektronenleitung, daher werden auch keine chemischen Veränderungen durch die Elektrizitätsleitung hervorgerufen. Eine Ionenleitung ist in verunreinigten Metallen nur als Nebenerscheinung beobachtet worden, sobald das Metall für fremde Moleküle als Lösungsmittel dient.

In festen Körpern überlappen sich die einzelnen Potentialfelder der dicht angeordneten Atome. Dieses hat Bahnstörungen zur Folge. Man erhält daher keine einzelnen Energieniveaulinien (Energiestufen), sondern sogenannte Energiebänder, wie in Bild 7.2.2 schematisch dargestellt ist. Jedes Energieband hat man sich als eine sehr dichte Folge von vielen einzelnen Energiestufen – etwa 10^{23} Elektronenzustände – vorzustellen, die durch sogenannte verbotene Zonen getrennt sind.

Für die Beschreibung der Leitfähigkeitsvorgänge interessieren lediglich die beiden Bänder B_2 und B_3 in Bild 7.2.2. Der unterste noch mit Elektronen voll angefüllte Bereich B_2 heißt *Valenzband* und gehört eigentlich noch zum Atom selbst. Dieses Valenzband ist durch die breiteste verbotene Zone ΔW von dem darüber liegenden *Leitungsband* B_3 getrennt, das in Bild 7.2.2 nur teilweise besetzt ist. Beim Valenzband handelt es sich um Energiezustände der noch an das Atom gebundenen Elektronen, beim Leitungsband dagegen um Energiezustände freier Elektronen. Um in das Leitungsband zu gelangen, müssen die Elektronen des Valenzbandes die dazwischenliegende verbotene Zone überwinden, was nur durch Energiezufuhr möglich ist. Die oberhalb des Leitungsbandes liegenden erlaubten Bereiche sind weitgehend unbesetzt. Um Elektronen in diese Bänder zu heben, müssen im allgemeinen so hohe Energien aufgewendet werden, daß diese Bänder für die folgenden Betrachtungen ohne Interesse sind.

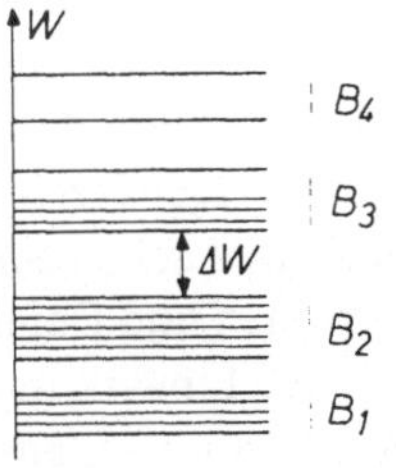

W
B_4
B_3
ΔW
B_2
B_1

Bild 7.2.2
Bändermodell (Schema)

In einem voll besetzten Band ist keine Elektrizitätsströmung möglich, da keine Elektronenplätze zur Verfügung stehen. Elektrizitätsleitung kann nur in unbesetzten oder teilweise besetzten Bändern stattfinden und ist daher z. B. im Valenzband nicht möglich. Dafür sind aber die Elektronen in dem nur teilweise besetzten Leitungsband leicht beweglich und stehen dort für den Leitungsvorgang zur Verfügung.

Bei Metallen ist nun je nach ihrer Stellung im periodischen System der Elemente das Leitungsband wie in Bild 7.2.2 nur teilweise mit Elektronen besetzt. Diese Elektronen bilden das *Elektronengas.* Ihre große Anzahl bestimmt die hohe elektrische Leitfähigkeit der Metalle. Außerdem grenzen bei Metallen Valenzband und Leitungsband unmittelbar aneinander oder überlappen sich sogar. Der Energiebedarf zum Übergang vom Valenzband in das Leitungsband ist daher so gering, daß hierfür bereits die thermische Energie bei Zimmertemperaturen ausreicht.

Beim Nichtleiter (Isolator) ist das Leitungsband infolge seines großen Energieabstandes vom Valenzband praktisch bereits unbesetzt. Im Grenzfall des idealen Isolators gilt für diesen Abstand ΔW, also für die Breite der verbotenen Zone, $\Delta W \to \infty$. Je nach dem Wert dieses Energieabstandes ist eine bestimmte Mindestenergie (z. B. höhere Temperatur) zum Übergang von Elektronen vom Valenzband in das Leitungsband erforderlich. Bei thermischer Energiezufuhr kann dabei bereits vorher eine Zerstörung des Kristallgefüges eintreten. Jedoch kann der Energiebetrag ΔW auch durch Verunreinigungen (Fremdatome) verringert werden, sofern sich die energetische Lage dieser Fremdatome innerhalb der verbotenen Zone der Grundsubstanz befindet, was dann zu einer sogenannten Störstellenleitung (siehe Halbleiter) führen kann. Im allgemeinen rechnet man Stoffe, bei denen die Breite der verbotenen Zone (Energieabstand) zwischen Valenz- und Leitungsband $\Delta W > 3$ eV ist, zu den Isolatoren.

7.2.5 Halbleiter. Bei Halbleitern mit elektronischer Leitung können die Verhältnisse verschieden sein. Ist z. B. der Energieabstand zwischen dem voll besetzten Valenzband und dem Leitungsband hinreichend klein, so kann bereits bei normalen Temperaturen eine geringe Elektrizitätsleitung auftreten. Auch kann ein unregelmäßiger Gitteraufbau zu einem verringerten Energieabstand beitragen. Als vereinfachtes Modellbild kann man sich dabei vorstellen, daß die Gitteratome molekulare Wärmebewegungen (Schwingungen) ausführen, wodurch ein Aufbrechen von Elektronenbindungen („Ionisation") und eine Wiedervereinigung („Rekombination") eintreten kann. Beide Vorgänge stehen in einem von der Temperatur abhängigen Gleichgewicht, wobei aber die Anzahl der im Mittel freien Elektronen und damit die durch sie verursachte Leitfähigkeit mit der Temperatur exponentiell zunimmt. Hat sich beim Aufbrechen einer Bindung ein Elektron entfernt, so entsteht an seiner Stelle eine Lücke, „positives Loch" genannt, die sich gleichsam wie ein positiver Ladungsträger verhält und *Defektelektron* heißt. Elektronen aus Nachbarbindungen können in die Lücke nachrücken, was dem Wandern positiver Ladungsträger entspricht. Freie Elektronen und Defektelektronen tragen gleichzeitig zur Leitfähigkeit bei und erhalten unter der Einwirkung eines äußeren Feldes eine der ungeordneten Wärmebewegung überlagerte, zum Feld entgegengesetzte bzw. gleichgerichtete zusätzliche Geschwindigkeitskomponente. (*Eigenleitung* in Halbleitern).

Einige Halbleiter-Kristalle sind Ionenleiter, sie haben aber kaum technische Bedeutung, weshalb hier ausschließlich Halbleiter mit elektronischer Leitung betrachtet werden sollen.

Im allgemeinen bezeichnet man als Halbleiter eine bestimmte Stoffgruppe, bei denen die Breite der verbotenen Zone zwischen Valenzband und Leitungsband $\Delta W < 3$ eV. Diese Stoffe haben große technische Bedeutung erlangt wie etwa Germanium, Silizium, Kupferoxydul und Selen. Bei Germanium ist $\Delta W = 0{,}72$ eV, bei Silizium 1,12 eV und bei Selen 2,2 eV. Wesentlich ist dabei, daß bereits eine sehr geringe Beimengung von Fremdstoffen (gitterfremde Atome), sogenannte Störstellen in der Größenordnung von nur 1 Fremdatom auf 10^6 Atome der Grundsubstanz, die Leitfähigkeit um mehrere Zehnerpotenzen erhöht. Dieses Einbauen von Fremdatomen nennt man *Dotieren* oder Dopen. Hervorgerufen durch diese gitterfremden Atome (Störstellen), erhält man dann eine Störstellenleitung im Gegensatz zur Eigenleitung, z. B. in Metallen. Eingebaute gitterfremde Atome können dabei entweder Elektronen abgeben oder aus der Grundsubstanz Elektronen aufnehmen. Elektronenabgebende Fremdatome heißen *Donatoren,* elektronenaufnehmende Fremdatome *Akzeptoren.*

Ist der Fremdstoff ein Donator, so liegt das Energieniveau seiner Leitungselektronen im Bändermodell der Grundsubstanz, Bild 7.2.3, dicht unterhalb des Leitungsbandes in sehr kleinem Energieabstand, z. B. bei Germanium 0,02 eV. Bereits bei Zimmertemperaturen können dann Elektronen des Donators in das Leitungsband der Grundsubstanz gelangen, wo sie als *Überschußelektronen* unter der Wirkung eines äußeren elektrischen Feldes eine

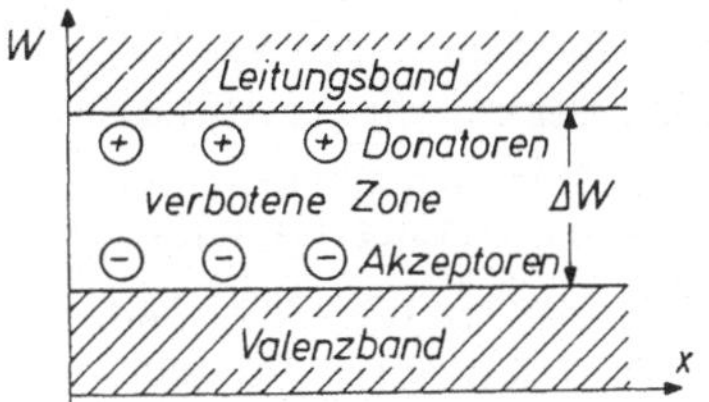

Bild 7.2.3
Bändermodell eines Halbleiters mit Störstellenleitung

Stromleitung als Störstellenleitung ermöglichen. Halbleiter dieser Art heißen *N-Halbleiter* (N für negativ). Man erhält eine *Überschuß-* oder *N-Leitung.* Ist der Fremdstoff ein Akzeptor, so befindet sich seine energetische Lage im Bändermodell der Grundsubstanz (Bild 7.2.3) dicht oberhalb des Valenzbandes, so daß Elektronen aus dem Valenzband bereits bei Zimmertemperaturen dorthin gelangen können. Im vorher voll besetzten Valenzband der Grundsubstanz erhält man dadurch Defektelektronen (positive Löcher), die unter der Wirkung eines äußeren elektrischen Feldes durch laufende Umbesetzungen wandern. Halbleiter dieser Art heißen *P-Halbleiter* (P für positiv). Man erhält eine *Mangel-* oder *P-Leitung,* auch Defektleitung genannt. Im allgemeinen treten Überschuß- und Defektelektronen gleichzeitig auf. Im N-Halbleiter sind dann aber Überschußelektronen als *Majoritätsträger* vorherrschend, während Defektelektronen die *Minoritätsträger* bilden. Im P-Halbleiter ist es umgekehrt. Eine Unterscheidung von P- und N-Halbleiter kann im magnetischen Feld mit Hilfe des Halleffektes (S. 135) erfolgen.

Das Grundsätzliche der Störstellenleitung kann man vereinfacht z. B. am vierwertigen Germanium darstellen. Germanium hat vier Valenzelektronen, das sind Elektronen der äußeren Schale, die mit anderen Atomen eine Bindung eingehen können. Von einem fünfwertigen Donator, etwa Antimon oder Arsen, können nur vier Elektronen im Kristallgitter des Germanium gebunden werden. Das fünfte Elektron des Donators kann dann als freies Elektron durch das Kristallgitter wandern, da zu seiner Ablösung nur eine sehr geringe Energie notwendig ist. Man erhält N-Germanium und an der Störstelle einen ionisierten positiv geladenen Donator. Ein dreiwertiger Akzeptor, etwa Aluminium, Bor oder Indium, hat dagegen nur drei Valenzelektronen. Im Gitter des Germaniums entsteht daher eine Elektronenlücke, die durch Elektronen aus Nachbarbindungen des Germaniums leicht aufgefüllt werden kann und durch Umbesetzungen als Defektelektron im Kristallgitter des Germaniums wandert. Man erhält P-Germanium und an der Störstelle einen ionisierten negativ geladenen Akzeptor.

8 Halbleiterbauelemente

8.1 Halbleiterdioden

8.1.1 PN-Übergang. Werden P- und N-Halbleiter in Berührung gebracht, so erhält man einen PN-Übergang. Durch Diffusion wandern an der Grenzschicht G in Bild 8.1.1 Elektronen aus der N-Zone in die P-Zone und Löcher (Defektelektronen) aus der P-Zone in die N-Zone, wodurch das N-Gebiet an der Grenzschicht gegenüber der P-Zone einen positiven Ladungsüberschuß erhält und umgekehrt. Die sich an der Grenzschicht bildende Raumladung ρ hat ein elektrisches Feld der Stärke E zur Folge und führt zu einer Potentialschwelle $\Delta\varphi$, die auch Diffusionsspannung genannt wird. Sie bestimmt die Austrittsarbeit nach Gl. (7.1.1) und tritt nach außen nicht in Erscheinung, führt jedoch zu einer Gleichrichterwirkung. Der Gleichgewichtszustand ist erreicht, sobald Diffusionskräfte und elektrische Feldkräfte sich das Gleichgewicht halten. Wird nun der positive Pol einer Spannungsquelle mit dem N-dotierten Halbleiter verbunden und der negative Pol mit dem P-dotierten Halbleiter, so werden die Elektronen des N-Gebiets und die Löcher des P-Gebiets von der Grenzschicht weggezogen und können nicht nachgeliefert werden. Die Grenzschicht verarmt dadurch an Ladungsträgern, wodurch sich die Potentialschwelle erhöht und man eine Sperrschicht erhält. Der Halbleiter hat bei dieser Polarität der Spannungsquelle einen hohen elektrischen Widerstand (Sperrichtung). Bei umgekehrter Polarität der Spannungsquelle, also positiver Pol am P-Halbleiter und negativer Pol am N-Halbleiter, wandern dagegen Elektronen und Löcher zueinander mit laufender Umbesetzung der Löcher, was einen Stromdurchgang bedeutet. Ladungsträger beider Vorzeichen können dabei die Sperrschicht auffüllen und deren Leitfähigkeit erhöhen (Durchlaß- oder Flußrichtung). Mit zwei metallischen Zuleitungen bildet eine solche Anordnung eine *Halbleiterdiode*. An der Kontaktfläche muß eine ausreichende Ladungskonzentration herrschen, damit sich kein Verarmungsgebiet ausbilden kann und die Kontaktfläche sperrschichtfrei bleibt.

Beim Legierungsverfahren wird der Dotierungsstoff vom anderen Leitungstyp bei hoher Temperatur in das Halbleitermaterial einlegiert. Beim Diffusionsverfahren läßt man den Dotierungsstoff in gasförmigem Zustand in das Halbleitergrundmaterial eindiffundieren. Bei dem heute vorherrschenden

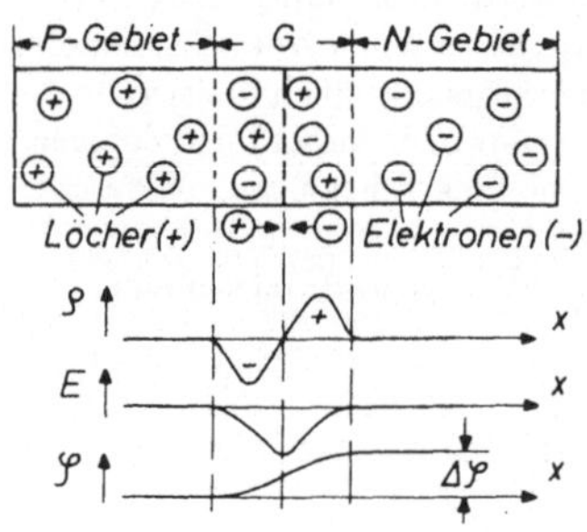

Bild 8.1.1
PN-Übergang

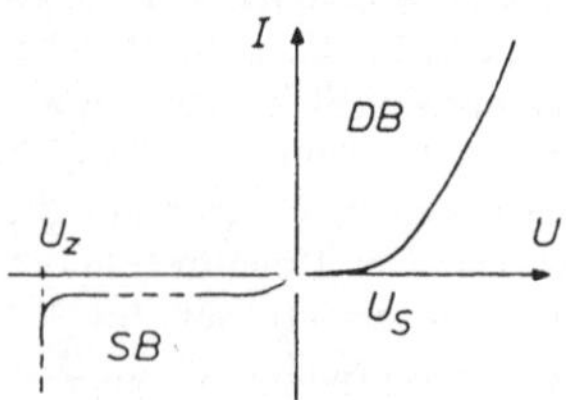

Bild 8.1.2
Kennlinie einer Halbleiter-Diode.
DB Durchlaßbereich,
SB Sperrbereich

Planarverfahren wird der Halbleiterkristall zunächst durch eine schützende Schicht (Siliziumoxid SiO_2) abgedeckt, aus der man dann das zum Eindiffundieren des Dotierungsstoffes benötigte Fenster ausätzt.

8.1.2 Sperrschichtdioden. Den grundsätzlichen Kennlinienverlauf einer Halbleiterdiode aus P- und N-Halbleiter zeigt Bild 8.1.2. Im Durchlaßbereich DB steigt der Strom nach Überschreiten einer Schwellen- oder Schleusenspannung sehr schnell an. Im Sperrbereich SB fließt ein sehr kleiner Strom, der durch Minoritätsträger verursacht wird und bereits bei kleinen Spannungen und Zimmertemperaturen einen Sättigungswert erreicht. Mit zunehmender Temperatur steigt der Sperrstrom an (Eigenleitung). Bei Gleichrichtern (Ventilen) ist das zwar unerwünscht, bei Heißleitern (Thermistoren) wird das jedoch technisch genutzt.

Bei Germanium beträgt die Schwellenspannung U_S etwa 0,2 V, bei Silizium etwa 0,5 V. Germaniumdioden können im Durchlaßbereich mit bis zu 250 A/cm^2, Siliziumdioden mit bis zu 600 A/cm^2 belastet werden. Bei Siliziumdioden liegt ferner der Sperrstrom etwa um den Faktor 10^{-3} niedriger als bei Germaniumdioden.

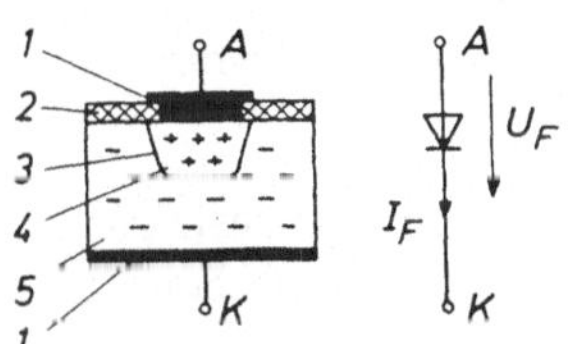

Bild 8.1.3 Siliziumdiode mit Schaltzeichen und Bezugspfeilen
1 Metallkontakte (A Anode, K Kathode),
2 SiO_2-Schutzschicht, 3 PN-Übergang,
4 Dotierungsstoff vom P-Typ,
5 N-Silizium

Den schematischen Aufbau einer Siliziumdiode mit einem nach dem Planarverfahren hergestellten PN-Übergang zeigt Bild 8.1.3. An der P-Zone liegt die Anode A, an der N-Zone die Kathode K. Durchlaßspannung U_F und Durchlaßstrom I_F werden in Durchlaßrichtung (Flußrichtung) positiv gezählt. Siliziumdioden für Gleichrichterschaltungen in der Energietechnik bezeichnet man auch als *Leistungsdioden*. Solche Ventile werden für Sperrspannungen bis zu 3000 V und Dauerströme von 2000 A hergestellt.

Beim Selengleichrichter wird P-leitendes Selen auf eine Trägerschicht aufgedampft und darüber eine Deckelektrode aus Zinn-Kadmium aufgespritzt. An der Grenzschicht zum Selen bildet sich ein N-leitendes Kadmium-Selenid, so daß ein PN-Übergang entsteht. Beim Kupferoxidul-Gleichrichter wird die Sperrschicht durch Cu_2O gebildet, das auf metallisches Kupfer aufgetragen wurde. Bei der hohen Elektronenkonzentration im Metall können Elektronen leicht vom Metall in den Halbleiter eindringen (Durchlaßrichtung); in entgegengesetzter Richtung sind dagegen nur die wenigen Elektronen im Leitungsband des Halbleiters Cu_2O verfügbar (Sperrichtung).

Beispiel 8.1. Für die einfache Diodenschaltung (Vierpolschaltung) Bild 8.1.4a, angeschlossen an eine Gleichspannung U_1, sind für $U_1 = U_0$ die zugehörigen Werte des Stromes $I = I_D$ und der Ausgangsspannung $U_2 = U_a$ bei gegebenem Widerstand R und gegebener Diodenkennlinie $I = f(U_D)$ zu berechnen und der Verlauf $I = f(U_1)$ anzugeben.

Lösung: Nach Bild 8.1.4a ist

$$U_1 = U_D + U_2; \quad I = (U_1 - U_D)/R \tag{8.1.1}$$

Da die Diodenkennlinie nach Bild 8.1.4b nicht linear ist, werden die gesuchten Größen zweckmäßig auf graphischem Wege durch Einzeichnen der Lastkennlinie (Widerstandsgerade WG) für den Widerstand R ermittelt.

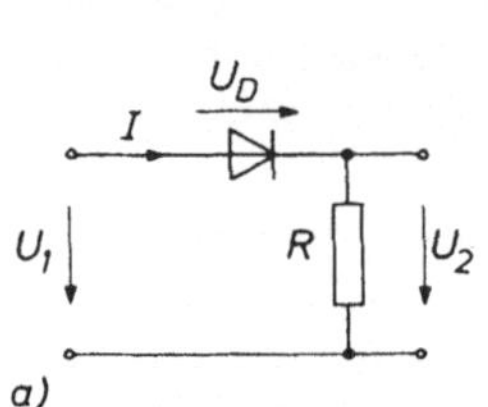

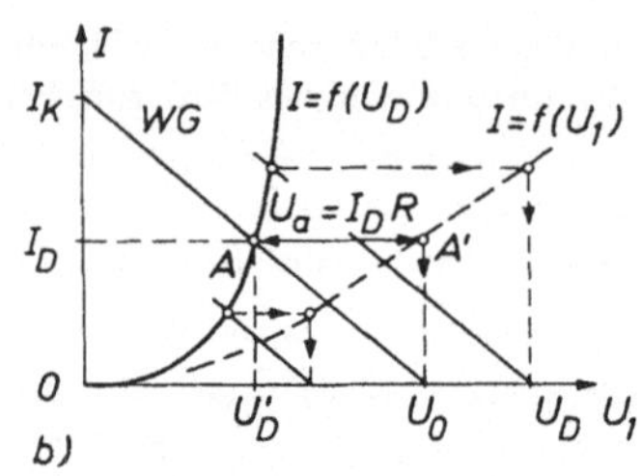

Bild 8.1.4
Diodenschaltung zum Beispiel 8.1
a) Ersatzschaltbild,
b) Graphische Lösung

WG findet man nach Gl. (8.1.1) aus

$$I = (U_0 - U_D)/R = I_k - U_D/R,$$

indem man die Punkte $I = I_k$ auf der Ordinate ($U_D = 0$) und $U_D = U_0$ auf der Abzizze ($I = 0$) verbindet. Der Schnittpunkt A der Geraden WG mit der Diodenkennlinie ergibt den gesuchten Wert I_D mit zugehöriger Diodenspannung U_D', wie man aus Bild 8.1.4b entnehmen kann.

Den Verlauf $I = f(U_1)$ erhält man als „gescherte Kennlinie", indem man die Diodenkennlinie für jeden Wert I punktweise um den zugehörigen Wert IR in Richtung wachsender Wert U_1 verschiebt. Die Konstruktion durch paralleles Verschieben der Widerstandsgerade WG kann Bild 8.1.4b entnommen werden. Je größer R ist, um so flacher verläuft WG und um so stärker wird die Diodenkennlinie linearisiert.

8.1.3 Spezialdioden. Wird die Spannung in Sperrichtung $U_R = -U_F$ so weit gesteigert, daß das elektrische Feld in der Sperrschicht ausreicht, um die Energie ΔW zwischen Valenzband und Leitungsband (Bild 7.2.3, S. 165) aufzubringen, so steigt der Sperrstrom I_R bei einer genau definierten Spannung U_{z0} steil an (Zener-Effekt), da Valenzelektronen in das Leitungsband übergehen. Eine so betriebene Diode wird als *Z-Diode* (Zener-Diode) bezeichnet. Schaltzeichen, Ersatzschaltbild und Kennlinie zeigt Bild 8.1.5; die Kennlinie ist im 3. Quadranten (Sperrbereich) als $I_R = f(U_R)$ dargestellt. Der differentielle Z-Widerstand beträgt

$$r_z = \frac{dU_z}{dI_z} \approx \frac{\Delta U_z}{\Delta I_z}. \qquad (8.1.2)$$

Bild 8.1.5 Schaltzeichen, Ersatzschaltbild und Kennlinie einer Z-Diode

Als Siliziumdioden werden Z-Dioden mit Z-Spannungen U_{z0} von 2 V bis 200 V sehr vielseitig z.B. zur Spannungsstabilisierung oder zur Spannungsbegrenzung verwendet; sie haben Glimmspannungsstabilisatoren und Glimmspannungsteiler (S. 157) weitgehend verdrängt.

Beispiel 8.2. In der Stabilisierungsschaltung Bild 8.1.6 ist die Spannung U_z am Verbraucherwiderstand R_v bei $U > U_z$ zu berechnen, dabei soll der Z-Widerstand r_z als konstant angenommen werden.

Lösung: Ersetzt man die Z-Diode ZD in Bild 8.1.6 durch ihr Ersatzschaltbild nach Bild 8.1.5b und betrachtet die ganze Anordnung als eine an den Klemmen a-b mit R_v belastete lineare

Zweipolquelle, so erhält man aus Beispiel 2.29 für die *leerlaufende* Zweipolquelle und ihren inneren Widerstand R_i

$$U_{ab} = U_0 = \frac{Ur_z + U_{z0} R}{R + r_z}; \quad R_i = \frac{r_z R}{R + r_z}.$$

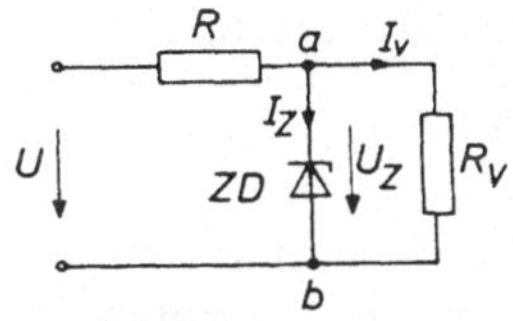

Bild 8.1.6
Stabilisierungsschaltung zu Beispiel 8.2

Damit wird im Leerlauf ($R_v \rightarrow \infty$) in Bild 8.1.6

$$U_0 = \frac{U_{z0} + Ur_z/R}{1 + r_z/R}$$

oder bei $r_z/R \ll 1$ angenähert $U_0 \approx U_{z0}$. Bei Belastung mit R_v wird

$$U_z = I_v R_v = \frac{U_0 R_v}{R_i + R_v} = \frac{U_{z0} + Ur_z/R}{1 + r_z/R_v + r_z/R}.$$

Die Spannungskonstanz ist demnach um so besser, je kleiner das Verhältnis r_z/R ist.

Mit zunehmender Spannung in Sperrichtung nimmt auch die Kapazität der Sperrschicht ab. Halbleiterdioden können daher auch als *Kapazitätsdioden* (Varaktor-Dioden) steuerbare Kapazitäten darstellen. Die hohe Kapazität von Sperrschichten findet ferner in *Elektrolytkondensatoren* (Aluminiumoxid- oder Tantaloxidkondensatoren) vielfache Anwendung. Solche Kondensatoren werden mit Gleichstrom in Sperrichtung betrieben.

Eine sehr geringe Sperrschichtkapazität haben *Spitzendioden*. Bei ihnen wird eine Metalldrahtspitze als Anode mit N-dotiertem Germanium z. B. durch einen Formierungsstrom verschweißt. Dadurch bildet sich um die Metallspitze eine P-leitende Zone aus, die mit dem N-dotierten Germanium einen PN-Übergang bildet. Größere Strombelastung erreicht man mit Anodendraht aus Gold (Golddrahtdioden).

Luminiszenzdioden oder Leuchtdioden, abgekürzt LED (Light Emitting Diodes) sind Halbleiterdioden für Anzeigesysteme auf Galliumbasis in Verbindung mit Arsen und Phosphor. Beim Betrieb in Durchlaßrichtung emittieren sie je nach Halbleitertyp eine sichtbare Strahlung, die in der Sperrschicht beim spontanen Rekombinieren von Elektronen aus der N-Zone und Löchern aus der P-Zone entsteht. Diese Strahlung ist dem Strom in Durchlaßrichtung angenähert proportional. Kohärentes Licht geben *Laserdioden* ab; ihre Lebensdauer ist begrenzt.

Einen sehr geringen Strom von nur einigen μA bei 3 V benötigen *Flüssigkristall-Zellen*, abgekürzt LCD (Liquid Crystal Display); sie werden in zunehmendem Maße als Anzeigeeinheiten z. B. für Armbanduhren und Taschenrechner verwendet und verhalten sich teilweise wie Flüssigkeiten, teilweise wie ein Kristall. Unter der Einwirkung eines elektrischen Feldes lassen sich ihre Moleküle aus ihrer eindimensional fixierten Ordnung herausdrehen. Eine solche Zelle besteht aus einem klaren Flüssigkristall zwischen zwei durchsichtigen Elektroden. Beim Anlegen einer Spannung wird der Flüssigkristall getrübt und auftreffendes Licht zerstreut, so daß eine Bilderzeugung bei Lichtdurchgang oder mit auftreffendem Licht möglich ist.

Fotodioden sind in Sperrichtung betriebene Halbleiterdioden, deren Sperrstrom sich durch auftreffendes Licht um den Fotostrom bis zu 100 nA/lx erhöht. Dieser Fotostrom fließt auch über einen angeschlossenen äußeren Stromkreis ohne angelegte Spannung; die Fotodiode wird dann zum *Fotoelement*. Großflächige Fotoelemente zur direkten Umwandlung von Sonnenenergie in elektrische Energie nennt man *Solarzellen*.

8.2 Halbleitertrioden

8.2.1 Bipolare Transistoren. Ein bipolarer *Transistor*, üblicherweise nur als Transistor bezeichnet, ist eine steuerbare Anordnung aus drei Halbleitern in der Reihenfolge NPN oder PNP. Schema und Aufbau eines NPN-Transistors zeigt Bild 8.2.1. Die beiden äußeren Elektroden sind der *Emitter E* und der *Kollektor C*; der mittlere P-Abschnitt bildet die *Basis B*. Die Emitterdiode mit der Grenzschicht G_1 wird in Durchlaßrichtung, die Kollektordiode mit der Grenzschicht G_2 wird in Sperrichtung betrieben. Ist nur die Kollektor-Emitter-Spannung U_{CE} angeschlossen, so fließt ein sehr kleiner Kollektorreststrom als Sperrstrom der Kollektordiode. Bei angeschlossener Basis-Emitter-Spannung U_{BE} wird die Emitterdiode in Durchlaßrichtung betrieben, so daß viele Majoritätsträger des Emitterbereichs in die nur schwach dotierte Basis gelangen. Die meisten dieser Ladungsträger durchlaufen die sehr dünne Basisschicht ($< 50\ \mu$m) gleichsam als „Injektionsstrom" nahezu ungehindert; an der zweiten Grenzschicht G_2 werden sie vom Kollektor C abgesaugt („eingesammelt"). Der Kollektorstrom I_C kann dadurch je nach Höhe der Basis-Emitter-Spannung U_{BE} bis nahe an den Wert des Emitterstroms I_E ansteigen. Als Differenzstrom $I_E - I_C$ bleibt der Basisstrom I_B sehr klein, da nur wenige vom Emitter ausgehende Ladungsträger die Basiselektrode B erreichen. Steuernde Größe für den Kollektorstrom I_C ist demnach der Basisstrom I_B bzw. die Basis-Emitter-Spannung U_{BE}. Die Ströme I_B und I_C sind einander angenähert proportional. Der Verlauf $I_B = f(U_{BE})$ ist die Kennlinie des Durchlaßbereichs der Emitterdiode; er wird im technisch interessierenden Bereich nur wenig von der Kollektor-Emitter-Spannung U_{CE} beeinflußt.

Beim „komplementären" PNP-Transistor ist die Basis ein N-Halbleiter, während Emitter und Kollektor P-Halbleiter sind. Die Polarität der Spannungen sowie die Strombezugsrichtungen sind daher in Bild 8.2.1 umzukehren. An die Stelle von Überschußelektronen treten Löcher und umgekehrt. Die Schaltsymbole für beide Transistorarten mit den üblichen Strom- und Spannungspfeilen zeigt Bild 8.2.2. Demnach ist allgemein

$$I_B + I_C + I_E = 0. \qquad (8.2.1)$$

Je nachdem, wie man Eingangs- und Ausgangsgrößen einander zuordnet, unterscheidet man drei Transistorgrundschaltungen; sie heißen *Emitterschaltung, Kollektorschaltung* und *Basisschaltung* und sind mit U_e als Eingangsspannung, U_a als Ausgangsspannung und U_b als Betriebsspannung in Bild 8.2.3 dargestellt. Die Grundschaltungen lassen sich vielfach variieren.

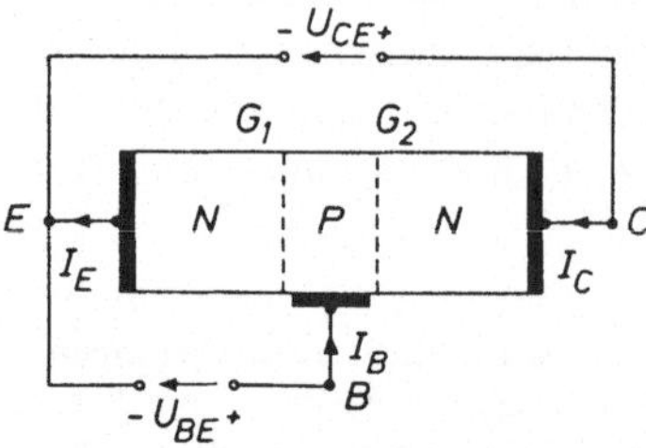

Bild 8.2.1
Schema des NPN-Transistors

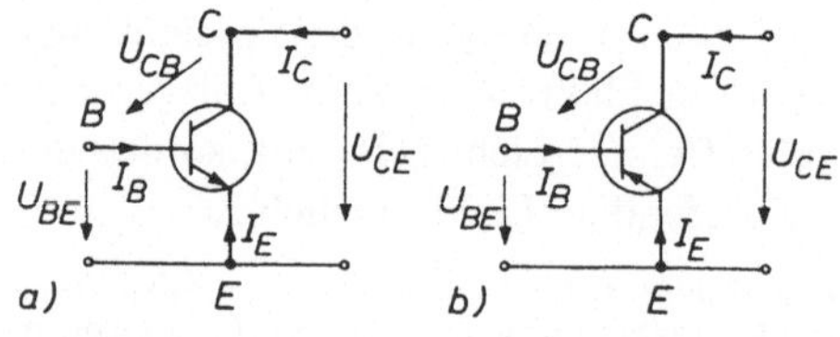

Bild 8.2.2
Schaltzeichen mit Bezugspfeilen
a) NPN-Transistor, b) PNP-Transistor

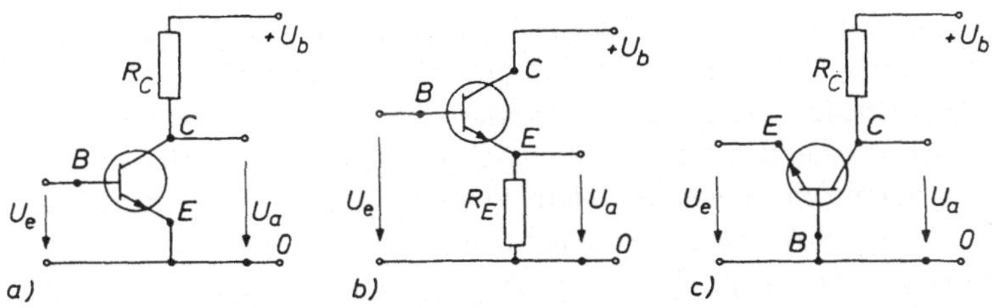

Bild 8.2.3. Grundschaltungen eines NPN-Transistors
a) Emitterschaltung, b) Kollektorschaltung, c) Basisschaltung

Die Ausgangskennlinien der Emitterschaltung $I_C = f(U_{CE})$ mit I_B als Parameter und eingetragener Lastkennlinie (Widerstandsgerade des Lastwiderstandes R_C) sind in Bild 8.2.4 wiedergegeben. Bei der Betriebsspannung U_b schneidet die Lastkennlinie wegen

$$I_C R_C = U_b - U_{CE} \tag{8.2.2}$$

die U_{CE}-Achse ($I_C = 0$) bei $U_{CE} = U_b$ und die I_C-Achse ($U_{CE} = 0$) bei $I_C = U_b/R_C$. Der Arbeitspunkt A liegt im Schnittpunkt der Lastkennlinie mit der Kennlinie für den Basisstrom $I_B = I_{BO}$ bei den Werten I_{CO} und U_{CEO}. Wird dem Basiskreis ein eingeprägter Strom I_e überlagert, so ist

$$I_B = I_{BO} \pm I_e = I_{BO} \pm \Delta I_B.$$

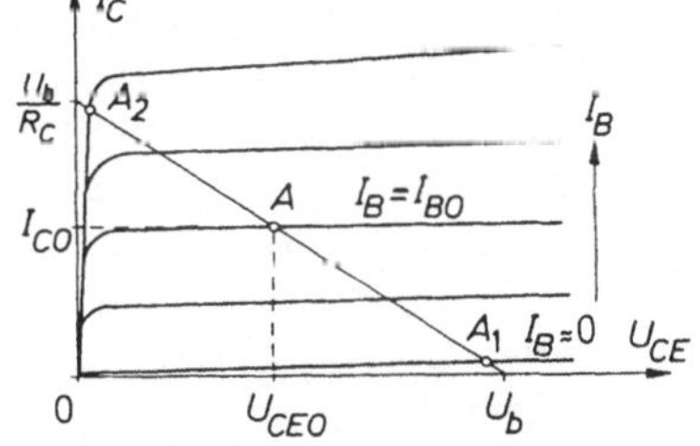

Bild 8.2.4
Ausgangskennlinienfeld der Emitterschaltung $I_C = f(U_{CE})$ mit I_B als Parameter und eingetragener Lastkennlinie

Der Arbeitspunkt verschiebt sich dadurch längs der Lastkennlinie bis zum Schnittpunkt mit der Kennlinie für diesen neuen Wert I_B. Gleichzeitig ändert sich der Kollektorstrom um $\pm\,\Delta I_C$. Der Quotient

$$\beta = \Delta I_C / \Delta I_B \tag{8.2.3}$$

gibt als Verstärkungsfaktor die Stromverstärkung der Emitterschaltung an.

Betreibt man einen Transistor nur in zwei Zuständen derart, daß er wie in Bild 8.2.4 im Arbeitspunkt A_1 ($I_C \approx 0$) sperrt und im Arbeitspunkt A_2 ($U_{CE} \approx 0$) durchläßt, so arbeitet er als Schalter; er wird dann auch als *Schalttransistor* bezeichnet.

Bei großen Eingangssignalen U_e kann der Basisstrom durch einen Widerstand R_B nach Bild 8.2.5 in seiner Höhe beeinflußt werden. An die Stelle der Eingangskennlinie $I_B = f(U_{BE})$ tritt die „gescherte Kennlinie" $I_B = f(U_e)$, die man aus

$$U_e = U_{BE} + I_B R_B \tag{8.2.4}$$

durch punktweises Verschieben der Kennlinie für jeden Wert I_B um $I_B R_B$ erhält, wie in Beispiel 8.3 gezeigt wird. Vgl. auch Bild 8.1.4b, Beispiel 8.1.

Bei der Kollektorschaltung Bild 8.2.3b, auch Emitterfolger genannt, sind Eingangsspannung U_e und Ausgangsspannung U_a nahezu gleich und nur um die relativ geringe Basis-Emitter-Spannung U_{BE} verschieden. Man erhält einen relativ hohen Eingangswiderstand, jedoch einen kleinen Ausgangswiderstand. Bei der Basisschaltung, Bild 8.2.3c, bildet der Emitterstrom I_E den Eingangsstrom. Wegen des relativ kleinen Basisstromes I_B ist jedoch der Kollektorstrom $I_C \approx I_E$, die Stromverstärkung hat daher nahezu den Wert Eins. Einem relativ kleinen Eingangswiderstand entspricht ein großer Ausgangswiderstand.

Beispiel 8.3. Mit den Werten

$U_e = 1$ V, $R_B = 125$ kΩ,
$U_b = 6$ V, $R_C = 3$ kΩ

sind für die Emitterschaltung Bild 8.2.5 die sich einstellenden Werte des Arbeitspunktes im Kennlinienfeld Bild 8.2.6 sowie die Strom- und Spannungsverstärkung zu ermitteln.

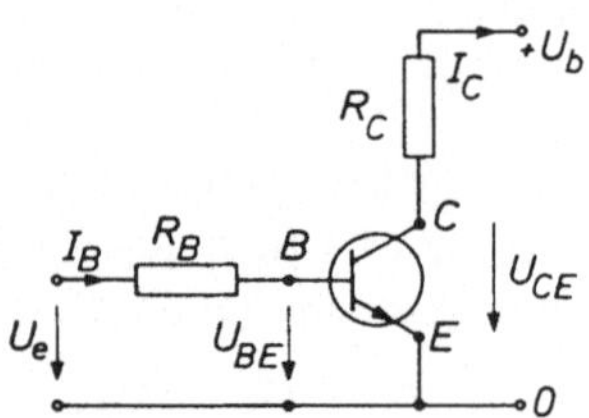

Bild 8.2.5
Emitterschaltung mit Basiswiderstand R_B

Lösung: Mit

$I_B = U_e/R_B = 8$ μA bei $U_{BE} = 0$,
$I_C = U_b/R_C = 2$ mA bei $U_{CE} = 0$

findet man die Widerstandsgerade für R_B in Bild 8.2.6a als Gerade durch die Punkte $I_B = 8$ μA, $U_{BE} = 0$ und $U_{BE} = 1$ V, $I_B = 0$ sowie auf die gleiche Weise die Widerstandsgerade für R_C (Lastkennlinie) in Bild 8.2.6b als Verbindung der Punkte $I_C = 2$ mA, $U_{CE} = 0$ und $U_{CE} = 6$ V, $I_C = 0$. Die Widerstandsgerade für R_B schneidet die Kennlinie im Arbeitspunkt A mit den Werten

$I_B = 4$ μA, $U_{BE} = 0{,}5$ V.

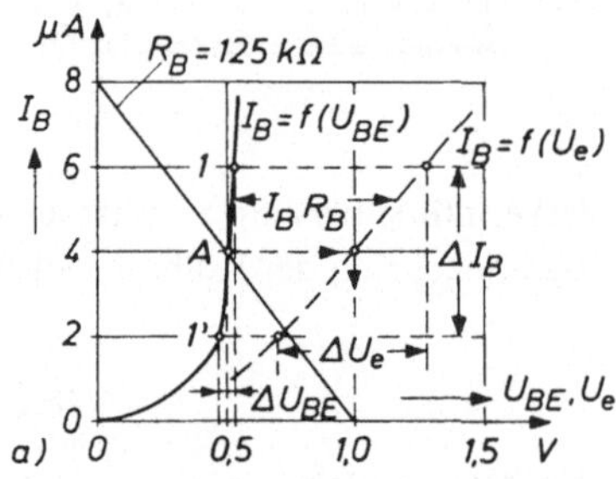

Bild 8.2.6. Kennlinien zu Beispiel 8.3

Mit diesem Wert I_B als Parameter erhält man aus dem Kennlinienfeld in Bild 8.2.6 b auf der Widerstandsgeraden (Lastkennlinie) für R_C den Arbeitspunkt A mit den Werten

$I_C = 1{,}1$ mA, $U_{CE} = 2{,}7$ V.

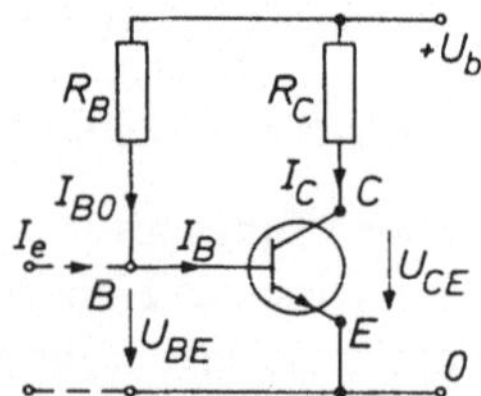

Bild 8.2.7
Emitterschaltung eines NPN-Transistors zu Beispiel 8.4 und 8.5

Den Kennlinien entnimmt man zwischen den Punkten 1 – 1′

$\Delta U_{BE} = 0{,}05$ V, $\Delta U_e = 0{,}55$ V, $\Delta U_{CE} = 3.0$ V,
$\Delta I_B = 4$ μA, $\Delta I_C = 1{,}0$ mA.

Damit erhält man als Stromverstärkung

$$\Delta I_C / \Delta I_B = 250$$

und als Spannungsverstärkung

$$\Delta U_{CE} / \Delta U_e = 5{,}45, \quad \Delta U_{CE} / \Delta U_{BE} = 60.$$

Beispiel 8.4. Die Emittergrundschaltung Bild 8.2.7 soll bei einem Lastwiderstand $R_C = 800\ \Omega$ und einer Betriebsspannung $U_b = 20$ V zur Verstärkung des eingeprägten Stromes I_e verwendet werden. Zur Einstellung des Arbeitspunktes A dient ein Basisvorwiderstand $R_B = 485\ \text{k}\Omega$; $U_{BE} \approx 0{,}6$ V. Die Ausgangskennlinien des Silizium-Transistors zeigt Bild 8.2.8. Gesucht sind die den Arbeitspunkt im Kennlinienfeld festlegenden Werte.

Lösung: Der Basisvorwiderstand R_B liegt an der Spannung $U_b - U_{BE}$ und wird vom Basisruhestrom I_{BO} durchflossen. Bei $I_e = 0$ ist somit

$$I_B = \frac{U_b - U_{BE}}{R_B} = \frac{19{,}4\ \text{V}}{485\ \Omega} \cdot 10^{-3} = 40\ \mu\text{A}.$$

Den Arbeitspunkt A findet man im Kennlinienfeld als Schnittpunkt der Lastkennlinie für $R_C = 800\ \Omega$ mit der Kennlinie für $I_B = 40\ \mu$A, wobei die Lastkennlinie durch die Verbindung der beiden Punkte

$$U_{CE} = U_b = 20 \text{ V auf der } U_{CE}\text{-Achse } (I_C = 0)$$

und

$$I_C = U_b / R_C = 25 \text{ mA auf der } I_C\text{-Achse } (U_{CE} = 0)$$

in Bild 8.2.8 gegeben ist. Dem Kennlinienfeld entnimmt man für den Arbeitspunkt A

$$I_C = 10 \text{ mA}, \quad U_{CE} = 12 \text{ V}.$$

In Bild 8.2.8 ist auch die Verlustleistung $P_v = U_{CE} I_C = 0{,}2$ W eingetragen, man erhält eine Hyperbel. Diese P_v-Hyperbel begrenzt den zulässigen Arbeitsbereich im Kennlinienfeld. Liegt die Lastkennlinie oberhalb der P_v-Hyperbel, so wird der Transistor zu stark erwärmt und damit überlastet. Man muß dann bei vorgegebenem Wert R_C die Betriebsspannung U_b entsprechend herabsetzen oder bei vorgegebenem Wert U_b den Lastwiderstand R_C entsprechend vergrößern. Da Transistoren temperaturempfindliche Halbleiterbauelemente sind, sind auch die Transistorkennlinien temperaturabhängig. Zur Temperaturstabilisierung des Arbeitspunktes sind daher stets besondere Schaltungsmaßnahmen notwendig.

Soll der Transistor mit maximaler Ausgangsleistung betrieben werden, so muß der Arbeitspunkt auf der P_v-Hyperbel in Bild 8.2.8 liegen. Im stetigen Betrieb ist dann der Arbeitspunkt angenähert durch A_0 mit den Koordinaten

$$U_{CE} = U_b/2, \quad I_C = \frac{U_b}{2 R_C} = \frac{I_k}{2}$$

gegeben, wobei I_k den Schnittpunkt der Widerstandsgeraden (Lastkennlinie) mit der Ordinate ergibt.

Demnach ist

$$P_{\max} = \frac{U_b^2}{4 R_C} \qquad (8.2.5)$$

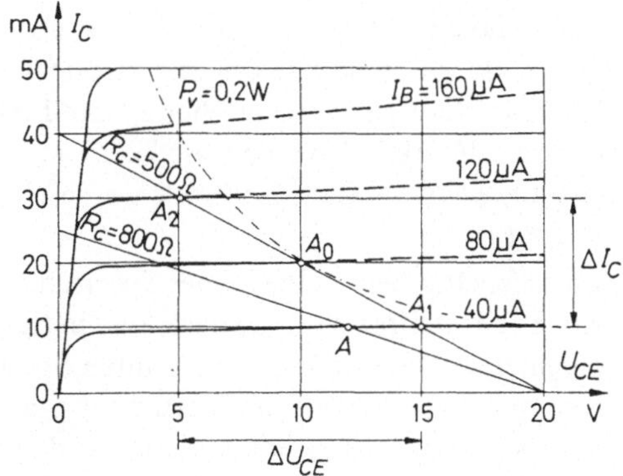

Bild 8.2.8

Ausgangskennlinienfeld zu Beispiel 8.4 und 8.5

Beispiel 8.5. In der Transistorschaltung Bild 8.2.7 sind für den Transistor des vorigen Beispiels der erforderliche Wert R_C des Lastwiderstandes für maximale Ausgangsleistung sowie die dann den Arbeitspunkt A_0 bestimmenden Werte zu ermitteln. Ferner ist die Stromverstärkung anzugeben, wenn sich der eingeprägte Strom I_e zwischen ± 40 μA ändert.

Lösung: Um bei maximaler Ausgangsleistung den linearen Kennlinienbereich voll aussteuern zu können, muß der Arbeitspunkt bei $U_{CE} \approx U_b/2$ und auf der P_v-Hyperbel liegen. In Bild 8.2.8 liegt demnach der Arbeitspunkt A_0 wegen $U_b = 20$ V und $P_v = 0{,}2$ W auf der P_v-Hyperbel mit den Werten

$$U_{CE} = U_{CEO} = 10\text{ V}, \quad I_C = I_{CO} = 20\text{ mA}, \quad I_B = I_{BO} = 80\ \mu\text{A}.$$

Die Lastkennlinie erhält man dann als Gerade durch die beiden Punkte $U_{CE} = U_b = 20$ V auf der U_{CE}-Achse und den Arbeitspunkt A_0, wobei nach Gl. (8.2.5)

$$R_C = \frac{U_b^2}{4\,P_v} = 500\ \Omega.$$

Die Lastkennlinie schneidet demnach die I_C-Achse bei

$$I_C = U_b/R_C = 40\text{ mA}.$$

Ändert sich I_e zwischen ± 40 μA, so ändert sich I_B in Bild 8.2.8 zwischen den Punkten A_1 und A_2 um $\Delta I_B = 80$ μA und entsprechend I_C um $\Delta I_C = 20$ mA. Damit beträgt die Stromverstärkung nach Gl. (8.2.3)

$$\beta = \Delta I_C/\Delta I_B = 20\text{ mA}/80\ \mu\text{A} = 250.$$

Die dem neuen Wert I_B entsprechende Spannung U_{BE} muß der Eingangskennlinie $I_B = f(U_{BE})$ entnommen werden, womit der zugehörige Basisvorwiderstand R_B wie im Beispiel 8.4 berechnet werden kann.

8.2.2 Feldeffekttransistoren. Der Feldeffekttransistor (FET) ist ein unipolarer Transistor, bei dem ein Strom aus Majoritätsträgern in einem Halbleiter ohne PN-Übergang im Stromweg durch ein transversales elektrisches Feld nahezu verlustlos gesteuert wird. Je nach der Dotierung des Halbleiters, dessen stromführende Zone Kanal genannt wird, handelt es sich um einen N-Kanal-Typ oder P-Kanal-Typ mit den drei Anschlüssen *Source S, Gate G* und *Drain D*, die Emitter, Basis und Kollektor des bipolaren Transistors entsprechen.

Grundsätzlich unterscheidet man zwei verschiedene Arten von Feldeffekttransistoren. Beim *Sperrschicht-Feldeffekttransistor*, abgekürzt Sperrschicht-FET oder J-FET (Junction FET) wirkt die steuernde Gate-Elektrode über einen PN-Übergang auf den stromführenden Halbleiter. Eine galvanisch isolierte Gate-Elektrode hat der *isolierte Feldeffekttransistor*, abgekürzt IG-FET (Isolated Gate FET), auch MOS-FET (Metal-Oxide-Semiconductor-FET) genannt, wenn die Gate-Elektrode durch eine Metalloxidschicht (SiO_2) von der Kanalzone getrennt ist.

Den schematischen Aufbau eines Sperrschicht-FET vom N-Kanaltyp zeigt Bild 8.2.9. Die Gate-Zone ist ihrer Wirkung nach eine in Sperrichtung gepolte Diode. Der PN-Übergang ist von einer an Ladungsträgern verarmten Sperrschicht umgeben (Bild 8.2.9a), die sich bei einer zwischen G und S in Sperrichtung gepolten Steuerspannung U_{GS} verbreitert, was den Querschnitt des leitenden Kanals verkleinert und den Kanalwiderstand vergrößert; der *Drainstrom* (Kanalstrom) I_D nimmt daher mit in Sperrichtung wachsender Steuerspannung U_{GS} ab. Der von I_D am Kanalwiderstand verursachte Spannungsabfall vergrößert noch zusätzlich die Sperrschicht vor der Drain-Elektrode D und verengt daher den leitenden Kanal in der Nähe der Drain-Elektrode, wie Bild 8.2.9b erkennen läßt. Dadurch tritt eine Sättigung des Stromes ein.

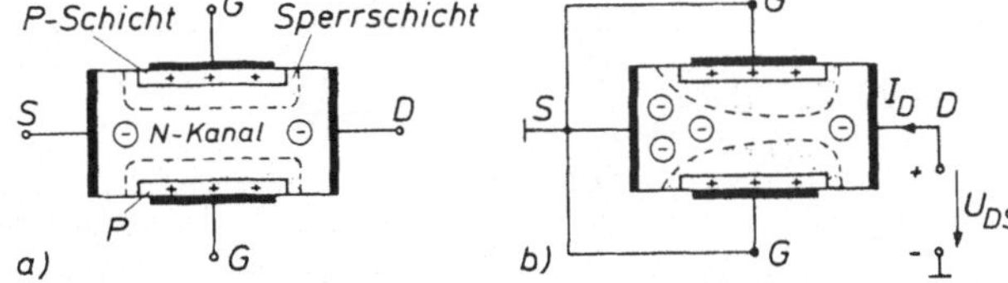

Bild 8.2.9
Schema eines Sperrschicht-FET (J-FET) vom N-Kanaltyp

Schaltzeichen und Bezugspfeile für den N-Kanaltyp sowie die Kennlinien $I_D = f(U_{DS})$ mit U_{GS} als Parameter zeigt Bild 8.2.10. Beim P-Kanaltyp sind der die Gatediode symbolisierende Pfeil (in Durchlaßrichtung) umzudrehen und die Gate- und Drain-Elektrode umzupolen; im Kennlinienfeld ist daher $U_{GS} < 0$ durch $U_{GS} > 0$ zu ersetzen. Bei $U_{GS} = 0$ und der Abschnür- oder Schwellspannung $U_{DS} = U_p$ (pinch-off-voltage) erhält man den größten Sättigungsstrom I_{DSS}. Wird die Drain-Source-Spannung unzulässig erhöht, so kommt es zum Durchbruch und der Transistor wird zerstört. Der sehr geringe Gate-Strom I_G ist der Sperrstrom der Gatediode und beträgt einige nA, so daß der Gleichstrom-Eingangswiderstand zwischen 1 MΩ und 100 MΩ liegen kann. Der Sperrschicht-FET verhält sich ähnlich wie eine Elektronenröhre (Penthode); er kann im Bereich kleiner Spannungen U_{DS} auch als steuerbarer linearer Widerstand zwischen 100 Ω und 100 kΩ dienen und im Sättigungsbereich u. a. zum Zwecke der Strombegrenzung oder als Konstantstromquelle verwendet werden.

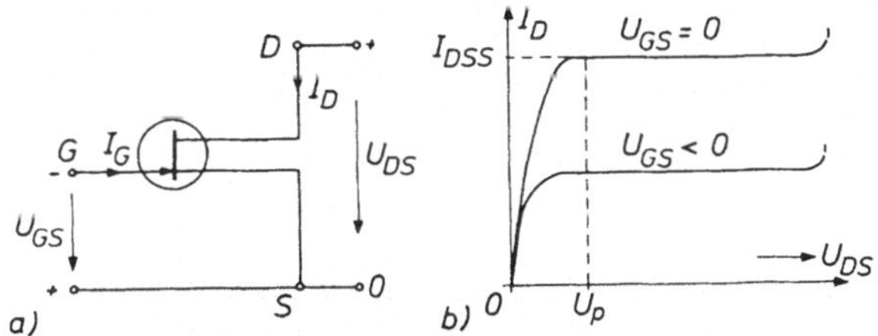

Bild 8.2.10. Sperrschicht-FET vom N-Kanaltyp
a) Schaltzeichen mit Bezugspfeilen, b) Kennlinien

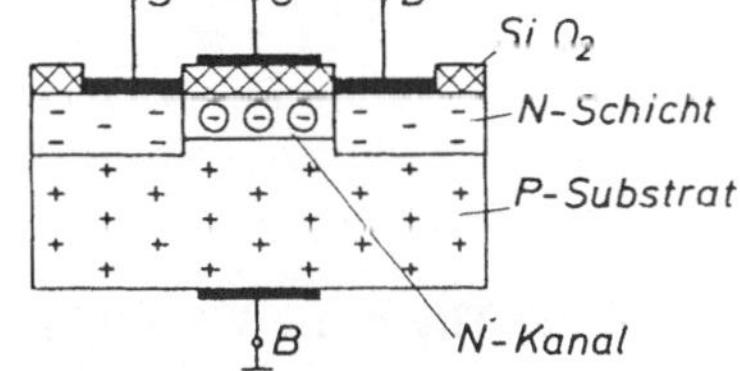

Bild 8.2.11. Schematischer Aufbau eines N-Kanal-MOS-FET

Der isolierte Feldeffekttransistor wird vorzugsweise in MOS-Aufbau verwendet. Bei einem solchen MOS-FET bildet die Gatezone einen Kondensator. Neben dem N-Kanaltyp und dem P-Kanaltyp unterscheidet man auch noch zwischen einem Anreicherungstyp (selbstsperrend, enhancement-type) und einem Verarmungstyp (selbstleitend, depletion-type). Den schematischen Aufbau eines Silizium-MOS-FET vom N-Kanal-Anreicherungstyp zeigt Bild 8.2.11. Gegenelektrode zur Gate-Elektrode *G* ist das Substrat aus P-Silizium mit dem N-leitenden Kanal. Als Dielektrikum dient eine dünne Metalloxidschicht aus SiO_2. Die darauf aufgedampfte Deckelelektrode aus Aluminium bildet die Gate-Elektrode *G*. Der herausgeführte Substratanschluß *B* wird in der Regel mit der Source-Elektrode *S* verbunden.

Beim Anreicherungstyp wird der Kanal erst bei einer Schwellspannung leitend, indem sich bei positiver Gate-Elektrode Elektronen in der an die Oxidschicht grenzenden Kanalzone sammeln. Mit zunehmender Steuerspannung zwischen Gate und Source wird der leitende Kanal immer breiter und der Kanalstrom mit Ladungsträgern „angereichert". Beim Verarmungstyp ist der Kanal bereits bei $U_{GS} = 0$ leitend. Erst bei $U_{GS} < 0$ verarmt der Kanal an Ladungsträgern, bis er schließlich sperrt. Der N-Kanal-Verarmungstyp arbeitet bei $U_{GS} > 0$ mit Anreicherung und bei $U_{GS} < 0$ mit Verarmung an Ladungsträgern, wie den Kennlinien in Bild 8.2.12 zu entnehmen ist. Im Schaltzeichen für den P-Kanaltyp ist der Pfeil im Symbol in Bild 8.2.12 umzukehren, ferner müssen alle Gleichstromanschlüsse umgepolt werden.

Der MOS-FET zeichnet sich durch einen sehr hohen Eingangswiderstand um 10^{14} Ω aus.

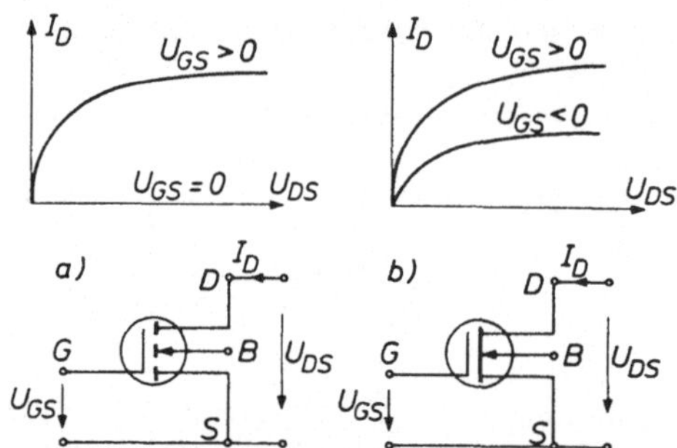

Bild 8.2.12. Kennlinien und Schaltzeichen eines N-Kanal-MOS-FET
a) Anreicherungstyp, b) Vcrarmungstyp

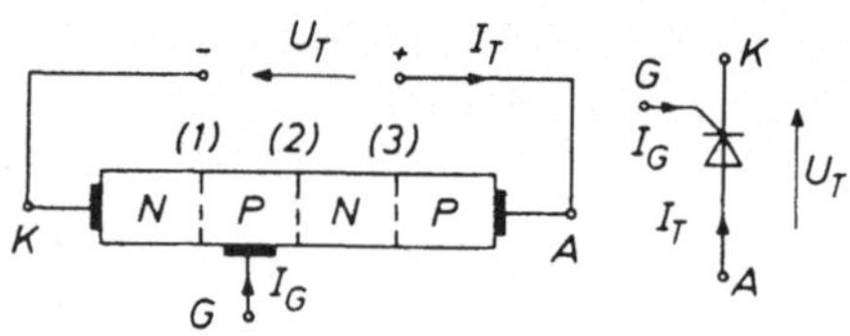

Bild 8.2.13
Schema des Thyristors mit Schaltzeichen und Bezugspfeilen

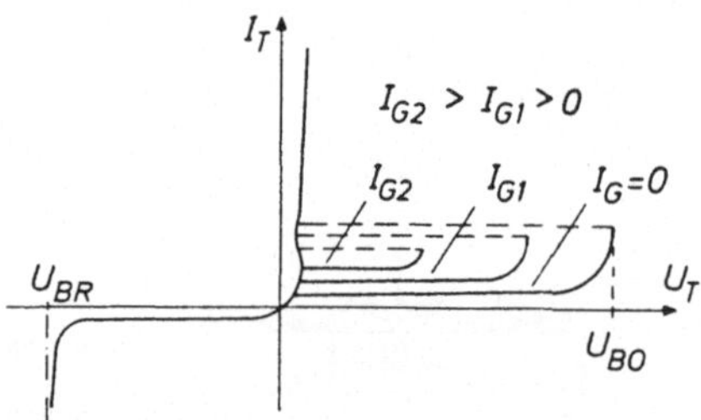

Bild 8.2.14. Kennlinienfeld eines Thyristors.
Parameter: Steuerstrom I_G

8.2.3 Der Thyristor. Wie Bild 8.2.13 zeigt, ist der Thyristor eine Vierschichttriode mit drei PN-Übergängen (1), (2), (3). A ist die Anode, K die Kathode und G das Steuergitter. Den schematischen Kennlinienverlauf zeigt Bild 8.2.14. Ist der Steuerstrom $I_G = 0$, so kann der Tyristor nur bis zur Durchbruchspannung der in Sperrichtung geschalteten Grenzschicht (2), der sogenannten Kippspannung U_{BO}, sperren. Dann wird er leitend und die Spannung zwischen A-K geht stark zurück.

Bei $U_T < U_{BO}$ wird der Thyristor leitend, wenn man durch einen Steuerimpuls über die Steuerelektrode G eine ausreichende Anzahl von Ladungsträgern in die Basis injiziert, so daß auch die Sperrspannung am Übergang (2) zusammenbricht.

Hat der Thyristor gezündet, so verhält er sich wie eine Gastriode und die Steuerelektrode verliert weitgehend ihre Steuerwirkung. Löschen tritt ein, wenn die Spannung U_T unterhalb des kleinstmöglichen Wertes der Betriebsspannung abgesunken ist oder wenn durch einen *negativen* Steuerstrom von der Größe des Stromes I_T alle überschüssigen Ladungsträger der Basis abgeführt werden.

Thyristoren werden für Spannungen bis über 1500 V und Ströme bis zu etwa 500 A gebaut. Ein Thyristor, der in beiden Richtungen betrieben werden kann und gleichsam zwei in Gegenparallelschaltung angeordnete Thyristoren darstellt, ist ein *Triac*. In der Energietechnik hat der Tyristor den Quecksilberdampf-Gleichrichter völlig verdrängt.

8.3 Halbleiter-Schaltkreise

8.3.1 Digitale Schaltungen. Während sich in der Analogtechnik eine Größe kontinuierlich ändert, kennt die Digitaltechnik nur einzelne diskrete Werte. In der digitalen Darstellung werden Größen durch Ziffern angegeben. Insbesondere verwendet die binäre Digitaltechnik nur die zwei Werte 0 und 1 als Binärziffern. Diese binären Variablen bezeichnet man auch als logische Werte oder logische Variable. Digitale Schaltungen für binäre Variable verarbeiten demnach nur Signale mit zwei verschiedenen Spannungswerten, einen hohen Spannungswert H (für high) und einen niedrigen Spannungswert L (für low). Im allgemeinen ordnet man H dem Wert 1 und L dem Wert 0 zu (sog. positive Logik). Den Zusammenhang zwischen den Eingangs- und Ausgangsgrößen bezeichnet man als *logische Funktion* oder logische Verknüpfung; die Grundschaltungen zu ihrer Realisierung heißen *Gatter*. Die beiden Schaltzustände binärer digitaler Schaltungen machen es möglich, aus digitalen Schaltungen ganze Rechensysteme aufzubauen.

Beide Schaltzustände einer binären digitalen Schaltung vermitteln eine Information und ermöglichen die Darstellung und Speicherung von Information in binärer Form durch eine Folge von beispielsweise AUS-EIN-Zuständen oder H-L-Schritten. Eine solche Umsetzung von Daten in Binärform nennt man in der Digitaltechnik eine Verschlüsselung oder *Codierung*. Der Informationsinhalt eines EIN-AUS-Schrittes ist die Informationseinheit *Bit* (binary digit). Die in binärer Form umgesetzten Informationsabläufe oder Funktionsweisen bilden ein *Programm*, das bei einer Datenverarbeitungsanlage (Computer) beliebig oft und in verschiedener Form als Anweisung (Befehl) oder Folge von Anweisungen vorgegeben werden kann.

Im allgemeinen haben Gatterschaltungen mehrere Eingänge und einen Ausgang; der Übertragungsweg zwischen einem Eingang und dem Ausgang kann entweder gesperrt oder freigegeben sein.

Beispiel 8.6. Bild 8.3.1 zeigt zwei Gatterschaltungen mit diskreten Dioden. Die beiden Eingangsspannungen U_1 und U_2 sollen nur die Werte 0 (Kurzschluß) oder U_0 annehmen, auch sollen beide Dioden als ideale Schalter mit einem Durchlaßwiderstand $r_D = 0$ und einem Sperrwiderstand $r_S \to \infty$ angenommen werden. Für die vier verschiedenen Kombinationsmöglichkeiten an den Gattereingängen sind die zugehörigen Ausgangswerte U_a anzugeben.

Lösung: Aus Bild 8.3.1a entnimmt man

$$U_a = \begin{cases} U_{D1} + U_1 \\ U_{D2} + U_2 \end{cases}; \quad U_0 = IR + U_a \tag{8.3.1}$$

Bei $U_1 = U_2 = 0$ sind beide Eingänge kurzgeschlossen. Beide Dioden werden von U_0 in Durchlaßrichtung betrieben, so daß wegen $r_D = 0$ auch $U_{D1} = U_{D2} = 0$. Somit ist $U_a = 0$.

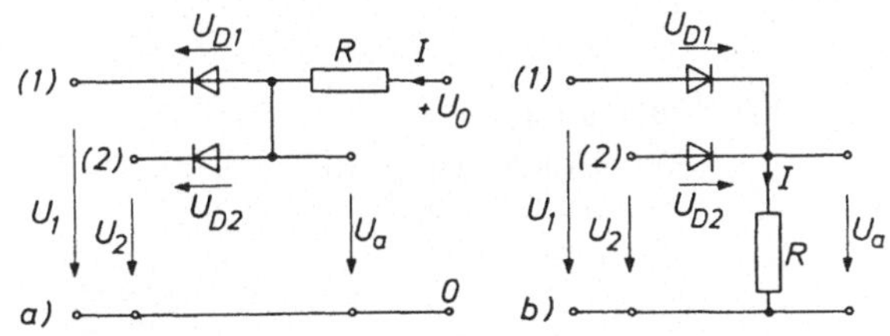

Bild 8.3.1
Gatterschaltungen mit diskreten Dioden
a) UND-Gatter,
b) ODER-Gatter

Bei $U_1 = U_0$, $U_2 = 0$ ist lediglich Eingang (2) kurzgeschlossen, so daß nach Gl. (8.3.1) mit $U_{D2} = 0$

$$U_{D1} = -U_0; \quad IR = U_0.$$

Somit ist $U_a = 0$.

Bei $U_1 = U_2 = U_0$ liegen die Klemmen (1) und (2) sowie die +Klemme auf gleichem Potential. Somit ist $I = 0$ und auch $U_{D1} = U_{D2} = 0$, so daß $U_a = U_0$.

In Bild 8.3.1b ist

$$U_a = IR = \begin{cases} U_1 - U_{D1} \\ U_2 - U_{D2} \end{cases}; \quad U_1 - U_2 = U_{D1} - U_{D2}. \tag{8.3.2}$$

Für $U_1 = U_2 = 0$ ist offenbar auch $U_a = 0$. Für $U_1 = U_0$ und $U_2 = 0$ ist $U_{D1} = 0$ (Durchlaßrichtung) und $U_{D2} = -U_1$ (Sperrichtung), so daß nach Gl. (8.3.2) $U_a = U_0$. Nur für $U_1 = U_2 = U_0$ werden beide Dioden in Durchlaßrichtung betrieben, so daß $U_a = U_0$. Die verschiedenen Kombinationsmöglichkeiten können den beiden Funktionstafeln entnommen werden.

a)

U_1	0	U_0	0	U_0
U_2	0	0	U_0	U_0
U_a	0	0	0	U_0

b)

U_1	0	U_0	0	U_0
U_2	0	0	U_0	U_0
U_a	0	U_0	U_0	U_0

Funktionstabellen zu Bild 8.3.1
a) Gatter nach Bild 8.3.1a; b) Gatter nach Bild 8.3.1b.

Die Schaltung Bild 8.3.1a ist ein UND-Gatter. Nur wenn beide Eingänge (1) *und* (2) an U_0 liegen, ist die Ausgangsgröße ebenfalls U_0. Die Schaltung 8.3.1b ist dagegen ein ODER-Gatter. Sobald an (1) *oder* (2) die Spannung U_0 liegt, ist auch die Ausgangsgröße U_0. Beide Schaltungen können durch weitere Dioden auf eine beliebige Anzahl von Eingängen erweitert werden. Gatterschaltungen bilden die Grundlage der gesamten Datentechnik.

8.3.2 Integrierte Schaltungen. Die Zusammenfassung mehrerer z. B. häufig vorkommender Halbleiterbauelemente zu einem unteilbaren Ganzen führt zu integrierten Schaltungen (IC, integrated circuit) auf Halbleiter-Kristallplättchen. Man erhält insbesondere eine monolithisch integrierte Schaltung, wenn die ganze Schaltung auf einem einzigen Halbleiterplättchen (Chip) untergebracht ist. Als Halbleitermaterial dient dabei vorwiegend Silizium, wofür die Zonenfolge NPN besonders günstig ist. Den Aufbau einer monolithisch integrierten Schaltung aus zwei Dioden, einem Transistor und einem Widerstand zeigt Bild 8.3.2. Als Widerstand dient meist eine Halbleiterzone, die von anders dotierten

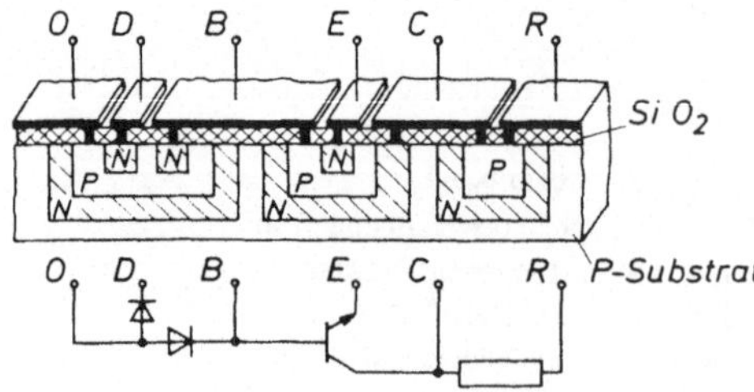

Bild 8.3.2
Monolithisch integrierte Schaltung (IC) mit Ersatzschaltbild

Zonen begrenzt wird, so daß sich längs des Widerstandes Sperrschichten befinden. Die Speisespannungen liegen etwa zwischen 2,5 V und 15 V.

Um auf die Integration der Schaltung hinzuweisen, werden in den Schaltplänen die Kreise um die Transistorsymbole ebenso wie in Bild 8.3.2 weggelassen.

Je nach dem Integrationsgrad unterscheidet man zwischen einer Integration mehrerer Gatter auf einem Chip (SSI, small scale integration), einer Integration einiger 100 Gatter je Chip (MSI, medium scale integration) sowie einer Integration von bis zu einigen 1000 Gattern (LSI, large scale integration). Von der VLSI (very large scale integration) spricht man schließlich bei 10^5 und mehr Schaltelementen auf einem einzigen Siliziumchip von nur einigen mm^2 Fläche. Monolithisch integrierte Schaltungen mit so hoher Miniaturisierung wie die LSI und VLSI zählen zu den Mikroschaltungen, womit Schaltungen der Mikroelektronik gemeint sind.

8.3.3 Operationsverstärker. Die Bezeichnung Operationsverstärker kommt aus der analogen Rechentechnik, die solche Verstärker als Bausteine für Rechenoperationen entwickelte. Der Operationsverstärker ist ein Bauelement der analogen Nachrichtentechnik und im Prinzip ein Differenzverstärker mit sehr hoher Verstärkung. Das Eingangssignal wird aus der Differenz zweier Eingangsspannungen gebildet, wodurch Abweichungen von den Eingangssollwerten nur als Differenz beider Abweichungen wirken. Grundsätzlich kann ein Operationsverstärker aus diskreten Bauelementen aufgebaut werden oder eine monolithisch integrierte Schaltung bilden.

Schaltzeichen des Operationsverstärkers und grundsätzlichen Verlauf einer idealen Übertragungskennlinie zeigen Bild 8.3.3. Von beiden Eingängen in Bild 8.3.3a ist der P-Eingang nichtinvertierend, der N-Eingang invertierend. Eine positive Eingangspannung U_P ergibt demnach eine ebenfalls positive Ausgangsspannung U_a, eine positive Eingangsspannung U_N ergibt dagegen eine negative, ungleichsinnige Ausgangsspannung $-U_a$. Im Idealfall wird nur die Differenzspannung

$$U_D = U_P - U_N \tag{8.3.3}$$

verstärkt. Normalerweise wird der Operationsverstärker mit einer Betriebsspannung $+U_b$ und $-U_b$ gegenüber Masse betrieben. Wegen Fertigungsstreuungen liegt der Nullpunkt der Übertragungskennlinie in Bild 8.3.3b beim nichtidealen Operationsverstärker auf der Abszizze um die Offset- oder Versatzspannung U_{OS} in positiver oder negativer Richtung verschoben. Im linearen Bereich der Kennlinie ist mit v_D als Differenzverstärkungsfaktor im Idealfall

$$U_a = v_D (U_p - U_N) = v_D U_D. \tag{8.3.4}$$

Ein Operationsverstärker kann demnach als gesteuerte Quelle betrachtet werden.

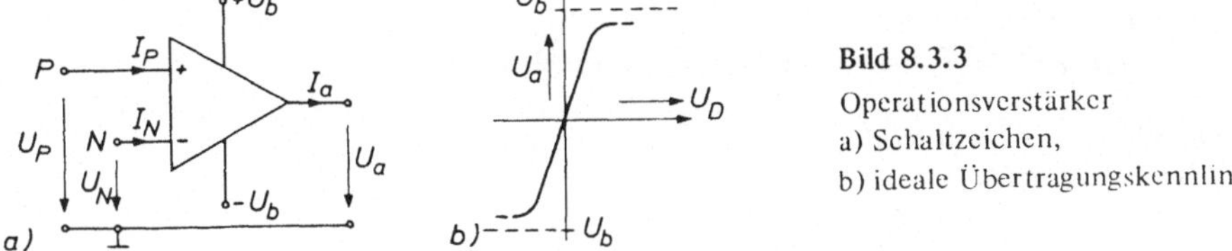

Bild 8.3.3
Operationsverstärker
a) Schaltzeichen,
b) ideale Übertragungskennlinie

Beim nichtidealen Operationsverstärker ist auch bei $U_N = U_P$ (Gleichtaktsteuerung) $U_a \neq 0$. Mit r_D als Differenz-Eingangswiderstand kann man beim idealen Operationsverstärker setzen

$$U_{OS} = 0, \quad v_D \to \infty, \quad r_D \to \infty. \tag{8.3.5}$$

Zur Stabilisierung der Verstärkung kann das Ausgangssignal auf den Verstärkereingang derart rückgekoppelt werden, daß das Eingangssignal geschwächt wird. Eine solche *Gegenkopplung* verringert die Gesamtverstärkung, schwächt jedoch auch gleichzeitig jede Verstärkungsschwankung. Im einfachsten Fall kann eine solche Gegenkopplung über einen Widerstand R_f nach Bild 8.3.4a erfolgen. Dabei ist im Idealfall wegen $r_D \to \infty$ der Strom $I_N = 0$ und $I_e = -I_f$, so daß nach Gl. (8.3.4)

$$U_a/v_D = -(U_e + I_f R_N)$$
$$U_a = I_f(R_f + R_N) + U_e.$$

Die erste Gleichung in die zweite Gleichung eingesetzt, ergibt

$$U_a = U_e + I_f R_N + I_f R_f = -U_a/v_D + I_f R_f.$$

Daraus

$$U_a = I_f R_f \frac{v_D}{1 + v_D}.$$

Ferner wird damit

$$U_e = -(I_f R_N + U_a/v_D) = -I_f\left(R_N + \frac{R_f}{1 + v_D}\right).$$

Mithin ist der Verstärkungsfaktor

$$v = \frac{U_a}{U_e} = -\frac{R_f v_D}{R_f + (1 + v_D) R_N} = -\frac{v_D}{1 + (1 + v_D) R_N/R_f}.$$

Der Nenner ist > 1, daher ist $v < v_D$; außerdem ist v negativ. Bei $v_D \to \infty$ erhält man schließlich

$$v = -\frac{1}{\frac{1}{v_D}(1 + v_D)\frac{R_N}{R_f} + \frac{1}{v_D}} \approx -\frac{R_f}{R_N}. \tag{8.3.6}$$

Bild 8.3.4a zeigt die Grundschaltung für einen invertierenden Verstärker.

Beispiel 8.7. Unter der Voraussetzung eines idealen Operationsverstärkers ist der Verstärkungsfaktor $v = U_a/U_e$ für die Schaltung Bild 8.3.4b zu berechnen.

Lösung: Wegen $r_D \to \infty$ ist wieder $I_N = 0$ und $I_e = -I_f$, so daß zunächst mit v_D endlich und $U_N = I_f R_N$

$$U_a = I_f(R_f + R_N) = v_D(U_e - I_f R_N). \tag{8.3.7}$$

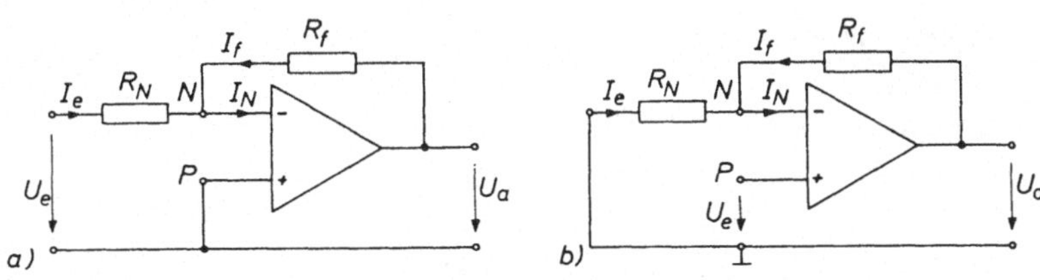

Bild 8.3.4. Gegengekoppelter Operationsverstärker a) invertierend, b) nicht invertierend

Daraus

$$U_e = I_f \left(R_N + \frac{R_f + R_N}{\nu_D} \right)$$

und

$$\nu = \frac{U_a}{U_e} = \frac{R_f + R_N}{R_N + (R_f + R_N)/\nu_D} = \frac{\nu_D}{1 + \nu_D R_N/(R_f + R_N)} < \nu_D.$$

Für $\nu_D \to \infty$ wird daraus

$$\nu = \frac{1}{1/\nu_D + R_N/(R_f + R_N)} \approx 1 + \frac{R_f}{R_N}.$$

Mit $\nu_D \to \infty$ kann dieses Ergebnis auch direkt aus Gl. (8.3.7) abgelesen werden. Bild 8.3.4b ist die Grundschaltung für einen nicht invertierenden Verstärker.

Beispiel 8.8. In Bild 8.3.4a soll $U_e = u_e(t)$ zeitlich veränderlich sein, so daß alle anderen Strom- und Spannungsgrößen ebenfalls zeitlich veränderlich werden, gekennzeichnet als u_a, i_e, i_f. Unter der Voraussetzung eines idealen Operationsverstärkers ($r_D \to \infty$, $v_D \to \infty$) ist die Ausgangsspannung in Abhängigkeit von der Eingangsspannung, $u_a = f(u_e)$ zu berechnen, wenn

a) R_f durch einen Kondensator der Kapazität C,

b) R_N durch einen Kondensator der Kapazität C

ersetzt werden.

Lösung: Setzt man zunächst in Bild 8.3.4a $I_e = i_e$, $I_f = i_f$; $i_e = -i_f = -i$, so ist in Bild 8.3.4a:

a) Mit u_c statt $I_f R_f$ als Kondensatorspannung

$$u_a = u_c + iR_N + u_e$$
$$u_N = (u_e + iR_N) = -u_a/\nu_D \to 0,$$

so daß

$$u_e = -iR_N; \; u_a = u_c.$$

Damit wird nach Gl. (5.3.2)

$$i = C\frac{\mathrm{d}u_c}{\mathrm{d}t} = C\frac{\mathrm{d}u_a}{\mathrm{d}t} = -\frac{u_e}{R_N} \quad \text{oder} \quad u_a = -\frac{1}{CR_n}\int u_e \,\mathrm{d}t.$$

Die Schaltung Bild 8.3.4a mit C statt R_f ist die Grundschaltung eines invertierenden Integrators (Integrierschaltung).

b) Mit u_c als Kondensatorspannung statt $-I_e R_N$

$$u_a = u_e + u_c + iR_f,$$
$$u_N = u_e + u_c = -u_a/v_D \to 0,$$

so daß

$$u_e = -u_c; \quad i = C\frac{\mathrm{d}u_c}{\mathrm{d}t} = -C\frac{\mathrm{d}u_e}{\mathrm{d}t} \quad \text{oder} \quad u_a = -R_f C\frac{\mathrm{d}u_e}{\mathrm{d}t}.$$

Die Schaltung Bild 8.3.4a mit C statt R_N ist die Grundschaltung eines invertierenden Differenzierers (Differenzierschaltung).

8.3.4 Digitale Speicher. Speicher sind Anordnungen zum Festhalten von Information, die bei Bedarf abgerufen werden kann. Grundsätzlich kann jede Anordnung als digitaler Speicher dienen, die zwei stabile Zustände zur Darstellung der Binärwerte „1" und „0" annehmen kann. Bei einer bestimmten Ansprechkombination, die als *Adresse* die einzelnen Speicherzellen charakterisiert, erscheint am Ausgang die damit abrufbare Binärinformation z.B. als Kombination von Binärwerten. In diesem Sinne entspricht bereits ein UND-Gatter nach Bild 8.3.1a einem Speicher, indem (vgl. Beispiel 8.6) der Adresse 11 der Speicherinhalt 1 am Ausgang entspricht.

Mit hochintegrierten Schaltungen kann man eine große Anzahl von Dioden oder Transistoren zum Aufbau von Speicherzellen kombinieren und diese zu einer Speichermatrix zusammenfassen. Ein besonders wichtiges Speicherelement der Halbleitertechnik ist dabei das *Flip-Flop*, eine bistabile Kippschaltung mit einer Speicherkapazität von 1 bit je Element. Das Prinzip eines Flip-Flop zeigt Bild 8.3.5. Setzt man zwei ideale Schalttransistoren T1 und T2 voraus und soll gerade T1 sperren, so ist T2 an der Basis positiv vorgespannt und daher leitend. Somit ist $U_1 = U$ und $U_2 \approx 0$. Wird nun T2 an (2) durch einen ausreichend negativen Spannungsimpuls gesperrt, so wird $U_2 = U$ und der Transistor T1 dadurch an der Basis positiv und leitend. U_1 bricht daher zusammen, $U_1 \approx 0$. Dieser neue stabile Zustand bleibt erhalten, bis T1 durch einen negativen Impuls an (1) erneut gesperrt wird. Die Schaltung kippt wieder in den stabilen Zustand $U_1 = U$ und $U_2 \approx 0$.

Speicher, deren Inhalt nur zum Lesen auf Abruf bereit steht, sind Lese- oder Festwertspeicher, abgekürzt ROM (read only memory). Solche Speicher dienen vorzugsweise als Programmspeicher oder zum Speichern bestimmter oft benutzter Konstanten; ihr Inhalt kann weder gelöscht noch geändert werden. Beim Schreib-Lese-Speicher oder RAM (random access memory) kann jede Speicherzelle direkt zum Schreiben oder Lesen angesprochen werden.

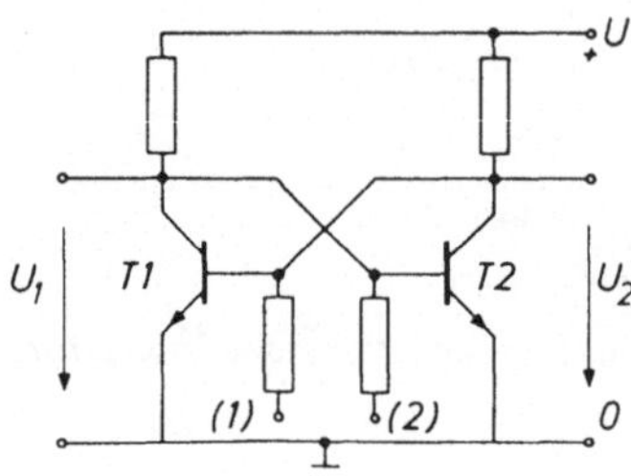

Bild 8.3.5

Prinzip einer symmetrischen bistabilen Kippschaltung (Flip-Flop)

9 Der einfache Wechselstromkreis

9.1 Grundbegriffe

9.1.1 Begriff des Wechselstroms. Im allgemeinen Fall sind Strom und Spannung nicht wie bei Gleichstrom zeitlich konstant, sondern ändern sich in jedem Augenblick. Einen solchen Strom oder eine solche Spannung nennt man *Mischstrom* bzw. Mischspannung, sofern sie sich periodisch ändern wie in Bild 2.1.1, wo ein Mischstrom als Summe eines Gleichstroms i_o und eines Wechselstroms i_w dargestellt ist.

> Wechselströme sind Ströme, die sich nach Größe und Vorzeichen zeitlich periodisch ändern. Sie „wechseln" zwischen positiven und negativen Grenzwerten, wobei ihr arithmetischer Mittelwert verschwindet.

Grundsätzlich kann ein Wechselstrom beliebige Kurvenform haben. Der Verlauf muß jedoch periodisch sein und der arithmetische Mittelwert über die Dauer einer Periode T verschwinden; positive und negative Strom-Zeitflächen müssen also während einer Periode gleich sein. In den folgenden Kapiteln werden zunächst ausschließlich zeitlich sinusförmig verlaufende Wechselströme und Wechselspannungen betrachtet (vgl. Beispiel 4, 15, Kap. 4.3.1). Die Sinusschwingung ist als „harmonische Kurve" die in der Natur am häufigsten vorkommende periodische Kurvenform. Die Betrachtung sinusförmiger Ströme und Spannungen bedeutet auch keine Einschränkung, da nach *Fourier* eine nichtsinusförmige periodische Funktion als Summe von Sinusgliedern dargestellt werden kann (Kap. 15.1). Auch in der Energietechnik wird die Sinusform für die Spannung angestrebt.

Den zeitlichen Verlauf einer sinusförmigen Spannung zeigt Bild 9.1.1. Allgemein sind dabei für Strom und Spannung

- i, u Augenblicks- oder Momentanwert,
- $\hat{i}, \hat{u}$ Maximal-, Höchst- oder Scheitelwert (Amplitude),
- T Periodendauer oder Periode,
- φ_0 Nullphasenwinkel.

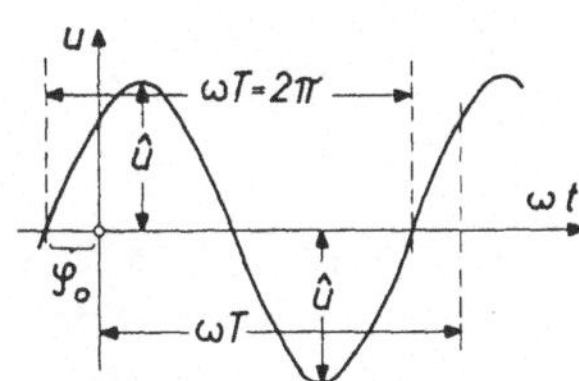

Bild 9.1.1
Sinusförmige Wechselspannung

In Bild 9.1.1 beträgt die Spannung in jedem Augenblick

$$u = \hat{u}\,\sin(\alpha + \varphi_0) = \hat{u}\,\sin(\omega t + \varphi_0),$$

wobei $\alpha = \omega t$ der linear mit der Zeit wachsende Winkel ist. Für $t = T$ ist $\omega T = 2\pi$, so daß

$$\boxed{\omega = \frac{2\pi}{T} = 2\pi f} \qquad \boxed{T = \frac{1}{f}} \qquad (9.1.1)$$

Hierbei ist f die *Frequenz* und ω die *Kreisfrequenz.*

Die Frequenz f einer Wechselstromgröße gibt die Anzahl der in einer Sekunde durchlaufenen Perioden an.

Die Einheit der Frequenz ist eine Periode je Sekunde. Sie wird Hertz genannt.

$$1 \text{ Hertz (Hz)} \mathrel{\hat{=}} 1 \text{ Per./s oder } s^{-1}.$$

Die Einheit Hertz wird *nur* für die Frequenz f benutzt. Die Kreisfrequenz ω als die 2π-fache Frequenz wird dagegen ausschließlich in s^{-1} angegeben.

In der Mechanik ist die Frequenz gleichbedeutend mit der Drehzahl, die in min^{-1} (Umdr./min) angegeben wird. Die Kreisfrequenz ω ist dann die Winkelgeschwindigkeit z. B. der rotierenden Schleife im Beispiel 4.15.

Das räumliche Analogon zur Periodendauer T ist die Wellenlänge λ. Breitet sich eine sinusförmige Schwingung (elektromagnetisches Feld) der Frequenz f mit der Lichtgeschwindigkeit c im Raum aus, so durchläuft sie während der Zeit T die Strecke λ. Somit ist wegen $c = \lambda/T$

$$\lambda = cT = c/f. \tag{9.1.2}$$

Gebräuchliche Frequenzen sind für elektrische Bahnen 16 $^2/_3$ Hz und für die allgemeine Energieversorgung 50 Hz (60 Hz in den USA und z. T. in Japan). In der Fernsprechtechnik werden bis zu etwa 4 kHz angewendet. Das Gebiet der Tonfrequenzen umfaßt 30 Hz bis etwa 16 kHz, die Höchstfrequenztechnik reicht bis zu 100 GHz (10^{11} Hz) oder Wellenlängen bis herab zu 3 mm. Frequenzen >300 GHz ($\lambda < 1$ mm) umfassen die Wärmestrahlung, ultrarotes, sichtbares und ultraviolettes Licht, Röntgenstrahlen sowie Gammastrahlen und kosmische Höhenstrahlen.

Sind zwei Wechselströme oder Wechselspannungen gleicher Frequenz nach Bild 9.1.2 gegeben

$$u_1 = \hat{u}_1 \sin(\omega t + \varphi_1), \qquad u_2 = \hat{u}_2 \sin(\omega t + \varphi_2),$$

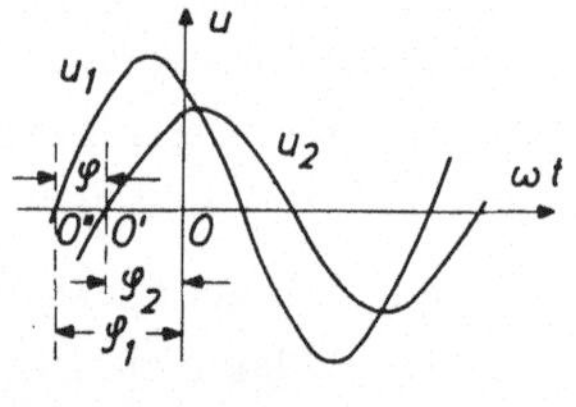

Bild 9.1.2
Phasenverschobene Wechselspannungen

so ist $\varphi = \varphi_1 - \varphi_2$ der Phasenunterschied, Phasenwinkel oder *Phasenverschiebungswinkel* zwischen den beiden Spannungen u_1 und u_2. Wegen $\varphi_2 < \varphi_1$ geht u_2 später durch Null und erreicht auch später als u_1 seinen Scheitelwert. Man sagt dann u_2 eilt u_1 *nach* oder u_1 eilt u_2 *voraus*. Beginnt man die Zeitzählung in Bild 9.1.2 im Punkt 0', so wird

$$u_1 = \hat{u}_1 \sin(\omega t + \varphi), \qquad u_2 = \hat{u}_2 \sin\omega t.$$

Beginnt man die Zeitzählung im Punkt 0'', so wird

$$u_1 = \hat{u}_1 \sin\omega t, \qquad u_2 = \hat{u}_2 \sin(\omega t - \varphi).$$

Ist $\varphi = 0$, so sind beide Spannungen phasengleich, *gleichphasig* oder *in Phase.*

In einem Wechselstromgenerator der Energietechnik entsteht die sinusförmige Spannung nicht zwangsläufig, wie etwa in einer gleichförmig im homogenen Magnetfeld rotierenden Leiterschleife (Beispiel 4.15). Vielmehr sind besondere konstruktive Maßnahmen (Polschuhform, Wicklungsanordnung) erforderlich, um der erzeugten Spannung eine Sinusform zu geben, die gegenüber anderen Spannungsformen sehr erhebliche Vorteile aufweist. Diese sind zusammengefaßt im wesentlichen:

1. Sinusförmige Spannungen haben in allen linearen Schaltelementen auch sinusförmige Ströme zur Folge und ergeben mit diesen einen sinusförmigen, also kontinuierlichen Leistungsverlauf. Es treten keine Leistungsspitzen auf, die eine ruckartige Belastung der Maschinen bedeuten würden.

2. Die Übertragung und Transformation sinusförmiger Spannungen ist mit kleinstem Aufwand bei geringen Verlusten möglich. Die Transformatoren brauchen nur für eine Frequenz (Grundfrequenz) konstruiert zu werden. Primär- und Sekundärspannung haben in linearen Kreisen gleiche Kurvenform, denn die Sinusfunktion erfüllt als einzige periodische Funktion die Bedingung, daß ihre Ableitungen ebenfalls Sinusfunktionen sind. Zur formgetreuen Transformation und Übertragung nichtsinusförmiger Spannungen müssen dagegen die Transformatoren (Übertragungsglieder) breitbandig für alle vorkommenden Frequenzen ausgelegt werden (Fourier-Analyse, Kap. 15.1).

3. Bei Sinusspannung wird die Bedingung leicht erfüllt, daß Parallelschalten von Wechselstromerzeugern nur bei genau gleichen Spannungsformen erfolgen kann, da sonst Ausgleichsströme (Verluste!) auftreten.

4. Die Sinusform ist als einfache periodische Funktion mathematisch leicht zu erfassen. Sinusförmige Spannungen sind daher leicht definierbar und normbar.

Diese wirtschaftlichen Vorteile bei der Übertragung und Transformation in Verbindung mit der einfachen Berechnung und theoretischen Behandlung der Wechselstromvorgänge ist für die Wahl der sinusförmigen Spannung entscheidend. Die zulässige Abweichung von der Sinusform ist nach VDE 0 530 (Regeln f. elektr. Maschinen), § 14 festgelegt.

9.1.2 Mittelwerte von Wechselstromgrößen. In den Beziehungen für die Energie $W_m = I^2 L/2$ und $W_e = U^2 C/2$ ebenso wie bei der Wärmeerzeugung nach $I^2 R t$ treten Strom und Spannung quadratisch auf. Für technische Anwendungen interessiert daher vor allem derjenige Wert einer Wechselstromgröße, der in seiner Wirkung bei der Energieumformung oder Energieübertragung ebenso wie bei Kraftwirkungen einem Gleichstromwert I äquivalent ist. Das ist derjenige Wechselstromwert, mit dem bei beliebiger Kurvenform das Joulesche Gesetz Gl. (2.2.2) ebenso wie bei Gleichstrom angeschrieben werden kann. Da der Strom i in jedem Augenblick einen periodisch veränderlichen Wert $i = \mathrm{f}(t)$ hat, braucht nur eine Periodendauer $t = T$ betrachtet zu werden, so daß dann

$$I^2 R T = \int_0^T i^2 R \,\mathrm{d}t.$$

Daraus

$$\boxed{I = \sqrt{\frac{1}{T}\int_0^T i^2 \,\mathrm{d}t}.} \qquad (9.1.3)$$

Dieser einem Gleichstrom äquivalente Wechselstromwert heißt *Effektivwert.* Unter der Wurzel steht der Mittelwert der Quadratkurve, der Effektivwert ist somit der *quadratische Mittelwert.*

> Für die Energieumwandlung (Leistung) ist der Effektivwert eines Wechselstromes einem Gleichstrom gleichen Betrages äquivalent.

In Gl. (9.1.3) geht wegen $i = f(t)$ bzw. $u = f(t)$ die Kurvenform der Wechselstromgröße ein, dagegen nicht die Frequenz. Der Effektivwert ist demnach frequenzunabhängig.

Für eine zeitlich sinusförmige Wechselstromgröße z. B. Spannung

$$u = \hat{u} \sin \omega t, \qquad u^2 = \hat{u}^2 \sin^2 \omega t$$

ist wegen $2 \sin^2 \omega t = 1 - \cos 2\,\omega t$ nach Gl. (9.1.3)

$$U^2 = \frac{1}{2T} \int_0^T \hat{u}^2 (1 - \cos 2\omega t)\, dt = \frac{\hat{u}^2}{2T} \left(t - \frac{1}{2\omega} \sin 2\omega t \right) \Bigg|_0^T = \frac{\hat{u}^2}{2}.$$

Damit erhält man für den Effektivwert bei *Sinusform* von Strom oder Spannung

$$U = \hat{u}/\sqrt{2} = 0{,}707\, \hat{u}, \qquad I = \hat{i}/\sqrt{2} = 0{,}707\, \hat{i}. \tag{9.1.4}$$

Das Verhältnis $\hat{i}/I$ bzw. $\hat{u}/U$ heißt *Scheitelfaktor.* Bei Sinusform ist demnach der Scheitelfaktor $\sqrt{2} = 1{,}414$. Wenn nicht besonders vermerkt, werden Wechselstrom und Wechselspannung stets als Effektivwerte I oder U angegeben, dann ist der Augenblickswert bei Sinusform

$$i = I \sqrt{2} \sin \omega t \quad \text{und} \quad u = U \sqrt{2} \sin \omega t.$$

Graphisch erhält man den Effektivwert nach Gl. (9.1.3), indem man wie in Bild 9.1.3 die Quadratkurve zeichnet und sie durch ein flächengleiches Rechteck mit der Basis T ersetzt. Die Höhe des Rechtecks ist dann als arithmetischer Mittelwert der Quadratkurve gleich dem Effektivwert der Wechselstromgröße im Quadrat.

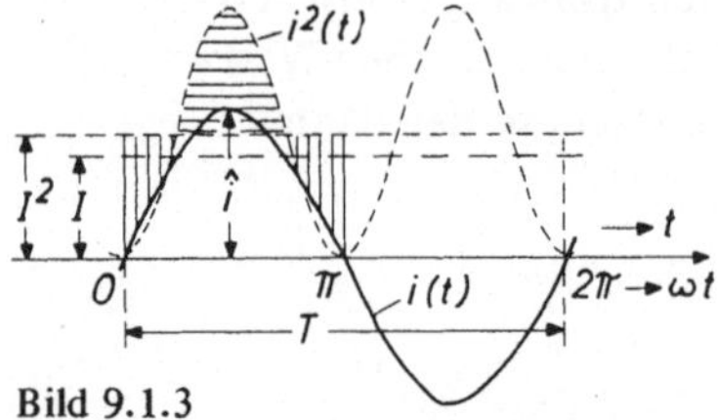

Bild 9.1.3
Effektivwert I eines sinusförmigen Stromes

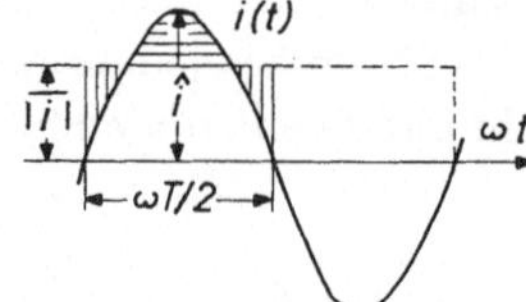

Bild 9.14
Gleichrichtwert $\overline{|i|}$ eines sinusförmigen Stromes

Wechselstrom und Wechselspannung können mit quadratisch anzeigenden Meßgeräten beispielsweise mit einem Dreheisenmeßwerk gemessen werden. Der Zeiger eines solchen Gerätes stellt sich auf den mittleren quadratischen Wert ein, das ist der Effektivwert, der somit direkt angezeigt wird. Der Zeiger eines Gleichstrommeßwerks, beispielsweise Drehspulmeßwerks, dessen Anzeige dem Strom i proportional ist, würde dagegen infolge seiner mechanischen Trägheit den Polaritätswechseln nicht folgen können und keine Anzeige ergeben.

Der arithmetische Mittelwert einer Wechselstromgröße ist definitionsgemäß gleich Null. Bei der Gleichrichtung eines Wechselstroms hat dagegen der arithmetische Mittelwert einer Halbwelle Bedeutung. Nach Bild 9.1.4 beträgt dieser Mittelwert

$$\overline{|i|} = \frac{1}{T} \int_0^T |i| \, dt. \tag{9.1.5}$$

Er heißt *Gleichrichtwert* oder auch elektrolytischer Mittelwert, da er für elektrolytische Vorgänge bei Verwendung gleichgerichteter Wechselströme bei Doppelweggleichrichtung maßgebend ist. Wie aus Bild 9.1.4 zu ersehen ist, erhält man den Gleichrichtwert durch Ersetzen der Fläche einer Halbwelle durch ein flächengleiches Rechteck mit der Basis $T/2$. Die Höhe des Rechtecks ist dann der Gleichrichtwert $\overline{|i|}$ bzw. $\overline{|u|}$. Für eine sinusförmige Wechselspannung ist beispielsweise nach Gl. (9.1.5)

$$\overline{|u|} = \frac{2\hat{u}}{T} \int_0^{T/2} \sin \omega t \, dt = -\frac{2\hat{u}}{\omega T} \cos \omega t \Big|_0^{T/2} = \frac{4\hat{u}}{\omega T}$$

oder wegen $\omega T = 2\pi$ bei *Sinusform*

$$\overline{|u|} = \frac{2\hat{u}}{\pi} = 0{,}637\,\hat{u}, \qquad \overline{|i|} = \frac{2\hat{i}}{\pi} = 0{,}637\,\hat{i}. \tag{9.1.6}$$

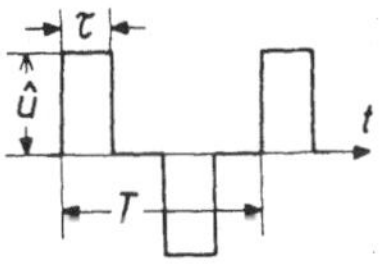

Bild 9.1.5
Rechteckspannung zu Beispiel 9.1

Ebenso wie der Effektivwert ist auch der Gleichrichtwert frequenzunabhängig. Das Verhältnis Effektivwert/Gleichrichtwert heißt *Formfaktor*. Bei Sinusform ist der Formfaktor $\pi/(2\sqrt{2}) = 1{,}11$.

Beispiel 9.1. Für eine Rechteckspannung nach Bild 9.1.5 sollen Effektivwert, Gleichrichtwert, Formfaktor und Scheitelfaktor berechnet werden.

Lösung: Über eine Halbperiode $T/2$ genommen, beträgt die Fläche eines Rechtecks $\hat{u}\tau$. Ersetzt man diese Fläche durch ein flächengleiches Rechteck der Basis $T/2$, so ist dessen Höhe $\overline{|u|}$. Mit dem *Tastverhältnis* $\beta = \tau/T$ ist dann

$$\hat{u}\tau = \overline{|u|}\,T/2, \qquad \overline{|u|} = 2\hat{u}\tau/T = 2\hat{u}\beta.$$

Über eine Periode T genommen, beträgt die Fläche der Quadratkurve $2\hat{u}^2\tau$. Somit wird der Effektivwert U entsprechend

$$U^2 T = 2\hat{u}^2\tau, \qquad U = \hat{u}\sqrt{2\tau/T} = \hat{u}\sqrt{2\beta}.$$

Mit diesen Werten erhält man für den Scheitelfaktor k_s und den Formfaktor k_f

$$k_s = k_f = 1/\sqrt{2\beta}.$$

Bei einer Rechteckkurve sind Scheitelfaktor und Formfaktor gleich. Dagegen erhält man für eine

Halbkreiskurve	$k_f = 1{,}04$	$k_s = 1{,}22$
Dreieckkurve	$k_f = 1{,}15$	$k_s = 1{,}73$.

9.1.3 Zeigerdarstellung zeitlich sinusförmiger Wechselstromgrößen. Rotiert in einem rechtwinkligen Koordinatensystem mit den Achsen x und y ein Zeiger (Pfeil) der Länge $\hat{a}$, gemessen vom Ursprung aus, um den Ursprung mit der gleichförmigen Winkelgeschwindigkeit ω gegen den Uhrzeigersinn (mathematisch positiver Sinn), so bildet er mit der x-Achse den Winkel ωt, z.B. im Zeitpunkt t_x den Winkel ωt_x. Seine Projektion auf die y-Achse ist in jedem Augenblick $a_y = \hat{a} \sin \omega t$ und seine Projektion auf die x-Achse $a_x = \hat{a} \cos \omega t$. Man kann demnach, wie aus Bild 9.1.6 zu erkennen ist, eine zeitlich sich sinusförmig ändernde Wechselstromgröße durch einen mit der Kreisfrequenz ω rotierenden Zeiger darstellen, dessen Projektion auf eine beliebige feste Zeitachse in jedem Augenblick den Augenblickswert ergibt. Auf diese Weise kommt man zur Zeigerdarstellung von Wechselstromgrößen.

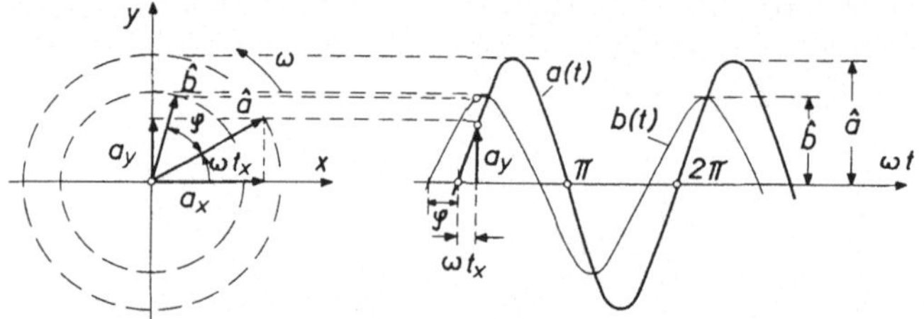

Bild 9.1.6
Übergang zur Zeigerdarstellung

Wechselstromgrößen, die eine gegenseitige Phasenverschiebung φ haben, ergeben in der Zeigerdarstellung ein Zeigerdiagramm. Die einzelnen Zeiger muß man sich hierbei mit der Winkelgeschwindigkeit ω oder die Zeitachse mit der Winkelgeschwindigkeit $-\omega$ rotierend denken. Man bezeichnet solche Zeiger als *Drehzeiger*. Da praktisch in erster Linie der Effektivwert interessiert, macht man die Länge der Strom- oder Spannungszeiger nicht gleich den Scheitelwerten $\hat{i}$ oder $\hat{u}$, sondern, wenn nicht besonders gekennzeichnet, gleich den um $1/\sqrt{2}$ kleineren Effektivwerten I, U. Zeigergrößen werden im folgenden im Vorgriff auf die noch zu behandelnde komplexe Darstellung von Wechselstromgrößen als unterstrichene Größen, z. B. $\underline{U}$, $\underline{I}$ gekennzeichnet. Dann gilt für die Beträge

$$|\underline{U}| = U, \qquad |\underline{I}| = I.$$

Aus dem Zeigerdiagramm kann dann eine Wechselstromgröße direkt nach Betrag (Effektivwert) und Phase entnommen werden.

Nach den Empfehlungen des AEF werden in Deutschland für (komplexe) Zeigergrößen unterstrichene Formelzeichen verwendet. Die Kennzeichnung durch Unterstreichen hat dabei den Vorteil, daß auch die komplexe Darstellung von Vektorgrößen wie z.B. $\underline{\boldsymbol{E}}$ oder $\underline{\boldsymbol{H}}$ dadurch leicht kenntlich gemacht werden kann.

Die Augenblickswerte einer sinusförmigen Wechselstromgröße erhält man durch Projektion der Zeitzeiger auf die Zeitachse und Multiplizieren mit $\sqrt{2}$. Die Lage der Zeitachse (Winkel ωt_x in Bild 9.1.6) wird durch den Beginn der Zeitzählung (Anfangswert, Nullphasenwinkel) bestimmt. Schließlich kann man Bild 9.1.6 entnehmen, daß die Addition (Subtraktion) der Effektwerte von Wechselstromgrößen geometrisch erfolgen muß, so daß im allgemeinen

$$\underline{U} = \underline{U}_1 + \underline{U}_2, \qquad U = |\underline{U}| = |\underline{U}_1 + \underline{U}_2| \neq U_1 + U_2.$$

Beispiel 9.2. Gegeben die beiden Spannungen

$$u_1 = U_1\sqrt{2}\sin\omega t, \qquad u_2 = U_2\sqrt{2}\sin(\omega t + \varphi)$$

mit $U_1 = 8$ V, $U_2 = 5$ V, $\varphi = 30°$. Gesucht der Effektivwert der Summenspannung.

Lösung: Die Spannung u_2 eilt der Spannung u_1 um den Winkel φ voraus. Da lediglich Effektivwert und gegenseitige Phasenlage (Phasenwinkel φ) interessieren, kann im Zeigerdiagramm Bild 9.1.7 die Lage eines Zeigers als ***Bezugszeiger*** willkürlich gewählt werden. Bei Wahl von $\underline{U}_1$ als Bezugszeiger muß $\underline{U}_2$ gegenüber $\underline{U}_1$ um den Winkel φ *voreilen*. Bei Wahl von $\underline{U}_2$ als Bezugszeiger muß $\underline{U}_1$ gegenüber $\underline{U}_2$ um den Winkel φ ***nacheilen***, was der Schreibweise

$$u_1 = U_1\sqrt{2}\sin(\omega t - \varphi), \qquad u_2 = U_2\sqrt{2}\sin\omega t$$

entspricht. Aus dem Zeigerdiagramm Bild 9.1.7 entnimmt man für den Effektivwert der Summenspannung

$$U_s = \sqrt{(U_1 + U_2\cos\varphi)^2 + U_2^2\sin^2\varphi} \approx 12{,}5 \text{ V}.$$

Entsprechend entnimmt man dem Zeigerdiagramm Bild 9.1.7 für die Differenzspannung, als Addition mit negativem Vorzeichen

$$U_d = \sqrt{(U_1 - U_2\cos\varphi)^2 + U_2^2\sin^2\varphi}.$$

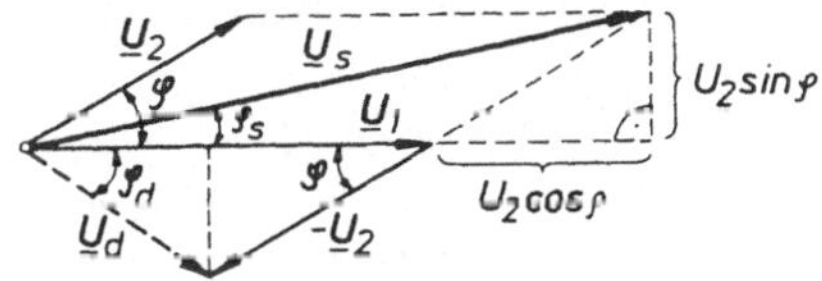

Bild 9.1.7
Zeigerdiagramm, Beispiel 7.2

Für die Phasenwinkel zwischen $\underline{U}_1$ und $\underline{U}_s$ sowie $\underline{U}_1$ und $\underline{U}_d$ entnimmt man Bild 9.1.7

$$\tan\varphi_s = \frac{U_2\sin\varphi}{U_1 + U_2\cos\varphi}, \qquad \tan\varphi_d = \frac{U_2\sin\varphi}{U_1 - U_2\cos\varphi}.$$

Wegen der geometrischen Addition kann die Summe zweier Wechselspannungen oder Wechselströme kleiner werden als eine der beiden Teilspannungen oder Teilströme.

9.2 Wechselstromwiderstände

9.2.1 Wechselstrom-Ersatzwiderstände. Jeder Stromkreis hat eine Induktivität L und eine Kapazität C, die sich bei Gleichstrom nicht auswirken, dagegen bei jeder zeitlichen Änderung von Strom oder Spannung wirksam werden und dann wegen

$$u_L = L\frac{di}{dt}, \qquad i = C\frac{du_c}{dt}$$

zu einer zusätzlichen im Stromkreis auftretenden Spannung und einem zusätzlichen Strom führen, die bei Gleichstrom nicht vorhanden sind. Im Stromkreis Bild 9.2.1a ist daher

$$u = u_R + u_L = iR + L\frac{di}{dt},$$

so daß $i = (u - u_L)/R < u/R$. Im Stromkreis Bild 9.2.1b ist

$$i = i_R + i_C = \frac{u}{R} + C\frac{du}{dt},$$

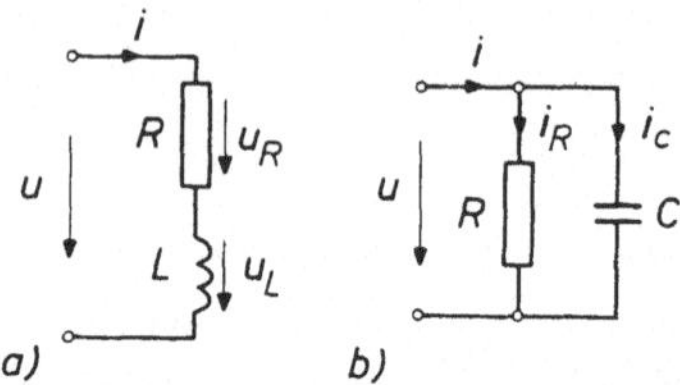

Bild 9.2.1
Induktiver (*a*) und kapazitiver Stromkreis (*b*)

so daß $i > u/R$. Um ebenso wie bei Gleichstrom rechnen zu können, kann man daher im Ersatzschaltbild für eine Induktivität L einen Ersatzwiderstand X_L und für einen Kondensator der Kapazität C einen Ersatzleitwert B_c einführen. Da X_L im Gegensatz zum Ohmschen Widerstand R kein „Echtwiderstand" ist, bezeichnet man X_L als *induktiven Blindwiderstand* oder (induktive) *Reaktanz,* auch Induktanz genannt. Entsprechend heißt B_c *kapazitiver Blindleitwert.*

Auch das Verhältnis U/I einer Reihenschaltung und das Verhältnis I/U einer Parallelschaltung werden im Wechselstromkreis im allgemeinen von den Gleichstromwerten verschieden sein. Das *Ohmsche Gesetz* nimmt daher im Wechselstromkreis die Form an

$$U/I = Z, \qquad I/U = Y.$$

Darin bezeichnet man Z als *Scheinwiderstand* oder *Impedanz* und seinen Kehrwert Y als *Scheinleitwert* oder *Admittanz.* Im Wechselstromkreis treten demnach als Widerstandselemente neben den Ohmschen Widerstand R der induktive und kapazitive Blindwiderstand als Ersatzwiderstände für eine Induktivität oder Kapazität, außerdem als resultierender Wechselstromwiderstand der Scheinwiderstand Z. Als Leitwertelemente treten neben den Ohmschen Leitwert $G = 1/R$ der kapazitive und induktive Blindleitwert als Ersatzleitwerte für eine Induktivität oder Kapazität, außerdem als resultierender Wechselstromleitwert der Scheinleitwert Y. Im allgemeinen ist dabei der Widerstandswert eines Ohmschen Widerstandes größer als sein Gleichstromwert, da bei Wechselstrom die Stromdichteverteilung über den Leiterquerschnitt nicht homogen ist (S. 240). Dieser Effekt (Haut- oder Skineffekt) soll aber zunächst noch vernachlässigt werden, da er sich bei niedrigen Frequenzen wie etwa 50 Hz nur bei hinreichend großen Leiterquerschnitten, sonst aber erst bei höheren und hohen Frequenzen auswirkt; er wird in Kap. 12.1.3 behandelt.

Ein sehr wesentlicher Unterschied zwischen einem Ohmschen Widerstand und einem Blindwiderstand besteht darin, daß der Ohmsche Widerstand R als „Echtwiderstand" ein Energiewandler für elektromagnetische Energie ist, die in ihm in Wärme umgewandelt wird (Joulesche Wärme, Joulesches Gesetz). Im Blindwiderstand als „Ersatzwiderstand" findet keine Energieumwandlung in Wärme statt.

9.2.2 Der Ohmsche Widerstand. Für einen Ohmschen Widerstand gilt in jedem Augenblick das Ohmsche Gesetz Gl. (2.1.10).

|| Die Spannung an einem Ohmschen Widerstand (Wirkwiderstand) ist dem Strom durch den Widerstand proportional.

Bei gegebener Spannung $u_R = U_R \sqrt{2} \sin \omega t$ am Widerstand R in Bild 9.2.2 ist daher der Strom in jedem Augenblick

$$i = \frac{u_R}{R} = \frac{U_R}{R} \sqrt{2} \sin \omega t = I \sqrt{2} \sin \omega t$$

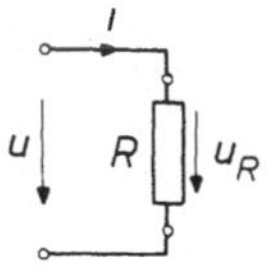

Bild 9.2.2
Ohmscher Widerstand

und der Effektivwert

$$\boxed{I = \frac{U_R}{R} = U_R G} \qquad (9.2.1)$$

Bei einem Ohmschen Widerstand sind Strom und Spannung in Phase. Der Phasenwinkel ist Null (Wirkwiderstand).

Das zugehörige Liniendiagramm und Zeigerdiagramm zeigt Bild 9.2.3.

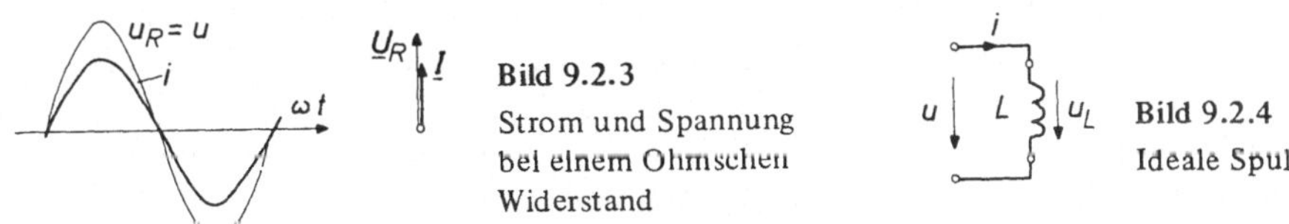

Bild 9.2.3
Strom und Spannung bei einem Ohmschen Widerstand

Bild 9.2.4
Ideale Spule

Einen Widerstand, bei dem Strom und Spannung in Phase sind, bezeichnet man als *Wirkwiderstand.* Der Ohmsche Widerstand ist demnach ein Wirkwiderstand.

Ein Wirkwiderstand ist ein passiver Zweipol, bei dem die Klemmenspannung und der ihn durchfließende Strom in Phase sind.

Ist R ein Wirkwiderstand, so ist sein Kehrwert $G = 1/R$ der zugehörige *Wirkleitwert.*

9.2.3 Der induktive Widerstand. Für eine ideale Spule der Induktivität L gilt

Die Spannung an einer idealen Spule ist der Änderungsgeschwindigkeit des Spulenstromes proportional (Induktionsgesetz).

Bei gegebenem Strom $i = I \sqrt{2} \sin \omega t$ durch die ideale Spule der konstanten Induktivität L in Bild 9.2.4 ist daher in jedem Augenblick nach Gl. (4.3.5a)

$$u_L = L \frac{di}{dt} = \omega L I \sqrt{2} \cos \omega t = X_L I \sqrt{2} \sin(\omega t + \pi/2)$$

und der Effektivwert

$$\boxed{U_L = I \omega L = I X_L} \qquad (9.2.2)$$

Die Spannung an einer idealen Spule eilt dem Spulenstrom um 90° voraus.

Das zugehörige Liniendiagramm und Zeigerdiagramm zeigt Bild 9.2.5.

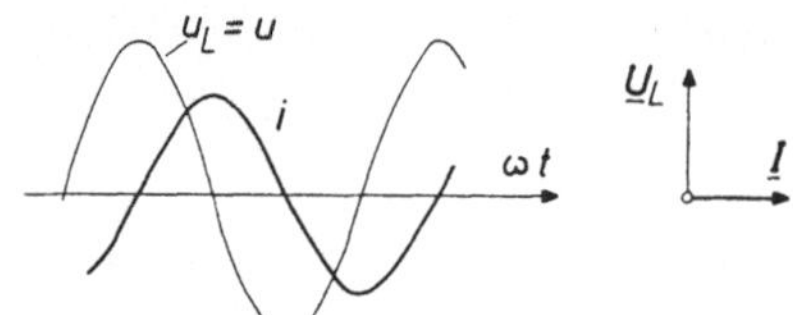

Bild 9.2.5
Strom und Spannung bei einer idealen Spule

Eine ideale Spule der konstanten Induktivität L kann bei sinusförmiger Spannung der Kreisfrequenz ω durch einen induktiven Widerstand $X_L = \omega L$ ersetzt werden; sein *negativer* Kehrwert $B_L = -1/\omega L$ ist ein induktiver Leitwert.

> Ein Blindwiderstand ist ein Zweipol, bei dem die Klemmenspannung und der ihn durchfließende Strom einen Phasenverschiebungswinkel von 90° bilden. Bei einem positiven Blindwiderstand ist sein negativer Kehrwert der zugehörige Blindleitwert und umgekehrt.

Eilt der Strom der Spannung um 90° *nach*, so handelt es sich um einen *induktiven* Blindwiderstand bzw. induktiven Leitwert. Der induktive Widerstand X_L ist demnach ein induktiver Blindwiderstand, sein negativer Kehrwert B_L ein induktiver Blindleitwert. Bei Gleichstrom ist $\omega = 0$, damit verschwindet X_L. Mit zunehmender Frequenz steigt X_L linear mit der Frequenz an und für $\omega \to \infty$ wird auch $X_L \to \infty$. Für sehr hohe Frequenzen bedeutet eine Spule einen nahezu unendlich großen Widerstand.

9.2.4 Der kapazitive Widerstand. Für einen idealen Kondensator der Kapazität C gilt

> Der Strom eines idealen Kondensators ist der Änderungsgeschwindigkeit der Kondensatorspannung proportional.

Bei gegebener Kondensatorspannung $u_c = U_c\sqrt{2}\sin\omega t$ in Bild 9.2.6 ist daher in jedem Augenblick nach Gl. (5.2.4)

$$i = C\frac{\mathrm{d}u_c}{\mathrm{d}t} = \omega C U_c \sqrt{2}\cos\omega t = B_c U_c \sqrt{2}\sin(\omega t + \pi/2)$$

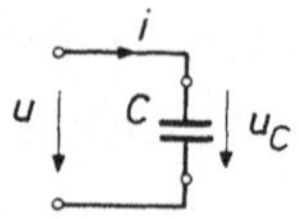

und der Effektivwert

$$\boxed{I = \omega C U_c = B_c U_c} \qquad (9.2.3)$$

Bild 9.2.6
Idealer Kondensator

> Der Verschiebungsstrom (Lade- und Entladestrom) eines idealen Kondensators eilt der Kondensatorspannung und 90° voraus.

Das zugehörige Liniendiagramm und Zeigerdiagramm zeigt Bild 9.2.7.

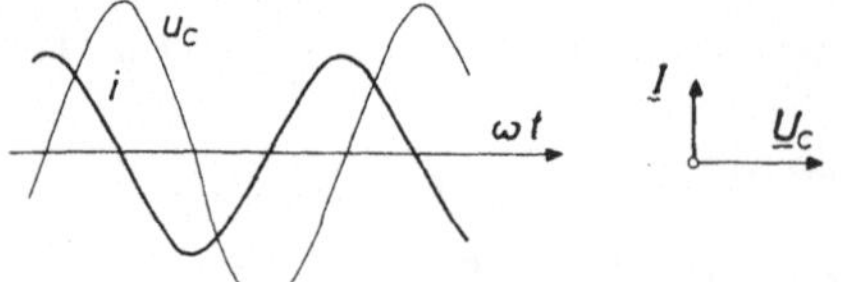

Bild 9.2.7
Strom und Spannung bei einem idealen Kondensator

Ein idealer Kondensator der konstanten Kapazität C kann bei sinusförmiger Spannung der Kreisfrequenz ω durch einen kapazitiven Leitwert $B_c = \omega C$ ersetzt werden; sein *negativer* Kehrwert $X_c = -1/\omega C$ ist der kapazitive Widerstand. B_c ist ein Blindleitwert. Eilt der Strom der Spannung um 90° *voraus*, so handelt es sich um einen *kapazitiven* Blindleitwert bzw. kapazitiven Blindwiderstand. Der kapazitive Widerstand ist demnach ein kapazitiver Blindwiderstand. Bei Gleichstrom ist $\omega = 0$ und damit $X_c \to \infty$. Für Gleichstrom bedeutet ein Kondensator einen unendlich großen Widerstand; für sehr hohe Frequenzen bedeutet dagegen ein Kondensator nahezu einen Kurzschluß.

9.2.5 Reihen- und Parallelschaltung von Wechselstromwiderständen. Wegen des bei Normalverhältnissen stets endlichen Leiterwiderstandes ist ein reiner Blindwiderstand oder Blindleitwert nicht streng realisierbar, schon wegen der Zuleitungen. Auch eine Phasenverschiebung von genau 90° kann nur durch eine Kunstschaltung erreicht werden.

Einen Zweipol (Verbraucher) nennt man *induktiv*, wenn sein Strom der Klemmenspannung *nacheilt;* man nennt ihn *kapazitiv*, wenn sein Strom der Klemmenspannung *voreilt*.

Tabelle 9.1. Induktiver Verbraucher

1	R, L, i, u_R, u_L, u; $\underline{U}$, $\underline{U}_L$, φ_r, $\underline{U}_R$, $\underline{I}$	i, i_L, L, $G=1/R$, i_R, u; $\underline{I}_R$, $\underline{U}$, φ_p, $\underline{I}_L$, $\underline{I}$
2	$\underline{U} = \underline{U}_R + \underline{U}_L,\ U = \sqrt{U_R^2 + U_L^2}$ $U_R = IR,\ U_L = I\omega L = IX_L,\ X_L = \omega L$ $U = I\sqrt{R^2 + X_L^2} = IZ_r$	$\underline{I} = \underline{I}_R + \underline{I}_L,\ I = \sqrt{I_R^2 + I_L^2}$ $I_R = UG,\ I_L = U/\omega L = U\lvert B_L\rvert,\ B_L = -1/\omega L$ $I = U\sqrt{G^2 + B_L^2} = UY_P$
3	$Z_r = \sqrt{R^2 + (\omega L)^2} = \sqrt{R^2 + X_L^2}$	$Y_P = \sqrt{G^2 + B_L^2} = \sqrt{1/R^2 + (1/\omega L)^2}$
4	$\tan\varphi_r = \dfrac{U_L}{U_R} = \dfrac{X_L}{R} = \dfrac{\omega L}{R}$ $\cos\varphi_r = \dfrac{U_R}{U} = \dfrac{R}{Z_r}$ $\sin\varphi_r = \dfrac{U_L}{U} = \dfrac{X_L}{Z_r}$	$\tan\varphi_p = \dfrac{I_L}{I_R} = \dfrac{\lvert B_L\rvert}{G} = \dfrac{R}{\omega L}$ $\cos\varphi_p = \dfrac{I_R}{I} = \dfrac{G}{Y_P}$ $\sin\varphi_p = \dfrac{I_L}{I} = \dfrac{\lvert B_L\rvert}{Y_P}$
5	$U_R = U\cos\varphi_r,\ U_L = U\sin\varphi_r$ $R = Z_r\cos\varphi_r,\ X_L = Z_r\sin\varphi_r$	$I_R = I\cos\varphi_p,\ I_L = I\lvert\sin\varphi_p\rvert$ $G = Y_p\cos\varphi_p,\ \lvert B_L\rvert = Y_p\lvert\sin\varphi_p\rvert$

Im Sonderfall, daß der Phasenwinkel $\varphi = 0$ ist, spricht man von einem *Ohmschen* Zweipol.

Tabelle 9.2. Kapazitiver Verbraucher

1	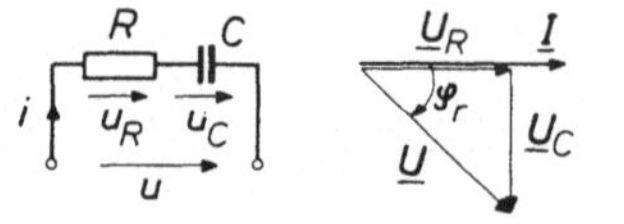 R, C; i, u_R, u_C, u; $\underline{U}_R$, $\underline{I}$, φ_r, $\underline{U}$, $\underline{U}_C$	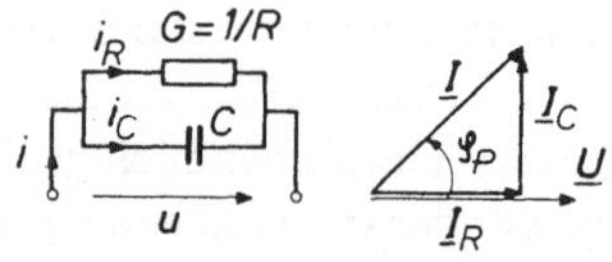 i_R, G=1/R, i_C, C, i, u; $\underline{I}$, $\underline{I}_C$, φ_P, $\underline{U}$, $\underline{I}_R$
2	$\underline{U} = \underline{U}_R + \underline{U}_c,\ U = \sqrt{U_R^2 + U_c^2}$ $U_R = IR,\ U_c = I/\omega C = I\,\lvert X_c\rvert,\ X_c = -1/\omega C$ $U = I\sqrt{R^2 + X_c^2} = IZ_r$	$\underline{I} = \underline{I}_R + \underline{I}_c,\ I = \sqrt{I_R^2 + I_c^2}$ $I_R = UG,\ I_c = U\omega C = UB_c,\ B_c = \omega C$ $I = U\sqrt{G^2 + B_c^2} = UY_p$
3	$Z_r = \sqrt{R^2 + (1/\omega C)^2} = \sqrt{R^2 + X_c^2}$	$Y_p = \sqrt{G^2 + B_c^2} = \sqrt{1/R^2 + (\omega C)^2}$
4	$\tan\varphi_r = \dfrac{U_c}{U_R} = \dfrac{\lvert X_c\rvert}{R} = \dfrac{1}{\omega CR}$ $\cos\varphi_r = \dfrac{U_R}{U} = \dfrac{R}{Z_r}$ $\sin\varphi_r = \dfrac{U_c}{U} = \dfrac{\lvert X_c\rvert}{Z_r}$	$\tan\varphi_p = \dfrac{I_c}{I_R} = \dfrac{B_c}{G} = \omega CR$ $\cos\varphi_p = \dfrac{I_R}{I} = \dfrac{G}{Y_p}$ $\sin\varphi_p = \dfrac{I_c}{I} = \dfrac{B_c}{Y_p}$
5	$U_R = U\cos\varphi_r \qquad U_c = U\,\lvert\sin\varphi_r\rvert$ $R = Z_r\cos\varphi_r \qquad \lvert X_c\rvert = Z_r\,\lvert\sin\varphi_r\rvert$	$I_R = I\cos\varphi_p, \qquad I_c = I\sin\varphi_p$ $G = Y_p\cos\varphi_p, \qquad B_c = Y_p\sin\varphi_p$

Bei Reihen- oder Parallelschaltung eines Ohmschen Widerstandes R mit einer idealen Spule der Induktivität L, wie in Zeile 1 der Zusammenstellung Tabelle 9.1 sind Spannung und Strom für R in Phase (Wirkwiderstand), während die Spannung an L dem Strom um 90° voreilt. Damit kommt man zu den Zeigerdiagrammen in Zeile 1. Der Zusammenhang zwischen den Teilspannungen der Reihenschaltung und den Teilströmen der Parallelschaltung in Zeile 2 kann aus den Zeigerdiagrammen abgelesen werden und ergibt mit Gl. (9.2.1) und Gl. (9.2.2) den Scheinwiderstand (Impedanz) Z_r bei der Reihenschaltung ferner den Scheinleitwert (Admittanz) Y_p bei der Parallelschaltung. Auch die Winkelfunktionen in Zeile 4 erhält man aus den Zeigerdiagrammen und daraus schließlich den Zusammenhang zwischen den Wirk- und Blindgrößen in der letzten Zeile. Ersatzschaltbilder und Zeigerdiagramme einer Reihen- und Parallelschaltung aus R und C bekommt man auf entsprechende Weise in der Zusammenstellung Tabelle 9.2 unter Berücksichtigung von Gl. (9.2.1) und Gl. (9.2.3). Beim idealen Kondensator eilt dabei die Spannung dem Strom um 90° nach.

Beispiel 9.3. Die Stromaufnahme einer Drosselspule wurde bei Gleichspannung mit $I_0 = 5$ A und bei einer Wechselspannung von $f = 50$ Hz mit $I = 2{,}7$ A gemessen. In beiden Fällen betrug die angelegte Spannung $U = 10$ V. Gesucht sind der Ohmsche Widerstand R, der Scheinwiderstand Z und die Induktivität L sowie der Phasenwinkel zwischen Strom und Spannung bei $f = 50$ Hz.

Lösung: Legt man das Reihenersatzschaltbild zugrunde, so werden Ohmscher Widerstand R und Scheinwiderstand Z

$$R = U/I_o = 2\,\Omega, \qquad Z = U/I = 3{,}7\,\Omega.$$

Damit wird der induktive Blindwiderstand

$$X_L = \omega L = \sqrt{Z^2 - R^2} = 3{,}1\,\Omega$$

oder die Induktivität L der Spule mit $\omega = 2\pi f = 314\,\mathrm{s}^{-1}$

$$L = X_L/\omega = 9{,}9\,\mathrm{m\,H}.$$

Der Phasenwinkel φ zwischen Strom und Spannung beträgt (Tabelle 9.1, Zeile 4)

$$\varphi = \mathrm{Arctan}\,(\omega L/R) = \mathrm{Arctan}\,1{,}55 = 57{,}2°.$$

Das Zeigerdiagramm entspricht demjenigen der Reihenschaltung in Tabelle 9.1, Zeile 1.

Beispiel 9.4. Die Parallelschaltung eines Kondensators der Kapazität $C = 4\,\mu F$ mit einem Ohmschen Widerstand $R = 250\,\Omega$ nimmt einen Gesamtstrom von $I = 0{,}8$ A auf. Gesucht sind die beiden Teilströme I_R und I_C, die durch R bzw. C fließen. Frequenz der angelegten Spannung $f = 50$ Hz.

Lösung: Da zwischen den Teilströmen wie in Tabelle 9.2, Zeile 1 eine Phasenverschiebung von 90° bestehen muß, ist

$$I = \sqrt{I_R^2 + I_C^2}, \quad \text{wobei} \quad U = I_R R = I_C/\omega C.$$

I_c aus der zweiten Beziehung in die erste eingesetzt, ergibt mit $\omega CR = 0{,}314$

$$I_R = \frac{I}{\sqrt{1 + \omega^2 C^2 R^2}} \approx 0{,}76\,\mathrm{A}, \qquad I_C = I_R\,\omega CR = 0{,}24\,\mathrm{A}.$$

Kontrolle: $\sqrt{I_R^2 + I_c^2} = \sqrt{0{,}64}\,\mathrm{A} = 0{,}8\,\mathrm{A}.$

Das Zeigerdiagramm entspricht demjenigen der Parallelschaltung in Tabelle 9.2, Zeile 1. Der Phasenwinkel zwischen dem Strom $\underline{I}$ und der Spannung $\underline{U}$ beträgt

$$\varphi = \mathrm{Arctan}\,(I_c/I_R) = \mathrm{Arctan}\,\omega CR = 17{,}5°.$$

Wird die Frequenz auf $f = 500$ Hz erhöht, so wird $\omega CR = 3{,}14$ und damit $I_R = 0{,}24$ A, $I_C = 0{,}76$ A, sowie $\varphi = 72{,}3°$. Im Grenzfall $f \to \infty$ bildet der Kondensator einen Kurzschluß, $I_C \to I$, $I_R \to 0$ und $\varphi \to 90°$.

Bei Reihenschaltung der drei Schaltelemente R, L und C nach Bild 9.2.8 ergibt die Maschenregel

$$\underline{U} = \underline{U}_R + \underline{U}_L + \underline{U}_C.$$

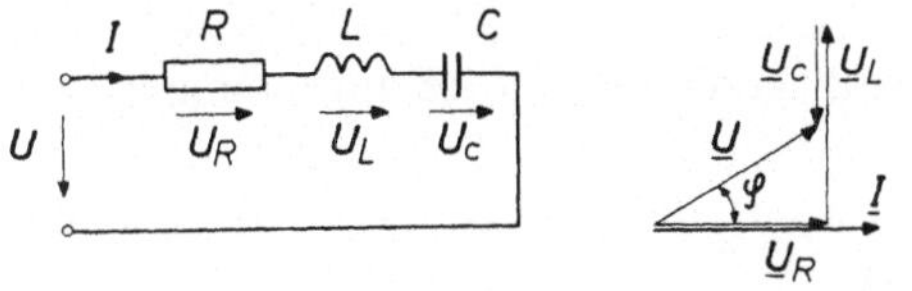

Bild 9.2.8
Reihenschaltung mit Zeigerdiagramm

Dabei müssen $\underline{U}_R$ und $\underline{I}$ in Phase sein, während $\underline{U}_L$ und $\underline{U}_C$ gegenüber $\underline{I}$ um 90° voreilen bzw. nacheilen, so daß man das in Bild 9.2.8 ebenfalls angegebene Zeigerdiagramm erhält. Daraus liest man für den Effektivwert U ab

$$U = \sqrt{U_R^2 + (U_L - U_C)^2}. \qquad (9.2.4)$$

Wegen $U_R = IR$, $U_L = I\omega L$ und $U_C = I/\omega C$ wird daraus

$$U = I\sqrt{R^2 + (\omega L - 1/\omega C)^2} = IZ,$$

so daß der resultierende Scheinwiderstand (Impedanz) Z bei *Reihenschaltung* lautet

$$\boxed{Z = \sqrt{R^2 + \left(\omega L - \frac{1}{\omega C}\right)^2} = \sqrt{R^2 + X^2}} \qquad (9.2.5)$$

Z setzt sich aus dem Wirkwiderstand R und dem Blindwiderstand X

$$X = \omega L - \frac{1}{\omega C} \qquad (9.2.6)$$

geometrisch zusammen. Für die Phasenverschiebung zwischen *Strom* und Spannung erhält man aus dem Zeigerdiagramm Bild 9.2.8 für die *Reihenschaltung* mit $\varphi = \varphi_u - \varphi_i$

$$\cos\varphi = \frac{U_R}{U} = \frac{R}{Z}, \qquad \sin\varphi = \frac{U_L - U_C}{U} = \frac{X}{Z} \qquad (9.2.7)$$

sowie

$$\tan\varphi = \frac{U_L - U_C}{U_R} = \frac{X}{R}. \qquad (9.2.8)$$

Das Ohmsche Gesetz, erweitert für Wechselstrom, lautet somit für die Beträge (Effektivwerte)

$$\boxed{I = \frac{U}{Z} = UY} \qquad \boxed{U = IZ = \frac{I}{Y}} \qquad (9.2.9)$$

mit Y als resultierenden Scheinleitwert der Reihenschaltung.

Bem.: Der resultierende Wirkwiderstand eines Zweipols stimmt nur ausnahmsweise mit seinem Gleichstromwiderstand R_0 überein wie in Beispiel 9.3, und dann auch nur angenähert (Stromverdrängung). In der Reihenschaltung Bild 9.2.8 wäre z. B. $R_0 \to \infty$.

Ist $U_L > U_C$ und damit $\omega L > 1/\omega C$ wie im Zeigerdiagramm Bild 9.2.8 angenommen wurde, so verhält sich die Schaltung induktiv, bei $U_L < U_C$ oder $\omega L < 1/\omega C$ dagegen kapazitiv. Ist $\underline{U}_L + \underline{U}_C = 0$, also $U_L = U_C$, dann ist $X = 0$ und $Z = R$ sowie $\varphi = 0°$. Man bezeichnet diesen Zustand als *Resonanz* (Kap. 13.3).

Bei Parallelschaltung der Schaltelemente R, L und C nach Bild 9.2.9 wird der resultierende Strom nach der Knotenpunktsregel

$$\underline{I} = \underline{I}_R + \underline{I}_C + \underline{I}_L,$$

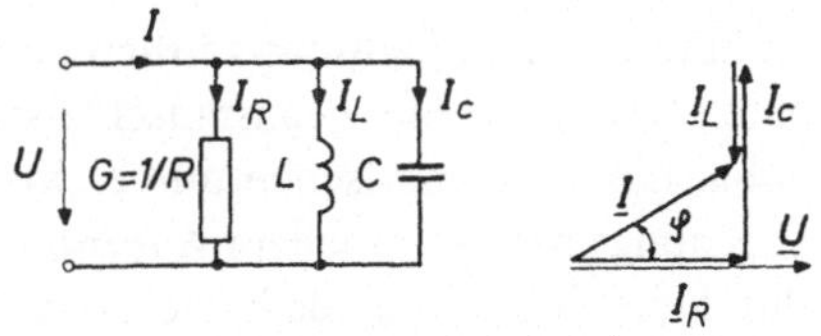

Bild 9.2.9
Parallelschaltung mit Zeigerdiagramm

was bei Berücksichtigung der Phasenverschiebungen zwischen der Spannung und den Teilströmen zum zugehörigen Zeigerdiagramm in Bild 9.2.9 führt. Daraus entnimmt man für den Betrag (Effektivwert)

$$I = \sqrt{I_R^2 + (I_C - I_L)^2}. \tag{9.2.10}$$

Wegen $I_R = U/R$, $I_L = U/\omega L$ und $I_C = U\omega C$ wird dann

$$I = U\sqrt{1/R^2 + (\omega C - 1/\omega L)^2} = UY,$$

so daß der resultierende Scheinleitwert (Admittanz) bei *Parallelschaltung* lautet

$$\boxed{Y = \sqrt{\frac{1}{R^2} + \left(\omega C - \frac{1}{\omega L}\right)^2} = \sqrt{G^2 + B^2}} \tag{9.2.11}$$

Y setzt sich aus dem Wirkleitwert G und dem Blindleitwert B, auch Suszeptanz genannt,

$$B = \omega C - \frac{1}{\omega L} = B_c + B_L \tag{9.2.12}$$

geometrisch zusammen. Den Phasenwinkel zwischen *Strom* und Spannung erhält man bei der *Parallelschaltung* wegen $\varphi = \varphi_u - \varphi_i$ aus

$$\cos\varphi = \frac{I_R}{I} = \frac{G}{Y}, \qquad \sin\varphi = \frac{I_L - I_C}{I} = \frac{-B}{Y} \tag{9.2.13}$$

sowie

$$\tan\varphi = \frac{I_L - I_C}{I_R} = \frac{-B}{G}. \tag{9.2.14}$$

Resonanz, also $\varphi = 0$ liegt vor für $\underline{I}_C + \underline{I}_L = 0$, also $\omega C = 1/\omega L$, dann ist $Y = G$.
Für die Wirk- und Blindgrößen erhält man schließlich aus Gl. (9.2.7) und Gl. (9.2.13)

$$\begin{array}{llll} \text{Wirkwiderstand} & R = Z\cos\varphi & \text{Wirkleitwert} & G = Y\cos\varphi \\ \text{Blindwiderstand} & X = Z\sin\varphi & \text{Blindleitwert} & B = -Y\sin\varphi \end{array} \tag{9.2.15}$$

9.2.6 Zur Phasenverschiebung von Strom und Spannung. Die im Feld eines Stromkreises gespeicherte elektrische und magnetische Energie ist in jedem Augenblick

$$W_e = \tfrac{1}{2} C u_c^2, \qquad W_m = \tfrac{1}{2} L i^2.$$

Diese Energie muß von der speisenden Spannungsquelle geliefert werden. Kapazität und Induktivität kennzeichnen demnach Energiespeicher.

Ändert sich die Spannung zeitlich periodisch wie im Wechselstromkreis, so bedingt das einen ständigen Energieaustausch zwischen der Spannungsquelle und dem sich auf- und abbauenden magnetischen und elektrischen Feld. Die gelieferte Energie je Zeiteinheit (Leistung) beträgt in jedem Augenblick $p = ui$. Positiver Wert p bedeutet Energielieferung durch die Spannungsquelle, negativer Wert p dagegen Energierücklieferung durch das elektrische oder magnetische Feld, also Feldabbau. Bei Phasengleichheit von Strom und Spannung kann p nicht negativ werden, was ständige Energielieferung pt durch die Spannungsquelle bedeutet. Beim Fehlen eines Ohmschen Widerstandes müßte somit Phasengleichheit von Strom und Spannung zu einer über alle Maßen anwachsenden Feldenergie und Feldstärke führen, da nur ein Ohmscher Widerstand (Echtwiderstand) als „Energiewandler" aufgenommene Energie in Form von Wärme abgibt. Soll daher die bei einem Blindwiderstand zum Feldaufbau benötigte Energie pt (p positiv) nicht über alle Maßen anwachsen, so muß sie durch einen Feldabbau (p negativ) wieder zurückgeliefert werden. Das verlangt bei einem Blindwiderstand eine Phasenverschiebung zwischen Strom und Spannung von $\pi/2$, damit positive und negative Leistungs-Zeit-Fläche über eine Periodendauer gleich groß werden.

Im Wechselstromkreis ist die Phasenverschiebung zwischen Strom und Spannung aus energetischen Gründen bedingt und eine Folge des mit jeder Strom- und Spannungsänderung verbundenen Auf- und Abbaus des magnetischen und elektrischen Feldes.

Die Verhältnisse bei einer verlustlosen Spule erläutert Bild 9.2.10. Beginnt man die Betrachtung bei $u = \hat{u}$, so ist zunächst bis zum Erreichen von $u = 0$ die Spannungsquelle Energiequelle. Energie wird im Magnetfeld gespeichert, p ist positiv (Aufbau des Magnetfeldes). Mit $u = 0$ ist die Energielieferung durch die Spannungsquelle beendet, W_m hat seinen Höchstwert erreicht. Es beginnt der Abbau des Feldes, was eine Fortsetzung des Stromflusses (vgl. Induktionsgesetz) verbunden mit einer Energierücklieferung an die Spannungsquelle bedeutet, p ist negativ. Der Strom kann erst nach Abbau des magnetischen Feldes zu Null werden, er eilt also der Spannung nach. Entsprechend der inzwischen negativ gewordenen Spannung beginnt anschließend ein erneuter Feldaufbau bei

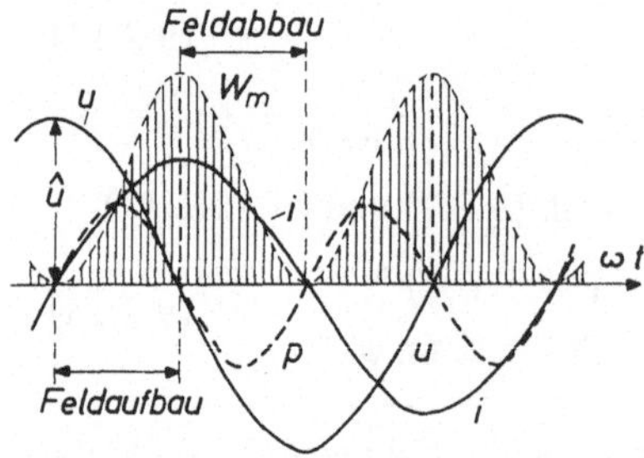

Bild 9.2.10

Energieverhältnisse bei einer verlustlosen Spule

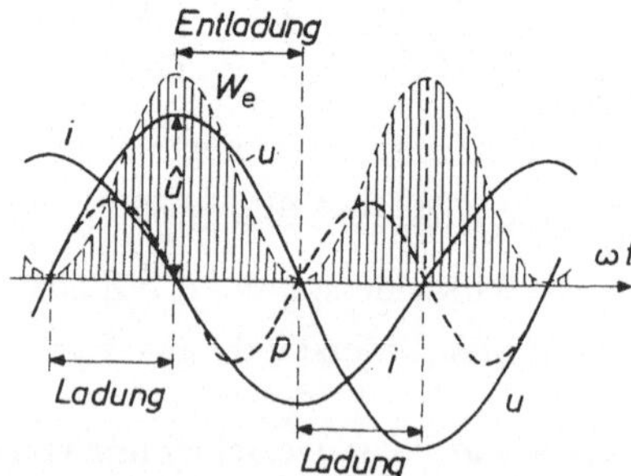

Bild 9.2.11

Energieverhältnisse bei einem verlustlosen Kondensator

entgegengesetzter Strombezugsrichtung. Die Spannungsquelle ist wieder Energiequelle geworden, womit sich der betrachtete Vorgang wiederholt.

Die entsprechenden Verhältnisse liegen bei einem verlustlosen Kondensator vor, wie aus Bild 9.2.11 zu erkennen ist. Mit $u = \hat{u}$ hat auch die im elektrischen Feld des Kondensators gespeicherte Energie W_e ihren Höchstwert erreicht. Der Kondensator ist aufgeladen und die Energielieferung durch die Spannungsquelle beendet ($i = 0$). Absinken der Kondensatorspannung u bedeutet gleichzeitigen Feldabbau, also Entladung des Kondensators, wobei der Strom unter Umkehrung der Bezugsrichtung als „Entladestrom" einsetzt. Damit wird das Feld zur Energiequelle, p ist negativ. Der Strom geht also früher durch Null als die Kondensatorspannung, er eilt der Spannung voraus. Mit $u = 0$ ist auch $W_e = 0$, der Entladevorgang ist beendet. Die nun mit negativem Vorzeichen ansteigende Spannung führt zum Wiederaufbau des elektrischen Feldes bei umgekehrter Polarität, so daß der Strom als „Ladestrom" seine Bezugsrichtung beibehält, p ist positiv. Der Feldaufbau (Kondensatorladung) ist wieder mit Erreichen des Spannungshöchstwertes beendet, der betrachtete Vorgang wiederholt sich.

Berechnet man die Feldenergie aus

$$W = \int p \, \mathrm{d}t,$$

so erhält man wegen $2 \cos \omega t \cdot \sin \omega t = \sin 2 \omega t$ bei der verlustlosen Spule mit

$$u = \omega L \hat{i} \cos \omega t, \qquad i = \hat{i} \cos(\omega t - \pi/2) = \hat{i} \sin \omega t$$

für die Vietelperiode des Feldaufbaus ($0 \leq \omega t \leq \pi/2$) und für die Viertelperiode des Feldabbaus ($\pi/2 \leq \omega t \leq \pi$)

$$W_m = \frac{1}{2} \hat{i}^2 L = I^2 L \quad \text{bzw.} \quad W_m = -\frac{1}{2} \hat{i}^2 L = -I^2 L.$$

Entsprechend erhält man bei einem verlustlosen Kondensator mit

$$u = \hat{u} \cos \omega t, \qquad i = \omega C \hat{u} \cos(\omega t + \pi/2) = -\omega C \hat{u} \sin \omega t$$

für die Viertelperiode des Feldabbaus ($0 \leq \omega t \leq \pi/2$, Kondensatorentladung) und für die Viertelperiode des Feldaufbaus ($\pi/2 \leq \omega t \leq \pi$, Kondensatorladung)

$$W_e = -\frac{1}{2} \hat{u}^2 C = -U^2 C \quad \text{bzw.} \quad W_e = \frac{1}{2} \hat{u}^2 C = U^2 C.$$

Der speisenden Spannungsquelle wird im Mittel ebensoviel Energie entnommen, wie wieder zurückgeliefert. Die von der Spannungsquelle zum Feldaufbau benötigte und beim Feldabbau gewonnene Leistung bezeichnet man daher als *Blindleistung.*

In einem Ohmschen Widerstand R (Wirkwiderstand) wird keine Energie gespeichert. Die gesamte von der speisenden Spannungsquelle gelieferte Energie wird nach Gl. (2.2.2) ständig als Wärme nach außen abgestrahlt.

9.2.7 Komponentenzerlegung von Strom und Spannung. In den Blindwiderständen wird keine Energie umgewandelt („verbraucht"), Strom und Spannung sind um 90° phasenverschoben (Kap. 9.2.6). Beim Wirkwiderstand (Ohmschen Widerstand) sind dagegen Strom und Spannung in Phase. Man bezeichnet einen mit der *zugehörigen* Spannung phasengleichen Strom als *Wirkstrom* und die zugehörige Spannung als *Wirkspannung*. Demnach nimmt ein Wirkwiderstand (Ohmscher Widerstand) einen Wirkstrom auf, denn er ist mit der Spannung am Wirkwiderstand definitionsgemäß in Phase.

Einen gegenüber der *zugehörigen* Spannung um 90° phasenverschobenen Strom bezeichnet man dagegen als induktiven oder kapazitiven *Blindstrom*, die *zugehörige* Spannung ist eine induktive oder kapazitive *Blindspannung*. So dient z. B. der Blindstrom einer Spule zum Aufbau des magnetischen Feldes und die Blindspannung an einem Kondensator zum Aufbau des elektrischen Feldes.

Für die Wirk- und Blindkomponenten von Strom und Spannung erhält man aus Bild 9.2.12

$$\begin{aligned} &\text{Wirkkomponenten:} \quad I_w = I\cos\varphi \qquad U_w = U\cos\varphi \\ &\text{Blindkomponenten:} \quad I_b = I\,|\sin\varphi| \qquad U_b = U\,|\sin\varphi| \end{aligned} \tag{9.2.15a}$$

so daß

$$I = \sqrt{I_w^2 + I_b^2}\,, \qquad U = \sqrt{U_w^2 + U_b^2}\,. \tag{9.2.16}$$

Dabei beachte man aber:

> Die Aufteilung von Strom und Spannung in Wirk- und Blindkomponenten nach Bild 9.2.12 ist eine mathematische Aufteilung. Resultierender Strom und resultierende Spannung sind die physikalischen Größen, die von Strom- und Spannungsmessern angezeigt werden.

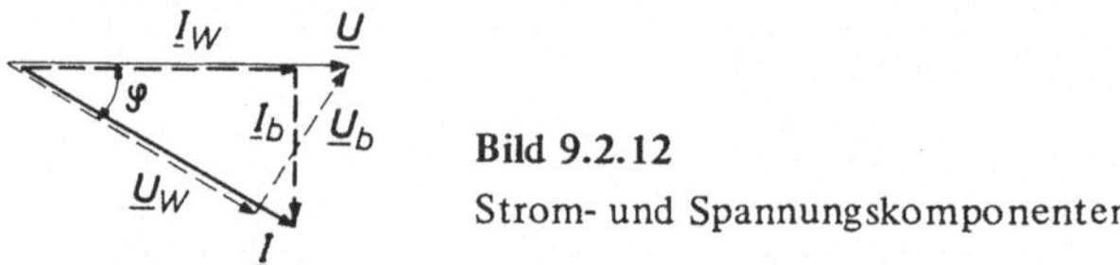

Bild 9.2.12
Strom- und Spannungskomponenten

Diese Aufteilung in zueinander senkrechte Wirk- und Blindkomponenten, bildet die Grundlage zur Berechnung von Wechselstromkreisen (vgl. Beispiel 9.2). Hierzu müssen aber noch die einzelnen Komponenten eindeutig als zueinander senkrecht gekennzeichnet werden, was die komplexe Rechnung ermöglicht. Ihre Anwendung zur Berechnung von Wechselstromkreisen wird im nächsten Kapitel behandelt.

9.3 Die Leistung im Wechselstromkreis

9.3.1 Wechselstromleistung. Aus den Energiebetrachtungen in Kap. 9.2.6 folgt, daß das Produkt UI bei Wechselstrom kein Maß für die einem Verbraucher gelieferte Leistung ist, da z.B. einem reinen Blindverbraucher im zeitlichen Mittel keine Leistung geliefert wird. Das Produkt $S = UI$ bezeichnet man daher als *Scheinleistung*. Sie hat keine physikalische Bedeutung, ist aber z.B. für die Dimensionierung elektrischer Maschinen von Wichtigkeit, da die Wicklungen für eine bestimmte Spannung (Isolation) und eine bestimmte Stromstärke (Leiterquerschnitt, Erwärmung) ausgelegt werden müssen. Die im zeitlichen Mittel einem Wechselstromverbraucher gelieferte Leistung erhält man entweder aus den Überlegungen in Kap. 9.2.6 oder aus der Betrachtung des zeitlichen Verlaufs der Wechselstromleistung.

Zunächst erhält man bei einem linearen passiven Zweipol für dessen Wirkwiderstand R, bei dem Strom und Spannung in Phase sind, mit

$$u_R = U_R \sqrt{2} \sin\omega t, \qquad i = I\sqrt{2} \sin\omega t$$

als Augenblickswert der Wechselstromleistung

$$p = u_R i = 2\, U_R I \sin^2 \omega t = U_R I (1 - \cos 2\omega t).$$

Das ist eine um den Mittelwert $U_R I$ mit der Kreisfrequenz $2\,\omega$ pulsierende Schwingung. Diesen Mittelwert

$$P = \frac{1}{T}\int_0^T u_R i \mathrm{d}t = \frac{U_R I}{T}\left(t - \frac{1}{2\,\omega}\sin 2\omega t\right)\Bigg|_0^T = U_R I = UI\cos\varphi$$

bezeichnet man als *Wirkleistung*

$$\boxed{P = UI\cos\varphi = S\cos\varphi} \tag{9.3.1}$$

Die Wirkleistung wird vom Widerstand restlos als Wärme $W_j = I^2 Rt$ verbraucht; sie wird in der allgemeinen Leistungseinheit Watt (W) angegeben.

Bei einem Blindwiderstand ist dagegen mit

$$u = U\sqrt{2}\sin\omega t \quad \text{und} \quad i = \pm I\sqrt{2}\cos\omega t$$

der Augenblickswert der Leistung

$$p = ui = \pm\, 2\, UI \sin\omega t \cdot \cos\omega t = UI \sin 2\omega t.$$

Der arithmetische Mittelwert dieser Leistungsschwingung verschwindet (vgl. Bild 9.2.10 und Bild 9.2.11).

Von einem Blindwiderstand wird im Mittel keine Leistung aufgenommen. Die für den Feldaufbau benötigte Energie wird beim Feldabbau wieder abgegeben.

Setzt man beim induktiven Blindwiderstand ωL

$$u = U\sqrt{2}\cos\omega t, \qquad i_L = I_L\sqrt{2}\sin\omega t.$$

so wird die während einer Viertelperiode aufgenommene Energie (vgl. Bild 9.2.10)

$$W_m = \int_0^{T/4} u i_L \, dt = U I_L \int_0^{T/4} \sin 2\omega t \, dt = -\frac{U I_L}{2\omega} \cos 2\omega t \Big|_0^{T/4}$$

oder

$$W_m = \frac{U I_L}{\omega} = I_L^2 L = \tfrac{1}{2} L \hat{i}_L^2 . \qquad (9.3.2)$$

Entsprechend erhält man für einen kapazitiven Blindwiderstand $|1/\omega C|$ mit

$$u_c = U_c \sqrt{2} \sin \omega t, \qquad i = I \sqrt{2} \cos \omega t$$

für die während einer Viertelperiode aufgenommene Energie (vgl. Bild 9.2.11)

$$W_e = \frac{U_c I}{\omega} = U_c^2 C = \tfrac{1}{2} C \hat{u}_c^2 . \qquad (9.3.3)$$

Wegen Gl. (9.2.15a) bezeichnet man das Produkt

$$\boxed{Q = UI \sin \varphi = S \sin \varphi} \qquad (9.3.4)$$

als *Blindleistung* oder besser als *Blindlast*, da es sich um keine Leistung im physikalischen Sinne handelt. Die Blindleistung wird daher als *Rechengröße* nicht in einer Leistungseinheit, sondern in *var* (Volt-Ampere reactance) angegeben.

Ebenso wie die Scheinleistung hat auch die Blindleistung technische Bedeutung, da die Blindstromkomponente eines Verbrauchers die Leitungen belastet, ohne daß dadurch im Mittel Energie zum Verbraucher transportiert wird. Ebenso wie die Blindleistung ist daher auch die sogenannte *Blindarbeit*

$$A_b = U I_b t \qquad (9.3.5)$$

eine *Rechengröße*, die in var-Stunden angegeben wird und von Blindarbeitszählern angezeigt werden kann.

Für eine Reihen- bzw. Parallelschaltung wird die Blindleistung

$$Q = I U_b = I^2 |X| \quad \text{bzw.} \quad Q = U I_b = U^2 |B| \qquad (9.3.4a)$$

Die Blindleistung ist ein Maß für die Energie, die zum Feldaufbau von den Blindwiderständen aufgenommen und beim Feldabbau wieder abgegeben wird.

Setzt man im Allgemeinfall

$$u = U \sqrt{2} \sin \omega t, \qquad i = I \sqrt{2} \sin(\omega t \pm \varphi),$$

so beträgt der Augenblickswert der Leistung wegen $\cos(\pm \varphi) = \cos\varphi$

$$p = u i = UI \{\cos\varphi - \cos(2\omega t \pm \varphi)\}.$$

Die Wechselstromleistung pulsiert also mit doppelter Frequenz mit der Amplitude UI um ihren Mittelwert P nach Gl. (9.3.1), wie Bild 9.3.1 zeigt. Ist die Leistung negativ, so wird Leistung vom Verbraucher zurückgeliefert. Sind Strom und Spannung in Phase ($\varphi = 0$), so verschwindet der negative Anteil. Bei $\varphi = 90^\circ$ wird der Mittelwert Null (reine Blindlast). Die im Mittel einem Verbraucher zugeführte Leistung ist der *arithmetische Mittelwert P* nach Gl. (9.3.1), also die von den Ohmschen Widerständen (Wirkwiderständen) als Wirkleistung aufgenommene Leistung.

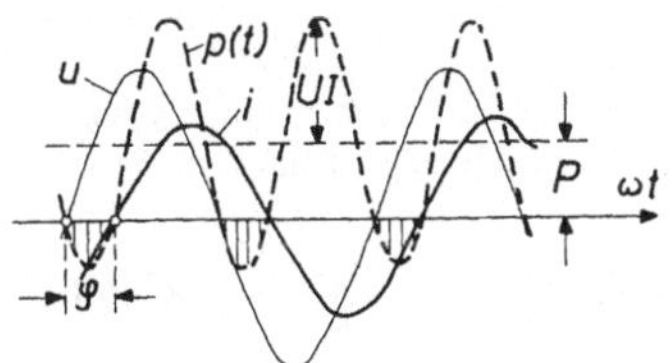

Bild 9.3.1
Zeitlicher Verlauf der Wechselstromleistung $p(t)$ bei induktiver Belastung

> Die von einem Netzwerk aufgenommene Leistung ist die Leistungsaufnahme der Wirkwiderstände und ist gleich der im Stromkreis je Zeiteinheit in Wärme umgesetzten Energie. Diese geht für den Stromkreis unwiederbringlich verloren und muß von der speisenden Spannungsquelle aufgebracht werden.

Für eine Reihen- bzw. Parallelschaltung beträgt daher die Leistungsaufnahme

$$P = IU_R = U_R^2/R = I^2R \quad \text{bzw.} \quad P = UI_R = U^2G = I_R^2 R \tag{9.3.6}$$

oder wenn I_n der den Wirkwiderstand R_n durchfließende Strom des Zweiges n eines Netzwerks mit mehreren Zweigen ist, die gesamte im Netz umgesetzte Leistung

$$P = UI\cos\varphi = \Sigma I_n^2 R_n \tag{9.3.6a}$$

Sofern aus Gründen der Eindeutigkeit erforderlich, wird die Wirkleistung auch durch den Index w als P_w gekennzeichnet.

Die *Scheinleistung S* oder *Scheinlast* wird schließlich mit Gl. (9.3.1) und Gl. (9.3.4)

$$S = \sqrt{P^2 + Q^2} = UI. \tag{9.3.7}$$

Sie stellt die Amplitude der Leistungsschwankung (Leistungsschwingung um den Mittelwert P) dar (Bild 9.3.1). Die Scheinleistung wird in VA (Volt-Ampere) angegeben.
Die Faktoren

$$\lambda = \frac{P}{S} = \frac{P}{UI}, \qquad \beta = \frac{|Q|}{S} = \frac{|Q|}{UI} \tag{9.3.8}$$

bezeichnet man als *Leistungsfaktor* und Blindfaktor. Bei zeitlich sinusförmigem Verlauf von Strom und Spannung ist $\lambda = \cos\varphi$ und $\beta = \sin\varphi$, so daß man allgemein vom „$\cos\varphi$" oder „$\sin\varphi$" spricht.

Beispiel 9.5. Ein Wechselstrommotor hat bei einer Spannung von 220 V und $\cos\varphi = 0{,}75$ eine Leistungsaufnahme $P = 0{,}7$ kW. Die Blind- und Scheinleistung des Motors sowie die Blind- und Wirkstromkomponente sind zu berechnen.

Lösung: Nach Gl. (9.3.1) wird der vom Netz aufgenommene Strom

$$I = \frac{P}{U \cos\varphi} = \frac{700}{220 \cdot 0{,}75} \frac{\text{W}}{\text{V}} = 4{,}24 \text{ A}.$$

Damit werden Schein- und Blindlast wegen $\sin\varphi = 0{,}66$

$$S = UI = 934 \text{ VA}, \qquad Q = S \sin\varphi = 618 \text{ var}.$$

Wirk- und Blindstromkomponente betragen dabei

$$I_w = I \cos\varphi = 3{,}18 \text{ A}, \quad I_b = I \sin\varphi = 2{,}81 \text{ A}.$$

Beispiel 9.6. Ein Wechselstrommotor nimmt bei einer Spannung $U = 220$ V, $f = 50$ Hz einen Strom von $I_M = 4{,}54$ A auf, $\cos\varphi = 0{,}8$. Ein ihm parallel geschaltetes Heizgerät hat eine Stromaufnahme von $I_H = 6{,}0$ A. Wie groß ist der gesamte $\cos\varphi$?

Lösung: Für das Heizgerät ist $\cos\varphi_H \approx 1$. Die Wirk- und Blindstromkomponente des Gesamtstromes beträgt daher

$$I_w = I_M \cos\varphi + I_H = 9{,}64 \text{ A}, \qquad I_b = I_M \sin\varphi = 2{,}73 \text{ A}$$

und die gesamte Leistungsaufnahme $P = I_w U = 2{,}12$ kW, wobei der Gesamtstrom

$$I = \sqrt{I_w^2 + I_b^2} = \sqrt{9{,}64^2 + 2{,}73^2} \text{ A} \approx 10 \text{ A},$$

so daß

$$\cos\varphi_{ges} = P/UI = I_w/I = 0{,}964.$$

9.3.2 Blindleistungskompensation. Generator und Übertragungsleitung werden für eine bestimmte Spannung U und einen bestimmten Strom I ausgelegt, um unzulässige Spannungsabfälle und eine unzulässige Erwärmung zu vermeiden. Das *Quadrat des Stromes* und die Größe des Wirkwiderstandes bestimmen dabei die Verlustleistung. Der Leistungsverlust einer Leitung ist also bei gegebener Spannung und konstanter Wirkleistung eines am Leitungsende angeschlossenen Verbrauchers um so größer, je geringer dessen Leistungsfaktor ist. Der Leistungsfaktor eines Verbrauchers hat daher für das Kraftwerk wesentliche Bedeutung. Im Grenzfall reiner Blindlast könnte beispielsweise eine Leitung bereits voll ausgelastet sein, ohne daß zusätzliche Wirkverbraucher zugeschaltet werden können. Um bei gegebener Spannung eine Leistung bei $\cos\varphi = 0{,}5$ zu übertragen benötigt man die doppelte Stromstärke als für die Übertragung der gleichen Leistung bei $\cos\varphi = 1$. Blindstromkompensation ist somit bereits aus wirtschaftlichen Gründen erwünscht.

Normalerweise benötigt jeder Wechselstromverbraucher mehr oder weniger Blindleistung. Handelt es sich um einen induktiven Verbraucher, so kann sein Blindstrom durch einen kapazitiven Blindstrom I_c teilweise oder ganz kompensiert werden, wie das Zeigerdiagramm Bild 9.3.2 zeigt.

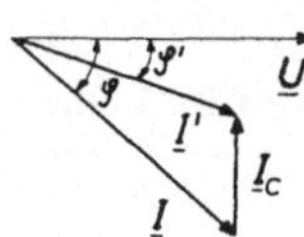

Bild 9.3.2
Blindstromkompensation von φ auf $\varphi' < \varphi$

Ein induktiver *Verbraucher* nimmt nacheilenden, induktiven Blindstrom auf; als *Erzeuger* betrachtet, *liefert* er kapazitiven Blindstrom, den ein Kondensator zum Aufbau seines elektrischen Feldes benötigt. Ein kapazitiver Verbraucher ist dagegen Erzeuger eines induktiven Blindstromes, den ein induktiver Verbraucher zum Aufbau seines magnetischen Feldes benötigt.

In der Regel sind induktive Verbraucher vorherrschend (Motoren). Zur Blindstromkompensation dienen Kondensatorbatterien als sogenannte *Phasenschieber,* für größere Leistungen Blindleistungs-Maschinen.

Beispiel 9.7. Der $\cos\varphi$ des Motors in Beispiel 9.5 soll von 0,75 auf $\cos\varphi' = 0{,}9$ durch einen Kondensator verbessert werden. Netzfrequenz $f = 50$ Hz. Gesucht die Kapazität C und die Blindleistung des Kondensators, wenn er parallel zum Motor angeschlossen werden soll.

Lösung: Der verbleibende Blindstrom I_b' des Motors beträgt bei $\cos\varphi' = 0{,}9$

$$I_b' = I' \sin\varphi' = \frac{P}{U\cos\varphi'} \cdot \sin\varphi' = \frac{P}{U} \tan\varphi' = 1{,}53 \text{ A}.$$

Die Differenz $I_c = I_b - I_b' = 1{,}28$ A muß der Kondensator liefern. Somit

$$C = \frac{I_b - I_b'}{\omega U} = \frac{1{,}28 \text{ A}}{220 \text{ V} \cdot 314 \text{ s}^{-1}} \approx 18{,}5 \text{ µF}.$$

Damit wird die Blindleistung des Kondensators

$$Q = I_c U = U^2 \omega C \approx 282 \text{ var}.$$

10 Die komplexe Rechnung in der Wechselstromtechnik

10.1 Mathematische Grundlagen

10.1.1 Darstellung komplexer Größen. In einem kartesischen Koordinatensystem bilden zwei zueinander orthogonale Achsen die Abszisse (x-Achse) und die Ordinate (y-Achse). Um eine längs der Abszisse verlaufende Strecke a auf die Ordinate abzubilden, muß a um $\pi/2$ gedreht werden. Diese Drehung kann man durch Einführen eines Operators j durchführen, indem man das Produkt ja bildet. Die Aufgabe dieses Operators j besteht dann darin, als Faktor gesetzt, eine Drehung um $\pi/2$ in mathematisch positivem Sinne, d. h. gegen den Uhrzeiger, zu bewirken, so daß $|\mathrm{j}| = 1$ sein muß. Eine weitere Drehung um $\pi/2$ bedeutet dann insgesamt eine Drehung um den Winkel π, was wiederum einer Multiplikation mit -1 gleichkommt. Somit ist $\mathrm{j}^2 = -1$ oder

$$\boxed{\mathrm{j} = +\sqrt{-1}} \qquad (10.1.1)$$

Eine dreifache Drehung um $\pi/2$ bedeutet eine Drehung um $-\pi/2$ mit dem Uhrzeiger. Demnach muß gelten

$$\mathrm{j}^2 = -1, \quad \mathrm{j}^3 = -\mathrm{j}, \quad \mathrm{j}^4 = +1,$$

was durch Gl. (10.1.1) erfüllt wird, wobei noch

$$\boxed{\frac{1}{\mathrm{j}} = -\mathrm{j}} \qquad (10.1.2)$$

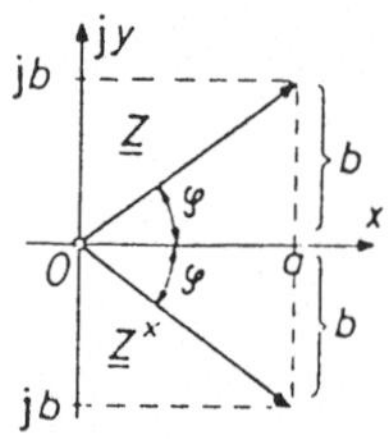

Bild 10.1.1
Zeiger $\underline{Z}$ und konjugiert-komplexer Zeiger $\underline{Z}^*$

Damit kommt man zur komplexen Rechnung, die jedem Punkt der Ebene einen Punkt in der komplexen Zahlenebene, der *Gaußschen Zahlenebene* zuordnet, gebildet durch zwei normal aufeinander stehende Achsen. Die Abszisse vertritt die Gesamtheit aller positiven und negativen reellen Zahlen (reelle Achse), die Ordinate die Gesamtheit aller positiven und negativen *imaginären* Zahlen (imaginäre Achse). Jeder Punkt der Ebene ist dann durch zwei Zahlenangaben bestimmt,

1. durch den reellen Wert a,
2. durch den imaginären Wert jb.

Man erhält nach Bild 10.1.1 einen *komplexen* Zeiger $\underline{Z}$, gegeben durch

$$\underline{Z} = a + \mathrm{j}b = \mathrm{Re}(\underline{Z}) + \mathrm{j}\,\mathrm{Im}(\underline{Z}). \qquad (10.1.3)$$

Dabei ist $a = \mathrm{Re}(\underline{Z})$ der *Realteil* und $b = \mathrm{Im}(\underline{Z})$ der *Imaginärteil* von $\underline{Z}$. Der Betrag (Zahlenwert) von $\underline{Z}$ wird nach Bild 10.1.1

$$|\underline{Z}| = Z = \sqrt{a^2 + b^2} \tag{10.1.4}$$

Ferner erhält man für den Richtungswinkel

$$\cos\varphi = a/Z, \quad \sin\varphi = b/Z, \quad \tan\varphi = b/a. \tag{10.1.5}$$

Mit den entsprechenden e-Funktionen

$$\cos\varphi = \frac{1}{2}(\mathrm{e}^{\mathrm{j}\varphi} + \mathrm{e}^{-\mathrm{j}\varphi}), \qquad \sin\varphi = \frac{1}{2\mathrm{j}}(\mathrm{e}^{\mathrm{j}\varphi} - \mathrm{e}^{-\mathrm{j}\varphi}) \tag{10.1.6}$$

kann demnach ein komplexer Zeiger (komplexe Zahl) die drei Formen annehmen

$$\underline{Z} = a \pm \mathrm{j}\,b = Z(\cos\varphi \pm \mathrm{j}\sin\varphi) = Z\,\mathrm{e}^{\pm\mathrm{j}\varphi} \tag{10.1.7}$$

Für die Eulersche Exponentialform ist auch die *Versor*-Schreibweise üblich

$$\underline{Z} = Z\,\mathrm{e}^{\pm\mathrm{j}\varphi} = Z\underline{/\pm\varphi}. \tag{10.1.7a}$$

Eine komplexe Zahl $\underline{Z}$ unterscheidet sich von der zu ihr *konjugiert-komplexen* Zahl Z^* durch das Vorzeichen des Imaginärteils

$$\underline{Z} = a \pm \mathrm{j}\,b = Z\,\mathrm{e}^{\pm\mathrm{j}\varphi}, \qquad \underline{Z}^* = a \mp \mathrm{j}\,b = Z\,\mathrm{e}^{\mp\mathrm{j}\varphi}.$$

Den konjugiert-komplexen Wert einer komplexen Größe erhält man durch Umkehren des Vorzeichens des Imaginärteils, d.h. man ersetzt $\pm\mathrm{j}$ durch $\mp\mathrm{j}$.

Wie auch aus Bild 10.1.1 zu erkennen ist, haben $\underline{Z}$ und $\underline{Z}^*$ stets gleichen Betrag.

10.1.2 Das Rechnen mit komplexen Größen. Die Rechenregeln für die wichtigsten Grundoperationen können der Zusammenstellung, Tabelle A2 im Anhang, entnommen werden. Bei der Multiplikation und Division geht man zweckmäßig zur Eulerschen Exponentialform über. Dann gilt:

Komplexe Zahlen werden multipliziert (dividiert), indem man ihre Beträge multipliziert (dividiert) und ihre Richtungswinkel addiert (subtrahiert).

Multiplikation eines Zeigers $\underline{I}$ mit dem Zeiger $\underline{Z} = Z\,\mathrm{e}^{\mathrm{j}\varphi}$ bedeutet demnach, daß der Zeiger $\underline{I}$ um den Betrag Z gestreckt (mit Z multipliziert) und um den Winkel φ gedreht wird:

Multiplikation mit
- $\mathrm{e}^{\mathrm{j}\varphi}$ Drehung um φ (entgegen dem Uhrzeiger),
- $\mathrm{e}^{-\mathrm{j}\varphi}$ Drehung um φ (mit dem Uhrzeiger).

Ist der Richtungswinkel einer komplexen Größe eine lineare Funktion der Zeit, wie beispielsweise bei

$$\underline{A} = A\,\mathrm{e}^{\mathrm{j}(\omega t + \varphi)} = A\,\{\cos(\omega t + \varphi) + \mathrm{j}\sin(\omega t + \varphi)\},$$

so handelt es sich um einen *Drehzeiger*, denn in der komplexen Zahlenebene stellt $\underline{A}$ einen mit der Kreisfrequenz ω rotierenden Zeiger dar, dessen Endpunkt in der Zeit $T = 2\pi/\omega$ einen Kreis vom Radius A um den Ursprung beschreibt. Es ist dann

$$\boxed{\frac{\mathrm{d}\underline{A}}{\mathrm{d}t} = \mathrm{j}\omega A\,\mathrm{e}^{\mathrm{j}(\omega t + \varphi)} = \mathrm{j}\omega\underline{A}} \tag{10.1.8}$$

und entsprechend

$$\boxed{\int \underline{A}\,\mathrm{d}t = \frac{1}{\mathrm{j}\omega}\underline{A} + K} \tag{10.1.9}$$

Setzt man darin die Integrationskonstante $K = 0$, da sie als zeitlich konstantes Glied bei reinem Wechselstrom nicht auftritt, so erkennt man:

> Differentiation eines *Drehzeigers* nach der Zeit ist gleich einer Multiplikation mit $\mathrm{j}\omega$. Integration eines *Drehzeigers* nach der Zeit ist gleich einer Multiplikation mit $1/\mathrm{j}\omega$.

Der Zeiger $\mathrm{j}\omega\underline{A}$ eilt dem Zeiger $\underline{A}$ um 90° voraus, der Zeiger $\underline{A}/\mathrm{j}\omega$ dagegen wegen Gl. (10.1.2) dem Zeiger $\underline{A}$ um 90° nach.

Bem.: Den Unterschied zwischen komplexem Zeiger und Vektorgröße zeigen bereits die Rechenregeln, so ist z. B. die Division durch eine Vektorgröße nicht definiert. Die graphische Zusammensetzung von Zeigergrößen ergibt daher auch kein Vektordiagramm, sondern ein Zeigerdiagramm.

10.1.3 Der Operator j. Nach Gl. (10.1.7) ist

$$\pm\mathrm{j} = \pm\sqrt{-1} = \cos\frac{\pi}{2} \pm \mathrm{j}\sin\frac{\pi}{2} = \mathrm{e}^{\pm\mathrm{j}\pi/2}.$$

Es bedeutet somit:

Multiplikation mit | +j Drehung um 90° (entgegen dem Uhrzeiger),
| −j Drehung um 90° (mit dem Uhrzeiger).

Ferner wird

$$\sqrt{\pm\mathrm{j}} = \mathrm{e}^{\pm\mathrm{j}\pi/4} = \cos\frac{\pi}{4} \pm \mathrm{j}\sin\frac{\pi}{4} = \frac{\sqrt{2}}{2}(1 \pm \mathrm{j}). \tag{10.1.10}$$

Beispiel 10.1. Gegeben der komplexe Ausdruck

$$\underline{Z}_0 = \sqrt{\frac{R + \mathrm{j}X}{G + \mathrm{j}B}} = Z_0\,\mathrm{e}^{\mathrm{j}\varphi}.$$

Gesucht Betrag Z_0 und Richtungswinkel φ.

Lösung: Setzt man

$$R + jX = \underline{Z} = Z\,e^{j\alpha}, \qquad G + jB = \underline{Y} = Y\,e^{j\beta},$$

so wird

$$Z_0 = \sqrt{\frac{\underline{Z}}{\underline{Y}}} = \sqrt[4]{\frac{R^2 + X^2}{G^2 + B^2}}, \qquad \varphi = \frac{\alpha - \beta}{2}$$

oder

$$\varphi = \frac{1}{2}\left(\operatorname{Arctan}\frac{X}{R} - \operatorname{Arctan}\frac{B}{G}\right) = \frac{1}{2}\operatorname{Arctan}\frac{XG - RB}{RG + XB},$$

da

$$\frac{R + jX}{G + jB} = \frac{(R + jX)(G - jB)}{G^2 + B^2} = \frac{RG + XB + j(XG - RB)}{G^2 + B^2}.$$

Beispiel 10.2. Gegeben der bei der Wellenausbreitung in der HF-Technik auftretende komplexe Ausdruck

$$\underline{\gamma} = \sqrt{-j\,\omega\mu\kappa} = \alpha + j\beta.$$

Gesucht Betrag sowie Realteil und Imaginärteil von $\underline{\gamma}$.

Lösung: Wegen Gl. (10.1.10) ist

$$\underline{\gamma} = (1 - j)\sqrt{\frac{\omega\mu\kappa}{2}}, \qquad \alpha = -\beta = \sqrt{\frac{\omega\mu\kappa}{2}}$$

und

$$\gamma = \sqrt{\omega\mu\kappa}.$$

10.2 Komplexe Darstellung der Wechselstromgrößen

10.2.1 Komplexe Darstellung von Strom und Spannung. Um zur komplexen Darstellung von Strom und Spannung überzugehen, setzt man zunächst für die Augenblickswerte

$$u = \sqrt{2}\,U\cos(\omega t + \varphi_u) = \sqrt{2}\,\mathrm{Re}\,\{U\,e^{j(\omega t + \varphi_u)}\} = \sqrt{2}\,\mathrm{Re}\,(\underline{U}\,e^{j\omega t})$$
$$i = \sqrt{2}\,I\cos(\omega t + \varphi_i) = \sqrt{2}\,\mathrm{Re}\,\{I\,e^{j(\omega t + \varphi_i)}\} = \sqrt{2}\,\mathrm{Re}\,(\underline{I}\,e^{j\omega t}).$$

Das bedeutet Projektion der Strom- und Spannungszeiger auf die reelle Achse, also in Bild 10.2.1 Wahl der reellen Achse als Zeitachse (Projektionsachse). Ersetzt man cos durch sin, so ist der Realteil (Re) durch den Imaginärteil (Im) zu ersetzen, womit die imaginäre Achse Zeitachse und gleichzeitig *Bezugsachse* für die Winkel ist. Die Differenz $\varphi = \varphi_u - \varphi_i$ ist der Phasenverschiebungswinkel zwischen Strom und Spannung, also zwischen Strom- und Spannungszeiger, welche mit der Kreisfrequenz ω rotieren. Die Zeigerlänge U, I (Beträge) ist der Effektivwert. Die Augenblickswerte erhält man demnach durch Projektion der mit $\sqrt{2}$ multiplizierten Zeiger auf die Zeitachse, deren Lage durch die Anfangswerte für $t = 0$ gegeben ist (Nullphasenwinkel).

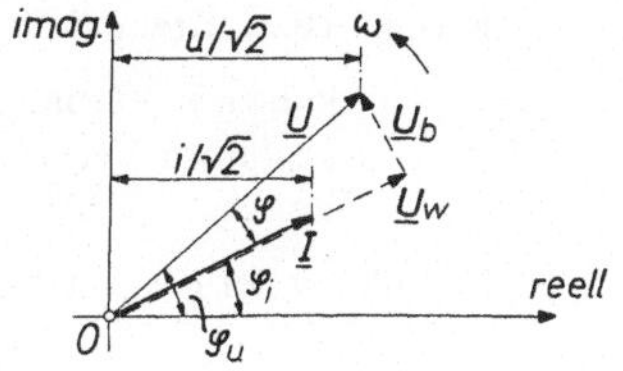

Bild 10.2.1
Strom und Spannung als komplexe Drehzeiger

imag.
u/√2
ω
U
Ub
i/√2
φ
Uw
I
φi
reell
0
φu

Im Zeigerdiagramm ist die Zeigerlänge der Drehzeiger, sofern nicht besonders vermerkt, gleich dem Effektivwert, z.B. U, I.

Setzt man allgemein für die *komplexen* Augenblickswerte

$$\underline{u} = \sqrt{2}\,\underline{U}\,\mathrm{e}^{\mathrm{j}\omega t} = \sqrt{2}\,U\mathrm{e}^{\mathrm{j}(\omega t + \varphi_u)}, \qquad \underline{i} = \sqrt{2}\,\underline{I}\,\mathrm{e}^{\mathrm{j}\omega t} = \sqrt{2}\,I\,\mathrm{e}^{\mathrm{j}(\omega t + \varphi_i)},$$

wobei dann der jeweilige Augenblickswert durch die Festlegung der Projektionsachse beliebig sein kann, so sind

$$\boxed{\underline{U} = \frac{\hat{u}}{\sqrt{2}}\,\mathrm{e}^{\mathrm{j}\varphi_u} = U\,\mathrm{e}^{\mathrm{j}\varphi_u}, \qquad \underline{I} = \frac{\hat{i}}{\sqrt{2}}\,\mathrm{e}^{\mathrm{j}\varphi_i} = I\,\mathrm{e}^{\mathrm{j}\varphi_i}} \tag{10.2.1}$$

komplexe Amplituden mit $|\underline{U}| = U, \; |\underline{I}| = I.$

Um nur mit den praktisch interessierenden Effektivwerten und den *gegenseitigen* Phasenwinkeln zu rechnen, muß bei Drehzeigern ein beliebig anzunehmender Drehzeiger als *Bezugszeiger* für die Phasenwinkel gewählt werden. Man läßt dann die Bezugsachse für die Phasenwinkel mit dem Bezugszeiger zusammenfallen, dessen Richtung dann die Richtung der reellen Achse darstellt. Wählt man in Bild 10.2.1 den Stromzeiger $\underline{I}$ als Bezugszeiger, dann ist

$$\underline{I} = I\,\mathrm{e}^{\mathrm{j}0} = I, \qquad \underline{U} = U\,\mathrm{e}^{\mathrm{j}\varphi}.$$

Wählt man dagegen den Spannungszeiger $\underline{U}$ als Bezugszeiger, dann ist

$$\underline{U} = U\,\mathrm{e}^{\mathrm{j}0} = U, \qquad \underline{I} = I\,\mathrm{e}^{-\mathrm{j}\varphi}.$$

In beiden Darstellungen wurde der Zeitfaktor $\mathrm{e}^{\mathrm{j}\omega t}$ auf beiden Seiten weggekürzt, so daß man im Zeigerdiagramm zeitunabhängige Zeigergrößen bekommt, deren allein interessierender Betrag (Effektivwert) ebenso wie deren *gegenseitige* Phasenlage direkt erkennbar ist.

Eine Aufteilung in Wirk- und Blindkomponente nach Bild 9.2.12 ergibt dabei für eine induktive Belastung

$$\underline{U} = U_w + \mathrm{j}\,U_b = \underline{U}_w + \underline{U}_b \qquad \text{mit Bezugszeiger } \underline{I} = I$$

oder

$$\underline{I} = I_w - \mathrm{j}\,I_b = \underline{I}_w + \underline{I}_b \qquad \text{mit Bezugszeiger } \underline{U} = U.$$

Die Beträge U und I sind weiterhin durch Gl. (9.2.16) gegeben.

Beispiel 10.3. Drei parallele Wechselstromverbraucher haben folgende Stromaufnahmen

Induktiver Verbraucher	$I_1 = 10$ A,	$\cos\varphi_1 = 0{,}8$
Kapazitiver Verbraucher	$I_2 = 2$ A,	$\cos\varphi_2 = 0{,}43$
Ohmscher Verbraucher	$I_3 = 5$ A.	

Gesucht ist der Gesamtstrom nach Betrag und Phase, bezogen auf die Verbraucherspannung.

Lösung: Unter Beachtung des Vorzeichens ist, bezogen auf die Generatorspannung,

$$\underline{I} = (I_1 \cos\varphi_1 + I_2 \cos\varphi_2 + I_3) + \mathrm{j}\,(I_2 \sin\varphi_2 - I_1 \sin\varphi_1) = I_w + \mathrm{j}\,I_b$$

oder

$$\underline{I} = 13{,}86\ \mathrm{A} - \mathrm{j}\ 4{,}19\ \mathrm{A}, \qquad \cos\varphi = \frac{I_w}{I} = 0{,}957.$$

Somit

$$I = \sqrt{I_w^2 + I_b^2} = 14{,}5\ \mathrm{A}, \qquad \underline{I} = 14{,}5\ \mathrm{A}\,\mathrm{e}^{-\mathrm{j}\,16{,}8^\circ}.$$

10.2.2 Komplexe Darstellung der Wechselstromwiderstände. Wechselstromwiderstände ergeben in der komplexen Darstellung *Widerstandsoperatoren,* das sind zeitunabhängige Zeiger; ihre Zeigerlänge ist der Widerstandswert im Widerstandsmaßstab. Die Angabe eines Phasenwinkels erfolgt ausschließlich in Bezug auf die reelle Achse, wobei man definitionsgemäß dem Zeiger eines Wirkwiderstandes die Richtung der reellen Achse gibt. Daraus folgt

Der Ohmsche Widerstand (Wirkwiderstand) wird in der komplexen Rechnung dargestellt durch einen reellen Widerstandsoperator, dessen imaginäre Komponente Null ist. Er liegt daher in Richtung der reellen Achse.

$$\boxed{\underline{R} = R + \mathrm{j}0} \qquad (10.2.2)$$

Der reziproke Wert $G = 1/R$ ist ein reeller Leitwertoperator, ebenfalls in Richtung der reellen Achse.

Ist $\underline{I}$ der eine ideale Spule konstanter Induktivität L durchfließende Strom, so ist die Spannung an der Spule gegeben durch

$$\underline{U}_L\ \mathrm{e}^{\mathrm{j}\omega t} = L\,\frac{\mathrm{d}(\underline{I}\ \mathrm{e}^{\mathrm{j}\omega t})}{\mathrm{d}t} = \mathrm{j}\omega L\,\underline{I}\ \mathrm{e}^{\mathrm{j}\omega t}.$$

Wegen der Differentiation nach der Zeit kann der Zeitfaktor $\mathrm{e}^{\mathrm{j}\omega t}$ erst nach der Differentiation auf beiden Seiten gekürzt werden, so daß

$$\boxed{\underline{U}_L = \mathrm{j}\omega L\underline{I}} \qquad \boxed{U_L = \omega L I} \qquad (10.2.3)$$

Der induktive Blindwiderstand wird in der komplexen Rechnung durch den imaginären Widerstandsoperator $\mathrm{j}\omega L$ dargestellt.

Ebenso ergibt der induktive Leitwert den imaginären Leitwertoperator $\frac{1}{\mathrm{j}\omega L}$

induktiver Widerstandsoperator:	$\mathrm{j}\omega L = \mathrm{j}X_L$
induktiver Leitwertoperator:	$\frac{1}{\mathrm{j}\omega L} = -\mathrm{j}\frac{1}{\omega L} = \mathrm{j}B_L$

Bei der gegenseitigen Induktivität nach Gl. (4.3.8) ist L durch L_{mn} zu ersetzen.

Für eine Wechselspannung an einem idealen Kondensator der Kapazität C erhält man entsprechend

$$\underline{U}_C\,\mathrm{e}^{\mathrm{j}\omega t} = \frac{1}{C}\int \underline{I}\,\mathrm{e}^{\mathrm{j}\omega t}\,\mathrm{d}t = \frac{1}{\mathrm{j}\omega C}\underline{I}\,\mathrm{e}^{\mathrm{j}\omega t},$$

wobei die erforderliche Integrationskonstante als Gleichspannungsanteil verschwindet. Also ist wegen Gl. (10.1.2)

$$\boxed{\underline{U}_C = \frac{1}{\mathrm{j}\omega C}\underline{I} = -\mathrm{j}\,\frac{1}{\omega C}\underline{I}} \qquad \boxed{U_C = \frac{1}{\omega C}I} \tag{10.2.4}$$

> Der kapazitive Blindwiderstand wird in der komplexen Rechnung durch den imaginären Widerstandsoperator $1/\mathrm{j}\omega C$ dargestellt.

Ebenso ergibt der kapazitive Leitwert den imaginären Leitwertoperator $\mathrm{j}\omega C$.

kapazitiver Widerstandsoperator:	$\frac{1}{\mathrm{j}\omega C} = -\mathrm{j}\,\frac{1}{\omega C} = \mathrm{j}X_c$
kapazitiver Leitwertoperator:	$\mathrm{j}\omega C = \mathrm{j}B_c$

Aus den Widerstandsoperatoren erhält man den resultierenden Widerstandsoperator der *Reihenschaltung* als komplexen Scheinwiderstand (Impedanz)

$$\underline{Z} = R + \mathrm{j}\omega L + \frac{1}{\mathrm{j}\omega C} = R + \mathrm{j}(\omega L - \frac{1}{\omega C})$$

oder

$$\boxed{\underline{Z} = R + \mathrm{j}(\omega L - \frac{1}{\omega C}) = R + \mathrm{j}X = Z\,\mathrm{e}^{\mathrm{j}\varphi}} \tag{10.2.5}$$

mit Z nach Gl. (9.2.5) und φ nach Gl. (9.2.7) und Gl. (9.2.8). Entsprechend erhält man für den resultierenden Leitwertoperator der *Parallelschaltung* als komplexen Scheinleitwert (Admittanz)

$$\underline{Y} = \frac{1}{R} + \mathrm{j}\omega C + \frac{1}{\mathrm{j}\omega L} = \frac{1}{R} + \mathrm{j}(\omega C - \frac{1}{\omega L})$$

oder

$$\boxed{\underline{Y} = \frac{1}{R} + \mathrm{j}\left(\omega C - \frac{1}{\omega L}\right) = G + \mathrm{j}B = Y\,\mathrm{e}^{-\mathrm{j}\varphi}} \tag{10.2.6}$$

mit Y nach Gl. (9.2.11) und φ nach Gl. (9.2.13) und Gl. (9.2.14).

Die komplexe Rechnung ermöglicht eine eindeutige Aufteilung in Wirk- und Blindwiderstand, wobei induktives oder kapazitives Verhalten durch das Vorzeichen gekennzeichnet ist.

Induktiver Blindwiderstand	positiv-imaginär,	$X > 0$
induktiver Blindleitwert	negativ-imaginär,	$B < 0$.
Kapazitiver Blindwiderstand	negativ-imaginär,	$X < 0$
kapazitiver Blindleitwert	positiv-imaginär,	$B > 0$.

Nach dem Ohmschen Gesetz wird dabei allgemein

$$\underline{Z} = \frac{\underline{U}\,\mathrm{e}^{\mathrm{j}\omega t}}{\underline{I}\,\mathrm{e}^{\mathrm{j}\omega t}} = \frac{U\,\mathrm{e}^{\mathrm{j}(\omega t + \varphi_u)}}{I\,\mathrm{e}^{\mathrm{j}(\omega t + \varphi_i)}} = \frac{\underline{U}}{\underline{I}} = Z\,\mathrm{e}^{\mathrm{j}(\varphi_u - \varphi_i)}.$$

10.2.3 Drehzeiger, Operatoren, Zeigerdiagramme. In jedem Diagramm kann die Festlegung der Richtung eines Drehzeigers in der Zahlenebene willkürlich erfolgen. Die anderen Richtungen sind dann eindeutig bestimmt. Ist z.B. $\underline{I}$ der eine Spule durchfließende Strom und $\underline{U}$ die Spannung an der Spule, so ist $\underline{I}$ bezüglich $\underline{U}$ nacheilend. Betrachtet man $\underline{U}$ als „treibende Spannung" und legt $\underline{U}$ willkürlich in Richtung der reellen Achse, so wird $\underline{U} = U$ und $\underline{I} = I\,\mathrm{e}^{-\mathrm{j}\varphi}$. Die Lage des Zeigers $\underline{I}$ liegt eindeutig fest, da er gegenüber $\underline{U}$ um den Winkel φ zeitlich nacheilt.

Bei einer Reihenschaltung von R und L (Tabelle 9.1, Zeile 1) ist in komplexer Form

$$\underline{Z} = R + \mathrm{j}\,\omega L = Z\,\mathrm{e}^{\mathrm{j}\varphi}.$$

Bei Wahl von $\underline{I} = I$ als Bezugszeiger ist daher

$$\underline{U} = I\underline{Z} = U\,\mathrm{e}^{\mathrm{j}\varphi}, \qquad \underline{Z} = \underline{U}/I = Z\,\mathrm{e}^{\mathrm{j}\varphi}.$$

Bei Wahl von $\underline{U} = U$ als Bezugszeiger ist dagegen

$$\underline{I} = U/\underline{Z} = I\,\mathrm{e}^{-\mathrm{j}\varphi}, \qquad \underline{Z} = U/\underline{I} = Z\,\mathrm{e}^{\mathrm{j}\varphi}.$$

Im ersten Fall eilt die Spannung dem Strom voraus, im zweiten Fall eilt der Strom der Spannung nach.

Zweckmäßig wählt man als Bezugsgröße für die Phasenwinkel der Drehzeiger diejenige Größe, die allen oder den meisten Schaltelementen gemeinsam ist, das ist bei Reihenschaltung der Strom und bei Parallelschaltung die Spannung.

Bei der Zeigerdarstellung komplexer Operatoren geben Wirkwiderstände oder Wirkleitwerte als reelle Größen stets die Richtung der reellen Achse an; sie ist die Bezugsachse für die Richtungswinkel.

> Drehzeiger stellen zeitlich sich sinusförmig ändernde Wechselstromgrößen dar, wie z.B. $\underline{U}$ und $\underline{I}$. Widerstandsoperatoren ergeben dagegen Zeiger, die man sich nicht rotierend denken darf. Sie haben weder einen Effektivwert noch einen Augenblicks- oder Höchstwert. Die Zeigerlänge eines Widerstandsoperators ist im Widerstandsmaßstab der Widerstandswert.

Drehzeiger und Operatoren können auch nicht in einem gemeinsamen Diagramm angegeben werden. Wegen $U \sim Z$, $I \sim Y$ ergeben allerdings die Zeigerdiagramme der Spannungen und der Widerstandsoperatoren ein und derselben Widerstandsanordnung einen geometrisch ähnlichen Linienzug ebenso wie die Diagramme der Ströme und der Leitwertoperatoren.

So zeigt Bild 10.2.2 die Zeigerdiagramme der Spannungen und der Widerstandsoperatoren einer Reihenschaltung aus R, L und C. Die Zeigerdiagramme der Ströme und der Leitwertoperatoren einer Parallelschaltung aus R, C und L zeigt Bild 10.2.3. Auch die Unterscheidung zwischen Zeigergröße und Betrag darf nicht übersehen werden, wie die beiden folgenden Beispiele zeigen.

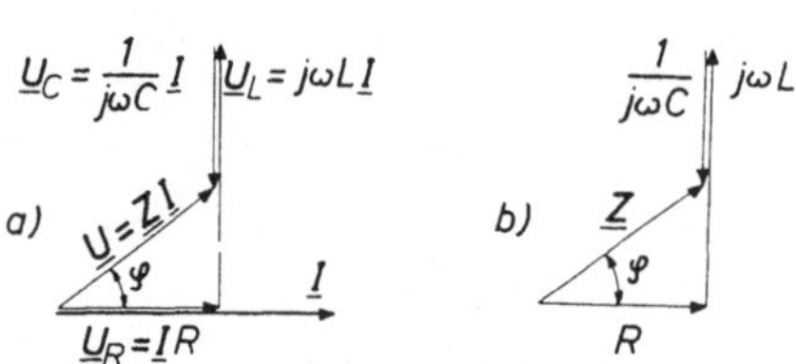

Bild 10.2.2

Zeigerdiagramm der Spannungen (*a*) und der Widerstandsoperatoren (*b*) einer Reihenschaltung aus R, L und C

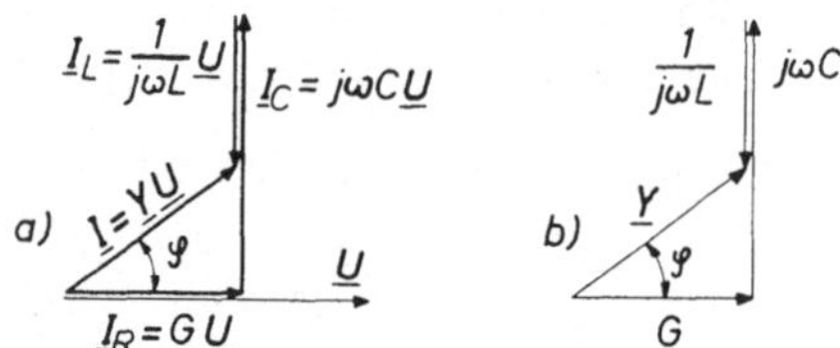

Bild 10.2.3

Zeigerdiagramm der Ströme (*a*) und der Leitwertoperatoren (*b*) einer Parallelschaltung aus $G = 1/R$, C und L

Beispiel 10.4. Die Reihenschaltung eines praktisch verlustlosen Kondensators der Kapazität C mit einer Spule unbekannter Induktivität L wurde an eine Wechselspannung der Kreisfrequenz ω angeschlossen. Das gemessene Verhältnis

$$n = \frac{\text{Gesamtspannung}}{\text{Kondensatorspannung}}$$

ergab als Ergebnis $n > 1$. Wie berechnet sich die Induktivität der Spule, wenn diese als verlustlos angesehen werden kann ($R = 0$)?

Lösung: Da sich bei einer Reihenschaltung die Spannungen wie die Widerstände verhalten, wird

$$\frac{\underline{U}}{\underline{U}_c} = \mathrm{j}\omega C\left(\mathrm{j}\omega L + \frac{1}{\mathrm{j}\omega C}\right) = 1 - \omega^2 LC.$$

Setzt man diesen Ausdruck gleich dem Spannungsverhältnis n und eliminiert L, so erhält man für $n > 1$ einen negativen Induktivitätswert, was physikalisch sinnlos ist. Das Ergebnis wird dagegen richtig, wenn man beachtet, daß n das Verhältnis der gemessenen *Spannungsbeträge* (Effektivwerte) ist. Es wird dann

$$\frac{U}{U_c} = \left(\omega L - \frac{1}{\omega C}\right)\omega C = \omega^2 LC - 1 = n, \qquad L = \frac{n+1}{\omega^2 C}.$$

Beispiel 10.5. Die Widerstandsanordnung Bild 10.2.4 ist mit ihren Klemmen 1–2 an eine konstante Wechselspannung der Kreisfrequenz ω angeschlossen. Gesucht ist der erforderliche Wert des Widerstandes R_c, damit die Anzeige des Amperemeters bei offenem und geschlossenem Schalter S unverändert bleibt (Wechselstromparadoxon).

Lösung: Mit $X = -1/\omega C$ ist die resultierende Impedanz $\underline{Z}$ der Zweipolschaltung bei geschlossenem Schalter

$$\underline{Z} = R + \frac{\mathrm{j}XR_c}{R_c + \mathrm{j}X} = \frac{RR_c + \mathrm{j}X(R + R_c)}{R_c + \mathrm{j}X}$$

und bei offenem Schalter

$$\underline{Z}' = R + \mathrm{j}X.$$

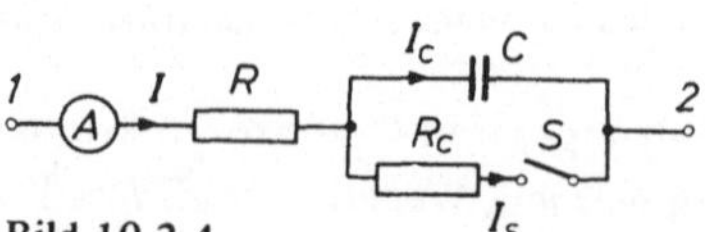

Bild 10.2.4

Wechselstromparadoxon

Für beide Schalterstellungen ist die angelegte Spannung dieselbe, es muß demnach $\underline{I}\,\underline{Z} = \underline{I}'\,\underline{Z}'$ sein. Da aber das Amperemeter den Effektivwert (Betrag) des Stromes anzeigt, muß lediglich $I' = I$, folglich auch $Z' = Z$ sein. Es müssen also nur die *Beträge* der Ströme und Impedanzen aber nicht ihre Zeigergrößen gleich sein. Das ergibt

$$R^2 + X^2 = \frac{R^2 R_c^2 + X^2\,(R + R_c)^2}{R_c^2 + X^2}, \qquad R_c = \frac{X^2}{2R}.$$

Das qualitative Zeigerdiagramm für beide Schalterstellungen zeigt Bild 10.2.5. Bei offenem Schalter (gestrichene Größen) bilden $\underline{I}'R$ und $\underline{U}_c'$ einen rechten Winkel. Bei geschlossenem Schalter bilden $\underline{I}\,R$ und $\underline{U}_c$ wegen R_c einen Winkel $< \pi/2$, während $\underline{I}_s$ und $\underline{I}_c$ zu ein und derselben Teilspannung gehören und daher einen rechten Winkel miteinander einschließen. Aus dem Diagramm entnimmt man:

$$\underline{I}' \neq \underline{I} \quad \text{aber} \quad I' = I \quad \text{und daher} \quad I'R = IR.$$

Bild 10.2.5
Zeigerdiagramm zum Wechselstromparadoxon Bild 10.2.4

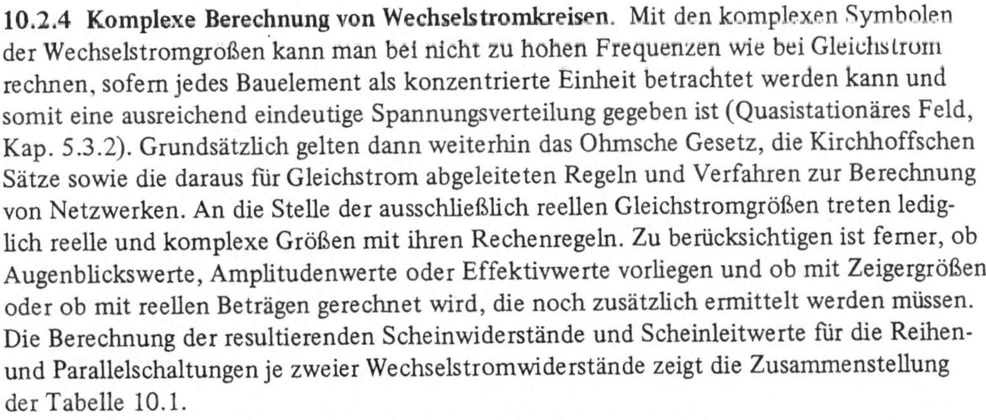

10.2.4 Komplexe Berechnung von Wechselstromkreisen. Mit den komplexen Symbolen der Wechselstromgroßen kann man bei nicht zu hohen Frequenzen wie bei Gleichstrom rechnen, sofern jedes Bauelement als konzentrierte Einheit betrachtet werden kann und somit eine ausreichend eindeutige Spannungsverteilung gegeben ist (Quasistationäres Feld, Kap. 5.3.2). Grundsätzlich gelten dann weiterhin das Ohmsche Gesetz, die Kirchhoffschen Sätze sowie die daraus für Gleichstrom abgeleiteten Regeln und Verfahren zur Berechnung von Netzwerken. An die Stelle der ausschließlich reellen Gleichstromgrößen treten lediglich reelle und komplexe Größen mit ihren Rechenregeln. Zu berücksichtigen ist ferner, ob Augenblickswerte, Amplitudenwerte oder Effektivwerte vorliegen und ob mit Zeigergrößen oder ob mit reellen Beträgen gerechnet wird, die noch zusätzlich ermittelt werden müssen. Die Berechnung der resultierenden Scheinwiderstände und Scheinleitwerte für die Reihen- und Parallelschaltungen je zweier Wechselstromwiderstände zeigt die Zusammenstellung der Tabelle 10.1.

Beispiel 10.6. Die Windungskapazität eines bifilar gewickelten Widerstandes mit $R = 100$ kΩ beträgt $C = 10$ pF und kann im Ersatzschaltbild als Parallelkapazität zu R aufgefaßt werden. Gesucht ist der Winkelfehler ϵ und der Betragsfehler ΔR, wenn C bei einer Frequenz $f = 800$ Hz vernachlässigt wird.

Lösung: Nach Tabelle 10.1 wird der Winkelfehler (Phasenwinkel)

$$\tan \epsilon = \omega CR \approx 5 \cdot 10^{-3} \approx \epsilon = 0{,}3^\circ.$$

Der resultierende Scheinwiderstand Z wird daher angenähert

$$Z = \frac{R}{\sqrt{1 + (\omega CR)^2}} \approx R\,(1 - \omega^2 C^2 R^2/2) = R\,(1 - 12{,}5 \cdot 10^{-6})$$

oder der Betragsfehler $\Delta R = 1{,}25$ Ω oder etwa $0{,}01$ ‰.

Bei $f = 80$ kHz wird dagegen bereits $\epsilon \approx 26{,}5^\circ$ und $\Delta R \approx 10$ %.

Tabelle 10.1 Kombination zweier verschiedener Widerstände

1	Reihenschaltung von R und L	
	$\underline{Z} = R + j\omega L$	$Z = \sqrt{R^2 + \omega^2 L^2} = \frac{1}{Y}$
	$\underline{Y} = \frac{1}{R + j\omega L} = \frac{R - j\omega L}{R^2 + \omega^2 L^2}$	$\tan\varphi_z = \frac{\omega L}{R}, \quad \varphi_y = -\varphi_z$
	Parallelschaltung von R und L	
	$\underline{Y} = G - j\frac{1}{\omega L} = \frac{\omega L - jR}{\omega L R}$	$Y = \sqrt{\frac{1}{R^2} + \frac{1}{\omega^2 L^2}} = \frac{1}{Z}$
	$\underline{Z} = \frac{R \cdot j\omega L}{R + j\omega L} = \frac{\omega L R\,(\omega L + jR)}{R^2 + \omega^2 L^2}$	$\tan\varphi_y = \frac{-R}{\omega L}, \quad \varphi_z = -\varphi_y$
2	Reihenschaltung von R und C	
	$\underline{Z} = R - j\frac{1}{\omega C} = \frac{\omega C R - j}{\omega C}$	$Z = \sqrt{R^2 + \frac{1}{\omega^2 C^2}} = \frac{1}{Y}$
	$\underline{Y} = \frac{j\omega C}{1 + j\omega C R} = \frac{\omega C(\omega C R + j)}{1 + \omega^2 C^2 R^2}$	$\tan\varphi_z = \frac{-1}{\omega C R}, \quad \varphi_y = -\varphi_z$
	Parallelschaltung von R und C	
	$\underline{Y} = G + j\omega C = \frac{1 + j\omega C R}{R}$	$Y = \sqrt{\frac{1}{R^2} + \omega^2 C^2} = \frac{1}{Z}$
	$\underline{Z} = \frac{1}{G + j\omega C} = \frac{R(1 - j\omega C R)}{1 + \omega^2 C^2 R^2}$	$\tan\varphi_y = \omega C R, \quad \varphi_z = -\varphi_y$
3	Reihenschaltung von L und C	
	$\underline{Z} = j(\omega L - \frac{1}{\omega C}) = jX$	$Z = \lvert X \rvert = \frac{1}{Y}$
	$\underline{Y} = -j\frac{\omega C}{\omega^2 C L - 1} = jB$	$\varphi = \pm\frac{\pi}{2}$
	Parallelschaltung von L und C	
	$\underline{Y} = j(\omega C - \frac{1}{\omega L}) = jB$	$Y = \lvert B \rvert = \frac{1}{Z}$
	$\underline{Z} = -j\frac{\omega L}{\omega^2 L C - 1} = jX$	$\varphi = \mp\frac{\pi}{2}$

Beispiel 10.7. In Bild 10.2.6 sind

$$R_1 = 70\ \Omega,\quad R_2 = 200\ \Omega,\quad C = 70\ \mu\text{F},\quad U = 220\ \text{V},\quad f = 50\ \text{Hz}.$$

Gesucht sind die Teilströme und der Gesamtstrom nach Betrag und Phase sowie das qualitative Zeigerdiagramm der Ströme.

Lösung: Mit $\omega = 2\pi f = 314\ \text{s}^{-1}$ und $1/\omega C = 45{,}5\ \Omega$ werden

$$\underline{Z}_1 = R_1 - \text{j}\frac{1}{\omega C} = 70\ \Omega - \text{j}\,45{,}5\ \Omega,\qquad Z_1 = \sqrt{70^2 + 45{,}5^2}\ \Omega = 83{,}5\ \Omega.$$

Den Phasenwinkel gibt man zweckmäßig stets als Betrag an mit dem Zusatz kapazitiv oder induktiv. Es ist dann

$$\varphi_1 = \left|\ \text{Arctan}\frac{1}{R_1\,\omega C}\right| = 33^\circ\ \text{kap.}\ \underline{Z}_1 = 83{,}5\ \Omega\ \text{e}^{-\text{j}\,33^0}.$$

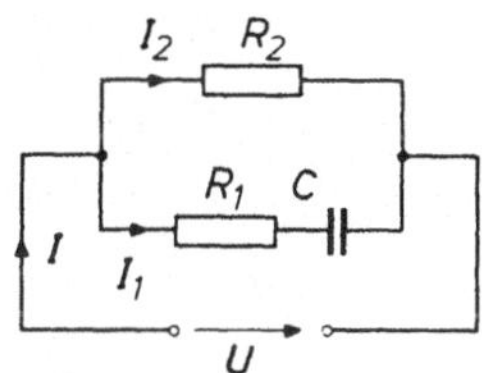

Bild 10.2.6
Zum Beispiel 10.7

Mithin werden, bezogen auf $\underline{U} = U$

$$\underline{I}_1 = \frac{U}{Z_1}\,\text{e}^{\text{j}\varphi_1} = 2{,}63\ \text{A}\,\text{e}^{\text{j}\,33^0},\qquad \underline{I}_2 = \frac{U}{R_2} = I_2 = 1{,}1\ \text{A}$$

und

$$\underline{I} = I_2 + I_1\,(\cos\varphi_1 + \text{j}\sin\varphi_1) = 3{,}31\ \text{A} + \text{j}\,1{,}42\ \text{A}$$

oder

$$I = \sqrt{3{,}31^2 + 1{,}42^2}\ \text{A} = 3{,}6\ \text{A},\qquad \varphi = \text{Arctan}\frac{1{,}42}{3{,}31} \approx 23^\circ\ \text{kap.}$$

Das zugehörige qualitative Zeigerdiagramm der Ströme zeigt Bild 10.2.7. $\underline{I}_1$ eilt der Spannung $\underline{U}$ um den Winkel φ_1 voraus, $\underline{I}_2$ ist mit der Spannung in Phase. Auch der Gesamtstrom eilt der Spannung als kapazitiver Strom voraus.

Beispiel 10.8. In Bild 10.2.8 sind

$$R_1 = 1\ \Omega,\quad R_2 = R_3 = 2\ \Omega,\quad \omega L_1 = 2\,\omega L_2 = 3{,}14\ \Omega.$$

Gesucht ist der resultierende Widerstand (Impedanz $\underline{Z}$), aufgeteilt in Realteil und Imaginärteil sowie nach Betrag und Phase. Ferner sind die Teilströme und die Teilspannungen zu berechnen, wenn die Spannung $U = 4$ V beträgt.

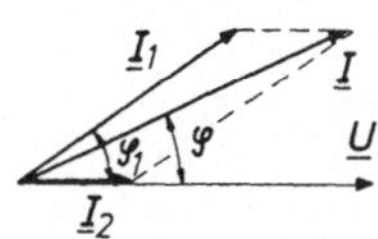

Bild 10.2.7
Zeigerdiagramm zu Bild 10.2.6

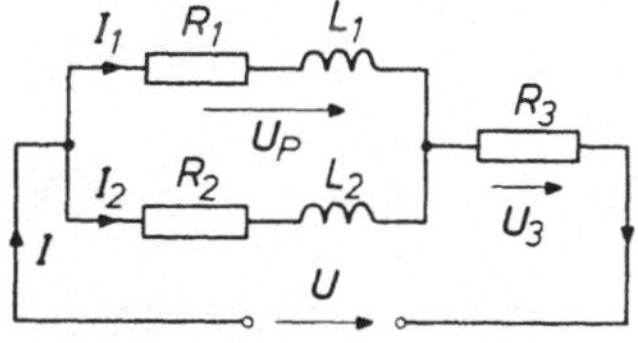

Bild 10.2.8
Zu Beispiel 10.8

Lösung: Zunächst ist

$$\underline{Z}_1 = R_1 + \text{j}\omega L_1 = 1\ \Omega + \text{j}\,3{,}14\ \Omega,\qquad \underline{Z}_2 = R_2 + \text{j}\omega L_2 = 2\ \Omega + \text{j}\,1{,}57\ \Omega$$

oder

$$Z_1 = \sqrt{1^2 + 3{,}14^2}\ \Omega = 3{,}3\ \Omega,\qquad \varphi_1 = \text{Arctan}\,3{,}14 = 72{,}3^\circ,$$

$$Z_2 = \sqrt{2^2 + 1{,}57^2}\ \Omega = 2{,}54\ \Omega,\qquad \varphi_2 = \text{Arctan}\,0{,}785 = 38^\circ.$$

Der Ersatzwiderstand für die Parallelschaltung von $\underline{Z}_1$ und $\underline{Z}_2$ wird mit $\underline{Z}_1 + \underline{Z}_2 = \underline{Z}_{12}$

$$\underline{Z}_P = \frac{\underline{Z}_1 \underline{Z}_2}{\underline{Z}_1 + \underline{Z}_2} = \frac{Z_1 Z_2}{Z_{12}} e^{j(\varphi_1 + \varphi_2 - \varphi_{12})},$$

wobei

$$Z_{12} = \sqrt{(R_1 + R_2)^2 + (\omega L_1 + \omega L_2)^2} = \sqrt{(1+2)^2 + (3{,}14 + 1{,}57)^2}\ \Omega = 5{,}59\ \Omega,$$

$$\varphi_{12} = \text{Arctan}\,\frac{\omega L_1 + \omega L_2}{R_1 + R_2} = \text{Arctan}\ 1{,}57 = 57{,}5°.$$

Damit wird

$$\underline{Z}_P = Z_P\, e^{j\varphi_P} = 1{,}5\ \Omega\ e^{j\,52{,}8°}$$

und der Gesamtwiderstand

$$\underline{Z} = R_3 + \underline{Z}_P = R_3 + Z_P(\cos\varphi_P + j\sin\varphi_P) = 2{,}9\ \Omega + j\,1{,}2\ \Omega,$$

so daß

$$Z = \sqrt{2{,}9^2 + 1{,}2^2}\ \Omega = 3{,}14\ \Omega, \qquad \varphi = \text{Arctan}\,\frac{1{,}2}{2{,}9} = 22{,}5°\ \text{ind.}$$

Bezieht man alle Winkel der Ströme auf $\underline{U} = U$ als Bezugszeiger, so ist

$$\underline{I} = \frac{U}{\underline{Z}} = \frac{U}{Z} e^{-j\varphi} = 1{,}27\ \text{A}\, e^{-j\,22{,}5°}.$$

Ferner wird

$$\underline{U}_P = \underline{U} - \underline{U}_3, \qquad \underline{U}_3 = R_3 \underline{I} = R_3 I e^{-j\varphi} = 2{,}54\ \text{V}\ e^{-j\,22{,}5°}.$$

Damit wird

$$\underline{U}_P = U - U_3(\cos\varphi - j\sin\varphi) = 1{,}66\ \text{V} + j\,0{,}97\ \text{V}$$

oder, wenn jetzt $\varphi_P = \sphericalangle(U\, U_P)$,

$$U_P = \sqrt{1{,}66^2 + 0{,}97^2}\ \text{V} = 1{,}92\ \text{V}, \qquad \varphi_p = \text{Arctan}\,\frac{0{,}97}{1{,}66} = 30{,}3°,$$

so daß

$$\underline{I}_1 = \frac{\underline{U}_p}{\underline{Z}_1} = \frac{U_p}{Z_1} e^{j(\varphi_p - \varphi_1)} = 0{,}58\ \text{A}\ e^{-j\,42°},$$

$$\underline{I}_2 = \frac{\underline{U}_p}{\underline{Z}_2} = \frac{U_p}{Z_2} e^{j(\varphi_p - \varphi_2)} = 0{,}76\ \text{A}\ e^{-j\,7{,}7°}.$$

Es sind also bei $U = 4$ V

$$I = 1{,}27\ \text{A}, \quad I_1 = 0{,}58\ \text{A}, \quad I_2 = 0{,}76\ \text{A}$$

und

$$U_p = 1{,}92\ \text{V}, \quad U_3 = 2{,}54\ \text{V}.$$

In der Berechnung wurden alle Phasenwinkel auf $\underline{U} = U$ bezogen. Es sind demnach $\underline{I}$ und $\underline{U}_3$ in Phase sowie

$$\sphericalangle(\underline{U}_p \underline{I}_1) = \varphi_p + \varphi_1 = 72{,}3°\ \text{ind.}, \qquad \sphericalangle(\underline{U}_p \underline{I}_2) = \varphi_p + \varphi_2 = 38°\ \text{ind.}$$

Das zugehörige qualitative Zeigerdiagramm zeigt Bild 10.2.9.

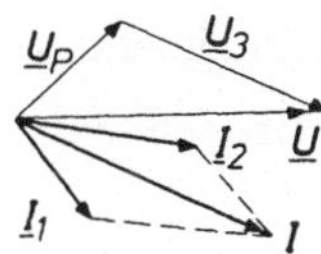

Bild 10.2.9
Zeigerdiagramm der Ströme und Spannungen zu Bild 10.2.8

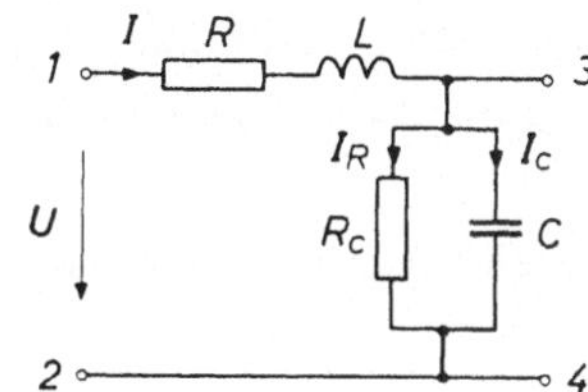

Bild 10.2.10
Zu Beispiel 10.9

Beispiel 10.9. Für die Vierpolschaltung in Bild 10.2.10 ist die Eingangsimpedanz $\underline{Z}_{12}$ an den Klemmen 1–2 zu berechnen und die Frequenz ω_r zu ermitteln, bei welcher $\underline{Z}_{12}$ reell wird.

Lösung: Mit $G = 1/R_c$ ist

$$\underline{Z}_{12} = R + \mathrm{j}\omega L + \frac{1}{G + \mathrm{j}\omega C} = R + \frac{G}{G^2 + \omega^2 C^2} + \mathrm{j}\left(\omega L - \frac{\omega C}{G^2 + \omega^2 C^2}\right).$$

Soll $\underline{Z}_{12}$ reell werden, so muß der Imaginärteil Im $(\underline{Z}_{12})$ verschwinden. Das ergibt

$$G^2 + \omega^2 C^2 = \frac{C}{L}, \qquad \omega = \omega_r = \sqrt{\frac{1}{LC} - \frac{G^2}{C^2}}.$$

Bei dieser Frequenz ist

$$\underline{Z}_{12} = R + G\,L/C = R + GZ^2.$$

Der Ausdruck $Z = \sqrt{L/C}$ wird auch als Schwingungswiderstand oder Kennwiderstand bezeichnet. Ist $\omega < \omega_r$, so ist $\underline{Z}_{12}$ kapazitiv. Für $\omega > \omega_r$ ist $\underline{Z}_{12}$ induktiv.

Beispiel 10.10. In der Vierpolschaltung Bild 10.2.10 sind

$$R = 2{,}0\,\Omega, \quad \omega L = 1{,}0\,\Omega, \quad G = 1/R_c = 0{,}2\,\mathrm{S}, \quad \omega C = 0{,}5\,\mathrm{S}.$$

Ein Verbraucher $\underline{Z}_V = 2\,\Omega\,\mathrm{e}^{\mathrm{j}\,30^\circ}$ soll an die Ausgangsklemmen 3–4 mit einer Verbraucherspannung $U_V = 10\,\mathrm{V}$ angeschlossen werden. Es ist die erforderliche Spannung U am Eingang 1–2 des als Übertragungsglied dienenden Vierpols zu berechnen.

Lösung: Der Verbraucherstrom ist mit $\varphi = 30^\circ$, bezogen auf $U_{34} = U_V$,

$$\underline{I}_V = \frac{U_V}{\underline{Z}_V} = \frac{U_V}{Z_V(\cos\varphi + \mathrm{j}\sin\varphi)} = \frac{U_V}{Z_V}(\cos\varphi - \mathrm{j}\sin\varphi)$$

und der Strom am Vierpoleingang, bezogen auf $U_{34} = U_V$,

$$\underline{I} = \underline{I}_R + \underline{I}_C + \underline{I}_V = U_V\left\{G + \mathrm{j}\omega C + \frac{1}{Z_V}(\cos\varphi - \mathrm{j}\sin\varphi)\right\} = 6{,}33\,\mathrm{A} + \mathrm{j}\,2{,}5\,\mathrm{A}.$$

Damit wird die erforderliche Spannung $\underline{U}$ an den Eingangsklemmen

$$\underline{U} = U_V + \underline{I}\,(R + \mathrm{j}\omega L) = 20{,}16\,\mathrm{V} + \mathrm{j}\,11{,}33\,\mathrm{V}$$

oder

$$U = \sqrt{20{,}16^2 + 11{,}33^2}\,\mathrm{V} \approx 23{,}1\,\mathrm{V}, \qquad \varphi = \mathrm{Arctan}\,\frac{11{,}33}{20{,}16} = 29{,}5^\circ.$$

Die Eingangsspannung $\underline{U}$ eilt der Verbraucherspannung am Vierpolausgang um einen Winkel $\varphi = 29{,}5^\circ$ zeitlich voraus.

Liegt ein Maschennetzwerk vor, so geht man zweckmäßig nach folgendem Schema vor:

1. Zeichnen einer übersichtlichen Skizze der *gegebenen* und *gesuchten* Größen, enthaltend alle
   a) Impedanzen oder Leitwerte bzw. Ohmschen Widerstände, Induktivitäten, Kapazitäten,
   b) Ströme,
   c) Spannungen, unter Beachtung der Bezugspfeilrichtungen (Kap. 2.1.4).
2. Aufstellen der Ansatzgleichungen unter Beachtung von Gl. (2.4.1)
   a) Für Knotenpunkte ist $\Sigma \underline{I} = 0$ (Knotenpunktsregel).
   b) Für Maschen ist $\Sigma \underline{U} = 0$ (Maschenregel).
   c) Eventuelle Sonderbedingungen berücksichtigen.

Für jede Masche erhält man aus der Differentialgleichung im Zeitbereich

$$u = u_R + u_L + u_C = iR + L \frac{di}{dt} + \frac{1}{C} \int i\,dt$$

bei zeitlich sinusförmigen Strömen und Spannungen im stationären (eingeschwungenen) Zustand des Frequenzbereichs

$$\underline{U} = \underline{U}_R + \underline{U}_L + \underline{U}_C = R\underline{I} + j\omega L\underline{I} + \frac{1}{j\omega C}\underline{I}.$$

Bei vorliegendem Schaltbild kann ferner in vielen Fällen ein schnell skizziertes qualitatives Zeigerdiagramm der Ströme und Spannungen nicht nur das Verhalten der Schaltung leicht erkennen lassen, sondern auch oft wertvolle Hinweise für eine schnelle Lösung geben.

Beispiel 10.11. Für das unbelastete Übertragungsglied Bild 10.2.10 im Beispiel 10.9 soll ein qualitatives Zeigerdiagramm der Ströme und Spannungen gezeichnet werden, wenn der Eingangswiderstand induktiv ist.

Lösung: Das Zeigerdiagramm zeigt Bild 10.2.11. Man erhält es wie folgt:

1. Annahme des Spannungszeigers $\underline{U}$ und des voraussetzungsgemäß nacheilenden Stromzeigers $\underline{I}$.
2. Annahme der Richtung von $\underline{U}_{13}$ am Längszweig. Wegen des kapazitiven Querzweiges muß diese Spannung gegenüber dem Strom $\underline{I}$ mehr voreilen als die Gesamtspannung $\underline{U}$.
3. Annahme der Richtung von $\underline{U}_{34}$ am kapazitiven Querzweig. Diese Spannung muß gegenüber dem Strom $\underline{I}$ nacheilen. Damit liegt das Spannungsdreieck fest, da $\underline{U} = \underline{U}_{13} + \underline{U}_{34}$.
4. Einzeichnen der beiden Stromzeiger für die Teilströme $\underline{I}_R$ und $\underline{I}_C$, wobei $\underline{I}_R$ mit $\underline{U}_{34}$ in Phase sein muß und $\underline{I}_C$ als kapazitiver Blindstrom gegenüber $\underline{U}_{34}$ um $\pi/2$ voreilt. Beide Teilströme ergeben zusammen den Gesamtstrom $\underline{I}$.

Schließlich muß $\underline{I}R$ mit $\underline{I}$ phasengleich sein und $j\omega L\underline{I}$ gegenüber $\underline{I}$ als induktive Blindkomponente um $\pi/2$ voreilen, wobei die Teilspannung $\underline{U}_{13} = \underline{I}(R + j\omega L)$.

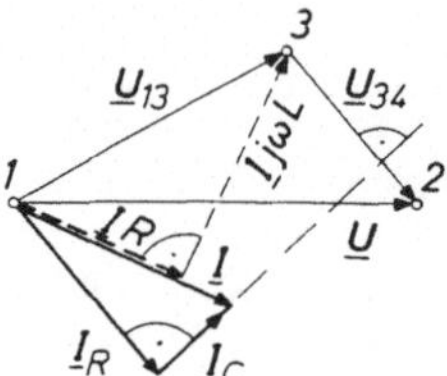

Bild 10.2.11
Zeigerdiagramm der Ströme und Spannungen zu Bild 10.2.10 bei induktivem Verhalten

Beispiel 10.12. In der symmetrischen Vierpolschaltung Bild 10.2.12 sind die Bezugsrichtungen der Flüsse innerhalb der miteinander gekoppelten Spulen gegeneinander gerichtet. Gesucht sind die Zweigströme bei Leerlauf und im Kurzschluß bei $U_1 = 100$ V und

$R_1 = 2\ \Omega, \quad \omega L = 5\ \Omega, \quad \omega L_{12} = \omega L_{21} = 3\ \Omega, \quad R = 1\ \Omega.$

Siehe auch Kap. 4.3.3 und 4.3.4.

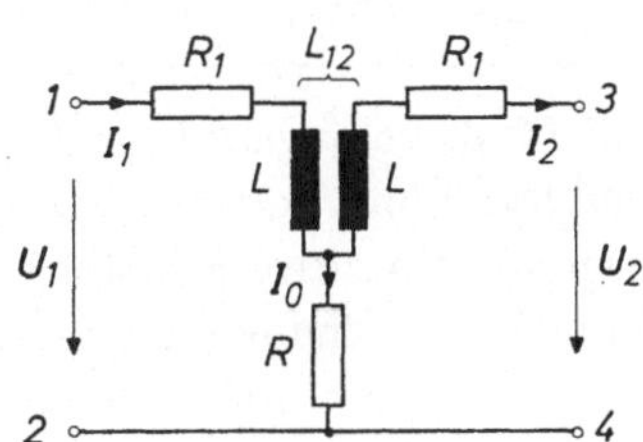

Bild 10.2.12
Symmetrische Vierpolschaltung, Beispiel 10.12

Lösung: Im *Leerlauf* (Klemmen 3–4 offen) ist $\underline{I}_1 = \underline{I}_0$ und $\underline{I}_2 = 0$, so daß nach Bild 10.2.12

$$\underline{U}_1 = \underline{I}_1 (R + R_1 + \mathrm{j}\omega L), \qquad \underline{U}_2 = \underline{I}_0 R + \underline{I}_1 \mathrm{j}\,\omega L_{12}$$

oder, bezogen auf die Eingangsspannung,

$$\underline{I}_1 = \frac{\underline{U}_1}{R + R_1 + \mathrm{j}\omega L} = \frac{100}{3 + \mathrm{j}\,5}\,\frac{\mathrm{V}}{\Omega} = \frac{50}{17}(3 - \mathrm{j}\,5)\ \mathrm{A}, \quad I_1 = I_0 = 17{,}2\ \mathrm{A}$$

$$\underline{U}_2 = \frac{50}{17}(3 - \mathrm{j}\,5)(1 + \mathrm{j}\,3)\ \mathrm{A}\,\Omega = \frac{100}{17}(9 + \mathrm{j}\,2)\ \mathrm{V}, \quad U_2 = 54{,}1\ \mathrm{V}.$$

Im *Kurzschluß* (Klemmen 3–4 kurzgeschlossen) ist $U_2 = 0$, so daß nach Bild 10.2.12

$$\underline{U}_1 = \underline{I}_1 (R_1 + \mathrm{j}\omega L) - \underline{I}_2 \mathrm{j}\omega L_{12} + \underline{I}_0 R, \qquad 0 = \underline{I}_2 (R_1 + \mathrm{j}\,\omega L) - \underline{I}_1\, \mathrm{j}\,\omega L_{12} - \underline{I}_0 R.$$

Setzt man darin die Knotenpunktsgleichung $\underline{I}_1 = \underline{I}_2 + \underline{I}_0$ ein, so erhält man das Gleichungspaar

$$\underline{U}_1 = \underline{I}_2 \{R_1 + \mathrm{j}\,\omega (L - L_{12})\} + \underline{I}_0 (R + R_1 + \mathrm{j}\,\omega L), \qquad 0 = \underline{I}_2 \{R_1 + \mathrm{j}\,\omega (L - L_{12}\} - \underline{I}_0 (R + \mathrm{j}\,\omega L_{12}$$

Daraus durch Subtraktion, bezogen auf die Eingangsspannung $\underline{U}_1$,

$$\underline{I}_0 = \frac{\underline{U}_1}{R_1 + 2R + \mathrm{j}\,\omega (L + M)} = \frac{100}{4 + \mathrm{j}\,8}\ \mathrm{V}/\Omega = 5(1 - \mathrm{j}\,2)\ \mathrm{A}, \quad I_0 = 11{,}2\ \mathrm{A}$$

und damit aus der zweiten Gleichung

$$\underline{I}_2 = \underline{I}_0 \frac{R + \mathrm{j}\,\omega L_{12}}{R_1 + \mathrm{j}\,\omega (L - M)} = \frac{5(1 - \mathrm{j}\,2)(1 + \mathrm{j}\,3)}{2 + \mathrm{j}\,2}\ \mathrm{A} = \frac{5}{2}(4 - \mathrm{j}\,3)\ \mathrm{A}, \quad I_2 = 12{,}5\ \mathrm{A},$$

so daß

$$\underline{I}_1 = \underline{I}_2 + \underline{I}_0 = 5(3 - \mathrm{j}\,3{,}5)\ \mathrm{A}, \quad I_1 = 23\ \mathrm{A}.$$

10.3 Komplexe Darstellung der Leistung

10.3.1 Die komplexe Scheinleistung. Wählt man die Spannung als Bezugsgröße, so daß

$$\underline{U}\,\mathrm{e}^{\mathrm{j}\omega t} = U\,\mathrm{e}^{\mathrm{j}\omega t}, \qquad \underline{I}\,\mathrm{e}^{\mathrm{j}\omega t} = I\,\mathrm{e}^{\mathrm{j}(\omega t \mp \varphi)},$$

so ergibt das Produkt aus Strom und Spannung

$$UI\,\mathrm{e}^{\mathrm{j}(2\omega t \mp \varphi)} = UI\{\cos(2\omega t \mp \varphi) + \mathrm{j}\sin(2\omega t \mp \varphi)\}.$$

Das ist eine Leistungsschwingung mit verschwindendem Mittelwert, die im allgemeinen nicht interessiert. Man definiert daher als *komplexe Scheinleistung*

$$\boxed{\underline{S} = \underline{U}\underline{I}^* = P \pm \mathrm{j}Q = UI\,\mathrm{e}^{\pm\mathrm{j}\varphi}} \qquad (10.3.1)$$

mit $\underline{I}^*$ als konjugiert-komplexen Stromzeiger und φ als Phasenwinkel zwischen Strom und Spannung. Positiver Exponent bedeutet induktive Belastung, negativer Exponent dagegen kapazitive Belastung. Im Zeigerdiagramm der Leistungsoperatoren Bild 10.3.1 ist daher eine induktive Blindlast positiv-imaginär, eine kapazitive Blindlast negativ-imaginär. Bei einer Produktbildung $\underline{U}^*\underline{I}$, die nicht üblich ist, würde das Vorzeichen des Exponenten umgekehrte Bedeutung haben.

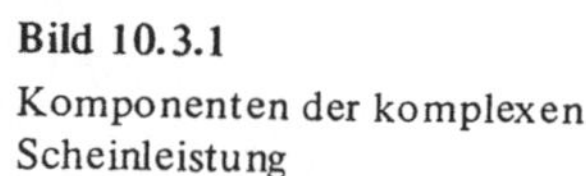

Bild 10.3.1
Komponenten der komplexen Scheinleistung

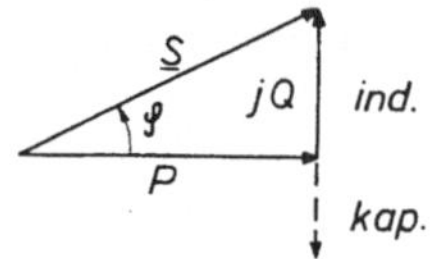

Der Betrag der komplexen Scheinleistung beträgt demnach in Übereinstimmung mit Gl. (9.3.7)

$$S = |\underline{U}\,\underline{I}^*| = UI, \qquad (10.3.2)$$

so daß man für die Wirk- und Blindleistung erhält

$$P = \mathrm{Re}\,(\underline{S}) = \underline{S}\cos\varphi, \qquad Q = \mathrm{Im}\,(\underline{S}) = \underline{S}\sin\varphi.$$

10.3.2 Leistungsanpassung. In Bild 10.3.2 ist $\underline{Z}_i = Z_i\,\mathrm{e}^{\mathrm{j}\varphi_i}$ der komplexe Widerstand einer Zweipolquelle der Quellenspannung (Leerlaufspannung) U_0 und $\underline{Z}_a = Z_a\,\mathrm{e}^{\mathrm{j}\varphi_a}$ ein angeschlossener Verbraucher. Somit ist

$$\underline{I} = \frac{\underline{U}_0}{\underline{Z}_a + \underline{Z}_i} = \frac{\underline{U}_0}{R_a + R_i + \mathrm{j}(X_a + X_i)}, \qquad \underline{I}^* = \frac{\underline{U}_0^*}{R_a + R_i - \mathrm{j}(X_a + X_i)}$$

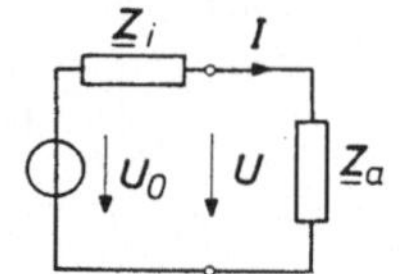

Bild 10.3.2
Belastete Zweipolquelle

und die Wirkleistungsaufnahme des Verbrauchers mit $I^2 = \underline{I}\,\underline{I}^*$

$$P = I^2 R_a = U_0^2\,\frac{R_a}{(R_a + R_i)^2 + (X_a + X_i)^2}.$$

Sollen R_a und X_a, also Z_a und φ_a so bestimmt werden, daß die aufgenommene Wirkleistung einen Maximalwert hat (Leistungsanpassung), so muß man diesen Ausdruck nach X_a und R_a differenzieren und eine Maximumbetrachtung durchführen (vgl. Kap. 2.2.3). Dann erhält man

$$\frac{\mathrm{d}P}{\mathrm{d}X_a} = -\,U_0{}^2\,\frac{2\,(X_a + X_i)\,R_a}{\{(R_a + R_i)^2 + (X_a + X_i)^2\}^2} = 0$$

und daraus $X_a = -X_i$. Dieses Ergebnis in den Ausdruck für P eingesetzt, ergibt als Bedingung nach Gl. (2.2.5) $R_a = R_i$. Die Wirkleistungsanpassung lautet demnach

$$R_a = R_i, \quad X_a = -X_i \quad \text{oder} \quad Z_a = Z_i, \quad \varphi_a = -\varphi_i,$$

wofür man auch schreiben kann

$$\underline{Z}_a = \underline{Z}_i^*. \tag{10.3.3}$$

Bei der Wirkleistungsanpassung kompensieren sich die Blindwiderstände von Generator und Verbraucher.

Der Stromkreis führt keinen Blindstrom als „wattlosen" Strom.

Ist $\underline{Z}_a$ reell und gleich R_a sowie ebenso $\underline{Z}_i = R_i$ und ist ferner I der Strom bei Leistungsanpassung sowie I' der Strom bei Fehlanpassung

$$I = \frac{U_0}{2R_i}, \qquad I' = \frac{U_0}{R_a + R_i} = I - I_e$$

mit I_e als sogenannter *Echostrom*, so wird dieser

$$I_e = I - I' = \frac{U_0}{2R_i}\left\{1 - \frac{2R_i}{R_a + R_i}\right\} = I\,\frac{R_a - R_i}{R_a + R_i}.$$

Es ist üblich, diesen Ausdruck ins Komplexe zu übertragen. Man bezeichnet dann

$$\underline{r} = \frac{\underline{Z}_a - \underline{Z}_i}{\underline{Z}_a + \underline{Z}_i} \tag{10.3.4}$$

als *Reflexionsfaktor*.

Beispiel 10.13. Ein Lautsprecher mit der komplexen Impedanz $\underline{Z}$ soll bei der Frequenz $\omega = 2\pi f$ nach Bild 10.3.3 über ein Übertragungsglied (Vierpol 1–2–3–4) an eine Zweipolquelle der Quellenspannung U_0 angeschlossen werden. Gesucht ist die maximal mögliche Leistungsaufnahme und der hierfür erforderliche Wert $\underline{Z}$. Es betragen in Bild 10.3.3

$$R_0 + R_L = R = 3\ \Omega, \quad \omega L = X = 4\ \Omega, \quad -1/\omega C = X_C = -5\ \Omega, \quad U_0 = 6\ \text{V}.$$

Lösung: Nach dem Satz von der Zweipolquelle (Kap. 2.3.7) ist an den Klemmen 3–4

$$\underline{Z}_i = \frac{\mathrm{j}X_C(R + \mathrm{j}X)}{R + \mathrm{j}(X + X_C)} = 7{,}5\ \Omega - \mathrm{j}\,2{,}5\ \Omega.$$

Somit nach Gl. (10.3.3)

$$\underline{Z} = 7{,}5\ \Omega + \mathrm{j}\,2{,}5\ \Omega.$$

Die Spannung an den *leerlaufenden* Klemmen 3–4 ist

$$\underline{U}_{34} = \mathrm{j}X_C\underline{I} = \frac{\mathrm{j}X_C U_0}{R + \mathrm{j}(X + X_C)} = -\mathrm{j}\,\frac{30\,(3 + \mathrm{j})}{10}\ \text{V}$$

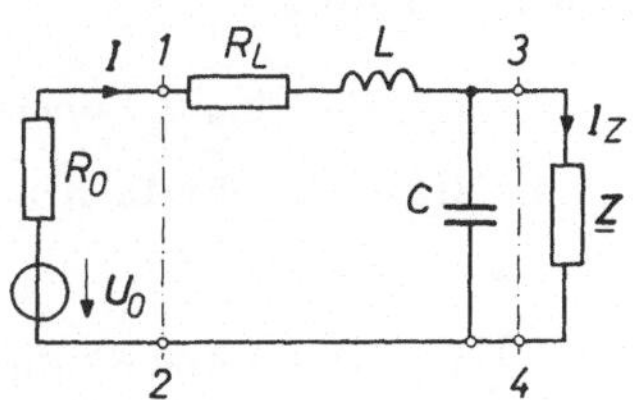

Bild 10.3.3 Zu Beispiel 10.13

oder $U_{34} = 3\sqrt{10}$ V und $I_Z = U_{34}/|\underline{Z}_i + \underline{Z}| = U_{34}/(2R_i)$.

Damit wird die Leistungsaufnahme des Verbrauchers (Lautsprechers) bei Leistungsanpassung

$$P = I_Z^2 R_i = \frac{U_{34}^2}{4R_i} = 3\ \text{W}.$$

11 Mehrphasige Wechselströme

11.1 Symmetrische Mehrphasensysteme

11.1.1 Mehrphasensysteme. Besteht die Ankerwicklung eines Wechselstromgenerators aus m über den Ankerumfang verteilten und herausgeführten Spulengruppen, so erhält man ein m-Phasensystem oder allgemein ein *Mehrphasensystem.* Eine Spulengruppe bildet eine Phasenwicklung, man spricht auch von einer *Phase* oder einem *Strang.* Je nach der Verteilung der einzelnen Wicklungen und der Anzahl der Polpaare (Polpaarzahl) sind die Spannungen an jedem Strang gegeneinander phasenverschoben. Das Mehrphasensystem ist *symmetrisch,* wenn die m Spannungen jeder Phasenwicklung gleichen Betrag haben und (mit Ausnahme des Zweiphasensystems) jeweils um einen Winkel von $2\pi/m$ phasenverschoben sind.

Grundsätzlich hat ein m-Phasensystem $2m$ Leiter. Werden einige Leiter zusammengelegt, so ist das System elektrisch verkettet. Durch eine solche Verkettung kann man die Anzahl der Leiter auf $m + 1$ oder m reduzieren. Werden alle Strangenden miteinander verbunden, so erhält man eine *Sternschaltung,* der gemeinsame Verkettungspunkt ist der Sternpunkt N, er kann durch einen *Sternpunktleiter*, Knotenpunktsleiter oder Nulleiter herausgeführt werden. Kann man alle m Phasenwicklungen zu einem geschlossenen Ring hintereinanderschalten, so erhält man eine *Ringschaltung* oder ein m-Eck mit m Zuleitungen. Bei beiden Schaltungen hat ein vollständiges m-Phasensystem m *Außenleiter*, die nach Bild 11.1.1 die Ströme i_1 bis i_m als *Außenleiterstrom* führen. Hinzu kommt bei herausgeführtem Sternpunkt der Strom i_N im Sternpunktleiter. Die Spannungen u_1 bis u_m zwischen Außenleiter und Sternpunktleiter heißen *Sternspannungen*, die Spannung zwischen zwei Außenleitern heißt *Außenleiterspannung* oder m-Eckspannung. Dabei ist nach Bild 11.1.1 stets

$$u_{nm} = u_n - u_m = -u_{mn}. \qquad (11.1.1)$$

Für die Ströme ergibt die Knotenpunktsregel die Bedingung

$$\sum_1^m i_n = 0 \quad \text{ohne Sternpunktleiter}$$

$$\sum_1^m i_n = i_N \quad \text{bei herausgeführtem Sternpunktleiter.}$$

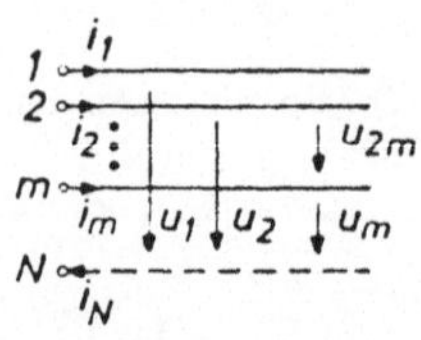

Bild 11.1.1
Ströme und Spannungen im m-Phasensystem

Unter den zahlreichen möglichen Mehrphasensystemen hat das Dreiphasensystem (Drehstromsystem) überragende Bedeutung, vor allem in der Energietechnik und Energieversorgung. In der Stromrichtertechnik treten ferner m-Phasensysteme mit einer durch 3 teilbaren Phasenzahl m auf, so mit $m = 6$ und 12 bis $m = 36$; sie lassen sich stets auf ein Dreiphasensystem zurückführen, aus dem sie auch gewonnen werden. In der analogen Regelungstechnik findet auch das verkettete Zweiphasensystem bei Zweiphasenmotoren für Simulatoren Anwendung.

11.1.2 Das Zweiphasensystem. Beim verketteten Zweiphasensystem sind beide Phasen nach Bild 11.1.2 um 90° gegeneinander zeitlich phasenverschoben. Der Verkettungspunkt wird durch einen dritten Leiter herausgeführt. Das symmetrische Zweiphasensystem ist nur amplitudensymmetrisch aber nicht phasensymmetrisch. Ist U_{St} die Strangspannung, so ist mit

$$u_1 = U_{St}\sqrt{2}\,\sin(\omega t + \pi/2), \qquad u_2 = U_{St}\sqrt{2}\,\sin\omega t$$

wegen

$$\sin\alpha - \sin\beta = 2\sin\frac{\alpha-\beta}{2}\cdot\cos\frac{\alpha+\beta}{2}$$

die Außenleiterspannung

$$u = u_1 - u_2 = 2\,U_{St}\,\sin(\omega t + 3\,\pi/4).$$

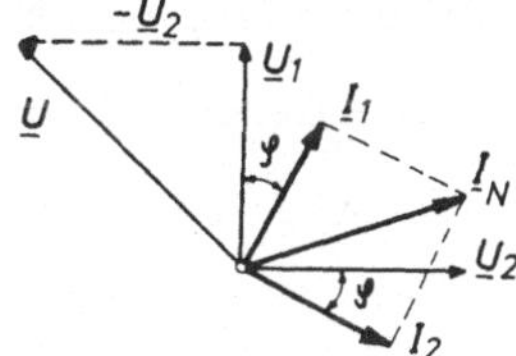

Bild 11.1.2
Verkettetes Zweiphasensystem

Der Strom im Sternpunktleiter beträgt nach Bild 11.1.2 mit $I_1 = I_2 = I$

$$i_N = i_1 + i_2 = 2I\sin\left(\omega t + \frac{\pi}{4} - \varphi\right).$$

Demnach betragen die Effektivwerte bei Symmetrie

$$U = \sqrt{2}\,U_{St}, \qquad I_N = \sqrt{2}\,I. \qquad (11.1.2)$$

Ein gleichsam vollsymmetrisches Zweiphasensystem erhält man durch Herausführen des Mittelpunktes einer Einphasenwicklung. Beide Spannungen sind dann um π phasenverschoben.

11.1.3 Symmetrisches Dreiphasensystem. Das verkettete Dreiphasensystem heißt auch *Drehstromsystem;* es ist das wichtigste Mehrphasensystem. Die Anordnung der drei Stränge mit der Phasenfolge UVW (bisher RST) in einem Generator mit einem Polpaar zeigt Bild 11.1.3. Die Bezeichnung „Drehstrom" rührt daher, daß man mit dem Dreiphasensystem, wie übrigens mit jedem Mehrphasensystem, ein räumlich rotierendes Magnetfeld, sogenanntes Drehfeld (Kap. 12.1.4) erzeugen kann, welches beim Dreiphasensystem die Herstellung von besonders einfachen, robusten und billigen Induktionsmotoren (Asynchronmotoren) gestattet. Gegenüber dem Zweiphasensystem ist auch die Ausnutzung des Wicklungsraumes im Anker weitaus günstiger, da die Wicklungen über den ganzen Umfang symmetrisch verteilt sind (Bild 11.1.3). Ein Drehstromsystem ist symmetrisch, wenn seine drei Systemgrößen (Ströme und Spannungen) je gleich groß sind und die Ströme zweier Stränge ebenso wie deren Spannungen eine zeitliche Phasenverschiebung von je 120° aufweisen.

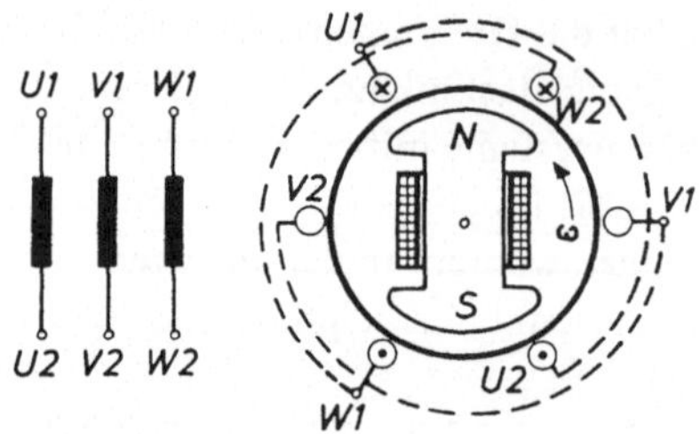

Bild 11.1.3
Drehstromwicklungen und ihre Anordnung

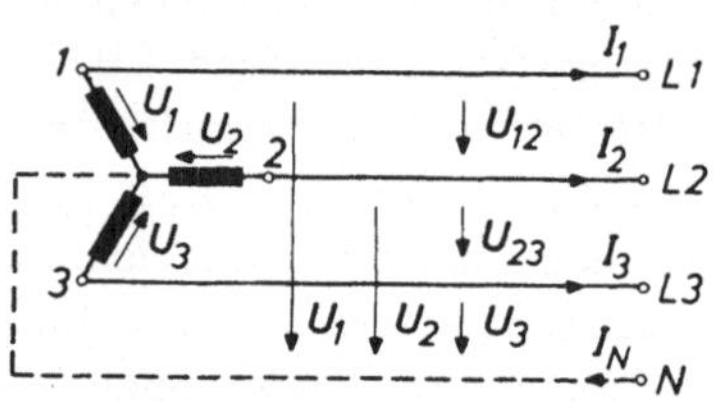

Bild 11.1.4
Drehstromsystem in Sternschaltung

Bei der symmetrischen *Sternschaltung* nach Bild 11.1.4 sind die drei Spannungen $\underline{U}_1$, $\underline{U}_2$, $\underline{U}_3$ die Strang- oder Sternspannungen vom Betrag U_{St}. Ihre Augenblickswerte sind

$$u_1 = U_{St}\sqrt{2}\sin\omega t, \qquad u_2 = U_{St}\sqrt{2}\sin(\omega t - 120°),$$
$$u_3 = U_{St}\sqrt{2}\sin(\omega t - 240°) = U_{St}\sqrt{2}\sin(\omega t + 120°),$$

so daß bei *Symmetrie* ihre Summe verschwindet, d. h.

$$\underline{U}_1 + \underline{U}_2 + \underline{U}_3 = 0, \quad \underline{I}_1 + \underline{I}_2 + \underline{I}_3 = 0. \tag{11.1.3}$$

Die drei Außenleiter- oder *Dreieckspannungen* nach Gl. (11.1.1) vom Betrag U betragen

$$\underline{U}_{12} = \underline{U}_1 - \underline{U}_2, \quad \underline{U}_{23} = \underline{U}_2 - \underline{U}_3, \quad \underline{U}_{31} = \underline{U}_3 - \underline{U}_1. \tag{11.1.4}$$

Dem Diagramm Bild 11.1.5 kann man für die Effektivwerte (Beträge) bei *Symmetrie* entnehmen

$$\boxed{U = 2\,U_{St}\cos 30° = \sqrt{3}\,U_{St}} \tag{11.1.5}$$

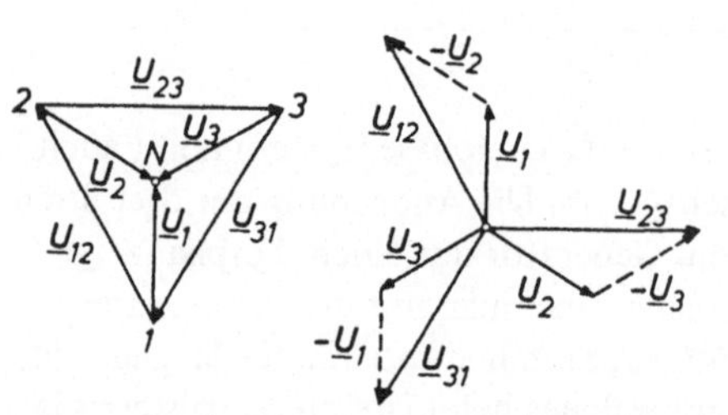

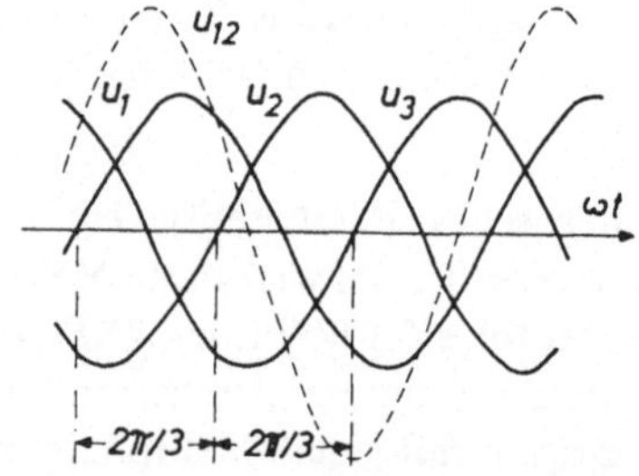

Bild 11.1.5. Zeiger- und Liniendiagramm der Spannungen bei symmetrischer Sternschaltung

Kennzeichen der symmetrischen Sternschaltung:

Außenleiterspannung = $\sqrt{3}$ Strangspannung,
Außenleiterstrom = Strangstrom.

Für die komplexe Darstellung kann man zunächst einen Operator a einführen, der als Faktor gesetzt, eine Drehung um 120° gegen den Uhrzeigersinn bewirkt, ohne die Amplitude zu verändern. Nach Gl. (10.1.7) lautet dieser Operator

$$a = e^{j120^\circ} = \cos 120^\circ + j \sin 120^\circ$$

oder

$$\boxed{a = e^{j120^\circ} = -\tfrac{1}{2} + j\tfrac{1}{2}\sqrt{3}, \qquad a^2 = e^{j240^\circ} = -\tfrac{1}{2} - j\tfrac{1}{2}\sqrt{3}} \tag{11.1.6}$$

wobei $|a| = |a^2| = 1$ und

$$1 + a + a^2 = 0, \tag{11.1.7}$$

so daß

$$\left.\begin{aligned} -a &= e^{j(120^\circ \pm \pi)} = e^{-j60^\circ} = 1 + a^2 = \tfrac{1}{2} - j\tfrac{1}{2}\sqrt{3}, \\ -a^2 &= e^{j(240^\circ \pm \pi)} = e^{j60^\circ} = 1 + a = \tfrac{1}{2} + j\tfrac{1}{2}\sqrt{3} \end{aligned}\right\} \tag{11.1.8}$$

und

$$a^2 - a = -j\sqrt{3}. \tag{11.1.8a}$$

Im *symmetrischen* Drehstromsystem ist dann (Bild 11.1.5)

$$\underline{U}_1 = a\,\underline{U}_2 = a^2\,\underline{U}_3, \qquad \underline{U}_2 = a\,\underline{U}_3 = a^2\,\underline{U}_1, \qquad \underline{U}_3 = a\,\underline{U}_1 = a^2\,\underline{U}_2 \tag{11.1.9}$$

und entsprechend

$$\underline{U}_{12} = a\,\underline{U}_{23} = a^2\,\underline{U}_{31}. \tag{11.1.9a}$$

Bei der *Dreieckschaltung* nach Bild 11.1.6 ist $\underline{U}_{12} = \underline{U}_3$, $\underline{U}_{23} = \underline{U}_1$ und $\underline{U}_{31} = \underline{U}_2$. Die Strangspannung ist gleich der Außenleiterspannung, $U_{St} = U$. Für die Außenleiterströme vom Betrag I und die Strangströme vom Betrag I_Δ ergibt Bild 11.1.6

$$\underline{I}_1 = \underline{I}_{31} - \underline{I}_{12}, \qquad \underline{I}_2 = \underline{I}_{12} - \underline{I}_{23}, \qquad \underline{I}_3 = \underline{I}_{23} - \underline{I}_{31},$$

so daß bei *Symmetrie*

$$\boxed{I = 2 I_\Delta \cos 30^\circ = \sqrt{3}\, I_\Delta} \tag{11.1.10}$$

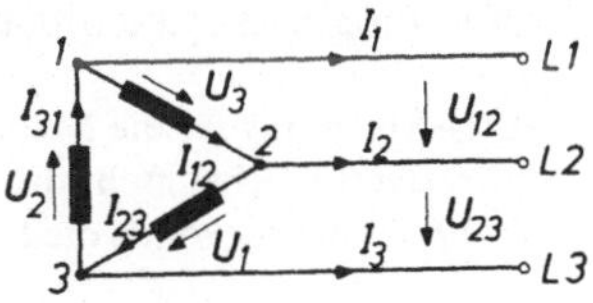

Bild 11.1.6
Drehstromsystem in Dreieckschaltung

Die Ströme verhalten sich bei der Dreieckschaltung wie die Spannungen bei der Sternschaltung.

Kennzeichen der symmetrischen Dreieckschaltung:

Außenleiterstrom = $\sqrt{3}$ Strangstrom,
Außenleiterspannung = Strangspannung.

Bei rein sinusförmiger Spannung und Symmetrie verschwindet die Spannungssumme nach Gl. (11.1.3), die Dreieckschaltung bedeutet daher unter diesen Vorausetzungen keinen Kurzschluß. Innerhalb des Dreiecks fließt nur ein Strom bei Belastung, also bei von Null verschiedenen Leiterströmen.

Neben der Stern- und Dreieeckschaltung gibt es noch die *Zickzack-Schaltung* zum Abfangen einphasiger Belastungsstöße. Nach Bild 11.1.7 sind dabei die Strangwicklungen geteilt und gegeneinander geschaltet, um einphasige Belastungen auf zwei Stränge zu verteilen. Bild 11.1.7 entnimmt man für die Phasenspannungen

$$\underline{U}_u = \frac{1}{2}(\underline{U}_1 - \underline{U}_2), \quad \underline{U}_v = \frac{1}{2}(\underline{U}_2 - \underline{U}_3), \quad \underline{U}_w = \frac{1}{2}(\underline{U}_3 - \underline{U}_1).$$

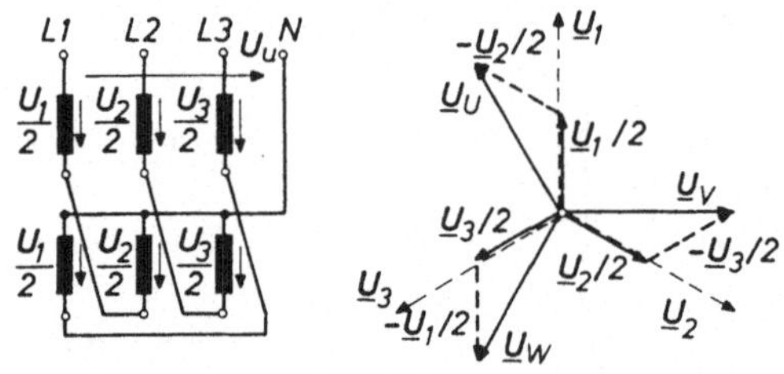

Bild 11.1.7
Zickzack-Schaltung mit Zeigerdiagramm

Ist $U_\curlywedge$ der Betrag der symmetrischen Strangspannung bei Sternschaltung, so ist demnach die Phasenspannung U_{Ph} und die verkettete Spannung U bei symmetrischer Zickzack-Schaltung

$$U_{Ph} = \frac{\sqrt{3}}{2} U_\curlywedge, \qquad U = \sqrt{3}\, U_{Ph} = \frac{3}{2} U_\curlywedge \tag{11.1.11}$$

11.2 Drehstromverbraucher

11.2.1 Symmetrische Drehstromverbraucher. Drehstromverbraucher werden in Stern oder in Dreieck geschaltet, Einphasenverbraucher (z. B. Lichtverbraucher) auf die einzelnen Phasen möglichst gleichmäßig verteilt.

Übliche Spannung für die Niederspannungsverteilung ist 380/220 V, d.h. U = 380 V, U_{St} = 220 V. Für Kraftverbraucher steht die Außenleiterspannung zur Verfügung, während die Leiter gegen Erde nur 220 V führen, womit die Sicherheitsgrenze von 250 V nicht überschritten wird.

Ist der Verbraucher in Stern geschaltet, so liegt an jedem Zweig die Spannung $U/\sqrt{3}$, bei Dreieckschaltung des Verbrauchers dagegen die volle Spannung U. Da bei Sternschaltung und Symmetrie Generatorsternpunkt und Verbrauchersternpunkt gleiches Potential haben, führt ein vierter Leiter bei Symmetrie keinen Strom. Die Spannungsverhältnisse und Stromverhältnisse bei Symmetrie sind in Tabelle 11.1 zusammengestellt.

Größere Drehstrommotoren läßt man über einen sogenannten *Stern-Dreieck-Schalter* zunächst in Sternschaltung anlaufen, um sie dann erst in Dreieckschaltung mit der vollen Spannung an jedem Strang umzuschalten. Der Einschaltstromstoß wird dadurch aufgeteilt, das Anlaufmoment allerdings auf etwa 1/3 verringert.

Tabelle 11.1 Spannungs- und Stromverhältnisse bei Symmetrie

Generator-Stranggrößen	Leitung	Verbraucher-Stranggrößen		
⅄-Schaltung	$U = U_g \sqrt{3}$	⅄-Schaltung	$U_{St} = U_g$,	$I_{St} = I_g$
U_g, I_g	$I = I_g$	△-Schaltung	$U_{St} = U_g \sqrt{3}$,	$I_{St} = I_g/\sqrt{3}$
△-Schaltung	$U = U_g$	⅄-Schaltung	$U_{St} = U_g/\sqrt{3}$,	$I_{St} = I_g \sqrt{3}$
U_g, I_g	$I = I_g \sqrt{3}$	△-Schaltung	$U_{St} = U_g$,	$I_{St} = I_g$

Beispiel 11.1. In der Widerstandsanordnung Bild 11.2.1 sind R sechs gleiche Ohmsche Widerstände. Die Endpunkte L1, L2, L3 liegen an der symmetrischen Drehstromspannung $U = 380$ V, $R = 10\ \Omega$. Gesucht die drei Ströme I_1, I_2, I_3 und die Dreieckströme I_{12}, I_{23}, I_{31}.

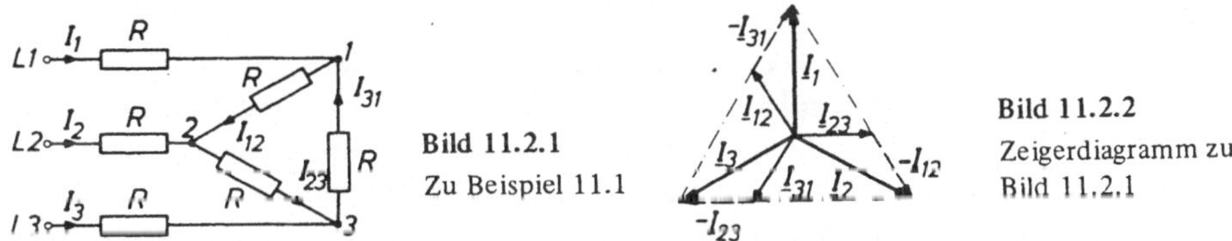

Bild 11.2.1 Zu Beispiel 11.1

Bild 11.2.2 Zeigerdiagramm zu Bild 11.2.1

Lösung: Verwandelt man das symmetrische Dreieck 1–2–3 in einen elektrisch gleichwertigen symmetrischen Stern mit den drei Widerständen R_0, so bilden die Endpunkte L1, L2, L3 einen symmetrischen Stern mit den Zweigwiderständen $R + R_0$. Nach Gl. (2.3.9) wird

$$R_0 = \frac{R^2}{3R} = \frac{100}{30}\ \Omega = 3{,}33\ \Omega.$$

An jedem Widerstandszweig $R + R_0$ liegt die Strangspannung $U/\sqrt{3}$, somit wird der Betrag des Stromes

$$I_\curlywedge = I_1 = I_2 = I_3 = \frac{U}{\sqrt{3}(R + R_0)} = \frac{380}{\sqrt{3} \cdot 13{,}33} \frac{\text{V}}{\Omega} = 16{,}46\ \text{A}.$$

Den Betrag der Dreieckströme findet man nach Gl. (11.1.10)

$$I_\triangle = I_{12} = I_{21} = I_{31} = \frac{I_\curlywedge}{\sqrt{3}} = 9{,}5\ \text{A}.$$

Das Zeigerdiagramm der Ströme zeigt Bild 11.2.2. Da es sich um Wirkwiderstände handelt, sind die Ströme mit den zugehörigen Spannungen in Phase. In den Knotenpunkten ist

$$\underline{I}_1 = \underline{I}_{12} - \underline{I}_{31}, \quad \underline{I}_2 = \underline{I}_{23} - \underline{I}_{12}, \quad \underline{I}_3 = \underline{I}_{31} - \underline{I}_{23}.$$

Beispiel 11.2. Tritt in einem Strang eines symmetrischen Dreileiter-Drehstromnetzes ein Erdschluß auf, so nimmt der Sternpunkt gegenüber Erde Strangpotential an, während er bei gesundem Netz aus Symmetriegründen Erdpotential hat. Zwischen beiden gesunden Leitern und Erde liegt bei Erdschluß die Außenleiterspannung, die über Erschlußstelle und Erdkapazitäten der gesunden Leiter nach Bild 11.2.3 einen kapazitiven Erdschlußstrom $\underline{I}_e$ zur Folge hat. Unter Vernachlässigung von Induktivität, Leiterwiderstand und Ableitung (Kehrwert des Isolationswiderstandes) ist der Erdschlußstrom eines symmetrischen Drehstromnetzes bei isoliertem Betrieb (d. h. Sternpunkt nicht geerdet) zu berechnen.

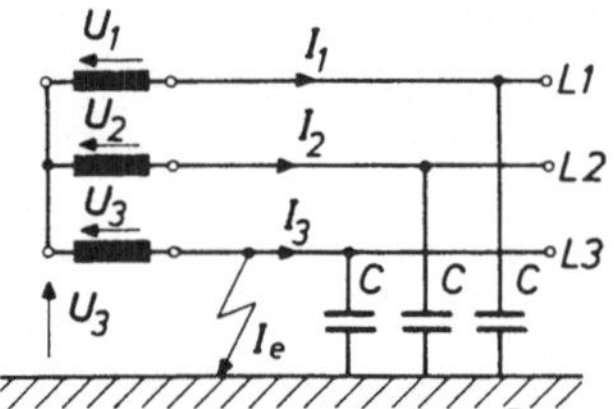

Bild 11.2.3
Symmetrische Drehstromleitung mit Erdschluß in Phase 3

Lösung: Nach Bild 11.2.3 ist bei Symmetrie wegen $I_3 = 0$ mit Gl. (11.1.3) und Gl. (11.1.4)

$$-\underline{I}_e = \underline{I}_1 + \underline{I}_2 = \mathrm{j}\omega C\,\{(\underline{U}_1 - \underline{U}_3) + (\underline{U}_2 - \underline{U}_3)\} = -\mathrm{j}\,3\,\omega C\,\underline{U}_3$$

oder allgemein wegen Gl. (11.1.5) mit $\underline{U}_{St}$ als Sternspannung

$$\underline{I}_e = 3\,\mathrm{j}\,\omega C\,\underline{U}_{St}, \qquad I_e = 3\,\omega C\,U_{St} = \sqrt{3}\,\omega C U. \tag{11.2.1}$$

11.2.2 Unsymmetrieprobleme. In der Mehrzahl der Unsymmetriefälle im Drehstromnetz können die drei Generatorspannungen $\underline{U}_1$, $\underline{U}_2$, $\underline{U}_3$ als symmetrisch angenommen werden, was im folgenden durchweg vorausgesetzt werden soll. Entweder ist dann der Verbraucher selbst unsymmetrisch oder die Unsymmetrie ist durch eine Störung des Betriebes wie etwa durch Kurzschluß oder Erdschluß eingetreten. Grundsätzlich ist dabei zwischen einem Drehstrom-Dreileiternetz und einem Vierleiternetz zu unterscheiden.

Im *Vierleiternetz* wird der Verbraucher in Stern geschaltet und sein Sternpunkt herausgeführt und angeschlossen. Im allgemeinen kann der Spannungsabfall $\underline{I}_N\,\underline{Z}_N$ längs des Sternpunktleiters gegenüber der Netzspannung vernachlässigt werden; das bedeutet, daß Generatorsternpunkt und Verbrauchersternpunkt angenähert gleiches Potential haben. Die Verbraucherspannungen sind dann ebenfalls angenähert symmetrisch und bestimmen nach dem Ohmschen Gesetz die Ströme in jeder Phase. Sind $\underline{U}_u$, $\underline{U}_v$, $\underline{U}_w$ die Verbraucherspannungen an den Sternwiderständen, so sind im *Vierleiternetz* bei angeschlossenem Sternpunkt

$$\underline{U}_u \approx \underline{U}_1, \quad \underline{U}_v \approx \underline{U}_2, \quad \underline{U}_w \approx \underline{U}_3. \tag{11.2.2}$$

Im Sternpunkt ergibt die Knotenpunktsregel

$$\boxed{\underline{I}_1 + \underline{I}_2 + \underline{I}_3 = \underline{I}_N} \tag{11.2.3}$$

Im *Dreileiternetz* kann der Verbraucher in Stern oder in Dreieck geschaltet sein. Bei Sternschaltung und unsymmetrischer Belastung ohne Sternpunktleiter können die drei Sternspannungen sehr unterschiedliche Werte und Phasenwinkel annehmen, denn es müssen die Verbraucherspannungen hinsichtlich Betrag und Phasenwinkel solche Werte annehmen, daß

1. im Sternpunkt $\Sigma\underline{I} = 0$,
2. Betrag und Phasenwinkel der Verbraucherströme in jedem Strang dem Verbraucherwiderstand entsprechen.

Während die Summe der Dreieckspannungen stets verschwindet (geschlossenes Dreieck), gilt für die Sternspannungen des Verbrauchers

$$\underline{U}_u + \underline{U}_v + \underline{U}_w \neq 0. \tag{11.2.4}$$

Da diese drei Spannungen sehr stark von der Belastung in den einzelnen Phasen abhängen, führen Lichtnetze (Niederspannungs-Netze) stets einen Sternpunktleiter. Lichtverbraucher werden dann zwischen Außenleiter und Sternpunktleiter geschaltet.

Beispiel 11.3. Drei Ohmsche Widerstände (Lichtverbraucher)

$$R_1 = 180\ \Omega, \quad R_2 = 50\ \Omega, \quad R_3 = 100\ \Omega$$

sind in Stern geschaltet und mit herausgeführtem Sternpunkt an ein symmetrisches Drehstromnetz mit $U = 380/220$ V angeschlossen. Gesucht sind die drei Außenleiterströme I_1, I_2 und I_3 und der Strom I_N im Sternpunktleiter.

Lösung: Wegen Gl. (11.2.2) sind

$$I_1 = \frac{220\text{ V}}{180\ \Omega} = 1{,}22\text{ A}, \quad I_2 = \frac{220\text{ V}}{50\ \Omega} = 4{,}4\text{ A}, \quad I_3 = \frac{220\text{ V}}{100\ \Omega} = 2{,}2\text{A}.$$

Diese Ströme sind mit den zugehörigen Sternspannungen in Phase und bilden demnach ein phasensymmetrisches System. Das Zeigerdiagramm zeigt Bild 11.2.4. Im Sternpunktleiter wird bei $\underline{I}_1 = I_1$ als *Bezugszeiger* mit Gl. (11.1.6)

$$\underline{I}_N = I_1 + a I_2 + a^2 I_3$$

und

$$I_N = \sqrt{(I_1 - \frac{1}{2} I_2 - \frac{1}{2} I_3)^2 + \frac{3}{4}(I_2 - I_3)^2} \approx 2{,}82\text{ A}.$$

Liegt *kein* Sternpunktleiter vor, so erhält man als Verbraucherspannungen (Kap. 11.2.3) $U_u = 284$ V, $U_v = 146$ V, $U_w = 249$ V, so daß am größten Widerstand auch die größte Spannung liegt. Das zugehörige Zeigerdiagramm zeigt Bild 11.2.5. Im Vierleiternetz mit angeschlossenem Sternpunktleiter ist dagegen die Spannung an jedem Widerstand gleich und unabhängig vom Widerstandswert.

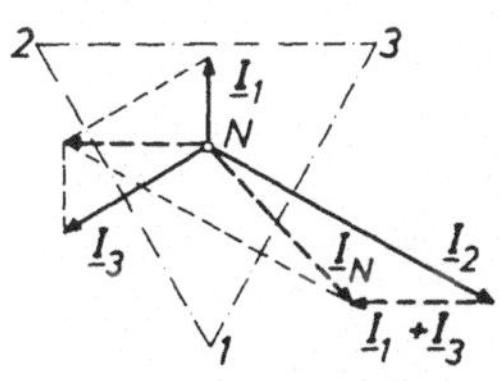

Bild 11.2.4
Zeigerdiagramm der Ströme zu Beispiel 11.3

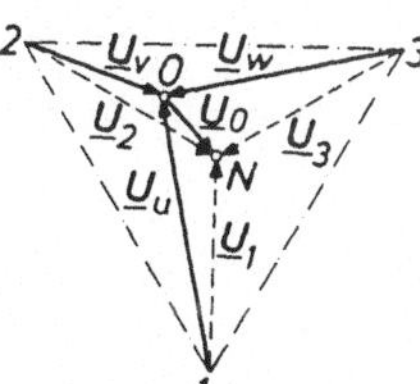

Bild 11.2.5
Zeigerdiagramm der Spannungen in Beispiel 11.3 bei fehlendem Sternpunktleiter

Bei Dreieckschaltung des Verbrauchers ist die Spannung an den drei Verbraucherwiderständen gegeben. Aus den Dreieckströmen erhält man die Außenleiterströme durch Anwenden der Knotenregel auf die Dreieckpunkte, wobei alle Ströme in einem gemeinsamen Achsenkreuz, also nach Wahl eines Bezugszeigers für *alle* Winkel, addiert werden müssen. Auch bei in Stern geschaltetem Verbraucher kann man zunächst den unsymmetrischen Stern nach Gl. (2.3.11) in ein äquivalentes Dreieck umwandeln und auf diese Weise die Außenleiterströme I_1, I_2, I_3 berechnen. Sind dabei $\underline{Z}_1$, $\underline{Z}_2$ und $\underline{Z}_3$ die gegebenen unsymmetrischen Sternwiderstände des Verbrauchers, so werden die drei zugehörigen Verbraucherspannungen

$$\underline{U}_u = \underline{I}_1 \underline{Z}_1, \quad \underline{U}_v = \underline{I}_2 \underline{Z}_2, \quad \underline{U}_w = \underline{I}_3 \underline{Z}_3, \tag{11.2.5}$$

Beispiel 11.4. In Bild 11.2.6 haben die Dreieckwiderstände folgende Werte

$\underline{Z}_1 = 5\ \Omega, \quad \underline{Z}_2 = 8\ \Omega - \text{j}\ 6\ \Omega, \quad \underline{Z}_3 = 7\ \Omega + \text{j}\ 4\ \Omega.$

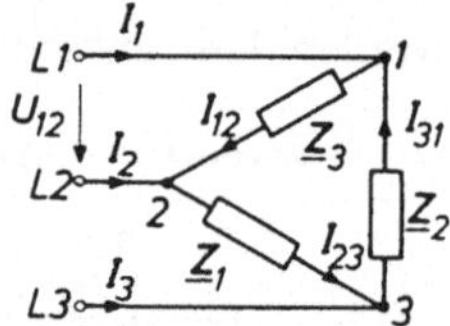

Bild 11.2.6
Verbraucher in Dreieckschaltung

Die Anordnung ist an ein symmetrisches Drehstromnetz der Dreieckspannung $U = 200$ V angeschlossen. Gesucht sind die Dreieckströme und die Außenleiterströme.

Lösung: Nach Bild 11.2.6 sind

$$\underline{I}_{12} = \frac{\underline{U}_{12}}{\underline{Z}_3}, \quad \underline{I}_{23} = \frac{\underline{U}_{23}}{\underline{Z}_1}, \quad \underline{I}_{31} = \frac{\underline{U}_{31}}{\underline{Z}_2}$$

oder, wenn alle Ströme auf $\underline{U}_{12} = U$ bezogen werden,

$$\underline{I}_{12} = \frac{U}{\underline{Z}_3} = \frac{200\ \text{V}}{7 + \text{j}\ 4\ \Omega} = \frac{200}{65}(7 - \text{j}\ 4)\ \text{A} = 21{,}5 - \text{j}\ 12{,}3\ \text{A}, \quad I_{12} = 24{,}8\ \text{A},$$

$$\underline{I}_{23} = \frac{a^2 U}{\underline{Z}_1} = \frac{a^2\ 200\ \text{V}}{5\ \ \Omega} = -20{,}0\ \text{A} - \text{j}\ 34{,}6\ \text{A}, \quad I_{23} = 40\ \text{A},$$

$$\underline{I}_{31} = \frac{a U}{\underline{Z}_2} = \frac{a\ 200\ \text{V}}{8 - \text{j}\ 6\,\Omega} = 2\,a\,(8 + \text{j}\ 6)\ \text{A} = -18{,}4\ \text{A} + \text{j}\ 7{,}8\ \text{A}, \quad I_{31} = 20\ \text{A}.$$

Für die Außenleiterströme entnimmt man Bild 11.2.6, alle bezogen auf $\underline{U}_{12}$ (gemeinsames Achsenkreuz), und durch Betragsbildung

$$\underline{I}_1 = \underline{I}_{12} - \underline{I}_{31} = 39{,}9\ \text{A} - \text{j}\ 20{,}1\ \text{A}, \quad I_1 = 44{,}7\ \text{A},$$

$$\underline{I}_2 = \underline{I}_{23} - \underline{I}_{12} = -41{,}5\ \text{A} - \text{j}\ 22{,}3\ \text{A}, \quad I_2 = 47{,}0\ \text{A},$$

$$\underline{I}_3 = \underline{I}_{31} - \underline{I}_{23} = 1{,}6\ \text{A} + \text{j}\ 42{,}4\ \text{A}, \quad I_3 = 42{,}5\ \text{A}$$

mit $\underline{I}_1 + \underline{I}_2 + \underline{I}_3 = 0$. Das zugehörige Zeigerdiagramm zeigt Bild 11.2.7.

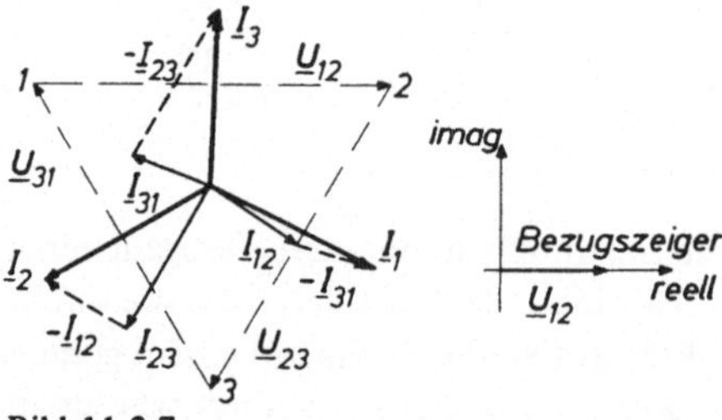

Bild 11.2.7
Zeigerdiagramm zu Bild 11.2.6 mit Achsenkreuz (Bezugszeiger)

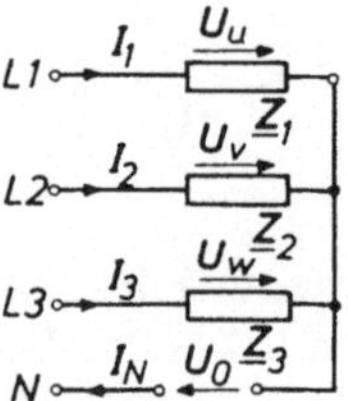

Bild 11.2.8
Verbraucher in Sternschaltung

11.2.3 Unsymmetrische Sternschaltung. Bei Sternschaltung der Verbraucher nach Bild 11.2.8 entnimmt man dem Zeigerdiagramm Bild 11.2.5 für die Verbraucherspannungen

$$\underline{U}_u = \underline{U}_1 - \underline{U}_0, \quad \underline{U}_v = \underline{U}_2 - \underline{U}_0, \quad \underline{U}_w = \underline{U}_3 - \underline{U}_0, \tag{11.2.6}$$

was für das Dreileiter- und Vierleiternetz gilt. Im Dreiteilernetz ist aber die Stromsumme

$$\frac{\underline{U}_1 - \underline{U}_0}{\underline{Z}_1} + \frac{\underline{U}_2 - \underline{U}_0}{\underline{Z}_2} + \frac{\underline{U}_3 - \underline{U}_0}{\underline{Z}_3} = 0.$$

Daraus erhält man mit $\underline{Z}_p$ als Ersatzwiderstand der Parallelschaltung aller drei Verbraucherwiderstände

$$\frac{1}{\underline{Z}_p} = \frac{1}{\underline{Z}_1} + \frac{1}{\underline{Z}_2} + \frac{1}{\underline{Z}_3} \qquad (11.2.7)$$

für die *Sternpunktsverlagerung* $\underline{U}_0$ bei unsymmetrischer Sternschaltung im *Dreileiternetz* mit Gl. (11.1.9)

$$\boxed{\underline{U}_0 = \underline{Z}_P \left(\frac{\underline{U}_1}{\underline{Z}_1} + \frac{\underline{U}_2}{\underline{Z}_2} + \frac{\underline{U}_3}{\underline{Z}_3}\right) = \underline{Z}_P\, \underline{U}_1 \left(\frac{1}{\underline{Z}_1} + \frac{a^2}{\underline{Z}_2} + \frac{a}{\underline{Z}_3}\right)} \qquad (11.2.8)$$

Bei Symmetrie sind die drei Verbraucherwiderstände gleich und damit $U_0 = 0$.
Setzt man $\underline{U}_0$ aus Gl. (11.2.8) in Gl. (11.2.6) ein, so erhält man für die Phase 1

$$\frac{\underline{U}_u}{\underline{Z}_P} = \underline{U}_1 \left(\frac{1}{\underline{Z}_1} + \frac{1}{\underline{Z}_2} + \frac{1}{\underline{Z}_3}\right) - \left(\frac{\underline{U}_1}{\underline{Z}_1} + \frac{\underline{U}_2}{\underline{Z}_2} + \frac{\underline{U}_3}{\underline{Z}_3}\right)$$

und entsprechend für die beiden anderen Phasen, so daß mit Gl. (11.1.4) und Gl. (11.1.8) unter Beachtung der Indexfolge

$$\boxed{\begin{aligned}
\underline{U}_u &= \underline{I}_1 \underline{Z}_1 = \underline{Z}_P \left(\frac{\underline{U}_{12}}{\underline{Z}_2} + \frac{\underline{U}_{13}}{\underline{Z}_3}\right) = \underline{Z}_P \underline{U}_{12} \left(\frac{1}{\underline{Z}_2} - \frac{a}{\underline{Z}_3}\right) \\
\underline{U}_v &= \underline{I}_2 \underline{Z}_2 = \underline{Z}_P \left(\frac{\underline{U}_{23}}{\underline{Z}_3} + \frac{\underline{U}_{21}}{\underline{Z}_1}\right) = \underline{Z}_P \underline{U}_{23} \left(\frac{1}{\underline{Z}_3} - \frac{a}{\underline{Z}_1}\right) \\
\underline{U}_w &= \underline{I}_3 \underline{Z}_3 = \underline{Z}_P \left(\frac{\underline{U}_{31}}{\underline{Z}_1} + \frac{\underline{U}_{32}}{\underline{Z}_2}\right) = \underline{Z}_P \underline{U}_{31} \left(\frac{1}{\underline{Z}_1} - \frac{a}{\underline{Z}_2}\right)
\end{aligned}} \qquad (11.2.9)$$

Sofern man nicht eine Stern-Dreieck-Umwandlung vorzieht, können mit diesen Beziehungen die Außenleiterströme und die Verbraucherspannungen bei gegebenen Generatorspannungen und Verbraucherwiderständen berechnet werden.

Kann die Sternpunktsverlagerung $\underline{U}_0 = \underline{I}_N \underline{Z}_N$ im Vierleiternetz *nicht* vernachlässigt werden, so erhält man wegen Gl. (11.2.3) im *Vierleiternetz*

$$\underline{U}_0 = \frac{\underline{Z}_N \underline{Z}_P}{\underline{Z}_N + \underline{Z}_P} \left(\frac{\underline{U}_1}{\underline{Z}_1} + \frac{\underline{U}_2}{\underline{Z}_2} + \frac{\underline{U}_3}{\underline{Z}_3}\right) \qquad (11.2.8a)$$

und für die Verbraucherspannungen

$$\underline{U}_u = \underline{I}_1 \underline{Z}_1 = \frac{\underline{Z}_N \underline{Z}_P}{\underline{Z}_N + \underline{Z}_p} \left(\frac{\underline{U}_{12}}{\underline{Z}_2} + \frac{\underline{U}_{13}}{\underline{Z}_3} + \frac{\underline{U}_1}{\underline{Z}_N} \right)$$

$$\underline{U}_v = \underline{I}_2 \underline{Z}_2 = \frac{\underline{Z}_N \underline{Z}_P}{\underline{Z}_N + \underline{Z}_P} \left(\frac{\underline{U}_{23}}{\underline{Z}_3} + \frac{\underline{U}_{21}}{\underline{Z}_1} + \frac{\underline{U}_2}{\underline{Z}_N} \right) \qquad (11.2.9a)$$

$$\underline{U}_w = \underline{I}_3 \underline{Z}_3 = \frac{\underline{Z}_N \underline{Z}_P}{\underline{Z}_N + \underline{Z}_P} \left(\frac{\underline{U}_{31}}{\underline{Z}_1} + \frac{\underline{U}_{32}}{\underline{Z}_2} + \frac{\underline{U}_3}{\underline{Z}_N} \right)$$

Für $Z_N \to \infty$ erhält man wieder Gl. (11.2.8) und Gl. (11.2.9).

Beispiel 11.5. In der Sternschaltung Bild 11.2.8 sind $\underline{Z}_1$ und $\underline{Z}_3$ zwei gleiche Ohmsche Widerstände $R = 1\ \text{k}\Omega$, $\underline{Z}_2 = 1/\text{j}\omega C$ mit $C = 3{,}18\ \mu\text{F}$. Gesucht sind die drei Verbraucherspannungen (Sternspannungen) U_u, U_v, U_w bei Anschluß der Sternschaltung an ein symmetrisches Drehstromnetz mit $U = 380/220$ V, $f = 50$ Hz mit und ohne angeschlossenem Sternpunktleiter.

Lösung: Zunächst wird nach Gl. (11.2.7) mit $\omega CR = 1$

$$\frac{1}{\underline{Z}_P} = \frac{2}{R} + \text{j}\omega C, \qquad \underline{Z}_P = \frac{R}{2 + \text{j}\omega CR} = \frac{1}{2 + \text{j}}\ \text{k}\Omega$$

und damit nach Gl. (11.2.9) *ohne* Sternpunktleiter unter Beachtung der Indexfolge

$$\underline{U}_u = \underline{Z}_P \underline{U}_{13} \left(\frac{1}{R} - a^2 \text{j}\omega C \right) = U \frac{1 - a^2 \text{j}\omega CR}{2 + \text{j}\omega CR}, \qquad U_u = 88\ \text{V},$$

$$\underline{U}_v = \underline{Z}_P \frac{\underline{U}_{21}}{R} (1 - a^2) = U \frac{1 - a^2}{2 + \text{j}\omega CR}, \qquad U_v = 294\ \text{V},$$

$$\underline{U}_w = \underline{Z}_P \underline{U}_{31} \left(\frac{1}{R} - a\text{j}\omega C \right) = U \frac{1 - a\text{j}\omega CR}{2 + \text{j}\omega CR}, \qquad U_w = 328\ \text{V}.$$

Die Außenleiterströme werden damit

$$I_1 = U_u/R = 88\ \text{mA}, \quad I_2 = U_v \omega C = 294\ \text{mA}, \quad I_3 = U_w/R = 328\ \text{mA}.$$

Die Sternpunktspannung wird nach Gl. (11.2.8), bezogen auf $\underline{U}_1 = U_{St}$

$$\underline{U}_0 = \underline{Z}_P U_{St} \left(\frac{1}{R} + a^2 \text{j}\omega C + \frac{a}{R} \right) = \frac{U_{St}}{10} (6{,}19 - \text{j}\,1{,}27), \qquad U_0 \approx 139\ \text{V}.$$

Mit angeschlossenem Sternpunktleiter beträgt die Spannung an den drei Verbraucherwiderständen praktisch $U/\sqrt{3} = 220$ V. Die drei Leiterströme haben daher gleichen Betrag $I = 220$ mA. In beiden Fällen sind im Strang 1 und 3 Strom und Spannung in Phase, in Strang 2 eilt der Strom der Spannung um 90° als kapazitiver Strom voraus. Der Strom $\underline{I}_N$ im Sternpunktleiter wird daher als Summe der Außenleiterströme bezogen auf $\underline{I}_1 = I$

$$\underline{I}_N = I(1 + a^2\text{j} + a) = I(1{,}36 + \text{j}\,0{,}36), \qquad I_N = 311\ \text{mA}.$$

Das Zeigerdiagramm für beide Fälle zeigt Bild 11.2.9.

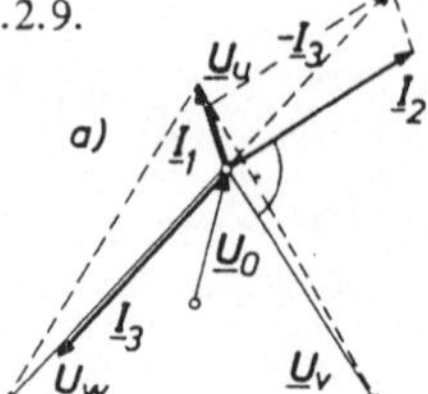

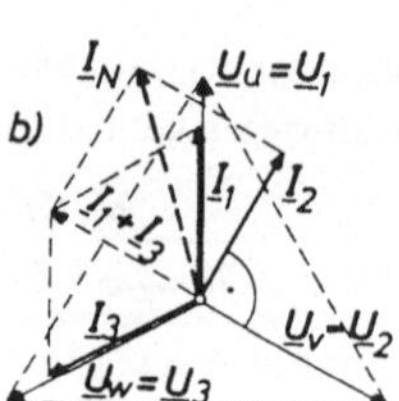

Bild 11.2.9
Zeigerdiagramm zu Beispiel 11.5
a) ohne, b) mit Sternpunktleiter

11.3 Die Leistung im Mehrphasensystem

11.3.1 Die Leistung im Zweiphasensystem. Bei Symmetrie betragen die Augenblickswerte der beiden Strangleistungen (Phasenleistungen) im verketteten Zweiphasensystem (Kap. 11.1.2)

$$p_1 = u_1 i_1 = 2\, U_{St} I \sin(\omega t + \tfrac{\pi}{2}) \cdot \sin(\omega t + \tfrac{\pi}{2} - \varphi)$$

oder wegen $2 \sin x \cdot \sin y = \cos(x - y) - \cos(x + y)$ und $\cos(\alpha + \pi) = -\cos\alpha$

$$p_1 = u_1 i_1 = U_{St} I \{\cos\varphi + \cos(2\,\omega t - \varphi)\}.$$

Entsprechend wird

$$p_2 = u_2 i_2 = 2\, U_{St} I \sin\omega t \cdot \sin(\omega t - \varphi) = U_{St} I \{\cos\varphi - \cos(2\,\omega t - \varphi)\}.$$

Die Gesamtleistung des Systems ist $p_1 + p_2$ oder

$$p = P = 2\, U_{St} I \cos\varphi = \sqrt{2}\; UI \cos\varphi. \qquad (11.3.1)$$

Sie enthält keine Leistungsschwankung sondern ist zeitlich konstant. Ein solches Mehrphasensystem bezeichnet man als *balanciertes* System.

11.3.2 Die Leistung im Drehstromsystem. Bei der symmetrischen Sternschaltung erhält man mit den Spannungen und Strömen jedes Stranges

$$\begin{aligned} u_1 &= U_{St} \sqrt{2} \sin \omega t, & i_1 &= I \sqrt{2} \sin(\omega t - \varphi), \\ u_2 &= U_{St} \sqrt{2} \sin(\omega t - 120°), & i_2 &= I \sqrt{2} \sin(\omega t - 120° - \varphi), \\ u_3 &= U_{St} \sqrt{2} \sin(\omega t + 120°), & i_3 &= I \sqrt{2} \sin(\omega t + 120° - \varphi), \end{aligned}$$

zunächst für die Augenblickswerte der drei Strangleistungen

$$\begin{aligned} p_1 &= u_1 i_1 = U_{St} I \{\cos\varphi - \cos(2\,\omega t - \varphi)\}, \\ p_2 &= u_2 i_2 = U_{St} I \{\cos\varphi - \cos(2\,\omega t + 120° - \varphi)\}, \\ p_3 &= u_3 i_3 = U_{St} I \{\cos\varphi - \cos(2\,\omega t - 120° - \varphi)\}. \end{aligned}$$

Die Wirkleistung des gesamten Systems ist demnach

$$p = p_1 + p_2 + p_3 = 3\, U_{St} I \cos\varphi = P.$$

Bei symmetrischer Sternschaltung ist $U = U_{St}\sqrt{3}$, $I = I_{St}$, bei symmetrischer Dreieckschaltung ist $U = U_{St}$, $I = I_{St}\sqrt{3}$. Die Systemleistung der *symmetrischen* Stern- oder Dreieckschaltung ist demnach mit U und I als Außenleiterspannung und Außenleiterstrom

$$\boxed{P = 3\, U_{St} I_{St} \cos\varphi = \sqrt{3}\; UI \cos\varphi} \qquad (11.3.2)$$

Entsprechend definiert man als Blind- und Scheinleistung bei *Symmetrie*

$$Q = \sqrt{3}\, UI \sin\varphi, \qquad S = \sqrt{3}\, UI \qquad (11.3.3)$$

Da die Gesamtleistung keine Leistungsschwankung enthält, ist das Drehstromsystem ein balanciertes System. Ist das System unsymmetrisch, so beträgt die Gesamtleistung

$$P = P_1 + P_2 + P_3 = \Sigma\, U_{St} I_{St} \cos\varphi_{St}. \tag{11.3.4}$$

Ist im Dreileiternetz der Sternpunkt nicht zugänglich, so kann man mit drei gleich großen Widerständen einen sogenannten „künstlichen Sternpunkt" nach Bild 11.3.1 bilden.

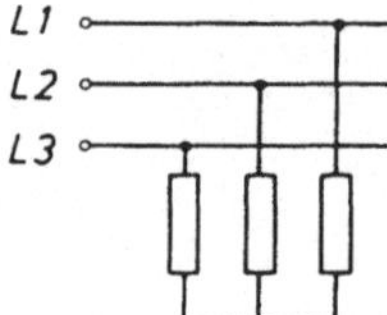

Bild 11.3.1 Künstlicher Sternpunkt

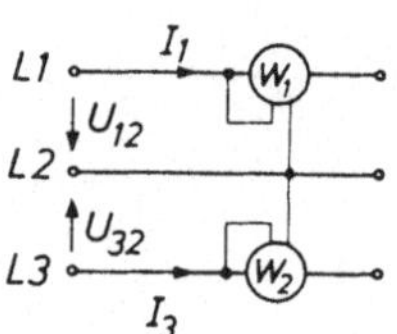

Bild 11.3.2 Zweiwattmeter-Methode

Setzt man im Dreileiternetz bei *beliebiger* Belastung $i_2 = -(i_1 + i_3)$, so wird

$$u_1 i_1 + u_2 i_2 + u_3 i_3 = i_1 (u_1 - u_2) + i_3 (u_3 - u_2)$$

oder die komplexe Scheinleistung des Gesamtsystems wegen Gl. (11.1.4)

$$\underline{S} = \underline{U}_{12} \underline{I}_1^* + \underline{U}_{32} \underline{I}_3^* \tag{11.3.5}$$

und die Wirk- und Blindleistung des Gesamtsystems

$$\begin{aligned} P &= \mathrm{Re}(\underline{S}) = U_{12} I_1 \cos\varphi_{12} + U_{32} I_3 \cos\varphi_{32}, \\ Q &= \mathrm{Im}(\underline{S}) = U_{12} I_1 \sin\varphi_{12} + U_{32} I_3 \sin\varphi_{32}. \end{aligned} \tag{11.3.6}$$

Die Winkel φ_{12} und φ_{32} sind die Phasenwinkel zwischen $\underline{U}_{12}$, $\underline{I}_1$ und $\underline{U}_{32}$, $\underline{I}_3$. Gl. (11.3.5) setzt voraus, daß die Summe der Außenleiterströme verschwindet, was im *Dreileiternetz* stets erfüllt ist; im Dreileiternetz kann daher die Gesamtleistung mit zwei Wattmetern nach Bild 11.3.2 gemessen werden (Zweiwattmeter-Methode oder Aronschaltung).

Beispiel 11.6. Ein Drehstrommotor hat bei U = 380 V, f = 50 Hz eine Leistungsaufnahme P = 40 kW, $\cos\varphi$ = 0,8. Gesucht die Kapazität einer parallel zum Motor angeschlossenen Kondensatorbatterie, damit $\cos\varphi = 1$.

Lösung: Außenleiterstrom und Blindstrom des Motors betragen mit $\sin\varphi = 0{,}6$

$$I = \frac{P}{\sqrt{3}\, U \cos\varphi} = 75{,}8\ \mathrm{A}, \quad I_b = \frac{P}{\sqrt{3}\, U} \tan\varphi = I \sin\varphi = 45{,}5\ \mathrm{A}.$$

Bei Dreieckschaltung der Kondensatoren ist der Kondensatorstrom nach Bild 11.3.3 $I_c = I_b/\sqrt{3}$.

Jeder Kondensator liegt dabei an der vollen Spannung U, so daß

$$C_\Delta = \frac{I_c}{\omega U} = \frac{I_b}{\sqrt{3}\, \omega U} = 220\ \mu\mathrm{F}.$$

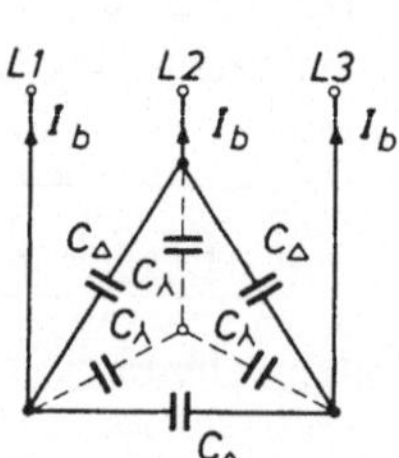

Bild 11.3.3
Zu Beispiel 11.6

Bei Sternschaltung der Kondensatoren ist der Kondensatorstrom $I_C = I_b$, jeder Kondensator liegt aber an $U/\sqrt{3}$, so daß

$$C_\curlywedge = \frac{I_b\sqrt{3}}{\omega U} = 3\,C_\Delta = 660\ \mu\text{F}.$$

Bei Dreieckschaltung sind demnach 3 Kondensatoren zu je 220 μF für 380 V, bei Sternschaltung 3 Kondensatoren zu je 660 μF für 220 V erforderlich. Die Blindleistung der Kondensatorbatterie ist

$$Q = \sqrt{3}\,UI_b = \sqrt{3}\,UI\sin\varphi \approx 29{,}7\ \text{kvar}.$$

Beispiel 11.7. In der unsymmetrischen Drehstromschaltung sind in Bild 11.3.4

$$R = 3{,}0\ \Omega, \quad \omega L = 4{,}0\ \Omega, \quad R_C = 5{,}0\ \Omega, \quad \omega C = 0{,}25\ \text{S}.$$

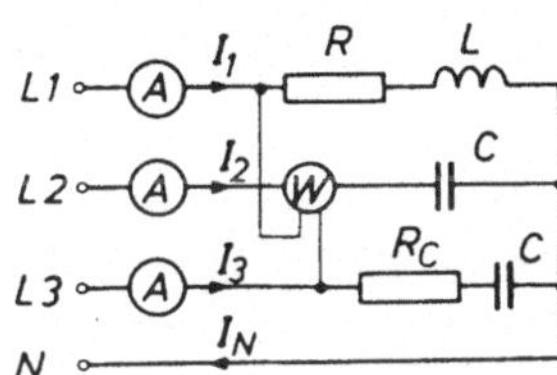

Bild 11.3.4
Schaltung mit falsch angeschlossenem Wattmeter zu Beispiel 11.7

Die Schaltung ist an ein symmetrisches Drehstromnetz mit der Dreieckspannung $U = 380$ V angeschlossen. Der Sternpunktleiter ist herausgeführt, der Widerstand des Sternpunktleiters und die Instrumentenwiderstände sollen vernachlässigt werden. Gesucht ist die Anzeige der drei Strommesser und des falsch angeschlossenen Wattmeters.

Lösung: Die Anzeige der drei Strommesser beträgt mit $U_{\text{St}} = U/\sqrt{3}$

$$I_1 = \frac{U_{\text{St}}}{\sqrt{R^2 + \omega^2 L^2}} = 44\ \text{A}, \quad I_3 = \frac{U_{\text{St}}}{\sqrt{R_C^2 + 1/\omega^2 C^2}} = 34{,}4\ \text{A}, \quad I_2 = U_{\text{St}}\,\omega C = 55\ \text{A}.$$

Der Strom $\underline{I}_2$ eilt der Sternspannung $\underline{U}_2$ um 90° zeitlich voraus, ist somit mit der Dreieckspannung $\underline{U}_{13}$ in Phase. Die Anzeige des Wattmeters beträgt daher

$$P = I_2\,U = 20{,}9\ \text{kW}.$$

Die Leistungsaufnahme der Gesamtschaltung beträgt dagegen

$$P = I_1^2 R + I_3^2 R_C \approx 11{,}7\ \text{kW}.$$

Die Berechnung von Drehstrom-Unsymmetrieproblemen kann sehr vereinfacht werden, wenn man das unsymmetrische System der Ströme und Spannungen in eine Summe von grundsätzlich drei symmetrischen Systemen, den sogenannten *symmetrischen Komponenten*, aufteilt. Wegen der Symmetrie braucht dann die Rechnung nur jeweils mit einem Systemvertreter durchgeführt zu werden. Die Bedeutung dieser symmetrischen Komponentenrechnung tritt besonders dann in Erscheinung, wenn ein bestimmter Betriebszustand nur durch eines der drei Systeme gekennzeichnet und beschrieben werden kann.

12 Wechselfelder und Verluste im Wechselfeld

12.1 Wechsel- und Drehfelder

12.1.1 Wechselfluß und Wechselfelder. Beim Anlegen einer zeitlich sinusförmigen Spannung an eine Wicklung mit N Windungen wird der magnetische Fluß nach Gl. (4.3.5a)

$$\Phi = \frac{1}{N} \int u \, \mathrm{d}t = \frac{U\sqrt{2}}{\omega N} \sin(\omega t - \frac{\pi}{2}) = \hat{\Phi} \sin(\omega t - \frac{\pi}{2}).$$

Der magnetische Fluß eilt der Spannung um $\pi/2$ nach. In der komplexen Darstellung erhält man für den Fluß den Drehzeiger $\underline{\hat{\Phi}}$, der im allgemeinen mit seinem Scheitelwert angegeben wird, da im Eisen der Scheitelwert den erreichten Grad der Sättigung angibt sowie für die Verluste im Eisen maßgebend ist. Das Induktionsgesetz $u_i = -N \, \mathrm{d}\Phi/\mathrm{d}t$ lautet dann in komplexer Form

$$\underline{U}_i = -\mathrm{j} \frac{\omega}{\sqrt{2}} N \hat{\Phi} = -\mathrm{j} \frac{2\pi}{\sqrt{2}} f N \hat{\Phi}$$

oder bei Einführen des Wicklungsfaktors $\zeta < 1$, der berücksichtigt, daß nicht alle N Windungen mit dem ganzen Fluß verkettet sind,

$$\boxed{\underline{U}_i = -\mathrm{j}\, 4{,}44\, f N \zeta \underline{\hat{\Phi}}} \qquad \boxed{U_i = 4{,}44\, f N \zeta \hat{\Phi}} \tag{12.1.1}$$

Auch die vier Feldvektoren $\boldsymbol{B}$, $\boldsymbol{H}$ und $\boldsymbol{E}$, $\boldsymbol{D}$ können als komplexe Zeitzeiger dargestellt werden. In einem zeitlich sich sinusförmig ändernden Wechselfeld im Medium der Permittivität ϵ und der elektrischen Leitfähigkeit κ wird dann die gesamte Stromdichte als Summe aus Leitungsstromdichte und Verschiebungsstromdichte nach Gl. (3.2.3) und Gl. (3.2.5), angeschrieben für die komplexen Vektorbeträge,

$$\underline{J} = \kappa \underline{E} + \epsilon \frac{\mathrm{d}\underline{E}}{\mathrm{d}t} = (\kappa + \mathrm{j}\,\omega\epsilon) \underline{E}. \tag{12.1.2}$$

In guten Leitern (Metallen) ist $\omega\epsilon \ll \kappa$ und im allgemeinen bis zu Frequenzen von einigen GHz vernachlässigbar.

12.1.2 Wechselfluß im Eisen. Da die Flußdichte $B \sim \Phi$ und die magnetische Feldstärke $H \sim i$, ist der Zusammenhang zwischen Fluß und dem ihn hervorrufenden Strom in einer Wicklung durch die Magnetisierungskurve $B = \mathrm{f}(H)$ gegeben und daher nicht linear.

Wird an eine Spule mit Eisenkern eine sinusförmige Spannung gelegt, so verläuft der Fluß ebenfalls sinusförmig, der Stromverlauf ist dagegen durch die Magnetisierungskurve des Eisens verzerrt.

Der Stromverlauf bei sinusförmigem Fluß kann, wie in Bild 12.1.1. dargestellt, punktweise aus der Hystereseschleife gewonnen werden. Legt man die Kommutierungskurve zu Grunde, so sind Fluß und Strom in Phase. Infolge der Hysterese im Eisen verlaufen aber Stromkurve und Flußkurve phasenverschoben und die Stromkurve ist nicht mehr symmetrisch. Je stärker man in die Eisensättigung kommt, um so steiler verläuft der Stromanstieg. Eine Analyse der Stromkurve ergibt, daß sie im wesentlichen aus der Summe von Sinuskurven der Kreisfrequenz ω, $3\,\omega$ und $5\,\omega$ dargestellt werden kann. Die Stromkurve enthält also neben der *Grundschwingung* mit der Frequenz ω auch noch eine sogenannte dritte und fünfte *Oberschwingung* (Kap. 15.1.1), von denen die Amplitude der dritten Oberschwingung bis zu 40 % der Amplitude der Grundschwingung betragen kann und bei Drehstrom besondere Bedeutung hat (Kap. 15.2.2).

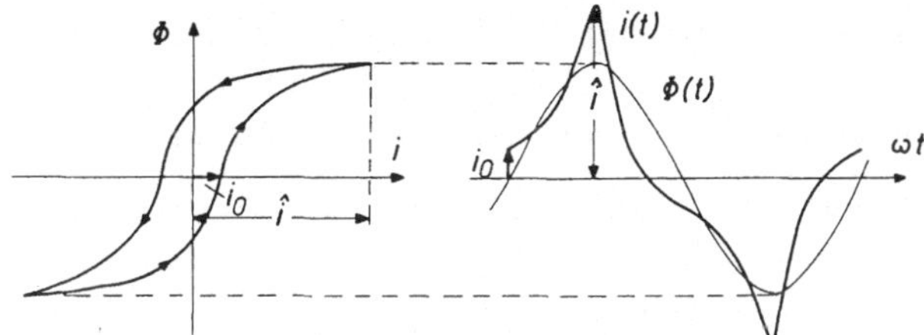

Bild 12.1.1
Ableitung der Stromkurve aus der Hystereseschleife

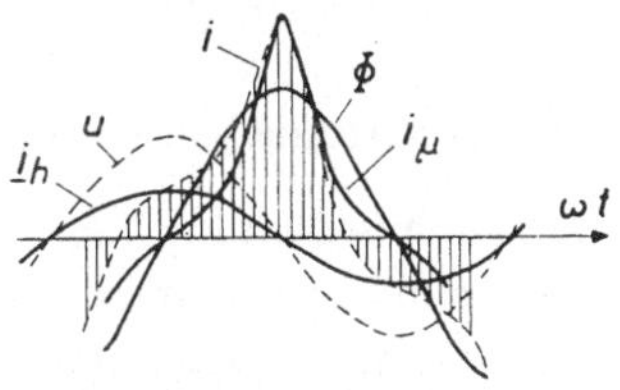

Bild 12.1.2
Aufteilung des Stromes

Um den Einfluß der Hysterese zu eliminieren, kann man die Stromkurve nach Bild 12.1.2 in zwei Komponenten i_h und i_μ aufteilen. Der Strom i_h ist mit der Spannung u in Phase, als Wirkkomponente dient er zur Deckung der infolge der Hysterese auftretenden Magnetisierungsverluste. Der Strom i_μ ist bezüglich der Spannung u eine Blindkomponente und mit dem Fluß Φ in Phase; als *Magnetisierungsstrom* dient i_μ zum Aufbau des magnetischen Feldes. Soll der Magnetisierungsstrom als komplexer Zeitzeiger dargestellt werden, so muß er durch einen gleichwertigen sinusförmigen „ideellen" Magnetisierungsstrom $\underline{I}_\mu$ von gleichem Effektivwert ersetzt werden. Bezogen auf die Spannung ist dann

$$\underline{I} = \underline{I}_h + \underline{I}_\mu = I_h - \mathrm{j} I_\mu \,. \tag{12.1.3}$$

Soll das Nachhinken der Flußdichte B gegenüber der Feldstärke H (Hysterese) zum Ausdruck gebracht werden, so kann man bei wechselnder Magnetisierung und *kleinen* Feldstärken eine *komplexe Permeabilität* $\underline{\mu}$ einführen, indem man setzt

$$\underline{\mu} = \mu_L - \mathrm{j}\,\mu_R = |\underline{\mu}|\,\mathrm{e}^{-\mathrm{j}\delta} \approx |\underline{\mu}|\,(1 - \mathrm{j}\,\delta). \tag{12.1.4}$$

In der Nachrichtentechnik kann $\underline{\mu}$ zur Berechnung der Hystereseverluste einer Spule mit Eisenkern dienen (Kap. 12.2.1).

Bem.: Bei wechselnder Magnetisierung kann in den meisten Fällen mit der bei Gleichstrom aufgenommenen sog. *statischen* Kommutierungskurve gerechnet werden. Die mit Wechselstrom aufgenommene Kommutierungskurve heißt *dynamische* Kommutierungskurve, sie verläuft etwas flacher als die statische Kommutierungskurve. Die dynamische Magnetisierungskurve (Hystereseschleife) hat auch eine größere Schleifenfläche als die mit Gleichstrom aufgenommene statische Magnetisierungskurve.

12.1.3 Wirbelströme. Befindet sich ein Leiter in einem magnetischen Wechselfeld, so entsteht innerhalb des Leiters infolge der Induktionswirkung eine elektrische Umlaufspannung, die zu Strömen innerhalb des Leiters führt, wenn für diese ein Rückschluß vorhanden ist. Diese Ströme werden *Wirbelströme* genannt; ihre Strombahnen können je nach Größe und Gestalt des Leiters sehr kompliziert verlaufen. Jeder Metallkern einer Spule wirkt gleichsam wie eine kurzgeschlossene Sekundärwicklung, so daß eine solche Spule mit Metallkern einen zusätzlichen Strom als Wirkkomponente aufnimmt, um die von den Wirbelströmen verursachten Stromwärmeverluste zu decken. Wirbelströme treten auch auf, wenn man eine Metallscheibe, die von einem zeitlich konstanten Magnetfeld durchsetzt ist, in Drehung versetzt. Diese Wirbelströme innerhalb der Scheibe ergeben zusammen mit dem äußeren Feld ein die Scheibe bremsendes Drehmoment (Wirbelstrombremse in Kap. 4.3.1, Beispiel 4.16). Die in einem Metall entstehenden Wirbelströme verbrauchen einen Teil der Energie des Feldes (Stromwärmeverluste). Metallbleche dienen daher zur Abschirmung elektromagnetischer Wechselfelder. Auf der Ausnutzung der Stromwärme der Wirbelströme beruht auch die Wirbelstromheizung und Hochfrequenzhärtung.

Besondere Bedeutung haben Wirbelströme in zylindrischen Leitern, hervorgerufen durch das Eigenfeld des Leiters. Die Wirbelströme innerhalb des Leiters überlagern sich dem Leiterstrom, dadurch entsteht eine ungleichmäßige Stromverteilung über den Leiterquerschnitt (Stromverdrängung, Haut- oder Skineffekt). Durch das magnetische Feld der Wirbelströme erfolgt außerdem eine Feldverdrängung. Man erhält daher:

1. Eine Vergrößerung des Leiterwiderstandes, da der wirksame Leiterquerschnitt verkleinert ist.
2. Eine Verkleinerung der inneren Leiterinduktivität infolge der Feldverdrängung innerhalb des Leiters.

Innerhalb des Leiters bilden die magnetischen Feldlinien ebenso wie außerhalb des Leiters konzentrische Kreise um die Leiterachse. Im Wechselfeld ist dabei das Magnetfeld nach Gl. (4.3.1a) mit einem elektrischen Wirbelfeld verkettet, dessen Wirbellinien eine Umlaufspannung ergeben, die Wirbelströme i_w zur Folge hat, wie in Bild 12.1.3 in *grober* Näherung angegeben. Zur Leiterachse hin wird der Leiterstrom i durch die Wirbelströme geschwächt. Nach Gl. (12.1.1) sind die Wirbelströme der Frequenz proportional. Über die Berechnung der Feld- und Stromverdrängung siehe Schrifttum [14, 15].

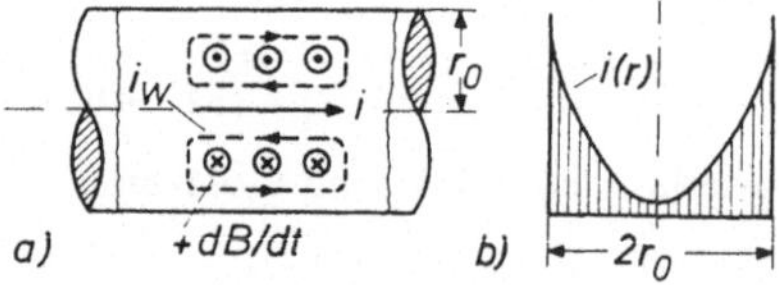

Bild 12.1.3
Zur Strom- und Feldverdrängung in zylindrischen Leitern (*a*) mit Stromverteilung (*b*)

Mit zunehmendem Leiterradius wird die Wirkung der Stromverdrängung vergrößert. Die Widerstandszunahme einzelner zylindrischer Kupferleiter mit der Frequenz, bezogen auf den Gleichstromwiderstand R_0, zeigt Bild 12.1.4.

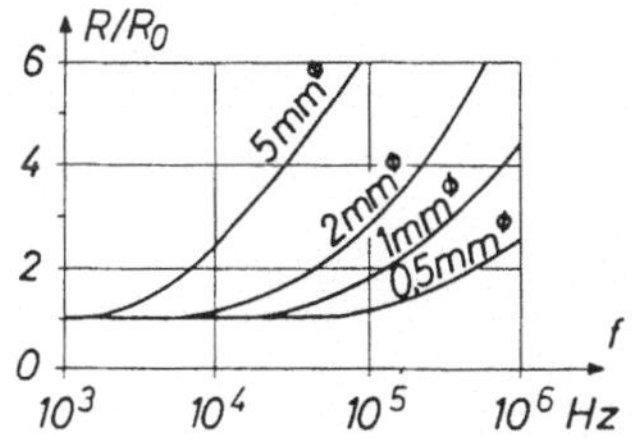

Bild 12.1.4
Widerstandszunahme bei Kupferleitern

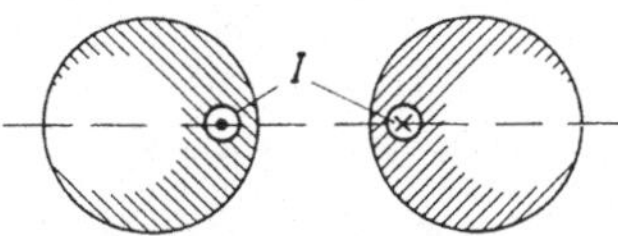

Bild 12.1.5
Hin- und Rückleitung. Stromführende Schicht bei höheren Frequenzen (Schema)

Bei höheren Frequenzen sind nur noch äußere Schichten eines Leiters an der Stromleitung beteiligt. Man verwendet dann keine massiven Leiter mehr, sondern bei höheren Frequenzen Litze und schließlich einen dünnen Silberniederschlag z. B. auf Isolierrohr. Aber auch bei 50 Hz kann die Widerstandserhöhung bereits wesentlichen Einfluß ausüben. In Läufern von elektrischen Maschinen (Wirbelstromläufern) wird die Stromverdrängung dazu ausgenutzt, größere Anlaufströme zu vermeiden.

Die Bezeichnung „Stromverdrängung" und ihre Erklärung an Hand von Bild 12.1.3 kann leicht zu einem falschen Bild führen. Tatsächlich liegen die Verhältnisse so, daß sich beim Anschalten einer Spannung zunächst ein elektromagnetisches Feld als *elektromagnetische Welle* mit Lichtgeschwindigkeit längs der Leiter ausbreitet. Das Feld dringt dabei von *außen* mit einer sehr kleinen Geschwindigkeit

$$v = \sqrt{\frac{2\,\omega}{\kappa\,\mu}}$$

in den Leiter ein, wobei die elektrische Feldkomponente die Leitungselektronen innerhalb des Leiters in Bewegung setzt. Dadurch wird überhaupt erst ein Leiterstrom als *sekundäre* Wirkung hervorgerufen. Innerhalb des Leiters klingt das eindringende Feld schnell ab, seine Eindringtiefe ist um so geringer, je höher die Frequenz ist. Ein Strom kann aber nur dort fließen, wo ein elektrisches Feld als Ursache des Stromflusses vorhanden ist und auf die Leitungselektronen eine Feldkraft ausgeübt wird. Die stromführenden Schichten liegen daher stets dort, wo das Feld *außerhalb* des Leiters am größten ist und mit entsprechend großer Intensität in den Leiter eindringt. Für eine Doppelleitung erhält man beispielsweise bei höheren Frequenzen die in Bild 12.1.5 skizzierten stromführenden Schichten. Nur bei einem Einzelleiter dringt das Feld aus Symmetriegründen von allen Seiten radial mit gleicher Stärke in den Leiter, so daß der Eindruck einer gleichmäßigen „Stromverdrängung" entsteht.

12.1.4 Drehfelder. Hat der magnetische Feldvektor B nur eine Komponente $B = B_y$, die sich mit der Kreisfrequenz ω zeitlich sinusförmig ändert, wobei die *räumliche* Feldverteilung mit λ als Wellenlänge wie in Bild 12.1.6 ebenfalls sinusförmig ist, so ist $B = f(x, t)$ und die Amplitude $\hat{B}_x$ an der Stelle x eine Funktion von x.

$$\hat{B}_x = \hat{B} \cos \frac{2\pi}{\lambda} x, \qquad B = \hat{B}_x \sin\omega t = \hat{B} \cos \frac{2\pi}{\lambda} x \cdot \sin\omega t. \qquad (12.1.5)$$

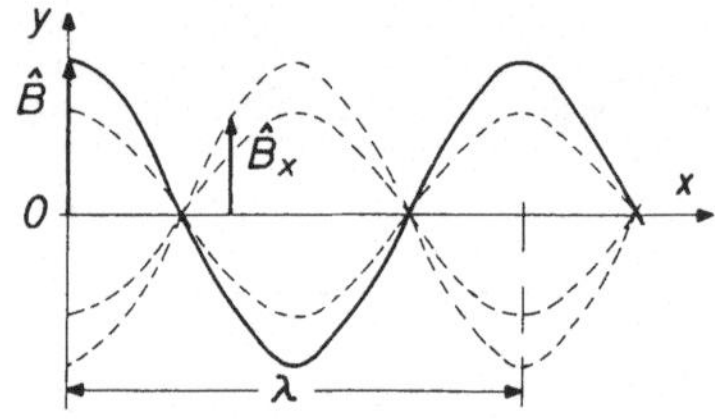

Bild 12.1.6
Räumlich sinusförmig verteiltes Wechselfeld

Es liegt ein Wechselfeld mit räumlich sinusförmig verteilter Amplitude vor und man erhält umgeformt,

$$B = \frac{\hat{B}}{2}\left\{\sin(\omega t - \frac{2\pi}{\lambda}x) + \sin(\omega t + \frac{2\pi}{\lambda}x)\right\}. \tag{12.1.6}$$

Das sind zwei in Richtung $\pm x$ fortschreitende Wellen. Ein Augenblickswert B an beliebiger Stelle x, gegeben durch $\omega t \mp 2\pi x/\lambda$ bleibt nämlich erhalten, wenn man mit wachsender Zeit t bei negativem Vorzeichen im Sinne entsprechend zunehmender Werte x und bei positivem Vorzeichen im Sinne entsprechend abnehmender Werte x fortschreitet.

In elektrischen Maschinen mit einer Einphasenwicklung erhält man nur ein Wechselfeld, das sich nach Gl. (12.1.6) aus zwei inversen Drehfeldern zusammensetzt.

Bei Drehstrommotoren erhält man ein reines *Drehfeld*, das gleichsam ein rotierendes, räumlich sinusförmig verteiltes Gleichstromfeld bildet und dessen Drehzahl als *synchrone* Drehzahl bezeichnet wird. Die Entstehung dieses Drehfeldes ist in Bild 12.1.7 schematisch skizziert, wobei drei ausgezeichnete Zeitpunkte betrachtet werden.

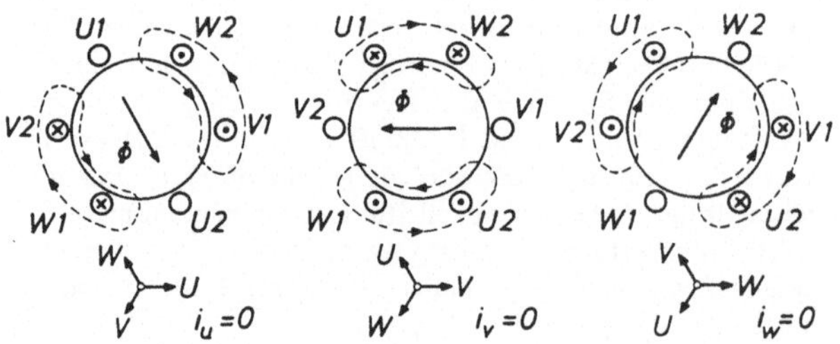

Bild 12.1.7
Entstehung des Drehfeldes beim Drehstromsystem (Schema)

12.2 Verluste im Wechselfeld

12.2.1 Wirbelstrom- und Hystereseverluste. Können sich in Leitern im Wechselfeld Wirbelströme ausbilden, so erwärmen sie den Leiter und ergeben *Wirbelstromverluste* P_{wi}. Ist U die im Leiter induzierte elektrische Umlaufspannung und R der elektrische Widerstand der Wirbelstrombahn, so ist $P_{wi} = U^2/R$ und daher wegen Gl. (12.1.1)

$$P_{wi} \sim f^2 \hat{B}^2. \tag{12.2.1}$$

Die Wirbelstromverluste sind demnach abhängig:

1. vom Material (elektrischer Widerstand),
2. vom Quadrat der maximalen Flußdichte $\hat{B}^2$,
3. vom Quadrat der Frequenz f^2.

Als *Hystereseverluste* bezeichnet man die Magnetisierungsverluste des Eisens infolge der Hysterese. Während jeder Periodendauer des Wechselstromes wird die Hysteresisschleife einmal durchlaufen. Die umlaufene Fläche ist ein Maß für die Magnetisierungsverluste.

Ist A_h die der Fläche der Hysteresisschleife entsprechende magnetische Energie je Volumen, die beim einmaligen Umlaufen der Fläche zur Magnetisierung aufgewendet wird, so beträgt der Hystereseverlust für ein bestimmtes Volumen V

$$P_h = VfA_h . \tag{12.2.2}$$

Die Hystereseverluste sind demnach abhängig:

1. vom Material (Magnetisierungskurve),
2. von der maximalen Flußdichte $\hat{B}$,
3. von der Frequenz f.

Während die Hystereseverluste linear mit der Frequenz zunehmen, wachsen die Wirbelstromverluste quadratisch mit der Frequenz und überwiegen daher bei höheren Frequenzen. Wirbelstromverluste kann man aber durch geeignete Maßnahmen herabsetzen. Bei höheren Frequenzen wie in der Nachrichtentechnik interessieren daher vor allem die Hystereseverluste.

Für eine Spule mit Eisenkern ist wegen Gl. (4.3.3) bei Einführen der komplexen Permeabilität nach Gl. (12.1.4) mit R_L als Wicklungswiderstand

$$R_L + \mathrm{j}\omega(\mu_L - \mathrm{j}\mu_R)N^2\frac{A}{l} = R_L + \omega N^2\frac{A}{l}(\mu_R + \mathrm{j}\mu_L).$$

Daraus die Induktivität L und der Ersatzwiderstand R_h zur Erfassung der Hystereseverluste

$$L = \mu_L N^2\frac{A}{l} \approx \frac{|\underline{\mu}|N^2 A}{l}, \qquad R_h = \omega\mu_R N^2\frac{A}{l} \approx \delta\,\omega L. \tag{12.2.3}$$

Zur Verringerung der Wirbelstromverluste sind grundsätzlich folgende Maßnahmen möglich:

1. Erhöhen des elektrischen Widerstandes durch Legierungszusätze.
2. Konstruktive Maßnahmen.

Legierungszusätze z. B. Silizium bei Eisenblechen, sind nur begrenzt anwendbar, da die magnetischen Eigenschaften sonst verschlechtert werden. Durch konstruktive Maßnahmen kann man aber eine Ausbildung von Wirbelströmen erschweren. Das ist vor allem durch Verwenden lamellierter Eisenkerne (Dynamoblech) möglich. Die einzelnen Bleche werden durch Papierzwischenlagen oder Lacküberzug gegeneinander elektrisch isoliert, meist genügt bereits die natürliche Zunderschicht auf der Blechoberfläche. Die Bleche müssen nach Bild 12.2.1 in Flußrichtung, also senkrecht zur Strömungsrichtung der Wirbelströme geschichtet werden, ohne den magnetischen Widerstand zu vergrößern. Der magnetische Fluß Φ wird dadurch lediglich in mehrere parallele Bahnen aufgeteilt. Außerdem muß ein Stromübergang an Stoßstellen durch sorgfältige Entgratung der Bleche verhindert werden.

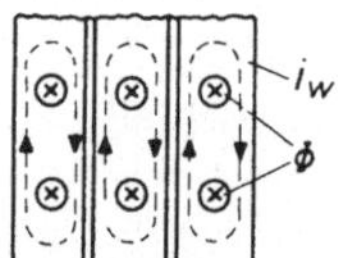

Bild 12.2.1
Lamellierter Eisenquerschnitt.
i_W Wirbelströme

Im Elektromaschinenbau werden Bleche mit 0,5 und 0,35 mm Stärke verwendet, in der Nachrichtentechnik Bleche bis zu 0,03 mm Stärke. Bei höheren und hohen Frequenzen verwendet man z.B. Ferritkerne.

Bei Eisenblechen werden Wirbelstrom- und Hystereseverluste als *Eisenverluste* zusammengefaßt und nach VDE 0522 und DIN 46400 als *Verlustziffer* v in W/kg für 50 Hz bei $\hat{B}_{10} = 1$ T (v_{10}) und bei $\hat{B}_{15} = 1{,}5$ T (v_{15}) angegeben. Für andere Scheitelwerte $\hat{B}$ ist dann angenähert bei 50 Hz wegen der quadratischen Abhängigkeit

$$v \approx v_{10}\left(\frac{\hat{B}}{\hat{B}_{10}}\right)^2 \approx v_{15}\left(\frac{\hat{B}}{\hat{B}_{15}}\right)^2. \tag{12.2.4}$$

Eine andere Frequenz f kann durch einen zusätzlichen Frequenzfaktor berücksichtigt werden. Bei normalen Dynamo- und Transformator-Blechen liegt v_{10} um 3 W/kg, v_{15} bei 7 bis etwa 8 W/kg. Hochlegierte Bleche kommen auf Werte bis herab auf 0,1 W/kg.

Zur angenäherten Berechnung der Wirbelstromverluste in einem Blech der Stärke d kann man eine Strombahn der Breite $\mathrm{d}x$ nach Bild 12.2.2 betrachten. Eine solche Strombahn hat angenähert die Länge $2b$. Bei hinreichend niedrigen Frequenzen (Vernachlässigung der Feldverdrängung) betragen dann der Leitwert der Strombahn und der von der Strombahn umschlungene magnetische Fluß

$$\mathrm{d}G \approx \kappa\,\frac{l\,\mathrm{d}x}{2b}, \qquad \hat{\Phi} = \hat{B}A \approx \hat{B}b2x,$$

wenn man x von Null bis $d/2$ wachsen läßt. Dann ist wegen Gl. (12.1.1)

$$\mathrm{d}P_{wi} = U^2\,\mathrm{d}G \approx \frac{\omega^2}{2}\,\hat{B}^2\,4b^2x^2 \cdot \kappa\,\frac{l\,\mathrm{d}x}{2b}$$

oder

$$P_{wi} \approx \omega^2\,\hat{B}^2\,\kappa\,bl \int_0^{d/2} x^2\,\mathrm{d}x = \omega^2\,\hat{B}^2\,\kappa\,bl\,\frac{d^3}{3\cdot 8}.$$

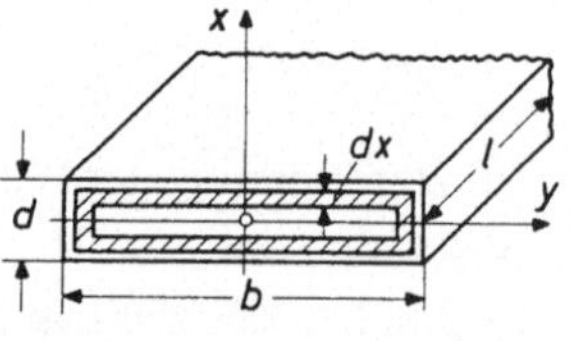

Bild 12.2.2
Zur Berechnung der Wirbelstromverluste in einem Blech

Die Wirbelstromverluste betragen somit bei hinreichend kleinen Frequenzen mit bdl als Volumen V

$$P_{wi} \approx \frac{1}{24}\,\omega^2\,\hat{B}^2\,\kappa\,d^2\,V. \tag{12.2.5}$$

Sie nehmen bei nicht zu hohen Frequenzen mit dem Quadrat der Blechdicke zu.

12.2.2 Spule mit Verlusten. Bei einer Luftspule ist die Induktivität L konstant; wegen des endlichen Leiterwiderstandes R_L treten Stromwärmeverluste auf, die man als *Kupferverluste*

$$P_{cu} = I^2 R_L \tag{12.2.6}$$

bezeichnet. Als Ersatzschaltbild wird bei nicht zu hohen Frequenzen Bild 12.2.3 verwendet, wobei

$$u = u_R + u_L = iR_L + L\,\frac{di}{dt}$$

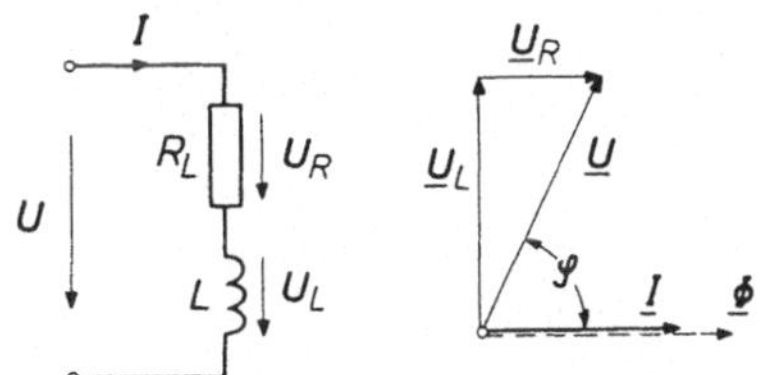

Bild 12.2.3
Ersatzschaltbild und Zeigerdiagramm einer Luftspule bei tiefen Frequenzen

oder bei zeitlich sinusförmiger Spannung im stationären Zustand des Frequenzbereichs

$$\underline{U} = \underline{U}_R + \underline{U}_L = \underline{I}\,(R_L + j\omega L) = \underline{I}\,\underline{Z}$$

mit

$$\underline{Z} = R_L + j\omega L = Z\,e^{j\varphi}, \qquad \tan\varphi = \frac{\omega L}{R_L}\,. \tag{12.2.7}$$

Das zugehörige Zeigerdiagramm zeigt ebenfalls Bild 12.2.3. Wegen des Leiterwiderstandes ist $\varphi < \pi/2$, der Strom $\underline{I}$ ist mit dem Fluß $\underline{\Phi}$ in Phase. Als Spulengüte bezeichnet man

$$Q_L = \tan\varphi = \frac{\omega L}{R_L}$$

Bei höheren Frequenzen muß im Ersatzschaltbild die Windungskapazität durch einen Kondensator parallel zu L berücksichtigt werden. Treten im Spulenkörper Wirbelströme auf, so können die Wirbelstromverluste durch einen weiteren Ohmschen Widerstand parallel zu L erfaßt werden.

Hat die Spule einen Eisenkern, so kommen noch die Eisenverluste hinzu. Die Gesamtverluste werden dann durch die Kupferverluste nach Gl. (12.2.6) und die Eisenverluste (Wirbelstrom- und Hystereseverluste) gebildet. Aus

$$u_L = N\,\frac{d\Phi}{dt} = N\,\frac{d\Phi}{di}\cdot\frac{di}{dt} \tag{12.2.8}$$

erhält man bei wechselnder Magnetisierung und nicht konstanter Permeabilität mit $N\,di = l\,dH$

$$L = N\,\frac{d\Phi}{di} = N^2\,\frac{A}{l}\,\frac{dB}{dH} = N^2\,\frac{A}{l}\,\mu_{dyn}\,. \tag{12.2.9}$$

Bei wechselnder Magnetisierung ist die Induktivität einer Spule mit Eisenkern nicht mehr der *statischen* Permeabilität B/H sondern der *dynamischen* Permeabilität $\mathrm{d}B/\mathrm{d}H$ proportional.

Das allgemeine Ersatzschaltbild der Spule mit Eisenkern und das zugehörige Zeigerdiagramm bei Vernachlässigung der Streuung zeigt Bild 12.2.4. I_μ ist der „ideelle" sinusförmige Magnetisierungsstrom (S. 239), I_f ist der Eisenverluststrom zur Deckung der Hysterese- und Wirbelstromverluste. Die Spannung $\underline{U}_L$ an der Parallelschaltung

$$\underline{U}_L = \mathrm{j}\omega L\,\underline{I}_\mu = R_f \underline{I}_f \tag{12.2.10}$$

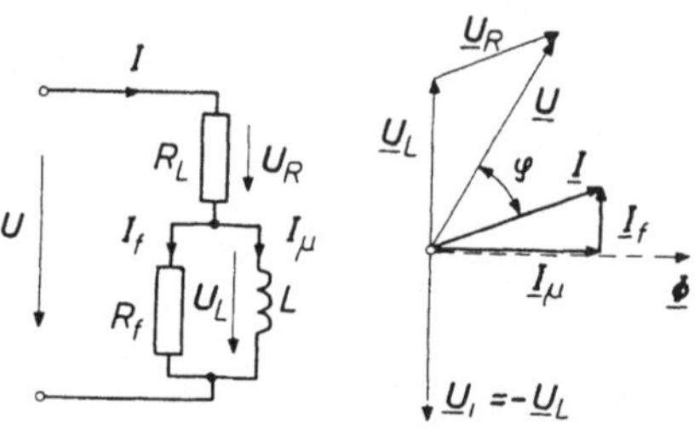

Bild 12.2.4
Ersatzschaltbild und Zeigerdiagramm einer Spule mit Eisenkern

ist auch für die Eisenverluste P_f maßgebend, die der Ohmsche Widerstand R_f berücksichtigt,

$$R_f = \frac{U_L}{I_f} = \omega L \frac{I_\mu}{I_f} = \frac{U_L^2}{P_f}. \tag{12.2.11}$$

Im Zeigerdiagramm ist $\underline{I}_f$ in Phase mit $\underline{U}_L$, eilt dagegen dem Magnetisierungsstrom $\underline{I}_\mu$ um 90° voraus. Der Kupferwiderstand (Wicklungswiderstand) R_L der Spule wird vom gesamten Strom durchflossen, er liegt daher in Reihe zur Parallelschaltung. Die Spannung $\underline{U}$ muß den gesamten Spannungsbedarf des Stromkreises decken. Hat der Eisenkern einen Luftspalt, so wirkt er linearisierend, dadurch wird die Wirkung der Wirbelströme und der Hysterese verringert.

Beispiel 12.1. Bei $f = 800$ Hz ($\omega \approx 5000\ \mathrm{s}^{-1}$) hat eine Spule mit Eisenkern einen Wirkwiderstand $R = 137\ \Omega$ und einen Blindwiderstand $X = 1030\ \Omega$. Die Spule nimmt einen Strom $I = 0{,}1$ A auf. Ohne Eisenkern beträgt $R_L = 37\ \Omega$. Für $f = 800$ Hz sind die Größen des Ersatzschaltbildes, der Magnetisierungsstrom, der Eisenverluststrom sowie die Kupfer- und Eisenverluste zu berechnen.

Lösung: Nach Bild 12.2.4 wird

$$R_L + \frac{\mathrm{j}\omega L\, R_f}{R_f + \mathrm{j}\omega L} = R_L + \frac{\omega^2 L^2 R_f}{R_f^2 + \omega^2 L^2} + \mathrm{j}\,\frac{\omega L\, R_f^2}{R_f^2 + \omega^2 L^2} = R + \mathrm{j}X.$$

Daraus

$$\frac{\omega^2 L^2 R_f}{R_f^2 + \omega^2 L^2} = R - R_L = R' = 100\ \Omega, \qquad \frac{\omega L\, R_f^2}{R_f^2 + \omega^2 L^2} = X.$$

Beide Gleichungen, durcheinander dividiert, sowie die zweite Gleichung ergeben

$$R_f = \frac{\omega L X}{R'}, \qquad R_f^2 = \frac{\omega^2 L^2 X}{\omega L - X}.$$

Daraus

$$\omega L = X + \frac{R'^2}{X} \approx 1040\ \Omega, \qquad R_f = 10{,}7\ \text{k}\Omega.$$

Somit betragen die Größen des Ersatzschaltbildes

$$R_L = 37\ \Omega, \quad R_f = 10{,}7\ \text{k}\Omega, \quad L \approx 0{,}2\ \text{H}.$$

Für die Ströme gilt

$$I^2 = I_\mu^2 + I_f^2, \qquad I_\mu = \frac{R_f}{\omega L} I_f \approx 10{,}3\, I_f$$

oder $I_f = 9{,}65$ mA, $\quad I_\mu \approx I = 100$ mA.

Die Kupfer- und Eisenverluste werden

$$P_{cu} = I^2 R_L \approx 0{,}37\ \text{W}, \qquad P_f = I_f^2 R_f \approx 1{,}0\ \text{W}.$$

Somit $P = P_{cu} + P_f = I^2 R = 1{,}37$ W. Das ist die gesamte Leistungsaufnahme der Spule.

12.2.3 Gleichstromvormagnetisierung. Wird der Eisenkern einer Drossel durch Gleichstrom vormagnetisiert, so liegt die Hystereseschleife der überlagerten Wechselmagnetisierung nicht mehr symmetrisch zum Kennlinienursprung, so daß nach Bild 12.2.5 je nach dem durch die Gleichstromvormagnetisierung bestimmten Arbeitspunkt A gleiche Beträge ΔH verschiedenen Beträgen ΔB entsprechen. Die für die Wechselmagnetisierung maßgebende Induktivität wird damit eine Funktion der Gleichstromvormagnetisierung und ist für hinreichend kleine Wechselkomponenten durch die reversible Permeabilität im Arbeitspunkt bestimmt.

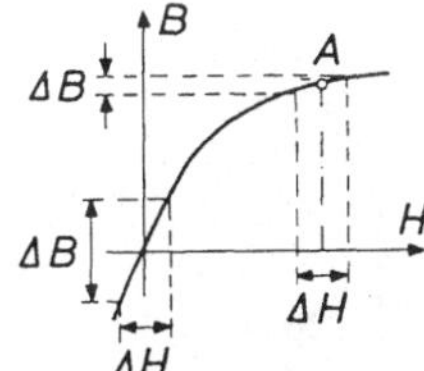

Bild 12.2.5
Wirkung der Gleichstromvormagnetisierung

Sofern unerwünscht, kann der Einfluß der Vormagnetisierung durch die linearisierende Wirkung eines Luftspaltes verringert werden. Andererseits kann aber auch der magnetisierende Wechselstrom durch den vormagnetisierenden Gleichstrom gesteuert werden, was beim magnetischen Verstärker angewendet wird.

12.2.4 Dielektrische Verluste. Mißt man den Isolationswiderstand eines Isoliermaterials bei Wechselstrom, so ist er meist wesentlich kleiner als bei Gleichstrom. Neben den reinen *Isolationsverlusten* kommen bei Wechselstrom weitere Verluste hinzu, welche bei festen Isolierstoffen die Isolationsverluste infolge der elektrischen Leitfähigkeit des Isoliermaterials in der Regel bei weitem überwiegen. Diese zusätzlichen Verluste können vor allem aus der stets vorhandenen Inhomogenität des Isoliermaterials erklärt werden. Im nichthomogenen Dielektrikum ist nämlich das Verhältnis ϵ/κ örtlich verschieden. Als Zeitkonstante nach Gl. (3.2.11), bestimmt dieses Verhältnis den Ladungstransport innerhalb des Isoliermaterials. Im zeitlich konstanten elektrischen Feld erhält man dabei eine andere Potentialverteilung als im Wechselfeld, in dem es in den Grenzbereichen zu einem ständigen Ladungstransport kommt. Außerdem treten noch *Polarisationsverluste* auf, bedingt durch die Polarisation des Dielektrikums (Kap. 3.1.4) im elektrischen Feld, wobei im Wechselfeld eine ständige Umpolarisation erfolgt. Bei höheren Frequenzen kann es auch zu molekularen Resonanzerscheinungen kommen.

Im idealen Dielektrikum ist der Verschiebungsstrom, z.B. bei einem Kondensator mit Gl. (12.1.2)

$$\underline{I}_\nu = \underline{J}_\nu A = \mathrm{j}\,\omega\epsilon \frac{A}{l}\,\underline{U} = \mathrm{j}\,\omega C \underline{U}$$

ein reiner Blindstrom. Infolge der dielektrischen Verluste ist aber der Phasenwinkel φ zwischen Strom und Spannung $\varphi < \pi/2$. Ein Maß für die dielektrischen Verluste ist dabei der *Verlustwinkel* $\delta = 90° - \varphi$; er kann in Brückenschaltungen gemessen werden (Kap. 13.1.5). Für die meisten technischen Isolierstoffe liegt der *Verlustfaktor* $\tan\delta$ in der Größenordnung 10^{-2} bis 10^{-3}, er ist im allgemeinen temperatur- und frequenzabhängig. Für einige Isolierstoffe ist $\tan\delta$ in Tabelle 12.1 angegeben.

Die Abweichung des Phasenwinkels von 90° infolge dielektrischer Verluste bezeichnet man als *Verlustwinkel* δ eines Isoliermaterials. Der *Verlustfaktor* $\tan\delta$ dient als Maß für die dielektrischen Verluste.

Tabelle 12.1. Verlustfaktor $\tan\delta$ bei 20 °C (Richtwerte)

Stoff	$10^3 \cdot \tan\delta$		Stoff	$10^3 \cdot \tan\delta$	
	800 Hz	1 MHz		800 Hz	1 MHz
Bernstein	7	5	Öl-Papier	4–40 [1])	–
Calit	0,9	0,3–0,5	Papier, trocken	4	–
Condensa	0,5–1	0,3–0,5	Plexiglas	20–60	20–60
Gießharz	0,1–9 [1])	12–40	Polyäthylen	0,2–1	0,2–1
Glas	3–30	0,6–11	Polystyrol	0,2–0,4	0,4
Glimmer	0,2–1	0,17	Quarz	–	1
Hartgummi	–	16	Silikonharz	1–2	–
Hartpapier	2,5–25	–	Steatit	1,5–2	2
Hartporzellan	7–25	–	Styroflex	–	0,2
Keramik	–	0,1–0,8	Transformat.-Öl	5 [1])	–

[1]) bei 50 Hz

12.2.5 Kondensator mit Verlusten. Die dielektrischen Verluste im Isoliermaterial eines Kondensators kann man dadurch erfassen, daß man im Ersatzschaltbild für einen Kondensator mit Verlusten einen Ohmschen Widerstand R_p als Verlustwiderstand parallel zum verlustlos angenommenen Kondensator der Kapazität C vorsieht. Um dabei auszudrücken, daß der Verlustwiderstand R_p nicht dem eigentlichen Isolationswiderstand R_i entspricht, wird mit dem reziproken Wert $G = 1/R_p$ als *Ableitung* des Kondensators gerechnet. Auf diese Weise kommt man zum Ersatzschaltbild und Zeigerdiagramm des Kondensators mit Verlusten, Bild 12.2.6. Für den Verlustfaktor entnimmt man dem Bild unter Berücksichtigung, daß der Verlustwinkel in der Regel sehr klein ist,

$$\boxed{\tan\delta = \frac{I_G}{I_C} = \frac{G}{\omega C} \approx \delta} \quad (12.2.12)$$

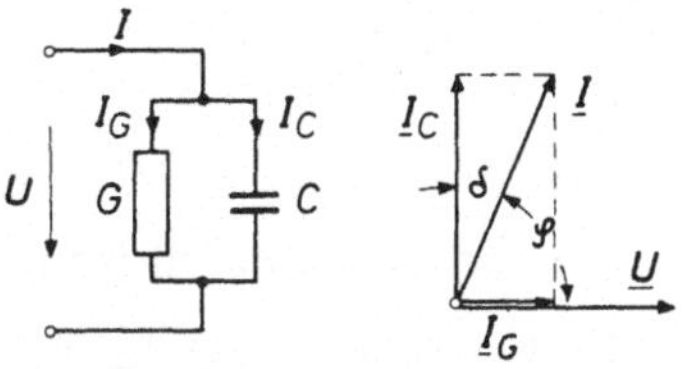

Bild 12.2.6
Ersatzschaltbild und Zeigerdiagramm eines Kondensators mit Verlusten

Damit werden der Verluststrom (Ableitungsstrom)

$$I_G = \frac{G}{\omega C} I_c = UG \approx U\delta\,\omega C$$

und die dielektrischen Verluste des Kondensators

$$P_v = UI_G \approx U^2 \delta\,\omega C. \quad (12.2.13)$$

Den Kehrwert des Verlustfaktors

$$Q_c = \tan\varphi = \frac{\omega C}{G} = \omega C R_p \quad (12.2.14)$$

bezeichnet man auch als Güte des Kondensators oder *Kondensatorgüte*, in Analogie zu Gl. (12.2.7).

In der Regel wird die Kapazität eines Kondensators aus dem Parallelersatzschaltbild definiert. Man kann aber auch als Ersatzschaltbild eine Reihenschaltung aus R_r und C_r vorsehen, dann wird der Verlustfaktor

$$\tan\delta = \frac{U_R}{U_C} = R_r \omega C_r \approx \delta \quad (12.2.12a)$$

und aus

$$\underline{Z}_r = R_r - \mathrm{j}\frac{1}{\omega C_r}, \qquad \underline{Z}_p = \frac{1}{G + \mathrm{j}\omega C} = \frac{G - \mathrm{j}\omega C}{G^2 + \omega^2 C^2}$$

erhält man

$$R_r = \frac{G}{G^2 + \omega^2 C^2} \approx \frac{G}{\omega^2 C^2}, \qquad C_r = C\left(1 + \frac{G^2}{\omega^2 C^2}\right) \approx C.$$

Beispiel 12.2. Der Kapazitätsbelag eines Koaxialkabels beträgt $C' = 0{,}2\ \mu\mathrm{F/km}$, der Verlustfaktor des Isoliermaterials bei $f = 50$ Hz $\tan\delta = 5 \cdot 10^{-3}$. Gesucht die dielektrischen Verluste des Kabels je km Länge und der Ableitungsbelag bei $U = 15$ kV, $f = 50$ Hz.

Lösung: Mit $\tan\delta \approx \delta$ erhält man für den Ableitungsbelag

$$G' = \delta\,\omega C' = 0{,}314\ \mu\mathrm{S/km}$$

und für die dielektrischen Verluste

$$P_v' = U^2 \delta\,\omega C' \approx 70{,}7\ \mathrm{W/km}.$$

Bem.: Die vier Kenngrößen einer Leitung oder eines Kabels werden stets pro km Länge als Beläge angegeben. Es sind der Widerstandsbelag R', der Induktivitätsbelag L', der Kapazitätsbelag C' und der Ableitungsbelag G'.

13 Zweipole und Vierpole

13.1 Ersatzschaltbilder und Frequenzverhalten

13.1.1 Lineare Zweipole. Ein Zweipol ist linear, wenn er nur aus linearen Gliedern aufgebaut ist (Kap. 2.3.6), dann gilt das Ohmsche Gesetz $U \sim I$. Ein solcher Zweipol enthält ausschließlich strom- und spannungsunabhängige, d. h. lineare Bauelemente R, L, C, deren Zeit- und Frequenzverhalten in Tabelle 13.1 zusammengestellt ist. Nichtlineare Bauelemente sind dagegen insbesondere Spulen mit Eisenkern, Halbleiter, Gasentladungsröhren oder Hochvakuumröhren. Ein Zweipol kann sich ferner ohmisch ($\varphi = 0$), induktiv oder kapazitiv ($\varphi \neq 0$) verhalten, er kann auch sein Verhalten mit der Frequenz ändern, was der Regelfall ist (Kap. 13.3).

Tabelle 13.1. Zeit- und Frequenzverhalten linearer Bauelemente

Element	Zeitverhalten	Frequenzverhalten	
R	$u = Ri$ $i = \frac{u}{R} = Gu$	$\underline{U} = R\underline{I}$ $\underline{I} = \frac{\underline{U}}{R} = G\underline{U}$	R, G, 0, ω
L	$u = L\frac{di}{dt}$ $i = \frac{1}{L}\int u\,dt + i(0)$	$\underline{U} = j\omega L\underline{I}$ $\underline{I} = \frac{1}{j\omega L}\underline{U}$	$j\omega L$, 0, ω, $1/j\omega L$
C	$u = \frac{1}{C}\int i\,dt + u(0)$ $i = C\frac{du}{dt}$	$\underline{U} = \frac{1}{j\omega C}\underline{I}$ $\underline{I} = j\omega C\underline{U}$	$j\omega C$, 0, ω, $1/j\omega C$

Grundsätzlich kann ein induktiver oder kapazitiver Zweipol im Ersatzschaltbild als Reihenschaltung oder als Parallelschaltung aus R, L bzw. R, C dargestellt werden. Kennzeichnet Index r die Größen der Reihenschaltung und Index p die Größen der Parallelschaltung, so ist zunächst die Eingangsimpedanz (Eingangswiderstand) $\underline{Z}$ und der Eingangsleitwert (Eingangsadmittanz) $\underline{Y}$

$$\underline{Z} = \underline{Z}_r = \underline{Z}_p, \qquad \underline{Y} = \underline{Y}_r = \underline{Y}_p = 1/\underline{Z},$$

wobei beim induktiven Zweipol

$$\underline{Z} = R + \mathrm{j}X = Z\,\mathrm{e}^{\mathrm{j}\varphi}, \qquad \underline{Y} = G + \mathrm{j}B = Y\,\mathrm{e}^{-\mathrm{j}\varphi} \tag{13.1.1}$$

und beim kapazitiven Zweipol

$$\underline{Z} = R + \mathrm{j}X = Z\,\mathrm{e}^{-\mathrm{j}\varphi}, \qquad \underline{Y} = G + \mathrm{j}B = Y\,\mathrm{e}^{\mathrm{j}\varphi}. \tag{13.1.1a}$$

Beim induktiven Zweipol ist dabei

$$R = R_r, \quad X = \omega L_r, \quad G = 1/R_p, \quad B = -1/\omega L_p$$

und beim kapazitiven Zweipol

$$R = R_r, \quad X = -1/\omega C_r, \quad G = 1/R_p, \quad B = \omega C_p,$$

so daß allgemein

$$\underline{Z} = Z(\cos\varphi \pm \mathrm{j}\sin\varphi), \qquad \underline{Y} = Y(\cos\varphi \mp \mathrm{j}\sin\varphi). \tag{13.1.2}$$

Das Zeigerdiagramm beider Ersatzschaltbilder für einen induktiven Zweipol zeigt Bild 13.1.1.

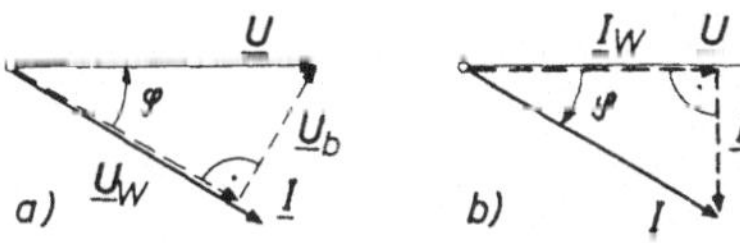

Bild 13.1.1
Zeigerdiagramm eines induktiven Zweipols
a) Reihenersatzschaltung, b) Parallelersatzschaltung

Die Reihenersatzschaltung entspricht einer Aufteilung der Spannung in Wirk- und Blindkomponente $\underline{U}_w$, $\underline{U}_b$ mit dem Strom $\underline{I}$ als Bezugszeiger, die Parallelersatzschaltung entspricht einer Aufteilung des Stromes in Wirk- und Blindkomponente $\underline{I}_w$, $\underline{I}_b$ mit der Spannung $\underline{U}$ als Bezugszeiger. Dabei ist

$$\left.\begin{aligned} R_r &= Z\cos\varphi, & \omega L_r &= Z\sin\varphi, \\ R_p &= \frac{1}{G} = \frac{1}{Y\cos\varphi}, & \omega L_p &= \frac{1}{|B|} = \frac{1}{Y|\sin\varphi|} \end{aligned}\right\} \tag{13.1.3}$$

mithin

$$R_r/R_p = \cos^2\varphi, \qquad L_r/L_p = \sin^2\varphi \tag{13.1.4}$$

oder

$$\left.\begin{aligned} R_r &= \frac{U_w}{I} = \frac{U\cos\varphi}{I}, & \omega L_r &= \frac{U_b}{I} = \frac{U\sin\varphi}{I}, \\ R_p &= \frac{U}{I_w} = \frac{U}{I\cos\varphi}, & \omega L_p &= \frac{U}{I_b} = \frac{U}{I|\sin\varphi|}. \end{aligned}\right\} \tag{13.1.5}$$

Die entsprechenden Ausdrücke erhält man für einen kapazitiven Zweipol.

Da Reihen- und Parallelersatzschaltbild elektrisch gleichwertig sind, erhält man für einen induktiven Zweipol

$$\underline{Z} = R_r + \mathrm{j}\,\omega L_r = \frac{1}{G + \mathrm{j}B} = \frac{G - \mathrm{j}B}{G^2 + B^2}\,.$$

Daraus mit $G = 1/R_p$ und $B = -1/\omega L_p$

$$R_r = \frac{R_p}{1 + (R_p/\omega L_p)^2}, \qquad L_r = \frac{L_p}{1 + (\omega L_p/R_p)^2}\,. \tag{13.1.6}$$

Tabelle 13.2 Frequenzverhalten elementarer komplexer Zweipole

Schaltung	Formeln	Frequenzgang
R L (Reihenschaltung)	$Z = \sqrt{R^2 + \omega^2 L^2}$ $Y = 1/Z$	1/R, R, 0; Z, Y; ω
L, G=1/R (Parallelschaltung)	$Y = \sqrt{G^2 + (1/\omega L)^2}$ $Z = 1/Y$	R, G, 0; Z, Y; ω
R C (Reihenschaltung)	$Z = \sqrt{R^2 + (1/\omega C)^2}$ $Y = 1/Z$	1/R, R, 0; Y, Z; ω
C, G=1/R (Parallelschaltung)	$Y = \sqrt{G^2 + \omega^2 C^2}$ $Z = 1/Y$	R, G, 0; Y, Z; ω

Geht man beim kapazitiven Zweipol von der Parallelschaltung aus, so ist

$$\underline{Y} = G + \mathrm{j}\omega C_p = \frac{1}{R_r - \mathrm{j}(1/\omega C_r)} = \frac{\omega C_r (R_r \omega C_r + \mathrm{j})}{1 + \omega^2 C_r^2 R_r^2}\,.$$

Daraus mit $G = 1/R_p$

$$R_p = R_r \{1 + 1/(\omega C_r R_r)^2\}, \qquad C_p = \frac{C_r}{1 + \omega^2 C_r^2 R_r^2}\,. \tag{13.1.6a}$$

Den Frequenzgang für die Beträge Z und Y solcher elementarer Zweipole zeigt die Zusammenstellung in Tabelle 13.2. Die Äquivalenz von Reihen- und Parallelschaltung gilt nur jeweils für eine bestimmte Frequenz.

13.1.2 Vierpolmatrizen. In den Vierpolgleichungen, Kap. 2.3.8, sind die Vierpolparameter bei Wechselstrom im allgemeinen komplex und frequenzabhängig. Die Gleichwertigkeit der Vierpol-Ersatzschaltungen gilt daher nur noch für eine bestimmte Frequenz. Rechnet man mit den Vierpolmatrizen, so operiert man mit der ganzen von der Vierpolmatrix beschriebenen Schaltung, was besonders dann vorteilhaft sein kann, wenn sich ein Netzwerk als Zusammenschaltung aus mehreren Vierpolen betrachten läßt.

Wie im Anhang abgeleitet wird, gilt für lineare Vierpole

> Bei der Reihenschaltung von Vierpolen addieren sich ihre Widerstandsmatrizen, bei der Parallelschaltung addieren sich ihre Leitwertmatrizen. Bei der Kettenschaltung von Vierpolen multiplizieren sich ihre Kettenmatrizen in der Reihenfolge der Aneinanderreihung.

Das Doppel-*T*-*RC*-Glied Bild 13.1.2 bildet z.B. eine Parallelschaltung zweier *T*-Glieder mit den Leitwertmatrizen Y' und Y'', das leerlaufende *RC*-Sieb Bild 13.1.3 eine Kettenschaltung aus einem entarteten π-Glied und einem vollständigen π-Glied mit den Kettenmatrizen A' und A''. Beim ersten Kettenglied sind beide Querglieder mit dem Leitwert $Y = 0$ ergänzt zu denken.

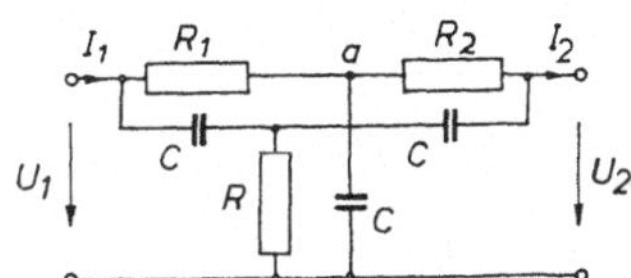

Bild 13.1.2
Doppel *T RC* Glied

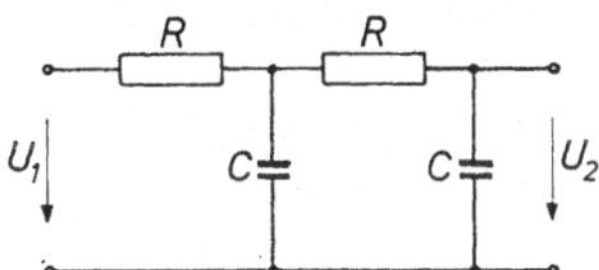

Bild 13.1.3
RC-Siebkette

Soll das Doppel-*T*-*RC*-Glied so dimensioniert werden, daß es für die Frequenz ω unabhängig von der Beschaltung am Ausgang eine totale Sperre bildet, so ist nach Gl. (2.3.16) $U_2 = 0$ *und* $I_2 = 0$ zu setzen, was durch $Y_{21} = 0$ erfüllt wird. Für die Parallelschaltung erhält man dabei aus der Tabelle im Anhang

$$Y_{21} = Y'_{21} + Y''_{21} = \frac{1}{R_1 + R_2 + \mathrm{j}\,\omega C R_1 R_2} - \frac{\omega^2 C^2 R}{1 + 2\mathrm{j}\,\omega C R} = 0$$

und aufgeteilt in Real- und Imaginärteil die beiden Bedingungen

$$R_1 R_2 \omega^2 C^2 = 2, \qquad \omega^2 C^2 R (R_1 + R_2) = 1$$

oder

$$\omega^2 = \frac{2}{C^2 R_1 R_2}; \qquad R = \frac{R_1 R_2}{2(R_1 + R_2)}.$$

Diese Bedingungen kann man leicht erfüllen, wenn man in Bild 13.1.2 durch ein Potentiometer im Punkt *a* das Produkt $R_1 R_2$ und damit die Frequenz ω festgelegt und anschließend den Querwiderstand R so lange ändert, bis man bei der Frequenz ω eine vollständige Sperre erhält.

Für das *RC*-Sieb als Kettenschaltung wird nach Gl. (2.3.17) das Spannungsverhältnis $U_1/U_2 = |A_{11}|$. Dafür erhält man aus der Tabelle im Anhang unter Beachtung des nichtkommutativen Charakters der Matrizenmultiplikation bei der Frequenz ω

$$A_{11} = A'_{11} A''_{11} + A'_{12} A''_{21} = 1 - \omega^2 R^2 C^2 + 3\mathrm{j}\,\omega C R.$$

Das Spannungsverhältnis wird daraus durch Betragsbildung und Ausmultiplizieren

$$U_1/U_2 = \sqrt{1 + 7\,\omega^2 C^2 R^2 + \omega^4 C^4 R^4}.$$

13.1.3 Duale Schaltungen. In Kap. 2.3.6 wurden zwei Netzwerke als *dual* oder *widerstandsreziprok* bezeichnet, wenn sich die Ströme in einem Netzwerk ebenso verhalten wie die Spannungen im anderen und umgekehrt. Bei Wechselstrom muß dieses duale Verhalten auch auf das Zeitverhalten und Frequenzverhalten beider Netzwerke erweitert werden. Wie aus der Zusammenstellung in Tabelle 13.1 zu erkennen ist, verhalten sich demnach L und C dual, ebenso nach Tabelle 13.2 eine Reihenschaltung aus R und L und eine Parallelschaltung aus R und C und umgekehrt. Im ersten Fall ist

$$\underline{U} = \underline{I}(R + \mathrm{j}\,\omega L), \qquad \underline{I} = \underline{U}(G + \mathrm{j}\,\omega C),$$

im umgekehrten Fall ist

$$\underline{U} = \underline{I}(R - \mathrm{j}/\omega C), \qquad \underline{I} = \underline{U}(G - \mathrm{j}/\omega L).$$

Allgemein verhalten sich dual oder widerstandsreziprok

Widerstand ⟷ Leitwert	Reihenschaltung ⟷ Parallelschaltung
Induktivität ⟷ Kapazität	Masche ⟷ Knoten
Spannung ⟷ Strom	Leerlauf ⟷ Kurzschluß

Zwei lineare Netzwerke sind dual oder widerstandsreziprok, wenn sich der Scheinwiderstand des einen Netzwerks genau so verhält wie der Scheinleitwert des anderen und umgekehrt.

Es muß demnach gelten

$$\underline{Z}_1 = c\underline{Y}_2, \quad \underline{Z}_2 = c\underline{Y}_1,$$

wobei $c = Z^2$ die *Dualitätskonstante* mit der Dimension eines Widerstandes zum Quadrat ist. Die allgemeine *Dualitätsbedingung* lautet daher

$$\underline{Z}_1 \underline{Z}_2 = Z^2 \tag{13.1.7}$$

mit Z^2 als beliebig vorgegebene *reelle*, frequenzunabhängige Konstante.

Tabelle 13.3.
Duale Anordnungen

Z_1	Z_2	Dualitätsbedingung
R_1	R_2	$R_1 R_2 = Z^2$
L	C	$\frac{L}{C} = Z^2$
R_1 L	R_2 C	$\frac{L}{C} = R_1 R_2 = Z^2$
R_1 C	R_2 L	$\frac{L}{C} = R_1 R_2 = Z^2$
L_1 C_1	L_2 C_2	$\frac{L_1}{C_2} = \frac{L_2}{C_1} = Z^2$

Eine Zusammenstellung dualer (widerstandsreziproker) Zweipole enthält Tabelle 13.3. Demnach erhält man die zu einer gegebenen Schaltung duale Schaltung, wenn man ersetzt:

Reihenschaltung durch Parallelschaltung und umgekehrt,
Widerstand R durch Leitwert $G = R/Z^2$,
Leitwert G durch Widerstand $R = GZ^2$,
Induktivität L durch Kapazität $C = L/Z^2$,
Kapazität C durch Induktivität $L = CZ^2$,

so daß

$$Z^2 = L/C = R/G. \qquad (13.1.8)$$

Beispiel 13.1. Im Übertragungsglied (Vierpol) 1–2–3–4 in Bild 13.1.4 ist $\underline{Z}_1 = R_1 + \mathrm{j}\omega L$ mit R_1 beliebig wählbar. Es soll der Querzweig $\underline{Z}_2$ so bestimmt werden, daß der Eingangswiderstand $\underline{Z}_{12}$ an den Eingangsklemmen 1–2 gleich dem Abschlußwiderstand R wird.

Lösung: Aus

$$\underline{Z}_{12} = \frac{R\underline{Z}_1}{R + \underline{Z}_1} + \frac{R\underline{Z}_2}{R + \underline{Z}_2} = R$$

erhält man ausmultipliziert die Bedingung

$$\underline{Z}_1\underline{Z}_2 = R^2.$$

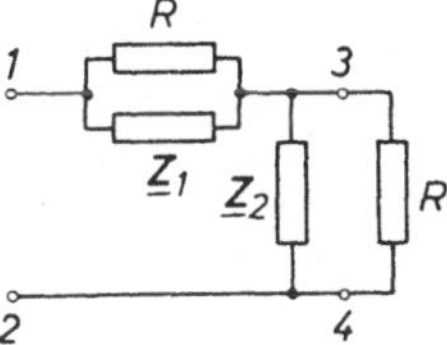

Bild 13.1.4
Zu Beispiel 13.1

Diese Bedingung kann erfüllt werden, wenn $\underline{Z}_1$ und $\underline{Z}_2$ duale Anordnungen mit beispielsweise $R^2 = Z^2$ sind. Macht man ferner $R_1 = R_2$, so muß $\underline{Z}_2$ eine Parallelschaltung aus

$$R_2 = R_1 = Z^2/R_1 = R \quad \text{und} \quad C = L/Z^2 = L/R^2$$

bilden. Dann ist mit $R_1 = R$

$$\underline{Z}_1\underline{Z}_2 = R\,\frac{R + \mathrm{j}\omega L}{1 + \mathrm{j}\omega CR} = R^2\,\frac{1 + \mathrm{j}\omega L/R}{1 + \mathrm{j}\omega CR} = R^2.$$

Dieses Ergebnis ist *frequenzunabhängig*, während eine Lösung mit $\underline{Z}_2 = \underline{Z}_1^*$, also eine Reihenschaltung aus R_1 und C als Querzweig, die verlangte Bedingung zwar ebenfalls erfüllen kann, aber nur für eine Frequenz, für die

$$\omega L = 1/\omega C \quad \text{und} \quad R_1^2 + \omega^2 L^2 = R^2,$$

also

$$R_1 = R_2 < R, \qquad \omega L = 1/\omega C = \sqrt{R^2 - R_1^2}.$$

Übertragungsglieder mit widerstandsreziproken Zweigen werden in der Nachrichtentechnik beispielsweise als sogenannte Entzerrungsglieder zum Phasenausgleich zwischen Generator und Verbraucher (Sender und Empfänger) verwendet, wobei die Anpassungsbedingung erfüllt bleibt.

13.14 90°-Schaltungen. Die stets vorhandenen Wirkwiderstände der Wicklungen und Zuleitungen haben zur Folge, daß eine Phasenverschiebung von genau 90° nur durch eine Kunstschaltung erreicht werden kann. Hierbei werden Strom und Spannung zweier verschiedener Zweige eines Netzwerks herangezogen. Nachteil aller dieser Kunstschaltungen ist ihre Frequenzabhängigkeit; der Winkel von genau 90° tritt immer nur bei einer ganz bestimmten Frequenz auf.

Eine der bekanntesten 90°-Schaltungen ist die *Hummelschaltung*, Bild 13.1.5; sie wird vorzugsweise in Leistungsmessern verwendet, um die Blindleistung direkt zu messen. Der vom Strom $\underline{I}_2$ durchflossene Zweig bildet den Spannungspfad, $\underline{I}_2$ ist gegenüber der Spannung $\underline{U}$ um genau 90° phasenverschoben, was durch Verändern von R_1 eingestellt werden kann.

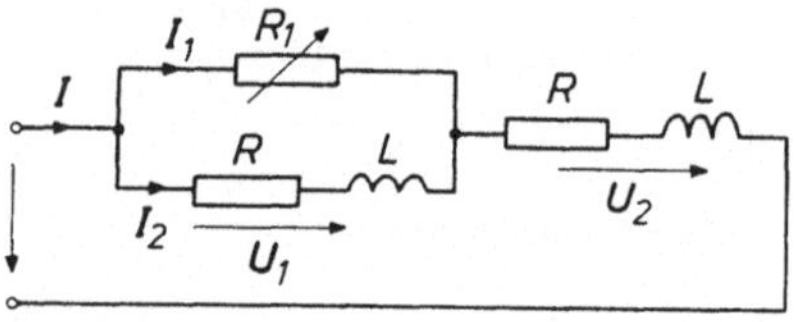

Bild 13.1.5
Hummelschaltung

Nach Bild 13.1.5 ist zunächst

$$\underline{I}_1 R_1 = \underline{I}_2 (R + \mathrm{j}\omega L) = \underline{U} - \underline{I}\,(R + \mathrm{j}\omega L), \quad \underline{I} = \underline{I}_1 + \underline{I}_2$$

oder

$$\underline{I} = \underline{I}_2 \left(1 + \frac{R + \mathrm{j}\omega L}{R_1}\right)$$

und damit

$$\underline{I}_2 (R + \mathrm{j}\omega L) = \underline{U} - \underline{I}_2 (R + \mathrm{j}\omega L)\left(1 + \frac{R + \mathrm{j}\omega L}{R_1}\right).$$

Daraus erhält man

$$\underline{U} R_1 = \underline{I}_2 \{2 R_1 (R + \mathrm{j}\omega L) + (R^2 + 2R\mathrm{j}\omega L - \omega^2 L^2)\}.$$

Sollen $\underline{U}$ und $\underline{I}_2$ einen rechten Winkel bilden, so muß R_1 so bestimmt werden, daß der Realteil der rechten Seite verschwindet, also

$$2 R_1 R + R^2 - \omega^2 L^2 = 0.$$

Daraus erhält man die Bedingung

$$R_1 = \frac{\omega^2 L^2 - R^2}{2R}.$$

Diese Bedingung ist nur erfüllbar, wenn $\omega L > R$, also Arctan $(\omega L/R) > 45°$. Das zugehörige Zeigerdiagramm zeigt Bild 13.1.6. $\underline{U}$ und $\underline{I}_2$ bilden einen rechten Winkel, während die Winkel zwischen $(\underline{U}_1, \underline{I}_2)$ und $(\underline{U}_2, \underline{I})$ gleich und $> 45°$ sein müssen, da $\underline{U}_1$ und $\underline{U}_2$ jeweils an $R + \mathrm{j}\omega L$ liegen.

Beispiel 13.2. Die Schaltung Bild 13.1.7 soll als kurzgeschlossenes T-Glied nach Bild 2.3.22a mit

$$\underline{z}_1 = R_1 + \mathrm{j}\omega L, \quad \underline{z}_2 = R_2 + \mathrm{j}\omega L, \quad \underline{z}_3 = 1/\mathrm{j}\omega C$$

betrachtet werden. Gesucht ist die Bedingung, damit $\underline{I}_2$ und $\underline{U}$ einen rechten Winkel bilden.

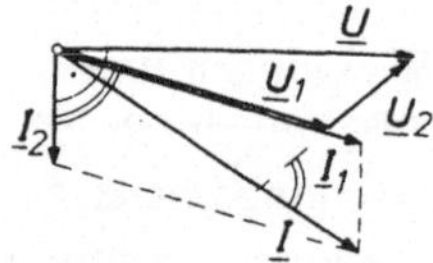

Bild 13.1.6
Zeigerdiagramm zur Hummelschaltung

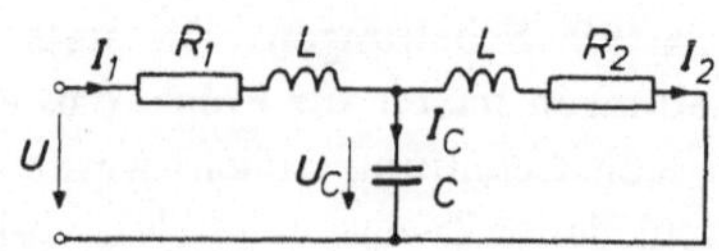

Bild 13.1.7
Polecksche Schaltung

Lösung: Nach Gl. (2.3.17) ist bei Kurzschluß $\underline{U} = \underline{A}_{12}\underline{I}_2$, wobei nach der Stromteiler-Regel, Gl. (2.3.7)

$$\underline{I}_2 = \underline{I}_1 \frac{\underline{z}_3}{\underline{z}_2 + \underline{z}_3} = \underline{I}_1 \frac{1}{1 + \underline{z}_2 \underline{y}_3}$$

und

$$\underline{U} = \underline{I}_1 \left(\underline{z}_1 + \frac{\underline{z}_2 \underline{z}_3}{\underline{z}_2 + \underline{z}_3} \right) = \underline{I}_1 \frac{\underline{z}_1 + \underline{z}_2 + \underline{z}_1 \underline{z}_2 \underline{y}_3}{1 + \underline{z}_2 \underline{y}_3}.$$

Damit wird

$$\underline{A}_{12} = \underline{z}_1 + \underline{z}_2 + \underline{z}_1 \underline{z}_2 \underline{y}_3 = R_1 + R_2 + 2\mathrm{j}\omega L + (R_1 + \mathrm{j}\omega L)(R_2 + \mathrm{j}\omega L)\,\mathrm{j}\omega C.$$

Sollen $\underline{U}$ und $\underline{I}_2$ einen rechten Winkel bilden, so muß $\underline{A}_{12}$ imaginär sein. Der Realteil verschwindet, wenn

$$R_1 + R_2 - \omega^2 LC (R_1 + R_2) = 0,$$

was durch die Bedingung

$$\omega L = 1/\omega C, \qquad \frac{1}{\mathrm{j}\omega C} = -\mathrm{j}\omega L$$

erfüllt wird. Dann wird

$$\underline{U} = \mathrm{j}\underline{I}_2 \{ 2\omega L + \omega C (R_1 R_2 - \omega^2 L^2) \} = \mathrm{j}\underline{I}_2 \frac{R_1 R_2 + \omega^2 L^2}{\omega L}$$

und

$$\underline{I}_1 = \underline{U} \frac{R_2}{R_1 R_2 + \omega^2 L^2} = \frac{\underline{U}}{\underline{Z}}.$$

Der resultierende Scheinwiderstand $\underline{Z}$ ist demnach reell. Für $\omega = 0$ wird $Z = R_1$, also gleich dem Gleichstromwiderstand, da noch die Bedingung $\omega L = 1/\omega C$ berücksichtigt werden muß, die bei $\omega = 0$ für die Kapazität einen Kurzschluß bedeutet.

Die betrachtete Schaltung ist die sogenannte *Poleckscbe* Schaltung, sie hat den Vorteil, daß die 90° Phasenverschiebung zwischen $\underline{U}$ und $\underline{I}_2$ unabhängig von der Größe des Widerstandes R_2 ist. Das zugehörige Zeigerdiagramm zeigt Bild 13.1.8.

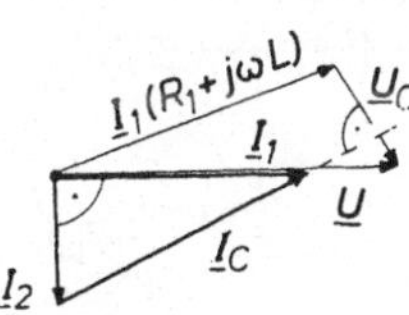

Bild 13.1.8
Zeigerdiagramm zur Poleckschen Schaltung bei $\omega L = 1/\omega C$

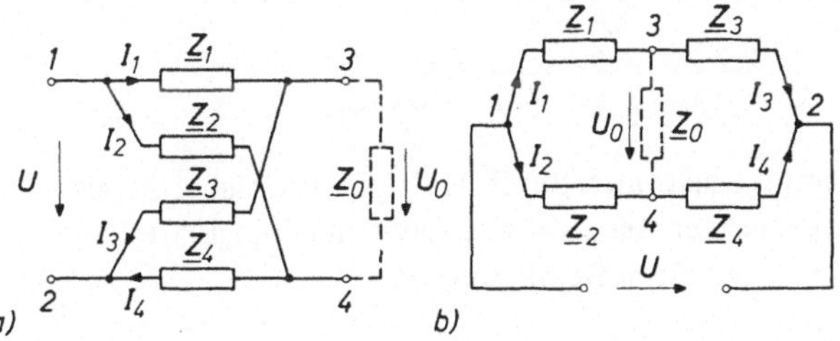

Bild 13.1.9
Brückenschaltung. a) als mit $\underline{Z}_0$ belasteter Vierpol (X- oder Kreuzglied), b) in konventioneller Anordnung

13.1.5 Wechselstrombrücken. Netzwerke in Brückenschaltung sind Vierpole, die man als X-Glied (Kreuzglied) nach Bild 13.1.9a darstellen kann. Als Wechselstrombrücken finden Brückenschaltungen in vielfältigen Abwandlungen in allen Zweigen der Elektrotechnik eine vielseitige Anwendung, beispielsweise zur Messung von Kapazitäten, Induktivitäten,

Scheinwiderständen oder Wechselstromverlusten. Man findet sie als Phasenbrücken, um bestimmte Phasenverschiebungen zu erhalten, als Frequenzbrücken oder Gleichrichterbrücken wie z. B. als Modulations- oder Demodulationsschaltungen. Sind $\underline{Z}_1, \underline{Z}_2, \underline{Z}_3$ und $\underline{Z}_4$ die vier komplexen Widerstände einer einfachen Brückenschaltung nach Bild 13.1.9b, so lautet die Bedingung für die Stromlosigkeit des Nullzweiges (Abschlußwiderstand $\underline{Z}_0$), die *Abgleichbedingung* nach Gl. (2.3.8)

$$\frac{\underline{Z}_1}{\underline{Z}_2} = \frac{\underline{Z}_3}{\underline{Z}_4} \quad \text{oder} \quad \frac{Z_1}{Z_2}\,\mathrm{e}^{\mathrm{j}(\varphi_1 - \varphi_2)} = \frac{Z_3}{Z_4}\,\mathrm{e}^{\mathrm{j}(\varphi_3 - \varphi_4)}.$$

Bei einer Wechselstrombrücke müssen demnach mit $\varphi_{12} = \varphi_1 - \varphi_2$ und $\varphi_{34} = \varphi_3 - \varphi_4$ *zwei* Bedingungen erfüllt sein,

$$\boxed{\frac{Z_1}{Z_2} = \frac{Z_3}{Z_4}, \quad \varphi_{12} = \varphi_{34}} \qquad (13.1.9)$$

wobei das Vorzeichen der Winkel davon abhängt, ob sie induktiv oder kapazitiv sind. Während bei einer Gleichstrombrücke die Abgleichbedingung immer erfüllt werden kann, gilt das für eine Wechselstrombrücke nur für die Betragsbedingung. Ist beispielsweise $\underline{Z}_1$ induktiv und $\underline{Z}_2$ kapazitiv, so ist $\varphi_{12} > 0$. Macht man dann $\underline{Z}_3$ kapazitiv und $\underline{Z}_4 = R$, so kann die Phasenbedingung nicht erfüllt werden, da $\varphi_4 = 0$ und daher $\varphi_{34} < 0$.

Zur Messung der Kapazität von Kondensatoren und des Verlustfaktors von Isoliermaterialien, vorzugsweise bei hohen Spannungen, dient die *Scheringbrücke*, deren Schaltung Bild 13.1.10 zeigt. G_x, C_x sind Ableitung und Kapazität eines unbekannten Kondensators und C_n die Kapazität eines Normalkondensators (praktisch verlustlos). Es ist dann

$$\underline{Z}_{AC} = \frac{1}{G_x + \mathrm{j}\omega C_x}, \quad \underline{Z}_{BC} = R, \quad \underline{Z}_{AD} = \frac{1}{\mathrm{j}\omega C_n}, \quad \underline{Z}_{BD} = \frac{R_c}{1 + \mathrm{j}\omega C R_c}.$$

Die Abgleichbedingung $\underline{Z}_{AD}/\underline{Z}_{AC} = \underline{Z}_{BD}/\underline{Z}_{BC}$ ergibt

$$\frac{G_x + \mathrm{j}\omega C_x}{\mathrm{j}\omega C_n} = \frac{R_c}{R(1 + \mathrm{j}\omega C R_c)}.$$

Daraus erhält man durch Multiplikation über Kreuz und Gleichsetzen der Realteile sowie der Imaginärteile jeder Seite die beiden Bedingungen

$$G_x - \omega^2 C_x C R_c = 0, \quad C_x + C R_c G_x = R_c C_n / R.$$

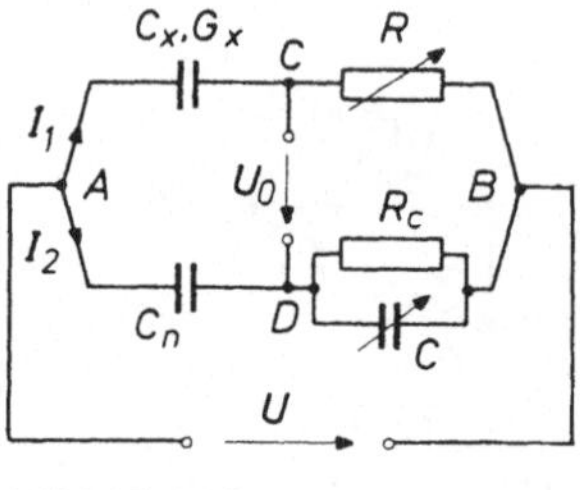

Bild 13.1.10
Scheringbrücke

Mit Gl. (12.2.12) erhält man aus der ersten Bedingung

$$\tan\delta = \omega C R_c \approx \delta$$

und damit aus der zweiten Bedingung ebenfalls wegen Gl. (12.2.12)

$$C_x = \frac{R_c}{R} C_n \frac{1}{1 + \delta^2} \approx \frac{R_c}{R} C_n.$$

Das zugehörige Zeigerdiagramm der abgeglichenen Scheringbrücke zeigt Bild 13.1.11. $\underline{U}_{AC} = \underline{U}_{AD}$ bildet mit $\underline{I}_2$ einen rechten Winkel, dagegen wegen G_x mit $\underline{I}_1$ einen Winkel $< \pi/2$. $\underline{U}_{DB} = \underline{U}_{CB}$ ist mit $\underline{I}_1$ im Zweig CB in Phase, eilt dagegen wegen R_c gegenüber $\underline{I}_2$ um einen Winkel $< \pi/2$ nach.

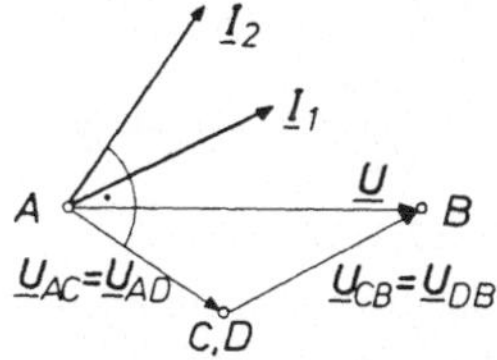

Bild 13.1.11
Zeigerdiagramm der abgeglichenen Scheringbrücke

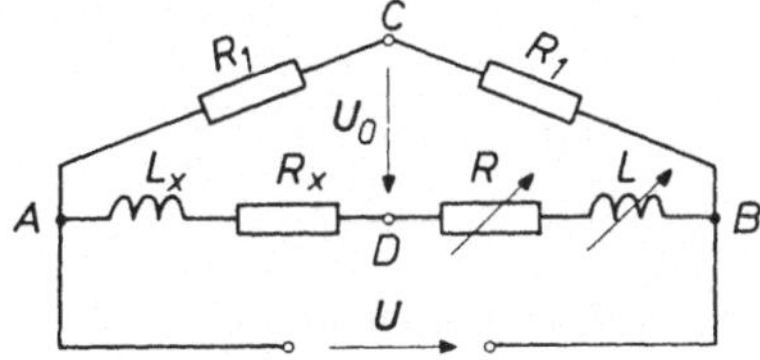

Bild 13.1.12
Induktivitätsbrücke

Ersetzt man in Bild 13.1.10 den Brückenzweig DB durch eine Reihenschaltung aus R_c und C, so findet man

$$C_x = \frac{R_c}{R} C_n, \quad \tan\delta = \frac{1}{\omega C R_c}.$$

Wegen der Kleinheit von $\tan\delta$ verlangt das einen sehr großen Widerstand R_c.

Reine Induktivitätsbrücken werden nur selten verwendet. Ein Beispiel zeigt Bild 13.1.12. Darin ist L eine veränderliche Normalinduktivität (Induktivitätsvariometer). Die Brücke ist abgeglichen, wenn

$$R_x + \mathrm{j}\omega L_x = R + \mathrm{j}\omega L, \quad R_x = R, \quad L_x = L,$$

wobei in R der bekannte Widerstand des Variometers einbegriffen ist.

Wird in der Scheringbrücke Bild 13.1.10 der unbekannte Kondensator im Brückenzweig AC durch eine Spule mit R_L und L und der Normalkondensator im Brückenzweig AD durch einen Widerstand R ersetzt, so erhält man die *Maxwell-Wien-Brücke.* Die Brücke ist abgeglichen, wenn $\underline{Z}_{AC}/\underline{Z}_{AD} = \underline{Z}_{CB}/\underline{Z}_{DB}$ oder

$$R_L + \mathrm{j}\omega L = R^2 (1 + \mathrm{j}\omega C R_c)/R_c$$

oder

$$R_L = R^2/R_c, \quad L = CR^2.$$

Mit der Maxwell-Wien-Brücke kann eine unbekannte Induktivität durch Vergleich mit einer Kapazität gemessen werden.

In Bild 13.1.13 ist $\underline{U}_0 = \underline{U}_c - \underline{U}/2$ und

$$\underline{U}_c = \underline{I}\,\frac{1}{\mathrm{j}\omega C} = \underline{U}\,\frac{1}{1 + \mathrm{j}\omega C R},$$

so daß

$$\underline{U}_0 = \frac{\underline{U}}{2}\left(\frac{2}{1 + \mathrm{j}\omega C R} - 1\right) = \frac{\underline{U}}{2}\,\frac{1 - \mathrm{j}\omega C R}{1 + \mathrm{j}\omega C R}, \quad U_0 = \frac{U}{2}.$$

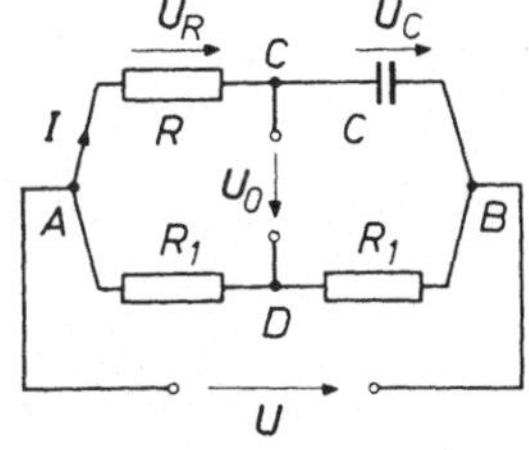

Bild 13.1.13
Phasenbrücke

Der Betrag U_0 ist konstant, unabhängig davon, ob R, C oder ω geändert werden, die Brücke ist daher nicht abgleichbar und stellt eine sogenannte *Phasenbrücke* dar. Das zugehörige Zeigerdiagramm zeigt Bild 13.1.14. Mit Änderung des Produktes ωCR wandert der Brückenpunkt C längs eines Halbkreises vom Durchmesser U, wobei in Bild 13.1.14

$$\tan\frac{\varphi}{2} = \frac{U_R}{U_C} = \omega CR\,, \qquad \varphi = 2\ \mathrm{Arctan}\ \omega CR\,,$$

so daß

$$\underline{U}_0 = \frac{U}{2}\,\mathrm{e}^{-\mathrm{j}2\ \mathrm{Arctan}\ \omega CR}$$

Im Punkt A des Diagramms ist $R = 0$,
im Punkt B ist $C \to \infty$ (Kurzschluß).

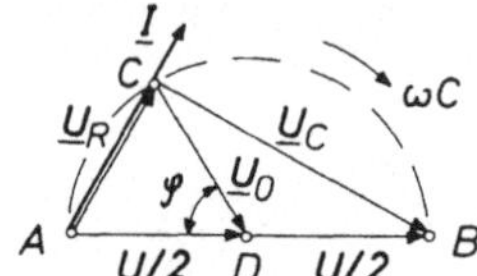

Bild 13.1.14
Zeigerdiagramm zur Phasenbrücke Bild 13.1.13

Mit der Schaltung Bild 13.1.13 erhält man zwischen den Brückenpunkten C–D eine Spannung vom konstanten Betrag $U/2$, deren Winkel gegenüber $\underline{U}$ durch Verändern von ω, R oder C zwischen 0° und 180° geändert werden kann. Das gilt aber nur, solange die Brücke im Nullzweig unbelastet bleibt, da nur dann die Brückenzweige A–C–B vom gleichen Strom durchflossen werden. Ersetzt man schließlich R_1 im Brückenzweig A–D ebenfalls durch einen Kondensator der Kapazität C und den Brückenzweig D–B durch einen Widerstand R, so wird $U_0 = U$.

13.2 Graphische Behandlung von Wechselstromkreisen

13.2.1 Begriff der Ortskurve. Betrachtet man eine Reihenschaltung von R und L bei veränderlicher Frequenz $\omega = p\,\omega_0$, für die

$$\underline{Z} = R + \mathrm{j}\omega L = R + \mathrm{j}p\,\omega_0\,L\,,$$

wobei p eine beliebige veränderliche positive Zahl und ω_0 der konstante Anfangswert oder Bezugswert der Kreisfrequenz ist, so kann jedem Wert von p ein Zeiger $\underline{Z}$ in der komplexen Widerstandsebene zugeordnet werden. Die Verbindung der Endpunkte dieser $\underline{Z}$-Zeiger ergibt eine Kurve, im vorliegenden Fall eine Gerade parallel zur imaginären Achse nach Bild 13.2.1, die man als *Ortskurve* bezeichnet. Jeder Ort auf dieser Kurve ergibt den Endpunkt eines $\underline{Z}$-Zeigers und legt ihn nach Betrag und Phase fest. Der Ortskurve gibt man eine Bezifferung nach der veränderlichen Größe oder nach dem *Parameter p.* Ändert man im vorliegenden Fall auch noch den Wert R, so gehört zu jedem Wert $R = q\,R_0$ eine Ortskurve für variable Werte ω. Man erhält dann eine *Ortskurvenschar* mit den beiden Parametern p und q.

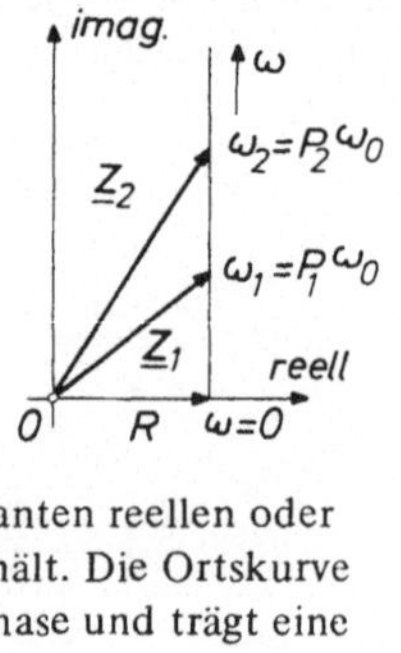

Bild 13.2.1
Ortskurve $\underline{Z} = f(\omega)$ für
$\underline{Z} = R + \mathrm{j}\omega L$

Eine Ortskurve ist eine Kurve, die man durch Zusammensetzen einer konstanten reellen oder komplexen Größe mit einer anderen parametrisch veränderlichen Größe erhält. Die Ortskurve ergibt die gesuchte Größe für jeden Wert des Parameters nach Betrag und Phase und trägt eine Bezifferung nach den parametrisch veränderlichen Werten.

Einer Ortskurve kann man beispielsweise das Verhalten des Stromes, der Impedanz oder einer sonstigen Größe nach Betrag und Phase entnehmen, wenn alle Größen bis auf eine konstant gehalten werden, sich also z. B. nur die Frequenz ändert. Grundsätzlich kann eine Ortskurve einen beliebigen Kurvenzug ergeben.

13.2.2 Inversion. Unter Inversion versteht man die Bildung des Kehrwertes, also beispielsweise die Bildung des Leitwertes aus dem gegebenen Widerstand und umgekehrt. Wegen

$$\underline{Z} = Z\,\mathrm{e}^{\mathrm{j}\varphi} = R + \mathrm{j}X, \qquad \underline{Y} = \frac{1}{\underline{Z}} = \frac{1}{Z}\,\mathrm{e}^{-\mathrm{j}\varphi} = G + \mathrm{j}B, \tag{13.2.1}$$

wobei

$$G + \mathrm{j}B = \frac{R}{R^2 + X^2} - \mathrm{j}\,\frac{X}{R^2 + X^2}, \qquad B = \frac{-X}{R^2 + X^2}, \tag{13.2.1a}$$

bedeutet das

1. Umkehren des Vorzeichens des Imaginärteils,
2. Bildung des Kehrwertes des Betrages.

Beim Umkehren des Vorzeichens des Imaginärteils bleibt der Winkel erhalten; das ist gleichbedeutend mit einer Spiegelung um die reelle Achse. Bilden des Reziprokwertes $Y = 1/Z$ bedeutet, daß Y dort einen Größtwert hat, wo Z einen Kleinstwert hat und umgekehrt. Man erhält daher folgende Inversionsregeln:

$Z_{\min} \leftrightarrow Y_{\max}$, $\quad Z_{\max} \leftrightarrow Y_{\min}$,
$\mathrm{Im}\{\underline{Z}\}$ positiv $\leftrightarrow$ $\mathrm{Im}\{\underline{Y}\}$ negativ,
$\mathrm{Im}\{\underline{Z}\}$ negativ $\leftrightarrow$ $\mathrm{Im}\{\underline{Y}\}$ positiv.

In Gl. (13.2.1) bzw. Gl. (13.2.1a) ist bei veränderlichem X in der z-Ebene für $X = 0$ oder Betrag $Z = R$ ein Minimum und reell, somit in der y-Ebene $\underline{Y} = Y = 1/\mathrm{R}$ ein Maximum, wie aus Bild 13.2.2 zu erkennen ist. Der Punkt $X = 0$ liegt in beiden Ebenen auf der reellen Achse, $\varphi = 0$. Für $X \to \infty$ wird in der z-Ebene $Z \to \infty$, $\varphi \to +\pi/2$, dagegen in der y-Ebene $Y = 0$, $\varphi \to -\pi/2$. Dazwischen beschreibt der Endpunkt des Zeigers $\underline{Y}$ in der y-Ebene einen Halbkreis. Eine Gerade parallel zur imaginären Achse ergibt somit durch Inversion einen Kreis durch den Ursprung, dessen Mittelpunkt m auf der reellen Achse liegt. Verläuft die zu invertierende Gerade parallel zur reellen Achse wie in Bild 13.2.3, so erhält man auf die gleiche Weise durch Inversion einen Kreis durch den Ursprung, dessen Mittelpunkt m auf der imaginären Achse liegt. In Bild 13.2.2 und Bild 13.2.3 sind beide Ortskurven nur in je einer Halbebene, nämlich für positive Werte X und positive Werte R gezeichnet. In allen Fällen liegt der Kreismittelpunkt auf der Normalen durch den Ursprung auf die um die reelle Achse gespiegelte Gerade. Betrachtet man eine Gerade als Grenzfall eines Kreises vom Radius $r \to \infty$, so gilt allgemein:

Die Inversion eines Kreises ergibt wieder einen Kreis.

Sonderfälle bilden die Gerade durch den Ursprung und der ursprungssymmetrische Kreis. Da die Winkel bei der Inversion erhalten bleiben (konforme Abbildung) und nur ihr Vorzeichen ändern, ergibt die Inversion einer Geraden durch den Ursprung wieder eine Gerade durch den Ursprung; man erhält

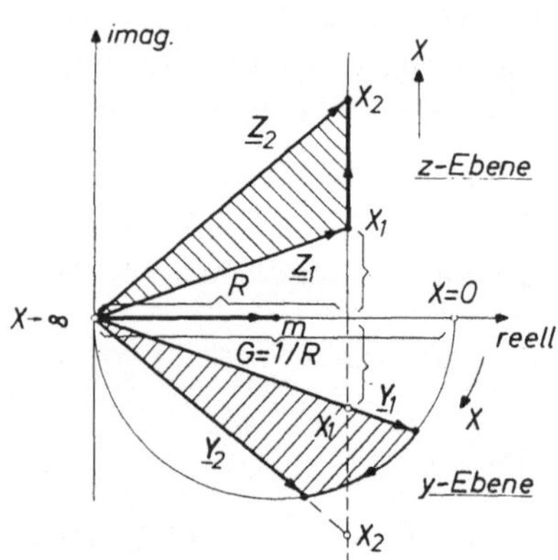

Bild 13.2.2
Inversion der Geraden $\underline{Z} = R + \mathrm{j}X$ bei R = const., X veränderlich

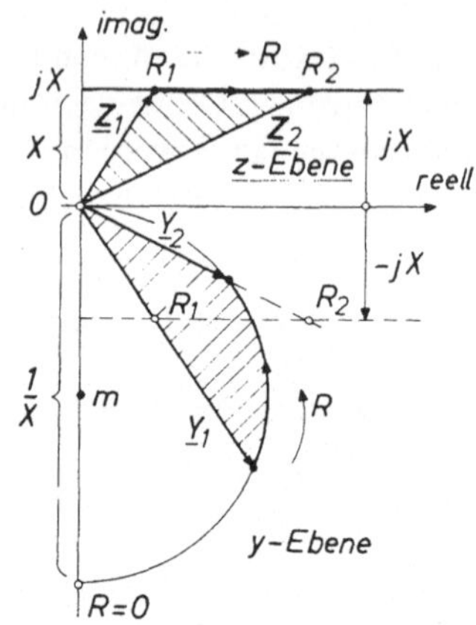

Bild 13.2.3
Inversion der Geraden $\underline{Z} = R + \mathrm{j}X$ bei R veränderlich und X = const.

sie durch Spiegelung der zu invertierenden Gerade um die reelle Achse. Für $Z = 0$ (Ursprung) wird $Y \to \infty$, für $Z \to \infty$ ist $Y = 0$ (Ursprung). Die Inversion eines ursprungssymmetrischen Kreises ergibt wieder einen ursprungssymmetrischen Kreis, die Inversion eines Kreises in allgemeiner Lage zeigt Bild 13.2.4.

Allgemein gelten folgende Inversionsregeln:

z-Ebene		y-Ebene
Gerade durch den Ursprung	↔	Gerade durch den Ursprung,
Gerade in allgemeiner Lage	↔	Kreis durch den Ursprung,
Kreis durch den Ursprung	↔	Gerade in allgemeiner Lage
Ursprungssymmetrischer Kreis	↔	Ursprungssymmetrischer Kreis,
Kreis in allgemeiner Lage	↔	Kreis in allgemeiner Lage.

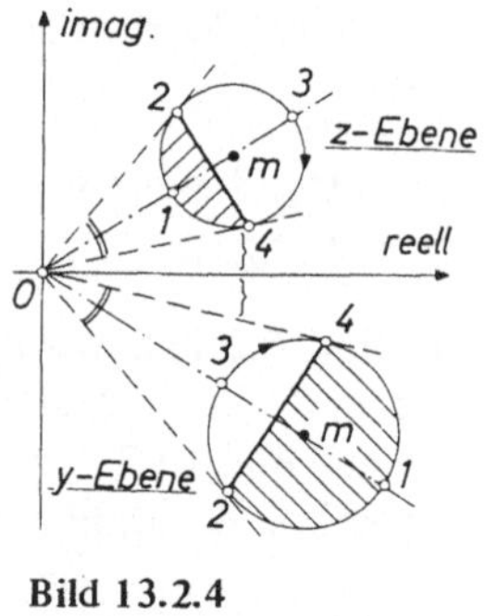

Bild 13.2.4
Inversion eines Kreises in allgemeiner Lage

13.2.3 Gerade und Kreis durch den Ursprung als Ortskurve. Die einfachste Form einer Ortskurve ist die Gerade, sie ist gegeben durch den komplexen Ausdruck

$$\boxed{\underline{g} = \underline{A} + p\underline{B}\,,} \tag{13.2.2}$$

wobei $\underline{A}$ und $\underline{B}$ konstante und im allgemeinen komplexe Größen sind, p ist der Parameter. Man erhält diese Gerade durch p-maliges Aneinanderreihen des Zeigers $\underline{B}$ an $\underline{A}$, wie Bild 13.2.5 zu entnehmen ist. Die Ortskurve erhält eine Bezifferung nach p oder nach der Veränderlichen $p\underline{B}$. Tritt der Parameter logarithmisch oder reziprok auf, wie beispielsweise in

$$\underline{g} = \underline{A} + \frac{1}{p}\underline{B}\,,$$

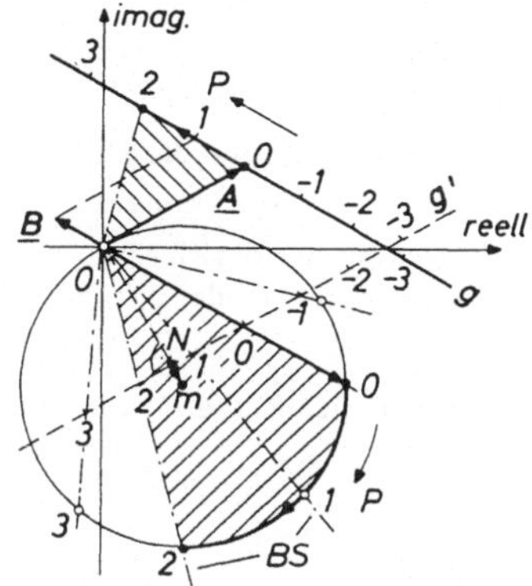

Bild 13.2.5
Gerade in allgemeiner Lage und Kreis durch den Ursprung als Ortskurve

so ist die Bezifferung nicht mehr linear. Man kann dann einen neuen Parameter $q = 1/p$ einführen oder mit Hilfe des Strahlensatzes eine linear bezifferte Hilfsgerade verwenden.

Den Kreis durch den Ursprung als Ortskurve erhält man durch Inversion einer Geraden; er ist im einfachsten Fall gegeben durch den komplexen Ausdruck

$$\boxed{\underline{k}_0 = \frac{C}{A + pB} = \frac{C}{\underline{g}}} \tag{13.2.3}$$

wobei C ein konstanter reeller Faktor ist. Die geometrische Konstruktion ist ebenfalls Bild 13.2.5 zu entnehmen. Die nach p bezifferte *Nenngerade g* wird um die reelle Achse gespiegelt, der Kreisdurchmesser liegt auf der Normalen ON durch den Ursprung auf die gespiegelte Nennergerade, die *Bezifferungsgerade g'*. Der Betrag des Kreisdurchmessers ist durch den reziproken Abstand ON gegeben und der Betrag des Kreishalbmessers (Mittelpunktszeigers) ist

$$|\underline{m}| = \frac{C}{2\,ON}. \tag{13.2.4}$$

Er hat die Dimension der Konstanten C dividiert durch die Dimension des durch die Strecke ON gegebenen Zeigers. Man beachte daher sehr genau:

> Es ist unerläßlich, die sich durch die Inversion der Nennergeraden ergebende neue Dimension zu beachten und für diese einen *neuen* Maßstab zu wählen.

Ist beispielsweise $C = U$ eine Spannung und ist die Nennergerade durch einen Widerstand gegeben, so muß die Nennergerade im Widerstandsmaßstab gezeichnet werden. Der Kreishalbmesser hat dann nach Gl. (13.2.4) die Dimension eines Stromes, wofür ein neuer Maßstab angenommen werden muß. Dieser neue Maßstab (Strommaßstab) bestimmt den Abstand des Kreismittelpunktes m vom Ursprung längs der Strecke ON und damit den Kreisdurchmesser.

Zusammengefaßt erhält man zur Konstruktion des Kreises durch den Ursprung als Ortskurve folgendes Schema (vgl. Bild 13.2.5):

1. Zeichnen der Nennergerade g mit Bezifferung nach p.
2. Spiegelung der nach p bezifferten Nennergeraden um die reelle Achse, ergibt die Bezifferungsgerade g'.
3. Zeichnen der Normalen ON auf g' durch den Ursprung zur Ermittlung des Kreismittelpunktes m. Der Kreishalbmesser ist durch Gl. (13.2.4) gegeben.

4. Wahl eines neuen Maßstabes für den Kreishalbmesser (Strecke *O-m*) und zeichnen des Kreises durch den Ursprung *O* von *m* aus.
5. Zeichnen der *Bezifferungsstrahlen BS* vom Ursprung über die Bezifferungsgerade *g'* und beziffern den Kreises.

Ist in Gl. (13.2.4) $C = \underline{C}$ komplex, also $\underline{C} = C\,e^{j\gamma}$, so ist der Mittelpunktszeiger *mit* der Bezifferungsgeraden um den Winkel γ zu drehen. Man kann auch den bezifferten Kreis um γ drehen oder das Koordinatenkreuz um $-\gamma$.

Beispiel 13.3. Der Verlauf $\underline{Z} = f(\omega)$ und $\underline{Y} = f(\omega)$ einer Reihenschaltung aus R und C ist als Ortskurve für den Bereich ω_1 bis $\omega_2 > \omega_1$ zu zeichnen.

Lösung: Es ist

$$\underline{Z} = R - j\frac{1}{\omega C}, \quad \underline{Y} = \frac{1}{\underline{Z}} = \frac{1}{R - j(1/\omega C)}.$$

In der z-Ebene ergibt das nach Gl. (13.2.2) für $\underline{Z} = f(\omega)$ eine Gerade parallel zur imaginären Achse, deren Inversion nach Gl. (13.2.3) in der y-Ebene für $Y = f(\omega)$ ein Kreis (Halbkreis ist). Beide Ortskurven zeigt Bild 13.2.6. Der Kreismittelpunkt m liegt auf der reellen Achse im halben Abstand $1/R$ vom Ursprung. Der Kreisdurchmesser beträgt demnach $1/R$. Als duale Anordnung zu einer Parallelschaltung aus R und L hat $\underline{Z}(\omega)$ den gleichen Verlauf wie $\underline{Y}(\omega)$ der Parallelschaltung aus R und L und umgekehrt.

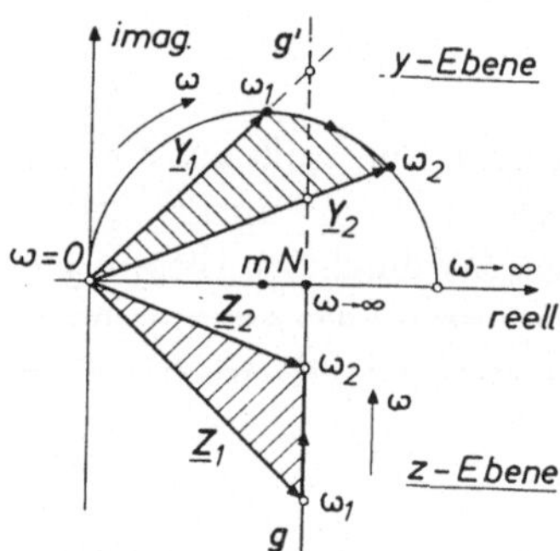

Bild 13.2.6
Ortskurve $\underline{Z} = f(\omega)$ und $\underline{Y} = f(\omega)$ einer Reihenschaltung aus R und C

Vergleicht man Bild 13.2.6 mit Bild 13.2.2, so erkennt man folgende Gesetzmäßigkeit:

> Abhängig von der Fequenz ω durchläuft jeder Ortspunkt (Endpunkt der Zeiger $\underline{Y}$ bzw. $\underline{Z}$) mit zunehmender Frequenz in seiner Grundtendenz die Ortskurve stets im Uhrzeigersinn.

Der Ortspunkt für $\omega = 0$ der Ortskurve $\underline{Z} = f(\omega)$ kann nur auf der positiv-reellen Achse oder bei $-j\infty$ liegen. Im ersten Fall ist die Schaltung gleichstromdurchlässig, im zweiten Fall dagegen gleichstromundurchlässig.

13.2.4 Kreis in allgemeiner Lage als Ortskurve. Einen Kreis in allgemeiner Lage erhält man, indem man einen Kreis durch den Ursprung um einen konstanten Zeiger verschiebt, wobei auch noch eine Drehung des Kreises hinzukommen kann. Der Kreis in allgemeiner Lage ist daher durch den komplexen Ausdruck

$$\underline{k} = \underline{L} + \underline{N}\frac{1}{\underline{A} + p\underline{B}} = \frac{\underline{C} + p\underline{D}}{\underline{A} + p\underline{B}} \tag{13.2.5}$$

gegeben, wobei

$$\underline{C} = \underline{L}\,\underline{A} + \underline{N}, \quad \underline{D} = \underline{L}\,\underline{B}. \tag{13.2.6}$$

Man zeichnet zunächst den Kreis durch den Ursprung

$$k_0 = \frac{1}{\underline{A} + p\underline{B}},$$

nimmt dann eine Drehstreckung desselben um $\underline{N}$ vor und verschiebt den Ursprung um $-\underline{L}$.

Beispiel 13.4. Für die Anordnung Bild 13.2.7 ist die Ortskurve $\underline{Z} = \mathrm{f}(\omega)$ zu zeichnen.

Lösung: Es ist

$$\underline{Z} = R + \frac{1}{G + \mathrm{j}\omega C} = R + \underline{Z}_C.$$

Man zeichnet zuerst die Ortskurve $\underline{Z}_C = \mathrm{f}(\omega)$ vom Ursprung $0'$ aus, wie aus Bild 13.2.8 zu erkennen ist. Die Nennergerade ist gegeben durch

$$\underline{g} = G + \mathrm{j}\omega C = G + \mathrm{j}p\,\omega C.$$

Im Punkt N ist $\omega = 0$. Die Inversion der Nennergerade ergibt einen Halbkreis, dessen Mittelpunkt m auf der reellen Achse liegt im Abstand $0' - m \mathrel{\hat{=}} 1/(2\,G) = R_C/2$. Verschieben des Ursprungs $0'$ um $-R$ ergibt die gesuchte Ortskurve mit dem neuen Ursprung 0, wie man Bild 13.2.8 entnimmt. Für $\omega = 0$ ist $\underline{Z} = R + R_C$, für $\omega \to \infty$ im Punkt $0'$ ist $\underline{Z} = R$.

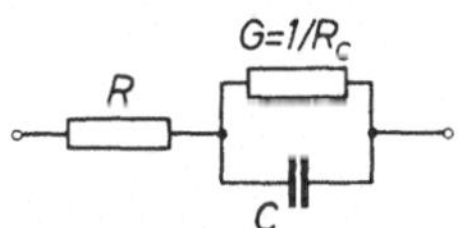

Bild 13.2.7
Zu Beispiel 13.4

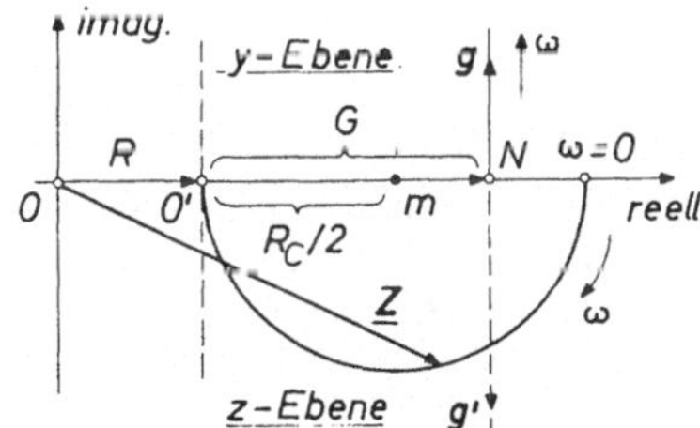

Bild 13.2.8
Ortskurve $\underline{Z} = f(\omega)$ zu Bild 13.2.7

13.2.5 Ortskurven höherer Ordnung. Tritt der Parameter in einer höheren als der ersten Potenz auf, so erhält man eine Ortskurve höherer Ordnung. In vielen Fällen kann man dabei versuchen, eine solche Ortskurve aus Kreis und Gerade zusammenzusetzen, wie das nächste Beispiel zeigt.

Beispiel 13.5. In Bild 13.2.9 betragen

$$C = 10\,\mu\mathrm{F}, \quad L = 20\,\mathrm{mH}, \quad R = 25\,\Omega.$$

Die konstant gehaltene Spannung $U = 100$ V.

Gesucht ist die Ortskurve des Stromes $\underline{I} = \mathrm{f}(\omega)$.

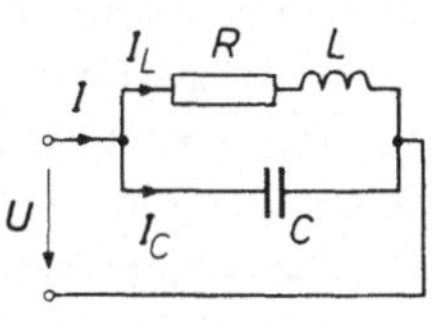

Bild 13.2.9
Zu Beispiel 13.5

Lösung: Bezogen auf $\underline{U} = U$ als Bezugszeiger ist

$$\underline{I} = \underline{I}_L + \underline{I}_C = U\left(\frac{1}{R + \mathrm{j}\omega L} + \mathrm{j}\omega C\right).$$

Für $\underline{I}_L = \mathrm{f}(\omega)$ erhält man einen Kreis durch den Ursprung, für $\underline{I}_C = \mathrm{f}(\omega)$ eine Gerade (positiv-imaginäre Achse). Graphische Addition beider Ströme für jeweils gleiche Werte ω ergibt die gesuchte Ortskurve $\underline{I} = \mathrm{f}(\omega)$. Die Konstruktion ist aus Bild 13.2.10 zu ersehen. Als Maßstab wählt man etwa 1 cm $\mathrel{\hat{=}}$ 5 Ω und 1 cm $\mathrel{\hat{=}}$ 0,5 A. Zunächst zeichnet man die Ortskurve für den Strom $\underline{I}_L = \mathrm{f}(\omega)$ mit der vertikalen Bezifferungsgeraden g' nach Bild 13.2.10. g'' ist eine Hilfsgerade in verkleinertem Maßstab. Punktweise graphische Addition des Stromes $\underline{I}_C$ ergibt eine Parabel als Ortskurve. Von $\omega = 0$ bis $\omega = 1860\ \text{s}^{-1}$ verhält sich die Schaltung induktiv, der Strom eilt der Spannung nach. Bei $\omega = 1860\ \text{s}^{-1}$ sind Strom und Spannung in Phase, der Stromzeiger $\underline{I}_r$ ist für diese Frequenz in Bild 13.2.10 eingezeichnet. Für $\omega > 1860\ \text{s}^{-1}$ verhält sich die Schaltung kapazitiv.

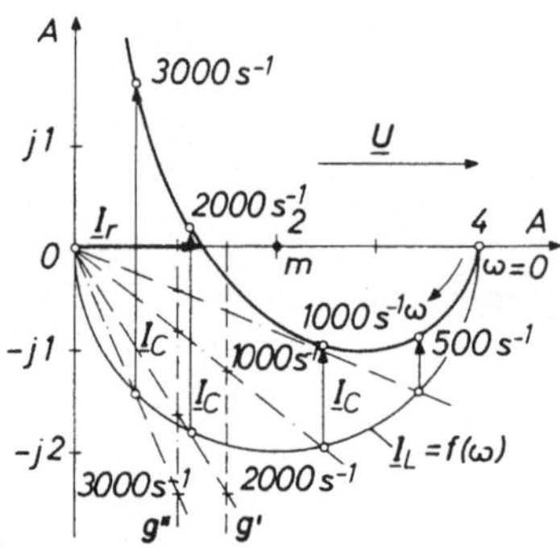

Bild 13.2.10
Ortskurve $\underline{I} = f(\omega)$ zu Bild 13.2.9

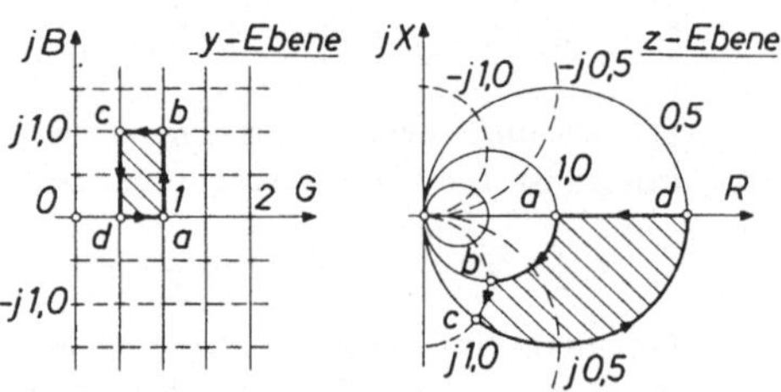

Bild 13.2.11
Abbildung der y-Ebene auf die z-Ebene

13.2.6 Das Kreisdiagramm. Für einen gegebenen komplexen Widerstand $\underline{Z}$ beträgt der zugehörige komplexe Leitwert

$$\underline{Y} = \frac{1}{R + \mathrm{j}X} = G + \mathrm{j}B.$$

Die Ortskurven $\underline{Y} = \mathrm{f}(R)$ und $\underline{Y} = \mathrm{f}(\mathrm{j}X)$ ergeben nach Gl. (13.2.3) Kreise durch den Ursprung (vgl. Bild 13.2.2 und Bild 13.2.3). Die Mittelpunkte der Kreise $\underline{Y} = \mathrm{f}(R)$ liegen für positive Werte X auf der negativ-imaginären Achse und für negative Werte X auf der positiv-imaginären Achse; es sind die Blind- oder *b-Kreise* mit dem Durchmesser vom Betrag $1/X$. Die Mittelpunkte der Kreise $\underline{Y} = \mathrm{f}(\mathrm{j}X)$ liegen auf der positiv-reellen Achse, sofern man sich auf positive Werte R beschränkt, es sind die Wirk- oder *g-Kreise* mit dem Durchmesser $1/R$. Die b- und g-Kreise schneiden sich rechtwinklig und bilden somit eine *konforme Abbildung* (konform gleich winkeltreu) des kartesischen Koordinatennetzes der y-Ebene auf die z-Ebene, wie aus Bild 13.2.11 zu erkennen ist. Den Parallelen zur Abszisse B = const. in der y-Ebene entsprechen die in Bild 13.2.11 gestrichelt gezeichneten b-Kreise in der z-Ebene. Den Parallelen zur Ordinate G = const. in der y-Ebene entsprechen in Bild 13.2.11 die ausgezogenen g-Kreise in der z-Ebene. Auf diese Weise kann die ganze rechte Halbebene der y-Ebene auf die z-Ebene abgebildet werden. Anstelle des kartesischen Koordinatennetzes erhält man ein orthogonales aus Kreisen gebildetes Koordinatennetz. Wird das kartesische Koordinatennetz der z-Ebene $R \pm \mathrm{j}X$ ebenfalls eingezeichnet und wählt man den Maßstab so, daß jeder Punkt einem Widerstandswert Z und dem *zugehörigen* Leitwert $Y = 1/Z$ entspricht, so erhält man das *Kreisdiagramm*, Bild 13.2.12. Auf die gleiche Weise kann auch das kartesische Koordinatennetz der z-Ebene als Netz orthogonaler r- und x-Kreise auf die y-Ebene abgebildet werden.

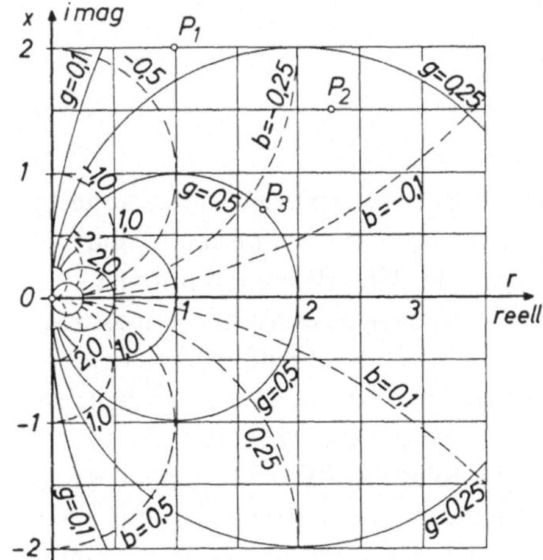

Bild 13.2.12
Das Kreisdiagramm in der z-Ebene

Im Kreisdiagramm ergibt jeder Endpunkt eines Zeigers $\underline{Z}$ in der z-Ebene mit den Koordinaten $R \pm \mathrm{j}X$ den Schnittpunkt eines g- und b-Kreises, entspricht somit einem Punkt der y-Ebene mit den Koordinaten $G \mp \mathrm{j}B$ des zugehörigen Leitwertzeigers $\underline{Y} = 1/\underline{Z}$ und umgekehrt.

> Dem Kreisdiagramm kann für einen komplexen Widerstand der zugehörige komplexe Leitwert direkt entnommen werden und umgekehrt.

Das Kreisdiagramm findet vorzugsweise in der HF-Technik eine vielseitige Anwendung. Zweckmäßig setzt man

$$\underline{Y} = G + \mathrm{j}B = G_0 g + \mathrm{j}B_0 b, \quad \underline{Z} = R + \mathrm{j}X = R_0 r + \mathrm{j}X_0 x \tag{13.2.7}$$

mit G_0 und B_0 je 1 S sowie R_0 und X_0 je 1 Ω.

Ist der Wirkleitwert G konstant und der Blindleitwert B veränderlich, so wandert der Leitwertzeiger längs eines g-Kreises; ist dagegen der Blindleitwert B konstant und der Wirkleitwert G veränderlich, so wandert der Leitwertzeiger längs eines b-Kreises.

Beispiel 13.6. Zwei komplexe Widerstände

$$\underline{Z}_1 = R_1 + \mathrm{j}X_1, \qquad \underline{Z}_2 = R_2 + \mathrm{j}X_2$$

sollen parallel geschaltet werden. Es betragen

$$R_1 = 1\ \Omega, \qquad X_1 = 2\ \Omega, \qquad R_2 = 2{,}3\ \Omega, \qquad X_2 = -1{,}5\ \Omega.$$

Der resultierende Scheinwiderstand $\underline{Z}$ der Parallelschaltung ist mit Hilfe des Kreisdiagramms zu ermitteln.

Lösung: Die Werte $r_1 = 1$ und $x_1 = 2$ ergeben den Schnittpunkt der Kreise $g_1 = 0{,}2$ und $b_1 = -0{,}4$. Ebenso ergeben die Werte $r_2 = 2{,}3$ und $x_2 = -1{,}5$ den Schnittpunkt der beiden Kreise $g_2 = 0{,}3$ und $b_2 = 0{,}2$. Den Scheinwiderstand der Parallelschaltung erhält man somit aus dem Schnittpunkt der beiden Kreise für

$$g = g_1 + g_2 = 0{,}5, \qquad b = b_1 + b_2 = -0{,}2.$$

Das ergibt im Kreisdiagramm Bild 13.2.12 den Punkt P_3 mit $r \approx 1{,}7$, $x \approx 0{,}7$. Somit beträgt der Scheinwiderstand der Parallelschaltung mit Gl. (13.2.7)

$$\underline{Z} \approx 1{,}7\ \Omega + \mathrm{j}\ 0{,}7\ \Omega.$$

Besondere Bedeutung hat die Transformation eines gegebenen komplexen Widerstandes $\underline{Z}$ in einen anderen komplexen Widerstand $\underline{Z}'$ durch eine Kombination von Reihen- und Parallelwiderständen. Zur Lösung solcher Aufgaben kann das Kreisdiagramm mit viel Nutzen verwendet werden. Soll eine solche Transformation beispielsweise zur Anpassung eines Verbraucherwiderstandes an den inneren Widerstand einer Zweipolquelle dienen, so wird man als Reihen- oder Parallelwiderstände verlustarme Widerstände, also möglichst reine Blindwiderstände nehmen. Eine Reihenschaltung des gegebenen Widerstandes $\underline{Z}$ mit reinen Blindwiderständen kann aber keine Änderung des Realteils $\mathrm{Re}\{\underline{Z}\}$ bewirken, dagegen jede Parallelschaltung. Bei der Reihenschaltung eines Wirkwiderstandes R mit einem Blindwiderstand $\mathrm{j}X$ ist beispielsweise $\underline{Z} = R + \mathrm{j}X$. Parallelschaltung von R und $\mathrm{j}X$ ergibt dagegen

$$\underline{Z} = \frac{R\mathrm{j}X}{R + \mathrm{j}X} = R\,\frac{X^2 + \mathrm{j}RX}{R^2 + X^2}\,.$$

Im Kreisdiagramm bedeutet eine Hinzuschaltung einer Reiheninduktivität oder Reihenkapazität zu einem gegebenen komplexen Widerstand $\underline{Z}$ bei konstanter Frequenz ein Wandern des Endpunktes des Zeigers $\underline{Z}$ längs einer vertikalen Geraden R = const. parallel zur imaginären Achse. Hinzuschaltung einer Parallelinduktivität und Parallelkapazität bedeutet dagegen ein Wandern längs des durch den Endpunkt des Zeigers $\underline{Z}$ hindurchgehenden g-Kreises, wie aus Bild 13.2.13 zu erkennen ist. Grundsätzlich verlangt eine solche Widerstandstransformation eine Kombination von Reihen- und Parallel-Blindwiderständen.

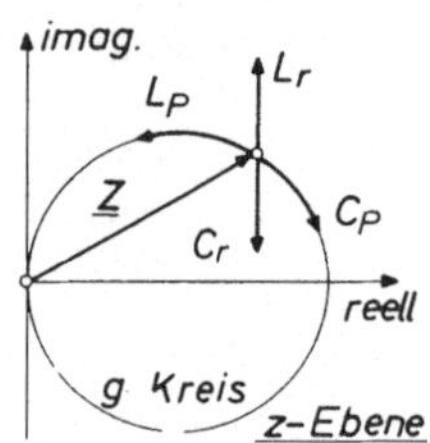

Bild 13.2.13
Zur Widerstandstransformation durch Reihenschaltung (Index r) und Parallelschaltung (Indexp p) von Blindwiderständen im Kreisdiagramm

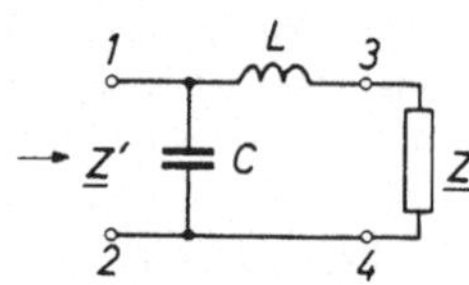

Bild 13.2.14
Zu Beispiel 13.7

Beispiel 13.7. Ein komplexer Widerstand $\underline{Z} = 2\ \Omega - \mathrm{j}\ 1\ \Omega$ soll zur Anpassung an einen Verstärkerausgang durch ein Übertragungsglied nach Bild 13.2.14 (Vierpol 1–2–3–4) in einen Widerstand $\underline{Z}' = 3\ \Omega + \mathrm{j}\ 1\ \Omega$ an den Klemmen 1–2 verlustlos transformiert werden. Gesucht sind die erforderlichen Werte L und C des Übertragungsgliedes bei konstanter Frequenz $f = 8$ kHz.

Lösung: Die Lösung mit Hilfe des Kreisdiagramms ist in Bild 13.2.15 durchgeführt. Die Punkte $\underline{Z}$ und $\underline{Z}'$ sind die Endpunkte der zugehörigen Widerstandszeiger. $\underline{Z}'$ liegt dabei auf dem Schnittpunkt der Kreise $g = 0{,}3$, $b = -0{,}1$. Bei Zuschaltung von $\mathrm{j}\omega L$ in Reihe mit $\underline{Z}$ wandert der Endpunkt $\underline{Z}$ um die Strecke ΔX zum Punkt P_1 längs der Geraden $r = 2$. Bei Zuschaltung des Parallelleitwertes $j\omega C$ wandert P_1 längs des Kreises mit $g = 0{,}3$ um ΔB bis zum Endpunkt $\underline{Z}'$. Dem Diagramm Bild 13.2.15 entnimmt man dabei mit $\omega = 50\,000\ \text{s}^{-1}$

$$\Delta X \mathrel{\hat{=}} \omega L = 2{,}6\ \Omega, \qquad L = \frac{2{,}6 \cdot 10^{-4}}{5}\ \text{H} = 52\ \mu\text{H},$$

$$\Delta B \mathrel{\hat{=}} \omega C = 0{,}14\ \text{S}, \qquad C = \frac{0{,}14 \cdot 10^{-4}}{5}\ \text{F} = 2{,}8\ \mu\text{F}.$$

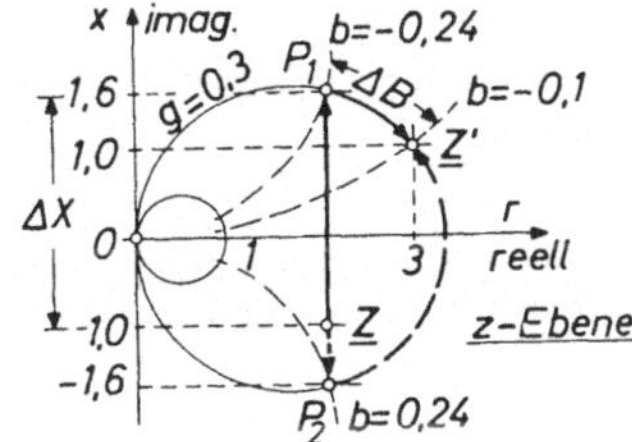

Bild 13.2.15
Zur Widerstandstransformation, Beispiel 13.7

Werden in Bild 13.2.14 L und C vertauscht, so entnimmt man dem Diagramm Bild 13.2.15, daß man dann auf dem gestrichelt gezeichneten Weg von $\underline{Z}$ über P_2 zu $\underline{Z}'$ gelangen kann. Dabei entnimmt man für die *Reihenkapazität* (Strecke $\underline{Z} - P_2$)

$$\Delta X \mathrel{\hat{=}} \frac{1}{\omega C} = 0{,}6\ \Omega, \qquad C = 33\ \mu\text{F}.$$

Das ist ein sehr großer Kapazitätswert. Für die *Parallelinduktivität* erhält man dagegen aus Bild 13.2.15

$$\Delta B \mathrel{\hat{=}} \frac{1}{\omega L} = 0{,}34\ \text{S}, \qquad L \approx 59\ \mu\text{H}.$$

13.3 Resonanzerscheinungen

13.3.1 Elektrische Schwingkreise. Bei der Reihenschaltung einer verlustlosen Spule der Induktivität L mit einem verlustlosen Kondensator der Kapazität C hat die Spannung u am Kondensator ihren Höchstwert, wenn der Strom i durch Null geht und umgekehrt. Das bedeutet, daß sich die elektrische Energie W_e und die magnetische Energie W_m

$$W_e = \tfrac{1}{2}\, Cu^2, \qquad W_m = \tfrac{1}{2}\, Li^2$$

in ihren zeitlichen Höchstwerten einander abwechseln. Innerhalb eines Stromkreises erfolgt demnach eine wechselseitige Energieumwandlung von elektrischer Energie, bestimmt durch die Kapazität C, und magnetischer Energie, bestimmt durch die Induktivität L. Beide Größen L und C bestimmen die Speicherfähigkeit eines Stromkreises für elektromagnetische Energie, die bei Wechselstrom innerhalb des Stromkreises schwingt. Einen Stromkreis, dessen Kapazität C und Induktivität L nicht mehr vernachlässigt werden können, bezeichnet man daher allgemein als *Schwingkreis*.

Wird ein Schwingkreis an eine Wechselspannung angeschlossen, so schwingt die Energie innerhalb des Schwingkreises mit der von der Spannungsquelle aufgezwungenen Frequenz; man spricht von *erzwungenen* Schwingungen. Die in den Ohmschen Widerständen in Wärme umgewandelte und nach außen abgegebene Energie muß von der speisenden Energiequelle aufgebracht werden. *Freie* Schwingungen erhält man dagegen, wenn sich die im Schwingkreis gespeicherte elektrische und magnetische Energie ohne äußere Einwirkung, also ohne angeschlossene Energiequelle, ausgleichen kann, so daß die Frequenz nicht von außen erzwungen wird (Ausgleichsvorgänge, Kap. 15.3).

Befinden sich in einem Schwingkreis L und C in Reihenschaltung, so bezeichnet man ihn als *Reihenschwingkreis;* befinden sich L und C in Parallelschaltung, so bezeichnet man ihn als *Parallelschwingkreis.*

Ein Sonderfall liegt vor, wenn elektrische und magnetische Energie gleich groß werden. Man bezeichnet diesen Zustand als *Resonanz.*

Befindet sich ein elektrischer Schwingkreis im Zustand der Resonanz, so heben sich kapazitiver und induktiver Blindwiderstand gegenseitig auf. Der Schwingkreis erscheint wie ein Wirkwiderstand.

13.3.2 Reihenresonanz. Der einfachste Fall eines Reihenschwingkreises ist eine Reihenschaltung aus R, L und C. Für diese beträgt der Scheinwiderstand bei der Kreisfrequenz ω

$$\underline{Z} = R + \mathrm{j}\left(\omega L - \frac{1}{\omega C}\right) = \mathrm{Re}\{\underline{Z}\} + \mathrm{j}\,\mathrm{Im}\{\underline{Z}\}.$$

Resonanz liegt vor, wenn der Imaginärteil $\mathrm{Im}\{\underline{Z}\}$ verschwindet. Für den einfachen Reihenschwingkreis erhält man demnach als *Resonanzbedingung* $\omega L = 1/\omega C$ oder als *Resonanzfrequenz* (Thomsonsche Formel)

$$\boxed{\omega_r = \frac{1}{\sqrt{LC}}, \quad f_r = \frac{1}{2\pi\sqrt{LC}}} \tag{13.3.1}$$

Bei Reihenresonanz ist somit

$$\underline{I} = I_r = U/R, \quad \varphi = 0, \quad \underline{Z} = \underline{Z}_r = R,$$

so daß die Resonanzblindwiderstände

$$\omega_r L = \frac{1}{\omega_r C} = \sqrt{\frac{L}{C}}, \tag{13.3.2}$$

wobei $\sqrt{L/C}$ auch *Kennwiderstand* oder Schwingungswiderstand heißt. Das Verhältnis

$$d_s = \frac{R}{\omega_r L} = R\,\omega_r C = R\sqrt{\frac{C}{L}} \tag{13.3.3}$$

ist der *Verlustfaktor* oder Dämpfungsfaktor eines Reihenschwingkreises (Serienkreises). Je kleiner der Verlustfaktor, um so größer ist die Güte des Kreises. Als *Güte*, Kreisgüte oder Gütefaktor des Reihenschwingkreises definiert man daher

$$Q_s = \frac{1}{d_s} = \frac{1}{R}\sqrt{\frac{L}{C}}. \tag{13.3.4}$$

Bei Resonanz ist $U_L \sim \omega_r L$, $U_c \sim 1/\omega_r C$ und $U \sim R$, somit

> Die Güte eines Reihenschwingkreises gibt im Resonanzfall das Verhältnis der Spannungen an den Blindwiderständen zur Gesamtspannung an.

Die Teilspannungen an R, L und C betragen bei Reihenresonanz

$$\underline{U}_R = \underline{I}_r R = \underline{U},$$

$$\underline{U}_L = \mathrm{j}\,\omega_r L \underline{I}_r = \mathrm{j}\,\frac{\underline{U}}{R}\sqrt{\frac{L}{C}} = \mathrm{j}\,\frac{\underline{U}}{d_s} = \mathrm{j}\,\underline{U} Q_s, \qquad (13.3.5)$$

$$\underline{U}_C = \frac{1}{\mathrm{j}\,\omega_r C}\underline{I}_r = -\mathrm{j}\,\frac{\underline{U}}{R}\sqrt{\frac{L}{C}} = -\mathrm{j}\,\frac{\underline{U}}{d_s} = -\mathrm{j}\,\underline{U} Q_s,$$

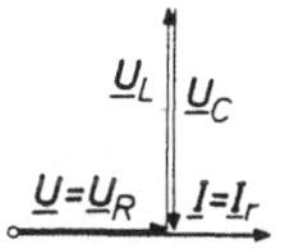

so daß bei Resonanz

$$\underline{U}_L = -\underline{U}_C, \quad U_L = U_C = \frac{U}{R}\sqrt{\frac{L}{C}} = U Q_s \qquad (13.3.5a)$$

Bild 13.3.1
Zeigerdiagramm bei Reihenresonanz

Das zugehörige Zeigerdiagramm zeigt Bild 13.3.1. Während die Spannung U_R am Ohmschen Widerstand R im Resonanzfall ihren Höchstwert $U_R = U$ erreicht und gleich der Gesamtspannung wird, kann die Spannung an den Blindwiderständen sehr große Werte annehmen; man bezeichnet daher die Reihenresonanz auch als *Spannungsresonanz.*

Beispiel 13.8. Ein Reihenschwingkreis mit $R = 2\ \Omega$, $L = 1$ mH, $C = 2500$ pF wird an eine Wechselspannung $U = 1$ V angeschlossen. Wie groß sind die Spannungen an den Blindwiderständen bei Resonanz?

Lösung: Es wird

$$Q_s = \frac{1}{R}\sqrt{\frac{L}{C}} = 315, \quad U_L = U_C = U Q_s = 315\ \text{V}.$$

Während $U_R = U = 1$ V. Bei Resonanz liegen also 315 V am Kondensator, obgleich die Gesamtspannung nur 1 V beträgt. Auf die Spannungsfestigkeit des Kondensators und die Lagenspannung der Spule muß daher besonders geachtet werden, auch wenn die Gesamtspannung gering ist.

Um einen Schwingkreis auf Resonanz abzustimmen, können nach Gl. (13.3.1) entweder die Frequenz, seine Induktivität oder seine Kapazität verändert werden. Ist der Kreis nicht genau auf Resonanzfrequenz abgestimmt, so bezeichnet man ihn als *verstimmt.* Es ist dann mit C aus Gl. (13.3.1) wegen Gl. (13.3.2)

$$\underline{Z} = R + \mathrm{j}\left(\omega L - \frac{\omega_r^2 L}{\omega}\right) = R + \mathrm{j}\sqrt{\frac{L}{C}}\left(\frac{\omega}{\omega_r} - \frac{\omega_r}{\omega}\right). \qquad (13.3.6)$$

Bei Resonanzabstimmung verschwindet der rechte Klammerausdruck, man bezeichnet daher

$$\nu = \frac{\omega}{\omega_r} - \frac{\omega_r}{\omega} = \frac{f}{f_r} - \frac{f_r}{f} \qquad (13.3.7)$$

als *Verstimmung.* Bei kleinen Frequenzabweichungen mit $\omega \approx \omega_r$ wird daraus

$$\nu = \frac{\omega^2 - \omega_r^2}{\omega\,\omega_r} = \frac{(\omega - \omega_r)(\omega + \omega_r)}{\omega\,\omega_r} \approx 2\,\frac{\omega - \omega_r}{\omega_r}. \qquad (13.3.7a)$$

Für $\omega < \omega_r$ wird ν negativ und $U_C > U_L$, für $\omega > \omega_r$ ist ν positiv und $U_L > U_C$.

Für Frequenzen unterhalb der Resonanzfrequenz zeigt ein Reihenschwingkreis kapazitives Verhalten, für Frequenzen oberhalb der Resonanzfrequenz dagegen induktives Verhalten.

Um die Frequenzen ω_C und ω_L zu ermitteln, bei denen U_C und U_L ihren Maximalwert haben, müssen die Ausdrücke

$$\frac{U_C}{U} = \frac{1}{\omega C\sqrt{R^2 + (\omega L - 1/\omega C)^2}} = \{1 + \omega^2 (C^2 R^2 - 2LC) + \omega^4 L^2 C^2\}^{-1/2},$$

$$\frac{U_L}{U} = \frac{\omega L}{\sqrt{R^2 + (\omega L - 1/\omega C)^2}} = \left\{1 + \frac{1}{\omega^2}\left(\frac{R^2}{L^2} - \frac{2}{LC}\right) + \frac{1}{\omega^4 L^2 C^2}\right\}^{-1/2}$$

nach der Frequenz ω differenziert werden. Eine Maximumbetrachtung ergibt dann

$$\omega_C = \sqrt{\frac{1}{LC} - \frac{R^2}{2L^2}} < \omega_r, \quad \omega_L = \sqrt{\frac{2}{2LC - R^2 C^2}} > \omega_r. \qquad (13.3.8)$$

Mit abnehmendem Wert R des Ohmschen Widerstandes rücken ω_C und ω_L immer dichter zusammen, wie Bild 13.3.2 zeigt. Erst bei $R \to 0$ (verlustloser Kreis) fallen beide Frequenzen mit der Resonanzfrequenz ω_r zusammen. Beide Spannungen U_C und U_L erreichen gleichzeitig ihren Höchstwert $U_C = U_L \to \infty$.
Im allgemeinen genügt es, die Spannungsüberhöhung bei Resonanzfrequenz zu ermitteln. Bei $R = 0{,}1\,X$ weichen beide Frequenzen nach Gl. (13.3.8) nur etwa 0,5 % von der Resonanzfrequenz ab.

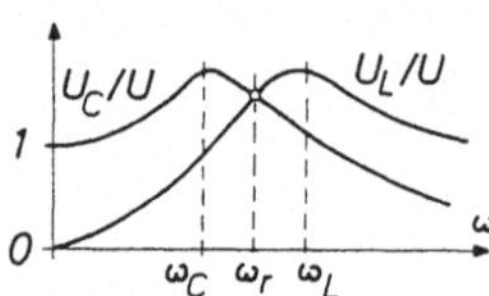

Bild 13.3.2
Blindspannungen U_C und U_L beim Reihenschwingkreis

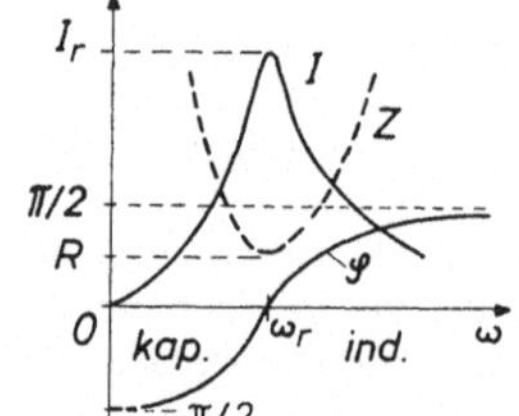

Bild 13.3.3
Resonanzkurven eines Reihenschwingkreises

Die Resonanzkurven $I = f(\omega)$ bei $U = \text{const.}$ sowie $Z = f(\omega)$ und $\varphi = f(\omega)$ zeigt Bild 13.3.3, die Ortskurven $\underline{Z} = f(\omega)$ und $\underline{I} = f(\omega)$ bei $U = \text{const.}$ zeigt Bild 13.3.4. Bei Resonanz wird der Scheinwiderstand ein Minimum. Ein Reihenschwingkreis kann daher dazu dienen, als „Saugkreis" eine bestimmte Frequenz (Resonanzfrequenz) aus einem Frequenzgemisch „auszusieben". Um aber Ströme benachbarter Frequenzen möglichst stark zu dämpfen, ist eine entsprechend große Steilheit der Resonanzkurven, also eine ausreichende *Selektivität* erforderlich. Jedoch zeigt Bild 13.3.5, daß die Resonanzschärfe mit abnehmender Kreisgüte abnimmt. Als Abszisse in Bild 13.3.5 wurde dabei das Frequenzverhältnis als *normierte* Frequenz

$$\eta = \omega/\omega_r$$

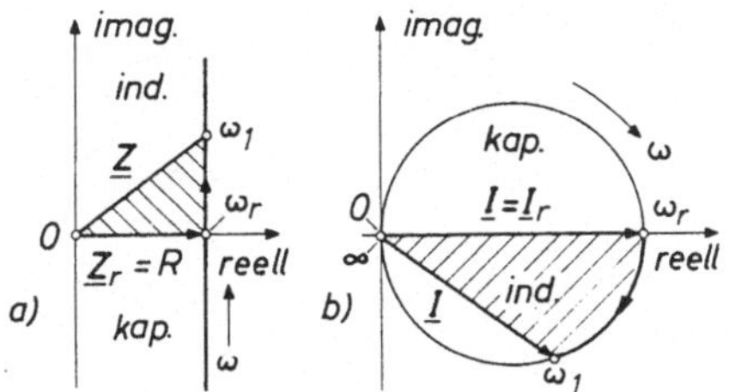

Bild 13.3.4 Ortskurven eines Reihenschwingkreises
a) $\underline{Z} = f(\omega)$, b) $\underline{I} = f(\omega)$ bei U = const.

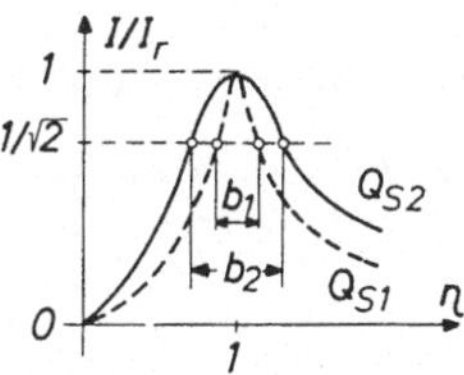

Bild 13.3.5 Resonanzkurve eines Reihenschwingkreises bei verschiedener Kreisgüte $Q_{s1} > Q_{s2}$

gewählt. Die Resonanzkurve verläuft um so steiler, je größer die Kreisgüte Q_s. Man definiert dabei als *Bandbreite b* eines Reihenschwingkreises das von den Werten

$$\left(\frac{I_r}{\sqrt{2}}\right)_{U=\text{const.}}, \quad \left(U_r\sqrt{2}\right)_{I=\text{const.}} \quad \text{bzw.} \quad Z_r\sqrt{2} = R\sqrt{2}$$

begrenzte Frequenzband (Bild 13.3.5) mit I_r, U_r und Z_r als Werte von Strom, Spannung und Impedanz im Resonanzfall. Der Phasenwinkel zwischen Strom und Spannung bei den die Bandbreite begrenzenden Frequenzen $\omega_o > \omega_r$ und $\omega_u < \omega_r$ beträgt

$$\varphi = \text{Arccos}\,\frac{R}{Z} = \text{Arccos}\,\frac{1}{\sqrt{2}} = \pm 45°.$$

In Gl. (13.3.6) sind dann Realteil und Imaginärteil gleich groß und wegen Gl. (13.3.3) und Gl. (13.3.7)

$$\left(\frac{\omega}{\omega_r} - \frac{\omega_r}{\omega}\right) = \pm d_s, \qquad \omega^2 \mp \omega\,\omega_r d_s - \omega_r^2 = 0.$$

Das obere Vorzeichen gilt dabei für $\omega_o > \omega_r$, das untere Vorzeichen für $\omega_u < \omega_r$. Werden nur reelle Frequenzen zugelassen, so erhält man daraus für die beiden die Bandbreite b begrenzenden Frequenzen

$$\left.\begin{matrix}\omega_o\\ \omega_u\end{matrix}\right\} = \omega_r\left(\sqrt{1 + d_s^2/4} \pm d_s/2\right) \tag{13.3.9}$$

und für die Bandbreite eines Reihenschwingkreises $\omega_o - \omega_u$ wegen Gl. (13.3.4)

$$\boxed{b = d_s f_r = \frac{f_r}{Q_s}} \tag{13.3.10}$$

Sie ist dem Verlustfaktor direkt und der Kreisgüte umgekehrt proportional.

Die Angabe einer Bandbreite ist im allgemeinen nur dann sinnvoll, wenn die Resonanzkurve hinreichend steil verläuft, so daß ω_r angenähert in der Mitte zwischen ω_o und ω_u liegt.

Nach Gl. (13.3.10) schließen sich große Bandbreite und große Selektivität gegenseitig aus. Bei großen Bandbreiten verwendet man daher mehrere induktiv oder kapazitiv gekoppelte Kreise, die nur etwas gegeneinander verstimmt sind. Dadurch erhält man mehrere in der resultierenden Resonanzkurve dicht nebeneinander liegende Resonanzüberhöhungen und bei entsprechender Kreisgüte und Kopplung eine sich der Rechteckform nähernde Resonanzkurve. Die größere Gesamtdämpfung muß durch eine größere Verstärkung ausgeglichen werden.

Eine besonders einfache und zweckmäßige normierte Darstellung, die in der Nachrichtentechnik verwendet wird, erhält man, wenn man in Gl. (13.3.6) setzt,

$$\frac{1}{R}\sqrt{\frac{L}{C}}\left(\frac{\omega}{\omega_r}-\frac{\omega_r}{\omega}\right)=\frac{v}{d_s}=\Omega\,.$$

Dann ist

$$\underline{Z}=R\,(1+\mathrm{j}\,\Omega),\qquad \tan\varphi=\Omega\,.$$

Der Frequenzbereich $0 \leqslant \omega \leqslant \infty$ entspricht dem Bereich $-\infty \leqslant \Omega \leqslant +\infty$. Im Resonanzpunkt ist $\Omega = 0$ und die Bandbreite wird von $\Omega = \pm 1$ begrenzt.

Beispiel 13.9. Ein Reihenschwingkreis ist an eine konstante Wechselspannung $U = 12$ V angeschlossen, deren Frequenz verändert werden kann. Bei $f = 500$ Hz beträgt die Stromaufnahme 1,0 A mit $\varphi = 0°$. Bei der dreifachen Frequenz $3f = 1500$ Hz ist dagegen der Phasenwinkel $\varphi \neq 0$ und die Stromaufnahme 0,6 A. Die Werte R, L und C des Reihenschwingkreises sind zu berechnen.

Lösung: Bei $f = 500$ Hz befindet sich der Reihenschwingkreis in Resonanz, $I = I_r$ und $\omega L = 1/\omega C$. Demnach ist

$$R=\frac{U}{I_r}=12\;\Omega\,.$$

Bei der dreifachen Frequenz ist dagegen $I = 0{,}6$ A und damit

$$Z=\frac{U}{I}=20\;\Omega,\qquad \cos\varphi=\frac{R}{Z}=0{,}6,\qquad \sin\varphi=0{,}8.$$

Somit ist der Betrag des Blindwiderstandes X bei der Frequenz $3f$

$$X=Z\,\sin\varphi=3\omega L-\frac{1}{3\omega C}=\frac{8}{3\omega C}=\frac{8}{3}\,\omega L.$$

Daraus

$$L=\frac{3X}{8\omega}=1{,}9\text{ mH},\qquad C=\frac{8}{3\omega X}=53\;\mu\text{F}.$$

13.3.3 Parallelresonanz.

13.3.3 Parallelresonanz. Für eine Parallelschaltung aus $G = 1/R$, L und C ist

$$\underline{Y}=G+\mathrm{j}\left(\omega C-\frac{1}{\omega L}\right)=\mathrm{Re}\,\{\underline{Y}\}+\mathrm{j}\,\mathrm{Im}\,\{\underline{Y}\}.$$

Ein solcher Parallelschwingkreis stellt die zum einfachen Reihenschwingkreis duale Schaltung dar (Kap, 13.1.3). Die Teilströme I_R, I_c, I_L verhalten sich demnach ebenso wie die Teilspannungen U_R, U_c, U_L beim einfachen Reihenschwingkreis. Resonanzbedingung und Resonanzfrequenz stimmen für beide Kreise überein und man erhält für die Teilströme mit Gl. (13.3.1)

$$\underline{I}_R=\frac{\underline{U}}{R}=\underline{U}\,\underline{G}=\underline{I}_r\,,$$

$$\underline{I}_C=\mathrm{j}\omega_r C\,\underline{U}=\mathrm{j}\frac{\underline{I}_r}{G}\sqrt{\frac{C}{L}}=\mathrm{j}\frac{\underline{I}_r}{d_p}=\mathrm{j}\,\underline{I}_r\,\underline{Q}_p\,, \qquad (13.3.11)$$

$$\underline{I}_L=\frac{\underline{U}}{\mathrm{j}\omega_r L}=-\mathrm{j}\frac{\underline{I}_r}{G}\sqrt{\frac{C}{L}}=-\mathrm{j}\frac{\underline{I}_r}{d_p}=-\mathrm{j}\,\underline{I}_r\,Q_p\,,$$

wobei der *Verlustfaktor* des Parallelschwingkreises

$$d_p = \frac{G}{\omega_r C} = \omega_r L G = G\sqrt{\frac{L}{C}} \tag{13.3.12}$$

und die *Güte* (Kreisgüte) des Parallelschwingkreises

$$Q_p = \frac{1}{d_p} = \frac{\omega_r C}{G} = \frac{1}{\omega_r L G} = \frac{1}{G}\sqrt{\frac{C}{L}}. \tag{13.3.13}$$

Bei Resonanz ist der Gesamtstrom I ein Minimum, da sich induktiver und kapazitiver Teilstrom kompensieren, wobei sie große Werte annehmen können. Man bezeichnet daher die Parallelresonanz auch als *Stromresonanz*. Ein Parallelschwingkreis kann somit als „Sperrkreis" dienen, sobald ein Strom bestimmter Frequenz (Resonanzfrequenz) „gesperrt", d. h. möglichst stark gedämpft werden soll.

Die *Bandbreite b* ist nach Bild 13.3.6 begrenzt durch

$$(I_r\sqrt{2})_{U=\text{const.}};\quad \left(\frac{U_r}{\sqrt{2}}\right)_{I=\text{const.}}$$

und man erhält auf die gleiche Weise wie Gl. (13.3.10) für die Bandbreite

$$\boxed{b = d_p f_r = \frac{f_r}{Q_p}} \tag{13.3.14}$$

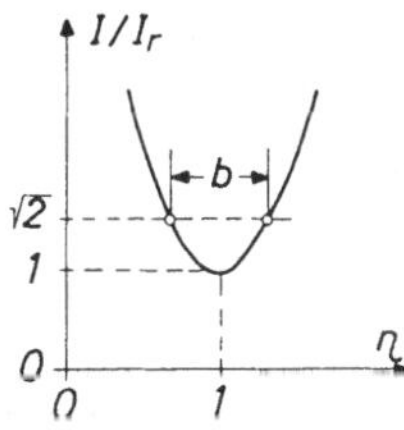

Bild 13.3.6
Resonanzkurve des Stromes bei U = const. eines zum einfachen Reihenschwingkreises dualen Parallelschwingkreises

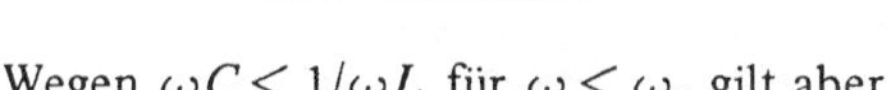

Wegen $\omega C < 1/\omega L$ für $\omega < \omega_r$ gilt aber

> Für Frequenzen unterhalb der Resonanzfrequenz zeigt ein Parallelschwingkreis induktives Verhalten, dagegen für Frequenzen oberhalb der Resonanzfrequenz kapazitives Verhalten.

Eine Zusammenstellung der wichtigsten Kenngrößen des einfachen Reihenschwingkreises und des zu ihm dualen Parallelschwingkreises enthält Tabelle 13.4.

Grundsätzlich kann ein Parallelschwingkreis sehr verschieden aufgebaut sein. Daher soll noch eine Parallelschaltung nach Bild 13.3.7 betrachtet werden. Der resultierende Scheinleitwert beträgt

$$\underline{Y} = \frac{1}{R_L + j\omega L} + \frac{1}{R_c + 1/j\omega C} = \operatorname{Re}\{\underline{Y}\} + j\operatorname{Im}\{\underline{Y}\}.$$

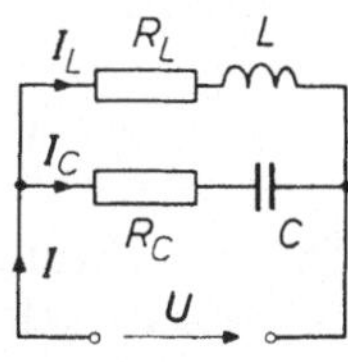

Bild 13.3.7
Parallelschwingkreis

Bei Resonanz muß der Blindleitwert verschwinden,

$$\operatorname{Im}\{\underline{Y}\} = \frac{1/\omega C}{R_c^2 + (1/\omega C)^2} - \frac{\omega L}{R_L^2 + \omega^2 L^2} = 0.$$

Daraus erhält man als Resonanzbedingung

$$\frac{1}{\omega C} = \frac{R_L^2 + \omega^2 L^2}{2\omega L} \pm \sqrt{\left[\frac{R_L^2 + \omega^2 L^2}{2\omega L}\right]^2 - R_C^2}. \tag{13.3.15}$$

Tabelle 13.4. Kenngrößen des Reihen- und Parallelschwingkreises

	Reihenschwingkreis	Parallelschwingkreis
Schaltung	R L C	L C G=1/R
Widerstand bzw. Leitwert	$\underline{Z} = R + \mathrm{j}(\omega L - 1/\omega C)$	$\underline{Y} = G + \mathrm{j}(\omega C - 1/\omega L)$
Resonanzbedingung	$\omega_r L = 1/\omega_r C = \sqrt{L/C}$	
Resonanzfrequenz	$\omega_r = 2\pi f_r = 1/\sqrt{LC}$	
Normierte Frequenz	$\eta = \omega/\omega_r$	
Verstimmung	$v = \frac{\omega}{\omega_r} - \frac{\omega_r}{\omega} \approx 2\frac{\omega - \omega_r}{\omega_r}$	
Verlustfaktor	$d_s = R\sqrt{C/L}$	$d_p = G\sqrt{L/C}$
Kreisgüte	$Q_s = 1/d_s$	$Q_p = 1/d_p$
Bandbreite	$b = f_r/Q_s$	$b = f_r/Q_p$
Normierte Darstellung	$\Omega = v/d_s = \tan\varphi$ $\underline{Z} = R(1 + \mathrm{j}\Omega)$	$\Omega = v/d_p = \tan\varphi$ $\underline{Y} = G(1 + \mathrm{j}\Omega)$

Beim Parallelschwingkreis nach Bild 13.3.7 sind demnach *zwei* Resonanzfälle möglich, von denen zwei Grenzfälle betrachtet werden sollen.

1. $R_L = R_c = R$. Die Resonanzbedingung Gl. (13.3.15) ergibt

$$\frac{1}{\omega C} = \frac{R^2 + \omega^2 L^2}{2\omega L} \pm \frac{R^2 - \omega^2 L^2}{2\omega L}$$

mit den beiden Lösungen

$$\boxed{\omega_r = 1/\sqrt{LC}} \qquad \boxed{R = \sqrt{L/C}} \qquad (13.3.16)$$

Die erste Lösung entspricht der Resonanzbedingung des Reihenschwingkreises innerhalb der Masche, gebildet durch beide Zweige, die zweite Lösung ist frequenzunabhängig und entspricht dem aperiodischen Grenzfall (Kap. 15.3.5) für diesen Reihenschwingkreis. Man bezeichnet diesen Fall als *Widerstandsresonanz.* Bei der ersten Lösung betragen die Teilströme

$$\underline{I}_c = \frac{\underline{U}}{R + 1/\mathrm{j}\omega C} = \frac{\underline{U}}{R - \mathrm{j}\sqrt{L/C}}, \quad \underline{I}_L = \frac{\underline{U}}{R + \mathrm{j}\omega L} = \frac{\underline{U}}{R + \mathrm{j}\sqrt{L/C}},$$

so daß der Gesamtstrom bei Resonanz

$$\underline{I}_r = \underline{U}\,\frac{2R}{R^2 + L/C}.$$

Bei *Widerstandresonanz* wird

$$\underline{I}_c = \frac{\underline{U}\,\mathrm{j}\omega C}{1 + \mathrm{j}\omega\sqrt{LC}}, \quad \underline{I}_L = \frac{\underline{U}\sqrt{C/L}}{1 + \mathrm{j}\omega\sqrt{LC}},$$

so daß

$$\underline{I}_c = \mathrm{j}\omega\sqrt{LC}\,\underline{I}_L, \quad \underline{I} = \underline{U}\sqrt{C/L}.$$

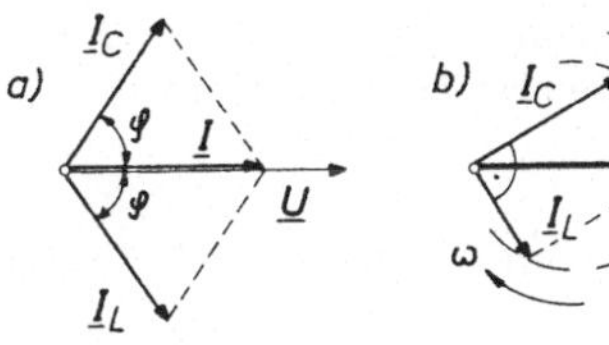

Bild 13.3.8
Zeigerdiagramm zu Bild 13.3.7 mit $R_C = R_L = R$
a) $\omega = 1/\sqrt{LC}$, b) $R = \sqrt{L/C}$

Das Zeigerdiagramm für beide Resonanzfälle zeigt Bild 13.3.8. Bei der ersten Lösung sind beide Teilströme bei Resonanz gleich groß und bilden mit der Spannung den Winkel $\pm\varphi$. Bei Widerstandresonanz stehen beide Teilströme unabhängig von der Frequenz stets senkrecht aufeinander.

2. $R_c \approx 0, R_L = R$ nach Bild 13.2.9 im Beispiel 13.5 (Hochfrequenztechnik). Aus der Resonanzbedingung Gl. (13.3.15) erhält man

$$\frac{1}{\omega C} = \frac{R^2 + \omega^2 L^2}{\omega L}$$

und daraus als Resonanzfrequenz

$$\omega_r = \frac{1}{\sqrt{LC}}\sqrt{1 - R^2\frac{C}{L}} \approx \frac{1}{\sqrt{LC}} \qquad (13.3.17)$$

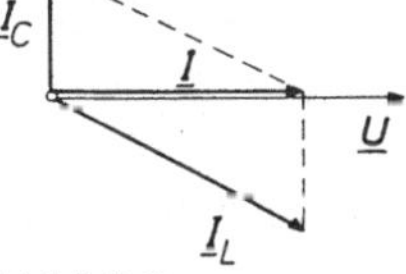

Bild 13.3.9
Zeigerdiagramm zu Bild 13.3.7 mit $R_c = 0$ bei Resonanz

Das Zeigerdiagramm für diesen Resonanzfall zeigt Bild 13.3.9 und die zugehörige Ortskurve Bild 13.2.10 im Beispiel 13.5, S. 266. Man entnimmt der Ortskurve, daß der Gesamtstrom im Resonanzfall nur angenähert seinen Kleinstwert hat.

Beispiel 13.10. Ein hochfrequenter Träger soll mit einem Frequenzband von 500 kHz moduliert werden. Gesucht ist die erforderliche Trägerfrequenz (Frequenz der Trägerwelle) und die Wellenlänge der Trägerwelle, wenn die Güte des Empfangskreises $Q = 100$ ist.

Lösung: Nach Gl. (13.3.10) bzw. Gl. (13.3.14) wird die Frequenz der Trägerwelle, auf die der Empfangskreis abgestimmt werden muß,

$$f_r = b\,Q = 50\ \mathrm{MHz}.$$

Damit wird die Wellenlänge nach Gl. (9.1.2)

$$\lambda = c/f_r = 6\ \mathrm{m}.$$

Die Übertragung großer Frequenzbänder, wie z. B. für Fernsehzwecke, kann demnach nur mit kurzen Wellen erfolgen.

Beispiel 13.11. In einem symmetrischen Drehstromnetz mit $f = 50$ Hz beträgt die Erdkapazität je Leiter 0,7 μF ($C' = 7$ nF/km, $l = 100$ km). In einem Strang ist ein satter Erdschluß eingetreten. Gesucht ist die erforderliche Induktivität einer Erdschlußdrossel (sog. Petersendrossel), über die der Sternpunkt des speisenden Transformators zur Kompensation des Erdschlußstromes geerdet werden soll. (Vgl. Bild 11.2.3, S. 230).

Lösung: Erdet man den Sternpunkt über eine Drosselspule, so bleibt sie bei gesundem Netz und symmetrischem Netz stromlos. Bei Erdschluß einer Phase bildet die Drosselspule über die Erdschlußstelle einen geschlossenen Stromkreis, der den Strom I_L führt und an der Erdschlußstelle den kapazitiven Erdschlußstrom I_e kompensiert, wenn $I_L = I_e$. Wegen Gl. (11.2.1) muß daher mit U_{st} als Sternspannung (Strangspannung)

$$I_e = 3\,\omega C\,U_{st} = I_L = U_{st}/\omega L$$

werden, oder

$$L = \frac{1}{3\,\omega^2\,C}\,.$$

Ein so geschütztes Netz kann auch bei Erdschluß längere Zeit in Betrieb bleiben. Der selbst bei vollständiger Kompensation verbleibende Reststrom (Wirkkomponente) muß aber so klein sein, daß sich kein Lichtbogen mehr ausbilden kann, um weiteren Schaden zu vermeiden.

13.3.4 Kreise mit magnetischer Sättigung. Verläuft der magnetische Wechselfluß eines Stromkreises ganz oder teilweise in Eisen, dann ist die Induktivität nicht mehr konstant, wie bisher vorausgesetzt, sondern $L = \mathrm{f}(i)$, wobei nach Gl. (4.3.3a) $L = \mathrm{d}\,\Psi/\mathrm{d}i$. Beim Erreichen der Sättigung nimmt L mit zunehmender Erregung ab.

Um die Resonanzverhältnisse, insbesondere den Einfluß der Eisensättigung, in solchen Stromkreisen überblicken zu können, soll eine Reihenschaltung aus einem Kondensator der Kapazität C und einer Spule der Induktivität L (eisengeschlossene Spule) betrachtet werden, wobei Kondensator und Spule als verlustlos angenommen sind. Es ist dann

$$\underline{U} = \mathrm{j}\,\underline{I}\,(\omega L - 1/\omega C) = \underline{U}_L + \underline{U}_c, \qquad U = U_L - U_c\,. \tag{13.3.18}$$

U_C in Abhängigkeit vom Strom I ergibt eine Gerade und ist in Bild 13.3.10 für zwei verschiedene Kapazitätswerte als U_{C1} und U_{C2} dargestellt. Der Verlauf von U_L wird durch die Magnetisierungskurve des Eisens bestimmt (L nimmt mit wachsendem I beim Erreichen der Sättigung ab). Für nicht zu kleine Kapazitätswerte (Kurve U_{C2}) steigt die Gesamtspannung als Differenz $U_L - U_C$ mit wachsendem Strom bis zum Wert U_1 bei $I = I_1$.

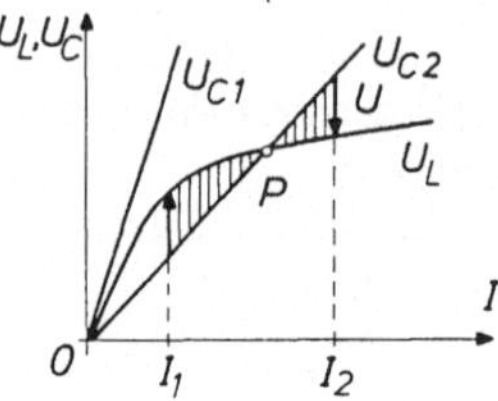

Bild 13.3.10
Zur Erklärung des Kippvorgangs in Kreisen mit magnetisch gesättigten Eisendrosseln

Eine weitere Steigerung des Stromes würde nun ein Absinken der Gesamtspannung auf den Wert Null im Punkt P nötig machen. Da aber am Stromkreis eine endliche Spannung liegt, springt der Strom vom Wert I_1 auf den Wert I_2 bei der Spannung $U_2 = U_1$, wobei aber wegen Gl. (13.3.18) $\underline{U}_1 = -\underline{U}_2$. Es tritt also ein Phasensprung auf. Man bezeichnet diesen Vorgang als *Kippen* eines Kreises mit magnetischer Sättigung. Ein solcher Schwingkreis besitzt keine ausgesprochene Resonanzfrequenz. Kippen tritt nicht ein, wenn $1/\omega C$ auch vor Eintreten der Eisensättigung größer ist als ωL (Kennlinie U_{c1}). Kippen des Kreises tritt demnach nur auf, wenn unterhalb der Eisensättigung $\omega L > 1/\omega C$ und bei Sättigung $\omega L < 1/\omega C$. Vorhandene Ohmsche Widerstände wirken dämpfend.

14 Gekoppelte Stromkreise

14.1 Gekoppelte Schwingkreise

14.1.1 Kopplungsarten. Zwei oder mehrere Stromkreise, die sich gegenseitig erregen können, bezeichnet man als miteinander gekoppelte Stromkreise. Die Kopplung kann auf verschiedene Weise erfolgen, sie kann induktiv (magnetisch) oder kapazitiv aber auch ohmisch oder gemischt sein. Drei Beispiele gekoppelter Schwingkreise von praktischer Bedeutung zeigt Bild 14.1.1. Ein Maß für den Kopplungsgrad ist der Kopplungsfaktor k, der in Kap. 4.3.3 für zwei magnetisch gekoppelte Kreise aus einer Betrachtung der Teilflüsse definiert wurde. Allgemein gilt für zwei gekoppelte Stromkreise I und II

$$k = \frac{Z_k}{\sqrt{Z_{\mathrm{I}} Z_{\mathrm{II}}}} \tag{14.1.1}$$

Darin ist Z_k der die Kopplung bewirkende Widerstand, während Z_{I} und Z_{II} die gesamten Z_k gleichartigen Widerstandsgrößen der beiden Stromkreise sind. So ist im magnetisch gekoppelten Stromkreis, Bild 14.1.1a

$$Z_k = \omega L_{12}, \qquad Z_{\mathrm{I}} = \omega L_1, \qquad Z_{\mathrm{II}} = \omega L_2 .$$

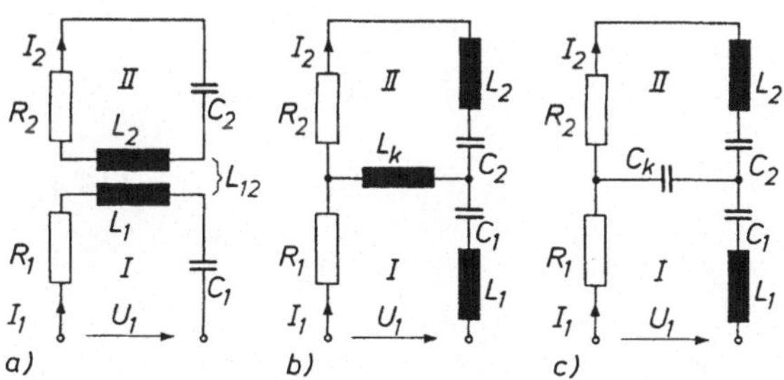

Bild 14.1.1 Gekoppelte Stromkreise

Das ergibt als Kopplungsfaktor nach Gl. (14.1.1) in Übereinstimmung mit Gl. (4.3.11)

$$k = \frac{L_{12}}{\sqrt{L_1 L_2}} \tag{14.1.2}$$

Für die induktiv gekoppelten Stromkreise in Bild 14.1.1b wird mit

$$L_I = L_1 + L_k = Z_{\mathrm{I}}, \quad L_{\mathrm{II}} = L_2 + L_k = Z_{\mathrm{II}}$$

entsprechend

$$k = \frac{L_k}{\sqrt{L_{\mathrm{I}} L_{\mathrm{II}}}}. \tag{14.1.2a}$$

In der Schaltung Bild 14.1.1c ist $Z_k = 1/\omega C_k$ und

$$Z_{\mathrm{I}} = \frac{1}{\omega}\left(\frac{1}{C_1} + \frac{1}{C_k}\right) = \frac{1}{\omega C_{\mathrm{I}}},$$

$$Z_{\mathrm{II}} = \frac{1}{\omega}\left(\frac{1}{C_2} + \frac{1}{C_k}\right) = \frac{1}{\omega C_{\mathrm{II}}},$$

so daß man als Kopplungsfaktor nach Gl. (14.1.1) erhält

$$k = \frac{\sqrt{C_{\mathrm{I}} C_{\mathrm{II}}}}{C_k}. \tag{14.1.2b}$$

14.1.2 Erzwungene Schwingungen in gekoppelten Stromkreisen. Für zwei magnetisch gekoppelte Stromkreise nach Bild 14.1.1a erhält man aus Ausgangsgleichungen bei Anschluß an eine sinusförmige Wechselspannung U_1 der Kreisfrequenz ω bei gleichem Wicklungssinn und $L_{12} = L_{21}$

$$\underline{U}_1 = \underline{I}_1 \left\{R_1 + \mathrm{j}\left(\omega L_1 - \frac{1}{\omega C_1}\right)\right\} - \mathrm{j}\,\omega L_{12} \underline{I}_2$$

$$0 = \underline{I}_2 \left\{R_2 + \mathrm{j}\left(\omega L_2 - \frac{1}{\omega C_2}\right)\right\} - \mathrm{j}\,\omega L_{12} \underline{I}_1$$

oder

$$\begin{aligned} \underline{U}_1 &= \underline{I}_1 \underline{Z}_1 - \mathrm{j}\,\omega L_{12} \underline{I}_2, \\ 0 &= \underline{I}_2 \underline{Z}_1 - \mathrm{j}\,\omega L_{12} \underline{I}_1, \end{aligned} \tag{14.1.3}$$

wenn man setzt

$$\begin{aligned} \underline{Z}_1 &= R_1 + \mathrm{j}\left(\omega L_1 - \frac{1}{\omega C_1}\right) = R_1 + \mathrm{j} X_1 \\ \underline{Z}_2 &= R_2 + \mathrm{j}\left(\omega L_2 - \frac{1}{\omega C_2}\right) = R_2 + \mathrm{j} X_2. \end{aligned} \tag{14.1.4}$$

Die im Sekundärkreis II wirksame Rückwirkungsspannung

$$\underline{U}_{\mathrm{II}} = \mathrm{j}\,\omega L_{12} \underline{I}_1$$

verursacht dort den Strom

$$\underline{I}_2 = \underline{I}_1 \frac{\mathrm{j}\,\omega L_{12}}{\underline{Z}_2} = \underline{I}_1 \frac{\mathrm{j}\,\omega L_{12} \underline{Z}_2^*}{Z_2^2}.$$

Das *komplexe* Übersetzungsverhältnis der Ströme und der Betrag seines Quadrates sind demnach

$$\underline{\ddot{u}} = \mathrm{j} \frac{\omega L_{12}}{Z_2^2} \underline{Z}_2^*, \qquad \ddot{u}^2 = \frac{\omega^2 L_{12}^2}{Z_2^2}, \tag{14.1.5}$$

so daß man aus Gl. (14.1.3) erhält

$$\underline{U}_1 = \underline{I}_1 \left(\underline{Z}_1 + \frac{\omega^2 L_{12}^2}{Z_2^2} \underline{Z}_2^* \right) = \underline{I}_1 (\underline{Z}_1 + \underline{Z}_{\ddot{u}}) \tag{14.1.6}$$

mit

$$\underline{Z}_{\ddot{u}} = \frac{\omega^2 L_{12}^2}{Z_2^2} \underline{Z}_2^* = \ddot{u}^2 (R_2 - \mathrm{j} X_2) \tag{14.1.7}$$

als *Rückwirkungswiderstand,* das ist der auf den Primärkreis übertragene Gesamtwiderstand des Sekundärkreises.

Aus Gl. (14.1.6) wird damit

$$\underline{U}_1 = \underline{I}_1 \{R_1 + \ddot{u}^2 R_2 + \mathrm{j}(X_1 - \ddot{u}^2 X_2)\}. \tag{14.1.6a}$$

Resonanz liegt vor, wenn der Imaginärteil der Eingangsimpedanz Im $(\underline{U}_1/\underline{I}_1)$ verschwindet. Das ergibt als Resonanzbedingung

$$\mathrm{Im}\,(\underline{Z}_1 + \underline{Z}_{\ddot{u}}) = X_1 - \ddot{u}^2 X_2 = 0. \tag{14.1.8}$$

Für die Schaltung in Bild 14.1.1a wird daraus mit Gl. (14.1.4) und Gl. (14.1.5)

$$\omega L_1 \left(1 - \frac{1}{\omega^2 L_1 C_1}\right) = \frac{\omega^2 L_{12}^2}{Z_2^2} \omega L_2 \left(1 - \frac{1}{\omega^2 L_2 C_2}\right). \tag{14.1.9}$$

Ist R_2 vernachlässigbar klein, so daß

$$Z_2^2 \approx X_2^2 = \omega^2 L_2^2 \left(1 - \frac{1}{\omega^2 L_2 C_2}\right)^2$$

und sind beide Kreise auf die gleiche Frequenz

$$\omega_0^2 = \frac{1}{L_1 C_1} = \frac{1}{L_2 C_2}$$

abgestimmt, so erhält man mit dem Kopplungsfaktor k nach Gl. (14.1.2) aus Gl. (14.1.9) die beiden Kopplungsfrequenzen

$$\omega_{1,2} = \frac{\omega_0}{\sqrt{1 \pm k}}. \tag{14.1.10}$$

Für zwei kapazitiv gekoppelte Stromkreise nach Bild 14.1.1c ist $j\omega L_{12}$ durch $1/j\omega C_k$ zu ersetzen. Man erhält dann wegen

$$\underline{U}_1 = \underline{I}_1 \left\{ R_1 + j\left(\omega L_1 - \frac{1}{\omega C_1}\right)\right\} + \left(\underline{I}_1 - \underline{I}_2\right)\frac{1}{j\omega C_k}$$

$$0 = \underline{I}_2 \left\{ R_2 + j\left(\omega L_2 - \frac{1}{\omega C_2}\right)\right\} - \left(\underline{I}_1 - \underline{I}_2\right)\frac{1}{j\omega C_k}$$

mit

$$\underline{Z}_1 = R_1 + j\left\{\omega L_1 - \frac{1}{\omega}\left(\frac{1}{C_1} + \frac{1}{C_k}\right)\right\} = R_1 + j\left(\omega L_1 - \frac{1}{\omega C_I}\right) \tag{14.1.11}$$

$$\underline{Z}_2 = R_2 + j\left\{\omega L_2 - \frac{1}{\omega}\left(\frac{1}{C_2} + \frac{1}{C_k}\right)\right\} = R_2 + j\left(\omega L_2 - \frac{1}{\omega C_{II}}\right)$$

analog zu Gl. (14.1.3)

$$\begin{aligned} \underline{U}_1 &= \underline{I}_1 \underline{Z}_1 - \underline{I}_2 \frac{1}{j\omega C_k}, \\ 0 &= \underline{I}_2 \underline{Z}_2 - \underline{I}_1 \frac{1}{j\omega C_k}. \end{aligned} \tag{14.1.3a}$$

Daraus, als komplexes Stromübersetzungsverhältnis

$$\underline{\ddot{u}} = -j\,\frac{\underline{Z}_2^*}{\omega C_k Z_2^2}, \qquad \ddot{u}^2 = \frac{1}{\omega^2 C_k^2 Z_2^2}, \tag{14.1.5a}$$

so daß man allgemein setzen kann

$$\underline{\ddot{u}} = \frac{\underline{Z}_k \underline{Z}_2^*}{Z_2^2}; \qquad \ddot{u}^2 = \frac{Z_k^2}{Z_2^2}. \tag{14.1.12}$$

Die Resonanzbedingung Gl. (14.1.8) ergibt jetzt aus Gl. (14.1.11)

$$\frac{1}{\omega C_I}\left(\omega^2 L_1 C_I - 1\right) = \frac{1}{\omega^2 C_k^2 Z_2^2}\left(\omega^2 L_2 C_{II} - 1\right)\frac{1}{\omega C_{II}}. \tag{14.1.9a}$$

Ist R_2 wieder vernachlässigbar, also

$$Z_2^2 \approx X_2^2 = \frac{1}{\omega^2 C_{II}^2}\left(\omega^2 L_2 C_{II} - 1\right)^2$$

und sind beide Kreise auf die gleiche Frequenz

$$\omega_0^2 = \frac{1}{L_1 C_I} = \frac{1}{L_2 C_{II}}$$

abgestimmt, so erhält man mit dem Kopplungsfaktor k nach Gl. (14.1.2b) aus Gl. (14.1.9a) die beiden Kopplungsfrequenzen

$$\omega_{1,2} = \omega_0 \sqrt{1 \pm k}. \tag{14.1.10a}$$

14.2 Der Transformator

14.2.1 Umspanner und Übertrager. Physikalisch betrachtet sind der Transformator des Energietechnikers (Umspanner) und der Übertrager des Nachrichtentechnikers das gleiche. Man beachte aber folgenden Unterschied:

Der Umspanner soll bei einer festen Netzfrequenz arbeiten, wobei ein bestimmter Wirkungsgrad, bestimmte Kurzschlußspannung usw. verlangt werden, ohne daß seine Lebensdauer durch allzu große Erwärmung oder mechanische Überbeanspruchung (Kurzschlußkräfte) gefährdet werden darf.

Vom Übertrager verlangt man eine möglichst gleichmäßige Wiedergabe eines vorgeschriebenen Frequenzbereiches, wobei der Verbraucherwiderstand an den inneren Widerstand der Stromquelle durch entsprechend gewähltes Übersetzungsverhältnis angepaßt werden soll.

Für den Übertrager stehen demnach Anpassungs- und Dämpfungsfragen im Vordergrund, während es beim Umspanner Fragen des Wirkungsgrades (Leistung) sind. Daher sind auch die Anforderungen verschieden, die der Energietechniker und der Nachrichtentechniker an das magnetische Material stellen. Der erstere verlangt im wesentlichen hohe Flußdichtewerte bei gegebenen (relativ hohen) Feldstärken und möglichst geringe Eisenverluste, während den letzteren vor allem das Verhalten des magnetischen Materials bei relativ kleinen Feldstärken interessiert. Möglichst hohe Anfangspermeabilität mit gleichzeitig möglichst *konstanten* Permeabilitätswerten zur Vermeidung nichtlinearer Verzerrungen (Kap. 15.2.3) werden von ihm gefordert. Hierbei müssen die Hysterese- und Wirbelstromverluste (Kap. 12.2.1) ebenfalls möglichst niedrig sein, damit der Vorteil einer Flußdichteerhöhung durch das magnetische Material nicht wieder durch gleichzeitiges Erhöhen der Dämpfung infolge Hysterese- und Wirbelstromverluste rückgängig gemacht wird. Diese Bedingungen erfüllen am besten Eisen-Nickel-Legierungen (Permalloy) mit extrem hoher Anfangspermeabilität und die Eisen-Nickel-Kobalt-Legierungen (Perminvar). Letztere haben besonders konstante Permeabilität über einen relativ großen Feldstärkebereich geringer Stärke.

Den verschiedenen Anforderungen angepaßt, arbeitet der Energietechniker vorzugsweise mit dem Zeigerdiagramm des Transformators, dem er das ihn interessierende Verhalten beispielsweise bei veränderlicher Belastung und konstanter Frequenz entnehmen kann. Der Nachrichtentechniker verwendet dagegen das Ersatzschaltbild gleichsam als Modell, um beispielsweise das Frequenzverhalten des Übertragers zu berechnen.

14.2.2 Der Einphasentransformator. Grundsätzlich besteht ein Transformator aus zwei elektrisch voneinander isolierten Stromkreisen nach Bild 14.2.1, die aber magnetisch miteinander gekoppelt sind. Der Eingangskreis (Index 1) bildet den *Primärkreis* mit der Primärwicklung, der Ausgangskreis bildet den *Sekundärkreis* (Index 2) mit der Sekundärwicklung. Wird der Transformator zunächst als verlustlos und streuungsfrei angenommen,

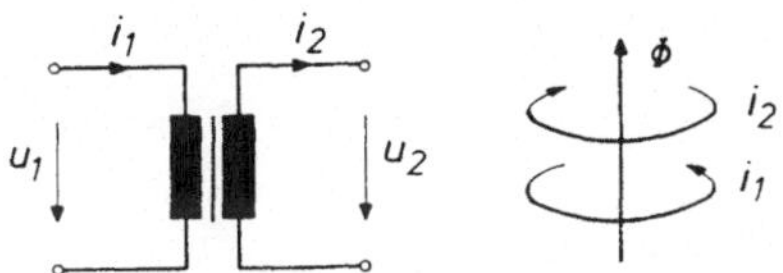

Bild 14.2.1
Zur Wirkungsweise des Transformators

so ist in jedem Augenblick im Leerlauf

$$u_{10} = N_1\,\mathrm{d}\Phi/\mathrm{d}t, \qquad u_{20} = N_2\,\mathrm{d}\Phi/\mathrm{d}t,$$

so daß

$$U_{10}/U_{20} = N_1/N_2.$$

Der magnetische Fluß Φ stellt sich dabei so ein, daß die induzierte Umlaufspannung in jedem Augenblick der primären Klemmenspannung das Gleichgewicht hält. Wird der Transformator belastet, so ruft die in der Sekundärwicklung induzierte Spannung den Sekundärstrom I_2 hervor, dessen Durchflutung I_2N_2 der Primärdurchflutung I_1N_1 entgegenwirkt. Bei unveränderlicher Primärspannung muß der Transformator deshalb primärseitig in jedem Augenblick einen zusätzlichen Strom Δi aufnehmen, dessen Durchflutung ΔiN_1 die Erhaltung des erforderlichen Flusses für das Spannungsgleichgewicht sichert. Bei Belastung und Vernachlässigung der Verluste ist daher

$$\Delta i N_1 = i_2 N_2, \qquad i_1 = i_0 + \Delta i \tag{14.2.1}$$

mit i_0 als Augenblickswert des Leerlaufstromes. Bei $N_1 = N_2$ ist $\Delta i = i_2$ und im Grenzfall des Kurzschlusses $\Delta i \gg i_0$, so daß im Kurzschluß $i_{1k}N_1 \approx i_2 N_2$. Als formales *Übersetzungsverhältnis* $ü$ des Transformators bezeichnet man daher das Verhältnis

$$ü = N_1/N_2 \approx U_1/U_2 \approx I_2/I_1. \tag{14.2.2}$$

Im *Leerlauf* ist der Strom $I_1 = I_0$ relativ klein. Er dient im wesentlichen als Magnetisierungsstrom I_μ (Blindkomponente) zum Aufbau des Magnetfeldes und als Eisenverluststrom I_f (Wirkkomponente) zur Deckung der Eisenverluste. Im Leerlauf ist demnach (Kap. 12.1.2)

$$\underline{I}_1 = \underline{I}_0 = \underline{I}_f + \underline{I}_\mu = I_f - \mathrm{j}I_\mu. \tag{14.2.3.}$$

Bei *Belastung* und $ü = 1:1$, also $N_1 = N_2$, wird der Primärstrom $\underline{I}_1$ gegenüber Leerlauf um den Sekundärstrom $\underline{I}_2$ vergrößert. Die primäre Klemmenspannung $\underline{U}_1$ muß den gesamten Spannungsbedarf (innerer Spannungsabfall und induzierte Umlaufspannung) decken. Auf der Sekundärseite ist die Klemmenspannung $\underline{U}_2$ um den inneren Spannungsabfall der Sekundärseite kleiner als die induzierte Spannung. Damit bekommt man das Zeigerdiagramm des belasteten Transformators, Bild 14.2.2. Ist $N_1 \neq N_2$, so können die Sekundärgrößen nach Gl. (14.2.2) auf die Primärseite bezogen werden.

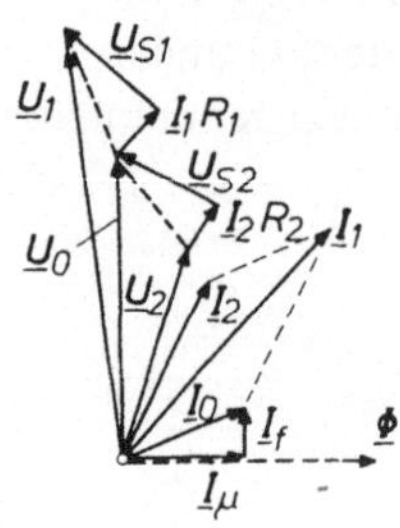

Bild 14.2.2
Zeigerdiagramm des belasteten Transformators bei $N_1/N_2 = 1$

Grundsätzlich kann das Zeigerdiagramm des Transformators, Bild 14.2.2, sehr verschieden zusammengesetzt werden. Im besonderen kann man die sekundären Größen, um 180° gedreht, in die untere Halbebene klappen, wodurch die Primärseite als Verbraucher, die Sekundärseite als Generator erscheint. Welche Diagrammform man wählt, hängt davon ab, welche Eigenschaften des Transformators am „Modell Zeigerdiagramm" betrachtet werden sollen, ist also eine Frage der Zweckmäßigkeit.

Das Stromdiagramm erhält man unmittelbar aus Gl. (14.2.3) unter Beachtung von Gl. (14.2.1). Für das Spannungsdiagramm der Primärseite gilt

$$\underline{U}_1 = \underline{I}_1 R_1 + \underline{U}_{s1} + \underline{U}_0 = \Delta \underline{U}_1 + \underline{U}_0 .$$

Hierbei ist $\underline{U}_0$ die bei leerlaufendem Transformator auftretende Klemmenspannung und $\underline{U}_{s1}$ die primäre ***Streuspannung,*** die den primären Streufluß berücksichtigt, unter Beachtung, daß dieser nur in der Primärwicklung eine Spannung hervorrufen kann. Entsprechend berücksichtigt die sekundäre Streuspannung $\underline{U}_{s2}$ den sekundären Streufluß, so daß für den Sekundärkreis

$$U_2 = \underline{U}_0 - (\underline{I}_2 R_2 + \underline{U}_{s2}) = \underline{U}_0 - \Delta \underline{U}_2 .$$

Die Streuspannungen eilen als induktive Blindkomponenten den zugehörigen Strömen um $\pi/2$ voraus, während die Ohmschen Spannungsabfälle mit den zugehörigen Strömen in Phase sind. Streuspannung und Ohmscher Spannungsabfall bilden jeweils Dreiecke mit $\Delta \underline{U}_1$ bzw. ΔU_2 als Hypotenusen. Für den Transformator, als Ganzes betrachtet, ist bei $N_1/N_2 = 1$

$$\begin{aligned} \underline{U}_1 &= \underline{I}_1 R_1 + \underline{I}_2 R_2 + \underline{U}_{s1} + \underline{U}_{s2} + \underline{U}_2 \\ \underline{I}_1 &= \underline{I}_0 + \underline{I}_2 . \end{aligned} \tag{14.2.4}$$

Beispiel 14.1. Es soll ein Kleintransformator für eine Nennleistung von 70 VA berechnet werden. $U_1 = 220$ V, $U_2 = 20$ V, $f = 50$ Hz. Der Wirkungsgrad kann mit $\eta = 85$ % angenommen werden. Für den Kern wurde Dynamoblech mit den genormten Abmessungen nach Bild 14.2.3 gewählt. Die (genormten und Tabellen zu entnehmenden) Daten des Blechkernes sind: Blechpaketdicke 32,5 mm, effektiver Eisenquerschnitt $A_e = 7{,}9$ cm^2, mittlere Eisenweglänge $l_e = 19{,}7$ cm, nutzbarer Wicklungsquerschnitt $A_w = 4{,}6$ cm^2, Wicklungshöhe $h_w = 4{,}9$ cm, kleinste Windungslänge $l_{min} = 14$ cm, mittlere Windungslänge $l_m = 17$ cm, größte Windungslänge $l_{max} = 20{,}3$ cm. Ferner beträgt die Eisenmenge $G_e = 1{,}33$ kg die Verlustziffer des Eisenblechs $V_{10} = 2{,}9$ W/kg. Die Flußdichte im Eisen soll $\hat{B} = 1{,}2$ Tesla betragen.

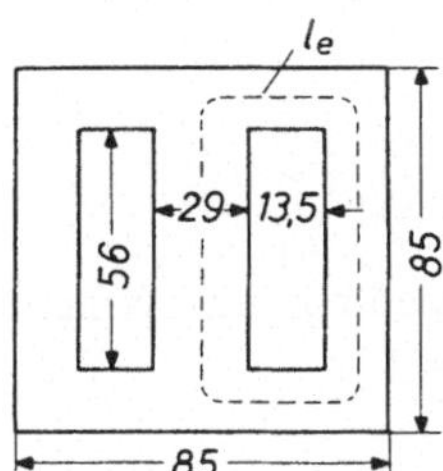

Bild 14.2.3
Blechschnitt zu Beispiel 14.1
Abmessungen in mm

Lösung: Der Effektivwert der induzierten Spannung je Windung wird nach Gl. (12.1.1) mit $\zeta = 1$

$$U/N = 4{,}44\, f \hat{B} A_e = 0{,}21 \text{ V/Wdg.}$$

Primärseitig ist die induzierte Spannung um den primären Spannungsabfall $\Delta \underline{U}_1$ kleiner als die Klemmenspannung $\underline{U}_1$, sekundärseitig dagegen um den sekundären Spannungsabfall $\Delta \underline{U}_2$ größer als die Klemmenspannung $\underline{U}_2$. Es soll daher $U_{i1} = 210$ V und $U_{i2} = 22$ V gewählt werden, so daß

$$N_1 = \frac{210}{0{,}21} = 1000 \text{ Wdg.}, \quad N_2 = \frac{22}{0{,}21} = 105 \text{ Wdg.}$$

Teilt man den nutzbaren Wicklungsquerschnitt A_w so auf, daß auf die Primärwicklung $A_{w1} = 2{,}25$ cm² und auf die Sekundärwicklung $A_{w2} = 2{,}35$ cm² entfallen, so wird

$$W_1 = \frac{N_1}{A_{w1}} = \frac{1000}{2{,}25} = 444 \text{ Wdg./cm}^2, \quad W_2 = \frac{N_2}{A_{w2}} = 44{,}7 \text{ Wdg./cm}^2.$$

Das ergibt aus der Tabelle im Anhang für

$$W_1 = 450 \text{ Wdg./cm}^2: \quad d_1 = 0{,}4 \text{ mm}, \quad R_1' = 0{,}1396 \ \Omega/\text{m},$$

$$W_2 = 45 \text{ Wdg./cm}^2: \quad d_2 = 1{,}3 \text{ mm}, \quad R_2' = 0{,}0134 \ \Omega/\text{m}.$$

Die mittleren Windungslängen für Primärwicklung (innere Wicklung) und Sekundärwicklung (äußere Wicklung) betragen

$$l_{m1} \approx \frac{l_{\min} + l_m}{2} = 0{,}155 \text{ m} \qquad l_{m2} \approx \frac{l_m + l_{\max}}{2} = 0{,}1865 \text{ m}.$$

Somit werden die Drahtlängen

$$l_1 = N_1 l_{m1} = 155 \text{ m}, \quad l_2 = N_2 l_{m2} = 19{,}6 \text{ m}$$

und die Widerstände

$$R_1 = l_1 R_1' = 21{,}6 \ \Omega, \quad R_2 = l_2 R_2' \approx 0{,}26 \ \Omega$$

sowie die Ströme

$$I_1 = \frac{P}{\eta U_1} = 375 \text{ mA}, \quad I_2 = \frac{P}{U_2} = 3{,}5 \text{ A}.$$

Schließlich erhält man als Kupferverluste P_{cu} und mit Gl. (12.2.4) als Eisenverluste P_f

$$P_{cu} = I_1^2 R_1 + I_2^2 R_2 = 6{,}12 \text{ W}, \quad P_f = \left(\frac{12}{10}\right)^2 v_{10} G_e = 5{,}56 \text{ W},$$

sowie als Wirkungsgrad

$$\eta = \frac{P}{P + P_{cu} + P_f} \cdot 100\,\% = 85{,}7\,\%.$$

14.2.3 Allgemeines Ersatzschaltbild des Luftübertragers. Geht man von dem Schaltbild des belasteten Transformators Bild 14.2.4 aus, so ist mit $N_1/N_2 = 1$

$$\begin{aligned} \underline{U}_1 &= \underline{I}_1 (R_1 + \mathrm{j}\,\omega L_1) - \mathrm{j}\,\omega L_{12} \underline{I}_2 = \underline{I}_1 \underline{Z}_1 - \mathrm{j}\,\omega L_{12} \underline{I}_2, \\ \mathrm{j}\,\omega L_{12} \underline{I}_1 &= \underline{I}_2 (R_2 + \mathrm{j}\,\omega L_2 + \underline{Z}) = \underline{I}_2 \underline{Z}_2. \end{aligned} \qquad (14.2.5)$$

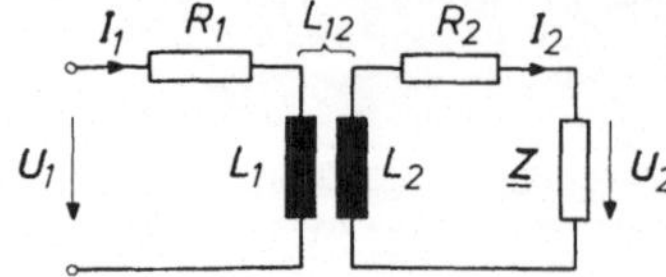

Bild 14.2.4
Belasteter Transformator

Nach Gl. (14.1.12) ist wegen $Z_k = \omega L_{12}$

$$\ddot{u}^2 = \frac{\omega^2 L_{12}^2}{Z_2^2}$$

in Übereinstimmung mit Gl. (14.1.5), so daß man für den Rückwirkungswiderstand erhält

$$\underline{Z}_{\ddot{u}} = \frac{\omega^2 L_{12}^2}{Z_2^2} \{R_2 + \mathrm{Re}(\underline{Z}) - \mathrm{j}[\omega L_2 + \mathrm{Im}(\underline{Z})]\}.$$

Wird $\mathrm{Re}(\underline{Z})$ zu R_2 hinzugenommen, so erhält man daraus mit

$$X_2 = \omega L_2 + \mathrm{Im}(\underline{Z})$$

wieder Gl. (14.1.7).

Diese an Hand von Bild 14.2.4 abgeleiteten Beziehungen lassen erkennen, daß man für den Luftübertrager als *allgemeines* Ersatzschaltbild einen Vierpol in T-Schaltung nach Bild 14.2.5 verwenden kann, wobei zunächst das Windungszahlverhältnis $N_1/N_2 = 1$ gesetzt werden soll. R_1 und R_2 sind die Kupferwiderstände beider Wicklungen, L_{s1} und L_{s2} die primäre und sekundäre *Streuinduktivität* zur Berücksichtigung der Streuflüsse. Setzt man für beide Kreise

$$L_1 = L_{s1} + L_{12}, \qquad L_2 = L_{s2} + L_{12},$$
$$R_1 + \mathrm{j}\omega L_1 = \underline{Z}_1, \qquad R_2 + \mathrm{j}\omega L_2 + \underline{Z} = \underline{Z}_2, \qquad (14.2.6)$$

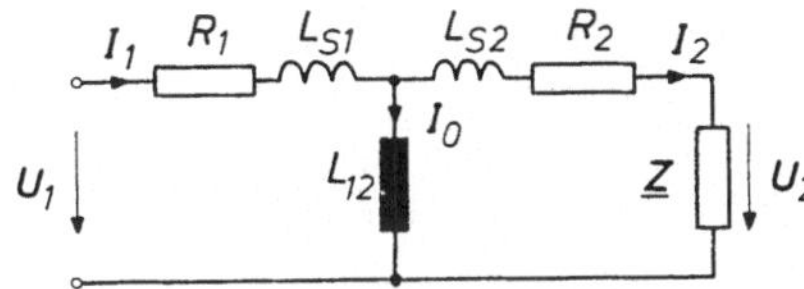

Bild 14.2.5
Allgemeines Ersatzschaltbild des Luftübertragers bei $N_1/N_2 = 1$

so entnimmt man Bild 14.2.5

$$\underline{U}_1 = \underline{I}_1 (R_1 + \mathrm{j}\,\omega L_{s1}) + \underline{I}_0\,\mathrm{j}\,\omega L_{12} = \underline{I}_1 (\underline{Z}_1 - \mathrm{j}\,\omega L_{12}) + \underline{I}_0\,\mathrm{j}\,\omega L_{12}$$
$$\underline{I}_0\,\mathrm{j}\,\omega L_{12} = \underline{I}_2 (R_2 + \mathrm{j}\,\omega L_{s2}) + \underline{U}_2 = \underline{I}_2 (\underline{Z}_2 - \mathrm{j}\,\omega L_{12}).$$

Aus diesen beiden Gleichungen erhält man

$$\underline{U}_1 = \underline{I}_1 (\underline{Z}_1 - \mathrm{j}\,\omega L_{12}) + \underline{I}_2 (\underline{Z}_2 - \mathrm{j}\,\omega L_{12}) \qquad (14.2.7)$$

und wegen $\underline{I}_0 = \underline{I}_1 - \underline{I}_2$ aus der zweiten Gleichung wieder Gl. (14.1.5), womit sich aus Gl. (14.2.7) wieder

$$\underline{U}_1 = \underline{I}_1 \left(\underline{Z}_1 + \frac{\omega^2 L_{12}^2}{Z_2^2} \underline{Z}_2^* \right) = \underline{I}_1 \{R_1 + \ddot{u}^2 R_2 + \mathrm{j}(X_1 - \ddot{u}^2 X_2)\}$$

ergibt, in Übereinstimmung mit Gl. (14.1.6a), wenn man wieder $\mathrm{Re}(\underline{Z})$ zu R_2 hinzunimmt und das Windungszahlverhältnis $N_1/N_2 = 1$ berücksichtigt.

Ist $N_1/N_2 \neq 1$, so müssen die sekundären Größen auf die primäre Windungszahl bezogen werden. Wegen Gl. (14.2.2) sind dann die sekundären Größen durch die gestrichenen Größen zu ersetzen

$$\underline{U}_2' = \frac{N_1}{N_2}\underline{U}_2, \quad \underline{I}_2' = \frac{N_2}{N_1}\underline{I}_2,$$

$$Z_2' = \frac{\underline{U}_2'}{\underline{I}_2'} = \left(\frac{N_1}{N_2}\right)^2 \underline{Z}_2, \quad R_2' = \left(\frac{N_1}{N_2}\right)^2 R_2, \tag{14.2.8}$$

$$L_2' = \left(\frac{N_1}{N_2}\right)^2 L_2, \quad L_{12}' = \frac{N_1}{N_2} L_{12}.$$

Wie erforderlich, werden damit die primärseitig bzw. sekundärseitig auftretenden Spannungen

$$\underline{I}_2' \,\mathrm{j}\,\omega L_{12}' = \underline{I}_2 \,\mathrm{j}\,\omega L_{12} \quad \text{bzw.} \quad \underline{I}_1 \,\mathrm{j}\,\omega L_{12}' = \frac{N_1}{N_2}\,\mathrm{j}\,\omega L_{12}\,\underline{I}_1 .$$

Ferner erhält man aus Gl. (14.2.8) die für die Nachrichtentechnik wichtige Beziehung zur Anpassung eines Verbrauchers über einen Übertrager

$$\ddot{u} = N_1/N_2 = \sqrt{Z_1/Z_2} \tag{14.2.9}$$

Einfache Messungen wie Leerlauf- und Kurzschlußversuch sind am Ersatzschaltbild leicht zu übersehen. Eisenverluste können durch einen Parallelwiderstand R_f zu L_{12}, die Windungskapazitäten bei höheren Frequenzen durch Kapazitäten parallel zu L_{s1} und L_{s2} berücksichtigt werden. Mit

$$\underline{U}_{s1} = \mathrm{j}\omega L_{s1}\underline{I}_1, \quad \underline{U}_{s2} = \mathrm{j}\omega L_{s2}\underline{I}_2$$

ergibt schließlich Bild 14.2.5 unmittelbar Gl. (14.2.4); auch kann der Frequenzgang des Übertragers an Hand des Ersatzschaltbildes leicht berechnet werden. Das allgemeine Ersatzschaltbild nach Bild 14.2.5 bildet das Ausgangsschaltbild für das Ersatzschaltbild des Eingangs-, Zwischen- oder Ausgangsübertragers.

Beispiel 14.2. Ein Endverstärker benötigt einen Ausgangswiderstand $R_a = 9\ \mathrm{k}\Omega$, auf den der innere Widerstand $R_i = 5{,}6\ \Omega$ eines Lautsprechers angepaßt werden soll. Gesucht ist das erforderliche Übersetzungsverhältnis des Ausgangsübertragers.

Lösung: Nach Gl. (14.2.9) wird

$$\ddot{u} = N_1/N_2 = \sqrt{R_a/R_i} \approx \sqrt{1600} = 40.$$

15 Mehrwellige Systeme

15.1 Analyse mehrwelliger Systeme

15.1.1 Die Fourieranalyse. Eine in der Periode beschränkte und stückweise monotone Funktion kann als Summe von Sinusschwingungen dargestellt werden. Die Frequenzen $\nu\omega$ dieser Sinusschwingungen sind ein ganzes Vielfaches der die Periodizität der Funktion $f(t)$ bestimmenden niedrigsten Frequenz ω. Im Gegensatz zur einwelligen Sinusschwingung bezeichnet man daher eine periodische Funktion $f(t)$, deren zeitlicher Verlauf von der Sinusform abweicht, als *mehrwelliges System.* Auch von der Sinusform abweichende Ströme und Spannungen, also ein Mischstrom oder eine Mischspannung (Kap. 9.1.1), bilden ein solches mehrwelliges System, das als Summe eines Gleichstromgliedes, einer sinusförmigen *Grundschwingung* ($\nu = 1$) und sinusförmiger *Oberschwingungen* der Frequenzen $\nu\omega$ mit $\nu \geqq 2$ dargestellt werden kann. Man spricht auch von der „Grundharmonischen" und den „höheren Harmonischen".

Für die ν-te Oberschwingung eines mehrwelligen Stromes beträgt beispielsweise der Augenblickswert

$$i_\nu = I_\nu \sqrt{2} \sin(\nu\omega t + \varphi_\nu)$$

oder wegen $\sin(\alpha + \beta) = \sin\alpha \cdot \cos\beta + \cos\alpha \cdot \sin\beta$

$$i_\nu = I_\nu \sqrt{2} (\sin\varphi_\nu \cdot \cos\nu\omega t + \cos\varphi_\nu \cdot \sin\nu\omega t).$$

Setzt man für die zeitunabhängigen Faktoren

$$I_\nu \sqrt{2} \sin\varphi_\nu = A_\nu, \quad I_\nu \sqrt{2} \cos\varphi_\nu = B_\nu,$$

so erhält man für $\nu = 0$, weil dann $\sin\nu\omega t = 0$ und $\cos\nu\omega t = 1$, einen Gleichstrom $i_0 = A_0$ oder allgemein für eine periodische Zeitfunktion $f(t)$

$$\boxed{f(t) = A_0 + \sum_{\nu=1}^{\infty} A_\nu \cos\nu\omega t + \sum_{\nu=1}^{\infty} B_\nu \sin\nu\omega t} \qquad \nu = 1, 2, 3, \ldots \qquad (15.1.1)$$

Das ist die *Fouriersche Reihe* (Trigonometrische Reihe) durch die eine periodische Funktion dargestellt werden kann. Die Reihe kann meist nach einigen Gliedern abgebrochen werden.

Die Entwicklung einer periodischen Funktion in eine solche Reihe heißt ihre harmonische Analyse oder *Fourieranalyse.* Diese Analyse besteht darin, die Koeffizienten A_0, A_ν und

B_ν zu bestimmen. Dabei ist A_0 der arithmetische Mittelwert der Funktion $f(t)$, über eine ganze Periodendauer T genommen,

$$A_0 = \frac{1}{T}\int_0^T f(t)\,\mathrm{d}t\,, \tag{15.1.2}$$

also ein „Gleichstromglied", während die „Fourierkoeffizienten" A_ν und B_ν durch

$$A_\nu = \frac{2}{T}\int_0^T f(t)\cos\nu\omega t\,\mathrm{d}t\,, \qquad B_\nu = \frac{2}{T}\int_0^T f(t)\sin\nu\omega t\,\mathrm{d}t \tag{15.1.3}$$

gegeben sind und die Amplitudenwerte der ν-ten Oberschwingungen mit der Kreisfrequenz $\nu\omega$ bedeuten, wobei $\nu = 1, 2, 3, \ldots$ Die Integration muß sich über eine ganze Periodendauer T erstrecken, die Lage der Grenzen innerhalb der Periode T ist dabei willkürlich. Es kann also auch von $-T/2$ bis $+T/2$ integriert werden.

Entweder kann der Ursprung $t = 0$ so gelegt werden, daß A_ν *oder* B_ν verschwindet oder man faßt Sinus- und Kosinusglieder zusammen. Dann wird aus Gl. (15.1.1)

$$f(t) = A_0 + \sum_{\nu=1}^{\infty} C_\nu \cos(\nu\omega t - \varphi_\nu) \tag{15.1.4}$$

mit

$$C_\nu = \sqrt{A_\nu^2 + B_\nu^2} \quad \text{und} \quad \varphi_\nu = \operatorname{Arctan}\frac{B_\nu}{A_\nu}\,. \tag{15.1.5}$$

Bei der Entwicklung spezieller Funktionen $f(t)$ in eine Fourier-Reihe können einzelne Werte A_ν und B_ν verschwinden. Insbesondere können folgende Sonderfälle vorliegen:

1. Positive und negative Halbwelle sind flächengleich. Es handelt sich um einen reinen Wechselstrom (Kap. 9.1.1). Da dann der arithmethische Mittelwert verschwindet, ist $A_0 = 0$.
2. Positive Halbwelle des Wechselstromanteils ist das Spiegelbild der negativen Halbwelle nach Bild 15.1.1. Dann ist $f(t) = -f(t + T/2)$ und es sind nur ungerade Oberschwingungen möglich, weil wegen

   $$\sin\nu(\omega t + \pi) = (-1)^\nu \sin\nu\omega t, \qquad \cos\nu(\omega t + \pi) = (-1)^\nu \cos\nu\omega t$$

   die Bedingung

   $$\sin\nu\omega t = -\sin\nu(\omega t + \pi), \qquad \cos\nu\omega t = -\cos\nu(\omega t + \pi)$$

   nur für ungerade ν erfüllbar.

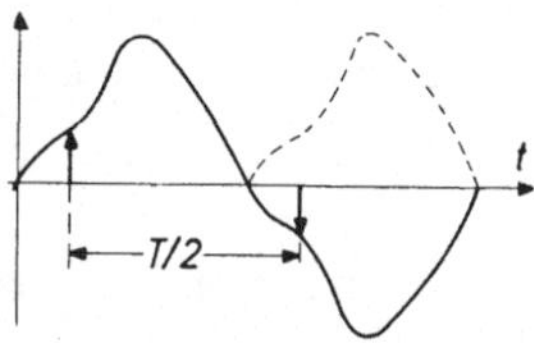

Bild 15.1.1
Spiegelsymmetrische Halbwellen

3. Beide Halbwellen einer Periode des Wechselstromanteils sind ursprungssymmetrisch nach Bild 15.1.2. Dann ist $-f(t) = f(-t)$. Der Kurvenverlauf ist schiefsymmetrisch und wegen

   $$-\sin\nu\omega t = \sin(-\nu\omega t), \qquad -\cos\nu\omega t = -\cos(-\nu\omega t)$$

   sind nur Sinusglieder möglich, d. h. $A_\nu = 0$.

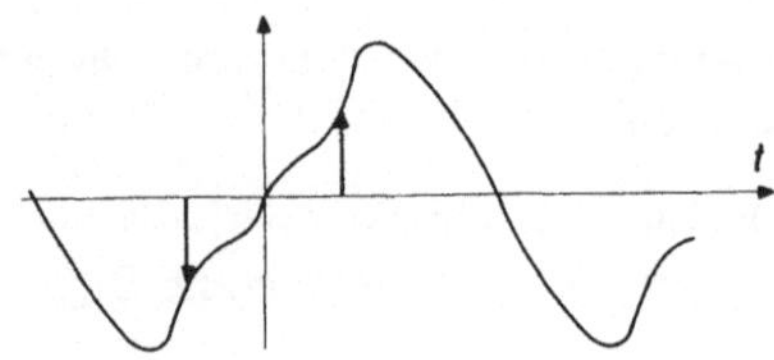

Bild 15.1.2
Ursprungssymmetrische Halbwellen

4. Symmetrischer Verlauf des Wechselstromanteils bezüglich der Ordinate. Dann ist $f(t) = f(-t)$, was nur durch die Kosinusfunktion erfüllt werden kann. Es sind daher nur Kosinusglieder möglich, d. h. $B_\nu = 0$.

Bedingt durch den symmetrischen Aufbau elektrischer Maschinen enthält die Netzspannung in Netzen der Energieversorgung nur ungerade Oberschwingungen. Eine Zusammenstellung einiger Fourier-Reihen ist in Tabelle 15.1 enthalten.

Tabelle 15.1. Einige Fourier Reihen

1		$f(t) = \frac{4A}{\pi}\left\{\sin\omega t + \frac{1}{3}\sin 3\omega t + \frac{1}{5}\sin 5\omega t + \dots\right\}$
2		$f(t) = \frac{8A}{\pi^2}\left\{\sin\omega t - \frac{1}{3^2}\sin 3\omega t + \frac{1}{5^2}\sin 5\omega t - \dots\right\}$
3		$f(t) = \frac{2A}{\pi}\left\{\sin\omega t - \frac{1}{2}\sin 2\omega t + \frac{1}{3}\sin 3\omega t - \frac{1}{4}\sin 4\omega t + \dots\right\}$
4		$f(t) = \frac{4A}{\pi}\left\{\frac{1}{2} - \frac{1}{1\cdot 3}\cos 2\omega t - \frac{1}{3\cdot 5}\cos 4\omega t - \dots\right\}$
5		$f(t) = \frac{A}{\pi}\left\{1 + \frac{\pi}{2}\sin\omega t - \frac{1}{1\cdot 3}\cos 2\omega t - \frac{2}{3\cdot 5}\cos 4\omega t - \dots\right\}$

Beispiel 15.1. Die Rechteckschwingung Bild 15.1.3 mit der Amplitude $\pm A$ ist als Fourier-Reihe darzustellen.

Lösung: Die Rechteckkurve Bild 15.1.3 ist gegeben durch

$$f(t) = \begin{cases} +A & \text{für } 0 \leqslant t \leqslant T/2\,, \\ -A & \text{für } T/2 \leqslant t \leqslant T. \end{cases}$$

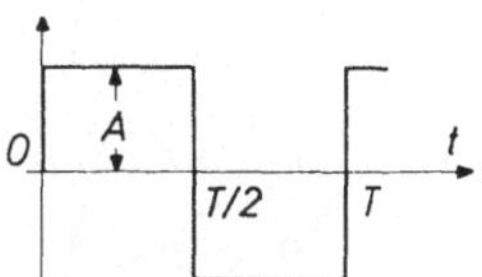

Bild 15.1.3
Rechteckkurve zu Beispiel 15.1

Positive und negative Halbwelle sind flächengleich und symmetrisch zur Abszisse und zum Ursprung. Es ist somit $A_0 = 0$ und $A_\nu = 0$. Nach Gl. (15.1.3) wird dagegen

$$B_\nu = \frac{2A}{T}\int_0^{T/2} \sin\nu\omega t\, dt - \frac{2A}{T}\int_{T/2}^{T} \sin\nu\omega t\, dt.$$

Das ergibt wegen $\omega T = 2\pi$

$$B_\nu = \frac{2A}{\nu\omega T}\left\{\left[\cos\nu\omega t\right]_{T/2}^{T} - \left[\cos\nu\omega t\right]_{0}^{T/2}\right\} = \frac{A}{\nu\pi}\begin{cases} 2-(-2) & \nu \text{ ungerade} \\ 0-0 & \nu \text{ gerade.}\end{cases}$$

Mithin ist

$$B_\nu = 0 \text{ für } \nu \text{ gerade}, \qquad B_\nu = \frac{4A}{\nu\pi} \text{ für } \nu \text{ ungerade.}$$

Die Fourier-Reihe lautet daher

$$f(t) = \frac{4A}{\pi}\left(\sin\omega t + \tfrac{1}{3}\sin 3\omega t + \tfrac{1}{5}\sin 5\omega t + \ldots\right) \tag{15.1.6}$$

in Übereinstimmung mit Zeile 1 in Tabelle 15.1.

Beispiel 15.2. Wie lautet die Fourier-Reihe für den rechteckigen Kurvenzug Bild 15.1.4?

Lösung: Die Rechteckschwingung Bild 15.1.4 enthält gegenüber der Rechteckschwingung Bild 15.1.3 ein „Gleichstromglied“ A_0. Da $f(t)$ für $T/2 \leqslant t \leqslant T$ verschwindet wird nach Gl. (15.1.2)

$$A_0 = \frac{A}{T}\int_0^{T/2} \mathrm{d}t = \frac{A}{2}.$$

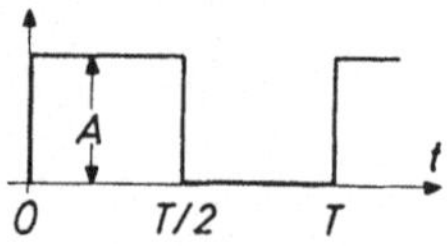

Bild 15.1.4
Rechteckkurve zu Beispiel 15.2

Ersetzt man in Gl. (15.1.6) A durch $A/2$ und fügt A_0 hinzu, so erhält man als Fourierreihe für die Rechteckschwingung Bild 15.1.4 aus Gl. (15.1.6)

$$f(t) = A\left\{\tfrac{1}{2} + \tfrac{2}{\pi}\left(\sin\omega t + \tfrac{1}{3}\sin 3\omega t + \tfrac{1}{5}\sin 5\omega t + \ldots\right)\right\}. \tag{15.1.7}$$

Oft handelt es sich um einen Kurvenverlauf $f(t)$, der mit einem Schreiber, Oszillographen oder punktweise graphisch ermittelt wurde und nicht als analytischer Ausdruck vorliegt. Die harmonische Analyse kann dann numerisch oder graphisch oder mit Hilfe sogenannter harmonischer Analysatoren durchgeführt werden.

15.1.2 Oszillogramm und Spektrum. Die Fourieranalyse gestattet es, eine periodische Funktion entweder als *Oszillogramm* oder als *Spektrum* darzustellen. Das Oszillogramm ergibt den zeitlichen Verlauf der einzelnen Oberschwingungen in phasengerechter Zusammensetzung. Das Spektrum ergibt die einzelnen Amplitudenwerte abhängig von der Frequenz. So zeigt Bild 15.1.5 Oszillogramm und Spektrum zu Gl. (15.1.6) bis einschließlich 5. Oberschwingung.

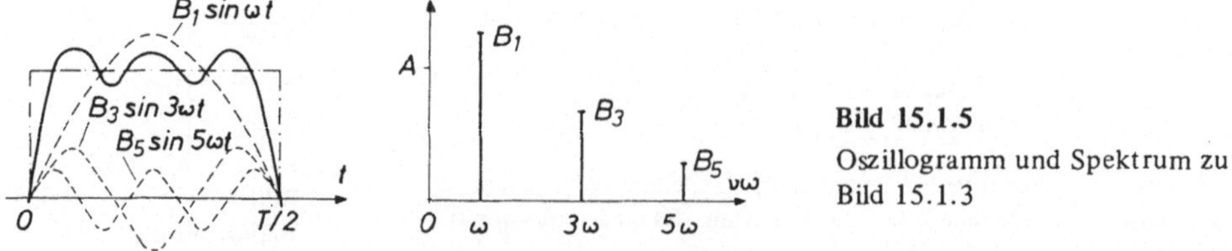

Bild 15.1.5
Oszillogramm und Spektrum zu Bild 15.1.3

Die Darstellung einer Funktion durch ihr Spektrum hat in der Nachrichtentechnik überragende Bedeutung. Dem Spektrum kann man die Anzahl der in einer Funktion enthaltenen Oberschwingungen sowie ihren prozentualen Anteil an der Gesamtschwingung entnehmen. Die Fourieranalyse liefert somit den Schlüssel zur Berechnung und Untersuchung von Übertragungssystemen.

Ebenso wie das Oszillogramm kann auch das Spektrum eine Funktion vollständig beschreiben, sofern der Koordinatenursprung so gewählt werden kann, daß keine zusätzliche Angabe der Phasenlagen der einzelnen Oberschwingungen notwendig wird, wie beispielsweise in Gl. (15.1.6).

Grundsätzlich wirkt sich die Wahl des Koordinatenursprungs nur auf die Phasenlage der Oberschwingungen bezüglich des Ursprungs aus. Legt man z. B. in Bild 15.1.3 den Koordinatenursprung in die Mitte des positiven Rechtecks also bei $t = T/4$, so entnimmt man dem Bild 15.1.5, daß $B_\nu = 0$ und nur ungerade Kosinusglieder auftreten. Wegen

$$\sin\nu(\omega t + \pi/2) = \sin\nu\omega t \cdot \cos(\nu\pi/2) + \sin(\nu\pi/2) \cdot \cos\nu\omega t$$

erhält man dann die alternierende Reihe

$$f(t) = \frac{4A}{\pi}\left\{\cos\omega t - \frac{1}{3}\cos 3\,\omega t + \frac{1}{5}\cos 5\,\omega t - \ldots\right\}. \qquad (15.1.6a)$$

Das Frequenzspektrum ist unverändert geblieben.

Besonders einfach wird die Ermittlung des Spektrums aus der Fourier-Reihe in komplexer Form. Beachtet man dabei, daß t nur in Gl. (15.1.2) und Gl. (15.1.3) Integrationsvariable ist, dagegen nicht in Gl. (15.1.1) und ersetzt man daher in Gl. (15.1.2) und Gl. (15.1.3) vorübergehend t durch τ, so erhält man aus Gl. (15.1.1) mit Gl. (15.1.3)

$$f(t) = A_0 + \frac{2}{T}\sum_{\nu=1}^{\infty}\int_{-T/2}^{+T/2} f(\tau)\cos\nu\omega(t-\tau)\,\mathrm{d}\tau,$$

woraus mit Gl. (10.1.6) wird

$$f(t) = A_0 + \frac{1}{T}\sum_{\nu=1}^{\infty}\int_{-T/2}^{+T/2} f(\tau)\left\{\mathrm{e}^{\mathrm{j}\nu\omega(t-\tau)} + \mathrm{e}^{-\mathrm{j}\nu\omega(t-\tau)}\right\}\mathrm{d}\tau.$$

Nun ist aber

$$\sum_{\nu=1}^{\infty}\mathrm{e}^{-\nu x} = \sum_{\nu=-\infty}^{-1}\mathrm{e}^{\nu x}, \qquad (15.1.8)$$

so daß man unter Einschluß von A_0 aus Gl. (15.1.2) erhält

$$f(t) = \frac{1}{T}\sum_{-\infty}^{+\infty}\int_{-T/2}^{+T/2} f(\tau)\,\mathrm{e}^{-\mathrm{j}\nu\omega\tau}\,\mathrm{d}\tau\cdot\mathrm{e}^{\mathrm{j}\nu\omega t}$$

oder, wenn man wieder $\tau = t$ setzt,

$$f(t) = \sum_{\nu=-\infty}^{+\infty} a_\nu \, e^{j\nu\omega t}, \qquad a_\nu = \frac{1}{T} \int_{-T/2}^{+T/2} f(t)\, e^{-j\nu\omega t}\, dt. \tag{15.1.9}$$

Das ist die Fourier-Reihe in komplexer Form, wobei a_ν das Spektrum der Funktion $f(t)$ ergibt.

Beispiel 15.3. Gesucht ist das Spektrum eines periodischen Rechteckimpulses der Amplitude A nach Bild 15.1.6 mit dem Tastverhältnis $\beta = \tau/T$.

Lösung: Der Rechteckimpuls ist nach Bild 15.1.6 gegeben durch

$$f(t) = A \quad \text{für} \; -\tau/2 \leqslant t \leqslant +\tau/2$$

und verschwindet für den Rest der übrigen Periodendauer.
Somit erhält man als Frequenzspektrum nach Gl. (15.1.9)

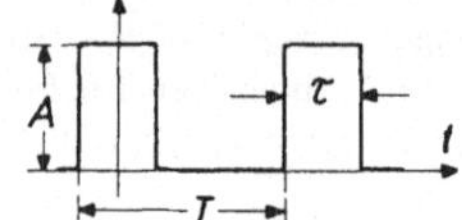

Bild 15.1.6
Periodischer Rechteckimpuls der Dauer τ

$$a_\nu = \frac{A}{T} \int_{-\tau/2}^{+\tau/2} e^{-j\nu\omega t}\, dt = \frac{A}{-j\nu\omega T} \left\{ e^{-j\nu\omega\tau/2} - e^{j\nu\omega\tau/2} \right\}$$

Das ergibt wegen $\omega T = 2\pi$ mit Gl. (10.1.6) und $\omega\tau/2 = \beta\omega T/2 = \beta\pi$

$$a_\nu = \frac{A}{\nu\pi} \sin \nu\beta\pi .$$

Für $\nu = 0$ muß $a_\nu = A_0$ durch einen Grenzübergang oder nach Gl. (15.1.2) ermittelt werden

$$A_0 = \frac{A}{T} \int_{-\tau/2}^{+\tau/2} dt = \frac{A}{T} \left(\frac{\tau}{2} + \frac{\tau}{2}\right) = A\beta .$$

Nach Gl. (15.1.9) muß über negative und positive Werte ν summiert werden, so daß das Frequenzspektrum wegen $a_\nu = a_{-\nu} = A_\nu/2$ gegeben ist durch

$$A_0 = A\beta, \qquad A_\nu = \frac{2A}{\nu\pi} \sin \nu\beta\pi, \qquad \nu = 1, 2, 3, \ldots$$

Für die Fourier-Reihe erhält man schließlich aus Gl. (15.1.9) mit Gl. (10.1.7) unter Beachtung von Gl. (15.1.8)

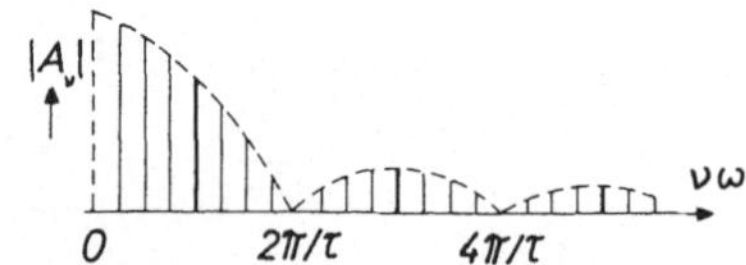

Bild 15.1.7
Spektrum der Impulsfolge Bild 15.1.6 Grundschwingung und Oberschwingungen, Tastverhältnis $\beta = 1/8$

$$f(t) = A\beta \left\{ 1 + 2 \sum_{\nu=1}^{\infty} \frac{\sin \pi\nu\beta}{\pi\nu\beta} \cos \nu\omega t \right\}, \tag{15.1.10}$$

woraus man für $\beta = 1/2$ wieder Gl. (15.1.6a) erhält.

Bild 15.1.7 zeigt das zugehörige Spektrum ohne „Gleichstromglied" A_0 für ein Tastverhältnis $\beta = 1/8$. Die gestrichelt eingezeichnete Einhüllende hat für ganze Vielfache von $\nu\omega = \omega/\beta = 2\pi/\tau$ Nullstellen. Die Dichte der Spektrallinien nimmt mit abnehmendem Tastverhältnis β zu. Für $\beta = 1/2$ und entsprechender Reduzierung des Maßstabes erhält man lediglich die in Bild 15.1.7 stark ausgezogenen Spektrallinien.

15.1.3 Analyse nichtperiodischer Vorgänge. Handelt es sich um einen nichtperiodischen Vorgang, so kann die Methode der Fourier-Analyse ebenfalls angewendet werden, wenn man für die Periodendauer den Grenzübergang $T \to \infty$ durchführt. Wegen $T = 1/f$ wird dabei der Unterschied zwischen zwei benachbarten Frequenzen beliebig klein, $\nu\omega \to \omega$ und $\omega \to \mathrm{d}\omega$, so daß

$$\frac{1}{T} = \frac{\omega}{2\pi} \to \frac{\mathrm{d}\omega}{2\pi}.$$

Damit wird die Summe zum Integral, d. h.

Bei der harmonischen Analyse einer nichtperiodischen Funktion geht die Fourier-Reihe in ein Fourierintegral über.

Infolge des beliebig kleinen Unterschiedes zwischen benachbarten Frequenzen erhält man kein aus einzelnen diskreten Linien bestehendes *Linienspektrum* sondern ein kontinuierliches Spektrum. A_ν und B_ν werden Funktionen von ω.

Im Spektrum einer periodischen Pulsfolge Bild 15.1.7 wird die Dichte der Spektrallinien mit abnehmendem Tastverhältnis immer größer, während die Form der Einhüllenden unverändert bleibt. Der Grenzfall $T \to \infty$ oder $\beta \to 0$ bedeutet Übergang von einer periodischen Pulsfolge zu einem einmaligen Impuls der Dauer τ. Die Fourierreihe wird zum Fourierintegral. Das kontinuierliche Spektrum eines einmaligen Impulses ist dabei durch die in Bild 15.1.7 gestrichelt gezeichnete Einhüllende gegeben. Der Frequenzbereich zwischen $\omega = 0$ und $\omega = 2\pi/\tau$ erfaßt die am stärksten enthaltenen Teilschwingungen. Da ein hinreichend kurzer Impuls durch einen Rechteckimpuls angenähert werden kann, entnimmt man Bild 15.1.7:

Zur Übertragung eines einzelnen Impulses der Dauer τ ist angenähert ein Frequenzbereich (Bandbreite des Übertragungssystems) von $f = 0$ bis $f = 1/\tau$ erforderlich.

Je kürzer die Impulsdauer τ eines zu übertragenen Impulses, um so größer ist die erforderliche Bandbreite des Übertragungssystems.

Bem.: Ist der Impulsabstand $T - \tau$ einer Pulsfolge so groß, daß der durch jeden Impuls ausgelöste Ausgleichsvorgang (Kap. 15.3.1) beim Einsetzen des folgenden Impulses bereits als abgeklungen betrachtet werden kann, so erscheint dem Übertragungssystem die Pulsfolge nicht mehr periodisch. Vielmehr kann dann jeder Impuls der Impulsfolge als einmaliger Impuls betrachtet werden.

Das Spektrum einer Funktion kann diese Funktion ebenso vollständig beschreiben, wie das Oszillogramm. Man kann daher statt mit der Zeitfunktion, also dem Oszillogramm, auch mit dem zugehörigen Spektrum oder mit einer eindeutigen Spektralfunktion operieren. Das macht die sogenannte *Laplace-Transformation.* Mit Hilfe eines Integraloperators, dem *Laplace-Integral,* wird dabei eine Zeitfunktion in eine zugehörige Spektralfunktion umkehrbar eindeutig transformiert und mit dieser Spektralfunktion gerechnet. Anschließend muß das Ergebnis durch eine inverse Transformation wieder in die zugehörige Zeitfunktion zurücktransformiert werden. Durch die Laplace-Transformation werden lineare Differentialgleichungen mit konstanten Koeffizienten zu linearen algebraischen Gleichungen.

15.2 Oberschwingungen in Strom und Spannung

15.2.1 Effektivwert und Leistung. In einem mehrwelligen System wird die Leistung der einzelnen Oberschwingungen der Ströme

$$I^2R = I_1^2R + I_2^2R + I_3^2R + \dots + I_\nu^2R.$$

Unter Einbeziehung eines eventuellen Gleichstromgliedes ($\nu = 0$) erhält man somit als Effektivwert eines Mischstromes

$$\boxed{I = \sqrt{\sum_{\nu=0}^{\infty} I_\nu^2} = \sqrt{I_0^2 + \tfrac{1}{2}\sum_{\nu=1}^{\infty} \hat{i}_\nu^2}} \qquad (15.2.1)$$

Wegen des Ohmschen Gesetzes erhält man für den Effektivwert U der Spannung den analogen Ausdruck.

Der Effektivwert eines Mischstromes ist gleich der Wurzel aus der Summe der Quadrate der Effektivwerte der einzelnen Oberschwingungen einschließlich des Gleichstromgliedes.

und

Der Effektivwert einer mehrwelligen Wechselstromgröße wird allein durch die Scheitelwerte der einzelnen Teilschwingungen bestimmt. Phasenlage und Ordnungszahl der einzelnen Oberschwingungen sind für den Effektivwert ohne Einfluß.

Jede Oberschwingung liefert den Beitrag $I_\nu^2 R$ zur Gesamtleistung. Für diese erhält man daher

$$\boxed{P = \sum_{\nu=0}^{\infty} P_\nu = P_0 + \sum_{\nu=1}^{\infty} U_\nu I_\nu \cos\varphi_\nu} \qquad (15.2.2)$$

Die Leistung eines Mehrwellenstromes ist gleich der Summe der Leistungen der einzelnen Oberschwingungen.

Dabei beachte man aber:

Ströme und Spannungen verschiedener Ordnungszahlen ergeben keine Leistung.

Ist z. B.

$$u_\kappa = U_\kappa \sqrt{2} \sin \kappa\omega t, \qquad i_\nu = I_\nu \sqrt{2} \sin(\nu\omega t - \varphi_\nu),$$

so wird

$$u_\kappa i_\nu = U_\kappa I_\nu \{\cos[(\kappa - \nu)\omega t + \varphi_\nu] - \cos[(\kappa + \nu)\omega t - \varphi_\nu]\}.$$

Man erhält zwei Sinusschwingungen, die über eine Periode genommen Null ergeben. Wird dagegen $\kappa = \nu$, so wird (Kap. 10.3.1)

$$u_\nu i_\nu = U_\nu I_\nu [\cos\varphi_\nu - \cos(2\nu\omega t - \varphi_\nu)].$$

Beispiel 15.4. Der zeitliche Verlauf eines gleichgerichteten Wechselstromes ist durch folgende Reihe gegeben:

$$i(t) = (10{,}5 + 18{,}5 \sin\omega t - 12{,}3 \cos 2\omega t - 6{,}0 \sin 3\omega t + 2{,}0 \cos 4\omega t)\ \text{mA}.$$

Wie groß ist der arithmetische Mittelwert und der Effektivwert des Gesamtstromes sowie die Leistungsaufnahme eines Ohmschen Widerstandes $R = 10\ \Omega$, der von diesem Strom durchflossen wird?

Lösung: Der arithmetische Mittelwert ist gleich dem Gleichstromglied $I_0 = 10{,}5$ mA. Die Effektivwerte der einzelnen Teilschwingungen werden

$$I_1 = \frac{18{,}5}{\sqrt{2}}\ \text{mA} = 13{,}1\ \text{mA}, \qquad I_3 = \frac{6{,}0}{\sqrt{2}}\ \text{mA} = 4{,}2\ \text{mA}.$$

$$I_2 = \frac{12{,}3}{\sqrt{2}}\ \text{mA} = 8{,}7\ \text{mA}, \qquad I_4 = \frac{2{,}0}{\sqrt{2}}\ \text{mA} = 1{,}4\ \text{mA}.$$

Damit wird nach Gl. (15.2.1) der Effektivwert des Gesamtstromes

$$I = \sqrt{I_0^2 + I_1^2 + I_2^2 + I_3^2 + I_4^2} = \sqrt{377}\ \text{mA} = 19{,}4\ \text{mA},$$

während ein Drehspulinstrument nur $I_0 = 10{,}5$ mA anzeigen würde. Die Leistungsaufnahme des Ohmschen Widerstandes R wird

$$P = (I_0^2 + I_1^2 + I_2^2 + I_3^2 + I_4^2)\, R = I^2 R \approx 3{,}8\ \text{mW}.$$

Würde die Leistungsaufnahme aus einer Strommessung mit einem Drehspulinstrument ermittelt werden, so erhielte man nur $P_0 = I_0^2 R = 1{,}1$ mW.

15.2.2 Oberschwingungen im Drehstromsystem. Für Oberschwingungen dritter Ordnung und durch 3 teilbarer Ordnungszahl entspricht einer Phasenverschiebung der Grundschwingung von 120° eine solche von 3 · 120° = 360°, wie Bild 15.2.1 für die dritte Oberschwingung zeigt.

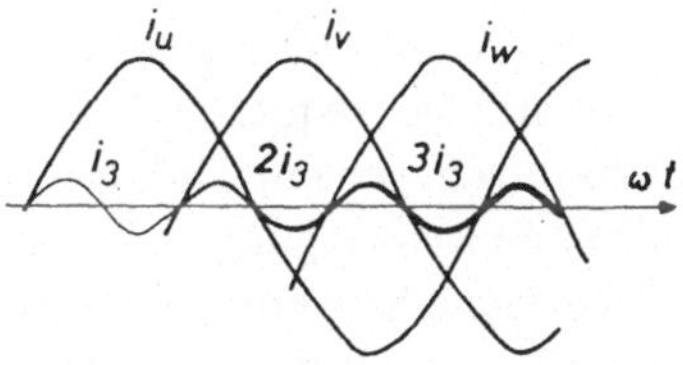

Bild 15.2.1
Dritte Oberschwingung im symmetrischen Drehstromsystem

In einem symmetrischen Drehstromsystem sind die Oberschwingungen mit durch 3 teilbarer Ordnungszahl in allen drei Strängen gleichphasig.

Im symmetrischen Drehstromnetz ist daher in jedem Augenblick

$$i_{3u} + i_{3v} + i_{3w} = 3\, i_3. \tag{15.2.3}$$

Ihre Summe ergänzt sich nicht zu Null. Im symmetrischen Drehstromnetz können daher Außenleiterströme mit durch 3 teilbarer Ordnungszahl nur fließen, wenn für sie ein vierter Leiter als Rückleiter vorhanden ist, also bei Sternschaltung ein herausgeführter Sternpunktleiter. Bei Dreieckschaltung steht dagegen dem Strangstrom mit durch 3 teilbarer Ordnungszahl der Weg innerhalb des Dreiecks zur Verfügung, ohne daß er in den Netzleitern auftritt.

Bei den Spannungen machen sich Oberschwingungen dritter Ordnung bei Symmetrie nur in den Sternspannungen bemerkbar, nicht aber in den Außenleiterspannungen, da sie infolge der Gleichphasigkeit in den drei Wicklungen bei der Differenzbildung nach Gl. (11.1.4) herausfallen.

Auch innerhalb des Dreiecks ergänzt sich die Summe der drei Spannungen in jedem Augenblick zu $3u_3$, was für die durch 3 teilbaren Oberschwingungen einen Kurzschluß bedeutet.

Das Vorhandensein einer starken dritten Oberschwingung im Magnetisierungsstrom ist für Drehstromtransformatoren von Bedeutung. Ist der Transformator in Stern/Stern geschaltet und der Sternpunkt nicht herausgeführt, so kann eine dritte Oberschwingung im Strom gar nicht zur Ausbildung kommen, weil für sie der vierte Leiter als Rückleiter fehlt. Das Feld wird daher nicht mehr sinusförmig verlaufen, sondern seinerseits eine dritte Oberschwingung enthalten. Die Folge ist eine dritte Oberschwingung in der Sternspannung, die in der Außenleiterspannung wegen der Differenzbildung Gl. (11.1.4) bei Symmetrie zwar nicht in Erscheinung tritt, aber eine ständig pulsierende Verlagerung des Nullpunktes verursacht. Ist der Sternpunkt herausgeführt oder eine in Dreieck geschaltete Wicklung vorhanden, so ist ein Ausbilden der dritten Oberschwingung im Strom möglich. Feld und Spannung verlaufen sinusförmig Falls keine Dreieckwicklung primär oder sekundär vorhanden ist, kann durch eine geschlossene Tertiär- oder Hilfswicklung die nötige Durchflutung dritter Ordnung aufgebracht werden. Drehstromgeneratoren werden dagegen grundsätzlich nur in Stern geschaltet, um Verluste durch Dreieckströme dritter Ordnung zu vermeiden.

15.2.3 Lineare und nichtlineare Verzerrung. In der Nachrichtentechnik (Übertragungstechnik) sind Fragen der Verzerrung von grundlegender Bedeutung. Die Übertragungstechnik muß auf reflexionsfreie, also echofreie Übertragungen mehr Rücksicht nehmen, als auf den Wunsch großer Empfangsleistungen. Ein mäßig lauter, nicht durch Echos verzerrter Empfang ist einem lautstarken durch Echos gestörten Empfang vorzuziehen. Liegt Verzerrung vor, so bleibt ein Signal, nämlich die Umhüllungskurve eines Kurvenzuges, bei der Übertragung nicht mehr formgetreu erhalten. Dabei unterscheidet man zwischen einer linearen und nichtlinearen Verzerrung.

Lineare Verzerrungen sind *Amplitudenverzerrungen,* auch Dämpfungsverzerrungen genannt, infolge frequenzabhängiger Dämpfung und *Phasenverzerrungen,* auch Laufzeitverzerrungen genannt, infolge nicht frequenzproportionaler Phasenverschiebung der einzelnen Teilschwingungen. In beiden Fällen haben Eingangssignal und Ausgangssignal verschiedene Kurvenform. Die Bezeichnung „lineare Verzerrung“ rührt daher, daß diese Verzerrungen durch lineare Übertragungssysteme (Netzwerke) hervorgerufen werden. Wird beispielsweise an eine mehrwellige Spannung

$$u = \sum_{\nu=1}^{\infty} U_\nu \sqrt{2} \sin \nu\omega t$$

eine verlustlose Spule konstanter Induktivität L angeschlossen, so beträgt der Strom durch die Spule

$$i_L = \frac{1}{L} \int u \,\mathrm{d}t = -\frac{1}{\omega L} \sum_{\nu=1}^{\infty} \frac{U_\nu \sqrt{2}}{\nu} \cos \nu\omega t\,, \tag{15.2.4}$$

wobei die Integrationskonstante als Gleichstromglied voraussetzungsgemäß verschwindet. Wird dagegen ein verlustloser Kondensator der Kapazität C an diese Spannung angeschlossen, so beträgt der Strom durch den Kondensator

$$i_C = C \frac{\mathrm{d}u_c}{\mathrm{d}t} = \omega C \sum_{\nu=1}^{\infty} \nu U_\nu \sqrt{2} \cos \nu\omega t \,. \qquad (15.2.4\mathrm{a})$$

In beiden Fällen haben Strom und Spannung nicht mehr gleiche Kurvenform.

> Bei vorgegebenem Spannungsverlauf werden die Stromamplituden mit zunehmender Ordnungszahl der Oberschwingungen durch eine Induktivität verkleinert und durch eine Kapazität vergrößert.

Da

$$u_L = L \frac{\mathrm{d}i}{\mathrm{d}t} \quad \text{und} \quad u_C = \frac{1}{C} \int i \, \mathrm{d}t \,,$$

gilt für die Spannungsamplituden der einzelnen Oberschwingungen das entgegengesetzte Verhalten.

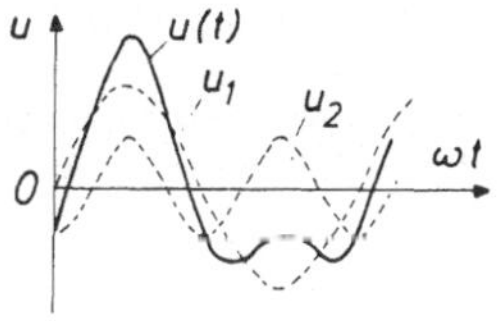

Bild 15.2.2
Wechselspannung mit zweiter Oberschwingung

Ist beispielsweise eine Wechselspannung nach Bild 15.2.2 gegeben durch

$$u = (20 \sin \omega t - 10 \cos 2\omega t) \text{ V}$$

und wird diese Spannung an eine verlustlose Spule konstanter Induktivität mit $\omega L = 100\ \Omega$ angeschlossen, so fließt durch die Spule nach Gl. (15.2.4) der Strom

$$i_L = -(200 \cos \omega t + 50 \sin 2\omega t) \text{ mA} \,.$$

Wird die gleiche Spannung an einen verlustlosen Kondensator mit $\omega C = 10$ mS angeschlossen, so beträgt der Kondensatorstrom nach Gl. (15.2.4a)

$$i_c = (200 \cos \omega t + 200 \sin 2\omega t) \text{ mA} \,.$$

Den Verlauf dieser beiden Ströme i_L und i_c zeigt Bild 15.2.3.

Da Spule und Kondensator gegenüber Strom und Spannung entgegengesetztes Verhalten zeigen, kann eine Kombination von Spulen und Kondensatoren als Filter oder zur Glättung dienen. Ein solches Siebglied (Vierpol in π-Schaltung) zeigt Bild 15.2.4. Die Spule dient als Glättungsdrossel und wird vom Verbraucherstrom durchflossen, die Kondensatoren dienen als Glättungskondensatoren, an denen die Spannung abgegriffen wird. Für hohe Frequenzen bilden die Kondensatoren nahezu einen Kurzschluß, die Spule dagegen einen sehr großen Widerstand, es handelt sich demnach um einen sogenannten *Tiefpaß*.

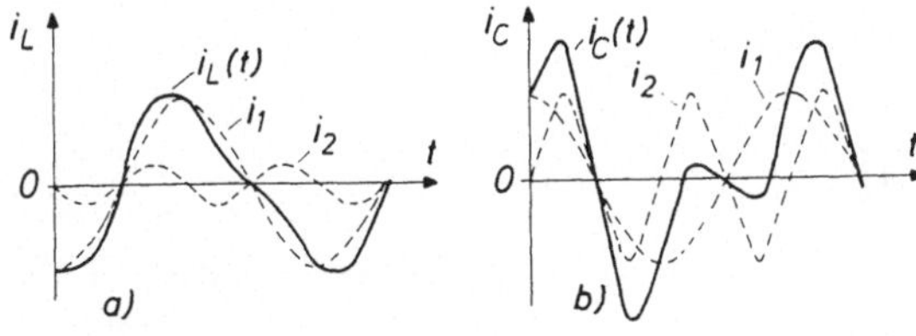

Bild 15.2.3
Stromverlauf zur Spannung Bild 15.2.2
a) bei verlustloser Spule, b) bei verlustlosem Kondensator

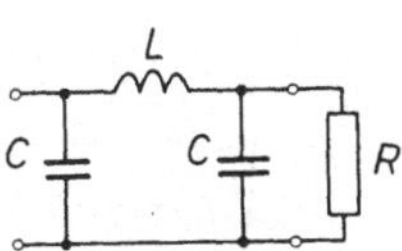

Bild 15.2.4
Siebglied in π-Schaltung (Tiefpaß)

Nichtlineare Verzerrungen entstehen durch nichtlineare Übertragungssysteme (Schaltelemente); sie sind durch das Auftreten *zusätzlicher* Oberschwingungen gekennzeichnet, die im Eingangssignal nicht vorhanden sind und durch ein nichtlineares Übertragungsglied hervorgerufen wurden. Wird beispielsweise eine Spule mit Eisenkern an eine sinusförmige Spannung angeschlossen, so verläuft der Strom (Magnetisierungsstrom) infolge der nichtlinearen Magnetisierungskurve nicht mehr sinusförmig (Kap. 12.1.2, Bild 12.1.1), sondern enthält u. a. eine dritte und fünfte Oberschwingung, die in der angelegten Spannung nicht enthalten ist.

Kann die Strom-Spannungs-Kennlinie einer Gleichrichterschaltung mit i_a als Strom (Ausgangsgröße) etwa durch die Reihe

$$i_a = S u_g + \frac{1}{2} T u_g^2 + \dots$$

angenähert werden, wobei S und T Konstanten der Schaltung sind und u_g die angelegte gleichzurichtende Spannung, so erhält man bei

$$u_g = U_g \sqrt{2} \sin \omega t$$

als Strom

$$i_a = S U_g \sqrt{2} \sin \omega t + T U_g^2 \sin^2 \omega t ,$$

so daß wegen $\sin^2 \omega t = (1 - \cos 2 \omega t)/2$

$$i_a = \frac{1}{2} T U_g^2 + S U_g \sqrt{2} \sin \omega t - \frac{T}{2} U_g^2 \cos 2 \omega t$$

oder

$$i_a = I_0 + \hat{i}_1 \sin \omega t - \hat{i}_2 \cos 2 \omega t .$$

Man erhält ein Gleichstromglied und eine Oberschwingung zweiter Ordnung, die in der Spannung u_g als Eingangsgröße nicht enthalten sind, sondern durch die nichtlineare Kennlinie im Strom als Ausgangsgröße entstanden; der Strom ist gegenüber der Spannung nichtlinear verzerrt.

Lineare Verzerrungen entstehen durch die Frequenzabhängigkeit der Amplituden und Phasenwinkel der einzelnen Teilschwingungen. *Nichtlineare* Verzerrungen sind dagegen durch das *zusätzliche* Auftreten von Oberschwingungen gekennzeichnet, bedingt durch nichtlineare Übertragungsglieder.

Der Grad der Abweichung einer Zeitfunktion von der Sinusform kann durch den Klirrfaktor k angegeben werden. Dieser ist im allgemeinen definiert als

$$k = \sqrt{\frac{\sum_{\nu=2}^{\infty} A_\nu^2}{\sum_{\nu=1}^{\infty} A_\nu^2}} = \sqrt{\frac{A_2^2 + A_3^2 + \dots A_\nu^2}{A^2}} \qquad (15.2.5)$$

wobei A_ν die Effektivwerte der einzelnen Teilschwingungen und A der Effektivwert der mehrwelligen Wechselstromgröße sind.

Der Klirrfaktor k gibt den Grad der Abweichung einer Zeitfunktion von der Sinusform an. Er ist gegeben durch das Verhältnis des Effektivwertes der Oberschwingungen zum vollen Effektivwert.

Die Ermittlung des Klirrfaktors als Maß für auftretende Verzerrungen hat in der Nachrichtentechnik besondere Bedeutung.

Beispiel 15.5. Bei einer Luftspule mit $R = 2\ \Omega$ ist bei $f = 50$ Hz der Blindwiderstand $\omega L = R$. Die Spule ist an eine Wechselspannung der Grundfrequenz $f_1 = 40$ Hz angeschlossen, welche noch eine dritte Oberschwingung von 33,3 % der Grundschwingung enthält. Amplitude der Grundschwingung $\hat{u}_1 = 90$ V. Strom I und Leistungsaufnahme P der Spule sind zu berechnen.

Lösung: Wegen $R = \omega L$ bei $f = 50$ Hz ist bei $f_1 = 40$ Hz

$$I_1 = \frac{U_1}{R\sqrt{1 + \left(\frac{40}{50}\right)^2}} = \frac{U_1}{\sqrt{1{,}64}\,R} = 24{,}8\ \text{A}.$$

und bei $f_3 = 120$ Hz

$$I_3 = \frac{0{,}33\ U_1}{R\sqrt{1 + 9\left(\frac{40}{50}\right)^2}} = \frac{U_1}{3R\sqrt{6{,}76}} = 4{,}1\ \text{A}.$$

Wegen der glättenden Wirkung der Drosselspule enthält der Strom nur noch eine dritte Oberschwingung von 16,5 %. Der Gesamtstrom wird nach Gl. (15.2.1)

$$I = \sqrt{I_1^2 + I_3^2} = 25{,}1\ \text{A}$$

und damit die Leistungsaufnahme der Spule $P = I^2 R = (I_1^2 + I_3^2)\,R = 1264$ W.

Beispiel 15.6. Wie groß ist der Klirrfaktor von Spannung und Strom in der vorigen Aufgabe?

Lösung: Nach Gl. (15.2.5) beträgt der Klirrfaktor der Spannung

$$k_u = \sqrt{\frac{U_3^2}{U_1^2 + U_3^2}} = \sqrt{\frac{\hat{u}_3^2}{\hat{u}_1^2 + \hat{u}_3^2}} \approx \sqrt{0{,}1} = 0{,}316$$

und entsprechend für den Strom

$$k_i = \sqrt{\frac{I_3^2}{I_1^2 + I_3^2}} \approx \sqrt{0{,}026} = 0{,}161\,.$$

Somit $k_u = 31{,}6$ %, $k_i = 16{,}1$ %. An diesem Ergebnis erkennt man die glättende Wirkung einer Spule.

15.2.4 Modulation. Durch einen Modulationsvorgang wird eine als Träger bezeichnete Schwingung beeinflußt. Je nachdem ob die Amplitude, Phase oder Frequenz des Trägers verändert wird, unterscheidet man zwischen Amplituden-, Phasen- und Frequenzmodulation.

Wird bei der *Amplitudenmodulation* die Trägerschwingung $a = \hat{a}\cos\omega_0 t$ mit der Frequenz $f_1 = \omega_1/2\pi$ sinusförmig moduliert, so erhält man als Gesamtschwingung

$$a = (\hat{a} + \hat{a}_1 \cos\omega_1 t)\cos\omega_0 t\,.$$

Hierbei ist:

$\hat{a}$ die Amplitude der nichtmodulierten Trägerschwingung, Effektivwert A,

$\hat{a}_1$ der Amplitudenhub (Amplitude der Modulationsschwingung), Effektivwert A_1,

ω_0 Die Trägerfrequenz (Kreisfrequenz des Trägers),

ω_1 die Modulationsfrequenz (Kreisfrequenz der Modulationsschwingung).

Umgeformt wird daraus mit $m = A_1/A = \hat{a}_1/\hat{a}$ als Modulationsgrad

$$a = \hat{a}\,(1 + m \cos\omega_1 t) \cos\omega_0 t$$

oder

$$a = \hat{a} \cos\omega_0 t + \frac{m}{2}\hat{a}\,\{\cos(\omega_0 - \omega_1)\,t + \cos(\omega_0 + \omega_1)\,t\}.$$

Man erhält eine dreifache lineare Überlagerung. Die drei Schwingungen sind die Trägerschwingung mit der Kreisfrequenz ω_0 (Trägerfrequenz) und die beiden „Seitenschwingungen" mit den Seiten(kreis)frequenzen $\omega_0 + \omega_1$ und $\omega_0 - \omega_1$.

Den zeitlichen Verlauf einer sinusförmig amplitudenmodulierten Schwingung mit Zeigerdiagramm zeigt Bild 15.2.5. Der Trägerzeiger rotiert mit der Winkelgeschwindigkeit (Kreisfrequenz) ω_0. Die beiden Seitenschwingungen (Seitenfrequenzen) liegen symmetrisch zum Trägerzeiger und rotieren zusätzlich mit $+\omega_1$ und $-\omega_1$ um dessen Endpunkt.

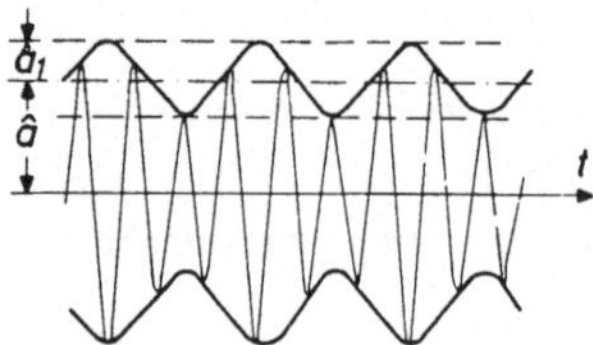

Bild 15.2.5
Sinusförmig amplitudenmodulierte Schwingung, zeitlicher Verlauf und Zeigerdiagramm

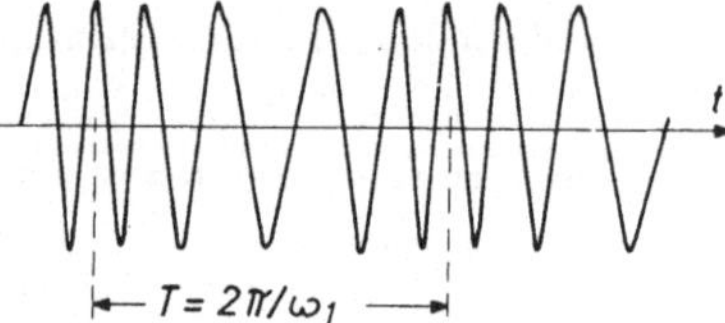

Bild 15.2.6
Phasenmodulierte Schwingung

Beim additiven Zusammentreffen zweier Sinusschwingungen mit voneinander nur wenig verschiedener Frequenz erhält man eine *Schwebung*. Sind dabei beide Schwingungsamplituden gleich, so ist es eine reine oder einfache Schwebung.

Bei der *Phasenmodulation* wird die Phase des hochfrequenten Trägers verändert. Mit den gleichen Bezeichnungen wie oben erhält man für die sinusförmig phasenmodulierte Schwingung

$$a = \hat{a} \cos(\omega_0 t + \Delta\varphi \cos\omega_1 t).$$

$\Delta\varphi$ bezeichnet man als Phasenhub. Die periodische Änderung der Phase bewirkt eine entsprechende Frequenzänderung des Trägers. Den zeitlichen Verlauf einer sinusförmig phasenmodulierten Schwingung zeigt Bild 15.2.6.

Die *Frequenzmodulation* ist ein Sonderfall der Phasenmodulation. Die sinusförmig frequenzmodulierte Schwingung lautet

$$a = \hat{a} \cos\left\{\omega_0 t + \frac{\Delta\omega_0}{\omega_1} \cos\omega_1 t\right\}.$$

Es tritt ein Frequenzhub $\Delta\omega_0$ und eine Phasenschwankung mit dem Phasenhub $\Delta\varphi = \Delta\omega_0/\omega_1$ auf.

Die Rückgewinnung der niederfrequenten Schwingung (Modulationsschwingung) bezeichnet man als *Demodulation.* Phasen- und frequenzmodulierte Schwingungen können allerdings mit normalen Gleichrichterschaltungen, die nur auf Amplitudenänderungen ansprechen, nicht gleichgerichtet werden. Es ist zuerst eine Umwandlung in eine amplitudenmodulierte Schwingung notwendig.

15.3 Einfache Ausgleichsvorgänge

15.3.1 Begriff des Ausgleichsvorgangs. Nach Kap. 5.1.1 und Kap. 5.2.1 ist der felderfüllte Raum Sitz der elektrischen und magnetischen Energie. In einem Netzwerk können sich daher wegen

$$W_m = \frac{i}{2}\Psi = \frac{i^2}{2}L, \qquad W_e = \frac{u}{2}Q = \frac{u^2}{2}C.$$

Strom und Spannung nur stetig ändern, auch beim plötzlichen An- oder Abschalten einer Spannung (Schaltvorgang). Induktivität L und Kapazität C bestimmen dabei die Speicherfähigkeit eines Netzwerks, sie können in ihrer Wirkung als Speicher für elektromagnetische Energie betrachtet werden. Ebenso wie beispielsweise eine Flüssigkeit immer nur in endlicher Zeit aus einem von ihr angefüllten Raum entweichen oder in einen Raumteil eindringen kann, muß in einem Netzwerk der Übergang von einem stationären, z. B. stromlosen Zustand in einen anderen, z. B. stromführenden Zustand stets in endlicher Zeit erfolgen, damit sich die „Energiespeicher" des Netzes dem neuen stationären Zustand anpassen können. Während dieser Übergangszeit erhält man einen *Ausgleichsvorgang,* der mit der Zeit abklingt und jedem plötzlich einsetzenden neuen stationären Zustand überlagert ist; er erzwingt einen stetigen Übergang.

Jeder Übergang von einem stationären Zustand in einen anderen kann infolge der mit dem magnetischen Feld der Ströme und dem elektrischen Feld der Spannungen verbundenen Energiespeicherung niemals plötzlich erfolgen, sondern nur über einen mit der Zeit abklingenden Ausgleichsvorgang.

Also:

Die magnetische Energie einer Spule und die elektrische Energie eines Kondensators verhalten sich stets stetig.

Wegen

$$i = \frac{dQ}{dt} = C\frac{du}{dt}, \qquad u = \frac{d\Psi}{dt} = L\frac{di}{dt} \tag{15.3.1}$$

sind stets

i und Φ stetig in L, u und Q stetig in C.

Durch jeden Schaltvorgang wird also vorerst ein Ausgleichsvorgang eingeleitet.

Ein Ausgleichsvorgang stellt einen Vorgang dar, der als sog. „flüchtige Komponente" einem neuen stationären Zustand überlagert ist und mit der Zeit auf Null abklingt (Beendigung des Ausgleichsvorganges).

Ein Ausgleichsvorgang in einem Stromkreis mit L und C entspricht dem Vorgang der Energieumwandlung zwischen einer gespannten Feder (Kapazität) und einer Schwungmasse (Induktivität). Da hierbei in den Ohmschen Widerständen Energie in Form von Wärme unwiederbringbar abgegeben wird, muß der Ausgleichsvorgang mit der Zeit abklingen.

15.3.2 Allgemeine Berechnung des Ausgleichsvorgangs. Handelt es sich um einen linearen Stromkreis mit nur einem Speicher L oder C, beispielsweise um eine Reihenschaltung aus R und L oder um eine Parallelschaltung aus R und C, angeschlossen an eine Spannung $u(t)$, so ergibt die Maschenregel im ersten Fall die Differentialgleichung

$$u_R + u_L = iR + L\frac{\mathrm{d}i}{\mathrm{d}t} = u(t)$$

und die Knotenregel im zweiten Fall die Differentialgleichung

$$i_R + i_C = \frac{u}{R} + C\frac{\mathrm{d}u}{\mathrm{d}t} = i(t)\,.$$

Allgemein erhält man daher bei nur einem unabhängigen Speicher eine Differentialgleichung der Form

$$\boxed{\frac{\mathrm{d}x}{\mathrm{d}t} + \frac{1}{\tau}x = F(t)} \tag{15.3.2}$$

wo x ein Strom oder eine Spannung sein kann, τ die sogenannte *Zeitkonstante* des Stromkreises und $F(t)$ die gegebene *Störfunktion.*

Die allgemeine Lösung dieser Differentialgleichung setzt sich aus dem mit der Zeit abklingenden Ausgleichsvorgang, der „flüchtigen Komponente“ $x'(t)$ und der Lösung im neuen stationären Zustand, dem „eingeschwungenen Zustand“ $x''(t)$ zusammen, so daß allgemein

$$x(t) = x'(t) + x''(t)\,. \tag{15.3.3}$$

Die eingeschwungene Komponente $x''(t)$ kann nach den bisherigen Verfahren der Gleich- und Wechselstromtechnik berechnet werden.

Ist beispielsweise bei einer Spule die Störfunktion $F(t)$ als angelegte Spannung $u(t) = U_0$ gegeben und eine Gleichspannung, so ist $\mathrm{d}i''/\mathrm{d}t = 0$ und $i'' = U_0/R$. Beim Anschalten einer sinusförmigen Wechselspannung ist dagegen in komplexer Form

$$\underline{I} = \underline{U}/(R + \mathrm{j}\omega L)\,,$$

woraus der reelle Augenblickswert $i''(t)$ je nach dem Einschaltaugenblick $t = 0$ zu ermitteln ist.

Der Verlauf des Ausgleichsvorgangs ist grundsätzlich durch Größe, Art, Anordnung und Anzahl der im Netzwerk vorhandenen unabhängigen Speicher bestimmt. Man erhält demnach den gesuchten Ausgleichsvorgang, wenn man das sich selbst überlassene und von außen nicht gestörte Netzwerk betrachtet, also die Störfunktion $F(t) = 0$ setzt. Das ergibt für die Ausgleichskomponente die *homogene* Differentialgleichung

$$\frac{dx'}{dt} + \frac{1}{\tau} x' = 0. \tag{15.3.4}$$

Ein Ausgleichsvorgang innerhalb eines Netzwerks wird durch die homogene Differentialgleichung des Netzwerks beschrieben, da diese die Vorgänge innerhalb des Netzwerks ohne Beeinflussung von außen wiedergibt.

Nach Gl. (15.3.4) müssen dx'/dt und x' einander proportional sein, eine Bedingung, welche von der e-Funktion erfüllt wird. Macht man daher den Ansatz $x'(t) = A\,e^{pt}$, so ergibt das in Gl. (15.3.4) eingesetzt

$$(p + 1/\tau)\,A\,e^{pt} = 0, \qquad p = -1/\tau.$$

Der allgemeine Lösungsansatz für die homogene Differentialgleichung Gl. (15.3.4) lautet daher

$$\boxed{x'(t) = A\,e^{-t/\tau}} \tag{15.3.5}$$

Die noch zu bestimmende Konstante A ergibt den Höchstwert des Ausgleichsvorgangs.

Enthält das Netzwerk beide Speicher L und C, so ergibt Anwenden der Maschenregel die Spannungen

$$u_R = iR, \qquad u_L = L\frac{di}{dt}, \qquad u_C = \frac{1}{C}\int i\,dt.$$

Entsprechend enthält die Stromsumme in einem Knotenpunkt die Ströme

$$i_R = \frac{u}{R}, \qquad i_L = \frac{1}{L}\int u\,dt, \qquad i_C = C\frac{du}{dt}.$$

Die Integralausdrücke können durch eine Differentiation nach der Zeit beseitigt werden. In einem Stromkreis mit den Speichern L und C erhält man daher für eine Masche oder einen Knotenpunkt eine Differentialgleichung zweiter Ordnung der Form

$$\boxed{\frac{d^2x}{dt^2} + 2\delta\frac{dx}{dt} + \omega_0^2 x = F(t)} \tag{15.3.6}$$

mit $x(t)$ nach Gl. (15.3.3). Dabei ist δ der *Dämpfungsexponent* und ω_0 die *Eigenkreisfrequenz* des betrachteten ungedämpften Stromkreises ($\delta = 0$).

Einen allgemeinen Lösungsansatz für die homogene Differentialgleichung der Ausgleichskomponente $x'(t)$ erhält man aus der Überlegung, daß der zeitliche Verlauf einer Spannung oder eines Stromes grundsätzlich in Form einer Fourier-Reihe als Summe von Sinusschwingungen, also als Summe von e-Potenzen angegeben werden kann. Dieser allgemeine Ansatz

$$x'(t) = \Sigma A_\nu e^{p_\nu t}$$

in die homogene Differentialgleichung

$$\frac{d^2x'}{dt^2} + 2\delta\frac{dx'}{dt} + \omega_0^2 x' = 0 \tag{15.3.4a}$$

eingesetzt, ergibt die sogenannte *Stammgleichung*

$$p^2 + 2\delta p + \omega_0^2 = 0 \tag{15.3.7}$$

mit den beiden Wurzeln p_1 und p_2. Der allgemeine Ansatz für die Ausgleichskomponente lautet daher

$$x'(t) = A_1 e^{p_1 t} + A_2 e^{p_2 t}, \tag{15.3.5a}$$

worin A_1 und A_2 noch zu bestimmende Konstanten sind (Kap. 15.3.5).
Die Berechnung der stationären, eingeschwungenen Komponente $x''(t)$ kann wieder nach den üblichen Methoden der Gleich- und Wechselstromtechnik erfolgen.

Zusammengefaßt erkennt man:

> Zur Ermittlung des allgemeinen Verlaufs des Ausgleichsvorgangs, der innerhalb eines Netzwerks beim Übergang von einem stationären Zustand in einen anderen stationären Zustand auftritt, ist lediglich die homogene Differentialgleichung des Netzwerks zu lösen.

Die Anzahl der zu bestimmenden Konstanten entspricht der Anzahl der unabhängigen Speicher des Netzwerks und damit der Ordnung der Differentialgleichung.

Die eigentliche Schwierigkeit liegt in der Bestimmung der Konstanten, was physikalische Überlegungen erfordert. Diese Konstanten sind vom Wert $x(t)$ und seinen Ableitungen im Augenblick $t = 0$ des Einsetzens der Störfunktion $F(t)$, also vom Zustand der Speicher im Zeitpunkt $t = 0$ abhängig. Die Bestimmung der Konstanten erfolgt daher aus den *Anfangsbedingungen*, die aus den Anfangswerten und den Beziehungen Gl. (15.3.1) gewonnen werden müssen.

Man beachte, daß die beiden Beziehungen Gl. (15.3.1) *keine* Stetigkeitsaussage über Kondensatorstrom i_c und Spulenspannung u_L enthalten, sondern lediglich die Stetigkeit der Kondensatorspannung u_c und des Spulenstromes i_L vorschreiben, da sonst i_c und u_L unendlich groß werden könnten. Man wird daher bei der Berechnung von Kondensatorstrom i_c und Spulenspannung u_L zweckmäßigerweise zunächst die Kondensatorspannung u_c bzw. den Spulenstrom i_L berechnen, woraus man dann i_c bzw. u_L aus Gl. (15.3.1) erhält.

15.3.3 An- und Abschalten eines Kondensators. Wird ein linearer kapazitiver Stromkreis (Kondensator) nach Bild 15.3.1 im Zeitpunkt $t = 0$ an eine Spannung $u(t)$ angeschlossen, so ergibt die Maschenregel für $t > 0$

$$iR + u_c = RC\frac{du_c}{dt} + u_c = u(t)$$

oder

$$\frac{du_c}{dt} + \frac{1}{RC}u_c = \frac{u(t)}{RC}. \tag{15.3.8}$$

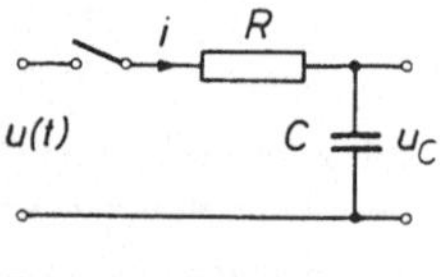

Bild 15.3.1
Kapazitiver Stromkreis

Das ist eine lineare Differentialgleichung erster Ordnung nach Gl. (15.3.2) mit der Zeitkonstanten

$$\tau = RC, \tag{15.3.9}$$

wobei die allgemeine Lösung $u_c'(t)$ der homogenen Gleichung durch Gl. (15.3.5) gegeben ist.

Ist $u(t) = U_0$ eine Gleichspannung, so wird die Kondensatorspannung im eingeschwungenen (stationären) Zustand $u''_c(t) = U_0$, so daß nach Gl. (15.3.3)

$$u_c(t) = u'_c(t) + u''_c(t) = A\,\mathrm{e}^{-t/\tau} + U_0\,. \tag{15.3.10}$$

War der Kondensator im Einschaltzeitpunkt $t = 0$ energielos, also ladungsfrei, so ist $u_c(0) = 0$. Man erhält daher für $t = 0$

$$u_c(0) = u'_c(0) + u''_c(0) = A + U_0 = 0, \quad A = -U_0$$

und daher aus Gl. (15.3.10) für den zeitlichen Verlauf der *Kondensatorspannung* $u_c(t)$ beim plötzlichen Einschalten einer Gleichspannung $u(t) = U_0$

$$u_c(t) = U_0\,(1 - \mathrm{e}^{-t/\tau}) \tag{15.3.11}$$

sowie für den *Ladestrom* durch Differentiation nach Gl. (15.3.1)

$$i(t) = \frac{U_0}{R}\,\mathrm{e}^{-t/\tau} = I_0\,\mathrm{e}^{-t/\tau}. \tag{15.3.12}$$

Den zeitlichen Verlauf der Kondensatorspannung und des Ladestromes zeigt Bild 15.3.2. Die Spannung erreicht exponentiell, erst für $t \to \infty$, ihren stationären Endwert $u_c = U_0$, während der Ladestrom im Einschaltaugenblick mit seinem Höchstwert I_0 einsetzt und exponentiell nach Null abklingt.

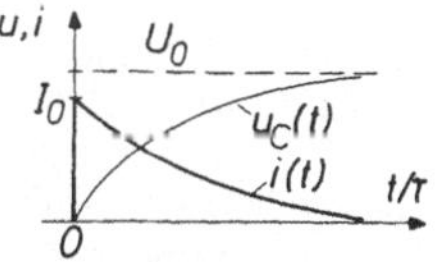

Bild 15.3.2
Kondensatoraufladung

Ein ladungsfreier Kondensator bildet im Einschaltaugenblick einen Kurzschluß.

Wird der geladene Kondensator mit $u_c = U_0$ im Zeitpunkt $t = 0$ durch einen Widerstand R plötzlich überbrückt, so wird er sich über R entladen. In Gl. (15.3.8) verschwindet dann die rechte Seite (Störfunktion). Es ist $u''_c = 0$ und $u_c(0) = U_0$, so daß

$$u_c(0) = u'_c(0) = U_0 = A\,, \qquad u_c(t) = u'_c(t)\,.$$

Für die Kondensatorspannung und den Entladestrom erhält man daher bei der *Kondensatorentladung*

$$u_c(t) = U_0\,\mathrm{e}^{-t/\tau}, \qquad i(t) = -\frac{U_0}{R}\,\mathrm{e}^{-t/\tau}. \tag{15.3.13}$$

Lade- und Entladestrom eines Kondensators haben entgegengesetztes Vorzeichen, da der Kondensator bei der Entladung die Aufgabe eines Generators (Spannungsquelle) übernimmt.

Für $t/\tau = 4{,}6$ wird $\mathrm{e}^{-t/\tau} \approx 0{,}01$.

Nach einer Zeitdauer $t = 4{,}6\,\tau$ ist die Ausgleichskomponente eines Schaltvorgangs bis auf 1 % ihres Anfangswertes abgeklungen.

Ein leerlaufendes Kabel (Zylinderkondensator) mit einem Isolationswiderstand $R = 200\ \mathrm{M\Omega}$ und einer Kapazität $C = 0{,}3\ \mu\mathrm{F}$ hat eine Zeitkonstante $\tau = RC = 60$ s. Wird das Kabel nach dem Abschalten einer Spannung $U = 15$ kV nicht kurzgeschlossen, so wird seine Spannung nach $t = 4{,}6$ min erst auf etwa 150 V abgeklungen sein!

Bei $R \to 0$ würden Lade- und Entladestrom eines Kondensators nach Gl. (15.3.12) und Gl. (15.3.13) unendlich groß werden. Abgesehen davon, daß immer ein gewisser Widerstand vorhanden ist (Zuleitungen), ist mit jedem Strom auch ein magnetisches Feld verknüpft, das hier wegen der Vernachlässigung der Induktivität ($L \approx 0$) unberücksichtigt blieb. Der Strom wird daher nicht sprunghaft einsetzen, sondern seinen Höchstwert stetig erreichen. Nur bei Vernachlässigung der Induktivität ist $i(0) = U_0/R$.

Bem.: In Bild 15.3.1 ist mit $\omega\tau \gg 1$ für die Grundschwingung der Kreisfrequenz ω einer Spannung $u\,(t)$ beliebiger Kurvenform

$$i = \frac{u}{R\sqrt{1 + 1/\omega^2\tau^2}} \approx \frac{u}{R},$$

was für die Oberschwingungen der Kreisfrequenz $\nu\omega$ in jedem Fall noch besser erfüllt ist, so daß dann für eine beliebige Kurvenform

$$u_C(t) = \frac{1}{C} \int i(t)\,\mathrm{d}t \approx \frac{1}{\tau} \int u(t)\,\mathrm{d}t.$$

Bild 15.3.1 stellt daher ein Integrierglied dar.

Die bei der Kondensatorladung von der Spannungsquelle abgegebene Leistung P_1 und die vom Widerstand R aufgenommene Leistung P_2 werden mit Gl. (15.3.12)

$$P_1 = U_0\,i = \frac{U_0^2}{R}\,\mathrm{e}^{-t/\tau}, \qquad P_2 = i^2 R = \frac{U_0^2}{R}\,\mathrm{e}^{-2t/\tau}.$$

Die Differenz $P_1 - P_2$ dient zum Aufbau des elektrischen Feldes im Kondensator und ergibt die im Kondensator gespeicherte elektrische Energie

$$W_e = \int_0^\infty (P_1 - P_2)\,\mathrm{d}t = \int_0^\infty u_C\,i\,\mathrm{d}t = \frac{U_0^2}{R}\int_0^\infty (\mathrm{e}^{-t/\tau} - \mathrm{e}^{-2t/\tau})\,\mathrm{d}t = \tfrac{1}{2}\,C U_0^2\,.$$

Bei der Kondensatorentladung wird diese Energie unter Beachtung der Umkehrung der Energieflußrichtung am Widerstand R in Wärme umgewandelt. Mit Gl. (15.3.13) wird

$$W_j = \int_0^\infty i^2 R\,\mathrm{d}t = -\int_0^\infty u_C\,i\,\mathrm{d}t = \tfrac{1}{2}\,C U_0^2 = W_e\,.$$

Beispiel 15.7. Zur Messung eines Hochohmwiderstandes R wurde ein mit der Spannung U aufgeladener Kondensator mit $C = 50\,000$ pF über R entladen. Der Kondensator kann als verlustlos angenommen werden. Nach zwei Sekunden sank die Kondensatorspannung auf die Hälfte ab. Wie groß ist der Widerstandswert R?

Lösung: Für $t = 2$ s war $\mathrm{e}^{-t/\tau} = 0{,}5$, was einem Wert $t/\tau = 0{,}69$ entspricht. Somit ist

$$\tau = t/0{,}69 = RC, \qquad R = t/0{,}69\,C = 58\ \mathrm{M\Omega}.$$

Dieses Verfahren der Widerstandsmessung ist für Widerstände von etwa $10\ \mathrm{M\Omega}$ aufwärts brauchbar.

Beispiel 15.8. Ein ladungsfreier Kondensator der Kapazität C mit vernachlässigbarer Ableitung wird über den Widerstand R im Zeitpunkt $t = 0$ an eine sinusförmige Wechselspannung im Augenblick des Spannungsnulldurchgangs angeschlossen. Gesucht ist der zeitliche Verlauf der Kondensatorspannung $u_C(t)$.

Lösung: Wegen $u(0) = 0$ ist

$$u(t) = U\sqrt{2}\,\sin\omega t, \qquad u_R + u_C = u(t), \tag{15.3.14}$$

so daß man mit $\tau = RC$ als Zeitkonstante die Differentialgleichung

$$\frac{\mathrm{d}u_C}{\mathrm{d}t} + \frac{1}{\tau}u_C = \frac{U\sqrt{2}}{\tau}\sin\omega t$$

erhält. Die Lösung der homogenen Gleichung ist durch Gl. (15.3.5) gegeben. Für die Lösung im eingeschwungenen (stationären) Zustand erhält man zunächst in komplexer Form

$$\mathrm{j}\omega\underline{U}_C + \frac{1}{\tau}\underline{U}_C = \frac{\underline{U}}{\tau}, \qquad \underline{U}_C(1 + \mathrm{j}\omega\tau) = \underline{U}.$$

Daraus, bezogen auf $\underline{U} = U$,

$$\underline{U}_C = \frac{U}{\sqrt{1+\omega^2\tau^2}}\,\mathrm{e}^{-\mathrm{j}\varphi}, \qquad \varphi = \operatorname{Arctan}\omega\tau = \operatorname{Arcsin}\frac{\omega\tau}{\sqrt{1+\omega^2\tau^2}}.$$

Diese Lösung besagt, daß die Kondensatorspannung $u_C'' = u_C$ im stationären Zustand der angelegten Spannung $u(t)$ um den Winkel φ zeitlich nacheilt. Wegen Gl. (15.3.14) ist daher nach Abklingen des Ausgleichsvorgangs

$$u_C'' = \hat{u}_C\sin(\omega t - \varphi) = \frac{U\sqrt{2}}{\sqrt{1+\omega^2\tau^2}}\sin(\omega t - \varphi)$$

und somit nach Gl. (15.3.3)

$$u_C(t) = A\,\mathrm{e}^{-t/\tau} + \frac{U\sqrt{2}}{\sqrt{1+\omega^2\tau^2}}\sin(\omega t - \varphi).$$

Wegen der Ladungsfreiheit des Kondensators zur Zeit $t = 0$ ist

$$u_C(0) = u_C'(0) + u_C''(0) = A - \frac{U\sqrt{2}}{\sqrt{1+\omega^2\tau^2}}\sin\varphi = 0.$$

Daraus

$$A = \frac{U\sqrt{2}}{\sqrt{1+\omega^2\tau^2}}\sin\varphi = \frac{U\sqrt{2}\,\omega\tau}{1+\omega^2\tau^2},$$

so daß

$$u_C(t) = \frac{U\sqrt{2}}{\sqrt{1+\omega^2\tau^2}}\left\{\sin(\omega t - \varphi) + \frac{\omega\tau\,\mathrm{e}^{-t/\tau}}{\sqrt{1+\omega^2\tau^2}}\right\}. \tag{15.3.15}$$

Den zeitlichen Verlauf des Stromes erhält man daraus wegen $i = C\,\mathrm{d}u_C/\mathrm{d}t$ zu

$$i(t) = \frac{\omega C U\sqrt{2}}{\sqrt{1+\omega^2\tau^2}}\left\{\cos(\omega t - \varphi) - \frac{\mathrm{e}^{-t/\tau}}{\sqrt{1+\omega^2\tau^2}}\right\}. \tag{15.3.16}$$

Der Strom eilt der Spannung am Kondensator um $\pi/2$ voraus, dagegen der Gesamtspannung wegen $\cos\alpha = \sin(\alpha + \pi/2)$ um den Winkel $\psi = \pi/2 - \varphi$.

Den zeitlichen Verlauf der Kondensatorspannung u_c nach Gl. (15.3.15), aufgeteilt in Ausgleichskomponente u'_c und stationäre Komponente u''_c zeigt Bild 15.3.3. Die auftretende Überspannung ist um so größer, je näher der Einschaltzeitpunkt $t = 0$ am Scheitelwert $\hat{u}''_c$ liegt und je größer die Zeitkonstante τ gegenüber der Periodendauer T der angeschlossenen Wechselspannung ist. Im Grenzfall kann die maximal auftretende Spannung nahezu den Wert $\hat{u}_c \approx 2\sqrt{2}\, U$ erreichen.

Ist der zeitliche Verlauf der im Zeitpunkt $t = 0$ angeschalteten Wechselspannung gegeben durch

$$u(t) = U\sqrt{2}\,\sin(\omega t + \varphi), \qquad \varphi = \mathrm{Arctan}\,\omega\tau,$$

so ist

$$u''_c(t) = \frac{U\sqrt{2}}{\sqrt{1+\omega^2\tau^2}}\,\sin\omega t\,.$$

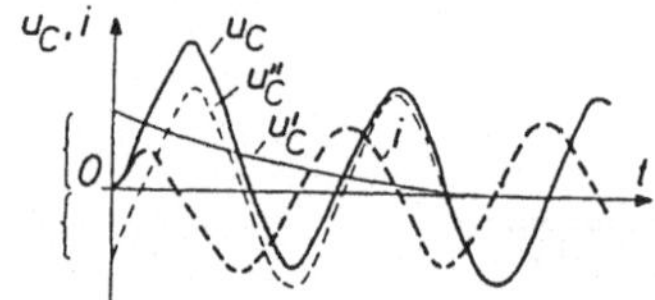

Bild 15.3.3
Kondensatorspannung u_C und Kondensatorstrom i beim Anschalten einer Wechselspannung im Spannungsnulldurchgang. u'_C Ausgleichskomponente, u''_C eingeschwungene Komponente

Es verschwindet die Ausgleichskomponente, man erhält keine Überspannung.

Beim plötzlichen Einschalten einer Wechselspannung sind Strom- und Spannungsverlauf sehr wesentlich davon abhängig, mit welchem Augenblickswert die Spannung eingeschaltet wird.

In Bild 15.3.3 ist noch der Kondensatorstrom $i(t)$ nach Gl. (15.3.16) eingezeichnet; erst nach Abklingen des Ausgleichsvorgangs eilt er der Kondensatorspannung um $\pi/2$ voraus.

15.3.4 An- und Abschalten einer Spule. Beim Anschalten einer Spule konstanter Induktivität L nach Bild 15.3.4 an eine Spannung $u(t)$ im Zeitpunkt $t = 0$ ergibt die Maschenregel für $t > 0$

$$u_R + u_L = iR + L\frac{\mathrm{d}i}{\mathrm{d}t} = u(t)\,.$$

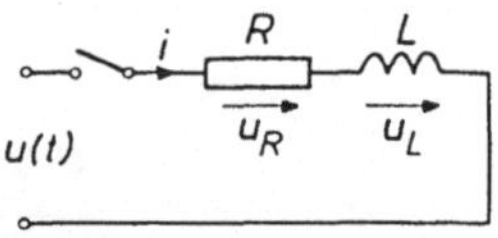

Mit der Zeitkonstanten

$$\tau = L/R \tag{15.3.17}$$

erhält man eine Differentialgleichung der Form Gl. (15.3.2)

$$\frac{\mathrm{d}i}{\mathrm{d}t} + \frac{1}{\tau}\,i = \frac{u(t)}{L}\,.$$

Bild 15.3.4
Induktiver Stromkreis

War der Stromkreis vor dem Schließen des Schalters stromlos und ist $u(t) = U_0$ eine Gleichspannung, so ist $i(0) = 0$ und im stationären Zustand $i'' = i = U_0/R$, so daß nach Gl. (15.3.3) und Gl. (15.3.5)

$$i(t) = i'(t) + i''(t) = A\,\mathrm{e}^{-t/\tau} + U_0/R$$

und $i(0) = i'(0) + i''(0) = A + U_0/R = 0$. Daraus $A = -U_0/R$ oder der zeitliche Verlauf des Stromes

$$i(t) = \frac{U_0}{R}(1 - e^{-t/\tau}) = I_0(1 - e^{-t/\tau}) \tag{15.3.18}$$

Die Spannung u_L an der Spule (Induktivität L) wird damit

$$u_L = L\frac{di}{dt} = U_0 e^{-t/\tau}. \tag{15.3.19}$$

Für den Strom $i(t)$ erhält man den gleichen Verlauf wie für u_c und für die Spannung $u_L(t)$ den gleichen Verlauf wie für i_c in Bild 15.3.3.

Bei einer Spule verhält sich der Strom genau so, wie die Spannung an einem Kondensator.

Eine stromlose Spule verhält sich im Augenblick des Anschaltens wie ein unendlich großer Widerstand (Leitungsunterbrechung).

Wird der Stromkreis Bild 15.3.4 abgeschaltet und gleichzeitig kurzgeschlossen, so kann der Strom nicht plötzlich verschwinden, da im magnetischen Feld noch Energie gespeichert ist. Erfolgt das Abschalten im Zeitpunkt $t = 0$, so ist $i(0) = U_0/R$ und man erhält in analoger Weise wie beim Kondensator Gl. (15.3.13) beim plötzlichen Abschalten der Gleichspannung U_0 und Kurzschließen des Stromkreises

$$i(t) = \frac{U_0}{R} e^{-t/\tau} = I_0 e^{-t/\tau}, \qquad u_L = -U_0 e^{-t/\tau}. \tag{15.3.20}$$

Wird der Stromkreis nicht kurzgeschlossen, so muß sich zwischen den Schalterkontakten ein Lichtbogen ausbilden, in dem die gespeicherte magnetische Energie in Wärme umgewandelt wird.

Ebenso wie beim Kondensator dient die Differenz aus der von der Spannungsquelle abgegebenen Leistung P_1 und der vom Widerstand R aufgenommenen Leistung P_2 zum Aufbau des Feldes, das bei der Spule ein magnetisches Feld ist. Dabei ist

$$P_1 = U_0 i = U_0 I_0 (1 - e^{-t/\tau}), \qquad P_2 = I_0^2 R (1 - e^{-t/\tau})^2,$$

deren zeitlichen Verlauf Bild 15.3.5 zeigt. Die schraffierte Fläche ergibt die im magnetischen Feld gespeicherte Energie

$$W_m = \int_0^\infty (P_1 - P_2)\,dt = I_0^2 R \int_0^\infty (e^{-t/\tau} - e^{-2t/\tau})\,dt = \tfrac{1}{2} I_0^2 L.$$

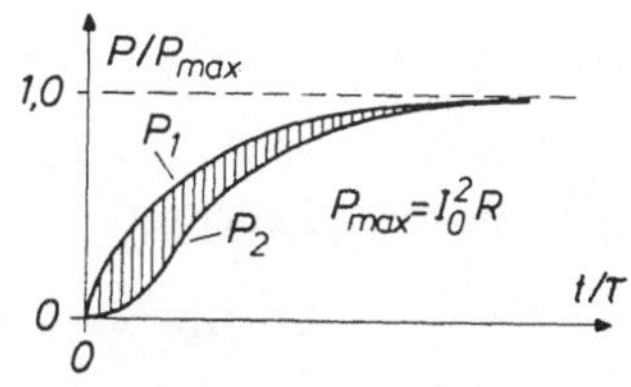

Bild 15.3.5
Zeitlicher Verlauf der Leistung beim Anschalten einer Spule an eine Gleichspannung U_0.
$P_1 = U_0 i$, $P_2 = i^2 R$

Ersetzt man in Gl. (15.3.15) U durch U/R, so ergibt diese Beziehung mit τ nach Gl. (15.3.17) den zeitlichen Verlauf des Spulenstromes bei Anschluß der Spule an eine sinusförmige Wechselspannung vom Effektivwert U im Augenblick des Spannungsnulldurchgangs.

15.3.5 Der einfache Schwingkreis. In einem linearen Stromkreis, gebildet aus einer Reihenschaltung aus R, L, C und angeschlossen an eine Spannung $u(t)$, ergibt Anwenden der Maschenregel

$$u_R + u_L + u_c = iR + L\frac{di}{dt} + u_c = u(t)\,.$$

Soll der zeitliche Verlauf der Kondensatorspannung u_c berechnet werden, so wird daraus mit $i = C\,du_c/dt$

$$LC\frac{d^2u_c}{dt^2} + RC\frac{du_c}{dt} + u_c = u(t)\,.$$

Das ist eine lineare Differentialgleichung zweiter Ordnung nach Gl. (15.3.6)

$$\frac{d^2u_c}{dt^2} + 2\delta\frac{du_c}{dt} + \omega_0^2 u_c = \omega_0^2 u(t)\,, \qquad (15.3.21)$$

wobei Dämpfung δ und ungedämpfte Eigenkreisfrequenz ω_0

$$\delta = \frac{R}{2L}\,, \qquad \omega_0 = \frac{1}{\sqrt{LC}}\,. \qquad (15.3.22)$$

Die Stammgleichung Gl. (15.3.7) ergibt damit die beiden Wurzeln

$$p_{1,2} = -\delta \pm \sqrt{\delta^2 - \omega_0^2} = -\frac{R}{2L} \pm \sqrt{\frac{R^2}{4L^2} - \frac{1}{LC}}\,,$$

wobei drei Fälle möglich sind.

1. *Aperiodischer Fall,* $\delta > \omega_0$. Man setzt dann

$$\delta^2 - \omega_0^2 = \overline{\omega}^2\,, \qquad p_{1,2} = -\delta \pm \overline{\omega}\,.$$

Da $\overline{\omega} < \delta$, sind beide Wurzeln p_1 und p_2 negativ reell, es sind keine oszillatorische Schwingungen möglich. Die Ausgleichskomponente als Lösung der homogenen Gleichung wird nach Gl. (15.3.5a)

$$u_c'(t) = e^{-\delta t}\,\{A_1\,e^{\overline{\omega}t} + A_2\,e^{-\overline{\omega}t}\}\,. \qquad (15.3.23)$$

2. *Aperiodischer Grenzfall,* $\delta = \omega_0$. Man erhält eine Doppelwurzel $p_{1,2} = -\delta = -\omega_0$, so daß

$$u_c'(t) = e^{-\delta t}\,(A_1 + A_2 t)\,. \qquad (15.3.23a)$$

3. *Periodischer Fall,* $\delta < \omega_0$. Der Wurzelausdruck wird imaginär, was oszillatorische Schwingungen bedeutet,

$$p_{1,2} = -\delta \pm j\omega_e = -\delta \pm j\sqrt{\omega_0^2 - \delta^2}\,,$$

wobei die *gedämpfte* Eigenkreisfrequenz

$$\omega_e^2 = \omega_0^2 - \delta^2 = \frac{1}{LC} - \frac{R^2}{4L^2}\,. \qquad (15.3.24)$$

Damit erhält man aus Gl. (15.3.5a) für die Ausgleichskomponente

$$u_c'(t) = e^{-\delta t} \{ A_1 e^{j\omega_e t} + A_2 e^{-j\omega_e t} \}, \tag{15.3.25}$$

wofür man in reeller Form auch schreiben kann

$$\boxed{u_c'(t) = A_0 e^{-\delta t} \cos(\omega_e t - \varphi)} \tag{15.3.25a}$$

Die beiden Konstanten A_1 und A_2 bzw. A_0 und φ müssen aus den Anfangsbedingungen des jeweils vorliegenden Problems bestimmt werden. Der periodische Fall ist der wichtigste Fall, da nur dann ein Überschwingen möglich ist, was Überspannungen bedeutet. Im aperiodischen Fall erreichen Strom oder Spannung ihren stationären Endwert mehr oder weniger „kriechend".

Das Verhältnis zweier aufeinanderfolgenden Amplituden wird mit T als Periodendauer

$$\frac{\hat{u}_2}{\hat{u}_1} = \frac{e^{-\delta(t+T)}}{e^{-\delta t}} = e^{-\delta T}.$$

Den Exponenten

$$\Lambda = \delta T = \ln(\hat{u}_1/\hat{u}_2) \tag{15.3.26}$$

bezeichnet man als *logarithmisches Dekrement*. Es ist ein Maß für das Abklingen der Schwingungsamplituden. Bei hinreichend kleiner Dämpfung ist $\omega_e \approx \omega_0$ und damit wegen Gl. (15.3.22)

$$\Lambda \approx 2\pi\delta/\omega_0 = \pi R \sqrt{L/C} = \pi d_s \tag{15.3.26a}$$

mit d_s nach Gl. (13.3.3).

Ist in Gl. (15.3.21) $u(t) = U_0$ eine Gleichspannung, die im Zeitpunkt $t = 0$ an den energielosen Reihenschwingkreis angeschlossen wird, so ist im eingeschwungenen Zustand $u''_c = U_0$ und die Anfangswerte lauten $u_c(0) = 0$, $i(0) = 0$. Die Kondensatorspannung ist dann nach Gl. (15.3.3)

$$u_c(t) = A_0 e^{-\delta t} \cos(\omega_e t - \varphi) + U_0 .$$

Aus den Anfangswerten erhält man dabei die beiden Anfangsbedingungen $u_c(0) = 0$ und $(C\,du_c/dt)_{t=0} = 0$. Somit ist für $t = 0$

$$u_c(0) = A_0 \cos\varphi + U_0 = 0, \qquad A_0 = -U_0/\cos\varphi .$$

Ferner wird

$$\frac{du_c}{dt} = -A_0 e^{-\delta t} \{\delta \cos(\omega_e t - \varphi) + \omega_e \sin(\omega_e t - \varphi)\}$$

und daraus für $t = 0$

$$\delta \cos\varphi - \omega_e \sin\varphi = 0 ,$$

so daß man mit Gl. (15.3.24) erhält

$$\tan\varphi = \delta/\omega_e , \qquad \cos\varphi = 1/\sqrt{1 + \tan^2\varphi} = \omega_e/\omega_0 .$$

Die Kondensatorspannung wird daher im periodischen Fall

$$u_C(t) = U_0 \left\{ 1 - \frac{\omega_0}{\omega_e} e^{-\delta t} \cos(\omega_e t - \varphi) \right\}. \qquad (15.3.27)$$

Den grundsätzlichen Verlauf der Kondensatorspannung beim plötzlichen Anschalten einer Gleichspannung U_0 für die drei möglichen Fälle zeigt Bild 15.3.6. Im aperiodischen Fall erreicht u_C nur kriechend den Endwert U_0.

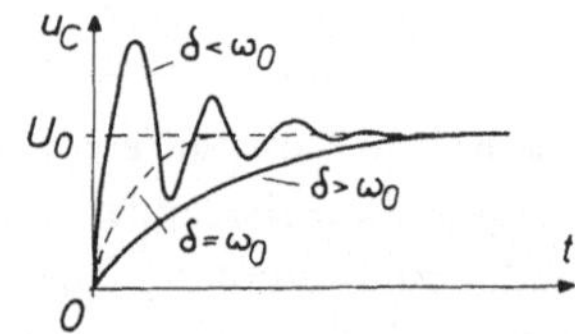

Bild 15.3.6
Zeitlicher Verlauf der Kondensatorspannung eines Reihenschwingkreises beim Anschließen einer Gleichspannung U_0

15.4 Gleichrichtung

15.4.1 Gleichrichterschaltungen. Die Gleichrichtung von Wechselströmen oder Wechselspannungen ist ein periodischer Vorgang, dessen Verlauf einer mehr oder weniger komplizierten Zeitfunktion folgt. Die periodisch einsetzende Ventilwirkung der Gleichrichter ist mit einem Ausgleichsvorgang verbunden.

Die wichtigsten Einphasen-Grundschaltungen zeigt Bild 15.4.1. Bei der *Einwegschaltung* wird nur eine Halbwelle der Wechselspannung ausgenutzt, bei der *Mittelpunktsschaltung* ist die Transformatorwicklung geteilt und angezapft, was zur Zweiweggleichrichtung nach Bild 15.4.2 mit herabgesetzter Welligkeit führt. Bei der *Brückenschaltung* oder *Grätzschaltung* sind jeweils zwei einander gegenüber angeordnete Ventile wirksam, so daß beide Halbwellen der Spannungskurve ausgenutzt werden und man ebenfalls eine Zweiweggleichrichtung erhält. Die Transformatorwicklung ist vollbelastet und es entfällt eine Transformator-Anzapfung.

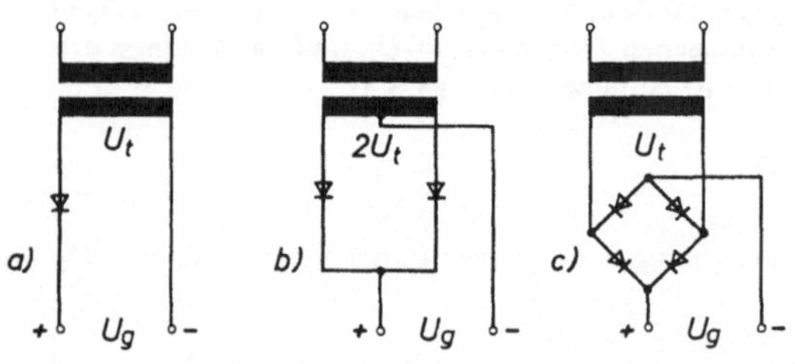

Bild 15.4.1
Einphasen-Gleichrichterschaltungen
a) Einwegschaltung, b) Mittelpunktsschaltung, c) Brückenschaltung

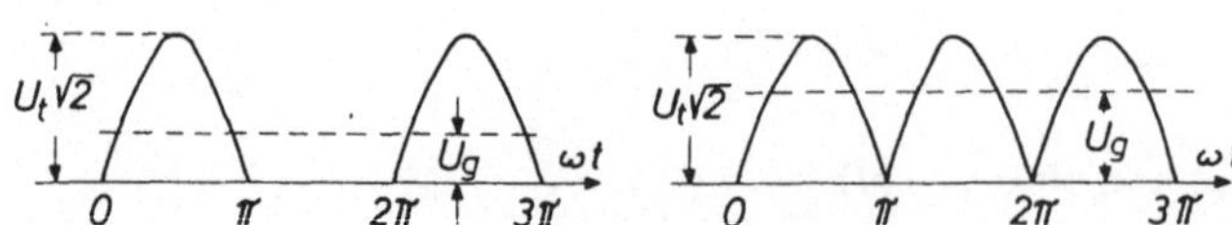

Bild 15.4.2
Einweg- und Zweiweggleichrichtung

Die Gleichrichtung einer Dreiphasenspannung kann in *Sternschaltung* oder *Brückenschaltung* nach Bild 15.4.3 erfolgen. Die Sternschaltung entspricht einer dreifachen Einwegschaltung; es wird jeweils eine Halbwelle jeder Strangspannung ausgenutzt. Man erhält daher eine dreipulsige Gleichrichtung nach Bild 15.4.4, wobei man als *Pulszahl p* die Anzahl der aufeinanderfolgenden Kommutierungen während einer Periode bezeichnet. Die

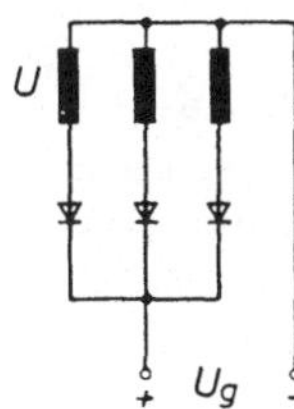

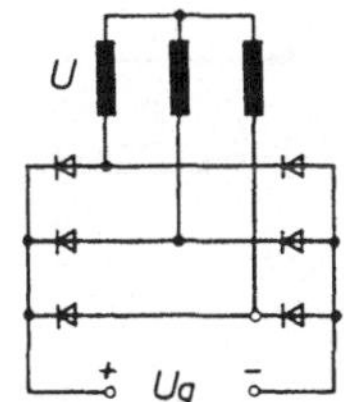

Bild 15.4.3
Drehstrom-Gleichrichtung in Stern- und Brückenschaltung

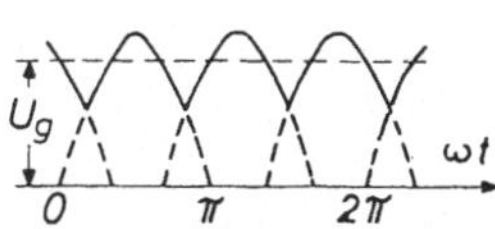

Bild 15.4.4
Dreiphasen-Gleichrichtung, Impulszahl $p = 3$

Sternschaltung läßt sich auch sinngemäß auf 6, 12 und mehr Phasen erweitern, wodurch die Welligkeit der Gleichspannung herabgesetzt wird. Bei der Drehstrom-Brückenschaltung sind beide Spannungshalbwellen wirksam, so daß man einen sechspulsigen Spannungsverlauf erhält. Allgemein wird die mittlere Gleichspannung U_g bei $p > 1$

$$U_g = \frac{p\sqrt{2}\,U}{T} \int\limits_{-T/2p}^{+T/2p} \cos\omega t \,\mathrm{d}t = \frac{p\sqrt{2}\,U}{\pi} \sin\frac{\pi}{p} . \tag{15.4.1}$$

oder mit $p > 1$

$$\frac{U_g}{U} = \frac{\sqrt{2}\,p}{\pi} \sin\frac{\pi}{p} . \tag{15.4.1a}$$

Tabelle 15.2 Gleichrichter-Spannungsverhältnisse

Pulszahl p	$p = 1$	$p = 2$	$p = 3$	$p = 6$
U_g/U	0,45	0,90	1,17	1,35
$\sqrt{2}\,U/U_g$	3,14	1,57	1,21	1,05

Wie aus Tabelle 15.2 zu entnehmen ist, nähert sich der mittlere Gleichspannungswert U_g mit zunehmender Pulszahl p immer mehr dem Scheitelwert $U\sqrt{2}$ der zugeführten Wechselspannung.

In der Energietechnik bezeichnet man alle Einrichtungen, die ohne rotierende Teile Einphasenstrom, Mehrphasenstrom oder Gleichstrom ineinander umformen als *Stromrichter*. Spezielle Stromrichter sind dann der *Gleichrichter* zur Umformung von ein- und mehrphasigen Wechselstrom in Gleichstrom, ferner *Wechselrichter* zur Umformung von Gleichstrom in Einphasen- oder Mehrphasenstrom und schließlich der *Umrichter* zur Umformung von Einphasen- oder Mehrphasenstrom in ebensolchen anderer Frequenz.

15.4.2. Betriebsverhalten. Beim Leistungsgleichrichter der Energietechnik kommt es in erster Linie auf einen guten Leistungswirkungsgrad an. Der Verbraucherwiderstand R ist dabei im allgemeinen groß gegenüber dem inneren Widerstand R_i der Gleichrichteranordnung, deren Kennlinie in idealisierter Form in Bild 15.4.5 angegeben ist. Die *Schwellenspannung* oder Schleusenspannung u_s beträgt bei Silizium- und Selengleichrichtern etwa 0,5 Volt. Zur Glättung des Gleichstroms dienen zusätzliche Siebeinrichtungen (vgl. Bild 15.2.4), bei mehrphasiger Gleichrichtung genügt im allgemeinen eine Glättungsdrossel.

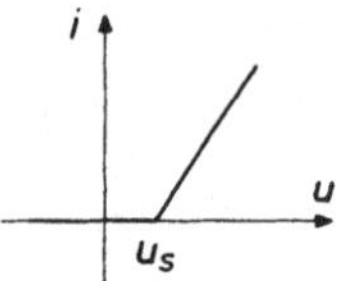

Bild 15.4.5
Idealisierte Gleichrichter-Kennlinie, u_S Schwell-spannung

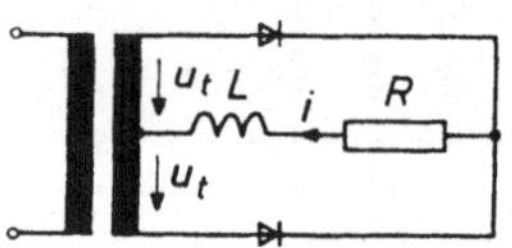

Bild 15.4.6
Zweiweg-Gleichrichtung mit Glättungsdrossel

Als Beispiel soll eine Zweiwegschaltung nach Bild 15.4.6 mit Glättungsdrossel betrachtet werden. Der Gleichrichter soll als ideal mit $u_S = 0$ angenommen werden, die Belastung bildet ein Widerstand R. Für eine postiive Halbwelle der Wechselspannung u_t erhält man dann $(0 \leqslant t \leqslant \pi/\omega)$

$$L\frac{\mathrm{d}i}{\mathrm{d}t} + iR = \hat{u}_t \sin\omega t\,.$$

Daraus

$$\frac{\mathrm{d}i}{\mathrm{d}t} + \frac{1}{\tau}\,i = \frac{U_t\sqrt{2}}{L}\sin\omega t, \qquad \tau = \frac{L}{R}. \tag{15.4.2}$$

Für die eingeschwungene, stationäre Komponente (Beispiel 15.8) wird daraus in komplexer Form, bezogen auf $\underline{U}_t = U_t$,

$$\left(\mathrm{j}\omega + \frac{1}{\tau}\right)\underline{I} = \frac{U_t}{L}, \qquad \underline{I} = \frac{U_t}{R}\,\frac{1}{\sqrt{1+\omega^2\tau^2}}\,\mathrm{e}^{-\mathrm{j}\varphi},$$

so daß man als stationäre Komponente erhält

$$i''(t) = \frac{U_t\sqrt{2}}{R\sqrt{1+\omega^2\tau^2}}\sin(\omega t - \varphi)$$

mit

$$\tan\varphi = \omega\tau, \qquad \sin\varphi = \frac{\omega\tau}{\sqrt{1+\omega^2\tau^2}}. \tag{15.4.3}$$

Damit lautet der zeitliche Verlauf des Stromes

$$i(t) = A\,\mathrm{e}^{-t/\tau} + \frac{U_t\sqrt{2}}{R\sqrt{1+\omega^2\tau^2}}\sin(\omega t - \varphi)\,.$$

Die Konstante A kann man aus der Überlegung gewinnen, daß der Strom i aus Symmetriegründen für $t = 0$ und $t = \pi/\omega$ gleichen Wert haben muß. Das ergibt

$$A - \frac{U_t\sqrt{2}}{R\sqrt{1+\omega^2\tau^2}}\sin\varphi = A\,\mathrm{e}^{-\pi/\omega\tau} + \frac{U_t\sqrt{2}}{R\sqrt{1+\omega^2\tau^2}}\sin(\pi - \varphi)$$

und daraus wegen $\sin(\pi - \varphi) = \sin\varphi$

$$A = \frac{2\sqrt{2}\,U_t}{R\,(1+\omega^2\tau^2)}\;\frac{\omega\tau}{1-\mathrm{e}^{-\pi/\omega\tau}}\,.$$

Mithin ist

$$i(t) = \frac{U_t\sqrt{2}}{R\sqrt{1+\omega^2\tau^2}}\left\{\sin(\omega t - \varphi) + \frac{2\,\omega\tau}{\sqrt{1+\omega^2\tau^2}}\;\frac{\mathrm{e}^{-t/\tau}}{1-\mathrm{e}^{-\pi/\omega\tau}}\right\}. \tag{15.4.4}$$

mit τ nach Gl. (15.4.2) und φ nach Gl. (15.4.3). Den so berechneten zeitlichen Verlauf der Verbraucherspannung $u = iR$ für $\omega\tau = 1$, also $\varphi = 45°$ zeigt Bild 15.4.7. Für $\omega\tau = 0$ oder $L = 0$ erhält man die kommutierte Sinuskurve, für $\omega\tau \to \infty$ oder $L \to \infty$ eine vollständige Glättung.

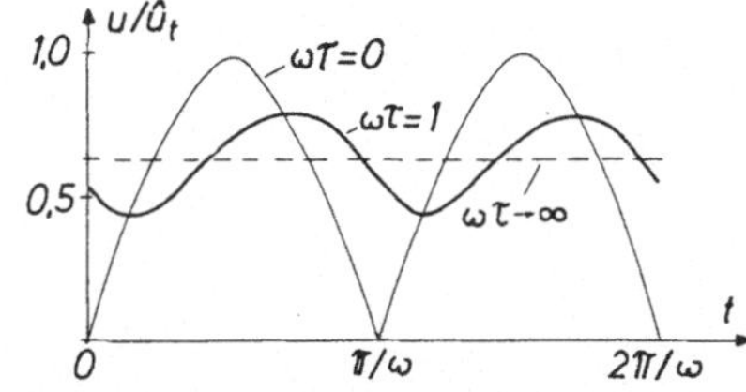

Bild 15.4.7
Verlauf der Spannung u am Widerstand R in Bild 15.4.6

Bei den Gleichrichtern der Nachrichtentechnik und vor allem bei Meßgleichrichtern kommt es darauf an, ein genau definiertes Verhältnis der erzeugten Gleichspannung zur Wechselspannung zu erhalten. Maßgebend hierfür ist vor allem der Verlauf der Gleichrichterkennlinie und die Dimensionierung der Gleichrichteranordnung. So zeigt Bild 15.4.8 die Schaltung eines *Spitzengleichrichters* einfachster Form. Ist der Belastungswiderstand R hinreichend groß, (große Entladezeitkonstante RC), so wird sich der Kondensator nahezu auf den Scheitelwert $\hat{u}_t$ der Wechselspannung aufladen. Den Einfluß des Ladekondensators bei endlichem Belastungswiderstand R läßt Bild 15.4.9 erkennen. Im Durchlaßbereich ist $u_t > u$, der Kondensator wird geladen und der Strom i durch den Gleichrichter beträgt

$$i = (u_t - u)/R_i \, , \tag{15.4.5}$$

wobei R_l als gesamter wirksamer Innenwiderstand der Schaltung auch den Transformatorwiderstand und den im allgemeinen nicht linearen Gleichrichterwiderstand (Durchlaßwiderstand) enthält. Im Sperrbereich ist $u_t < u$; bis auf den kleinen Sperrstrom ist $i = 0$. Die Kurvenform des Stromes wird durch die Gleichrichterkennlinie bestimmt.

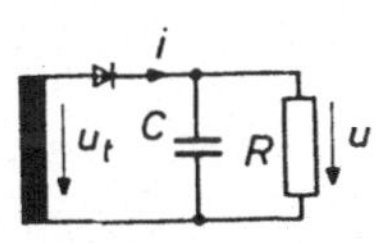

Bild 15.4.8
Spitzengleichrichter

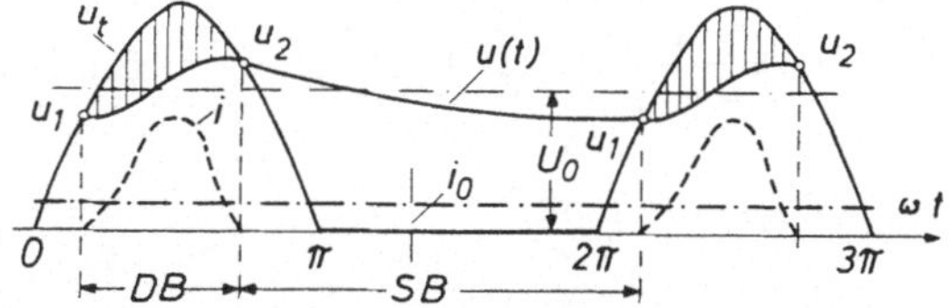

Bild 15.4.9
Spannungs- und Stromverlauf bei der Einwegschaltung Bild 15.4.8. *DB* Durchlaßbereich, *SB* Sperrbereich

Wird der Verlauf der gleichgerichteten Spannung $u(t)$ stückweise durch Gerade angenähert, so erhält man Bild 15.4.10, wobei ein idealer Gleichrichter vorausgesetzt werden soll. Mit δ als *Unsymmetriewinkel* und α als *Stromflußwinkel* ist dann im Durchlaßbereich $(-\alpha \leqslant \omega t \leqslant +\alpha)$

$$u_t = \hat{u}_t \cos(\omega t - \delta) \, .$$

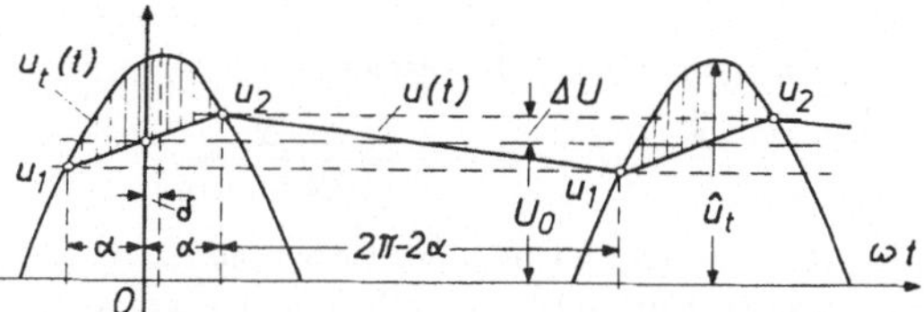

Bild 15.4.10
Angenäherter Spannungsverlauf bei der Einwegschaltung Bild 15.4.8

Die Verbraucherspannung schwankt zwischen den Werten

$$u_1 = \hat{u}_t \cos(\alpha + \delta) = \hat{u}_t (\cos\alpha \cdot \cos\delta - \sin\alpha \cdot \sin\delta)$$

und

$$u_2 = \hat{u}_t \cos(\alpha - \delta) = \hat{u}_t (\cos\alpha \cdot \cos\delta + \sin\alpha \cdot \sin\delta)\,.$$

Die mittlere gleichgerichtete Spannung beträgt daher

$$U_0 = \frac{u_1 + u_2}{2} = \hat{u}_t \cos\alpha \cdot \cos\delta = I_0 R \tag{15.4.6}$$

mit I_0 als mittleren Gleichstrom. Die Spannungsschwankung wird ferner

$$\Delta U = \frac{u_1 - u_2}{2} = \hat{u}_t \sin\alpha \cdot \sin\delta \tag{15.4.7}$$

und damit die Welligkeit

$$\frac{\Delta U}{U_0} = \tan\alpha \cdot \tan\delta\,. \tag{15.4.8}$$

Für hinreichend kleine Unsymmetriewinkel ($\delta \rightarrow 0$) erhält man für den Stromflußwinkel aus Gl. (15.4.6)

$$\cos\alpha \approx \frac{U_0}{\hat{u}_t} = \frac{U_0}{U_t\sqrt{2}} \tag{15.4.9}$$

als Gütegrad des Spitzengleichrichters.

Den mittleren Gleichstrom I_0 erhält man aus Gl. (15.4.4) durch Mittelwertbildung. Setzt man dabei $u \approx U_0$, so wird mit Gl. (15.4.5) und Gl. (15.4.6)

$$I_0 \approx \frac{1}{2\pi R_i} \int_{-\alpha}^{+\alpha} (u_t - U_0)\,\mathrm{d}(\omega t) = \frac{\hat{u}_t}{\pi R_i} (\sin\alpha - \alpha\cos\alpha) \cos\delta$$

so daß wegen $I_0 = U_0/R$

$$R/R_i = \pi/(\tan\alpha - \alpha)\,.$$

Für die Durchlaßdauer t_d und die Sperrdauer t_s entnimmt man schließlich aus Bild 15.4.10

$$t_d = 2\,\alpha/\omega\,, \qquad t_s = 2\,(\pi - \alpha)/\omega\,.$$

Während der Zeit t_d nimmt die Kondensatorladung um ΔQ zu; diese Ladung fließt während der Zeit t_s wieder ab. Während dieses Ladungsabflusses sind Kondensatorstrom und Verbraucherstrom entgegengesetzt gleich und im Mittel I_0, so daß

$$\Delta Q = 2\,\Delta U C = I_0\, t_s = \frac{U_0}{R}\,\frac{2\,(\pi - \alpha)}{\omega}\,,$$

woraus man mit Gl. (15.4.8) erhält

$$\frac{\Delta U}{U_0} = \frac{\pi - \alpha}{\omega CR}\,, \qquad \tan\delta = \frac{\pi - \alpha}{\omega CR \cdot \tan\alpha}\,.$$

Für $\omega CR \rightarrow \infty$ verschwindet der Unsymmetriewinkel δ (vgl. Bild 15.4.10), womit auch keine Welligkeit mehr vorhanden ist; man erhält dann einen idealen Spitzengleichrichter.

Die wichtigsten verwendeten Formelzeichen

A Fläche (Betrag), Querschnitt

B Betrag der magnetischen Flußdichte, $\hat{B}$ Scheitelwert
Blindleitwert

C Kapazität

D Betrag der elektrischen Flußdichte, $\hat{D}$ Scheitelwert

E Betrag der elektrischen Feldstärke, $\hat{E}$ Scheitelwert

F Betrag der Kraft

f Frequenz

G reeller Leitwert, Ableitung. $G = 1/R$

H Betrag der magnetischen Feldstärke, $\hat{H}$ Scheitelwert

I Stromstärke (Effektivwert), $\hat{i}$ Scheitelwert, i Augenblickswert

J Betrag der Stromdichte

j $= \sqrt{-1}$

L Induktivität

l Länge (Betrag)

L_{nm} Gegeninduktivität

m Masse

N Windungszahl

n Drehzahl

P Leistung, P Wirkleistung, Q Blindleistung, S Scheinleistung

Q Elektrische Ladung, elektrischer Fluß
Blindleistung

q Punktladung

R Ohmscher Widerstand

S Scheinleistung

U Elektrische Spannung (Effektivwert), $\hat{u}$ Scheitelwert, u Augenblickswert

V Magnetische Spannung
Volumen

X Blindwiderstand (Reaktanz)

Y Scheinleitwert (Admittanz)

Z Scheinwiderstand (Impedanz)

θ Durchflutung

ϑ Temperatur

κ spez. elektrische Leitfähigkeit $\kappa = 1/\rho$

ρ spez. elektrischer Widerstand
Raumladungsdichte

Φ Magnetischer Fluß, $\hat{\Phi}$ Scheitelwert
Ψ $= N\Phi$ der mit N Windungen verkettete magnetische Fluß
elektrischer Fluß
φ elektrisches Potential
Phasenverschiebungswinkel
ω Kreisfrequenz $\omega = 2\pi f$

Es werden gekennzeichnet:
Vektoren durch Fettdruck, z.B. $\boldsymbol{A}, \boldsymbol{B}, \boldsymbol{E}$,
komplexe Größen durch Unterstreichen, z.B. $\underline{I}$, $\underline{U}$, $\underline{Z}$.

Schrifttum

1. *Ameling, W.:* Grundlagen der Elektrotechnik, 2 Bde., 3./2. Aufl., Wiesbaden 1984.
2. *Bergmann, K.:* Elektrische Meßtechnik, 2. Aufl., Braunschweig/Wiesbaden 1984.
3. *Böhmer, E.:* Elemente der angewandten Elektronik, 3. Aufl., Braunschweig/Wiesbaden 1984.
4. DIN-*Taschenbuch* 22: Einheiten und Begriffe für physikalische Größen, AEF-Taschenbuch 1. Berlin/Köln 1984.
5. DIN-*Taschenbuch* 202: Formelzeichen, Formelsatz, Mathematische Zeichen und Begriffe, AEF-Taschenbuch 2. Berlin/Köln 1984.
6. *Fricke, H., Vaske, P.:* Grundlagen der Elektrotechnik, Teil 1: Elektrische Netzwerke, Stuttgart 1984.
7. *Hofmann, H.:* Das elektromagnetische Feld, 2. Aufl., Wien 1982.
8. *Hoyer, K., Schnell, G.:* Einfache Ausgleichsvorgänge der Elektrotechnik, Braunschweig/Wiesbaden 1985.
9. *Küpfmüller, K.:* Einführung in die Theoret. Elektrotechnik, 11. Aufl., Berlin/Heidelberg 1983.
10. *Lange, P.:* Analyse elektrischer Netzwerke mit BASIC-Programmen, 2. Aufl., Braunschweig/Wiesbaden 1984.
11. *Lunze, K.:* Berechnung elektrischer Stromkreise, 13. Aufl., Heidelberg 1984.
12. *Paul, R.:* Elektrotechnik, Bd. II: Netzwerke, Berlin/Heidelberg 1985.
13. *Sarkowski, H.* (Hrsg.): Dimensionierung von Halbleiterschaltungen, 3. Aufl., Grafenau/Berlin 1980.
14. *Simonyi, K.:* Theoretische Elektrotechnik, 8. Aufl., Berlin 1981.
15. *v. Weiss, A.:* Die elektromagnetischen Felder. Einführung in die Feldtheorie, Braunschweig/Wiesbaden 1983.
16. *v. Weiss, A.:* Die Feldgrößen der Elektrodynamik. Berlin/Offenbach 1984.

Anhang

Magnetisierungskurve für Dynamoblech

Mittlere Werte, die zum Teil erhebliche Abweichungen zulassen

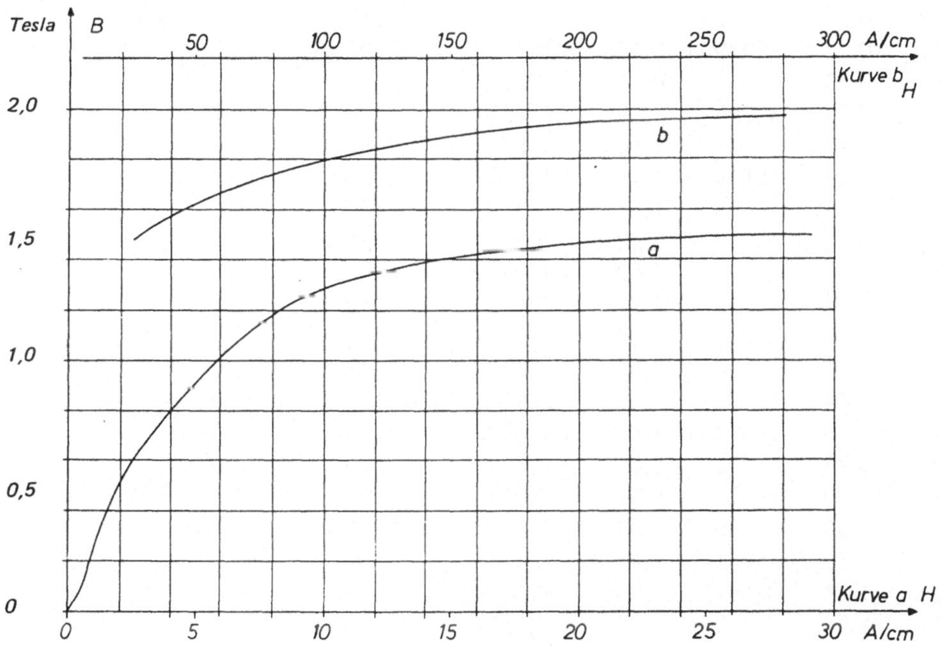

Wicklungsangaben für Lackdraht (Kupfer)

Draht Ø	Draht Ø m. L.	Quer-schnitt	Cu-Gewicht	Wider-stand	Windungs-zahl je cm^2	Kupfer-füllfaktor
d	d_L	A	G'	R'	W	ζ_{Cu}
mm	mm	mm^2	g/m	Ω/m	Wdg./cm^2	%
0,05	0,062	0,0020	0,019	9,1	20 000	40,0
0,10	0,115	0,0079	0,074	2,22	6 000	47,5
0,15	0,17	0,0177	0,164	0,99	2 800	50,0
0,20	0,22	0,0314	0,289	0,557	1 650	52,0
0,25	0,27	0,049	0,460	0,357	1 100	54,0
0,30	0,33	0,071	0,645	0,248	770	55,0
0,35	0,38	0,096	0,89	0,1824	580	56,0
0,40	0,43	0,126	1,16	0,1396	450	57,0
0,45	0,48	0,159	1,48	0,1103	360	58,0
0,50	0,535	0,196	1,83	0,0834	300	59,0
0,55	0,59	0,238	2,20	0,0738	250	59,5
0,60	0,64	0,283	2,62	0,0621	210	59,5
0,65	0,69	0,334	2,97	0,0526	180	60,0
0,70	0,74	0,385	3,43	0,0455	160	61,5
0,75	0,79	0,444	3,95	0,0359	140	62,0
0,80	0,84	0,504	4,48	0,0348	120	62,0
0,85	0,90	0,570	5,07	0,0308	110	63,0
0,90	0,95	0,636	5,66	0,0275	100	63,5
0,95	1,00	0,711	6,34	0,0246	90	64,0
1,00	1,05	0,786	7,00	0,0223	83	65,0
1,10	1,16	0,951	8,45	0,0184	67	64,0
1,20	1,26	1,131	10,09	0,01545	55	63,0
1,30	1,36	1,329	11,81	0,0134	45	62,0
1,40	1,46	1,540	13,70	0,01135	40	62,0
1,50	1,56	1,770	15,75	0,0099	33	59,0
1,60	1,66	2,015	17,91	0,0087	28	57,0
1,70	1,76	2,275	20,20	0,0077	24	55,0
1,80	1,86	2,545	22,65	0,0069	17	43,5
1,90	1,96	2,840	25,15	0,00617	14	40,0
2,00	2,07	3,142	28,00	0,00357	12	38,0

Umrechnung einiger Einheiten[1])

Größe	Einheit	Umrechnung	Bemerkungen
Elektrische Ladung	1 Coulomb (C)	1 As	
Magnetischer Fluß	1 Weber (Wb) 1 Maxwell (M)[2])	1 Vs 10^{-8} Vs	 1 M = 1 G · cm^2
Magnetische Feldstärke	1 Oerstedt (Oe)[2])	$\frac{1}{0{,}4\,\pi}\,10^2$ A/m	$\mu_0 = 1\,\frac{\text{Gauß}}{\text{Oerstedt}}$
Magnetische Flußdichte	1 Tesla (T) 1 Gauß (G)[2])	1 Vs/m^2 10^{-4} Vs/m^2	1 G = 1 M/cm^2
Induktivität	1 Henry (H)	1 Ωs	
Kapazität	1 Farad (F)	1 s/Ω	
Masse	1 Kilogramm (kg)	1 Ws^3/m^2	
Kraft	1 Newton (N) 1 Kilopound (kp)[2])	1 Ws/m 9,81 Ws/m	 1 kp = 9,81 N
Energie (Arbeit)	1 Joule (J) 1 Elektronvolt (eV) 1 Kilokalorie (kcal)[2])	1 Ws 1,60 · 10^{-19} Ws 4,185 · 10^3 Ws	
Leistung	1 Watt (W) 1 Pferdestärke (PS)[2])	1 VA 736 W	1 W = 1 m^{2}kg/s^3 1 PS = 0,736 kW

[1]) Die Einheiten sind umgerechnet auf Ampere (A), Volt (V), Ohm (Ω), Watt (W), Meter (m) und Sekunde (s).

[2]) Gesetzlich nicht mehr zugelassene Einheit.

Wichtige Konstanten

Äquivalentladung	$F = 9{,}648 \cdot 10^7$ As/kMol
Atommassenkonstante	$m_u = 1{,}661 \cdot 10^{-24}$ g
Avogadro-Konstante	$N_A = 6{,}022 \cdot 10^{23}$ mol^{-1}
Elementarladung	$e = 1{,}602 \cdot 10^{-19}$ As
Elektronenmasse (Ruhemasse)	$m_0 = 9{,}110 \cdot 10^{-28}$ g
Protonenmasse (Ruhemasse)	$m_p = 1{,}672 \cdot 10^{-24}$ g
Elektr. Feldkonstante	$\epsilon_0 = 8{,}854 \cdot 10^{-12}$ F/m
Magn. Feldkonstante	$\mu_0 = 1{,}256 \cdot 10^{-6}$ H/m
Lichtgeschwindigkeit (Vakuum)	$c = 2{,}998 \cdot 10^8$ m/s

Zum Rechnen mit Matrizen

Eine Matrix bildet ein geordnetes System von m mal n Größen (Zahlen) mit m und n als beliebig ganze Zahl, angeordnet in einem Schema von m Zeilen und n Spalten

$$\boldsymbol{a} = \begin{pmatrix} a_{11} & a_{12} & a_{13} & \dots & a_{1n} \\ a_{21} & a_{22} & a_{23} & \dots & a_{2n} \\ \vdots & & & & \\ a_{m1} & a_{m2} & a_{m3} & \dots & a_{mn} \end{pmatrix} \tag{1}$$

Die m mal n Größen a_{ik} sind die Elemente der Matrix, jeweils gekennzeichnet durch einen Doppelindex. So ist a_{ik} in Gl. (1) ein Element der i-ten Zeile und der k-ten Spalte.

Im allgemeinen ist $m \neq n$. Ist $m = n$, so erhält man eine quadratische Matrix. Sind alle ihre Elemente reell und $a_{ik} = a_{ki}$, so heißt die Matrix symmetrisch (Kap. 2.4.4). Bei $n = 1$ erhält man eine Spaltenmatrix als *Spaltenvektor*, bei $m = 1$ entsprechend eine Zeilenmatrix als Zeilenvektor. Die Elemente einer Matrix können auch komplex oder imaginär sein. Für einige Sonderformen komplexer Matrizen gibt es eigene Bezeichnungen.

Eine Matrix enthält weder eine Rechenvorschrift hinsichtlich ihrer Elemente noch hat sie einen Zahlenwert wie die mit dem Begriff der Matrix eng verknüpfte Determinante. Einer *quadratischen* Matrix $\boldsymbol{a}$ kann man jedoch eine aus ihren Elementen a_{ik} gebildete Determinante $\det \boldsymbol{a}$ als einen nach bestimmten Vorschriften zu berechnenden Zahlenwert zuordnen. Verschwindet die Determinante einer quadratischen Matrix, so ist sie singulär, die Bildung ihrer Inversen oder Kehrmatrix $\boldsymbol{a}^{-1}$ ist dann nicht möglich. Singuläre Matrizen vermitteln somit keine umkehrbar eindeutige Transformationen.

Für die Addition zweier Matrizen $\boldsymbol{a}$ und $\boldsymbol{b}$ gilt

$$\boldsymbol{a} + \boldsymbol{b} = \boldsymbol{c}, \quad \text{wobei } c_{ik} = a_{ik} + b_{ik}. \tag{2}$$

Bei der Multiplikation zweier Matrizen mit einem skalaren Faktor k wird im Gegensatz zu Determinanten jedes Element der Matrix mit k multipliziert. Zwei Matrizen werden ferner multipliziert, indem man nach Bild A1 die Elemente jeder Zeile des Linksfaktors mit den Elementen jeder Spalte des Rechtsfaktors multipliziert und die so aus einer Zeile und Spalte gebildeten Einzelprodukte summiert:

$$\boldsymbol{a} \cdot \boldsymbol{b} = \boldsymbol{c}, \quad \text{wobei } c_{ik} = \Sigma a_{in} \cdot b_{nk}. \tag{3}$$

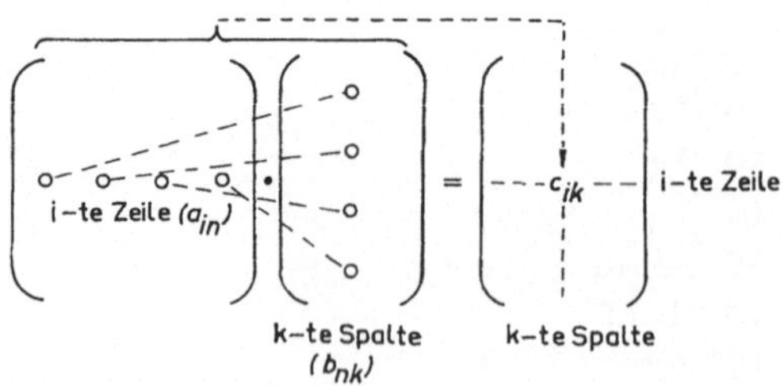

Bild A1
Zur Multiplikation zweier Matrizen

Die Matrizenmultiplikation ist somit im allgemeinen nicht kommutativ,

$$\boldsymbol{a} \cdot \boldsymbol{b} \neq \boldsymbol{b} \cdot \boldsymbol{a}. \tag{4}$$

Auch sonst ist die Produktbildung zweier Matrizen nur dann sinnvoll, wenn die Anzahl der Spalten des Linksfaktors gleich der Anzahl der Zeilen des Rechtsfaktors ist.

Besonders einfache Verhältnisse erhält man bei zweizeiligen Matrizen wie z.B. in der Vierpoltheorie (Kap. 2.3.8 und Kap. 13.1.2). Für eine solche Matrix $\boldsymbol{a}$ lautet die Inverse (Kehrmatrix)

$$\boldsymbol{a}^{-1} = \frac{1}{\det \boldsymbol{a}} \begin{pmatrix} a_{22} & -a_{21} \\ -a_{12} & a_{11} \end{pmatrix} = \frac{1}{a_{11} a_{22} - a_{12} a_{21}} \begin{pmatrix} a_{22} & -a_{21} \\ -a_{12} & a_{22} \end{pmatrix}. \tag{5}$$

Tabelle A1 Vierpolmatrizen

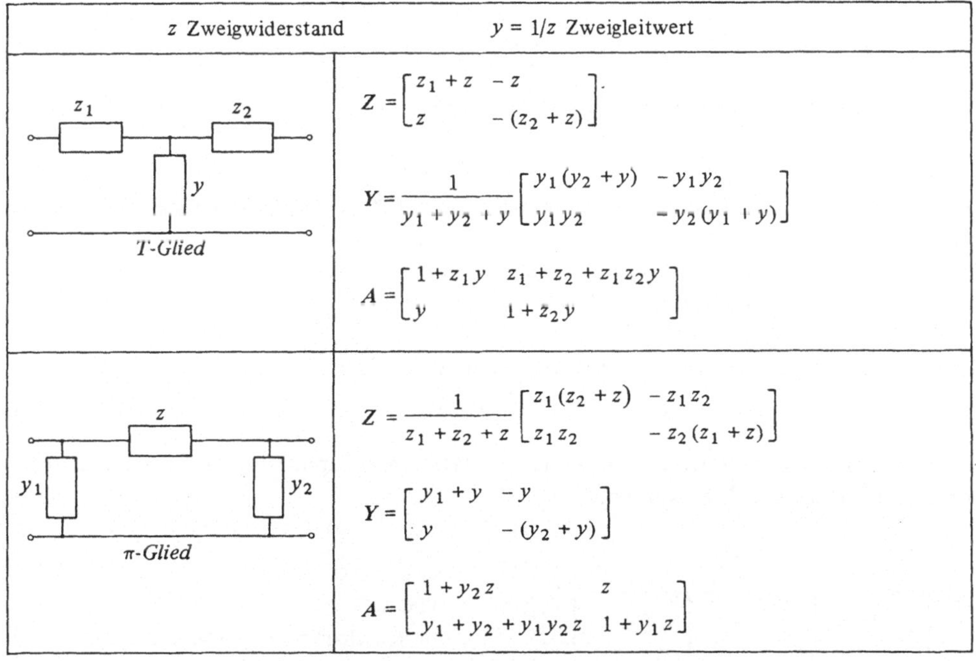

z Zweigwiderstand	$y = 1/z$ Zweigleitwert
T-Glied	$Z = \begin{bmatrix} z_1 + z & -z \\ z & -(z_2 + z) \end{bmatrix}$ $Y = \frac{1}{y_1 + y_2 + y} \begin{bmatrix} y_1(y_2 + y) & -y_1 y_2 \\ y_1 y_2 & -y_2(y_1 + y) \end{bmatrix}$ $A = \begin{bmatrix} 1 + z_1 y & z_1 + z_2 + z_1 z_2 y \\ y & 1 + z_2 y \end{bmatrix}$
π-Glied	$Z = \frac{1}{z_1 + z_2 + z} \begin{bmatrix} z_1(z_2 + z) & -z_1 z_2 \\ z_1 z_2 & -z_2(z_1 + z) \end{bmatrix}$ $Y = \begin{bmatrix} y_1 + y & -y \\ y & -(y_2 + y) \end{bmatrix}$ $A = \begin{bmatrix} 1 + y_2 z & z \\ y_1 + y_2 + y_1 y_2 z & 1 + y_1 z \end{bmatrix}$

Für zwei lineare Vierpole (Zweitore) mit den Widerstandsmatrizen $\boldsymbol{Z}'$ und $\boldsymbol{Z}''$ sowie den Leitwertmatrizen $\boldsymbol{Y}'$ und $\boldsymbol{Y}''$ wird bei Reihenschaltung nach Bild A2a mit Gl. (2.3.16)

$$\begin{pmatrix} U_1 \\ U_2 \end{pmatrix} = \begin{pmatrix} U_1' \\ U_2' \end{pmatrix} + \begin{pmatrix} U_1'' \\ U_2'' \end{pmatrix} = (\boldsymbol{Z}' + \boldsymbol{Z}'') \cdot \begin{pmatrix} I_1 \\ I_2 \end{pmatrix}$$

sowie bei Parallelschaltung nach Bild A2b

$$\begin{pmatrix} I_1 \\ I_2 \end{pmatrix} = \begin{pmatrix} I_1' \\ I_2' \end{pmatrix} + \begin{pmatrix} I_1'' \\ I_2'' \end{pmatrix} = (\boldsymbol{Y}' + \boldsymbol{Y}'') \cdot \begin{pmatrix} U_1 \\ U_2 \end{pmatrix}.$$

Somit lauten die Matrizen des resultierenden Vierpols bei:

$$\left.\begin{aligned} &\text{Reihenschaltung:} \quad \boldsymbol{Z} = \boldsymbol{Z}' + \boldsymbol{Z}'', \\ &\text{Parallelschaltung:} \quad \boldsymbol{Y} = \boldsymbol{Y}' + \boldsymbol{Y}''. \end{aligned}\right\} \quad (6)$$

Bei beiden Schaltungen dürfen durchgehende Leitungen keine Vierpolzweige kurzschließen, wie aus Bild A2 zu erkennen ist.

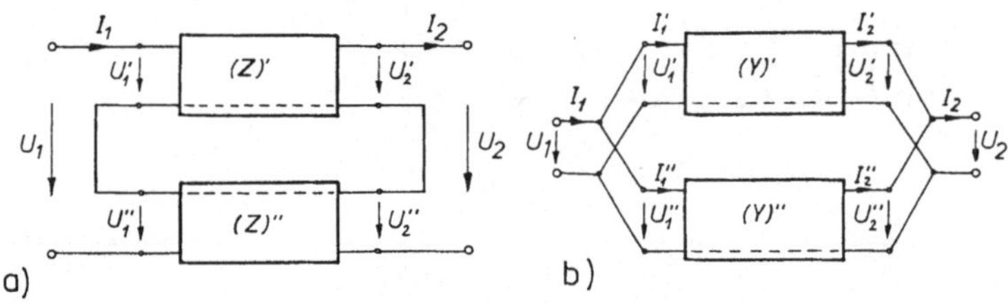

Bild A2
Reihenschaltung (*a*) und Parallelschaltung (*b*) von Vierpolen

Sind $\boldsymbol{A}'$ und $\boldsymbol{A}''$ die Kettenmatrizen beider Vierpole in Kettenschaltung nach Bild A3, so wird mit Gl. (2.3.17)

$$\begin{pmatrix} U_1 \\ I_1 \end{pmatrix} = \boldsymbol{A}' \cdot \begin{pmatrix} U_2' \\ I_2' \end{pmatrix} = \boldsymbol{A}' \cdot \begin{pmatrix} U_1'' \\ I_1'' \end{pmatrix} = \boldsymbol{A}' \cdot \boldsymbol{A}'' \cdot \begin{pmatrix} U_2 \\ I_2 \end{pmatrix}.$$

Somit lautet die Kettenmatrix des resultierenden Vierpols bei:

$$\text{Kettenschaltung:} \quad \boldsymbol{A} = \boldsymbol{A}' \cdot \boldsymbol{A}''. \quad (7)$$

Wegen des nichtkommutativen Charakters der Matrizenmultiplikation muß die Reihenfolge der Einzelvierpole beachtet werden.

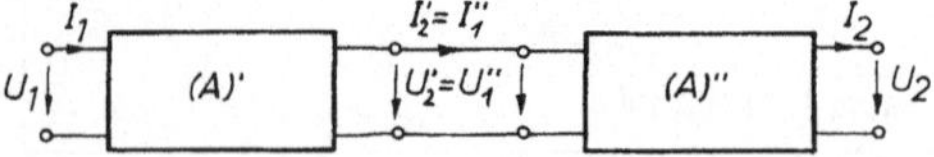

Bild A3
Kettenschaltung zweier Vierpole

Komplexe Zahlen

Tabelle A2 Grundrechenoperationen mit komplexen Zahlen

$\underline{Z}_1 = a_1 + \mathrm{j}\, b_1 = Z_1\, \mathrm{e}^{\mathrm{j}\varphi_1}$,	$\underline{Z}_2 = a_2 + \mathrm{j}\, b_2 = Z_2\, \mathrm{e}^{\mathrm{j}\varphi_2}$
Addition	$\underline{Z}_1 \pm \underline{Z}_2 = a_1 \pm a_2 + \mathrm{j}\,(b_1 \pm b_2)$
Subtraktion	$\lvert \underline{Z}_1 \pm \underline{Z}_2 \rvert = \sqrt{(a_1 \pm a_2)^2 + (b_1 \pm b_2)^2}$ $= \sqrt{a_1^2 + a_2^2 + b_1^2 + b_2^2 \pm 2\,(a_1 a_2 + b_1 b_2)}$ $= \sqrt{Z_1^2 + Z_2^2 \pm 2\, Z_1 Z_2 \cos(\varphi_1 - \varphi_2)}$
Multiplikation	$\underline{Z}_1 \underline{Z}_2 = (a_1 + \mathrm{j}\, b_1)(a_2 + \mathrm{j}\, b_2) = Z_1 Z_2\, \mathrm{e}^{\mathrm{j}(\varphi_1 + \varphi_2)}$ $= a_1 a_2 - b_1 b_2 + \mathrm{j}\,(b_1 a_2 + b_2 a_1)$ $= Z_1 Z_2 \{\cos(\varphi_1 + \varphi_2) + \mathrm{j} \sin(\varphi_1 + \varphi_2)\}$
	$\lvert \underline{Z}_1 \underline{Z}_2 \rvert = \sqrt{(a_1 a_2 - b_1 b_2)^2 + (b_1 a_2 + b_2 a_1)^2}$ $= \sqrt{a_1^2 a_2^2 + b_1^2 b_2^2 + b_1^2 a_2^2 + b_2^2 a_1^2} - Z_1 Z_2$ $\underline{Z}\, \underline{Z}^* = (a + \mathrm{j}\, b)(a - \mathrm{j}\, b) = a^2 + b^2 = Z^2$
Division	$\dfrac{\underline{Z}_1}{\underline{Z}_2} = \dfrac{Z_1}{Z_2}\, \mathrm{e}^{\mathrm{j}(\varphi_1 - \varphi_2)} = \dfrac{\underline{Z}_1 \underline{Z}_2^*}{Z_2^2}$ $= \dfrac{a_1 + \mathrm{j}\, b_1}{a_2 + \mathrm{j}\, b_2} \cdot \dfrac{a_2 - \mathrm{j}\, b_2}{a_2 - \mathrm{j}\, b_2}$ $= \dfrac{a_1 a_2 + b_1 b_2 + \mathrm{j}\,(b_1 a_2 - b_2 a_1)}{a_2^2 + b_2^2}$
	$\left\lvert \dfrac{\underline{Z}_1}{\underline{Z}_2} \right\rvert = \dfrac{Z_1}{Z_2} = \sqrt{\dfrac{a_1^2 + b_1^2}{a_2^2 + b_2^2}}$

Schließlich ergibt unter Beachtung der Mehrwertigkeit

$$\underline{Z}^n = (a + \mathrm{j}\, b)^n = Z^n\, \mathrm{e}^{\mathrm{j} n \varphi}, \qquad \lvert \underline{Z}^n \rvert = Z^n = (a^2 + b^2)^{n/2} \tag{8}$$

sowie

$$\sqrt[n]{\underline{Z}} = \sqrt[n]{Z}\, \mathrm{e}^{\mathrm{j}\varphi/n}, \qquad \lvert \sqrt[n]{\underline{Z}} \rvert = Z^{1/n} = (a^2 + b^2)^{1/(2n)}. \tag{9}$$

Wie jede Wurzel ist dieses Ergebnis n-deutig.

Sachwortverzeichnis